Theodor Kotschy, Franz Unger

Die Insel Zypern

Verlag
der
Wissenschaften

Theodor Kotschy, Franz Unger

Die Insel Zypern

ISBN/EAN: 9783957005533

Auflage: 1

Erscheinungsjahr: 2015

Erscheinungsort: Norderstedt, Deutschland

Hergestellt in Europa, USA, Kanada, Australien, Japan
Verlag der Wissenschaften in Hansebooks GmbH, Norderstedt

Cover: Foto ©Wolfgang Pfensig / pixelio.de

Die Insel Cypern

ihrer physischen und organischen Natur nach

mit Rücksicht

auf ihre frühere Geschichte

geschildert von

Dr. F. Unger und Dr. Th. Kotschy.

Eingang zu einer altcypriotischen Grabgrotte bei Paphos. (τὰ ἁλώνια τοῦ Ἐπισκόπου).
Die Stadt Ctima in der Ferne.

Mit einer topographisch-geognostischen Karte, 42 Holzschnitten und einer Radirung.

Wien, 1865.

Wilhelm Braumüller

k. k. Hofbuchhändler.

Im Verlage von **Wilhelm Braumüller,** k. k. Hofbuchhändler in **Wien,**
sind erschienen:

Wissenschaftliche
Ergebnisse einer Reise in Griechenland
und in den
jonischen Inseln
von
Dr. Fr. Unger,
Professor an der Hochschule in Wien.

Mit 45 Holzschnitten, 27 Abbildungen im Naturselbstdruck und mit einer Karte der Insel Corfu.

gr. 8. 1862. Preis: 3 fl. 50 kr. — 2 Thlr. 10 Ngr.

Von demselben Verfasser:

I. Die versunkene Insel Atlantis.
II. Die physiologische Bedeutung der Pflanzencultur.
Zwei Vorträge
gehalten im Ständehause im Winter des Jahres 1860.
gr. 8. 1860. Preis: 80 kr. — 16 Ngr.

Von demselben Verfasser:
Neu-Holland in Europa.
Ein Vortrag
gehalten im Ständehause im Winter des Jahres 1861.
Mit 19 Holzschnitten und 41 Abbildungen im Naturselbstdruck.
gr. 8. 1861. Preis: 1 fl. 20 kr. — 24 Ngr.

MADEIRA.
Ein Vortrag
gehalten am k. k. polytechnischen Institute den 22. December 1860
von
Dr. Ferd. von Hochstetter,
Professor der Mineralogie am k. k. polytechn. Institute in Wien.

Mit einer Ansicht des Pico do Gato in Farbendruck.
gr. 8. 1861. Preis: 1 fl. 30 kr. — 26 Ngr.

Die Insel Cypern

ihrer physischen und organischen Natur nach

mit Rücksicht

auf ihre frühere Geschichte

geschildert

Dr. F. Unger und **Dr. Th. Kotschy.**

Mit einer topographisch-geognostischen Karte, 42 Holzschnitten und einer Radirung.

Wien, 1865.

Wilhelm Braumüller

k. k. Hofbuchhändler.

Zur Orientirung.

Ein Paar Reisen, die ich vor mehreren Jahren im
Oriente machte, hatten in mir trotz des vorgerückten Alters
die Lust erweckt noch einmal vor dem Ende meines Lebens
den Erdtheil zu betreten, von wo uns die Sonne zwar noch
täglich zukommt, von wo aber einst mit ihr zugleich das
Licht der Aufklärung und der Gesittung über den in
Finsterniss und Barbarei versunkenen Westen ausging.

Meine Wahl traf ohne viel Bedenken die Insel Cypern,
ein Land voll des reichsten Natursegens, voll von mythischen
Anklängen aus dem Kindesalter der Menschheit und mit in
gedrängter Schrift beschriebenen Blättern seiner früheren
Geschichte.

Wenn der Historiker und der Archaeolog auf den Boden
von Cypern schon eine reiche Lese für ihre Interessen
zu Stande brachte, so dachte ich, werde auch der Naturforscher da nicht leer ausgehen, zumal die Insel ihrer physischen Beschaffenheit nach bisher so wenig bekannt ist. Zu
dem bot die mässige Ausdehnung ihres Terrains, die scharfe
natürliche Abgränzung desselben nach Aussen so viel Ein-
ladendes für die karg zugemessene Zeit und die beschränkten
Mittel der Durchforschung, dass ich hoffen konnte inner-

halb einiger Frühlings- und Sommermonate selbst mit einer
mehr als blos flüchtigen Begehung zu Ende zu kommen.

Mit diesem meinem durch einige Zeit in mir gehegten
und allmälig zum festen Entschlusse herangereiften Plane,
richtete ich nun zunächst mein Augenmerk auf einen Mann,
der die Insel schon mehrmals besuchte und sie genauer als
andere Reisende kannte, und zwar nicht blos, um von seinen
Erfahrungen für meinen vorgesteckten Zweck einen vorüber-
gehenden Vortheil zu ziehen, sondern ihn vielmehr für denselben mit Leib und Seele zu gewinnen. Herr Dr. Theodor Kotschy sollte mir zur gemeinschaftlichen Untersuchung
der Insel die Hand reichen, Freud und Leid der Wander-
schaft mit mir theilen und so ein Unternehmen fördern, das
ich allein mit allem Eifer kaum zu gewältigen im Stande
gewesen wäre.

Zum Glücke bedurfte es nicht langen Zuredens, um
Herrn Kotschy für meine Idee zu gewinnen und zu be-
geistern, und kaum waren einige Schwierigkeiten, die mit
solchen Unternehmungen stets verbunden sind, überwunden,
so waren wir auch schon daran, Anstalten für die Zurüstung
der Reise zu treffen, und uns zu dieser selbst in Bewegung
zu setzen.

Am 10. März 1862 trafen wir in der Loeanda grande
in Triest zusammen. Leider hatten wir den zu Ende Februar
direct nach Syra abgehenden Dampfer versäumt, und mussten
also auf dem am 15. März zur selben Reise bestimmten Schiffe
Platz nehmen. Obgleich die wenigen Tage in Triest für uns
nicht verloren gingen, so war das Versäumniss für Cypern
dennoch empfindlich, denn als wir am 25. desselben Monates
über Smyrna kommend vor Larnaka den Anker warfen, war
die Insel ringsumher schon in ihrem vollen Frühlingsschmucke
herausgeputzt.

Von dem bequemen Lloyddampfer, der nur in einer gewissen Entfernung vom Lande Posto fassen konnte, Abschied
nehmend, suchte ich mein Empfehlungsschreiben an das öster-

reichische Consulat in Larnaka hervor, das mir durch das hohe k. k. Handelsministerium gütigst ertheilt wurde, und da nur wenige Schritte von der Landungsstelle zum Platze waren, wo die stattliche Consulatsflagge flatterte, so hatte ich sogleich Gelegenheit, dasselbe dem Herrn Consul J. Pascotini zu überreichen. Aber anstatt, wie ich vermuthete uns beiden Fremden an die Hand zu gehen, um in dieser Hafenstadt — la Scala, Marina — ein passendes Obdach zu suchen, (das einzige Hôtel de Mr. Beraut hatte längst zu existiren aufgehört) bot uns Herr Pascotini und seine liebenswürdige Gattin ihr eigenes Haus sowie ihren Tisch zur Benutzung dar, und zwar so lange als wir auf Cypern zu verweilen gedachten.

Diese ausserordentlich gütige und freundliche Begegnung trug nicht wenig bei, uns das nicht immer angenehme, häufig sogar mit Ungemach und Entbehrungen mancherlei Art verbundene Reiseunternehmen im rosigsten Lichte erscheinen zu lassen. Nicht mit vielen Zögern machten wir, wie begreiflich, von dem freundlichen Anerbieten Gebrauch, und bezogen ohne viele Umstände unser neu erworbenes Quartier. Es war in einem der ansehnlichsten Häuser der Stadt, hart am Meere gelegen und mit der Fronte nach Osten gekehrt. Ein grosses, geräumiges Schlafzimmer im ersten Stockwerke mit der Aussicht auf das Meer, führte in einen grossen Vorsaal und von da in ein mit einem Vorsprunge versehenes Gemach. Hier schlugen wir unser Observatorium und Laboratorium auf, und die mancherlei Geräthschaften fügten sich bald zu einem geordneten Ganzen, so dass es sich hier eben so ruhig und bequem arbeiten liess, wie im stillen heimischen Studirzimmer. Der klare Spiegel des Meeres zu unseren Füssen, ein wolkenloser tiefblauer Himmel über uns, fühlten wir bald den Vorgeschmack dessen, was wir in Cypros — der Geburtsstätte und dem auserkorenen Wohnorte der Göttin der Anmuth und Liebe — zu erwarten hatten. Wurden wir durch die sanft plätschernden Wellen täglich süss in Schlummer gewiegt, so war es der erste Lichtstrahl der über den Wassern auftauchenden Sonne, der uns vom bequemen Lager hob, und zu frohem Tagewerk ermunterte und stärkte.

Der Plan für die Bereisung war bald gemacht und wir kamen überein, dass wir beide nicht von einander getrennt, sondern stets vereint die Insel in verschiedenen Richtungen durchstreifen und dabei jedweder eine bestimmte Aufgabe zu lösen übernehmen sollten. Während Herrn Kotschy die Sammlung von phanerogamen Pflanzen, die Beobachtungen über ihre Verbreitung und Vertheilung, sowie die Thierwelt zufiel, blieb mir die kleinere Anzahl der Cryptogamen, die Land- und Süsswassermollusken zur Erforschung, vorzüglich aber das Studium der geologischen und meteorologischen Verhältnisse u. s. w. Es wurde weiter verabredet, dass unsere Reisen sich nur allmälig in weitere Theile der Insel ausbreiten, und dass wir von jeder einzelnen Reise mit den gemachten Sammlungen und Beobachtungen wieder nach Larnaka zurückkehren sollten, um von da aus nach kurzer Rast wieder nach anderen Richtungen aufzubrechen.

Die Fertigkeit, mit welcher Herr Kotschy die Landessprache — das Türkische, und zum Theil auch das Neugriechische — sprach, setzte uns in die angenehme Lage, eines Dolmetschers vollkommen entrathen zu können. Desungeachtet war uns immerhin noch ein ziemlich ausgedehnter Reiseapparat nöthig, da man hier zu Lande ohne Reit- und Lastthiere kaum auch nur eine meilenweite Reise zu unternehmen im Stande ist.

Man reiset in Cypern zu Pferd, zu Maulthier oder Esel. Kamele werden nur zur Fortbringung von Lasten verwendet. Eine Fusspartie zu machen wäre ganz ungewöhnlich und gröstentheils unausführbar, nicht weil das Terrain oder die klimatischen Verhältnisse es verbieten, sondern weil die einzigen praktikabeln Reitpfade für den Fussreisenden beinahe ungangbar sind. So haben wir uns der allgemeinen Sitte folgend sowohl in der Ebene als im Hügelland stets der Reithiere bedient, ja wir sind mit denselben oft bis nahe zu den Kuppen und Gipfeln der Hochgebirge vorgedrungen.

Da uns weder ein Photograph, ein Zeichner oder Jäger beigesellt, noch irgend ein Aushilfsdiener beim Aufsammeln und Trocknen der Pflanzen, beim Sammeln der Mineralien und Insekten und zu vielen andern nothwendigen Geschäften zur Seite stand, so war die ganze Wucht der Arbeit allein auf unsere Schultern gelegt, und ich fühlte es ungeachtet aller Rücksicht, die mein vielerfahrener Reisegefährte für mich hatte, nur zu oft, dass ich solcher Anstrengung kaum mehr gewachsen war.

Obgleich auf das äusserste beschränkt, hatten wir doch zur Fortbringung unserer selbst, der nothwendigsten Instrumente, Geräthschaften und Lebensmittel u. s. w. stets 7 Thiere nothwendig, die obgleich sattsam belastet, zuletzt auch noch unsern Koch und die beiden Maulthiertreiber auf ihren geduldigen Rücken nehmen mussten. —

Cypern ist nicht wie Griechenland ein Land des Mangels und der Entbehrungen. Durch seinen in den Niederungen äusserst fruchtbaren Getreideboden, durch seine ausgedehnten Obstgärten und Weinberge, gibt es allenthalben etwas zu naschen, und man hat auf den grösseren Touren nicht nöthig, sich auf Wochen im Voraus mit den nöthigen Lebensmitteln zu versehen. Wenn wir uns Reis, Zwiebaek, einige Hülsenfrüchte, Butter u. dgl. von der Stadt, die wir zuletzt betraten, mitnahmen, so reichten wir für unsere Bedürfnisse vollkommen aus.

Eier, Hühner, Schöpsen- und Schweinefleisch, und unter günstigen Umständen ein Ferkel, ein Hase oder ein selbst erlegtes Francolin war auf jedem Dorfe, in jedem Kloster zu haben, auch fehlt es selten an einem guten Glase Wein dazu.

Auf Milch zum Frühstück als Beigabe des Thees, mussten wir freilich in der Regel verzichten. Nicht wenige Wirthschaften sind durch unsere selbst flüchtige Anwesenheit um ihren ausgedienten Haushahn oder um die Matrone unter den Hühnern ärmer geworden, aber sie gaben unsern täglichen Pilav dadurch die nöthige Kraft und den Geschmack, und wenn auch kein Stück Braten oder Orangen zum Nachtische hinzukamen, so konnten wir doch bei dieser nahrhaften Kost täglich einen Ritt von 8—10 Wegstunden zurücklegen; und dass auf ein solches Tagewerk der Schlaf unter eigenem Dache (des Zeltes), selbst wenn nur der Sattel zum Kopfkissen diente, vortrefflich schmeckte, lässt sich wohl errathen.

Ich übergehe hier die mannigfaltigen und grossartigen Naturgenüsse, welche uns die fast täglich veränderte Landschaft, der Wechsel von Bergland, Ebenen und Küsten, der stets ungetrübte Himmel und die allenthalben zur reichen Lese einladenden Fluren gewährten; nicht minder angenehm waren wir auch zugleich durch das meist freundliche Entgegenkommen der Bewohner, ihre Dienstfertigkeit und Guthmüthigkeit überrascht, und wenn uns auch dort und da etwas Unangenehmes begegnete, so war dies mehr auf Rechnung des Zufalls oder der Unkenntniss mit dem Lande und seinen Sitten, als auf Rechnung der Böswilligkeit der Menschen zu schreiben.

So oft wir auch von Räubereien, Todschlägen u. s. w. in diesem oder jenem entlegenen Theile der Insel hörten, so erwies sich dies immer als eine Lüge, und wir bedauerten es sehr, dass wir einmal durch dergleichen Gerüchte erschreckt, uns von dem Gouverneur des Landes einen berittenen Escortemann erbaten, der uns auch sogleich bewilliget durch 14 Tage begleitete, uns aber mehr zur Last als zum Schutze diente, und dessen wir wahrlich unter den friedlich lebenden Dorfbewohnern gar nicht bedurft hätten.

Einzelne auf Sitten und Gewohnheiten sich beziehende Darstellungen, einige frappante Begegnungen und Erlebnisse wird der Leser dort und da in den folgenden Blättern zerstreut finden, und daraus zu entnehmen im Stande sein, in welchem ärmlichen, gedrückten ja selbst verkommenen Zustande der grösste Theil der Bewohner der Insel in der That sein Leben zubringt.

Hat Clarke in seinen Travels (I. p. 315) vor 50 Jahren über Cypern die keineswegs schmeichelhaften Worte: „agriculture neglected — population almost annihilated — pestiferous air — indolence — poverty — desolation," sagen können, so ist es mir leider nicht möglich von diesem Zeugniss auch jetzt nur einen Buchstaben zu ändern.

Wenn man auf den entferntesten Theilen der Erde z. B. in Australien, Neu-Seeland u. s. w. Postdampfer, Häuser nach europäischer Construction und mit europäischer Einrichtung, ja selbst mit Clavier und allem Comfort versehen, nebstbei die vollste Einbürgerung heimischer Sitten wahrnimmt, so erregt es doppelt unser Staunen, in einem Lande wie Cypern, das uns von Jugend auf durch seine frühere Cultur, durch seinen Reichthum und durch seinen ausgebildeten Religionscultus eine Art Ehrfurcht abgenöthiget hat, nunmehr als eine geistige Oede so wie als einen der Civilisation entfremdeten Boden zu finden.

Alle Versuche, welche der Westen früher oder später machte, um diese zauberische Insel wieder auf die Bahn europäischer Gesittung zu bringen, sind an der aus den Steppen Mittelasiens hereingebrochenen Barbarei gescheitert; und so schaltet und waltet der Halbmond über den Grabeshügeln der Könige, über Städteruinen, über den verschütteten Säulenhallen von Tempeln und Palästen, als wären es Geröllbänke, die ein tosender Waldstrom bei seinen Ueberfluthungen dort und da zurückliess. —

Wenn es wahr ist, dass alle Geheimnisse, Kräfte und Wirkungen, deren Beherrschung sich die Magie zuschreibt, in „verbis, herbis et lapidibus“ liegen, so habe ich vielleicht nicht Unrecht gethan, das cyprische Eiland zum Gegenstande einer besonderen Untersuchung zu wählen, denn wo dürften sich die Räthsel über jene drei Puncte eher vereiniget beisammen finden, als auf diesem kleinen vom Meere umschlungenen Erdstrich, reich an Erinnerungen, reich an eigenthümlichen Gewächsen und ihren Producten und ebenso durch ihren Metallreichthum seit den ältesten Zeiten berühmt.

Der Naturforscher ist der Magier unserer Zeit, aber nicht mit erträumten Kräften treibt er sein Handwerk, sondern mit Kräften, deren Wirkungsweise er kennt, die er in den Bann von Maass und Gewicht schlägt, und die er eben dadurch zu beherrschen und sich völlig unterthan zu machen im Stande ist.

Der gesammte Orient und die nicht minder sagenreiche Insel Kypros war einst die Geburtsstätte jener Zauberei, die sich der gesammten Natur zu ihrem Vehikel bediente. Längst ist der Glaube daran verschwunden, und die Magier der Neuzeit haben nur die Aufgabe, dasselbe Substrat, das einst so mächtig in alle Verhältnisse des Lebens, der Kunst und Religion eingriff, auf seine gesetzlich fortschreitende Wirksamkeit zurückzuführen.

Möge der Versuch, den ich hier im Vereine mit den von gleichen Gesinnungen durchdrungenen Reisegefährten machte, nicht fruchtlos bleiben, und früher oder später zu einer Anregung dienen, für die ich so gerne einen Theil meiner Habe, meines Lebens und meiner Kräfte zum Opfer brachte.

Graz am 16. October 1863.

F. Unger.

Inhalt.

Von den beiden auf dem Titel genannten Verfassern des Buches wurde der Inhalt desselben in folgender Weise zu Stande gebracht.

Von Dr. Unger wurden bearbeitet:

Seite   1—116

„   150—173

„   393—569

„   590—598

Aus der Feder Dr. Kotschy's flossen:

Seite 116—150

„   173—393

„   570—590

Schriftliche Mittheilungen, die grösstentheils unverändert in den Text aufgenommen wurden, sind überdies von nachstehenden Herren und Anstalten gemacht worden, deren Namen in der Ordnung ihrer Mittheilungen auf einander folgen. Es sind: Dr. Fr. Zirkel, Prof. E. Reuss, Dr. F. Stoliczka, Dr. K. Zittel, Consul Giuseppe Pascotini, k. k. Centralanstalt für Meteorologie, A. Grunow, Prof. Alex. Braun, Dr. Reichhardt, A. v. Krempelhuber, J. Juratzka, Dr. Ludwig, J. Forstner, Brunner v. Wattenwyl, Prof. Ewald, Pierides, Prof. L. Schmarda, denen allen hiemit der verbindlichste Dank gesagt wird.

Von den zahlreichen Holzschnitten können nur einige wenige als gelungen bezeichnet werden, die grössere Anzahl ist weit hinter den Vorlagen zurückgeblieben und lassen in artistischer Beziehung viel zu wünschen übrig.

I. Geologische Skizze der Insel Cypern.

I. Topographisch-geognostische Verhältnisse im Allgemeinen.

Cypern ist mit Ausnahme Siciliens, Sardiniens und Cretas, die grösste Insel im Mittelmeere. Sie hat in ihrer grössten Länge von Paphos nach dem Cap Andreas 30·27 geographische Meilen, in der grössten Breite vom Cap Kormachiti nach dem Capo gatto 12·8 geographische Meilen und einen Umfang von 83·5 geographischen Meilen. Ihr Flächenraum beträgt 172·97 geographische ☐ Meilen *).

Sie liegt zwischen dem 34⁰ 33' 30" und 35⁰ 41' 18" nördlicher Breite und dem 32⁰ 15' 42" und 34⁰ 35' 48" östlicher Länge von Greenvich in dem pamphilischen Meere, d. i. in der obern Ecke des Busens, den Kleinasien mit Syrien bildet, und ist sowohl von diesem als von jenem Festlande nicht mehr als 10—12 Meilen entfernt.

Die vorwaltende Längenausdehnung dieser Insel wird besonders durch einen im Nordosten weit hinausstehenden

---

*) Alle Maasse sind der Seekarte von Cypern von Thom. G r a v e s entnommen und nach den dortigen Angaben berechnet. Sie stimmen auffallend gut mit S t r a b o's Daten überein, der die Länge der Insel auf 1400 Stadien, die Breite auf 680 Stadien und ihren Umfang auf 3420 Stadien feststellte. Die Angaben anderer Schriftsteller sind meistens fehlerhaft.

schmalen Vorsprung gebildet, während die übrigen Theile derselben sich zu einem mehr oder weniger regelmässigen Polygon vereinigen. Eben diese zahlreichen Ecken und Vorsprünge haben dieser Insel schon im Alterthume den Namen der „gehörnten“ ($\varkappa\varepsilon\varrho\grave{\alpha}\sigma\tau\eta\varsigma$)*) ertheilt.

Cypern ist ebensowohl gebirgig als flach zu nennen, aber eben dieser Wechsel von Bergen und Ebenen trägt nicht wenig zur Milderung seines im Allgemeinen heissen Klimas, so wie zu seiner Fruchtbarkeit und Anmuth bei, die es gegenüber andern Inseln des Mittelmeeres in so hohem Grade besitzt.

Im Ganzen sind es nur zwei geschiedene und daher von einander gewissermassen unabhängige Gebirgssysteme, welche sowohl die Hauptform als die Ausdehnung und Richtung der Insel begründen. Das eine ein ziemlich ausgedehntes System von Bergen, die sich nach allen Richtungen hin verflächen, aber dennoch im Allgemeinen einen west-östlichen Zug verfolgen, befindet sich im Südwesten der Insel, das andere entfernt von diesem ist eine ununterbrochene schmale Kette zwar steiler aber minder hoher Berge, die sich längs der Nordküste hinziehen und sich allmählich in ein Hügelland auflösen. Ich will das erstere Gebirgssystem das System des Troodos, letzteres die Nordkette nennen.

Zum Systeme des Troodos, welches im Südwesttheile von Cypern beginnt und sich bald zum Hochgebirgsstocke des cyprischen Olympos — des Troodos — erhebt, muss als Fortsetzung nach Osten noch der Adelphos oder Aoos und der Machéra so wie der Monte St. Croce (Stavro Vuno) gezogen werden. Die Nordkette hingegen am Cap Kormachiti ihren Ursprung nehmend, läuft in ununterbrochener Folge über die Gebirge von Lapithos, Pentadactylon u. s. w. bis Comi, wo sie sich in das Hügelland von Carpasso bis zum Cap St. André fortsetzt. Hat das Gebirgssystem des Troodos tiefe Schluchten und steile Abstürze, aus denen zahlreiche Flüsse ihren Ursprung nehmen und die ganze Insel

---

*) Petrus Gyllius, de Bosporo thracico I. 5. 44.

bewässern, so ist die Nordkette nur auf wenige ergiebige Quellen und kurzläufige Gebirgsbäche beschränkt, die meist am Grunde steiler Gebirgskämme hervorbrechen.

Aber eben so wie in ihrem äussern Ansehen und Verhalten sind die beiden einander entgegenstehenden Gebirgssysteme auch in ihrer geognostischen Beschaffenheit und ihrem innern Baue nach verschieden.

Der Stock des Troodos und was sich unmmittelbar an ihn anschliesst, ist plutonischer Natur. Diorite, Aphanite und alle Arten von Hornblendegestein nehmen seine Höhen ein, und erstrecken sich im südwestlichen Theile der Insel bis an das Meer, im östlichen Theile dagegen sind sie meist von neptunischen jüngeren Gebirgsschichten bedeckt und treten nur dort und da vereinzelt aus dieser Decke hervor.

Die Nordkette von diesem durch eine beträchtliche Niederung getrennt, wird von einem dichten, verschieden gefärbten, oft breccienartigen Kalksteine gebildet, dessen Alter aus Mangel an organischen Einschlüssen nicht mit voller Bestimmtheit angegeben werden kann, auf dessen Lagerungsverhältnisse aber der Diorit des Südstockes sicherlich nicht ohne Einfluss geblieben ist, indem sein häufiges inselartiges Hervortreten in demselben auf einen tieferen Zusammenhang mit jenem hindeutet.

Entsprechend diesen Erhebungen müssen sich auch die Flussgebiete gestalten, und es ist begreiflich, dass die zwischen beiden Gebirgssystemen gelegene Ebene die grössten Flüsse des Landes aufzuweisen haben.

Es theilen sich in diese Ebene zwei ansehnliche Flüsse, von denen der eine kleinere, namenlose, indem er seinen Hauptzufluss aus dem Troodos erlangt, sich nach Westen wendet, und dort in den Golf von Pentagia mündet, der andere grössere Pediás ($\Pi\varepsilon\delta\iota\alpha\tilde{\iota}o\varsigma$) gleichfalls in den Bergen von Machéra entspringend sich bald in entgegensetzter Richtung wendet, die grosse fruchtbare Ebene Mesaria durchströmt und befruchtet, und sich zuletzt in unscheinbaren Mündungen in den Golf von Famagusta ergiesst. Nimmt der erstere aus den beiden Gebirgssystemen nur kleinere Nebenflüsse auf, so erlangt der Pediás von den über Dali kommenden Idalia ($\Sigma\dot\alpha\tau\varrho\alpha\chi o\varsigma$) einen beträchtlichen Zufluss.

Von den übrigen Flüssen der Insel sind nur noch einige aus dem Troodos-Stocke entspringende und nach Norden, Westen und nach Süden divergirende Flüsschen von einiger Bedeutung. Die beiden Flüsse, von denen der eine — Xero-Potamos das Thal von Evriko, der andere — Klareos-Potamos das Thal von Levka bewässert, laufen beinahe parallel nach Norden, dagegen hat der Fluss von Chrysoku anfänglich eine ostwestliche Richtung, die er erst bei der Vereinigung seiner beiden Arme in die nördliche Richtung abändert. Viel weiter auseinander liegende Quellen hat der Kairopotamos, der sich bei Kuklia mündet, indem er einen Theil seiner Zuflüsse aus den Bergen von Omodos, den andern Theil von dem rauhen Gebirgsstocke des Klosters Kikku erhält. Dem ungeachtet steht er an Wasserreichthum dem aus dem Troodos kommenden Lykos nach, der die Gegenden von Episcopi, Colossi und die Halbinsel Acrotiri im Ueberflusse mit Wasser versorgt. Die übrigen Flüsschen, welche von Limasol bis Larnaka aus den Gebirgen von Machéra und St. Croce kommend, meist nach kurzem Verlaufe in das Meer gehen, sind obgleich mehrere derselben eigene Namen besitzen, wie z. B. Garilli, Basilopotamos, Pentachino u. s. w. dennoch höchst unbedeutend zu nennen.

Alle diese Flüsse und Bäche der Insel führen ohne Ausnahme im Sommer kein Wasser in ihren unteren Theilen, und selbst näher ihrem Ursprunge ist ihre Wassermenge nur sehr gering, da dasselbe durch zahlreiche Gräben und Wasserleitungen auf naheliegende Felder geführt wird. So sah ich zu meinem Erstaunen schon im Monate April aus einem mitten im trockenen Flussbette des Pediás bei dem Dorfe Pera gegrabenen Brunnen, Wasser schöpfen *). Der Reisende über-

---

*) Hier war es, wo man im Jahre 1836 nach Wasser grabend auf eine bronzene wohlerhaltene Statue stiess, die von den Bauern des Metalles wegen zerhackt und die Oka zu 5 Piaster verkauft wurde. L. Ross, Reisen etc. p. 162.

setzt daher vom Monate April angefangen alle diese Wasser-
rinnen mit Leichtigkeit ohne alle Brücken.

Nur von den beiden grösseren Flüsschen sind die Mündungen so versumpft, dass man selbst zur trockensten Zeit
nicht ohne Benützung der rohen Ueberbrückungen hinweg
kommen kann. Die meisten kleineren Flüsschen verlieren
sich schon, bevor sie die See erreichen, im Sande. Im Winter
hingegen füllt sich nicht nur das oft breite und tiefe Flussbett
mit Wasser, sondern dieses tritt sogar über die Ufer und
breitet sich weithin über das ebene Land aus. Dieser Fall findet namentlich bei dem Pediás statt, der deshalb dem ganzen
Thale durch den hinterlassenen Schlamm eine solche Fruchtbarkeit ertheilet, dass er mit dem Nil verglichen wird.

Der grosse Wechsel des Wassers in den verschiedenen
Jahreszeiten ist zugleich auch die Ursache, dass sich in demselben keine Fische erhalten können. Nur mit Mühe gelang
es uns, in einigen Tümpeln des Flusses von Morphu und des
Baches bei Mazoto, einige kleine Fischchen zu bekommen,
die streng genommen nicht einmal zu den Süsswasserfischen
gehörten, sondern vom Meere in die Flüsse kamen. Dieselben waren ein *Barbus*, den man hier *Βαρβουνια* nennt und
Mugil cephalotes Cuv. — *Κεφαλος.*

Im Allgemeinen sind die Flussbette tief eingerissen,
sowohl nahe dem Ursprunge des Flusses wo sie meist engen
Gebirgsspalten folgen, wie z. B. der Pediás von seinem Ursprunge bis nach H. Herakliti, als in der Ebene, die sie
durchfurchen und in den lockeren aufgeschwemmten Thonschichten mehrere Klafter tiefe Rinnsale aushöhlen. Sowohl
der Pediás und seine Nebenzweige, als der Fluss von Morphu
können als Beispiele angeführt werden.

Alles Wasser der Flüsse ist geschmacklos und zum
Trinken geeignet, nur wird es durch den langen oberflächlichen Lauf je weiter vom Ursprunge entfernt, desto fader;
indess ist in den Niederungen des Landes das Flusswasser
dennoch die einzige Quelle der Erfrischung.

Die besseren und ergiebigeren Quellen finden sich nur
im höhern Gebirge, obgleich auch hier die Temperatur der-

selben nicht unter 6·6⁰ R. geht. Quellen mit 10—12⁰ R. gehören schon zu den Ausnahmen; starke nahe am Meereshorizonte entspringende Quellen hatten durchaus 15—17⁰ R.

Näheres über die Quellen von Cypern, ihre Vegetation und Thierwelt findet sich in einem der folgenden Abschnitte zusammengestellt.

Indess verdienen doch zwei Quellen wegen ihres Wasserreichthumes schon hier eine besondere Erwähnung. Die Quelle von Hierokipos aus einer Kluft des Meeressandsteines, nicht ferne von der Küste entspringend, hat zugleich ein historisches Interesse, die andere noch reichlichere Quelle im Gebirge hinter Kythräa aus mehreren Zuflüssen in einer Höhe von beinahe 700 Fuss aus einer Kalkbreccie hervorbrechend, wird durch die Fülle ihres Wassers, der Segen der ganzen Landschaft von Kythräa und hat sicher zur uralten Ansiedlung daselbst Gelegenheit gegeben.

Die erste Quelle hat ihre unterirdischen Zuflüsse in dem weit ausgedehnten gebirgigen Distrikt von Paphos, den sie dadurch fast wasserarm macht, indem westlich von Kairopotamos nur ganz unbedeutende Bächlein aus den Bergen dem Meere zuströmen. Da Paphos selbst, eine der bedeutendsten alten Städte nur durch eine Wasserleitung von Ferne her, wovon noch Spuren zu bemerken sind, seinen namhaften Bedarf an Wasser sicherte, so war die nahe an dieser Stadt aus einer tiefen, malerischen Felskluft entspringende stattliche Quelle schon für die alte Zeit ein ganz vorzügliches Geschenk der Natur, welches dazu benützt wurde, um hier, wie der Name besagt, Haine und Gebüsche anzulegen, die mit dem Heiligthume von Paphos in Verbindung standen*).

Natürlich findet sich gegenwärtig ausser der Quelle keine Spur jener Anlagen mehr vor, nur zeigen die prachtvollen alten Terebinthen, womit diese Gegend geschmückt ist, dass unter der dürren felsigen Decke hinlängliche Feuchtigkeit verborgen sein müsse.

----

*) Man hat sogar einen unterirdischen Gang diesen heiligen Gärten nach Paphos erkennen wollen.

Die andere Quelle, nämlich die von Kythräa, macht sich für den Geologen dadurch besonders bemerklich, dass sie auf einer schmalen Gebirgskette in einer solchen Höhe entspringt, die es zweifelhaft lässt, wo das Sammelbecken für dieselbe zu suchen sei, um so mehr, als mit Ausnahme des nahen Pentadactylon die übrigen Gebirgstheile sich kaum noch einmal so hoch erheben und durchaus viel zu steile Abfälle besitzen, um das meteorische Wasser aufzuhalten, zu sammeln, und es auf unterirdischem Wege der Quelle zuzuführen.

Es ist bekannt, dass diese Quelle, die noch jetzt mehr als ein Dutzend Mühlen treibt, einst zur volkreichsten Stadt der Insel — nach Salamis — in einer grossartigen Wasserleitung geführt wurde.

Eine viel unbedeutendere Quelle bei Arpera, nordwestlich von Kitin, wird seit etwa 100 Jahren nach Lanarka in einer Wasserleitung geführt, vermag aber nicht ganz die Bedürfnisse der Bevölkerung der beiden Stadttheile zu decken. Ihre Temperatur betrug Ende März $13\cdot6^{0}$ R.

An Süsswasserbecken fehlt es im gebirgigen Theile der Insel ganz, ja man findet nicht einmal künstliche Aushöhlungen des Bodens zur Sammlung des Wassers für Thiere, die sich über den Sommer mit den geringsten Mengen desselben begnügen müssen. In dem ebenen Theile der Insel sind nur zwei Süsswasserbehältnisse, beide vom geringen Umfange, bemerklich, nämlich der See von Paralimni, und der See, oder besser gesagt, die Lache von Yvatili, welche beide, indem sie nur sparsam durch Quellen ernährt werden, während der heissen Jahreszeit beträchtlich eintrocknen. Dies ist auch die Ursache, warum sowohl der eine als der andere fischlos sind. Wenn es daher auf der Karte von A. Gaudry u. A. Damour bei dem See von Paralimni heisst: „Étang d'eau douce poissoneux," so beruht das auf einem Irrthume. Wiederholte Fragen an Ort und Stelle, so wie anderwärts bei landeskundigen Personen haben diesen See für jede Jahreszeit als aller Fische bar bezeichnet.

Ausser diesen beiden Süsswasserseen, die eigentlich dem Sandsteinplateau angehören, finden sich im östlichen Theile der Insel noch ein paar kleinere Wasseransammlungen fast hart am Meere gelegen. Sie nehmen einen Theil der Ebenen zwischen Famagosta und den Ruinen von Salamis ein, haben aber kein süsses, sondern ein brackisches Wasser.

Diese Seen bilden auch so zu sagen den Uebergang zu zwei grösseren Seen, von denen einer bei Larnaka, der andere in der Landzunge von Acrotiri, südlich von Limasól liegt, und die durch den Salzgehalt ihres Wassers in national-ökonomischer Beziehung von dem grössten Vortheile für das Land sind, denn sie sind nichts anders als natürliche Salinen, welche die Gewinnung des Kochsalzes auf die einfachste und leichteste Weise gestatten.

Beide Seen liegen zwar knapp am Meere, haben aber von daher keinen sichtlichen Zufluss, im Gegentheile kommt vom angrenzenden Lande zur Winterszeit so viel Wasser in diese Becken, dass es durch Kanäle nach dem Meere abgeführt werden muss. Eine solche, in den Zeiten der Venezianer Herrschaft angelegte Abzugsleitung am Salzsee von Larnaka sicht man noch jetzt, obgleich im verfallenen Zustande. Am Salzsee von Acrotiri konnte ich noch am Anfange des Monates Mai einen schwachen Zufluss von Westen her bemerken. Beide Seen liefern enorme Quantitäten Kochsalz, das zu Ende des Sommers (August), wo dieselben ganz oder doch grösstentheils austrocknen, durch Zusammenschaufeln der durch Verdunstung des Wassers niedergeschlagenen Salzkruste, gewonnen wird. Das Salz wird dann in grossen Haufen am Ufer des Sees angesammelt und bleibt in diesem Zustande auch während des Winters, indem selbst andauernde Regen nicht viel davon wegzuführen vermögen. Diese Salzhügel sind äusserlich von aschgrauer Farbe, enthalten aber unter der äusseren Kruste ein schönes weisses Salz, welches durch die Anhäufung und durch die Einwirkung des Regens zu einer so compacten Masse zusammensintert, dass es zuletzt nur mit Krampen auseinander gebracht werden kann. Erst in der darauf folgenden Frühlingszeit wird es auf zweiräderige Karren geladen und in die nahen Städte — Larnaka oder

Limasol — gebracht, und von da über die ganze Insel und die benachbarten Theile des Orients verführt *).

Schon Saligniaeus spricht **) von der ungeheuren Quantität Salz, welches hier gewonnen wird. Noch zur Venezianer Zeit wurden jährlich 70 Schiffe damit befrachtet, und Devezin berichtet, dass der Salzsee von Larnaka im Jahre 10 Millionen Oka, d. i. 200000 Centner, jener von Limasol 300000 Centner Salz liefere. Die Regierung, welche die Salzgewinnung verpachtet, erhält doch nicht mehr als einen jährlichen Ertrag von 200000 Piaster.

Es ist Jedem, der diese Gegenden von Angesicht kennen gelernt hat, leicht begreiflich, dass das Salz nicht etwa durch Auslaugen des salzhaltigen Bodens in Folge der zuströmenden Tagwässer und durch spätere Verdunstung eben dieses Wassers hervorgeht. Wäre dieses der Fall, so müsste die Salzproduction von Jahr zu Jahre abnehmen, da ein schon ausgelaugter Boden nothwendig immer weniger geben muss. Davon ist aber hier keine Rede, im Gegentheile stellt sich unter übrigens gleichen Umständen jährlich durchaus kein verminderter Ertrag heraus. Das Salz ist also wie bei den Meeressalinen ein Ergebniss des Meerwassers. Da das Becken jener Salzseen tiefer als das Niveau des Meeres liegt, so muss nothwendig durch die porösen Sand- und Thonschichten Meerwasser hindurch dringen und das Wasser des Beckens, den hydrostatischen Gesetzen zufolge, auf das gleiche Niveau bringen. Im Winter, zur kälteren Jahreszeit, wo die Verdunstung geringer und ein wenn gleich unbedeutender Zufluss von salzfreien Tagwässern stattfindet, muss der Salzsee sogar über das Meeresniveau steigen, und es ist erklärlich, wie man sehr zweckmässig diesen Ueberschuss von Wasser durch Canäle in das Meer abzuleiten suchte. Im Sommer hingegen,

---

*) Siehe den ersten Holzschnitt im Artikel V.

**) Hic (Kition) prope Portum ruinosum, salinarum appellatum, per duo fere milliaria in valle diffusa, ac maris littori propinqua, singulis annis mira gignitur salis abundantia, ex aqua dulci congelata et virtute salis decocta, quae meo judicio usui totius orbis sufficeret. Saligniacus Iter Hierosolym. 4. 3.

wo alle oberflächlichen Zuflüsse aufhören und das Durch-
sickern des Meerwassers mit der gesteigerten Verdunstung
nicht Schritt zu halten vermag, muss nach und nach eine
Verminderung des Seewassers und endlich eine gänzliche
Vertrocknung desselben eintreten. Bei beiden Seen scheint
mir überdies noch ein anderer Factor nicht zu übersehen.

Sowohl das Seebecken von Lanarka als jenes von Akrotiri liegt zum grossen Theile im jüngsten Meeressandstein und
bildet gewissermassen eine tiefe Niederung desselben, die
wahrscheinlich nur an einigen Stellen von durchlässigen
Schichten gegen das Meer abgeschlossen ist. Es wird dadurch begreiflich, wie das Meerwasser längere Zeit braucht,
um sich innerhalb desselben in das gleiche Niveau zu stellen,
und wie eine starke und anhaltende Verdunstung bei dem
Mangel jedes atmosphärischen Zuflusses jährlich am Ende des
Sommers eine völlige Austrocknung des Beckens zu Stande
bringt.

Man ist der Meinung, dass der Salzsee von Lanarka in
den älteren Zeiten einen Umfang von 12 Meilen gehabt habe,
der sich jetzt nur auf ein Paar Meilen erstreckt, indem ein
grosser Theil desselben für immer trocken gelegt und der
Cultur übergeben wurde*).

II. Die Gebirgsformationen.

Unter den verschiedenen Gebirgsformationen, die nach
und nach das gegenwärtige Relief der Insel gebildet haben,
kommen sowohl pyrogene Felsarten als Schichten aus dem
Wasser abgesetzt zu betrachten. Wenn diese auch den grösseren Antheil an der Flächenausdehnung des Bodens ausmachen, so kommt doch jenen massigen Gesteinen der eigentliche Einfluss auf die Form und Ausdehnung so wie auf die
Gesammtgestalt der Insel zu.

---

*) Mariti, Viaggi per l'isola di Cipro etc. p. 177.

1. Pyrogene Gesteine.

a. Grünsteine.

Von den pyrogenen Gesteinen sind nur Hornblende- (Amphibolit-) Gesteine, Diorite und Augit- (Pyroxen-) Gesteine, Diabase und Aphanite so wie Gabbro in grosser Ausdehnung vorhanden, und bilden so zu sagen das vorherrschende Gestein, alle andern in diese Rubrik fallenden Felsarten, wie Quarzit, Porphyr, Waeke, Schieferthon, Ocker u. s. w. sind nur auf kleine oder minder ausgedehnte Stellen beschränkt, und zeigen sich den ersteren immer als untergeordnet.

In der Regel sind diese Gesteine sammt und sonders ohne alle Sehiehtung, nur eine nach vielen Seiten regellos stattfindende Zerklüftung zeigend; zuweilen tritt jedoch eine nicht undeutliche Absonderung in schichtenförmigen Massen auf; die Schichten befolgen aber an versehiedenen, oft nicht weit von einander entfernten Stellen ein verschiedenes Streiehen und Verflächen. Eine stark aufgeriehtete, selbst senkrechte Stellung der Schichten ist dann nicht selten vorherrschend und bedingt die Richtung des Gebirgszuges und die Spalten der tief eingerissenen Thäler.

Dagegen ist die kugelige und concentrisch-schalige Absonderung bei Weitem häufiger. Solche Kugeln nehmen einen Durchmesser von $\frac{1}{2}$ bis 1 Fuss an, sind etwas polyädrisch, im Umfange von dunkler Farbe, nach innen zu heller, während die schalige Umgebung wie ein fremdes lichtes Bindemittel erscheint. Auf der Durchschnittsfläche nimmt sich dies meist leieht verwittbare Gestein ähnlieh einem zelligen Gewebe im vergrösserten Maassstabe aus.

Auffallend schöne Formen dieses Diorits begegneten mir auf dem Wege von Machéra nach Pera, so wie in der nächsten Umgebung von Moni.

Diorite sowohl als Diabase so wie Diallage bilden dunkle Gesteine von sehmutziggrauer, braun- oder schwarzgrüner Farbe. Die Festigkeit, so wie die schwere Verwitterbarkeit

mancher Varietäten, eben so die scharfkantigen Ablösungs-
flächen machen sie zu einem rauhen Gesteine, das für keine
Cultur, mit Ausnahme des Weinstockes, einen passenden
Boden bildet. Mancher Diallagfels, namentlich jener, welcher
die Kuppe des Troodos bildet, erlangt an den der Luft ausgesetzten Flächen, eine ockergelbe Farbe, die von der Verwitterung der in ihm vorkommenden Körner schwarzen,
schlackigen Titaneisenerzes herrührt; der Saussurit-Gabbro
wird an seiner Oberfläche zuweilen bienenwabenförmig aus-
gefressen.

Sehr häufig geht der Diabas in Aphanit über, so dass
seine Gemengtheile nicht mehr unterscheidbar sind und er
nichts als eine graugrünliche homogene Masse darstellt, ja
sogar ein grauwackenähnliches oder tuffartiges Ansehen erhält. So hat z. B. auf der halben Höhe des Monte St. Croce
der Diabas stellenweise noch den weissen Feldspath zum vorherrschenden Gemengtheile und der grünlichschwarze Augit
mit deutlichen Spaltungsflächen ist scharf von ersterem getrennt. Das Gestein ist grobkörnig, und kohlensaurer Kalk
erscheint nebenbei wie eine Imprägnationssubstanz. Gegen
die Spitze dieses Berges, so wie auch sonst im ganzen Gebirge vorwaltend, erscheint der Diabas aphanitartig. Nur mit
Hilfe der Loupe kann man noch die weissen feldspathartigen
Gemengtheile von dem grünlichen augitischen unterscheiden,
auch scheint überdies das in den Diabasen vielfach verbreitete chloritische Mineral hinzugetreten zu sein. Uebrigens ist
das Gestein zuweilen durch und durch mit mikroskopisch
kleinen Eisenkiespünktchen durchzogen*).

Noch weiter in der Umwandlung vorgerückt, ist der
Aphanit (Kalkdiabas) von den östlichsten gesonderten Parzellen bei Hagia Napa. Augit und Kalkfeldspath sind hier
in Grünerde und kohlensauern Kalk übergegangen. Letzterer
findet sich als kleine spiegelnde Krystalle in der lichtgrünen
Masse eingebettet, und füllt zugleich die schmalen Klüftchen

---

*) Ich danke diese genauen Untersuchungen der Güte des Herrn Dr.
Ferd. Zirkel.

derselben aus. Auch sehr sparsame kleine Glimmerblättchen, wahrscheinlich gleichfalls Umwandlungsproducte sind ausserdem noch auf der matten Oberfläche des Gesteines zu bemerken.

Noch seltener, wie bei Strullus, wird der Kalkdiabas zum Diabasmandelstein, indem der dichte, von kohlensaurem Kalk durchdrungene Diabas (Aphanit) dunkle Blasenräume von Hanfkorn- bis Erbsengrösse erhält, die durch weisse Kalkkügelchen erfüllt sind. Dieselben unterscheiden sich durch ihre Entstehungsweise und Structur vollständig von den Sphärolithen in Obsidianen, Pechsteinen und Porphyren, indem sie stets compact und nie concentrisch-schalig oder excentrisch-strahlig sind. Endlich erlangt dasselbe Diabasgestein in gleicher Localität eine vollständige Umwandlung in echten grauliehrothen Kalkdiabas. Trümmer kohlensauren Kalkes enthalten kleine glänzende Kalkspathkrystalle und das Eisen auf höherer Oxydationsstufe.

Andererseits geht der Aphanit durch anogene Umwandlung in einen fast vollständig wackenartigen Zustand über, wie man dies in grosser Ausdehnung am Fusse der Nordostseite des centralen Gebirgsstockes, z. B. bei Heralki sehen kann.

Anders nimmt sich das Centrum desselben Gebirgsstockes aus. Hier treten einerseits dichte Hornblendgesteine sowie andererseits Gabbro auf. Der Amphibolit, worauf das Gebirgsdorf Prodromo steht, ist ein fast dichtes Aggregat von Hornblende ohne Spur accessoriseher Gemengtheile. Auch ihm kommt nicht selten ein an der Oberfläche zelliges Zerfressensein in Folge der Verwitterung zu.

Nicht ferne davon findet sich ebenso auffallender Diallagfels. Die graulichgrünen Diallagindividuen mit metallisch schimmernden perlmutterglänzenden Spaltungsflächen sind regellos durcheinander gewachsen, manche zolllang, wodurch das Gestein ein grobkörniges Ansehen gewinnt, wie es dem Gabbro meist eigenthümlich ist. Von einem feldspathartigen Gemengtheil (Labrador oder Saussurit), welcher sonst den Diallag zu begleiten pflegt, scheint keine Spur vorhanden zu sein; ebenso fehlen andere accesorische Gemengtheile. Aber nicht ferne von diesem so ausgezeichneten Gesteine mengen sich unregelmässige dichte, harte, grauliche, bis ins Grünlichweisse übergehende Saussuritpartien unter die kleinen dunkeln Diallagindividuen und bilden einen wahren Saussurit-Gabbro. Hie und da sind dann darin auch noch kleine liehter grüne als der Diallag gefärbte Serpentinkörner zu beobachten. Bei Verwitterung treten auf der Oberfläche des Gesteines bienenwabenförmige Vertiefungen auf.

Derselbe Diallagfels, welcher einerseits feinkörnig wird und Titaneisenerz aufnimmt, wie dies auch in den cornischen Gabbrogesteinen von St. Keverne und Gwendra, sowie in jenen vom Harz der Fall ist, ist andererseits durch den Gemengtheil von Serpentin ausgezeichnet. Die kleinen Diallagindividuen nehmen jedoch immer nur sparsam kleine ölgrüne Körner von Serpentin auf, die in dem ziemlich grobkörnigen graugrünen Gestein fast verschwinden. Ein ähnlicher serpentinhältiger Gabbro findet sich nach L. v. Buch und Brogniart auch in Oberitalien und bei Briançon in den französischen Alpen und wurde von letzteren *Euphodite ophiteuse* genannt.

Noch beschränkter ist das Vorkommen von Quarzit und Jaspis. Ersteren fand ich in kleinen Stöcken mit Tremolithstrahlen bei Prodromo, den dichten Eisenkiesel nur in Geschieben, ferne von seiner ursprünglichen Lagerstätte bei Chrysoku und ziemlich häufig auf dem Wege von Mazoto nach Limasol. Zuweilen ist er zellig und ist dann in seinen unregelmässigen Höhlungen mit mikroskopischen kleinen Quarzkrystallen ausgekleidet.

An diese Felsarten schliessen sich endlich noch zwei in nicht geringer Ausdehnung erscheinende Gesteine, nämlich Quarzporphyr und Schieferthon. Beide gehören vorzüglich der Aphanitinsel von Strullus an; doch kommt der letztere auch im centralen Stocke und zwar zwischen Wretscha und Prodromo vor.

Der Quarzporphyr von Strullus zeichnet sich durch seine dichte, harte, grün und rothgefärbte, hornsteinähnliche Grundmasse aus, in der kleine graue Quarzkörner und eben so grosse Feldspathpartien meist verwittert, spärlich eingestreut sind. Die letzteren scheinen sämmtlich dem Orthoklas anzugehören, da keine Zwillingsstreifung auf Oligoclas hindeutet. Die Klüfte und Drusenräume sind mit einem feinen Ueberzug von Quarzkrystallen bekleidet.

Von grösserem Belange in industrieller Beziehung ist der Schieferthon, der meines Wissens nur an zwei Stellen der Insel in demselben Aphanitgesteine in nicht geringer Ausdehnung vorkommt. Die eine ist zwischen Strullus und Furni, die andere auf dem Gebirgswege zwischen Wretscha und Prodromo.

Es stellt ein dünnschieferiges, dunkelbraunes, ziemlich mürbes Gestein dar, das zu feinem Pulver zermalmt, eine gesuchte Malerfarbe (Terra d'Ombra) liefert. Nur das Lanarka näher befindliche Lager bei Furni wird zu diesem Zwecke ausgebeutet. Man sieht in dieser Stadt dort und da Haufen dieses Gesteines, das zur Verladung auf Schiffe bereit liegt, denn im Lande selbst scheint diese Terra d'Ombra kaum verwendet zu werden.

Dieser Schieferthon scheint ein Gemenge von Thon mit den Hydraten von Eisen- und Manganoxyd zu sein. Klaproth, der es analysirte (Beiträge III. 135) fand darin:

$$
\begin{array}{lr}
\text{Kieselsäure} & 13 \\
\text{Thonerde} & 5 \\
\text{Eisenoxyd} & 48 \\
\text{Manganoxyd} & 20 \\
\text{Wasser} & 14 \\
\hline
& 100
\end{array}
$$

Ein anderes diesem verwandtes, ebenso wie dieses stockartig im Aphanit auftretendes Mineral, ist der gelbe und rothe Thoneisenstein. Ich fand ihn bei Herakli, wo der Aphanit eine dunkle, schwarze Farbe annimmt und die wackenartige Abänderung desselben in senkrechten mauerförmigen Schichten hervortritt, in ziemlicher Verbreitung, indem er im Gegensatze zu jenem dem Boden eine helle gelbe oder brennend rothe Farbe ertheilt. Ob dieser Eisenocker ehedem verwendet wurde, was einige Schürfungen andeuten, habe ich nicht in Erfahrung bringen können; jetzt liegt er völlig unbenützt da.

Ich kann dieses besonders über den westlichen Theil der Insel verbreitete eruptive Gestein nicht verlassen, ohne noch einiger nutzbarer Mineralien zu gedenken, die sich dort und da darin befinden, wie z. B. des Bergflachses, des Bergkrystalles (cyprischer Diamant*), des Achats, und vorzüglich mehrerer Erze, auf welche schon in den ältesten Zeiten ein ausgedehnter Bergbau betrieben wurde.

Die Kupfergruben scheinen schon von den Phönikern oder noch früher eröffnet worden zu sein, denn sowohl die Entdeckung des Kupfererzes und des Eisenerzes als auch ihre Bearbeitung wird dem Nationalheros Kinyras zugeschrieben; derselbe wird auch, wie bekannt als Erfinder des Ambos, des Hammers, des Hebels und der Zange angesehen**), auch schenkt Kinyras dem Agamemnon einen Panzer aus Erz***) und von einem unbekannten cyprischen Könige stammt das Schwert Alexander's, womit er Darius besiegte.

Wenn bei einem Brande des Waldgebirges auf dem benachbarten Creta die Eisenadern des Ida zum Flusse gebracht, und auf solche Art das Eisen entdeckt worden sein soll†), so konnte dies hier ebenso leicht geschehen, oder die bereits gewonnene Erfahrung zur Ausbringung des Metalles aus den Erzen benützt worden sein.

So lange indess Cypern reiche Kupfererze und vielleicht auch gediegenes Kupfer lieferte, bestand für die meisten Völker des Mittelmeeres kein Zwang sich Eisen zu verschaffen, dessen Ausbringung viel mühsamer ist, und eine grössere Erfahrenheit in Behandlung der Erze verlangt.

Obgleich auch auf einer andern Insel des Mittelmeeres, nämlich auf Euböa, in jenen grauen Zeiten der Industrie gleichfalls Bergbau blühte, so war er doch dort weniger ergiebig, daher das χαλκός κύπριος (aes cyprium) bei weitem be-

---

*) Ist nicht Analcim wie Gaudry behauptet.

**) Plin. Hist. nat. VII. 195.

***) Homer, Iliad. XI. 20.

†) Thrasyllos bei Clem. Alex. I. 401 ed. Potter. — Diod. Sic. XVII. 7.

kannter und berühmter, und erhielt als das vorzüglichste Metall, das Metall $\varkappa\alpha\tau'$ $\dot{\varepsilon}\xi o\chi\eta\nu$ seinen Namen — cruprum — Kupfer, von der Insel — $K\dot{\nu}\pi\varrho o\varsigma$. Daher wurde auch Cypern selbst mit dem Beinamen „aerosa" belegt.

Die ansehnlichsten Kupfergruben werden zu Tamasos (dem heutigen Pölitikon) Amathus, Soli, Kurion, Krommyon u. s. w. angegeben, womit wohl nur die bekanntesten Orte der Verarbeitung des bereits aus den Erzen gewonnenen Metalles, die letzten beiden genannten Orte aber nur als Stapelplätze der Ausfuhr gemeint sein können.

Sowohl die Kupfer- als die Eisenerze werden wahrscheinlich in der Nähe ihrer Fundstätten und Gruben geschmolzen worden sein; in dieser Beziehung dürften die Schlackenanhäufungen die sichersten Belege der Anzahl, der Lage und der Ausdehnung der alten Bergbaue geben, die nebenbei gesagt, mit Ausnahme des Eisenbergbaues von Soli in der Regel nur Tagbaue gewesen sein können; ich bemerke nur noch, dass dieselben allenthalben im ganzen Gebiete des Diorits und Aphanits vertheilt erscheinen, wie dies ein Blick auf die Karte, wo die mir bekannt gewordenen Schlackenanhäufungen angegeben sind, lehrt, und wie hieraus zugleich ersichtlich ist, dass dieselben bis auf die Spitze des Troodos reichen und in die unwirthlichsten Schluchten des Gebirges fortsetzen, wohin auch ehedem nur die gefährlichsten Saumwege geführt haben können.

Nach Analysen von Terreil zeigten die von A. Gaudry mit nach Europa gebrachten Proben von Schlacken nur Spuren von Kupfer, was auf eine vollständige Ausbringung des Metalles und daher auf hinlängliche empirische Kenntniss in der Metallurgie hindeutet.

Auch ich habe nicht versäumt aus verschiedenen Localitäten Proben von den bald zu kleineren, bald zu grösseren Haufen aufgeschichteten Schlacken mitzunehmen, um sie später zu untersuchen. Von 7 verschiedenen Fundorten zeigten sich nur in den Schlacken zweier derselben Spuren von Kupfer, in allen übrigen fand sich auch nicht die geringste Menge davon. Alle enthielten in grosser Menge kieselsaures Eisenoxydul, Thonerde, zuweilen Kalk- und Bitterde, ein Paar Proben auch Manganoxyd und endlich noch unzersetztes Schwefeleisen, — durchaus Bestandtheile, wie sie auch in unseren Kupferschlacken vorkommen, was darauf hindeutet, dass die gewöhnlichen Kupfererze und ihr damaliger Schmelz-process von den gegenwärtig üblichen, wo zuerst Kupferstein und aus diesem Schwarzkupfer gewonnen wird, nicht wesentlich abwich.

Das verbreitetste Kupfererz auf Cypern war Schwefelkupfer oder Kupferkies χαλκίτης (Aristoteles 5, 19) von dem noch jetzt in den Gebirgen hinter Paphos Erze gefunden werden, ausserdem scheint auch noch Malachit in nicht geringer Menge vorgekommen zu sein. Schon die alten Cyprier verstanden es aus Galmey (καδμεία), welches ebenfalls auf der Insel getroffen wird, und Kupfer das ὀρειχάλκον (Messing) zu bereiten, ebenso gewannen sie auch den Kupfervitriol (χαλκανθη).

Eisenbergwerke gab es nur bei Paphos und Soli, die Erze waren Roth- und Brauneisenstein und der mit ihnen häufig vergesellschaftete Eisenocker. Silber- und Bleigewinnung war jedoch stets von geringem Belange.

Die Diorite, Diabas- und Gabbrogesteine und die sich an dieselben schliessenden pyrogenen Felsarten bilden den Hauptstock der Gebirge im Südwesten der Insel, erheben sich bis 2000 und 6000 Fuss, und bilden eine fortlaufende Kette vom Monte St. Croce bis zum Troodos und darüber hinaus bis zum Meere. Die ganze 5 bis 6 Meilen breite Gebirgskette ist von tief eingeschnittenen Thälern nach allen Seiten zerrissen. und gibt sich daher auf den ersten Anblick als die Grundgebirgsart zu erkennen, auf der alle übrigen geschichteten Gebirgsarten liegen, und durch die sie unmittelbar oder mittelbar über die Oberfläche des Meeres emporgehoben worden sind.

Man kann sich nicht leicht ein klares Bild von der Mächtigkeit und der Zerrissenheit dieses Gebirgstockes machen, als wenn man von Prodromo aus nach Westen seinen Blick richtet. Bergketten über Bergketten thürmen sich in wilder Unordnung übereinander auf, in deren Mittelpunkt das von aller Welt abgeschiedene Kloster Kikku wie ein Adler auf einem Felsgipfel horstend liegt. Die neben dem Titelblatte befindliche Radirung mag in rohen Zügen die Grossartigkeit dieser Landschaft versinnlichen.

Doch diese Gebirgsarten sind nicht allein auf den Centralstock der Insel beschränkt, sondern treten theils in dessen Fortsetzung weiter nach Osten und in einer mit dieser parallellaufenden Linie in der nördlichen Kalkgebirgskette an mehreren Punkten auf, und bestimmen in vereinzelten grösseren und kleineren Durchbrüchen durch das jüngere Gestein gewissermassen den Umriss der ganzen Insel.

In der nördlichen von Südwest nach Nordost streichenden Bergkette erscheinen einzelne Parzellen von Aphanit und Quarzporphyr zu beiden Seiten der schroffen Kalkfelsen und zeigen dadurch ihre Zusammengehörigkeit, wenn dieselben auch vielfach mit jüngeren Gebirgssteinen bedeckt sind und ihre Streichungslinie eben die Streichungslinie des Gebirges ist. Vom nordwestlichen Endpunkte der Insel, dem Cap Kormachiti über St. Chrysostomo, Bellpais, Aeanthu u. s. w. bis in die Carpasische Halbinsel lässt sich die Gabbrolinie verfolgen und eben so nimmt der Hauptgebirgsstock vom südwestlichsten Punkte der Insel über den Monte St. Croce über Furni, Strullus und dem Mavro Vuno bis Hagia Napa in der Nähe des Capo graeeo seinen Zug. Auch hier ist diese Linie häufig von jüngeren Sedimentgesteinen bedeckt, doch finden sich mehrere bis unmittelbar ans Meer reichende Aphanitpartien, ja zwischen Alt- und Neu-Limasol verräth der an den Strand ausgeworfene und nicht unbedeutende Dünen bildende schwarzgrüne Sand auch seine weitere Fortsetzung unter dem Meeresspiegel. Nahe bei Kuklia fand ich eine isolirte Aphanitparcelle, welche A. Gaudry nicht angibt, es blieb mir aber dessen Ausdehnung gegen das Gebirg hin unbekannt.

Eine ähnliche Aphanitpartie tritt bei Ktima bis an das Meer, vereiniget sich aber mit dem Hauptstocke und setzt alle bisher als kleine Aphanitpartien angegebenen Strecken bis zum Cap Akamas in unmittelbare Verbindung.

Was die Eruptionsepochen der Gabbrogesteine betrifft, so scheint das Alter derselben ein verschiedenes zu sein. Wenn der Gabbro des Harzes, wie Germar und Hausmann nachgewiesen haben, von Granitgängen durchsetzt wird und demnach älter als letzterer ist, so scheint er anderwärts ein viel geringeres Alter zu besitzen. Hieher gehören z. B. die Gabbrogesteine Oberitaliens, die erst nach der Kreideformation hervorgebrochen sind.

Die Betrachtung der auf diese pyrogenen Felsmassen abgelagerten sedimentären Gesteine, ihr Alter so wie ihre Lagerungsverhältnisse und möglichen Metamorphosen werden zeigen, welches Alters auch diese der Insel Cypern zu Grunde liegenden Felsmassen sind.

b. Trachyt.

Von diesen pyrogenen Gesteinen muss ein seiner Entstehung nach offenbar weit jüngeres Eruptivgestein unterschieden werden, es ist der quarzführende Trachyt. Dieses Gestein zeichnet sich im Aeussern so wenig von dem es umgebenden älteren Kalksteinen aus, dass es bei flüchtiger Betrachtung leicht übersehen werden kann, um so mehr, als es sich seiner Farbe nach nicht von demselben unterscheidet. Auch ich bin von seiner Existenz erst durch die an seiner Oberfläche vorkommenden Krustenflächen zur Kenntniss gekommen, indem ich, um sie zu sammeln, Stücke des Gesteines mit dem Hammer zerschlug.

In einer feinkörnigen, etwas erdig verwitterten Grundmasse von graulichweisser Farbe, liegen ziemlich zahlreiche bräunlichgraue und rauchgraue Quarze mit starkem Glasglanze auf dem muscheligen Bruche. Hier und da erhebt sich über die Gesteinsbruchfläche ein scharf ausgebildetes halbes Dihexaëder, weshalb wahrscheinlich alle diese Quarze krystallisirt sind. Feldspathkrystalle lassen sich nicht unterscheiden, eben so zeigt sich von Hornblende keine Spur. Spärliche dunkelfarbige Glimmerblättchen sind durch die Grundmasse zerstreut. Das Gestein entspricht vollkommen den ungarischen normalen Rhyolithen des v. Richthofen.

Mir ist auf der ganzen Reise durch die Insel dieser quarzführende Trachyt nur an einer einzigen Stelle, nordwestlich in der Umgebung des Klosters Chrysostomo, vorgekommen. Leider kann ich weder über seine Lagerungsverhältnisse, noch über seine Ausdehnung etwas angeben, doch muss letztere jedenfalls nur auf eine kleine Stelle beschränkt sein. In der Nähe dieses Trachytes hat der Kalk durch Aufnahme von fettglänzenden, grünlichgrauen Mergelblättchen eine schieferige Textur und eine grünliche Farbe erhalten.

2. Juraformation.

Die Nordkette, ein ununterbrochener Zug steil emporgerichteter meist nackter Felsen, wird von einem Kalkstein gebildet, der sowohl in Farbe als in Textur sehr verschieden ist und zu dem sich überdies an den Gehängen ein meist scharfkantiges Trümmergestein (Kalksteinbreccie) zugesellt, dessen Bestandtheile ebenso wie jene Kalksteine ausserordentlich wechseln, die aber durchaus mittelst eines kalkigen Bindemittels zu einem festen Gesteine verbunden sind.

Eine deutliche Schichtung ist nirgends zu finden; das Gestein ist entweder undeutlich schiefrig oder dicht und von ebenem oder muscheligem Bruche; aber auch dort, wo stellenweise eine Schichtung hervortritt, lässt sich dieselbe nirgends auf grössere Strecken verfolgen.

Die höchsten, in der schmalen Bergkette stets in der Mittellinie liegenden Punkte, welche sich bis zu 2000 und 3000 Fuss erheben, sind in der Regel von einem gelblichrothen Kalksteine eingenommen, der kleine Trümmer von Dolomit einschliesst. Er gleicht in der Farbe und Structur sowie im Habitus seiner Massen dem Klippenkalke von

Pusch, und hat wie in Galizien und Ungarn *) auch hier das Ansehen, als ob seine schroffen Felsen aus dem umgebenden jüngeren Gesteine gewaltsam hindurch gestossen worden wären. Ohne Zweifel dürfte dieser nur auf geringe Erstreckung nachweisbare Kalk der Insel der Juraformation zuzurechnen sein. In grösster Ausdehnung fand ich diesen Klippenkalk am Pentadactylon, wo er dessen vielzackigen Kamm bildet, sowie am Buffavento, wo er gleichfalls bis zu den höchsten Spitzen emporsteigt. Ich habe ihn auf der Karte durch parallele Striche bezeichnet.

Eine andere Gestalt nimmt der Kalk derselben Gebirgskette in den weniger steil aufgerichteten Kuppen an, er wird dort dicht, graulichweiss und gelblichgrau von Farbe, erhält einen flachmuscheligen Bruch und wird häufig von Kalkspathadern durchzogen.

Dieser Kalk schliesst im Gegensatze zu den vorhergehenden nicht selten Nieren und sogar Lager von Hornstein der verschiedensten Grösse und Menge ein, wie z. B. bei dem Kloster Antiphonites, Bellpais u. a. O. Wollte man nach petrographischen Merkmalen denselben mit bekannten Schichten vergleichen, so könnte das nur mit dem Aptychenkalke der obern Abtheilung des weissen Jura unserer Alpen sein.

Schon A. Gaudry kannte im Kalke von Capo graeco Korallen. Dieser Korallenkalk bildet da einen weit vorgeschobenen bei 500 bis 600 Fuss über das zu seinen Füssen brausende Meer emporragenden Bergrücken. Er ist dicht, von lichter Farbe und nur undeutlich in massige Bänke geschichtet, dessen Wände steil abfallen.

Die Unebenheiten und Höhlungen des Felsens **) sind mit einem röthlichbraunen Thone ausgefüllt, der mit Sand vermischt, sich auch am Fusse des Promontoriums ausbreitet,

----

*) Nach D. Stur im Wagthale. Siehe dessen geologische Uebersichts-Aufnahme des Wassergebietes der Wag und Neutra. Jahrb. d. geol. Reichsanstalt. XI. p. 17.

**) Nach Strabon (XIV 469) war dieser tischförmig gestaltete Berg (Pedalium promontorium) der Venus geheiliget.

aber weder hier noch dort Spuren von organischen Einschlüssen enthält, die sich bei der vorgenommenen Schlämmung jedenfalls hätten zeigen müssen.

Erst durch Verwitterung dieses Kalkes, die ihm ähnlich dem Karst-Kalksteine nicht selten ein sehr zerfressenes Ansehen gibt, treten an der Oberfläche Eindrücke von Korallen hervor, die jedoch bei genauer Untersuchung mit dem Hammer sich durch seine ganze Masse vertheilt finden, so dass man diesen Kalk unbedingt für eine Riffbildung halten muss.

Ungeachtet einer fleissigen Einsammlung aller mir als verschieden erschienenen Petrefacten hat sich doch bei näherer Untersuchung wenig Mannigfaltigkeit gezeigt und auch die Bestimmung der Gattungen und Arten wegen nicht guter Conservirung keine Genauigkeit zugelassen.

Ich konnte sicher wohl nichts Besseres thun, als diese Korallenreste dem ausgezeichnetsten Kenner dieser Petrefacte zur gefälligen Eruirung zu übergeben. Mein Freund, Herr Prof. E. Reuss, hat jedoch aus dem übersendeten Materiale nur zwei Gattungen mit Bestimmtheit, und eine dritte zweifelhaft anzugeben vermocht. Von keiner gelang es zugleich die Art zu bestimmen.

Die von ihm mit Sicherheit erkannten Gattungen sind *Favia* und *Stylina*, die zweifelhafte hingegen *Heterocomia*. Darunter ist *Stylina* diejenige, welche am Capo graeco als die verbreitetste und als die grosse Massen bildende Koralle anzusehen ist. Ein Stück von *Favia* war von einer Bohrmuschel (*Lithodomus lithophagus*) durchsetzt.

Aus dieser Untersuchung zieht Reuss den Schluss, dass das Gestein, in welchem diese Petrefacte eingeschlossen sind, entweder der Kreide oder was wahrscheinlicher, dem obern Jura anzugehören scheine. Es stimmt dies genau mit den oben ausgesprochenen Altersbestimmungen dieses Kalksteines überein.

Der zweite Punkt, wo derselbe korallenführende Kalk von gleicher petrographischer Beschaffenheit erscheint, ist auf der Höhe von Arora und zwischen Drusa und Polis tu

Chrysoku ungefähr in derselben Höhe wie am Capo graeco und etwas darüber.

Leider war es mir nicht möglich, die Ausdehnung dieser Riffbildung genau zu erforschen, noch weniger dieselbe rücksichtlich ihrer Petrefacte gehörig auszubeuten. Sie zieht sich über eine Hochebene nach Nordwest fort, bildet ein äusserst rauhes unfruchtbares Terrain, an das sich der Fleiss der Menschenhände vergeblich versuchte. Die plumpen Felsmassen in deutliche Bänke geschichtet, scheinen mehr eine horizontale als geneigte Lage zu haben. Die darin vorkommenden Korallen zeigten sich mit jenen von Capo graeco identisch.

Ein dritter Punkt der denselben Korallenkalk gleichfalls nur in einer mässigen Ausdehnung hervortreten lässt, findet sich in der Gegend von Avdimo nicht unferne vom Capo bianco. Mächtige Bänke eines dichten weissen Kalksteines erheben sich auch hier aus einem hügeligen Terrain und geben der Gegend einen grotesken Charakter, aber es war mir im Drange der Reise auch hier nicht verstattet, länger an der Stelle zu verweilen und dieselben näher zu untersuchen. Ohne Zweifel würden sie mir gleichfalls die bereits bekannten Petrefacte geboten haben.

A. Gaudry gibt auf seiner Karte noch zwei kleine Stellen an, die denselben Kalk darstellen, beide an der Westseite der Insel, die ich jedoch nicht kennen lernte, welche aber sehr wohl in den Halbkreis passen, der den südlichen Rand des Centralgebirges mit dieser Kalkzone umgibt und sich bis in den äussersten Südosten der Insel fortsetzt.

Wir kehren nun noch einmal zur Nordkette zurück, wo wir diesen weissen Kalk vom Nordwestende der Insel bis in die carpasische Halbinsel ununterbrochen eine Strecke von 16 Meilen verfolgen können, ungeachtet seine grösste Breite sich kaum über eine Meile erstreckt.

Nicht der rothe, wohl aber der weisse Kalk dieser Kette geht nicht selten und selbst auf grössere Strecken in Dolomit über. Ich fand dergleichen Uebergänge sowohl an dem Nord- als an dem Südabhange derselben an mehreren Stellen. Der Dolomit ist rauchgrau, zum schwärzlichen hinneigend und von weissen Kalkspathadern durchzogen. In der grössten Ausdehnung kam er mir etwa 200 Fuss über die Quelle von Kythraea vor.

An diesen Dolomit und häufig sogar aus seinen Bruchstücken bestehend schliesst sich die oben erwähnte Kalk- und Dolomitbreccie an, bleibt aber immer im tieferen Niveau und steigt selten bis zur halben Höhe des Gebirges.

Sie bildet der Verwitterung ausgesetzt, ein äusserst rauhes Gestein mit stark vorspringenden Ecken und Buckeln. Aus dieser Breccie entspringen sowohl an der Süd- als an der Nordseite des Gebirges jene mächtigen Quellen, die den sonst dürren Gegenden das fruchtbarste Gedeihen aller Art der Pflanzencultur spenden.

Endlich ist noch eine Umänderung dieses Kalksteines zu erwähnen, die er dort und da, an der Nord- und Südseite des Gebirges erfährt, wo er an den Aphanit grenzt. Schiefrige Textur, eine grünliche Farbe, mindere Härte unterscheiden dies Gestein von dem normalen Kalke, in den er allmählig übergeht.

3. Wiener Sandstein.

Jünger als der Kalkstein, weil auf diesem ruhend, ist ein Sandstein zu betrachten, der ebenfalls, so wie jener, fast ausschliesslich der Nordkette angehört und dessen schroffe weisse Felsen zu beiden Seiten besäumt. Dieser Sandstein ist dunkelgrau, feinkörnig, durchaus gleichartig und im Bruche oft schieferig. Seine Klüfte sind mit Kalkspath bekleidet, so wie er auch mit Säuren lebhaft brauset. Er ist deutlich geschichtet, und dem äussern Ansehen nach dem Macigno, dem Gosausandstein, auch wohl manchen Braunkohlensandsteinen, wie sie am Südrande der Alpen auftreten, nicht unähnlich. Das nördliche, d. i. am Nordrande der Kette verlaufende Band dieses Sandsteines, von Lapithos beinahe unterbrochen bis in die Carpasische Landzunge reichend, ist schmäler als das parallele Band an der Südseite. Beide Zonen zusammen mögen nicht viel über eine Meile in der Breite betragen. An der Südseite der Nordkette, wo das ganze Sandsteingebilde besser entwickelt erscheint, ist mit dem durchaus sich gleichbleibenden Streichen nach Stunde 5—6 stets eine bedeutende Aufrichtung der Schichten verbunden.

Dieselben fallen in der Nähe des Kalkes widersinisch, richten sich in geringer Entfernung davon auf, um sogar auf dem Kopfe zu stehen und neigen sich an der äusseren Grenze nach der entgegengesetzten Seite, d. i. nach dem Gebirge zu, um endlich unter einer jüngeren Bedeckung gänzlich zu verschwinden.

Im Ganzen wechseln thonige Schichten mit festen Sandsteinen und da erstere viel leichter als letztere verwittern und fortgeführt werden, so kommt es, dass diese zuletzt mauerförmig hervortreten. Bei senkrechter Stellung und der queren Zerklüftung der ein bis anderthalb Fuss mächtigen Schichten sieht dies Gebilde oft täuschend einem Mauerwerke ähnlich, und da die einzelnen Stücke meist massiv erscheinen, lässt sich dasselbe füglich mit Cyclopenmauern vergleichen.

Zum Leidwesen der Geognosten sind sowohl die mergeligen als die festen Schichten dieses Sandsteines ohne alle organischen Einschlüsse, wodurch das Alter derselben festgestellt werden könnte. Indess deutet der Detritus von zerstörten Pflanzentheilen, den man in einer kleinen Parzelle dieses Gesteines bei dem Kloster Chrysoroiatissa wahrnimmt, sicherlich nicht auf Meeresalgen, sondern auf Landpflanzen, was jedoch nicht abhält, dieses Gebilde mit dem Wiener Sandsteine zu vergleichen. Wenn auch an der eben genannten Localität geringe Spuren von Steinkohlen aufgefunden wurden, so hat sich doch ein bauwürdiges Flötz bisher nirgends gezeigt.

Obgleich dieses Sandsteingebilde vorzugsweise an die Kalkkette des Nordens gebunden ist, so kommen doch einzelne Partien auch anderwärts vor, besonders dort, wo Aphanite über die jüngere Gesteinsdecke emportauchen, zum Beweise, dass auch dieses Formationsglied eine grössere Ausdehnung hat, als es zu Tage geht.

Herr Gaudry hat auf seiner Karte an mehreren Punkten solche Sandsteinparzellen verzeichnet, die ich mit Ausnahme jener von Chrysoroiatissa leider nicht verifieiren konnte, die ich aber nichts desto weniger auch in die vorliegende Karte aufnahm.

Dieser Wiener Sandstein, wie wir ihn nun nennen wollen, bildet in den meisten Fällen, ein sehr unfruchtbares hügeliges Terrain, dessen Höhen steil in die tief ausgewaschenen Thäler abfallen. Nur eine spärliche Vegetation, Gestrüpp und oft dieses nicht, nimmt auf diesem der fortwährenden Veränderung und Abtragung zugänglichen Boden Platz. Nur dort, wo die Hügel sanfter werden und Thonschichten vorwalten, findet sogar Ackerbau statt, wie z. B. um Myrtu, Asomato u. s. w. oder es hat wohl auch die Seestrandskiefer sich dieses weniger unwirthlichen Bodens bemächtigt. Von Weinbau ist natürlich auf diesem Boden keine Rede.

Eine Eigenthümlichkeit dieses Sandsteines fällt bei Bereisung seines Terrains allenthalben auf, es ist die Effloreseenz einer weissen pulverigen Substanz, und zwar an Stellen, die durch einige Zeit anhaltend vom Wasser benetzt worden sind. Man sieht daher diese Ausschwitzungen des Gesteines nur in den Rinnsälen der Bäche bis zu einem Fuss über den vorhandenen Wasserstand. Da diese Rinnsäle zur Zeit unserer Reise beinahe trocken waren, jedoch unmittelbar früher hinlänglich Wasser führten, so war der weisse Gesteinsüberzug bis dahin, wohin die Feuchtigkeit mittelst Haarröhrchenwirkung emporsteigen konnte, bereits zu einer ziemlich ansehnlichen Kruste angewachsen. Proben davon, die ich mittellst des Messers von dem Gesteine an mehreren Orten, sowohl der Nord- als der Südseite der Kalkkette abschabte, zeigten sich bei näherer chemischen Untersuchung als schwefelsaure Bittererde, was um so auffälliger ist, als die Wässer der Quellen dieses Terrains sich durchaus als geschmacklos zu erkennen geben und nur eine einzige Quelle bei Kuklia — die Quelle Bii, aus dem Conglomerate hervorbrechend, einen bittersalzigen Geschmack besitzt.

4. Tertiärformation.

Mit diesem unwirthlichen Sandsteine hängt nun aber ein Formationsglied von ganz anderem Charakter zusammen, welches einen nicht unbedeutenden Theil der Ebene zwischen beiden Gebirgssystemen erfüllt, und sich in etwas veränderter Form noch darüber hinaus fortsetzt. Es ist das Mergelgebilde der Mesaria, des fruchtbarsten Theiles der Insel, und es sind die weissen mergeligen Kalke, die sowohl die Abdachungen der Nordkette als des Centralgebirgsstockes mit einem breiten Streifen umfassen.

Auf den ersten Anblick möchte man glauben, dass eben dieser fruchtbare Mergel, der sich wie der angrenzende Sandstein von einem Ende der Insel bis zum andern — von Famagusta bis Morphu — erstreckt, nur ein Product der Anschwemmung ist, welches die von den Bergen kommenden Flüsse nach und nach bewirkten, und dass das vorzüglichste Material hiezu die leichtverwitterbaren thonigen Schichten des eben betrachteten Sandsteines abgeben.

Die Sache verhält sich jedoch nicht so. Der Mergel ist nicht auf einer fremden Unterlage von den Gebirgen durch die gegenwärtigen Flüsse dahin geführt, sondern er ist ursprünglich an dieser Stelle und bildet das Hangende des Sandsteines. Nur dort, wo die Flüsse dieser Ebene hinlänglich tiefe Einschnitte — von 2—4 Klafter — bewirkt haben, ist man im Stande, die Schichtenfolge der fraglichen Gebilde zu übersehen.

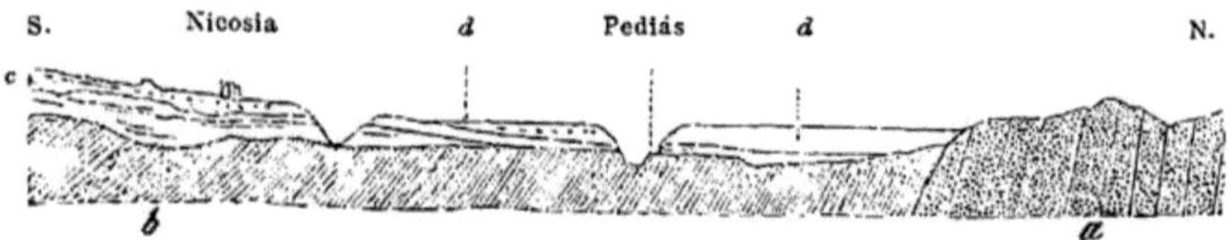

a Sandstein, *b* Tertiäre Mergel, *c* Conglomerat, *d* Alluvium.

Ein Profil aus der vom Pediás und einem Nebenarme desselben durchschnittenen Ebene in der Nähe von Nicosia, mag die Sache deutlich machen.

Man sieht hier die beinahe senkrecht aufgerichteten Sandsteinschichten allmählig nach Süden fallen und unter der Decke des Mergels verschwinden, dessen Schichten conform mit dem Sandsteine verflächen. Ueber demselben liegt fast schwebend aber viel weniger nach Süden als nach Norden geneigt, ein Conglomerat, und erst über demselben ist das vollkommen horizontal abgelagerte Alluvium ausgebreitet. Nur dort, wo die rauhe und grobe Conglomeratdecke fehlt, tritt die Mergelunterlage hervor, bedeckt mit einer mehr oder weniger mächtigen Alluvialschichte von ähnlicher Beschaffenheit. Diese ist es nun, welche durch ihre physikalische Beschaffenheit so wie durch ihre chemische Zusammensetzung jenen fruchtbaren sowohl der periodischen Ueberschwemmung als der Bewässerung zugänglichen Boden bildet, welcher das glückliche Land der Mesaria — ausmacht*).

Dass diese Mergelschichten der Tertiärformation zuzuzählen sind, geht aus ihrer Verbindung mit den mergeligen weissen Kalken hervor, die wir sogleich etwas näher betrachten wollen.

Dieselben haben einen namhaften Antheil an der Bildung des Hügellandes der Insel. Sie treten besonders in der nördlich von Lanarka gegen den Monte St. Croce ziehenden Hügelkette auf, die weiter über Athienu nach Dali und bis in die Gegend von Pera reicht. Südlich umsäumt den Centralgebirgsstock eine gleiche Hügelfolge von den Abhängen des Monte St. Croce an über Mazoto, Moni, Amathus, Episkopi, Avdimu, Kuklia, Cathiga u. s. w. bis zum Cap Akamas, hie und da, wie z. B. zwischen Episkopi, Kilani und Omodos, zwischen Paphos und Chrysoroiadissa, ein breite Zone darstellend.

Auch an der Nordkette kommt der weisse kreidenartige Kalkmergel nicht selten an beiden Seiten des Höhenzuges

---

*) Nach L. Ross ist Mesaria, Mesaoria (ἡ Μεταρέα, Μεταριά) ein genereller Name für binnenländische Ebenen auf den griechischen Eilanden. Μετα Γορια ist so viel als „Das Land zwischen den Bergen. Auch Messene ist ἡ μεττηνή — scil. Χώρα d. i. Ebene zwischen den Bergen.

über den Sandstein ausgebreitet und in gleichen Lagerungsverhältnissen wie dieser vor. Dieser Kalkmergel ist durch
seine oft kreidenweisse Farbe, durch den erdigen Bruch,
durch die deutliche Schichtung, desgleichen durch die auf
einzelnen Schichten vorkommenden Hornsteinlager sehr ausgezeichnet, so dass die Benennungen von Ortschaften häufig
von der Farbe des Gesteines hergenommen sind, wie z. B.
Levkara, Levka, Levkonico u. s. w., welche durchaus das
Wort λευκός weiss, glänzend, zur Wurzel haben.

Das sorgfältigste Suchen nach organischen Einschlüssen
an den verschiedensten Localitäten hat ungeachtet der darauf
verwendeten Mühe zu keinem erwünschten Ziele geführt und
man muss daher diese Kalkmergel im Allgemeinen als petre-
factenlos bezeichnen. Nur ein einziges Mal gelang es mir,
eine undeutliche kleine Bivalve (Cytherea?) darin zu finden,
und zwar an einer Stelle, wo die darüber liegenden rauhen
Kalksteinschichten durch ihre nicht conforme Schichtung die
Trennung dieser Schichtenfolge von einer jüngeren ebenfalls
kalkigen Schichte keinen Zweifel liess. Es war dies an der
Gebirgsspalte, durch die die Quelle von Hierokipos hervortritt. Ein Profil von Süden nach Norden bei H. Herakli
gezeichnet, lässt die Verhältnisse der liegenden und hangen-
den Gesteine in nachstehender Weise erkennen, was zugleich
für alle benachbarten Localitäten gilt.

a Grobkalk, b Sand, c Conglomerat, d Kalkmergel, e Grünstein.

Der Kalkmergel liegt hier unmittelbar auf dem Aphanit
und wird nicht conform von einer jüngeren Schichtenfolge —
von Conglomerat, Sand und Grobkalk bedeckt.

Dasselbe ist auch der Fall in dem Gebiete des Marro
Vuno, wo jedoch die, wie es den Anschein hat, durch den

Aphanit hervorgebrachte locale Schichtenstörung viel auffallender wird.

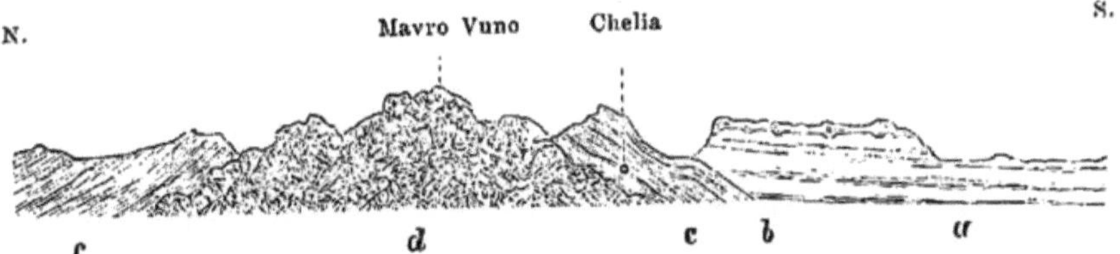

a Grobkalk und Conglomerat, *b* fester Kalk, *c* Kalkmergel, *d* Grünstein.

Ein Durchschnitt von der Meeresküste bei Mazoto bis in den Aphanit des Monte St. Croce gibt sich auf folgende Weise zu erkennen, woraus die gleichen Lagerungsverhältnisse ersichtlich werden.

Etwas verschieden nimmt sich die Sache dort aus, wo im Centralstocke des Diorits die Kalkmergel denselben berühren, wie dies auf nachstehendem Profile ersichtlich ist.

Wo, wie in der Nordkette mit dem Kalkmergel zugleich Wiener Sandstein als Begleiter hervortritt, zeigen sich beide stets in conformen Lagerungsverhältnissen. Eines der schönsten Beispiele bietet die Gegend von Thavlu dar. Nur ist hier der weisse Kalkmergel selbst sehr reich an Quarzsand und daher kaum von diesem zu unterscheiden.

Der lockere Kalkmergel mit erdigem Bruche nur einige Klafter mächtig, verflächt mit dem unter ihm befindlichen Sandstein unter einem Winkel von 40⁰ nach Norden.

Wenn dieser Kalkmergel auch in der Regel in dünne
Schichten getheilt ist und diese wieder, wie z. B. bei Levkara,

N.   Thavlu.   Kantara. S.

Conglomerat. Kalkmergel. Sandstein.   Jurakalk.

auf dem Wege von Yvatili nach Stullus, bei Wretscha u. s. w.
mit ansehnlichen Lagen von Hornstein wechseln, so kommt
derselbe doch auch in weniger und undeutlich geschichteten
Massen vor, und wird dabei härter und gleicht einem weissgrauen homogenen Kalksteine. Diese Abart ist es, welche
im Lande hier in der Vorzeit als statuarischer Marmor benützt worden ist. Grosse Statuen und Bruchstücke von solchen
mit der „Testa caronata,“ die grosse Menge von Votivsta-
tuetten, die man bei Dali ausgräbt, stammen alle von diesem
Mergelkalke, der ganz in der Nähe von diesem Orte bricht.

Aber noch eines andern wichtigen Vorkommnisses in
diesem tertiären Kalkmergel muss gedacht werden, nämlich
des in demselben stockförmig auftretenden Gypses, der bald
in grösserer bald in kleinerer Ausdehnung über eine namhafte Fläche dieser Formation verbreitet ist. Das Vorkommen
und die Begrenzung dieser Gypslager ist auf der Karte besonders hervorgehoben. Das grösste derselben findet sich im
Nordwesten von Larnaka, und es ist zugleich auch dasjenige,
welches durch Brechen und Zurichten von Platten nutzbar
gemacht wird.

Der im Kalkmergel stockförmig eingelagerte Gyps ist
rein, meist krystallinisch und mit keinem andern Mineral ver-
gesellschaftet. Der blätterige Gyps wird bergmännisch ge-
wonnen und die verfertigten $\frac{1}{2}$ Zoll dicken und $1—1\frac{1}{2}$ Fuss
im Gevierte betragenden Platten werden grösstentheils im
Lande zum Belegen der Fussboden und zum Decken der
Häuser verwendet. und nur eine geringe Menge davon wird
nach Syrien verführt.

Ehedem wurden daraus Sarkophage ($\gamma\upsilon\psi\acute{o}\pi\iota\tau\varrho\alpha$) gehauen, deren man noch gegenwärtig nach dem Zeugnisse von L. Ross um Larnaka in den Grabkammern findet, und naehher wohl auch zu Tränk- und Waschtrögen benützt hat.

Aus dem Vorkommensverhältnisse des Gypses geht wohl von selbst hervor, dass derselbe epigenetisch entstanden, d. i. nur einer Umbildung der Mergelmasse, in der er vorkommt, sein Dasein verdankt. Wie in hundert anderen Fällen, haben ohne Zweifel auch hier Dämpfe von Schwefelsäure (vielleicht hervorgegangen durch Zersetzung von Schwefelwasserstoff); die Metamorphose des Kalksteines bewerkstelligt, und es ist gewiss nicht zu weit gegriffen, wenn man die Entwickelung dieser stellenweise aus dem Erdinnern hervorbrechenden Gase mit dem Durchbruche des Trachytes in Verbindung setzt. Vielleicht danken die auf den Gängen und Spalten des Diorits so häufig vorkommenden Kupfer- und Eisenkiese denselben Dämpfen zum Theile ihre Entstehung.

Jene vulkanischen Gaseruptionen sind längst versiegt, und auch nicht eine einzige Erscheinung an Quellen der Insel, vielleicht mit Ausnahme der am Salzsee von Larnaka vorhandenen kleinen Schwefelwasserstoffquellen, deutet auf jene einst in so grossem Maassstabe wirksamen Proeesse.

5. Quartäre Gebilde.

Auch diese Formation besteht aus einem Complexe sehr verschiedener durch stetiges Ineinandergreifen mit einander verbundenen Glieder, unter denen Mergelschichten höchst untergeordnet, dagegen Sand und Sandsteine, so wie Conglomerate die vorherrschenden Theile bilden. Sie reichen vom Meeresstrande bis zu einer Höhe von 200 ja bis 600 Fuss, umsäumen fast überall denselben und verbreiten sich über alle niederen Theile der Insel, indem sie einen wenig fruchtbaren Boden bilden.

Besonders gut ist man an der Südseite der Insel im Stande die einzelnen Schichten dieser Formation in ihrem Zusammenhange zu übersehen. Bei Castro z. B. bildet das

Conglomerat mehrere übereinander liegende, durch sandige und kalkige Zwischenmittel getrennte Schichten, die sich terrassenförmig erheben, fast horizontal über ein Plateau verbreiten und nur mit einer geringen Neigung dem Meere zu fallen.

Diese Schichten werden hier von einer schmalen, sandigen Kalkschichte, und tiefer von einem gleichartigen feinen gelben, nur wenig zusammenhängenden Sande unterteuft.

Aehnliche Verhältnisse bildet der steil abfallende Seestrand in der Nähe von Moni dar.

a Conglomerat, b Sandstein, c gelber Sand, d Gerölle, e Mergelschiefer.

Zusammenhängende und fast schwebende Conglomerat- und Sandsteinschichten bilden die Decke a b, unter der ein ähnlicher gelber feiner Sand c folgt, welche durch Lagerfetzen von Gerölle d unregelmässig durchsetzt ist. Das Liegende dieses Geröll- und Sandlagers ist ein grauer tertiärer Mergelschiefer e, der näher bei Moni durch Schichten von weissem Kalkmergel vertreten wird.

Auch am Capo gatto ist ein gelber feiner Sand vorhanden, der den Conglomerat- und Sandsteinschichten zur Unterlage dient — ein Sand, der von den Wellen leicht weggewaschen wird, und daher überstürzende schroffe Ufer nothwendig mit sich bringt.

Fester und zusammenhängender indessen nehmen sich diese Schichten in dem Engpasse bei Bogassi aus, indem loser Sand hier fehlt. Die Schichtenfolge an diesem vom Meere bespülten Felsen gibt folgendes Profil.

Ein grobes aus Kalk- und Aphanitgeschieben bestehendes Conglomerat a und a durch eine schmale Schichte von röthlichem Thon b getrennt, stellt die oberste Decke dar. Darunter folgt c ein feinkörniger Sandstein, der durch Auf-

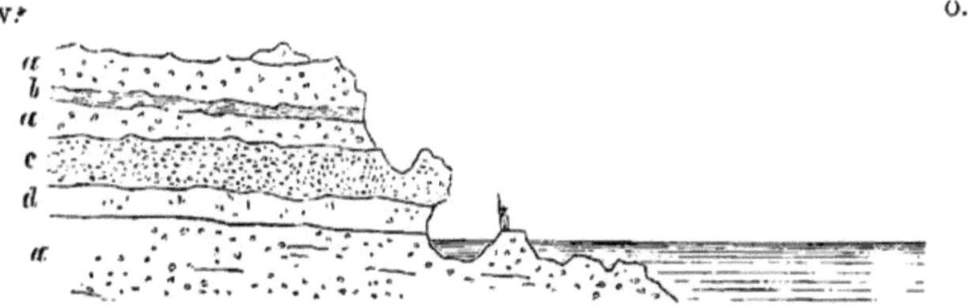

a a a Grobes Conglomerat, *b* rother Thon, *c* Sandstein, *d* kalkiger Sandstein.

nahme einer grossen Menge eines kalkigen Bindemittels in einen kalkigen Sandstein d übergeht. Endlich steht zu unterst wieder Conglomerat a an.

Diese Schichtenfolge ist darum lehrreich, weil sie Auskunft über den rothen Thon gibt, der in diesem Theile der Insel weit verbreitet das rauhe unfruchtbare Conglomerat bedeckt, und es dadurch wenigstens stellenweise für den Ackerbau zugänglich macht. Es ist dasselbe demnach auf diesem Terrain, obwohl nur eine dünne oberflächliche Schichte bildend, keineswegs durch strömende Wässer dahin gebracht, sondern ein Meeresabsatz, ein Zwischenglied der ganzen Sand- und Conglomeratbildung, dem hier die oberste Decke fehlt.

Im Allgemeinen bestehen die Conglomeratschichten aus nuss- und eigrossen, vollkommen abgerundeten Geschieben von Kalk, Aphanit, Eisenkiesel, Hornstein u. s. w., und zwar walten in der Nähe des Aphanits und Diorits die gleichartigen, in der Nähe des Kalkes die Kalk-Geschiebe vor. Ebenso ist es nicht zu übersehen, dass dasselbe Conglomerat in einer gewissen Entfernung von seiner Bildungsstätte in Sandstein übergeht, und dass namentlich die an Fossilien reichen feinkörnigen Meeressandsteine an der Nord- und Südküste der Insel desselben Alters, ja sogar derselben Schichtenbildung angehören, indem bei derselben Ablagerung der Sand weiter als die schweren Geschiebe fortgetragen und abgesetzt werden musste.

Was namentlich das Alter dieser Schichten betrifft, so würden die organischen Einschlüsse des Meersandsteines darüber den besten Aufschluss ertheilen, wenn sie von der Art wären, dass die Schalthierreste besser erhalten und leichter aus dem Gesteine herauszulösen wären. Diesem Mangel kömmt jedoch ein Lager dieses Conglomerates entgegen, das in dieser Beziehung wenig zu wünschen übrig lässt. Es befindet sich westlich der Stadt Lanarka am Rande der Salzseen. Seine vollständige Ausbeutung, die sehr wünschenswerth erschien, war eine meiner Hauptaufgaben dieser Reise, was auch insoferne leichter als manches andere gelang, da dieselbe mit verhältnissmässig geringen Schwierigkeiten verbunden war.

Ich lasse hier das Verzeichniss der am Salzsee bei Larnaka vorkommenden Petrefakten folgen, und bemerke nur, dass dabei auch die Ergebnisse der Sammlungen, welche schon in früherer Zeit von den Herren Th. Kotschy, Gödel und J. Pascotini aus derselben Localität an das k. k. Hof-Mineraliencabinet in Wien gelangt und mit allem Fleisse von Herrn Dr. Rolle studirt worden sind, aufgenommen wurden. Die Gesammtzahl beläuft sich dermalen auf 226 Arten, von denen die Foraminiferen von Herrn Prof. E. Reuss, die Bryozoen von eben demselben und Dr. F. Stoliezka, die übrigen mit Ausnahme der Ostracoden, von Dr. K. Zittel bearbeitet wurden.

A. PLANTAE.

Lithothamnium nodosum Kg.
„   byssoides Phil.
(Nullipora ramosissima Reuss.)

B. ANIMALIA.

I. Foraminiferae.

Biloculina inornata d'Orb. ns.*)

*) sg. = sehr gemein; g. = gemein; ns. = nicht selten; s. = selten; = sehr selten.

Biloculina cyclostoma Rss. s.
,,   ventruosa n. sp. ss.
Spiroloculina excavata d'Orb. sg.
,,   Ungeri n. sp. s.
,,   corrugata n. sp. ss.
,,   rostrata Rss. ss.
Triloculina gibba d'Orb. sg.
,,   ,,   var. austriaca d'Orb. ns.
,,   inflata d'Orb. ss.
,,   Ungeri n. sp. g.
,,   denudata n. sp. ss.
,,   dispar n. sp. s.
,,   consobrina d'Orb. ss.
,,   oblonga d'Orb. s.
,,   nitens Rss. ss.
,,   extensa n. sp. ss.
,,   rostellata n. sp. ns.
,,   Kotschyi n. sp. ss.
,,   acutangula n. sp. ss.
,,   microdon Rss. ss.
,,   anceps Rss. ss.
,,   inornata d'Orb. ss.
,,   robusta n. sp. ss.
.,   pulchella d'Orb. ns.
,,   multicostata n. sp. ss.
,,   grandis n. sp. ss.
,,   reticulata n. sp. s.
Quinqueloculina Haidingeri d'Orb. ss.
,,   Haueriana d'Orb. ss.
,,   Mayeriana d'Orb. ss.
,,   triangularis d'Orb. sg.
         Nicht selten sind äusserlich nur drei Kammern sichtbar. (var. triloculina.)
,,   intermedia n. sp. ss.
,,   longirostra d'Orb. s.
;,   concava Rss. ss.
,,   latidorsata Rss. ss.

Quinqueloculina truncata n. sp. ss.
  „   **Boueana** d'Orb. ns.
  „   **obtusa** n. sp. sg.
  „   **pentagona** n. sp. s.
  „   **tubulosa** n. sp. ss.
  „   **bifaria** n. sp. ss.
  „   **fasciculata** n. sp. ss.
  „   **elegantissima** n. sp. ss.
Adelosina teniaestriata n. sp. ss.

Es lässt sich nicht bestimmen, zu welcher Species von **Triloculina** oder **Quinqueloculina** dieselbe als Jugendform gehöre.

Peneroplis sp. indeterm.

Es liegen nur wenige jugendliche Exemplare vor, die eben sowohl zu **P. planatus** Lam. als zu **P. proteus** d'Orb. gehören können.

Globulina aequalis d'Orb. ss.
  „   **rugosa** d'Orb. ss.
Guttulina problema d'Orb. ss.

Textilaria sp. indeterm. (der **T.** subangulata d'Orb. verwandt, aber schon durch ihre Kleinheit davon verschieden).

Rotalia Boueana d'Orb. ss.

Asterigerina planorbis d'Orb. sg. (Viel häufiger als die typische Form kommt eine Varietät mit stumpfen, fast abgerundetem Scheitel vor:
  „   var. **obtusa**).

Truncatulina lobatula d'Orb. ss.
Rosalina obtusa d'Orb. ss.
Rotalina viennensis d'Orb. sg.
Orbulina universa d'Orb. ss.
Polystomella crispa Lam. g.
Operculina elegans Williams. sp. ss.

II. Actinoidea.

Cladocora caespitosa Lin. sg.

III. Echinida.

Argiope decollata Gmel.

Argiope Neapolitana Scacchi.
Echinus lividus L.
Echinocyamus pusillus Müll.

IV. Bryozoa.

Pustilopora sp. indeterm.
Lepralia entomostoma Rss.
Cellaria Michelini Rss.
Ceriopora globulus Rss.
Cellepora coronopus Wood.
Membranipora diadema Rss.
      „   centrifolium Wood.

V. Conchifera.

Pholas dactylus Lin.
Gastrochaea Polii Phil.
Corbula nueleus Lam. (C. gibba Oliv).
Solecurtus coarctatus Lin. sp.
Syndosmya apilina Rén.
Psammobia vespertina Lin.
Petricola lithophaga Rctz.
Diodonta fragilis Lin. sp.
Tellina planata Lin.
    „ donacina Gmel.
Mactra stultorum Lin. var.
Venerupis Irus Lin.
Tapes aurea Mat. sp.
Artemis exoleta Lin. sp.
Circe minima Mont.
Cytherea Chione Lin.
    „ rudis Poli.
Venus fasciata Donav.
    „ verrucosa Lin.
Cardita sulcata Brug.
    „ caliculata Brug.
    „ trapezia Brug.

Cardita corbis Brug.
Diplodonta rotundata Mont.
    ,,   fragilis Lin.
Lucina commutata Phil.
    ,,   leucocoma Turt. (**L.** lactea Lam.)
    ,,   fragilis Phil.
    ,,   pecten Lam.
Lepton spuamosum Mont.
Cardium tuberculatum Lin.
    ,,   Norvegicum Sprengl (**C.** laevigatum Penn.)
    ,,   edule Lin.
    ,,   papillosum Poli.
Cherma gryphina Lam.
    ,,   gryphoides Lin.
Leda pella Lin. sp.
Nucula nurleus Lin. (**N.** margaritacea Lam.)
Pectunculus glycymeris Lin.
Arca **Noé** Lin.
    ,, barbata Lin.
    ,, clathrata Defr. (**A.** imbricata Poli.)
    ,, lactea Lin.
Lithodomus dactylus Cuv.
Pinna sp. indeterm.
Spondylus gaedaeropus Lin.
Lima squamosa Lin.
    ,, subauriculata Mont.
Pecten varius Lin.
    ,,   polymorphus Br.
    ,,   pusio Lam.
Ostrea lamellosa Brocchi.

VI. Gastropoda.

†*) Strombus coronatus Defr.
Chenopus pes pelicani Lam. sp.

---

*) † = ausgestorbene Arten.

Conus mediterraneus Brug.
Pleurotoma Guinanniana Scacchi.
     ,,   Vauquelini Payr.
     ,,   la Viae Phil.
Fussus Syracusanus Lin.
   ,,   corneus Lin.
   ,,   corallinus Scacchi.
Fasciolaria tarentina Lam. (F. lignaria Lin.)
Turbinella columbellaria Scacchi sp.
Murex brandaris Lin.
   ,,   trunculus Lin.
   ,,   cristatus Brocchi.
   ,,   Edwardsi Menke.
Tritonium corrugatum Lam.
     ,,   succinctum Lam.
Ranella sp. indeterm. (In die Gruppe der R. caelata gehörig).
   ,,   lanceolata Menke.
Pisania d'Orbignyi Payr.
Columbella rustica Lin.
     ,,   scripta Lin. sp. (Buccinum scriptum Phil.)
Ringicula auriculata Fér.
Buccinium Ferussaci Payr.
      ,,   mutabile Lin.
      ,,   prismaticum Brocchi.
†   ,,   semistriatum Brocchi.
      ,,   d'Orbignyi Payr.
Cassis sulcosa Lam.
Cassidaria tyrrhena Lam.
Mitra ebenus Lam.
   ,,   Savignyi Peyr.
Cypraea lurida Lin.
Cerithium vulgatum Brug.
      ,,   var. spinosum Phil.
  - ,,   ,, nodulosum Phil.
      ,,   ,, gracile Phil.
      ,,   ,, tuberculatum Phil.
      ,,   ,, pulchellum Phil.

42

† Cerithium varicosum Defr.
      ,,   fuscatum Costa. (**C.** mediterraneum Desh.)
      ,,   mammillatum Risso.
      ,,   perversum Lam.
      ,,   scabrum **Oliv**. (**C.** lima Brug.)
      ,,   pygmaeum Phil.
      ,,   bilineatum Hörnes.
Rissoa Montagni Payr.
   ,,   calathiscus Laskey (**R.** granulata Phil.)
   ,,   monodonta Bivon.
   ,,   interrupta Phil.
   ,,   oblonga Desm.
   ,,   violacea Desm.
Rissoina Bruguieri Bayr.
Scalaria communis Lam.
   ,,   clathratula Turt.
Natica millepunctata Lam.
   ,,   olla M. de Sercs.
   ,,   helicina Brocchi.
Nerita expansa Rss.
Odostomica plicata Mont.
Turbonilla gracilis Brocchi.
Eulima polita Lin.
   ,,   subulata Donav.
† Niso eburnea Risso.
Caecum trachea Mont.
Vermetus gigas Bivona.
Turbo rugosus Lin.
Trochus Adansoni Payr.
   ,,   crenulatus Payr.
   ,,   striatus Gmel.
   ,,   Fermonii Payr.
   ,,   Laugieri Payr.
Henophora crispa Koen. sp.
Phasianella pulla Sow.
Monodonta Vieilloti Payr.
      ,,   Contourei Payr. (Trochus corallinus Lin.)

Halistis tuberculata Lin.
Fissurella costaria Desh.
    „   gibba Phil.
Emarginula cancellata Phil.
    „   elongata Costa.
    „   Huzardi Payr.
Patella scutellaris Lam.
    „   Gussonii Costa.
Dentalium entalis Lin.
    „   dentalis Lin.
    „   fissura Lam.
Chiton Cajetanus Poli.
    „   fascicularis Lin.
    „   Siculus Gray.
Bullaea Planciana Phil.
    „   hydatis Lin.
    „   truncata Ad.
Truncatella truncatula Drp.

VII. Cirripedia.

Balanus sp. indm.

VIII. Ostracoda.

Bairdia subcestoidea v. Mstr. sp. (Die Varietät mit ge-
    drängten, sehr feinen vertieften Punkten.)
Cythere punctata v. Mstr.
    „   Kostelensis Rss.
    „   cicatricosa Rss.
    „   favosa Röm. sp.

IX. Brachyura.

Xantho rivulosus Riss.
Portunus corrugatus Penn.

44

Ueber die allgemeineren Verhältnisse dieser speciellen Untersuchungen lassen sich die vorgenannten Herren Bearbeiter dieses Materiales in folgender Weise vernehmen.

„Die Foraminiferenfauna von Larnaka erhält einen sehr auffallenden Charakter durch das ungemeine Vorwiegen der Miliolideen, wie man es in diesem Grade nur sehr selten beobachtet. Ganz auf ähnliche Weise kehrt es jedoch in den wohl gleichalten jüngsten Schichten der Insel Rhodos wieder.

„Von den oben aufgezählten 58 Arten gehören 45, mithin beinahe 78 Procent den Miliolideen an. Ebenso auffallend ist der gänzliche Mangel der Rhabdoideen und Cristellarideen die in andern Tertiärschichten eine so reiche Fülle enthalten, so wie das beinahe vollständige Fehlen der Textilarideen. Am reichlichsten durch Arten versehen, sind die Gattungen Triloculina (21 Sp.) und Quinqueloculina (16 Sp.), und diesen zunächst Spiroloculina (4 Sp.) und Biloculina (3 Sp.). Den grössten Reichthum an Individuen bieten dar: **Spiroloculina excavata** d'Orb., **Triloculina gibba** d'Orb., **Triloculina Ungeri** n. sp., **Triloculina multicostata** n. sp., **Quinqueloculina triangularis** d'Orb., **Quinqueloculina obtusa** n. sp., **Asterigerina planorbis** d'Orb., **var. obtusa, Rosalia viennensis** d'Orb. und **Polystomella crispa** Lam., welche mithin der gesammten Foraminiferenfauna ihren eigenthümlichen Charakter ertheilen. Aus demselben ergibt sich aber zugleich, dass die Schichten von Larnaka in einem Meerestheile von geringer Tiefe sich abgelagert haben. Es fehlen zwar die dem seichten Wasser eigenthümlichen Amphisteginen und Heterosteginen, dagegen sprechen aber **Polystomella crispa, Rosalina viennensis, Asterigerina planorbis** und ein grosser Theil der Miliolideen deutlich für eine geringe Tiefe des Meeres, in welchem sie lebten. In vollkommenem Einklange damit steht nebst dem reichlichen Auftreten von Bryozoen der vollkommene Mangel der Tiefwasserformen, der Rhabdoideen, Cristellarideen, Sphäroidineen und besonders der Globigerinen. Die die letzteren beständig begleitende **Orbulina universa** hat sich nur in sehr wenigen Exemplaren gefunden, ohne dass

ieh (Reuss) im Stande gewesen wäre, aueh nur eine Globi-
gerinenschale zu entdeeken.

„Der beinahe durchgehends sehr sehleehte Erhaltungs-
zustand der meistens sehr abgeriebenen Foraminiferensehalen,
der die Bestimmung der Arten wesentlieh ersehwert, ja oft-
mals unmöglieh macht, ruft überdies die Vermuthung hervor,
dass dieselben von den Meeresfluthen lange hin- und herbe-
wegt und ·dadureh abgerundet worden sind, ehe sie zur Ablagerung gelangten. Dafür sprieht auch selbst die Beschaffenheit des die Foraminiferen beherbergenden Sandes. Derselbe
besteht nämlieh beinahe zur Gänze aus kleinen abgeriebenen
Sehalentrümmern von Bivalven, Gasteropoden, Bryozoen, Eehi-
nidenstaeheln u. dgl.; die dem Tiefwasser angehörigen kleinen
Pteropoden werden durchaus vermisst.

„Von den aufgezählten 58 Foraminiferenarten konnten
zwei der Speeies noeh nieht näher bestimmt werden. 24 Arten
sind als neu erkannt worden*). Es bleiben daher nur 32
Speeies, die früher sehon von anderen Loealitäten bekannt
worden sind, zur Vergleiehung übrig. Eine Species (**Operculina
elegans** W i l l. sp. = **Nonionina elegans** Williams) war bisher
noeh nieht fossil gefunden worden. Alle übrigen sind im fos-
silen Zustande im Gebiete neogener Tertiärsehiehten angetroffen worden. Nur eine sehr geringe Anzahl derselben geht
in beschränkter Individuenzahl bis in die oligoeänen Septa-
rienthone hinab (z. B. **Globulina aequalis**). **Triloculina obtusa**
d'O r b, war bisher wohl in den tertiären Sehiehten von Bordeaux, Dax, Castellarquato, der Insel Rhodos u. s. w., aber
nieht im Wienerbeeken fossil vorgekommen. **Spiroloculina
rostrata** und **Quinqueloculina concava** hatte nur der Tegel von
Sapagg in Siebenbürgen geliefert, Alle übrigen (29) Arten
beherbergen die Tertiärsehiehten des österreiehiseh-mähriseh-
galizisehen Beekens. Von denselben liegen 20 Arten in den
Leithakalken von Nussdorf, Steinabrunn, Kostel, Nikolsburg,
Freibrühl, Wurzing u. a. O., und darunter befinden sieh ge-

---

*) Hoffentlich wird Herr Prof. E. R e u s s dieselben bald besehreiben
und abbilden.

rade die in der grössten Individuenzahl auftretenden, also am meisten charakteristischen Arten. Nur 9 Species waren bisher blos in den Tegelschichten von Baden und Grinzing und im Salzthon von Wieliczka nachgewiesen worden.

„Nimmt man daher nur die Foraminiferen zum Ausgangspunkte, so muss man die Schichten von Larnaka in ein gleiches Altersniveau mit den vorher genannten Leithakalken versetzen.“

Ueber die Bryozoen äussert sich Herr Professor Reuss folgendermassen: „Sie scheinen im Sande von Larnaka ebenfalls nicht selten zu sein. Wenigstens liegen darin zahlreiche Bruchstücke von Stämmchen, die aber beinahe durchgehends durch Abrollung oder durch den Versteinerungsprocess ganz unkenntlich geworden sind.“

Nebst zwei bis drei nicht näher bestimmbaren Arten von **Pustulipora** konnten mit Sicherheit nur **Cellaria Michelini** Rss. und **Ceriopora globulus** Rss., beide in sehr spärlichen Exemplaren erkannt werden. Sie waren schon früher im Leithakalke des Wienerbeckens gefunden worden.

Die übrigen im obigen Verzeichnisse aufgeführten Bryozoen hat Herr Stoliczka an Conchylienfragmenten von Larnaka, die Herr Dr. E. Reuss nicht zur Untersuchung hatte, vorgefunden. Derselbe äussert sich, dass ausserdem noch kleine Bruchstücke von **Crysien**, **Idomeen**, **Salicornarien** und **Scrupocellarien** vorhanden gewesen seien, die jedoch wegen zu übler Conservirung keiner näheren Bestimmung fähig gewesen waren. Während **Cellepora coronopus** und **Membranipora trifolium** in Crag vorkommen, sind die anderen dem Wienerbecken eigen.

Auch was die Ostracoden betrifft, so sind sämmtliche Arten nur selten im Sande von Larnaka. Sie gehören durchgehends den jüngeren Neogenschichten an und leben grösstentheils noch in den jetzigen Meeren.

Aus der Untersuchung der Gastropoden und Bivalven zieht Herr Dr. Zittel folgende Schlüsse:

„Die Bildungen von Larnaka gehören der jüngsten Abtheilung der Tertiärformation an, deren Verbreitung an zahlreichen Orten der Küste des Mittelmeeres nachgewiesen ist, und in welcher die Localitäten Rhodos und Sicilien durch ihren Reichthum an Versteinerungen eine gewisse Berühmtheit erlangt haben. Die zahlreichen wohl erhaltenen Fossilreste von Larnaka zeigen eine ausserordentliche Uebereinstimmung mit der noch jetzt im Mittelmeere lebenden Molluskenfauna. Von den 146 angeführten Arten sind nun 4 gänzlich erloschen. Sie sind **Strombus coronatus** Defr. **Buccinium semistriatum** Brocchi, **Cerithium varicosum** Brocchi und **Niso eburnea** Risso.

Mit Ausnahme einer ziemlich grossen **Ranella,** die der **Ranella caelata** ähnlich ist, und deren Bestimmung nicht möglich war, finden sich alle übrigen Species noch jetzt im Mittelmeere.

Das zahlreiche Auftreten von buntgefärbten Gastropoden aus den Geschlechtern **Conus, Fusus, Cypraea, Buccinium, Trochus, Monodonta** etc., so wie das überaus häufige Vorkommen des **Spondylus Gaedaeropus** und der **Cladocora caespitosa** lassen uns die Tertiärablagerungen bei Larnaka als eine S t r a n d b i l d u n g v o n g e r i n g e r T i e f e erscheinen.

Die grosse Uebereinstimmung der gesammten Molluskenfauna mit der noch jetzt im Mittelmeere lebenden beweiset, dass die äusseren Existenzbedingen und die Temperaturverhältnisse zur Zeit jener Bildungen von den jetzt daselbst herrschenden nur im geringen Grade abweichen konnten.

Die Lagerungsverhältnisse der einzelnen Schichten am Salzsee von Larnaka sind zu wichtig, als dass sie nicht detaillirt angegeben zu werden verdienen. Beifolgendes Profil wird dies am besten versinnlichen.

Auch hier werden die untersten Schichten von einem gelblichen feinen Sand c gebildet, der frei von allen organischen Einschlüssen erscheint. Darüber liegt ein Conglomerat aus nuss- bis faustgrossen Geschieben von Diorit, Aphanit, Kalk, Hornstein u. s. w. das in einen feinen Sandstein übergeht *b*. Diese Schichte ist nur 3 — 4 Fuss mächtig und in einzelnen Theilen sehr locker. Die darin enthaltenen zahlreiche Reste von Schalthieren fallen durch Verwitterung des

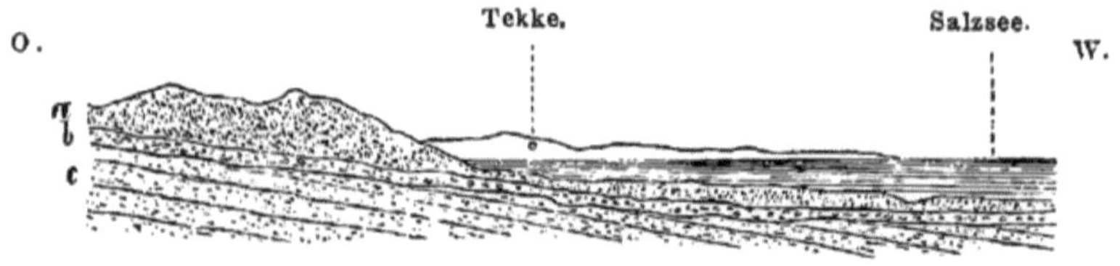

a Sandiger Thon, *b* Conglomerat, *c* gelblich feiner Sand.

Gesteines ganz unversehrt, meist vollständig erhalten und oft noch mit ihren ursprünglichen Farben versehen, heraus. Winterregen schlämmen die feineren erdigen Theile hinweg, und so liegen oft grosse und kleine Petrefacte haufenweise nebeneinander. Aber auch der feine Sand ist noch reich an mikroskopischen Thierchen, namentlich an Foraminiferen und Bryozoen.

Ueber dieser fossilienführenden Conglomeratschichte liegt noch ein sandiger Thon *a*; derselbe enthält aber eben so sparsame thierische Reste wie der tiefere gelbe Sand. Das Salzwasser des Sees füllt eigentlich nur eine kleine, seichte — höchstens 6 Fuss tiefe — Mulde dieses Conglomerates an, welches sich von Ost in West ein wenig senkt und am Westrande wieder emporsteigt. Da diese mehr oder weniger feste undurchlässige Conglomeratschichte den Grund des Sees bildet, so ist begreiflich, dass er, wie ein flacher Teller unter Umständen, welche die Verdunstung des Wassers beschleunigen, seinen wässerigen Inhalt ganz und gar verlieren kann. Würde der Boden des Sees auch nur stellenweise eine lockere Sandunterlage haben, so wäre an eine Austrocknung des Sees, die jährlich regelmässig stattfindet, gar nicht zu denken.

Dieselben geognostischen Verhältnisse an der Landzunge von Akrotiri bedingen auch dort das periodische Vertrocknen der Salzseen.

Ausser diesen Schichten am Salzsee von Larnaka hat dasselbe Conglomerat auch noch an anderen Punkten der Insel organische Einschlüsse gezeigt, die, wenn auch nicht an

Reichhaltigkeit der Arten mit jenen zu vergleichen sind, dennoch durch die Identität der Species ihr Zusammgehören darthun. So hat z. B. das grobe Conglomerat von Castro zahlreiche Schalthierreste mitunter mit wohlerhaltenen Farben, wie z. B. die Schalen von **Cardium** und **Pectunculus glycymeris** L in. zeigen, ja selbst die Fortsetzung der Conglomeratschichten zwischen Marina und Larnaka lassen auf den Feldern stellenweise Schalthierreste in grosser Menge hervortreten. Weiter vom Meeresufer entfernt, sind die organischen Einschlüsse des Conglomerates allerdings sehr sparsam, doch gelang es mir unfern Xeri und unmittelbar vor der Brücke, welche auf dem Wege von Athienu nach Nicosia über den Idalia Potamos führt, **Ostrea lamellosa Brocchi** und einige andere unbestimmbare Fossilien zu finden. Ebenso zeigte das gleiche Conglomerat bei Panteleimon organische Einschlüsse, darunter Schalen von **Pectunculus glycymeris** L., **Cerithium** u. s. w. erkenntlich waren. Schon dem Reisenden Le B run fielen in einem Hügel bei Nicosia die Schalen von **Ostrea** auf, deren er in seinem Werke p. 376 erwähnt.

Hier will ich noch eines andern Lagers von gut erhaltenen Petrefacten Erwähnung thun, das mir am Wege von Polis tu Chrysoku nach Chrysoku aufstiess. Dieses Lager an der rechten Seite des Flusses am Fusse der Gebirge gelegen, besteht aus gelben thonigen Mergeln, die stellenweise durch dünne Schichten von festem Kalkmergel in einzelne Lagen abgesondert sind, und von einer Conglomeratschichte bedeckt werden. Der Mergel ist reich an wohlerhaltenen Conchylien und Serpulen. Die hier in weniger als einer Viertelstunde gesammelten Petrefacte sind folgende:

B r y o z o a.

Cellepora globularis B r o n n.

V e r m e s.

Serpula protensa L a m.

C o n c h i f e r a.

Nucula margaritacea L a m.

Corbula nucleus Lam.
Psammobia vespertina Lin.
Cardium? ciliare Lin.
Venus verrucosa Lin.

Gastropoda.

Turritella vulgaris Lin.
Vermetus intortus Lam.
Dentalium incurvum Rén.

Ausser dem Conglomerate und den ihm untergeordneten Sande und Mergel, ist noch ein Glied dieser Formation beachtenswerth, das ist ein bald kalkiger, bald thoniger feinkörniger Sandstein mit grosser Verbreitung und bedeutendem Reichthume an verschiedenartigen Petrefacten, obgleich dieselben nicht immer gut erhalten sind. Dieser Meeressandstein um Amathus z. B. mächtige Felsen bildend, enthält Schalen von **Trochus, Modiola** und **Cerithium**, jener von Keryncia und Thavlu deutliche Bryozoen und Foraminiferen, der von Pisuri **Venus verrucosa, Pecten** u. a. m. und im gleichnamigen Sandstein von Cap Eläa scheinen die Reste von Meeresconchylien fast den Hauptbestandtheil des Gesteines auszumachen.

Sowohl der Sandstein als das Conglomerat sind höhlenbildende Gesteine, deren Grotten vielleicht dadurch entstanden sind, dass die durch das kalkige Vereinigungsmittel weniger fest verbundene Sandkörner und Geschiebe unmittelbar nach ihrer Bildung wieder von den Meeresfluthen ausgewaschen und zerstört worden sind, bevor sie noch aufs Trockene gebracht wurden.

Eine gleiche Ursache dürfte auch wohl die Zerreissung dieser Ablagerung in grössere und kleinere Stücke, wie wir später sehen werden, haben. Obgleich keine dieser ursprünglichen Höhlen gross war und daher keineswegs mit unseren weiten und geräumigen Höhlen des Jurakalkes zu vergleichen sind, so haben sie doch in culturhistorischer Beziehung ein hohes Interesse, indem sie der ursprünglichen Bevölkerung der Insel die ersten schützenden Schlupfwinkel darboten, welche nach erfolgter Erweiterung durch Menschenhände sich sogar zu bleibenden Wohnstätten umwandelten.

Wahrscheinlich erst einer späteren Zeit gehört ihre Verwendung zu gottesdienstlichen Zwecken und zur Beisetzung der Todten an. Die Gegenden von Larnaka, dem ehemaligen Kition, von Akrotiri, Kuklia, Lapithos Keryneia, ferner von Mavrospilios, Famagusta und der carpasischen Halbinsel u. s. w. geben zahlreiche Belege vom Vorhandensein solcher natürlicher Spelunken und ihrer Benützung zu religiösem und anderem Gebrauche. In dem Theile, welcher die alten Bauwerke der Insel ausführlich behandelt, ist noch Näheres über diesen höhlenbildenden Sandstein angegeben.

Damit hängt aber zugleich die Verwendung dieses feinkörnigen, der Verwitterung widerstehenden Sandsteines zu Bauwerken zusammen.

Von den ältesten cyclopischen Bau- und Kunstwerken bis auf die Tage der Kreuzzüge und der Venetianerherrschaft in Cypern, ist dieser eben so leicht zu bearbeitende als dauerhafte Sandstein wie kein anderer als Baustein benützt worden.

Die prachtvollen gothischen Kirchen in Nicosia und Famagusta, die zahlreichen anderen Kirchen und Klöster des Landes, alle vorzüglicheren Wohngebäude der Städte, die Festungsmauern, Wasserleitungen, kurz alle für eine längere Dauer bestimmte Bauten sind aus diesem Sandsteine aufgeführt.

Wenn man z. B. die auf diesen Sandstein bei Keryneia getriebenen Steinbrüche betrachtet, so ersieht man wohl, dass aus dem hier allein weggeschafften Materiale leicht eine grosse Stadt hatte erbaut werden können. Das Gleiche ist auch an anderen Orten wie bei Lapithos, bei Amathus, Paphos u. s. w. der Fall, deren einst so volkreiche Städte das Material für ihren Aufbau in der nächsten Nähe hatten.

Da Lager dieses Sandsteines an allen Küstengegenden der Insel, aber eben so auch im Innern des Landes vorkommen, so ist begreiflich, wie sich überall mit verhältnissmässig geringen Kosten haben dauerhafte Bauwerke aufführen lassen,

und man sieht es hier wie in hundert anderen Fällen, dass
das Baumaterial die erste Bedingung zur Kunstausbildung gab.

Wir bewundern noch heutigen Tages die vortreffliche
Erhaltung vieler aus diesem Steine aufgeführten Gebäude,
doch entging es mir bei Besichtigung mehrerer Bauten, namentlich der griechischen Klosterkirche von Morphu, nicht,
wie auch an diesem den atmosphärischen Einflüssen so vollkommen widerstehenden Sandstein ein durch Jahrhunderte
fortgesetztes Einwirken von Regenwasser auch ihn zu zer-
nagen und zu zerstören im Stande ist. Es ist daher nicht
schwer, an allen noch vorhandenen Prachtbauten die Wetter-
seite herauszufinden, indem nur diese es vorzüglich ist, welche
Spuren der Verwitterung an sich trägt.

Ueber die Verhältnisse dieser Sandsteine und Conglomerate zu ihren Unterlagen möge Folgendes eine Berücksichtigung verdienen. Dieselben sitzen immer auf den ihnen in
der Bildung zunächst vorausgegangenen Schichten der Tertiärformation, d. i. auf grauem Mergel oder weissem Kalkmergel
auf, und nur in wenigen Fällen liegen sie wie bei Strullus
unmittelbar auf Aphanit oder Quarzporphyr. Sie sind ferner
weit weniger als die unterliegenden Schichten geneigt, verflächen sich aber in allen Fällen von der Hebungslinie nach
beiden Seiten hin, so im Centralstocke wie in der Nordkette.
In mehreren Fällen wurde die Höhe, bis zu welcher diese
Schichten steigen, durch directe Messung bestimmt. Ich fand
sie in einem Falle in der Nähe von Larnaka, bei Chelia, 241
Par. Fuss, im anderen bei Panteleimon 892 Par. Fuss und in
der Regel dürfte die Grenze wohl immer 400—500 Fuss betragen, da die Hochebene, auf der z. B. die Hauptstadt des
Landes — Nicosia — liegt, und dessen Unterlage eben dieses
Conglomerat ist, selbst schon auf 458 Par. Fuss ansteigt.

Dort wo diese Conglomerate, wie auf dieser Hochebene
den darunter liegenden Mergel bedecken, ist der Boden äusserst trocken, rauh und unfruchtbar, und nur in den Vertiefungen, welche aus der wellenförmigen Biegung dieser Schichten
hervorgehen, und die zugleich Sammler der Feuchtigkeit werden, hat sich nach und nach eine schwache thonige Unterlage

gebildet. Diese häufig ganz unbebauten Plateaus, wie sie sich im ganzen Gebiete des Morphuflusses und des Pediás dort und da vorfinden, sind nur von Gestrüpp (**Poterium spinosum, Satureia Tymbra, Pistacia Lentiscus, Juniperus phœnicea** u. s. w.) bekleidet und vom Landmann als Dürrland oder Haideland (*Τράχνοτις*) bezeichnet. Diese Gegenden sind zugleich die Geburtsstätte und der wahre Tummelplatz der Heuschrecken, bevor sie alljährlich ihre Wanderungen und verheerenden Züge im Lande beginnen.

Allein diese bedeckende Kruste ist nicht allenthalben über die Mergelunterlage ausgebreitet, sondern von Stelle zu Stelle durchbrochen — eine Eigenthümlichkeit, die den Bildungsgesetzen solcher Schichtenabsätze gerade zuwider ist, und nur aus späteren Veränderungen, welche dieselben nach ihrer Ablagerung erfahren haben, erklärt werden können.

Da so gewaltige Entfernungen von Bergmassen unmöglich den gegenwärtig oder in der historischen Zeit überhaupt wirkenden meteorischen Niederschlägen und Landwässern zugeschrieben werden können, so müssen dieselben nothwendig durch gewaltigere Kräfte entfernt worden sein, und was kann hier eher als Ursache dieser Erscheinung angenommen werden, als Strömungen des Meerwassers, die das, was sie gebaut haben, zum Theile wieder vernichteten.

Die Annahme eines so gewaltsamen und turbulenten Eingreifens der Wassermassen machen auch die Conglomerate und Schuttmassen nothwendig, die sich an dem Nordabhange der nördlichen Bergkette befinden, und oft eine Mächtigkeit bis zu 12 Klafter und mehr zeigen, so namentlich bei Akanthu. Elamu u. a. O. wo sie bis 579 pr. Fuss Seehöhe steigen.

Es wird nicht überflüssig sein, diese so auffallenden Lagerungsverhältnisse durch einige der Natur entnommene Zeichnungen zu illustriren.

Nachstehender Durchschnitt ist durch den Gebirgsabhang von Omodos nach dem Meere zu geführt, und zeigt die auf dem Diorit aufliegenden weissen Kalkmergelschichten mit nicht unbedeutender Neigung nach Süden. Ueber diesen Schichten liegen in etwas sanfterer Abdachung, also nicht ganz conform

54

mit der Unterlage Sandstein- und Conglomeratschichten von
beiweitem geringerer Mächtigkeit. Dieselben sind jedoch von

Stelle zu Stelle, man möchte sagen stufenweise durchbrochen
und es sind diese Einrisse sogar in die Schichten der Unterlage mehr oder weniger tief eingedrungen.

Ein ähnliches Bild entfaltet sich auch, wenn man von
Dali oder von Athienu den Weg nach Nicosia verfolgt.

Das Conglomerat, grösstentheils aus Dioritgeschieben bestehend, erscheint hier in zwei über einander befindlichen,
durch sandige Zwischenmittel getrennte Schichten auf tertiä-
rem Mergel ruhend. Diese ganze Conglomeratdecke muss
einst in unmittelbarem Zusammenhange gestanden haben, da
sich die homologen Schichten in den nach einander laufenden
kegel- und tafelförmigen Höhen vollkommen entsprechen, und
die fehlenden Theile nur durch Auswaschung verloren gegangen sein können.

Wenn dies Verhalten dem grösstentheils ebenen Lande
schon einen besonderen Ausdruck verleiht, der in wenig
Worten nicht so leicht zu schildern ist, um wie viel mehr
muss diese Schichtenzerreissung, wo sie auf einem sehr beschränkten und unebenen Terrain auftritt, der Landschaft
einen eigenen Charakter ertheilen.

Selbst der ungebildete gemeine Mann fühlt dies, und
nennt diese tafelförmigen, durch schmale Einrisse von einander getrennte Hügel Tische (τράπιζα).

Ein Bild der Art bietet der nördliche Abfall der Nordkette, etwas über den Pentadatylon nach Osten hinaus dar.

Die tafelförmigen Berge reihen sich enge an einander, nur
durch tief ausgewaschene Rinnsäle der zur Sommerszeit grösstentheils trockenen Bäche von einander getrennt, und wie
man sieht, wohl an 500 Fuss über das Meeresniveau sich er-
hebend.

Das Reisen längs der Nordküste wird durch diese Ge-
birgsformation gerade deswegen sehr beschwerlich, weil man
bei den sehr zahlreichen aber kleinen Gebirgsbächen fortwährend von den tafelförmigen Höhen in die ausgewaschenen
Tiefen und von da wieder zu gleichen Höhen hinanstei-
gen muss.

Wenn es oft schwer ist, die obersten Glieder der Tertiärformation von den darüber liegenden Sandsteingebilden zu
trennen, da sie häufig Uebergänge in ihrer oryktognostischen
Beschaffenheit bilden, und also allein die Lagerungsverhältnisse bei dem Mangel an Petrefacten entscheiden, so muss
man vor Allem nicht die von der Hebungslinie entfernten,
sondern denselben möglichst nahe gelegenen Punkte auf-
suchen, um über Zweifel bezüglich der Zuständigkeit zu dieser
oder jener Formation ins Reine zu kommen.

In dieser Beziehung lässt z. B. die Gegend von Panteleimon keine Ungewissheit über das relative Alter der Conglomerate, wenn dasselbe auch, wie es hier der Fall ist, seiner
kalkigen Beschaffenheit nach mit den Tertiärschichten mehr

oder weniger übereinstimmt. Wir sehen hier den Jurakalk der Nordkette, an dem die jüngeren Schichten ziemlich steil aufgerichtet erscheinen, weit über das Hügelland und das Hochplateau des Landes emporragen.

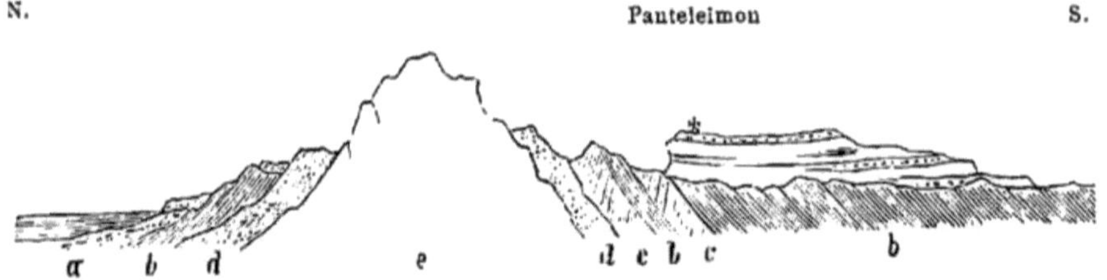

a Conglomerat, *b* Tertiäre Mergel, *c* Gyps, *d* Sandstein, *e* Jurakalk.

Die Kalkmergel sind an der Südseite des Gebirges häufig in Gypslager umgewandelt, und setzen sich in die grauen thonigen Mergel der Niederung fort, aber immer noch deutlich aufgerichtet und gegen das Hauptgebirg geneigt. Allein über eben diese Mergel ist ein grobkalkähnliches Conglomerat weit ausgebreitet, dessen Schichten, abgerechnet von einigen sanft wellenartigen Biegungen, fast schwebend über denselben erscheinen. Hier ist dieses Conglomerat zweifellos jünger als der tertiäre Kalk- und Thonmergel und erst auf denselben abgelagert worden, nachdem ersterer bereits seine gegenwärtige Lage erhalten hat. Hier scheint es, ist der centrale Jurakalk offenbar nach der miocenen Ablagerung in seiner Lage verändert worden, aber die älteren Sandsteine und die miocenen Schichten sind grösstentheils noch unter Wasser geblieben. Endlich erfolgte in einer späteren Periode eine wiederholte Hebung, welche auch diese jüngsten Deposita ins Trockene brachte.

Wir haben schon oben bei der Betrachtung des Jurakalkes der Nordkette darauf aufmerksam gemacht, dass die Einwirkung des Diorits auf die Begrenzungstellen mit demselben nicht ohne Einfluss für ihn blieb. Dasselbe gilt auch für den Sandstein und für das Conglomerat, wo dieselben mit jenen Eruptivgesteinen in Berührung kamen. Besonders schön ist dies bei Moni an dem feinkörnigen Meeressandstein wahrzunehmen, der hier an den Diorit stosst. Die ungleich grossen, oft pfefferkorndicken Quarzkörner sind hier durch eine kieselige Masse verbunden. An der ganzen Berührungsstelle ist derselbe viel härter geworden als er sonst erscheint, hat seine lichtgelbe Farbe in eine grauviolette verwandelt, und klingt auffallend in grossen Stücken, wenn er mit dem Hammer geschlagen wird. Die Silificirung dieses Gesteines könnte somit nach Analogie anderer Vorkommnisse wohl von der Nachbarschaft des eruptiven Gesteines herzuleiten sein, und es wäre sogar nicht unmöglich, dass hiebei heisse Quellen wie bei den tertiären Sandsteinen Egyptens, denen dieser Sandstein auch sehr ähnlich ist, jene Rolle der Silificirung spielten.

Auch an den Conglomeraten kann man, obgleich seltener, die Einwirkung der angrenzenden Eruptivmassen wahrnehmen. Einen solchen Fall beobachtete ich bei Strullus. Hier liegt innerhalb des Engpasses, den eine Spalte der steil aufgerichteten Diorit- und Porphyrschichten hervorbrachte, auf dem Kopfe der flachen Hügel über dem genannten Dorfe ein Conglomerat aus eckigen Fragmenten von Hornstein, Kalk und Grünstein, — ein wahres Reibungs-Conglomerat. Die durch eine Masse von kohlensaurem Kalk cementirten Gebirgsbrocken gehören grösstentheils dem Gabbro an. Man bemerkt darin deutliche, den bekannten Glanz besitzende Diallagblätter und auch vereinzelte grössere tafelförmige Diallagsplitter sind hie und da zu erkennen, daneben seltener grünliche Saussuritkörner. Andere feinkörnige Gesteinsbruchstücke sind mehr aphanitischer Natur.

6. Folgerungen.

Damit ist nun die Reihenfolge der einzelnen Formationen und deren Glieder geschlossen. Es erübriget nur noch, nach den bisher erörterten Thatsachen einen Ueberblick zu geben und daraus jene Folgerungen abzuleiten, die für die Bildungsgeschichte der Insel als Anhaltspunkte dienen können.

Wir sehen pyrogene Gesteine als die Grundgebirgsart der Insel allenthalben hervortreten, so weit sich dieselbe ausdehnt, und auf diese Unterlage verschiedenartige sandige und kalkige Absätze des Meeres — und nur diese allein — aufgelagert.

Keines von allen diesen durch namhafte Zeitscheiden von einander getrennten Sedimenten ist in allen seinen Theilen unverrückt, in seiner ursprünglichen Lage geblieben; alle Schichten sind mehr oder weniger gehoben, aufgerichtet und zuweilen in ihren Bestandtheilen verändert.

Die Ursache davon kann nur in der Einwirkung der mehrentheils selbst veränderten Unterlage auf dieselben zu suchen sein, welche im Laufe der Zeit Veränderungen in den räumlichen Verhältnissen, und wahrscheinlich auch, wenngleich in geringerem Grade, in ihren constituirenden Bestandtheilen hervorbrachte.

Da die Diorite und Hornblendegesteine zu den ältesten pyrogenen Gesteinen gezählt werden, so ist nicht etwa dem Hervorbrechen derselben über die verhältnissmässig viel jüngeren sedimentären Gesteine, also in einer nicht allzu fernen Zeit die Gestalt und das jetzige Relief der Insel zuzuschreiben, im Gegentheile vielmehr anzunehmen, dass sich letztere ganz ruhig auf diese Unterlage absetzten. Ja die Lagerungsverhältnisse weisen sogar nicht undeutlich darauf hin, dass mit jeder der folgenden oder jüngeren Sedimentbildungen ein Auftauchen des Bodens stattfand, daher die jungen Bedeckungen einen verhältnissmässig kleineren Raum für ihre Ausbreitung an dieser Stelle fanden.

Ohne Zweifel bestand daher Cypern ursprünglich aus zwei von einander gesonderten Theilen, dem südlichen umfangreicheren Gebirgsstocke und der nördlichen Bergkette, die jedoch anfänglich in lauter kleine Inselchen getrennt war.

Auf den aus demselben Gesteine bestehenden Meeresboden erfolgte sowohl zwischen den beiden Inseltheilen als rings um dieselben eine Ablagerung von Jurakalk, und nachdem derselbe mit seiner Unterlage theilweise gehoben war, die nachfolgenden Sandsteinbildungen, nach welcher Zeit sogar eine ergiebige Hebung des Terrains erfolgt sein muss, da die nun sich niederschlagenden Mergel- und Kalkschichten die Sandsteine nur mehr zum Theile zu bedecken vormochten.

— Eine ununterbrochene Bergkette hatte die einzelnen Inseln zu einem Ganzen vereiniget und den Fuss derselben mit Sandstein bedeckt.

Endlich traten auch die jüngeren Mergel und Kalke, nachdem sie sich grösstentheils mit Geröll und Sand bekleideten, über die Meeresfluthen empor. Es muss diese umfangreiche continentale Hebung, welche diese Gebilde bis über 500 Fuss erhob, und welche in die jüngste Zeit fiel, nicht ohne gewaltige Stürme vor sich gegangen sein. Nur dieser ist die so allgemein erfolgte Zertrümmerung jener Conglomeratabsätze zuzuschreiben. Mit dieser letzten Hebung erhielt die Insel Cypern ihren bedeutenderen Umfang und ihr Relief, wobei die ursprünglich niedrigen Berge sich zu Höhen von 3000—6000 Fuss emporthürmten.

Die Dislocationen und Schichtenstörungen, die man in den Sedimentgesteinen, je weiter man in ihrem Alter zurückgeht, wahrnimmt, scheinen indess durchaus mehr einen localen Character an sich zu tragen und mit der allgemeinen Hebung nichts gemeinschaftlich zu haben. Von nicht geringem Einfluss auf diese Störungen mögen die beschränkten Trachyteruptionen gewesen sein, die, obgleich sie noch nicht gehörig aufgedeckt sind, doch als die Hauptursachen derselben geltend gemacht werden können.

Aber diese räumlichen Veränderungen scheinen damit keineswegs zum Abschlusse gekommen zu sein, sondern sowohl in der vorgeschichtlichen neuesten Periode als auch in der historischen Zeit, ja bis auf unsere Tage, in der Form von mehr oder minder umfangsreichen Erderschütterungen und Niveauveränderungen fortzudauern.

Wenn Plinius*) meint, dass Cypern einst durch eine Erdzunge mit dem nahen Syrien in Verbindung stand, so scheint dies wohl nur auf einer oberflächlichen durch keine Thatsachen beglaubigten Muthmassung zu liegen. Geht man aber etwas tiefer in diese seltsam scheinende Vorstellung ein, so haben wir hier ganz etwas Aehnliches vor uns, was den

---

*) Plin. hist. nat. II. 204.

Sagen von versunkenen Inseln im Mittelmeere, dem Verschwinden der Atlantis u. s. w. zum Grunde liegt.

Schon früher haben wir darauf aufmerksam gemacht, dass die organischen Reste der letzten geologischen Periode auf ein keineswegs tiefes Meer hindeuten, welches die Insel damals umgab. Es wäre daher wohl sehr möglich, dass die letzterfolgte continentale Hebung, welche die ganze Insel um mehr als 500 Fuss höher brachte, auch den von der Carpasischen Halbinsel ausgehenden Landstreifen bis nach Syrien verlängerte, und dieselbe mit dem Festlande in Zusammenhang brachte.

Diese Möglichkeit erhält jedoch durch die Untersuchung der Flora und Fauna von Cypern einen hohen Grad von Wahrscheinlichkeit. Es ist nämlich eine bekannte Sache, dass ein grosser Theil von Pflanzen- und Thierformen in ihren Wanderungen und ihrer Verbreitung selbst von kleinen Meerengen aufgehalten werden, die sie vermöge ihrer Natur nicht zu übersehreiten vermögen.

Wenn, wie aus dem Pflanzenregister und aus dem Verzeichnisse der Land- und Süsswasserconchylien dieser Insel hervorgeht, ein nicht unbeträchtlicher Theil dieser Organismen sowohl Cypern als Syrien und dessen angrenzende Länder zum Vaterlande hat, wenn diese Organismen einer andern als einer schrittweiten Verbreitung auf trockenem Boden nicht fähig sind, so bleibt nichts übrig als anzunehmen, dass eben diese Verbreitung vom Continente her auf diesem Wege erfolgte und dass daher Cypern mit Syrien zu jener Zeit in einer Continentalverbindung stand, in der die gegenwärtig diese Länder bevölkernden Landthiere und Pflanzen schon existirten — mit einem Worte, in einer der historischen Zeit unmittelbar vorhergehenden Periode.

Weniger schwer wird es zu begreifen, wie und durch welche Kräfte diese Verbindung wieder aufgehoben wurde, wenn man bedenkt, dass sowohl Cypern als Syrien einen nicht unbeträchtlichen Herd von fortdauernden Erderschütterungen bildet.

Leider sind alle älteren Nachrichten über Erdbeben auf Cypern verloren gegangen, ja wir besitzen selbst seit Augustus Zeiten nur magere Notizen hierüber. So erhalten wir unter andern durch Seneca und Dion Kassion die Nachricht, dass Paphos oft von Erdbeben zu Grunde gerichtet worden sei. Eusebius erzählt, dass es unter der Regierung des Kaisers Augustus mehrmals erschüttert worden sei. Ebenso sollen im IX. Regierungsjahre des Kaisers Vespasianus nach Paul Diacre in Cypern drei Städte durch eben solche Erderschütterungen zusammengestürzt sein.

Ferner berichtet Marianus Scotus, dass unter der Regierung des Kaisers Titus ein Berg auf Cypern sich gespalten und daraus Lava ergossen habe, welche vielen Schaden in den benachbarten Gegenden anrichtete *).

Endlich traf unter Constantinus Chloros, wie Malalas angibt **), die bedeutende Stadt Salamis das gleiche Schicksal der Vernichtung durch Erdbeben, indem sie zum Theile zerstört, zum Theile ins Meer versunken ist. Sie wurde zwar von Constantinos wieder aufgebaut — daher nun Constantia genannt — aber gelangte nie mehr zu seiner früheren Grösse und Herrlichkeit.

Seit dem Jahre 1222, wo noch ein verheerendes Erdbeben die Insel heimsuchte, erfahren wir nichts mehr über das Auftreten dieser Erderschütterungen auf der Insel Cypern. So viel ich jedoch durch Herrn Consul J. Pascotini, der bereits eine Reihe von Jahren auf der Insel lebt, erfahren habe, sind Erdbeben in Lanarka ganz gewöhnliche Erscheinungen, die mehr oder weniger heftig und anhaltend fast alljährlich und zwar gewöhnlich zur ersten Frühlingszeit aufzutreten pflegen.

Ein Wanken der Tische, Umstürzen von Möbeln, selbst kleine Zerklüftungen der Mauern gehören zu den gar nicht beachteten Erscheinungen, welche häufig mit donnerähnlichem Rollen begleitet sind, und daher mehr durch ihr bedrohliches Auftreten, als durch den Effect die Gemüther beängstigen.

---

*) M. Scotus in Titus. Chron. I. act. 4 bei Meurs.

**) Chronolog. Bd. XII. zu Ende. Es mag jedoch vielleicht richtiger sein, wenn Georg Kredenos dies Erdbeben erst in das 28. Jahr der Regierung Constantin's des Grossen versetzt.

Daraus geht allerdings hervor, dass, wenn Cypern auch nicht ein eigentlicher vulkanischer Herd ist, ja von dem nächsten Herde so ziemlich entfernt liegt, dennoch Felsenspaltungen und kleinere Dislocationen, wie z. B. die Felsenschlünde auf dem Wege von Episcopi nach Avdimo, sich noch jetzt ereignen können und auch wirklich stattfinden. Von diesen Dislocationen sind jedoch die niveauverändernden Ereignisse allerdings verschieden und können nur aus allgemein wirkenden Ursachen erklärt werden. Ohne Zweifel sind durch diese Ursachen auch alle benachbarten Continente und namentlich auch Europa betroffen worden. Es sind daher die geologischen Schicksale Cyperns jedenfalls mit denen der näheren und entfernteren Länder verknüpft, und können zuletzt nur darin ihre völlige Enträthselung finden.

Der trockene Zusammenhang der Insel Cypern mit Syrien konnte demnach nur zur Zeit unmittelbar nach der Hebung dieser Insel am Ende der quartären Periode stattfinden, wo die jüngsten jener Periode angehörigen Ablagerungen hoch über das Niveau der See erhoben worden sein mögen, und von welcher Zeit an, eine fortwährende langsame Senkung der Insel den früheren Zusammenhang aufzuheben im Stande war. Erweiterte Erfahrungen in diesem noch ziemlich unbekannten Felde werden zeigen, wie auch andere das Mittelmeer umgrenzende Länderstrecken und Inseln desselben an eben diesen Bewegungen Theil genommen haben.

II. Höhenbestimmungen der Insel Cypern.

Das coupirte Terrain der Insel, das sich in der nördlichen Gebirgskette bis zu Höhen von 3000 Fuss im südlichen Centralstocke bis zu 6000 Fuss erhebt, macht, um ein genaues Relief der Insel zu erhalten, sehr zahlreiche Höhenbestimmungen an den verschiedensten Punkten wünschenswerth. Durch mehrere Reisende sind bisher eine nicht geringe Anzahl von Höhenbestimmungen in allen Richtungen und in verschiedenem Niveau gemacht werden. Die ersten rühren von Th. Graves her, diese hat Th. Kotschy auf einer früheren Reise vermehrt, später kamen noch einige von Gaudry hinzu, so dass nun mit unseren eigenen, die sich auf 24 Messungen belaufen, im Ganzen 63 solcher Höhenbestimmungen vorhanden sind.

Th. Graves hat alle wichtigeren Höhenpunkte, die man von der Küste aus, wo er auf dem Schiffe seine Sondirungen vornahm, sehen kann, trigonometrisch gemessen. Es sind dies sieben besonders bemerkbare Bergspitzen an der Nordseite der Insel, von denen einige mit Ruinen von Ritterschlössern gekrönt sind, während die Westseite nur zwei einigermassen auffallende Höhen, dagegen die Südseite wieder ihrer sechs bestimmen liess.

A. Gaudry hat auf seiner geognostisch-topographischen Karte die Höhenangaben Graves in Meter umgesetzt eingetragen und dazu fünf andere wahrscheinlich mit dem Barometer ge-

64

machte Bestimmungen hinzugefügt, denn es lässt sich dort,
wo dessen Metermaass mit der Angabe Graves in engl. Fuss
bis auf eine Einheit zusammenstimmen, wohl vermuthen, dass
denselben nicht von ihm selbständig ausgeführte Messungen
zum Grunde liegen.

Ich im Vereine mit Th. Kotschy haben auf einigen
Touren ein Barometer, auf andern ein Hypsometer mitgeführt,
während gleichzeitig in Larnaka durch Herrn Consul Pascotini durch einen zweiten übereinstimmenden Barometer Beobachtungen angestellt wurden. Unsere Höhenmessungen machen
daher auf jene Genauigkeit Anspruch, welche diese Instrumente überhaupt gewähren.

Die mit einem compendiösen französischen Hypsometer
gemachten Messungen sind in der folgenden Tabelle mit *
bezeichnet, alle andern sind mit dem Barometer ausgeführt.

Um eine Uebersicht zu erhalten, sind alle Messungen
auch der früheren Beobachter auf Pariser Fuss reducirt worden. In der tabellarischen Uebersicht ist ausser den gemes-
senen Punkten auch noch der Autor angegeben und dieselben
nach dem Alphabete geordnet.

Uebersicht.

Namen der gemessenen Punkte	Die Messung ausgeführt v.	Meter	Englische Fuss	Pariser Fuss	Namen der gemessenen Punkte	Die Messung ausgeführt v.	Meter	Englische Fuss	Pariser Fuss
Adelphe, Bergspitze im Centralstocke	Th Graves	1640	5380	5049	Bergspitze bei Andronicos auf der carpasischen Halbinsel	Th Graves		1395	1309
Bergspitze im Gebirgszuge v. Akamanta	Th. Graves		2570	2412	**Arora**, Dorf u. eine gute Quelle im westlich. Gebirge		575		1770
*** Akanthu**, Dorf am Fusse der Nordkette		188		580					

Namen der gemessenen Punkte	Die Messung ausgeführt v.	Meter	Englische Fuss	Pariser Fuss
Bergspitze hinter Athanasios b. Limasol	Th. Graves		2300	2182
*Athienu, Dorf zwischen Larnaka u. Nicosia		149		458
Athienu	Th. Kotschy			327
*Buffavento, Felsenspitze m. Ruinen des Castells der Königin		972		2993
detto	Th. Graves	988	3240	3041
detto	Th. Kotschy			3163
Höhengrenze d. Conglomerates bei Chelia		79		242
Chrysoroiatissa, Kloster		816		2513
detto	Gaudry	764		2352
Chrysostomo, Kloster		406		1250
* Santa Croce (Stavro Vuno) Bergspitze		709		2182
detto	Th. Graves	701	2300	2158
Quelle bei Cuminarga, unfern Prodromo		669		2060
*Dali, Dorf		239		735
Eremi, Dorf	Th. Kotschy			386
Evriko, Dorf	Th. Kotschy			1508

Namen der gemessenen Punkte	Die Messung ausgeführt v.	Meter	Englische Fuss	Pariser Fuss
Bergspitze zwischen Favlu u. Tricomo. (Irrthümlich b. Graves Cantara)	Th. Graves		2020	1896
Frankenquelle, am Troodos bei Prodromo		1417		4361
Furni, Einsames Kaffeehaus und Quelle		175		539
detto	Th. Kotschy			426
Galata, Dorf (am alten Brunnen)		654		2015
detto	Th. Kotschy			1615
St.Hilarion, Bergspitze (Elias)	Th. Graves		2810	2637
Kantara, Bergspitze mit einer Ruine	Th. Graves		2080	1951
Kikko, Kloster	Gaudry	1159		3568
*Kythräa(Quelle)				696
Lapetus, Bergspitze	Th. Graves		3340	3134
Larnax, Bergspitze bei Panteleimon	Th. Graves		3115	2921
Limasol, Stadt	Th. Kotschy			36
Macheras, Bergspitze	Th. Graves	1442	4730	4439
* Macheras, Kloster		888		2732

Namen der gemessenen Punkte	Die Messung ausge-führt v.	Meter	Englische Fuss	Pariser Fuss
Mazoto, Dorf .	Th. Kotschy			37
Mesamiglia, Dorf bei Nicosia	Th. Kotschy			289
Moni, Dorf .	Th. Kotschy			49
Nicosia, ausser der Stadt			137	420
*Nicosia, Stadt			147	452
detto	Th. Kotschy			249
Omodos, Kloster	Th. Kotschy			2726
Panteleimon, Kloster	Gaudry			950
Pentadactylon, Spitze des Ber-ges .	Gaudry	736		2266
detto	Th. Graves	756	2480	2327
*Pentadactylon, an der Haupt-theilungsstelle der Spitzen		603		1856
Pentacomon, Bergspitze	Th. Graves		1390	1304
Pisuri, Dorf		204		739
Pomo, Bergspitze zwischen Lefka und Chrysoku	Th. Graves		2495	2341

Namen der gemessenen Punkte	Die Messung ausge-führt v.	Meter	Englische Fuss	Pariser Fuss
Prodromo, Dorf am Troodos. Nach d. Mittel von 12-tägigen Beobachtungen			1286	3958
Prodromo. Nach d. Bestimmung d. Beobachtung am 21. Mai . .			1249	3845
Prodromo .	Gaudry	1221		3759
Prodromo	Th. Kotschy			3920
Thiorio, Dorf b. Panteleimon .		290		893
Thrinithia, Dorf	Th. Kotschy			828
Trooditissa, Klo-ster		1281		3923
detto	Gaudry	1328		4088
Panagia tu Troo-ditissa, verfalle-nes Kloster bei Prodromo	Th. Kotschy			3860
Troodos, Spitze des Berges .		1916		5897
detto	Th. Graves	2009	6590	6184
detto	Th. Kotschy			5807
Troodos - Sattel nach Galata	Th. Kotschy			4467
Vrisi tu Machi-nari am Troodos		1452		4809

III. Zur Charakteristik der Quellen.

Ich habe bereits an einem andern Orte die Gründe entwickelt*), weshalb ein genaues Studium der Quellen nach
dem Reichthume, Gehalte und Temperatur des Wassers, nach
der Beschaffenheit des Gesteines, aus dem sie hervorbrechen
und der Elevation ihres Ursprunges von Wichtigkeit ist. Alles
Wasser und so auch das Quellwasser dient abgesehen von
einigen Thermen, sowohl Pflanzen als Thieren zum Aufenthalte, dessen Medium und sonstige Eigenthümlichkeiten mit
ihrer Natur und ihren Lebensbedingungen im Einklange stehen.
Es ist eine oft wiederholte Erfahrung, dass Organismen,
welche im Wasser ihren Aufenthalt suchen, sich einer weiteren
Verbreitung und eines höheren Existenzalters zu erfreuen
haben, als Organismen, die den Wechsel der atmosphärischen
Luft zu ertragen bestimmt sind, indem ersteres die grellen
äusseren Einflüsse eher abzuschwächen im Stande ist, als die
letztere. Das Wasser erscheint somit in der Lebensöko-
nomie gewissermassen als conservativer Factor, als eine Art
Stabilitätsprincip, und lässt im Umfange seiner permanenten
Einwirkung noch Zustände erblicken, die man bei Organismen, die im Medium der Luft leben, nicht mehr wahrzunehmen im Stande ist. In dieser Beziehung hat die im
Bereiche des Wassers vorkommende Lebenswelt ein beson-

---

*) Wissenschaftl. Ergebnisse einer Reise in Griechenland und in den
jonischen Inseln. Wien 1862 p. 23.

deres Interesse für den, der sich bemüht, die Welt nicht als ein Seiendes, sondern als ein Gewordenes zu betrachten.

Weniger grosse Wasseransammlungen, als: Meere, Seen und Binnenwässer anderer Art, sind die Quellen dazu bestimmt, gewisse Eigenthümlichkeiten der organischen Welt von Periode zu Periode in längeren Schöpfungszeiten fortzutragen und zu erhalten.

Das Studium ihrer Organismen ist daher von unabsehbarer Wichtigkeit, die erst dann in ihrer vollen Bedeutung ersichtlich werden kann, wenn die Sammlung von Thatsachen bis zu einer gewissen Ausdehnung gediehen sein wird.

So wie auf meiner Reise in Griechenland und auf den jonischen Inseln war ich auch auf der Insel Cypern bemüht, jene Daten so vollständig als möglich zu sammeln, die mir das Studium der Quellen dieses Landes an die Hand gab. Leider, muss ich bemerken, dass die Anzahl solcher belehrender Quellen nicht gross ist, obwohl nach der gebirgigen Beschaffenheit des Landes ein grösserer Reichthum zu vermuthen gewesen wäre. Die nur auf eine kleine Periode des Jahres beschränkten atmosphärischen Niederschläge, die geringe Ausdehnung der Sammelbecken derselben, das häufig schroff abstürzende Gestein, das dem rasch abfliessenden meteorischen Wasser weniger Hindernisse entgegenstellt, der Mangel an hinlänglich ausgebreiteten Höhenkuppen für eine längere Erhaltung des Schnees, während des Frühlings und Sommers, endlich wohl auch die zu geringe Zerklüftung und die zu wenig aufsaugende Beschaffenheit des Gesteines mögen die Ursachen der Sparsamkeit der Quellen der Insel sein.

Schon die frühesten Bewohner der Insel mussten diesen Nachtheil empfindlich fühlen und wir erblicken daher allenthalben, wo sich die Colonien erweiterten und zu Städten anwuchsen, mehr oder minder grossartige Wasserleitungen, die von benachbarten oft aber auch von entfernten Quellen das nöthige Wasser herbeiführten. Im Folgenden werden wir noch öfters Gelegenheit finden, auf diesen Gegenstand zurückzukommen.

So mächtig der Gebirgsstock des Troodos, des Adelphe und Macheras ausgebreitet ist, so kommen doch aus ihm wenig ergiebige Quellen hervor, und auch diese sind im Laufe des Jahres namhaftem Wechsel ihrer Fülle unterworfen. Der Mangel an Schichtung und die geringe Zerklüftung des Gesteines und — ich darf wohl hinzusetzen — die nunmehr erfolgte Entholzung, ja sogar stellenweise Vegetationslosigkeit der Bodenoberfläche lässt das meteorische Wasser zu keiner ergiebigen Ansammlung kommen, noch weniger scheinen im Innern der Felsmassen wasseransammelnde Höhlungen und Becken für den beständig gleichbleibenden Abfluss zu sorgen. Obwohl, wie ein Blick auf die Karte zeigt, das Wassernetz der ganzen Insel seinen Ausgangspunkt von diesem Gebirgsstock nimmt, sind doch eben da die wenigsten grossen und starken, sondern nur mehr oder minder kleinere Quellen zu suchen, die nur durch ihre grössere Anzahl es erklärlich machen, wie so viele von da aus nach allen Seiten des Landes laufende Rinnsale das Gebirgswasser fortführen.

Eine besondere Eigenthümlichkeit bieten die Quellen der nördlichen Gebirgskette dar. Die stärkeren derselben entspringen nicht am Fusse der Gebirge, sondern durchaus in einer Elevation von 500—700 Pariser Fuss, und zwar regelmässig an der Grenze des Kalkes und des darüberliegenden Sandsteines oder Mergels. Was aber noch mehr auffällt, ist ihr perpetuirlicher Wasserreichthum, während doch ihr Sauggebiet, d. i. die Ausdehnung, auf welcher periodische wässerige Niederschläge erfolgen, ausserordentlich klein ist. Um die anhaltende und durch das ganze Jahr ohne Verminderung abfliessende Menge des Wassers zu erklären, muss man offenbar zu weiter greifenden Zuflüssen seine Zuflucht nehmen. Hier könnte zunächst der Troodos Gebirgstock in Betrachtung kommen, von dem die Wasser aufgenommen, durch die muldenförmig in das Querthal eingelagerten jüngeren Schichten fortgeführt und am Ausbeissen der Schichtenköpfe als Quelle zum Vorschein kommen. Dagegen spricht jedoch einerseits die immerhin auch in dieser Entfernung unbedeutende Grösse des Sammelbeckens jenes centralen Gebirgsstockes und anderseits der nicht zu übersehende Umstand, dass die jüngeren Schichtenbedeckungen dort viel weniger hoch hinaufreichen, als in der nördlichen Gebirgskette, ein Abführen des Wassers also nach hydrostatischen Gesetzen keine solche Steighöhe erreichen könnte. Viel leichter wird die Erklärung dieses sonderbaren Factums, wenn man annimmt, dass die Karamanischen Gebirge das Sammelbecken dieser Quellen darstellen, welche gross genug und hinlänglich reichlich mit wässerigen Niederschlägen versorgt sind, um jene Quellen auf Cypern fortwährend mit einer grossen Wassermenge zu versehen. Ob nun die Ausdehnung der communicirenden Röhren eine grössere oder geringere ist, ob sie über oder unter dem Meeresgrunde verlauft, ist eine für die Erklärung durchaus gleichgültige Nebensache.

Mit diesen an Ort und Stelle in Cypern geäusserten Betrachtungen stimmt nun auffallend eine Ansicht überein, die sich im Lande die Bauern selbst, ohne Kenntniss der physikalischen Gesetze gemacht haben. Ali-Bey sagt in seinem Werke I. p. 278*): „The inhabitans imagine, that this water has its source in the mountains of Caramania on the Continent, and that it passes under the sea —"

Indem Ali-Bey dieses geradezu für nicht ganz unmöglich hält, führt er bei Betrachtung der aus fünf Quellen entspringenden Quelle von Kythräa fort, dass dieselben ohne Zweifel aus dem Schosse des Kalkgebirges selbst entstehen mögen, und da sie vollkommen reines Wasser enthalten, wohl in dieser Gebirgsart ohne Berührung der es bedeckenden Mergel- und Sandsteinschichten ihren Lauf nehmen. Es liegt auf der Hand, welche der beiden Ansichten die richtigere ist.

Eine Frage dürfte bei dieser Betrachtung der Quellen noch eine Beachtung verdienen, nämlich die Frage, nach der mittleren Jahrestemperatur von Cypern, insoferne man vorzüglich die meeresgleiche Ebene als Ausgangspunkt der Vergleichung ins Auge fassen wollte. Der Mangel an meteo-

---

*) Travels in Marocco, Tripoli, Cyprus, Egypt, Arabia, Syria and Turky between the years 1803 and 1807 Vol. I. und II. 1816.

rologischen Beobachtungen über die Lufttemperatur, die wenigstens ein ganzes Jahr hindurch fortgeführt sein sollten, macht es um so wünschenswerther hierüber wenigstens approximative Werthe zu erlangen.

Meines Erachtens können hier nur starke und aus einer solchen Tiefe kommende Quellen, welche von dem Temperaturswechsel des Bodens unberührt bleiben, eine Berücksichtigung verdienen. Bei der Sparsamkeit vieler solcher starker der Wassermenge nach unveränderlicher Quellen auf der Insel können nur zwei Quellen in Betracht gezogen werden, nämlich an der Südseite der Insel die berühmte Quelle von Hierocipos und die am Nordufer der Insel unter dem Kloster Acheropithi aus eben solchen Conglomeratfelsen hervorbrechende Quelle, welche beide sich in kurzer Erstreckung ins Meer ergiessen.

Wir haben die Temperatur der ersteren 16·6 ° R., die der letzteren 15 " R. im April und Anfangs Mai, wo ihre Temperatur aller Wahrscheinlichkeit nach, wenn sie je im Jahre variirt, am tiefsten gestanden hat, gefunden. Es würde vielleicht nicht unpassend sein, die Temperatur dieser beiden Quellen als die Jahresmittel für die Luftwärme, die eine für die Südseite, die andere für die Nordseite der Insel anzunehmen.

Die in Larnaka durch sieben Monate angestellten Beobachtungen scheinen auf dieses Mittel der Lufttemperatur — 16·6° R. hinzuweisen und im guten Einklang zu stehen mit den Jahresmitteln von Athen (14·8 " R. vom Jahre 1861 nach W. Schmidt) und Cairo (17·8 ° R.).

Es sei mir erlaubt ausser den Quellen der Insel Cypern, deren Specialitäten im Nachstehenden folgen, auch noch einige andere Quellen anzuführen, die ich auf derselben Reise zu beobachten Gelegenheit fand.

Da dieses übersichtliche Verzeichniss gleichsam als eine Fortsetzung der im oben angeführten Werke niedergelegten Beobachtungen ist, so dürfte eine nähere Vergleichung beider Verzeichnisse nicht ohne Interesse sein.

Breitegrad	Land	Ort und Namen der Quelle	Seehöhe der Quelle in par. Fuss	Geognostische Unterlage	Gehalt des Wassers	Temperatur des Wassers	Zeit der Beobachtung
	Küstenland in Oestreich	Höhle von **Ospo** bei Triest	150	Kreidekalk	geschmacklos	10·5° C. 8·4° R.	14. März 1862
	detto	**Ospo** am Fusse des Berges	80	detto	detto	10·5° C. 8·4° R.	detto
	detto	**Sestiana** am Meeresufer	0	Tassello	schwefelhältig	11° C. 8·8° R.	12. März
	detto	**Timavo** (Fluss)	10	Kreidekalk	geschmacklos	11° C. 8·8° R.	detto
	detto	**Monfalcone,** Quelle in der Stadt	20	detto	detto	11·8° C. 9·5° R.	detto
	detto	**Monfalcone,** Quelle an der Eisenbahnstation	30	detto	detto	12° C. 9·6° R.	detto
	detto	**Monfalcone,** Quelle ausser der Stadt	20	detto	detto	12° C. 9·6° R.	detto
	detto	**Monfalcone,** Badequelle	20	detto	schwefelhältig		
	K. Asien	**Smyrna,** Wasserleitung in der Stadt	4	detto	geschmacklos	14·2° C. 11·4° R.	21. März
	Cypern	**Vrisi tu Machinari** am Troodos	4809	Diorit	detto	8·3° C. 6·6° R.	13. Mai
	detto	**Frankenquelle** am Troodos	4361	detto	detto	9·3° C. 7·5° R.	16. Mai

Stärke der Quelle	Nieder-schläge	Vegetation in der Quelle und um dieselbe	Thierwelt in der Quelle und um dieselbe
klein	Tuff bildend	Eucladium verticillatum Schmp. Hypnum filicinum var. fluitans Hedw. Adianthum Capillus Veneris Lin. Asplenium Trichomanes Lin.	
detto		Hypnum rusciforme Hedw.	
detto		Stigeoclonium setigerum Kg. (fructif.)	
stark mit mehreren Ursprüngen		Cinclidotus fontinaloides Pal. B. Fontinalis antipyretica L. Zanichelia palustris L. Potamogeton pusillus L. Potamogeton perfoliatus L. Myriophyllum spicatum L. Polygonum amphibium L. Veronica Beccabunga L.	Paludina minuta Brum.
stark			Perca fluviatilis L.
schwach			Paludina minuta Brum.
stark		Callitriche platicarpa Kz. Potamogeton crispus L.	Paludina minuta Brum. Paludina patula Brum. Cyclas rivalis Drap. Neritina fluviatilis Drap.
schwach	Tuff bildend	Funaria hygrometrica L.	
detto	detto	Hypnum cuspidatum L. Bryum pseudotriquetrum Schw. Bryum cirrhatum Horn. Pellia epiphylla Nees.	
stark			

Breitegrad	Land	Ort und Namen der Quelle	Seehöhe der Quelle in par. Fuss	Geognostische Unterlage	Gehalt des Wassers	Temperatur des Wassers	Zeit der Beobachtung
	Cypern	**Prodromo**, Dorf, Quelle gefasst	3958	Diorit	geschmacklos	12·2° C. 9·8° R.	10. Mai 1862
	detto	**Trooditissa**, Klosterbrunnen gefasst	3923	detto	detto	13° C. 10·4° R.	16. Mai
	detto	**Macheras**, Klosterbrunnen gefasst	2732	detto	detto	13° C. 10·4° R.	3. April
	detto	**Chrysoroiatissa**, Klosterbrunnen gefasst	2512	Kalk	detto	13·2° C. 10·6° R.	8. Mai
	detto	Quelle bei **Cuminarga**	2060	Diorit	detto	14·2° C. 11·4° R.	9. Mai
	detto	Quelle über **Wretscha**	1800?	detto	detto	15·4° C. 12·3° R.	detto
	detto	**Arora**, Dorf. Starke Quelle im westl. Gebirge	1770	Jurakalk	detto	16·5° C. 13·2° R.	6. Mai
	detto	Brunnentempel **Hagia Katharina**	20	Sandstein	Mineralquelle geschmacklos	13·5° C. 10·8° R.	29. März
	detto	Quelle zwischen **Paralimni** und **Hagia Napa**	120?	Conglomerat	geschmacklos	13° C. 10·4° R.	detto
	detto	**Melandrina**, Wasserleitung des Klosters	140?	Grobkalk	detto	15·6° C. 12·5° R.	19. April
	detto	**Arsus** bei Yvatili	200?	Conglomerat	detto	18° C. 14·4° R.	24. April
	detto	**Bellpais**, Quelle im Gebirge	600?	Jurakalk	detto	18·5° C. 14·8° R.	17. April

Stärke der Quelle	Nieder-schläge	Vegetation in der Quelle und um dieselbe	Thierwelt in der Quelle und um dieselbe
schwach		Laurentia tenella DC. Samolus Valerandi L.	
detto		Laurentia tenella DC.	
detto			
detto			
detto		Samolus Valerandi. Pteris aquilina.	
detto		Diatoma tenue Kg. Gomphonema Mycropus Kg. Polypothrix bicolor Kg. Cladophora glomerata var. simplicior Kg. Trichostomum tophaceum Brid.	
stark			
schwach			
detto		Spirogyra longata Kg.	
detto		Adianthum Capillus Veneris L. Samolus Valerandi L. Vaucheria clavata Ag. Cladophora comosa Kg. Diatoma tenue Kg. Cymbella affinis Kg. Gomphonema dichotomum Kg. Navicula elliptica Kg. Navicula cryptocephala Kg.	
detto			
stark			

Breitegrad	Land	Ort und Namen der Quelle	Seehöhe der Quelle in par. Fuss	Geognostische Unterlage	Gehalt des Wassers	Temperatur des Wassers	Zeit der Beobachtung
	Cypern	**Larnaka**, Wasser d. Wasserleitung	20	Jurakalk	geschmacklos	17·8°C. 13·6°R.	26. März 1862
	detto	**Acheropithi**, Quelle unter dem Kloster	20	Sandstein	detto	18·8°C. 15°R.	17. April
	detto	**Keryneia**, Quelle östlich von der Stadt	40	detto	detto	19°C. 15·2°R.	16. April
	detto	**Moni**, Dorf. Quelle gefasst	220?	Aphanit	detto	20°C. 16°R.	28. April
	detto	**Kythraea**, Oberste Quelle (Kephalo vrisi)	696	Kalkbreccie	detto	19·5°C. 15·6°R.	13. April
	detto	**Katoloco**, Quelle am Wege gefasst	200?	Kalkmergel	detto	20°C. 16°R.	5. April
	detto	**Hagia Napa**, Klosterbrunnen, auch eine Wasserleitung	20	Conglomerat	detto	20·2°C. 16·1°R.	30. März
	detto	**Apano Diacomo**, Dorf	500?	detto	detto	21°C. 16·8°R.	16. April
	detto	**Kuklia**, Quelle Bü	120	detto	bittersalzig	21°C. 16·8°R.	4. Mai
	detto	**Cap Kormachiti**, Quelle	10	detto	geschmacklos	21°C. 16·8°R.	25. Mai
	detto	**Hierocipos**	50	Kalkmergel	detto	20·8°C. 16·6°R.	5. Mai
	detto	**Kamarés**	50	Gyps	detto	21·4°C. 17·1°R.	22. April
	detto	**Furni**	539	Diorit	detto	22·4°C. 17·9°R.	27. Mai

Stärke der Quelle	Nieder-schläge	Vegetation in der Quelle und um dieselbe	Thierwelt in der Quelle und um dieselbe
stark		Cladophora glomerata Kg. Gomphonema micropus Kg. Diatoma tenne Kg.	Melanopsis praerosa Lam.
detto	Tuff bildend	Eucladium verticillatum Schp. Adianthum Capillus Veneris L. Samolus Valerandi L.	Melanopsis praerosa Lam.
detto			
detto		Adianthum Capillus Veneris L. Laurentia tenella DC.	
detto		Adianthum Capillus Veneris L. Samolus Valerandi L.	Melanopsis praerosa Lam. Neritina nilotica Reeve. Thelphusa fluviatilis M. Edw.
schwach		Cymbella cuspidata var. minor. Kg. Amphora gracilis Kg. Stigeoclonium thermale Kg. Fragilaria Ungeriana Grunow. Campylodiscus costatus Kg. Surirella ovata Kg. Synedra splendens Kg. Chara foetida A. Braun. Ranunculus aquatilis L.	Telphusa fluviatilis M. Edw. Colymbus bipunctatus Fab. Hydrophorus marginatus Fab. Hydrophorus n. sp. Helephorus griseus Herbst.
detto		Spirogyra communis. Synedra splendens Kg. Cymbella affinis Kg.	
detto		Adianthum Capillus Veneris L. Cheilanthes suaveolens Sibth.	Melanopsis praerosa Lam.
detto		Cladophora Ungeri Gnw.	
stark		Protoderma viride Kg. Chara foetida A. Braun	
detto		Phormidium subfuscum Kg. Adianthum Capillus Veneris L.	Melanopsis praerosa Lam. Gamarus n. sp.
schwach			
detto			

IV. Klima der Insel Cypern.

Wie das Klima jedes Erdtheiles, so ist auch das Klima von Cypern abhängig sowohl von der geographischen Breite, von seiner Elevation über dem Meer und dem Relief des Landes überhaupt, als auch von der Beschaffenheit seiner unmittelbaren Nachbarschaft, so wie von der Lage, die es im Complexe grösserer Länder- und Meeresstrecken einnimmt.

Indem wir das Klima dieses Eilandes zu schildern suchen, werden wir dasselbe in allen Beziehungen als das Ergebniss dieser Momente anzusehen genöthiget sein.

Cypern, eine der grössten Inseln im Mittelmeere, unter dem 35° südlicher Breite gelegen, ist zunächst wohl allen jenen Einflüssen unterworfen, die sämmtliche Länder unter diesem Himmelsstriche treffen, und wir müssen daher erwarten, dass namentlich die Wärmemenge und ihre Vertheilung in den Jahreszeiten nicht wesentlich von jener abweichen dürfte, die das nahe Syrien, Cilicien, sowie die Inseln Rhodos, Creta und die übrigen Sporaden und Cycladen des ägeischen Meeres zeigen.

Unerträglich heisse Sommer, die lähmend auf alle Beschäftigungen des Menschen einwirken, und unverhältnissmässig kalte Winter, die nicht selten durch künstliche Wärmemittel gemildert werden müssen, sowie der Mangel an Frühling und Herbst, welche allmälig den Uebergang von einem Extrem zum andern vermitteln sollen, kennzeichnen im Allgemeinen das Klima von Cypern, das in dem gebirgigen Theile des Westen weniger warm als im flachen östlichen Theile ist. Während die Temperatur der Luft im Hochsommer im Schatten über 30° steigt, erreicht sie im Winter im ebenen Theile des Landes zwar selten den Gefrierpunkt, wird aber dadurch um so empfindlicher, als man sich nur wenig gegen sie zu schützen vermag*).

---

*) Man erwärmt im Winter die Wohnstuben durch Verbrennen von Poterium spinosum und Tymbra spicata, den verbreitetsten Sträuchlein auf Cypern.

Desungeachtet ist auch der Winter für die Vegetation nicht ohne Erfolg, ja derselbe erhält sogar eine Flora, die im Monate März schon ihr Ende erreicht und als eine wahre Vorfrühlingsflora betrachtet werden kann. Der Winter (Oetober, November, Deeember) ist die Zeit der wässerigen Niederschläge, während dieselben im Sommer gänzlich sistiren und ein ungetrübtes blaues Himmelszelt über die Insel ausgespannt ist. Aber so troeken und dürr der Sommer verläuft, um so feuehter der Winter, und es ist nicht selten, dass es 30—40 Tage unausgesetzt regnet. — In dieser Zeit erholt sich die dürstende Erde, der Boden wird durchtränkt, neues Leben kehrt in die verdorrten Wurzeln der Gewächse und die Quellen werden für das ganze Jahr mit jenem Nectar versorgt, den sie bald reichlieher oder nur tropfenweise an dieselben abgeben. Während im Verlaufe des Sommers endlieh aueh diese still wirkenden Bildungsmittel versiegen, die Bäehe und Rinnsäle der Flüsse troeken werden, sind sie im Winter vollauf mit Wasser gefüllt, das nicht selten weit über ihre Grenzen austritt.

Der Pediás, der Hauptfluss der Insel, bedingt eben dureh den Austritt über seine Ufer die Fruehtbarkeit jener Niederungen, welehe sein Wasser und die schlammigen Theile desselben erreichen. Damit ist nun aber aueh fast aller Verkehr in dem niedrigen Theil der Insel auf eine Zeit lang unterbrochen, indem die Wege selbst für Saumthiere ungangbar und der Uebergang über die Flüsse ungeachtet der vorhandenen Brüeken völlig unmöglieh wird.

Eine Chronik erzählt, dass am 10. November 1330 unter der Regierung Hugo's IV. der kleine Fluss, der dureh Nieosia läuft, dergestalt ansehwoll, dass nicht nur die niedrigen, sondern aueh höher gelegene Gegenden der Stadt unter Wasser gesetzt wurden. Eine Menge Häuser wurden dabei verwüstet und einige Tausend Menschen kamen ums Leben. Aber nicht nur Nicosia, auch die um diese Stadt gelegenen Fleeken und Dörfer litten gewaltig vom Andrang des Wassers, so dass diese Wassernoth für Cypern etwas Unerhörtes war.

Im Gegensatz von diesen und ähnliehen allzu reiehliehen Darreiehungen an meteorischem Wasser kommen wieder Fälle vor, wo es selbst im Winter nicht regnet und daher im ganzen Jahre Trockenheit und Dürre herrscht. Es ist selbstverständlich, dass solche Jahre für die Insel die grösste Calamität sind, indem aller Feldbau vergeblich und dadurch eine der ersten und vorzüglichsten Nahrungsquellen für Menschen und Thiere versiegt ist.

Wir lesen, dass es einmal, und zwar zur Zeit Constantins, durch 36 Jahre auf der Insel nicht geregnet habe. Der grösste Theil der Einwohner war dadurch genöthigt, Cypern zu verlassen.

Wir selbst hatten während unseres Aufenthaltes auf der Insel nur einige Male Gelegenheit, kleine Niederschläge zu beobachten. Am 27. März trat in und um Larnaka ein unbedeutender bald vorübergehender Strichregen ein, nachdem aus den Wolkenzügen und den periodischen Ergüssen derselben zu schliessen, schon früher einige benachbarte Landschaften der östlichen Insel mit beglückendem Nass versorgt worden waren. Der Ombrometer nahm auf 1 Quadratfuss Oberfläche aber nicht mehr als 92 C.M. Cub. Wasser auf, was somit nur eine Wasserschichte von etwas über 0·8 Mil.Met. gibt. (Viel ergiebiger mögen auch die anderen Gegenden mit Ausnahme der Gebirge nicht bedacht worden sein.) Ein ähnlicher Strich- und Gewitterregen trat am 18. April an der Nordküste und am 28. April an der Südküste bei Mazoto ein, die aber beide nicht gemessen werden konnten, indem sie uns während des Rittes überraschten.

Ein viertes Mal und zwar am 11. Mai erlebten wir bald nach unserer Ankunft in dem 4000 Fuss hoch gelegenen Gebirgsdorfe Prodromo den Ausbruch eines Gewitters bei einer Temperatur von 11·3 ° R., das mit einem Ergusse von Graupeln endete, der die ganze Gegend umher auf kurze Zeit in einen zarten weissen Schleier einhüllte. Auf 1 Quadratfuss Oberfläche des Ombrometers fielen 380 C.M. Cub. Wasser, was eine Höhe von 3·6 Mil.Met. Wasserschichte gibt. Damit nahm nun auch im Gebirge aller Regen ein Ende und ein nur selten mit Wolken getrübter Himmel lachte beständig über die ganze Insel.

Natürlich sind alle diese Ergüsse, sie mögen noch so sparsam sein, mit einer Depression der Lufttemperatur verbunden, die dem reisenden Nordländer über alle Maassen behaglich wird. Nichts versetzt ihn so schnell in gewohnte klimatische Zustände, als solche leider nur zu schnell vorübergehende Gewitterregen. Herr Th. Kotschy erinnert sich aus seiner früheren Bereisung der Insel, dass er am 5. April auf dem Wege von Nicosia nach Evriko am Fusse des Gebirges von einem Regenschauer überrascht wurde, der zugleich eben so viele Schneeflocken als Regentropfen mit sich führte.

Ich habe nicht unterlassen, während meines ganzen Aufenthaltes auf der Insel der Luftfeuchtigkeit meine Aufmerksamkeit zuzuwenden und so gut es ging fortwährend Beobachtungen mit dem Psychrometer anzustellen. Sowohl dieses Instrument, als alle übrigen, deren ich mich zu meteorologischen Zwecken bediente, waren aus der Werkstätte des Herrn Kapeller in Wien.

Ich glaube am besten zu thun, hier die Ergebnisse dieser Beobachtungen, welche den Gang des Dunstdruckes sowohl, als der relativen Feuchtigkeit enthalten, in tabellarischer Uebersicht beizuschliessen und daran auch die wenigen Beobachtungen zu knüpfen, welche Triest betreffen.

Dunstdruck und Feuchtigkeit im Monate März 1862.

Datum März	Station	Elevation üb. d. Meer	Morgens Stunde	Dunstdruck	Feuchtigkeit	Mittags Stunde	Dunstdruck	Feuchtigkeit	Abend Stunde	Dunstdruck	Feuchtigkeit	Anmerkung
11	Triest		7½	2·70	54·6	4	2·01	46·7	....	....	....	
13	detto		8	3·78	70·4	....	....	....	....	....	....	wenig Regen
14	detto		6	2·93	61·7	....	....	....	....	....	....	
25	Larnaka in Cypern (Marina)		....	....	....	....	....	....	7	4·70	81·3	
26	detto		6	3·85	70·6	12	4·88	73·1	7	5·01	85·4	
27	detto		7	4·76	74·8	12	5·21	70·1	7	5·35	91·8	
28	detto		6	4·36	76·1	....	....	....	....	....	....	
29	Varochia		6	3·78	84·8	....	...	....	....	....	....	
29	Paralimni		....	....	....	2	4·54	51·8	....	....	....	
29	Hagia Napa		....	....	....	....	....	....	6	4·43	85·7	
30	detto		....	....	....	12	4·61	65·0	....	....	....	
30	Ormidia		....	....	....	....	....	....	6	5·11	76·6	
31	detto		5½	3·98	89·3	....	....	....	....	....	....	

(Elevation über dem Meer: *Wenige Fuss über dem Meere*)

82

Dunstdruck und Feuchtigkeit im Monate April 1862.

Datum April	Station	Elevation üb. d. Meer in Fuss	Morgens Stunde	Dunstdruck	Feuchtigkeit	Mittags Stunde	Dunstdruck	Feuchtigkeit	Abend Stunde	Dunstdruck	Feuchtigkeit	Anmerkung
1	Larnaka	Wen. Fuss üb. d. Meer	6	6·43	94·8	10	5·84	81·0	12 Mittags	5·96	75·3	Meerwasser 16·8 Gr. R.
2	S. Varvara	1200	6	3·73	52·6	12	5·68	57·2	....	....	....	
2	S. Croce	2182	8½	3·78	53·3	....	....	....	....	....	....	
3	Levkara	1000	6	2·96	55·0	....	....	....	....	....	....	
3	Macheras	2732	....	....	....				6	4·29	57·6	
4	detto	„	6	4·25	57·1	....	....	....	....	....	....	
4	Dali	735	....	....	....				6	4·55	57·0	
5	detto	„	6	2·54	49·2	....	....	....	....	....	....	
5		Wenige Fuss üb. d. Meere	....	....	....				7	6·51	82·9	
6			7	4·18	47·3	12	5·64	54·2	7	6·24	77·5	
7			7	7·29	77·9	....	....	....	7	4·27	59·6	
8	Larnaka		6	3·63	56·5	12	3·98	51·8	7	4·65	73·6	
9			7	4·62	59·2	12	4·44	57·8	7	4·56	69·4	
10			7	4·98	64·8	12	5·10	80·8	7	5·73	83·8	
11			6	4·46	79·8	....	....	....	....	....	....	
11	Athienu	458	....	....	....	10	4·96	48·7	....	....	....	
12	Nicosia	452	7	3·01	50·8	....	....	....	....	....	....	
13	Kythraea	„	6	4·36	85·0	....	....	....	....	....	....	
13	detto Quelle	696	7½	4·67	74·0	....	....	....	....	....	....	
13	Pentadactylon	1856	....	....	....	12	4·41	75·8	....	....	....	
14	Chrysostomo	1250	....	....	....				8	3·40	43·6	
15	detto	„	5	3·33	50·0	....	....	....	....	....	....	
15	Castello d.reg.	2893	8½	4·56	61·8	....	....	....	....	....	....	
17	Keryneia	Wenige Fuss üb. d. Meere	5½	4·03	55·0	....	....	....	....	....	....	Starker Wind
18	Acheropithi		6	3·94	74·0	....	....	....	....	....	....	Strichregen, starker Wind
20	Melandrina		....	....	....				5	2·87	48·0	
21	detto		5	2·73	52·8	....	....	....	....	....	....	
21	Agatho		10	2·74	44·8	....	....	....	....	....	....	
24	Yvatili		5½	2·87	79·6	....	....	....	....	....	....	
25	Larnaka		6	3·29	48·1	12	4·96	58·0	....	....	....	
26	detto		7	2·68	70·1	2	4·41	52·6	....	....	....	
28	Mazoto	37	6	3·51	75·0	....	....	....	....	....	....	Strichregen
29	Moni	49	6	3·21	70·5	....	....	....	....	....	....	

Dunstdruck und Feuchtigkeit im Monate Mai 1862.

Datum Mai	Station	Elevation üb. d. Meer in Fuss	Morgens Stunde	Dunstdruck	Feuchtigkeit	Mittags Stunde	Dunstdruck	Feuchtigkeit	Abend Stunde	Dunstdruck	Feuchtigkeit	Anmerkung
3	Colossi	20	6	4·57	78·0	....	....	....		....	....	
4	Pisuri	739	6	2·68	43·1	....	....	....		....	....	
5	Kuklia	120	6	2·79	59·6	....	....	....		....	....	
6	Papho	10	6	3·55	77·7	....	....	....		....	....	
7	Grusha	1000	6	4·22	88·7	....	....	....		....	....	Stark. Thau, d. Himmel stark umwölkt.
8	Saramá	....	6	4·27	89·8	....	....	....		....	....	
9	Wretscha	1000	6	3·16	78·2	....	....	....		....	....	
10			7	3·03	66·9	12	4·05	69·6	7	3·48	84·8	
11			7	3·61	79·2	2	3·70	76·8	9	2·83	76·5	Nachm. Donnerwetter mit Graupeln.
12			7	2·97	64·6	2	3·42	63·6	9	3·28	78·2	
13			7	2·85	64·6	....	....	....	9	2·75	55·1	
14			7	3·57	63·3	2	3·39	38·0	9	3·48	60·1	
15			7	2·62	43·2	2	4·20	43·5	9	3·56	56·5	
16	Prodromo	3058	7	2·39	36·9	2	3·28	31·0	9	3·15	46·0	
17			7	3·12	45·2	2	3·20	29·2	9	3·94	55·0	
18			7	3·35	47·5	2	3·49	31·2	9	4·04	74·7	
19			7	2·91	36·4	2	4·31	34·5	9	3·51	43·0	
20			5 ½	2·68	36·3	....	....	....	9	3·09	38·4	
21			7	2·28	30·9	....	....	....	9	2·43	31·9	
22			6	3·29	50·9	....	....	....	....	....	....	
22	Galata	2015	....	....	....	2	3·78	31·3	....	....	....	
23	detto	″	5 ½	3·42	55·6	....	....	....	....	....	....	
23	Morphu	″	....	....	....	....	....	....	4	5·31	49·1	
24	detto	″	5 ½	4·08	66·2	....	....	....	....	....	....	
24	Thiario	893	10	5·20	61·3	....	....	....	....	....	....	
24	Panteleimon	950	....	....	....	2	6·27	69·0	....	....	....	
25	detto	″	6	4·96	72·6	....	....	....	....	....	....	
27	Athienu	458	5	4·37	60·1	....	....	....	....	....	....	
30	Larnaka	....	7	6·35	61·9	....	....	....	....	....	....	

Wenn auch für unser mitteleuropäisches Naturell die Monate März und April in dem oberen Theile der Insel erträglich verlaufen, so ändert sich dies mit der zweiten Hälfte des Mai gewaltig, da die Scene nun auf einmal eine andere geworden ist. Die Ernte ist jetzt vollendet. Wohin sich der Blick wendet begegnet ihm nur das Bild trauriger Stoppelfelder und selbst die letzte der hierortigen Feldfrüchte, die Linsensaat fängt an im Kraute zu vergilben. Der Landmann hat nur noch den Acker für die Baumwolle zu bestellen, der jedoch nur dort einen Ertrag verspricht, wo er künstlich bewässert werden kann.

Die Temperatur hat jetzt 20° R. erreicht und übersteigt dieselbe schon in einzelnen Tagesstunden. Die Atmosphäre füllt sich mit Dunst, der alle nur einigermaassen entfernte Gegenstände in einem dichten Schleier verhüllt. Kein Tropfen Regen erquickt jetzt mehr den durstenden Boden, kein Thau das verschrumpfende Kraut*). Scheusslich strecken die entlaubten Maulbeerbäume ihre Aeste wie Besen in die Luft und umsonst sieht man sich nach einem erquickenden Schatten um. Alle Flüsse sind vertrocknet oder haben ihr spärliches Wasser an die zahlreichen Bewässerungskanäle abgegeben. Allenthalben klüftet der gespaltene Boden, bedeckt vom Staube, den die Winde wirbelnd in die Höhe treiben und die Luft noch drückender machen. Endlich stellt sich zu allem Ueberflusse der Beschwerden des Sommers noch ein Heer peinigender Insecten ein, dem man vergeblich zu entgehen sucht.

So gleicht ein Tag dem andern und aus dem unverändert wolkenlosen Himmel schleudert ein erzürnter Gott die sonst so segensreichen Strahlen der Sonne nun als verwundende Speere auf die Erde.

„Infamem nimio calore Cyprum observes messes area cum teret crepantes et fulvi juba sæviet leonis" sang schon Martial, und dieses Bild passt noch jetzt ganz und gar auf Cypern.

---

*) Die Thaubildung hört im Juni und Juli ganz auf.

Wenn man die Münzen der älteren Periode dieser Insel betrachtet*), so ist die Darstellung des Löwen, und des Löwenkopfes mit aufgesperrtem Rachen eine der gewöhnlichsten, und soll nichts anderes als die versengende Hitze des Sommers darstellen, die wie ein raubgieriges Thier alles Lebendige verzehrt. Zur näheren Charakterisirung des Löwen ist ihm häufig das strahlende Gestirn des Tages und der geflügelte Herrscher der Lüfte — der Adler als Symbol beigegeben. —

Dort wo grosse, drückende Sommerhitze zugleich mit Dünsten zusammentreffen, die sich aus stagnirenden Wassern entwickeln, ist sie ungesund, und zur Hervorbringung perniciöser Fieber geeignet. Dieser Umstand trifft in Cypern vorzüglich an mehreren seiner Hafenstädte ein, wesswegen dieselben im übelsten Rufe stehen. Wer es nur immer kann, wird den an der Marina liegenden Theil von Larnaka, so wie das an der Mündung des Pediás befindliche Famagosta in den Monaten Juli und August zu vermeiden trachten. Reisende schildern die Malaria bei Larnaka zur Sommerszeit auf folgende Weise: „Ein weisser dichter Nebel breitet sich über die Ebene aus, und ebenso sind die Berge in einen unheilsamen Höhenrauch eingehüllt. Alle Geschäfte und Reisen werden nur Abends oder zur Nachtzeit ausgeführt. Der Sonnenstich ist häufig."

Nichts desto weniger hat auch der Sommer seine kühlenden Seewinde, welche die Glut des Tages einigermaassen lindern und für den Eingeborenen sogar erträglich machen. Das allenthalben vom Meere umfluthete Land und die geringe Ausdehnung desselben bringt es mit sich, dass der sonst nur auf den Küstensaum beschränkte Einfluss sich bis in das Innerste der Insel erstreckt. Nicht einmal erfuhren wir es, dass sich nach 9 Uhr Morgens die bereits lästig gewordene Hitze wieder zu mässigen anfing.

---

*) Vergl. hierüber H. de Luynes, Numismatique et inscriptions cypriotes, Paris 1852 4to Pl. II, VI und XII p. 12. „Il ne me paraît pas douter, que le lion ne fût ici, comme sur la médaille d'Evagoras, un symbole du soleil ardent qui cause d'insupportables chaleurs dans l'île de Cypre."

Um über den Gang der Temperatur und des Luftdruckes genauere Aufschlüsse zu erlangen, sind bisher noch keine an irgend einem Punkte durch längere Zeit fortlaufende Beobachtungen gemacht worden. Was darüber bekannt ist, beschränkt sich auf jene Notizen, welche A. G a u d r y in seinem Werke*) mitgetheilt hat. Sie basiren sich auf Beobachtungen, welche Herr Dr. F o b l a n t im Jahre 1853 zu Larnaka von der Mitte Mai's bis Mitte Septembers und zwar täglich um 9 Uhr Morgens und um 3 Uhr Nachmittags angestellt hat. Die aus diesen Beobachtungsstunden gezogenen Mittel sind indess nicht geeignet, uns auch nur annäherungsweise von dem Temperaturgange ein Bild zu geben.

Auch uns war es bei dem wechselnden Aufenthalte auf der Insel nicht vergönnt, fortlaufende Beobachtungen über diese genannten beiden meteorischen Factoren anzustellen, doch gelang es uns Herrn Consul G i u s e p p e P a s c o t i n i für dergleichen zeitraubende und mühevolle Aufzeichnungen zu gewinnen. Derselbe war auch so gütig, schon mit 1. Mai an den mitgebrachten Instrumenten dieselben zu beginnen und ununterbrochen fortzusetzen.

Ich lasse hier die auf 0 reducirten Barometerstände und die notirten Thermometerstände vom Monate Mai des Jahres 1862 bis incl. November in den vorgeschriebenen Stunden, 7 Uhr Morgens, 2 Uhr Nachmittags und 9 Uhr Abends, folgen und hänge daran die daraus berechneten Tages- und Monat-Mittel.

Ein Blick auf den Gang des Barometers wird zeigen, welchen geringen Variationen der Luftdruck unterworfen ist; anderseits fällt es auf, wie das Mittel der vormittägigen Beobachtungsstunden des Thermometers gegen das Nachmittagsmittel bedeutend hoch erscheint, was zwar in der gewöhnlich um 9 Uhr eintretenden kühlenden Beschaffenheit der Seeluft, vielleicht aber auch in der nicht ganz tadellosen Aufstellung des Instrumentes seinen Grund hat. Zwar ist das Thermometer

---

*) Recherches scientifiques en Orient entreprises par les Ordres du gouvernement pendant les années 1853—1854 etc. 1855 8º.

an der Nordseite des balkonartigen Vorsprunges des Wohnhauses des Herrn Consuls angebracht, allein da dasselbe nach Osten gekehrt ist und also die Front des Hauses schon von der aufgehenden Sonne getroffen wird, so dürfte, ungeachtet dasselbe gegen die directen Sonnenstrahlen geschützt ist, doch von der strahlenden Wärme der beschienenen Wand afficirt werden. Bei einer veränderten Aufstellung des Instrumentes dürfte dieses Bedenken leicht beseitigt werden.

Die Barometerbeobachtungen sind an einem Gay-Lussac-schen, von Kapeller verfertigten und mit No. 543 bezeichneten Instrumente ausgeführt worden. Dasselbe wurde früher mit dem Normalbarometer der k. k. Centralanstalt für Meteorologie und Erdmagnetismus in Wien verglichen und zeigte einen Stand, der gegen dieses um 0·33''' zu hoch war.

Die Reduction so wie die Berechnungen der Mittel in den folgenden Tabellen danke ich den Bemühungen derselben Centralanstalt, wo auch die Originalaufzeichnungen des Herrn Pascotini niedergelegt wurden.

Sollte sich die Hoffnung auf eine Fortsetzung dieser Beobachtungen verwirklichen, so wird eben diese Anstalt die Publikation derselben sicherlich nicht ausser Acht lassen.

Mai 1862.

	7 h. Vor-mittags	2 h. Nach-mittags	9 h. Abends	Mittel	7 h. Vor-mittags	2 h. Nach-mittags	9 h. Abends	Mittel	
	Barometer reducirt auf 0° R. in Pariser Linien				Thermometer R°				
1	336·82	336·12	336·03	336·32	16·5	14·5	13·5	14·8	Heiter mit frischem Winde.
2	6·06	6·09	6·33	36·16	18	17	13·4	16·1	
3	5·72	6·64	6·73	36·36	17	14	15·5	15·5	
4	6·39	6·45	6·46	36·43	20	17	14	17	
5	5·89	6·69	8·46	36·95	18	17·5	13·5	16·3	Nicht ganz heiter mit starkem Winde.
6	6·02	8·19	7·03	37·08	17	17	13·5	15·8	Nicht ganz heiter.
7	6·92	7·29	7·39	37·20	19	17·5	14	16·8	
8	6·79	6·66	6·66	36·70	19	13	12	14·6	
9	6·94	6·89	6·42	36·78	16	16·5	13·5	15·3	
10	6·59	7·32	7·46	37·12	17	16	12	15	
11	7·32	7·42	7·53	37·42	17	15	13	15	
12	7·39	7·42	7·36	37·39	17·5	16	14	15·8	
13	7·82	7·25	7·36	37·37	17	18	14	16·3	
14	7·46	7·25	8·13	37·61	18·5	16·5	15	16·7	
15	7·36	7·22	7·32	37·30	19	17	15	17	
16	8·26	7·22	7·28	37·59	17	17·2	16	16·7	
17	7·82	7·22	6·12	37·05	21	19	18	19·3	
18	5·92	5·79	5·69	35·80	21	20	18	19·7	
19	6·48	6·42	6·52	36·47	27	21	18·5	22·1	
20	6·35	6·45	5·27	35·99	27	21	19	22·3	
21	3·88	3·85	3·99	33·91	21	20·5	18	19·8	
22	3·38	3·61	3·72	33·57	24	25·5	19	22·8	
23	3·88	3·91	6·25	34·68	19	21	17·5	19·2	
24	6·12	6·22	6·46	36·27	17·5	20·5	16·5	18·1	
25	6·22	6·27	6·06	36·18	19	18	17	18	
26	6·19	5·69	5·77	36·88	19	18	17	18	
27	6·05	5·75	5·66	35·82	18	21·2	16·5	18·6	
28	6·23	5·61	5·64	35·96	20	22·8	17·3	20	
29	5·49	5·15	4·95	35·19	20·5	20·2	17·2	19·3	
30	4·92	5·40	6·40	35·57	20·8	21·5	18	20·1	
31	5·79	6·82	6·72	36·44	21	18·8	18·4	19·4	
Mittel	336·28	336·32	336·68	336·43	19·33	18·31	15·73	17·79	

Juni 1862.

	7 h. Vormittags	2 h. Nachmittags	9 h. Abends	Mittel	7 h. Vormittags	2 h. Nachmittags	9 h Abends	Mittel	
	Barometer reducirt auf 0° R. in Pariser Linien				Thermometer R°				
1	336·16	336·02	336·86	336·35	19·5	22	18	19·8	
2	7·55	7·48	6·56	37·19	21·6	21·5	17·5	20·2	
3	5·93	6·69	6·36	36·33	20·7	21·6	17	19·8	
4	6·09	5·99	6·60	36·23	21·5	20	16	19·3	
5	6·40	6·76	6·64	36·60	20·5	21·2	17·5	19·7	
6	6·40	6·44	6·27	36·37	11·8	19·5	18·9	16·7	
7	6·40	6·44	6·32	36·39	20	21	18·4	19·8	
8	6·56	6·63	6·43	36·54	24	22	19	21·7	
9	6·82	6·89	7·03	36·91	27	23	19	23	
10	3·90	3·30	4·83	34·01	25·5	26·5	21·5	24·5	
11	4·73	4·66	4·84	34·74	20·5	22	19	20·5	
12	3·93	3·90	5·04	34·29	21	21	18·5	20·2	
13	5·56	4·33	4·37	34·75	20	22	19	20·3	
14	6·59	6·55	5·66	36·27	21	21·4	18·9	20·4	
15	6·62	6·52	6·89	36·34	21·5	22	20	21·2	
16	6·97	4·20	4·83	35·33	20	21·5	19	20·2	
17	4·37	4·33	4·37	34·35	19·8	20·5	19	19·8	
18	4·13	3·83	3·90	33·95	20·4	23·5	20	21·3	
19	4·13	4·26	4·70	34·36	20	23·4	21·5	21·5	
20	4·26	4·17	4·20	34·21	22·3	24·5	20·5	22·4	
21	4·97	3·40	4·33	34·23	21·5	27	19·5	22·7	
22	4·40	4·78	3·86	34·35	21·5	28·5	20	23·3	
23	4·22	4·17	4·60	34·33	20·5	24	19	21·2	
24	3·91	3·77	4·00	33·89	20	25	18·5	21·2	
25	6·03	6·79	6·50	36·44	21·5	21	19	20·5	
26	5·33	3·90	3·90	34·38	20	21·4	19	20·1	
27	4·51	4·58	4·56	34·55	20·3	22·5	19·5	20·8	
28	4·59	4·55	4·35	34 49	20·8	21·5	19·5	20·6	
29	4·37	4·25	4·30	34·30	20·5	24	20·2	21·6	
30	4·37	4·14	4·10	34·70	20	22	21·8	21·3	
Mittel	335·33	335·12	335·24	335·23	20·84	22·56	19·14	20·85	

Juli 1862.

	7 h. Vormittags	2 h. Nachmittags	9 h. Abends	Mittel	7 h. Vormittags	2 h. Nachmittags	9 h. Abends	Mittel	
	Barometer reducirt auf 0° R. in Pariser Linien				Thermometer R°				
1	334·10	334·03	333·34	333·82	22·3	25	20	22·43	
2	6·57	6·52	6·90	36.66	21·2	23·5	19	21·23	
3	6·52	3·94	4·03	34·83	21·2	22	19·5	20·90	
4	4·76	4·62	3·97	34·45	21·5	23·5	21	22	
5	3·90	4·87	4·99	34·59	23·5	24·5	20·5	22·83	
6	3·70	3·54	4·57	34·94	25·2	26	19	22·34	
7	4·53	4·46	4·34	34·44	24	23·5	20	22·50	
8	6·19	6·17	6·26	36 21	22·5	23·5	21	22·33	
9	6·36	5·69	3·83	35·29	23	24·4	22	23·13	
10	6·76	6·69	6·81	36·75	23	24·6	22·5	23·37	
11	4·55	4·29	4·50	34·45	23·6	24·8	22·3	23·57	
12	3·77	3·69	3·83	33·76	22	24	21	22·33	
13	4·43	3 90	3·86	34·06	24	22·9	21·3	22·73	
14	4·10	4·74	4·86	34·57	27	25	22·6	24·87	
15	5·68	7·27	6·30	36·42	23·4	24·7	24	24·03	
16	3·74	3·83	3·88	33·82	22	22·9	21·5	22·13	
17	3·28	3·20	3·56	33·35	29	29	26	28	
18	3·76	3·48	5·60	34·28	29·5	29·9	27	28·80	
19	4·33	4·17	4·50	33·33	28	29	27·5	28·17	
20	6·44	6·18	6·14	36·25	29	29·7	28	28·90	
21	6·20	6·18	6·20	36·19	30	30·8	29·9	30·23	
22	4·17	4.00	4·05	34 07	24	29	25	22·60	
23	3·65	6·37	6·36	36·46	23·4	27	26	25·43	
24	4·42	4·12	4·04	34·19	23·3	24·9	26·5	24·90	
25	6·30	5·81	6·73	36·28	23·7	25.3	23	24	
26	4·50	4·30	4·40	34·40	22	25	24·2	23·73	
27	4·17	3·90	3·99	34·02	22·3	25·2	24·1	23·87	
28	4·20	3·96	3·77	33·98	22	24	22	22·67	
29	3·97	3·70	3·77	33·81	22·5	24·3	23·3	23·37	
30	6·29	6·30	6·10	36·23	23	24·2	23·5	23·57	
31	6·29	6·02	6·30	36·20	23·9	25	22	23·63	
Mittel	334·89	334·84	334·89	334·87	24·01	25·20	23·02	24·04	

August 1862.

	7 h. Vor-mittags	2 h. Nach-mittags	9 h. Abends	Mittel	7 h. Vor-mittags	2 h. Nach-mittags	9 h. Abends	Mittel	
	Barometer reducirt auf 0° R. in Pariser Linien				Thermometer R°				
1	333·83	333·70	334·06	333·86	25	27	26	26	
2	4·40	4·25	4·12	34·26	25·8	27·7	26·1	26·5	
3	6·63	3·56	3·63	34·60	24·9	26·9	25	25·6	
4	7·20	7·10	7·13	34·14	25·5	27	26·6	26·4	
5	6·46	6·27	6·26	36·33	28	25·8	24·1	26·8	
6	6·22	6·30	6·43	36·32	28·8	26·4	25	26·7	
7	3·90	3·83	3·63	33·79	28	29·10	26·1	27·7	
8	4·12	4·42	3·30	33·95	24·5	26·4	25·2	25·4	
9	3·62	4·66	4·23	34·17	24·9	26·2	24·8	25·3	
10	6·33	6·44	6·56	36·44	25	26·1	24	25	
11	6·31	6·22	6·30	36·28	25	24·8	23·9	24·6	
12	4·26	4·19	4·18	34·21	24·8	25·5	23·8	24·7	
13	6·20	3·66	3·81	34·56	24·9	28	24	25·6	
14	4·18	6·42	6 35	35·65	25·5	26·1	22·5	24·7	
15	4·32	4·29	4·45	34·35	28	29·8	22·9	26·9	
16	6·18	3·54	6·57	35·43	29·5	30·2	24	27·9	
17	6·50	6·18	6·25	36·31	26·4	30	26·2	27·5	
18	5·15	6·50	6·57	36.20	26·2	28·9	25·9	27	
19	4·37	3·49	4·75	34·20	24·8	25·2	24·3	24·8	
20	5·58	6·27	5·33	35·73	25·5	25·8	25	25·4	
21	7·14	6·08	6·15	36·46	26	27	26·6	26·5	
22	4·64	3·82	3·84	34·10	24·8	25·4	24·6	24·9	
23	6·02	3·96	4·04	34·67	25·2	26·2	26·1	25·8	
24	5·69	6·40	6·20	36·09	25·1	26·9	25·2	25·7	
25	4·36	3·58	6·25	34·73	28	29	26	27·7	
26	4·33	4·10	4·16	34·19	24·8	25·4	24·1	24·8	
27	6·39	6·87	6·45	36·40	24·8	25·6	24	24·6	
28	3·90	4·02	4·50	34·14	24	25·1	25·5	24·9	
29	6·80	6·06	6·22	36·36	24·1	24·8	23·4	24·1	
30	3·70	4·70	5·98	34·80	24·2	24	23	23·7	
31	4·28	4·30	5 38	34·65	24·4	24·1	23·1	23·9	
Mittel	335·26	335·00	335·26	335·17	24·74	26·64	25·69	25·70	

September 1862.

	7 h. Vor-mittags	2 h. Nach-mittags	9 h. Abends	Mittel	7 h. Vor-mittags	2 h. Nach-mittags	9 h. Abends	Mittel
	Barometer reducirt auf 0° R. in Pariser Linien				Thermometer R°			
1	335·90	336·61	336·75	336·42	24	25	22	23·70
2	6 37	6·60	4·12	35·69	24·3	25·4	21	23·60
3	3·70	3·65	6·30	34·55	25	25·1	22·5	24·20
4	2·19	3·66	6·33	34·06	24·6	24	22·7	23·80
5	4·40	4·38	4·52	34·40	23·1	24·3	22	23·13
6	6·60	6·24	6·30	33·01	25	25·5	22·4	24·30
7	1·71	3·66	3·70	36·36	25·2	25·3	23·1	24·53
8	3·63	6·39	6·52	35·58	26	26	24	25·33
9	5·82	5·90	5·87	35·86	25·6	26·5	23·5	25·20
10	6·39	6·31	6·45	36·38	24	25·5	22	23·83
11	3·70	2·33	2·53	36·18	23·1	24·1	21·1	22·80
12	5·07	4·10	5·16	34·77	24	25·2	20·5	23·23
13	6·30	3·71	4·85	34·95	24·2	25·1	20·9	23·40
14	6·64	6·21	6·49	36·45	22·2	24·3	19·7	22·07
15	3·90	6·03	4·47	34·10	23·9	25·1	19·8	22·90
16	4·20	4·20	4·33	34·24	23·1	25	20·1	22·73
17	6·53	5·89	6·30	36·24	24·5	26	22·1	24·30
18	7·74	7·68	7·78	37·40	25	25·4	23	24·50
19	5·78	4·32	4·42	34·84	24·6	23·9	19·9	22·80
20	4·17	4·10	4·30	34·19	22	23·8	21	22·30
21	5·90	5·93	6·19	36·00	22·1	24·4	22	22·83
22	6·35	6·28	6·40	36·34	23·4	25	20·3	22·90
23	6·27	6·25	6·75	36·42	24	25·6	20	23·20
24	5·04	3·63	3·73	34·13	24·5	24 9	21·4	23·60
25	4·46	3·70	4·29	34·15	22	24·4	19	21·80
26	4·25	6·30	4·34	34·96	21·3	24·6	18·9	21·60
27	3·76	4·65	4·04	34·82	21·4	26·1	18	21·83
28	4·23	4·15	4·60	34·33	20·5	25·5	18·6	21·50
29	2·70	2·63	4·47	33·23	25·2	25·2	18·9	23·10
30	4·20	4·13	4·50	34·28	24·9	24·9	19·4	23·10
Mittel	334·59	334·59	334·62	334·60	23·76	25·04	20·99	23·29

October 1862.

	7 h. Vor-mittags	2 h. Nach-mittags	9 h. Abends	Mittel	7 h. Vor-mittags	2 h. Nach-mittags	9 h. Abends	Mittel	
	Barometer reducirt auf 0° R. in Pariser Linien				Thermometer R°				
1	336·96	336·15	336·89	336·66	23·2	24·2	19	22·2	
2	4·25	3·88	4·47	34·20	23·1	23·6	18·4	21·7	
3	6·68	6·75	6·89	36·74	22	23·9	17·2	21	
4	6·38	6·76	6·89	36·67	22·4	22·5	18	21	
5	6·47	6·52	6·83	36·60	21·5	22·1	16·9	20·2	
6	8·14	8·08	8·36	38·18	21	22	18·4	20·3	
7	8·74	6·53	6·70	37·32	21·2	20·3	17	19·5	
8	6·51	6·35	6·83	36·56	20·5	23	15·9	19 8	
9	4·37	4·30	4·61	34·42	20·1	21·1	16·5	19·2	
10	2·28	4·17	5·66	34·04	20·3	21	15·4	18·9	
11	6·67	6·64	6·96	36·76	19·6	20·4	15·5	18·5	
12	6·56	6·63	7·00	36 73	21·2	20·5	15	18·9	
13	6·12	6·39	6·50	36·34	20·4	19·3	14·6	18·1	
14	7·98	7·91	8·32	38 07	21	22	16	19·7	
15	6·57	6·57	7·32	36·82	21·2	22·1	14·7	19·3	
16	6·66	6·30	6 90	36·62	23	24	14	20·3	
17	6·86	6·78	7·10	36·91	20	21·8	16·5	19·4	
18	4·82	4 37	4·61	34·60	19·4	20·3	15·9	18·5	
19	6·46	3·87	4·19	34·84	18·5	21·2	16	18·6	
20	6·37	6·36	6·73	36·48	18·4	21	15·9	18·4	
21	6 87	6·92	4·64	36·08	18	20·5	15·9	18·1	
22	8·59	8·42	8·68	38·56	17·4	20·3	15·9	17·8	
23	6·71	6·85	4·28	35·95	18·9	21·5	14	18·1	
24	4·10	3·92	4·77	34·26	17·8	20·4	14	17·4	
25	6·76	6·82	7·12	36·90	18	20.6	13·2	17·3	
26	6·30	6·97	5·18	36·15	17·5	20·5	13	17	
27	8·88	6·76	7·04	37·56	16·2	14·3	12·5	14·3	
28	4·49	4·45	4·84	34·59	16	17·6	11·3	15	
29	4·27	3·92	5·01	34·20	15·4	16·5	12·5	14·8	
30	7·01	6·50	6·74	36·75	15	16·4	14·4	15·3	
31	6·54	6·91	4·45	35·96	15·5	16	13	14·8	
Mittel	336·21	336·12	336·39	336·24	19·75	20·66	15·25	18·55	

November 1862.

	7 h. Vor-mittags	2 h. Nach-mittags	9 h. Abends	Mittel	7 h. Vor-mittags	2 h. Nach-mittags	9 h. Abends	Mittel
	Barometer reducirt auf 0° R, in Pariser Linien				Thermometer R°			
1	337·09	336·83	339·33	337·75	15·1	15·1	12·5	14·2
2	8·60	8·56	8·73	38·63	15·8	15·6	12·9	14·8
3	6·90	6·82	6·76	36·83	14·8	16·1	12·9	14·6
4	6·85	6·83	5·51	36·40	15	15·3	13·5	14·6
5	6·92	7·05	7·16	37·04	16·1	17	12·6	15·2
6	6·45	8·51	6·96	37·30	15·2	16·1	13·5	14·9
7	6·92	6 89	5·99	36·60	14·6	16·1	14·7	15·1
8	4·34	4·16	4·51	34·33	14·5	15·2	13·2	14·3
9	5·35	4·35	4·83	34·84	15	15·9	13·2	14·7
10	6·96	4·34	4·57	35·29	14	16	12·5	14·2
11	8·90	8·29	8·45	38·55	15·1	16·2	12·7	14·7
12	7·30	6·77	6·87	36·98	15·1	16·8	12·4	14·8
13	6·51	7·02	7·13	36·89	15·6	16·6	13	15
14	8·59	8·52	8·69	38·60	14·9	16·1	13·1	14·7
15	7·14	6·81	7·36	37 10	15·5	16	13·9	15·1
16	6 76	6·65	6·86	36·76	14·1	15	12·6	13·9
17	6 91	6·84	7·13	36·96	13·9	15	11·9	13·6
18	4·75	4·86	4·86	34·82	13 8	13·5	12·4	13·2
19	7·31	6·64	6·68	36·87	13·6	16	12·8	14·1
20	7·37	6·95	7·05	37·12	13	14·2	12·5	13·2
21	8·93	8·63	8·81	38·79	13·5	14·1	11·8	13·1
22	6·96	6·41	7·17	36·85	14	13·4	12·3	13·2
23	7·42	7·19	7·35	37·32	14·1	15	12·6	13·9
24	6·89	6·82	8·73	37·48	14·6	15·9	13	14·5
25	7·06	6·89	6·80	36·92	13·5	15·2	13·2	13·9
26	8·86	8·66	8·69	38·67	13·1	14·1	13·5	13·6
27	8·70	8·66	8 74	38·70	13·5	14·2	12·5	13·4
28	6·86	6·86	5·18	36·30	14·9	14·9	14	14·6
29	5·35	5·52	5·36	35·41	11·3	13·5	11	11·9
30	5·12	5·08	5·22	35·41	13	13	11	12·3
Mittel	336·99	336·81	336·92	336·91	14·3	15·24	12·79	14·11

Aus diesen Tabellen lässt sich folgende Uebersicht zusammenstellen.

Monate	Temperatur in R°	Barometer red. auf 0° R. in Par. Lin.
Mai	17·8°	336·43'''
Juni	20·8°	335·23'''
Juli	24°	334·87'''
August	25·7°	335·17'''
September	23·3°	334·60'''
October	18·5°	336·24'''
November	14·1°	336·91'''

Füge ich noch die spärlichen, von mir selbst an demselben Locale an der Marina von Larnaka gemachten Beobachtungen in den Monaten März und April desselben Jahres hinzu, so erhalte ich als Mittel

| März | 13·6° | 336·67''' |
| April | 15·9° | 336·84''' |

Vergleicht man diese Mittelwerthe der Temperatur aus den angeführten Monaten mit den entsprechenden Mitteln der Temperatur von Athen und Cairo, zwischen welchen Cypern so ziemlich in der Mitte liegen dürfte, so ersicht man, dass die Temperatur von Larnaka in der Regel um 3 bis 4° höher, als jene von Athen, dagegen in den Frühlingsmonaten um 1—3 Grade tiefer als jene von Kairo steht. Merkwürdig aber bleibt es, dass die Temperatur der Sommer- und Herbstmonate von Cypern die Temperatur der gleichen Monate von Cairo sogar überschreiten.

Aus dem Ganzen erhellet nun nicht undeutlich, wie das Klima von Cypern durch die insularische Beschaffenheit des Landes, durch das coupirte Terrain desselben, durch die höheren Gebirge seines südwestlichen Theiles, nicht minder aber auch die wenig entfernten Hochgebirge Caramaniens und Syriens, die den grössten Theil des Jahres hindurch mit Schnee bedeckt sind, beeinflusst wird.

Obwohl die Sommerhitze auch ehedem für die Bewohner dieses sonst so gesegneten Eilandes fast unerträglich war, so hat sich dieselbe durch die Entwaldung des Bodens sicherlich nicht vermindert, sondern im Gegentheile nur erhöht. Der Zustand der Dürre in den ebenen Gegenden und an den dem Mittag zugekehrten Abdachungen der Gebirge ist um so mehr im Fortschreiten begriffen, als durch den Mangel der Bewaldung für die atmosphärischen Dünste weniger Anziehungspunkte zur Condensation gegeben sind, die erfolgten wässerigen Niederschläge viel leichter verdunsten, Strich- und Gewitterregen des Frühlings immer seltener und weniger ausgiebig werden und sich nicht mehr wie ehedem selbst in die Sommermonate hineinziehen.

Ob eine vernünftigere Bewirthschaftung des Bodens, eine sorgfältigere Benutzung der noch vorhandenen Mittel und Kräfte nicht dennoch zu einer Verbesserung des Landes und dadurch auch wohl zu einer Ameliorirung des so verrufenen cyprischen Klimas führen dürfte, wollen wir hier nicht weiter verfolgen und behalten uns vor, unsere Ansicht hierüber in einem der folgenden Artikel über Cypern mitzutheilen.

V. Vegetation der Insel Cypern.

I. Einleitendes. Die reisenden Botaniker, ihre Sammlungen und Publicationen.

Eine vollständige Uebersicht der Flora von Cypern, eine genaue Einsicht in ihren allgemeinen und speciellen Charakter und in die bei der Begrenzung und Vertheilung der einzelnen Arten vorkommenden Verhältnisse ist gegenwärtig noch nicht vorhanden, allein um so wünschenswerther als der Pflanzenschatz des Orients von Tag zu Tag bis in sein Detail aufgeschlossen wird und diese grosse dem Festlande so nahe Insel sicher aller jener Zustände und Eigenthümlichkeiten theilhaftig ist, welche der Pflanzendecke des Orients und zunächst der Mittelmeer-Länder ihren Ausdruck verleihen.

Wir besitzen zwar in einer im Jahre 1842 in Wien erschienenen Dissertation von J. Pöch eine Aufzählung der bis dahin bekannten phanerogamen Pflanzen der Insel, allein diese Arbeit war schon bei ihrem Erscheinen zu unvollständig, als dass sie für weitere Forschungen einen sicheren Anhaltspunkt hätte geben können.

Im Allgemeinen muss man beklagen, dass die in mancher Beziehung so einladende Insel bisher nur von wenigen Botanikern besucht und auch von diesen meist nur flüchtig durchlaufen wurde. Es wird daher nicht schwer werden, das was bisher zur Erforschung der Vegetation dieser Insel geleistet wurde, auf den Fingern abzuzählen.

Unter den Reisenden, die noch im vorigen Jahrhunderte die Insel auf ihren weiten Zügen besuchten, und in hastigster Eile sich kaum Zeit nahmen, ihren Fuss auf diese Erde zu setzen, gehörten Le Brun, Hasselquist, R. Pocoke und Sonini. Alle diese waren weder mit den nöthigen naturhistorischen noch weniger mit botanischen Kenntnissen ausgerüstet, um der Pflanzenkunde erspriessliche Dienste leisten zu können.

Was wir von ihnen über die Vegetation von Cypern erfahren haben, beschränkt sich nur auf allgemeine Bilder oder ist deshalb weniger brauchbar, weil es nur unvollständige Berichte über einzelne Gegenden der Insel sind.

Sorgfältiger sind schon die Angaben E. D. Clarke's. Er beschreibt sogar in seinem im Jahre 1813 in Quart erschienenen Werke einige Pflanzen, die er hier während seiner Reise fand.

Nun erschienen endlich einige französische Botaniker auf diesem von Männern dieser Art noch unbetretenen Boden, nämlich La Billardier, Aucher und Le Feber. Leider hat ersterer nicht mehr als den unfern von Larnaka sich erhebenden Monte Croce kennen gelernt, so wie Aucher nur die Gegend von Paphos besucht und den Troodos (Olympos) bestiegen. Ihre Ausbeute fiel daher dem entsprechend zwar nicht unbedeutend, doch immerhin im Verhältniss zum Reichthume der Insel dürftig aus.

Eine neue Epoche für die Kenntniss der Flora des Orients trat durch Sibthorp's: *Flora graeca* ein, die in nahezu 1000 Folio-Tafeln musterhaft gezeichnete und colorirte Bilder gab, unter denen Pflanzen aus Cypern keinen sehr geringen Theil ausmachen. Die Zeichnungen von F. Bauer an Ort und Stelle nach der Natur ausgeführt, haben wenige ihres Gleichen. Dieser österreichische Künstler und Botaniker begleitete Sibthorp im Jahre 1787 nach Cypern und verweilte nur vom 8. April bis 13. Mai daselbst. Erst nach seiner Rückkehr aus Neuholland arbeitete er die Farbenskizzen für die Publication aus.

Viel später trat auf dieser botanischen Bühne wieder einmal ein österreichischer Pflanzensammler auf; es war

Herr Th. Kotschy, der im Jahre 1840 seine Reise in Sennar und Cordofan beendete und auf der Rückkehr im October Gelegenheit fand, das liebliche Eiland zu besuchen. Leider dauerte sein Aufenthalt daselbst nicht lange, jedoch hatte er sich bemüht auf einem ziemlich grossen Theil der Insel umzusehen und sich Kränze von Herbstblumen der lieblichsten Art zu winden. Ein mehrwochentlicher Aufenthalt im Kloster zu Trooditissa hat ihn oft dem Olympos nahe gebracht.

Seither war es nur noch der Geologe A. Gaudry, der im Auftrage der Regierung in Gemeinschaft mit A. Damour vom März des Jahres 1853 bis Ende Jänner 1854 Cypern, Syrien, Aegypten und die jonischen Inseln besuchte, und der ausser den geognostischen Studien, die er da machte, auch der Agricultur und der Vegetation sein Auge nicht verschloss. Für die kurze Zeit seines Aufenthaltes auf der Insel, die zwar nirgends angegeben ist, jedoch sich auf mehr als ein Viertel Jahr kaum erstrecken konnte, hatte er ausserordentlich viel zur Kenntniss des Landes beigetragen. Ausser mehreren kleineren Abhandlungen geologischen Inhaltes hat er seine Erfahrungen in dem Werke niedergelegt, welches den Titel führt: „Recherches scientifiques en Orient, Partie Agricole" und bereits im Jahre 1855 erschienen ist.

Noch einmal aber gleichfalls nur eilenden Fusses betrat Herr Dr. Th. Kotschy in Begleitung des Malers Seeboth Cypern im Vorfrühling des Jahres 1859, verweilte wieder einige Zeit in der Nähe des Troodos und kehrte reich beladen mit botanischen Schätzen nach Larnaka zurück, von wo aus er seine Reise nach Cilicien fortsetzte*).

Alles dieses, so wie die Voraussicht, dass eine sorgfältigere und allseitigere Durchsuchung des Eilandes für die Wissenschaft von Gewinn und namentlich für die Kenntniss der Flora des Orients manche neue Gesichtspunkte versprach, hat mich und Herrn Kotschy bewogen, neuerdings gemeinschaftlich die Insel zu durchforschen. Was einem einzelnen in der für diesen Zweck spärlich zugemessenen Zeit, vom

---

*) Petermanns Mittheilungen 1862, Heft VIII. p. 289—303.

7*

Ende des Monates März bis Anfangs Juni kaum möglich gewesen wäre, hat sich durch Theilung der Arbeit nicht unschwer ausführen lassen. So kam es denn, dass für die Erforschung der Flora die nicht nur die phanergamen, sondern auch die kryptogamen Gewächse berücksichtiget, dass von allen reiche Sammlungen angelegt und zur näheren Bestimmung und Vergleichung mit nach Europa gebracht werden konnten, — dass ferner durch sorgfältige Beachtung des Klima's, der Boden- und Terrainverhältnisse der Einfluss studirt werden konnte, den die verschiedenen Gebirgsarten in den verschiedenen Höhen und unter verschiedener Luftbeschaffenheit auf die Vertheilung der Pflanzen ausüben, dass endlich auch einzelnen in der Landwirthschaft, in der Medicin und Industrie wichtigen Gewächsen eine genauere und wissenschaftliche Erforschung zugewendet werden konnte, als es bisher geschah.

Im Nachstehenden soll nun allen diesen besonderen Beziehungen der Vegetation der Insel Rechnung getragen werden.

Es sei nur noch bemerkt, dass es gewiss nur im Interesse der Wissenschaft liegt, wenn nun, so wie die Arbeit des Erforschens und Sammelns unter uns beiden getheilt, auch die Bearbeitung jedes botanischen Gegenstandes einzelnen Fachmännern übergeben wurde, von denen die Bestimmung der Algen Herr Grunow, die der Pilze Herr Dr. Reihardt mit mir, die Lichenen Herr Krempelhuber und endlich die Moose Herr Juratzka gefälligst übernommen hatte. Die grosse Anzahl der Phanerogamen mit Einschluss der Gefässkryptogamen forderte die ausschliessliche Thätigkeit des Herrn Dr. Th. Kotschy und zwar schon darum, weil sich ein grösserer Artenreichthum, als bisher vermuthet wurde, herausstellte und überdies die verhältnissmässig grosse Zahl der bisher noch nicht beschriebenen, also erst in die Wissenschaft einzuführenden Pflanzen mit vielen zeitraubenden Untersuchungen und Vergleichungen verknüpft sein musste.

II. Allgemeine Uebersicht der Vegetation.

Culturland, Dürrland, Gestrüpp, Wald, unproductiver Boden.

Dem erfahrenen wie dem unerfahrenen Auge stellt sich die Vegetation auf den ersten Blicke immer nur in ihrer Massenwirkung dar, und bildet für die Physiognomie der Landschaft eines der wichtigsten Elemente. Hat auch die Beschaffenheit des Bodens, seine Hebung oder Senkung, die Ausdehnung und Vertheilung von Berg und Thal, Land und Wasser einen grossen Einfluss auf den landschaftlichen Charakter, so ist die lebendige vielgestaltige, fort und fort veränderliche Decke, welche die Pflanzenwelt über die Erde ausbreitet, doch dasjenige, was das Gemüth des Beschauenden am meisten ergreift, was es anzieht und erhebt und nur sie ist es, die dem todten Klotze jenen Ausdruck verleiht, der, wie die Miene im Gesichte des Menschen, über dessen innere Zustände Aufschluss ertheilt.

Nicht umsonst nennen wir eine kahle, vegetationslose Gegend todt. In der That fehlt ihr das Mittel zu uns zu sprechen und ist daher für uns eben so leblos, wie ein entseelter Leichnam. Die verschiedenen Schichten und Gesteine der Erde, aus denen ihre Oberfläche zusammengesetzt ist, geben sich weit weniger durch ihre oft unbedeutenden Unterschiede zu erkennen, als durch den lebendigen Mantel, der sie bedeckt. Die kleinste Nuancirung des Bodens tritt durch dies Gewebe hervor und macht sich bemerkbar.

Da endlich der Boden mit der Luftdecke gleichfalls fortwährend im Conflicte ist, auf dieselbe einwirkt und umgekehrt von ihr Eindrücke empfängt, diese Eindrücke aber alle mittelbar und unmittelbar von der Pflanzenwelt empfunden und aufgenommen werden, so ist klar, dass uns dieselbe zugleich unablässig einen Spiegel vorhält, in dem wir die Beschaffenheit des Luftmeeres und die Wechselwirkung, in der es mit dem Boden steht, zu erblicken im Stande sind.

Dieses sich den Verhältnissen des Bodens und der Luft anschmiegende Leben der Pflanzen ist es nun, was sich so seelenvoll, theils in der Verbreitung, theils in der Vertheilung der Gewächse ausspricht und in dem sinnigen Beschauer einen ewig neuen Reiz hervorbringt.

Auch Cypern mit seinem wechselvollen Terrain, seinem mannigfach zusammengesetzten Boden fehlt es nicht, um der auf ihr vorhandenen Schaar von Pflanzen die interessantesten Verhältnisse ihres Lebens und Gedeihens, ihres Kampfes unter sich und mit den Verhältnissen der Aussenwelt, ja selbst ihre entferntesten Schicksale zur Schau zu tragen.

Indem wir zuerst die Frage nach der Massenerscheinung der Vegetation aufwerfen, können wir nicht von früheren Zuständen ausgehen, sondern müssen das Bestehende zunächst ins Auge fassen.

In allen Theilen der Insel, hoch und niedrig, geschlossen und frei, von dieser oder jener Bodenunterlage stellt die Vegetation nur einige wenige Formationsglieder dar, die nichts weniger als jenen anmuthigen Wechsel hervorbringen, welcher der Vegetation sowohl der kälteren als der wärmeren Zone einen so tief greifenden charaktervollen Anstrich verleiht. Es kommt dies daher, weil die Gegensätze, in welchen sich der Pflanzenleib auszubilden genöthigt ist, weniger schroff von einander abstehen und der Geselligkeitstrieb in der Anordnung und im Zusammenleben des Gleichartigen minder kräftig prononcirt ist. Das wärmere Clima löset so zu sagen die Fesseln, wodurch im kälteren gemässigten Erdstrich die verwandten und ähnlichen Formen aneinander gekettet sind, ohne jene Productivität zu besitzen, wodurch sich die grösste Mannigfaltigkeit und die extremsten Gegensätze auszubilden vermögen.

Allen Ländern der wärmeren gemässigten Zone und so auch Cypern, das in diesen Gürtel fällt, fehlt die Wiese oder der Grasboden und damit eines der schönsten und anziehendsten Glieder in der Massenerscheinung der Gewächse. Das Ackerland nach den Winterregen und ebenso jeder andere Culturboden vertritt sie zum Theile und auf kurze Zeit. Die Cerealien geben den sammtnen grünen Grund, auf welchem ein Heer der mannigfaltigsten Blumenträger eingewirkt ist. Aber so vergänglich wie die Blumen ist diese mehr künstliche als natürliche Wiese und dauert kaum einige Wochen über die letzten Frühlingsregen hinaus. Nur in einigen kleinen und verborgenen Winkeln der Insel, wo sich das Klima dem unserigen nähert, wo der Boden durch unmerkliche Quellen fortwährend berieselt und befruchtet wird, stellt sich in der That auch ein Wiesenplan ein, der dem unserigen vollkommen gleicht, jedoch sich nur innerhalb der engsten Grenzen zu erhalten vermag. Beispiele geben mehrere Gebirgsschluchten des Troodes.

Die grosse Hitze, welche der Boden in den Sommermonaten durch die Insolation empfängt, bringt allen zarteren Gewächsen den Untergang und schliesst sie dadurch aus dem Vegetationskreise aus. Nur die durch ihre anatomische Beschaffenheit, durch ihre derbere Substanz, ihr straffes Gewebe, ausgiebige Rindenbildung u. s. w., so wie durch ihre Genügsamkeit an wässeriger Nahrungssubstanz, sich den klimatischen Verhältnissen anzupassen vermochten, haben sich erhalten und vertreten so zu sagen unsere weicheren Pflanzen. Wo also der Boden nicht mit exquisiten holzigen Pflanzen bedeckt ist, sind es diese strammen, zähen, abgehärteten Gewächse, die ihn bedecken, jedoch in einer Weise, die unseren Wiesen ganz fremd ist. Hieher sind Grasarten, Carduaceen, einige Labiaten, Asperifolien, Cistineen, Euphorbiaceen und Pupilionaceen zu zählen. Die Pflanzen stehen nicht gedrängt, behindern sich gegenseitig in ihrer Entwicklung nicht und bilden statt eines dichten Pflanzengewebes ein äusserst lockeres Netz, wo so mancher Ankömmling immerhin noch leicht Platz findet.

Dieses lockere Gewebe, in dem die Pflanzendecke erscheint, besteht aber zugleich aus bei weitem mannigfaltigeren Elementen als unsere Grasmatten.

Obgleich, wie bereits angegeben die Gräser dabei nicht ausgeschlossen sind, so spielen sie doch verhältnissmässig eine weit untergeordnetere Rolle und werden von kleinblätterigen, hartleibigen, spinescirenden und kriechenden Pflanzen aus allen Pflanzenfamilien bei weitem übertroffen. Als Pflanzen solcher Steppen, — denn Wiesen kann man sie nicht mehr nennen, machen sich Folgende ganz besonders geltend:

Stipa tortilis Desf., **Aegilops ovata** L., **A. triuncialis** L., **Jasonia Sicula** D. C., **Pulicaria Arabica** Cass., **Centaurea hyalolepis** Boiss, **C. solstitialis** L., **Kentrophyllum Syriacum** Boiss, **Picnemon Acarna** Cass., **Natobasis Syriaca** Cass., **Salvia controversa** Tenore, **Calamintha Cretica** Benth., **Teucrium divaricatum** Sieber, **Echium elegans** Lehm., **Anchusa aegyptiaca** D. C., **Onosma fruticosa** Labill, **Helianthemum pulverulentum** D. C., **H.** obovatum Dunal, **Fumana Spachii** God, **Hypericum crispum** L., **Euphorbia lanata** Sieber, **E. Cassia** Boiss, **Medicago denticulata** L., **M.** minima Lam., **Trifolium steliatum** L., **T.** striatum L., **T.** tomentosum L., **Astragalus Baeticus** L., **Hedysarum spinosissimum** L., **Onobrychis Crista Galli** L., **Alhagi Maurorum** Tournef., **Prosopsis Stephaniana** Kuntz.

Unter diese Dürrkräuter, die einen namhaften Antheil jener Gegenden ausmachen, welche der Grieche in Hellas Trockenhügel (Xerovuni), der Eingeborne hier Landes Dürrland (Trachiotis) nennt, mischen sich aber noch Gewächse von zweierlei ganz verschiedener Natur, nämlich Zwiebel- und Knollengewächse und harte holzige Zwergsträuchlein. Es ist begreiflich, wie zwiebel- und knollenbildende Gewächse mit jenen Dürrkräutern sich mischen und auch ihrem sonnenverbrannten Boden Stand halten können.

Die vegetativen Theile dieser meist weichen, saftreichen Gewächse haben sich in jenen Organen auf ein Minimum zusammengezogen; Stamm und Anhangstheile desselben sind so zu sagen *in nuce* zusammengepresst. Unter diesen Umständen vermögen die vor dem unmittelbaren Einflusse der Sonne geschützten Pflanzen ein cryptobiotisches Leben zu führen; sie werfen aber sogleich ihren Schlafrock ab, wenn Feuchtigkeit und Wärme in bescheidenem Maasse sie zum Erwachen auffordern. Die eher ganz unkenntlichen im Boden vergrabenen Pflanzen kleiden sich flugs wie andere Pflanzen in saftiges Grün, knospen, blühen und besamen sich so schnell als möglich und haben ihr phanerobiotisches Leben schon beendet, bevor sie die Wärme des Sommers in den Sommerschlaf einlullt.

Die meisten **Liliaceen, Asphodeleen, Dioscoreen, Melanthaceen, Irideen, Amaryllideen, Orchideen, Aroideen** lassen sich nur kurze Zeit über der Erde sehen und verschwinden dann für die längste Zeit des Jahres. Sie entgehen daher dem Pflanzenforscher jedesmal, wenn er sie nicht in der kurzen Frist ihrer Blüthenzeit ertappt.

Aber eine eben so grosse Zahl dicotyler Pflanzen sind mit Knollwurzeln und Knollen versehen, die denselben ein eben solches in der Erde fortdauerndes Leben sichern. Dahin sind viele sogenannte tuberose Pflanzen zu zählen, wie:

Emex apinosus Campd, **Rumex tuberosus** L. und R. bucephalophorus L., **Aristolochia hirta** L. und A., **sempervirens** L., Valeriana **Dioscoridis** Sm. et Sibth., **Aegyalophila pumila** Boiss und A. **Cretica** Boiss. **Mandragora vernalis** Bert., **Cyclamen hederaefolium** Willd, **Bunium ferulaefolium** Desf., **Cryptoceras rutaefolia** Schott, **Geranium tuberosum** L. u. s. w.

Sehr zahlreich sind namentlich die tuberosen Ranunkeln (**Ranunculus bullatus** L., **R. chaerophyllus** L., **R. myriophyllus** Russel, **millefoliatus** Vahl, **R. Cadmicus** Boiss, **R. asiaticus** L., **Ficaria ranunculoides** D. C., **Paeonia corallina** Rctz) und die Cichoraceen vertreten, unter denen besonders **Thrincia tuberosa** D. C., **Scorzonera undulata** Vahl und S., **araneosa** Sm. et Sibth., **Lactuca hispida** M. B., **L. leucophaea** und **L. Cretica** Desf., und **Aetheorhiza bulbosa** Cass., anzuführen sind.

Das zweite Element der Association der Dürrkräuter machen die Zwergsträucher aus. Sie sind nicht über Einen Fuss hoch, durch und durch holzig, vielästig, mit kleinen Blättern und Blüthen versehen und nicht selten durch ihre Stacheln vor allem Angriff geschützt. Als Heros dieser Zwergsträucher ist das weit verbreitete **Poterium spinosum** Linn. zu bezeichnen, das nicht blos über die ganze Trachiotis der Insel herrscht, sondern auch bei der Holzarmuth des Landes überhaupt eine wichtige Rolle spielt und sich den Insulanern dadurch beliebt zu machen suchte, dass sie ihnen sowohl ein passendes Material für die Construction ihrer Zäune liefert, so wie anderseits ein erwünschtes Brennmaterial darbietet, mit dem sie ihre Herde, ihre Backöfen, ja sogar ihre Kalköfen zu heizen im Stande sind.

Doch ist dieser kugelige *Noli tangere* nicht der einzige Strauch, der sich im Dürrlande bemerklich macht. In seiner Gesellschaft finden sich namentlich noch das mit ihm in der knürpsigen Gestalt wetteifernde **Galium suberosum** Sm. et Sibth., **Thymelea hirsuta** Endlicher, **Ononis antiquorum** L., **Ballota integrifolia** Benth., **Satureia Tymbra** L., und viele andere kleine niedrige Sträuchlein aus der Familie der **Labiaten** und der **Asperifolien**.

Mit Ausschluss des Culturlandes repräsentirt daher das Dürrland oder die Trachiotis so eigentlich unsere nordischen Grasflächen und Matten: es ist aber dabei hinzuzusetzen, dass selbst die Cyprioten die Trachiotis als eine steinige Fläche oder rauhe Halde charakterisiren, die immerhin stellenweise noch einer Cultur fähig ist.

So wie aber unsere Wiesen verschiedene Formen annehmen, je nachdem sie sumpfige Niederungen oder luftige Anhöhen und Berglehnen bekleiden, so nimmt auch hier das wenig anziehende Dürrland einen verschiedenen Ausdruck an, wenn es von der rauhen Conglomerat- und Grobkalkunterlage in den Mergelkalk, in Sandstein oder Aphanit übergeht, wenn sich das Terrain erhebt, eine Neigung annimmt und so minder grellen und andauernden Einflüssen von Aussen unterworfen wird. Der Grieche in Hellas hat wie bereits bemerkt diese mageren Bergweiden, die ihm seine zahlreichen Schaf- und Ziegenheerden fast das ganze Jahr hindurch unterhält, Trockenhügel (Xerovuni) genannt. Sie kommen unsern Bergmatten am nächsten, und fehlen auch in Cypern nicht.

Dahin möchte ich vor allen andern die Abdachungen des südlichen centralen Gebirgsstockes rechnen und insbesonders die dem Meere zufallenden weit ausgedehnten Höhen, nichts desto weniger aber dabei die nördlichen und östlichen Abdachungen desselben Gebirges davon ausschliessen. Auf diesem mehr freien und luftigen Boden tummeln sich mancherlei Kräuter und Straucharten bald höheren bald niederen

Wuchses herum und geben dem Pflanzenkundigen ein reiches Feld der schönsten Blumenlese.

Hier drängt sich der niedliche **Thymus Billardieri** Boiss, ein Bruder unseres Alpen-Thymus (**Thymus alpinus** L.) an die blaurothen Blüthenähren der **Lavandula Stoechas** L. und die prachtvollen weiss und roth bemalten Büsche des lieblichen **Lithospermum hispidulum** Sm. et Sibth., gesellen sich den bescheidenen grauen Sträuchlein der **Thymelea Tartoneura** All. Zahlreiche **Cisträslein**, darunter die **cretische Cistrose** (**Cistus creticus**) bedecken meilenweit den Boden. Ein ganzes Heer von zartblätterigen Kräutern sucht unter ihren zwar kleinen aber ausgiebigen Schatten Schutz. Ich nenne hier nur **Poa persica** Trin., **P. bulbosa** β **vivipara** L., **Valerianella echinata** D. C., **Campanula drabaefolia** Sm. et Libth., **Garidella Nigellastrum** L., **Tubularia variabilis** Willk., mehrere **Cruciferen** wie **Arabis verna** R. Br., **Thlaspi perfoliatum** L., **Arabis Thaliana** L., einige **Papilionaceen** so wie einige **Orchideen**. Manche Stellen wimmeln von **Salbei** (**Salvia**) **Quendel**, **Mayoran** (**Origanum Majorana** L.), **Teucrium Polium** L. und andern duftenden Kräutern, die weit umher die Luft mit Wohlgeruch erfüllen und der Insel nicht umsonst seit undenklichen Zeiten den Beinamen der duftenden (εὐώδης) ertheilten.

Der Beschaffenheit nach dem Dürrlande eigen, jedoch durch die Massenhaftigkeit seiner krautartigen Theile von jedem seiner Erzeugnisse verschieden ist ein Staudengewächs, das die Einwohner der Insel allgemein **Anatriches** gleichsam „Gretchen in der Staude" nennen. Es ist eine anderthalb bis zwei Mann hohe Umbellifere — **Ferula communis** D. C., var. **Anatriches** Ky. — mit anderthalb Zoll dickem Stengel und grossen vielfach bis in haardünne Theile zerschlitzten Scheidenblättern und breiten zusammengesetzten gelbblühenden Dolden. Sie kommt immer gesellig vor, verlangt einen lockeren sandigen, wenngleich humusarmen Boden, in dem sich ihre klafterlangen 2—3 Finger dicken Wurzeln ausbreiten können.

Pflanzen der Art in Gruppen vereint geben der Landschaft ein ganz fremdartiges Aussehen, so dass man diese Vegetation, wo sie ganze Strecken einnimmt, mit einem kleinen

Wäldchen vergleichen kann, das man füglich **Anatrichium** nennen könnte.

Diese so ansehnliche Pflanze ist indess wie alle kraut-artigen Pflanzen der Tracheotis hinfällig, sobald der Sommer heranrückt und hinterlässt demselben nur seine dürren Stengel, aus denen die Einwohner eine Art leichter Stühle verfertigen. Im Juli ist nichts mehr von dieser Pflanze über der Erde zu sehen. Blätter und Stengel sind zerknickt und verbrochen und da sie ausserofdentlich leicht sind, auch vom Winde grösstentheils davon getragen.

Gegend am Salzsee von Larnaka mit der Fernsicht auf Theke.

Wenn man in dem **Anatrichium** den Steppencharakter der Vegetation völlig vermisst, so kommt er nichts desto weniger dort zum Vorschein, wo muldenförmige Niederungen

Ansammlungen von Wasser gestatten, das im Sommer völlig verdunstet und nur einen von Rissen durchfurchten mit Salzefflorescenzen bedeckten Boden zurücklässt. Hier ist der wahre Tummelplatz für Steppenkräuter und obgleich dergleichen Boden hier auf der Insel von geringer Ausdehnung ist, so hat er doch seine charakteristische Vegetation, wobei **Hordeum maritimum** L. und **Spergularia marina** B e s s., **Polypogon monspeliensis** D e s f., und **Suaeda fruticosa** F o r s k. nicht fehlen. Aus letzterer wird bei Kalopsida in der Nähe von Famagusta Soda bereitet.

Von dieser Steppenvegetation sowohl als von jenen kräuterreichen Bergmatten ist der Ausdruck völlig verschieden, welchen die G e s t r i p p f o r m a t i o n erzeugt. Das Gestripp unterscheidet sich von den niedern meist mannigfaltig durcheinander gemischten Sträuchlein durch die viel grösseren, oft zu kleinen Bäumchen herangewachsenen Sträucher, welche in bei weitem grösserer Einförmigkeit ein starkes oft kaum durchdringliches Dickicht bilden.

Zwei Straucharten oft von einander getrennt, nicht selten jedoch unter einander vermischt, geben hier den Ton an und beherrschen alles, was sich noch unter ihre Fittige stellt. Diese sind **Pistacia Lentiscus** L. und **Juniperus phoenicea** L., letzterer vielleicht einmal ein niederer Baum, jetzt durch Ungunst des Klima's und den störenden Einfluss des Menschen zum Strauche degradirt.

Sowohl die eine als die andere Strauchart ist der Bewohner von trockenem, steinigem Boden und da in üppigster Verbreitung zu finden, fast nichts anders neben sich duldend. Während aber der Wachholder durch sein Holz und seine zähen Aeste, aus denen man Taue verfertigt, sich nützlich macht, scheint der Lentiscusstrauch völlig unnütz und nur dazu bestimmt etwas Besseres zu verdrängen.

Nur dort und da mischen sich auch andere Straucharten darunter oder beherrschen auch wohl das Terrain ausschliesslich für sich, wie **Ulex europaeus** L., welcher meist undurchdringliche Verhaue bildet oder **Quercus caliprinos** W e b b., **Myrtus communis** L., und **Rhamnus oleoides** L. Nur in höheren Theilen

der Insel kommen noch **Ceratonia Siliqua L.**, der Joannisbrod-
strauch, ferner **Arbutus Andrachne L.**, **Anagyris foetida L.**,
Styrax officinalis L., **Quercus alnifolia** Poech, und **Acer creticum L.** hiezu. Besonders ist der erstgenannte Strauch hervor zu heben, der nur bei Machera ganze Berglehnen überzieht. Einzelne solche Büsche werden nicht selten mit
Schlingpflanzen und von andern Gesellschaftern durchwirkt
und umrankt, wie z. B. von **Tamus communis L.**, **Smilax
aspera L.**, und **Asparagus verticillatus L.**, oder **Clematis cirrhosa L.**, **Lonicera Etrusca** Santi, **Teucrium creticum** L. u. s. w.

Eigenthümlich gestaltet sich das Fruticetum von Oleander
und der Tamariske, das gewöhnlich Flussränder umsäumt oder
sich über feuchte, quellige Stellen ausbreitet. In voller Blüthe
ist namentlich der **Oleander** eine wahre Zierde der Landschaft
und hat auch deshalb seinen Weg in die Gärten der Stadt gefunden, wo er zu Bäumchen mit schenkeldicken Stämmen
gezogen wird.

Wenn das Buschwerk von Oleander aus seinem dunkeln
Blättergrunde die brennende Schminke seiner Blüthen eitel zur
Schau trägt, so ist dagegen der zarte feingewobene Tamarisken-
strauch in seinen reichen schwanken Blüthenbüscheln viel
bescheidener, aber darum nicht weniger reizend. Gebirgsbäche, auf deren Kies er sich ganz vorzüglich gerne verbreitet und ganze Bestände bildet, empfangen durch ihn erst
ihre wahre Weihe und Lieblichkeit. Kein Wunder, wenn diese
Büsche so gerne von Nachtigallen besucht werden.

Von der Strauchformation, in deren Schatten sich auch
manches liebliche Pflänzchen zarteren Baues rettet*), gelangen
wir zur **Waldbildung.** Cypern, das einst von Wäldern ganz
bedeckt und seines trefflichen Schiffbauholzes wegen berühmt
war, wurde nach und nach so weit entwaldet, dass sich der
geschlossene Baumwuchs nur mehr stellenweise in der Ebene
und im Hügellande erhalten konnte, und der eigentliche Wald

---

*) Serapias pseudocordigera Moric, Aceras intacta Rbch. fil., Orchis
anatolica Bois., Crepis Sieberi Bois., Scutellaria Columnae Sibth., Malcolmia
Chia D. C. u.

nur noch auf den höchsten Bergspitzen und Rücken Stand hält. Die Verordnung der frühesten Beherrscher des Eilandes, dass alles gerodete Land dem Vertilger des Waldes als freies Eigenthum zufallen sollte, beförderte die rasche Entwaldung so sehr, dass man sich wundern muss, wenn auch noch ein Waldbaum auf der Insel vorhanden ist.

Der Hauptwaldbestand ist, ohne Zweifel ehedem wie jetzt nur durch zwei Nadelhölzer hergestellt worden. Von der meeresgleichen Ebene bis 4000 Fuss Höhe herrschte zu allen Zeiten die Seestrandskiefer (**Pinus maritima** L a m b.), über diese hinaus die caramanische Föhre (**Pinus Laricio v. Poiretiana** E n d l.). Diese beiden Nadelhölzer lassen selbst jetzt noch ihre frühere Ausbreitung erkennen und zugleich entnehmen, dass sie nur stellenweise von den übrigen Baumarten, welche auf der Insel vorkommen, unterbrochen waren.

Die Seestrandskiefer, ein hoher, schlanker, breitwipfeliger, mit zarten Nadeln versehener Baum, begnügt sich mit dem schlechtesten Boden und kann daher leichter als jede andere Baumart der wechselnden Bodenunterlage der Insel folgen und überall Platz greifen, wo andere Bäume nur wählerisch den Boden betreten. Trotz aller Verfolgung, welche dieser Baum als das handsamste und überall vorhandene Holz von jeher erfahren musste, und auch jetzt noch erfährt, behauptet derselbe noch immer dort und da kleine Bestände, freilich nur auf solchem Boden, welcher der Cultur unfähig ist. Wo auch der Wald oder selbst kleine Gruppen hochstämmiger Kiefern vernichtet werden, sprossen in kurzer Zeit wieder Truppen von kleinen Bäumchen hervor, ja selbst dem verheerenden Feuer der Gestrüppbrände vermögen kleine Parzellen immer zu entgehen. Im gebirgigen Theile der Insel unter 4000 Fuss Seehöhe sieht man sie indess noch manche schöne Wälder bilden, immerhin ist aber auch dieser Wald licht zu nennen, da ihre Stämme nie gedrängt stehen. **Erophaca Boetica** B o i s s, gedeiht nur in ihrem Schatten, sowie **Quercus alnifolia** P o e c h, **Arbutus Andrachne** L. und **Acer creticum** L. sich nicht ungern als Unterholz einfinden, ja an offenen Stellen sogar in kleinen Beständen ausbreiten. In welcher Weise der Landmann mit diesem Nutzholze, das ihm allein noch zugänglich ist, verfährt, um es gründlich und für alle Zeiten zu vertilgen, soll an einem andern Orte ausführlicher auseinandergesetzt werden. —

Ernster und mannhafter, weil höher und unzugänglicher gelegen, nimmt sich der Kieferwald der caramanischen Kiefer aus; er bedeckt die Höhen von Troodos, Adelphos und Machera, und nur diese allein. Mit Ausnahme eines Saumpfades, der von Prodromo aus bis auf den Gipfel des Troodos und zu dessen Schneegruben führt, die einst in den glücklichen Tagen der Insel benutzt wurden, ist kein Pfad, kein Weg, der sich durch seine Wildniss wände. Hier hauset der Mouflon noch ungestört und ernährt sich von den sparsam in Steinritzen und unter ihrem Schatten wachsenden Kräutern.

Die caramanische Föhre ist in ihrem Vollwuchse der stattlichste Baum der Insel, gleichet unserem **Pinus Laricio v. austriaca** sehr und kann füglich nur als dessen Varietät-Schwester angesehen werden. Meist brechen Stürme und andere Umstände den Wipfel, daher der Stamm nicht immer schlank, sondern in der Höhe ungleich und breitschirmig wird, auch behält er seine unteren Aeste länger als die Seestrandskiefer. Da übrigens auch seine Nadeln stärker, dichter und dunkler sind, so unterscheidet er sich unschwer von der Seestrandskiefer, mit der er übrigens an seiner untern Grenze zusammentrifft.

In den höheren Regionen, wo ein grösseres Maass von Luft- und Bodenfeuchtigkeit und eine niedrigere Temperatur herrscht, wird seine borkige Rinde nicht selten zur Unterlage, worauf sich allerlei Flechten einfinden. Wir haben alte abgestorbene Bäume gefunden, die von **Evernia furfuracea L.**, **Cetraria glauca L.** und **Anaptychia ciliaris L.** ganz grau und von prachtvoll fructificirender **Evernia vulpina L.** wie in einen orangegelben Pelz eingehüllt waren. Auch der Lariciowald ist licht, da seine Stämme meist in einiger Entfernung von einander stehen. Dadurch ist dem Lichte der Zugang bis auf den Boden gestattet, der zwar nicht mannigfaltige, aber einige seltsame Pflanzen hervorbringt.

Vor allen ist hier die prachtvolle **Paeonia corallina Retz.** zu nennen, welche weit und breit die Waldblössen mit Purpur bemalt. Ernst und Milde sind hier in Einem Charakterzuge vereinigt und sprechen ausserordentlich ergreifend zu dem empfänglichen Gemüthe. Mehr im Schatten verborgen langen aus der modernden Nadeldecke des Bodens die seltsamen langgestrekten Blüthenschäfte des **Limodorum** wie Finger der Bergkobolde hervor. Im Hochsommer breiten sich über denselben Waldboden die breiten Wedel des Flügelfarn (**Pteris aquilina L.**) aus.

Nur in seinen höchsten Partien gegen den Kopf des Troodos zu und auf ihm selbst mischt sich unter die letzten kräftigen Stämme dieses Holzes noch ein anderes Nadelholz — der **Juniperus foetidissima Willd.** Seine von altergrauen und abgestorbenen Aesten umstarrten, meist etwas unregelmässig geformten Stämme zeigen, dass, falls die Insel auch Berge hätte, die sich über 6000 Fuss erhöben, doch hier schon die Gränze des Baumwuchses bemerkbar sein würde. Ueber diese hinaus hat nur das Strauchwerk von **Berberis cretica** die Höhen besetzt.

Die caramanische Kiefer, zwar auf einer Bergoase zurückgezogen lebend, ist trotzdem auch hier nicht unangetastet, und muss es sich, ohne einen Schutz von Seite der Landesregierung zu haben, gefallen lassen, dass man sie wie ein vogelfreies Wesen behandelt, dem man alles anthun kann, was man will. Leider bietet sie durch ihren Harzreichthum, wenn auch nicht durch ihr Holz, einen zu lockenden Angriffspunct, als dass die sorglose, vom Unverstand geleitete Gewinnsucht nicht daraus einen Nutzen zu ziehen im Stande wäre; und so wird denn einer armseligen Gewinnung von Pech wegen auch dieser einzige und letzte Waldbestand von Bäumen seinem Untergang zugeführt werden und von der Insel für immer verschwinden. Ein Mehreres über diese türkische Waldwirthschaft soll später folgen.

Es ist schon früher bemerkt worden, dass sich in dem Walde von **Pinus maritima** einst noch andere kleine Waldbestände eingeschoben haben; als solche müssen wir die Bestände von Cypressen und den rothfrüchtigen Wachholder (**Juniperus phönicea L.**) ansehen. Viel beschränkter mögen die Cypressenhaine, aus **Cupressus horizontalis Mill.** bestehend, in grösserer

Ausdehnung die Wachholderwälder gewesen sein. Einen Bestand von jungen, aber sehr freudig heranwachsenden Cypressen sahen wir unfern des Klosters Chrysostomo und eben so schöne tannenschlanke Stämme dieses Baumes begegneten uns an der Nordseite der Bergkette von Keryneia. Ihr baldiger Untergang als Waldbaum lässt sich für eine nicht zu ferne Zeit voraussagen.

Mit grösserer Starrheit hat sich der Wachholder behauptet und scheint sogar an Terrain zu gewinnen, in dem Maasse, als die Seestrandsföhre ihm Platz macht. Einmal viel stärker und kräftiger, bildet er jetzt nur ein Gestrippe und kann es über schenkeldicke Stämme nicht mehr bringen, wahrscheinlich aus der Ursache, weil man ihm stets den Haupttrieb nimmt. In dem Bergplateau zwischen Episcopi und Alectora, wo die Bezeichnung des einst hier vorhandenen Tempels des Apollo Hylates noch eine Anspielung auf die frühere waldige Beschaffenheit jener Gegend gibt, ferner in dem Plateau, welches sich von Tricomo nach Famagusta und von Capo graeco nach Oromidia hinzieht, finden sich noch jetzt ausgedehnte Bestände dieses Wachholders, ja das Dorf Xylophago scheint sich durch Vernichtung dieses Wachholderwaldes sogar seinen Namen erworben zu haben.

Ob die beiden hohe und dicke Stämme bildenden Eichenarten — **Quercus cypria K.** und **Quercus inermis** — einst auch in grösserer Ausdehnung gesellig wuchsen, möchte nicht unwahrscheinlich sein, um so mehr, als sie noch jetzt in einigen Thälern (Evrico—Chrysoku) nicht selten, wenngleich in der Regel nur verstümmelt, vorkommen. Zum Schiffbau mag ihr Holz zu jeder Zeit gesucht worden sein.

Was endlich die Platane (**Platanus orientalis L.**) und die Erle (**Alnus orientalis D e c a i s n e**) betrifft, so sind sie wohl ehedem wie jetzt nur den Rinnsälen der Flüsse und Bäche gefolgt und über dieses Terrain nicht hinausgekommen. Nimmt man indess auch für die genannten Eichen nur eine beschränkte Verbreitung an, so sieht man, dass alles Laubholz der Insel von jeher nicht bedeutend gewesen sein kann und auf den landschaftlichen Charakter wenig Einfluss nahm. Dasselbe mag auch von dem während seiner Blüthezeit so ausserordentlich wohlriechenden

Crataegus Aronia B o s c. gelten, der gegenwärtig in verkümmerter Gestalt und wie ein landesflüchtiger Fremdling sich zwischen Getreidefeldern dort und da aufhält und herumirrend vergeblich seine eigentliche Geburtsstätte sucht.

Zuletzt ist noch eine Baumart, die wie der **Crataegus** verwaiset in ihrem eigenen Heimatlande dasteht, obgleich sie einst sich einer weiteren Verbreitung erfreute, zu nennen — es ist die Terebinthe ($\tau\varrho\acute{\epsilon}\mu\iota\nu\vartheta\sigma\varsigma$) — **Pistacia Palaestina** B o i s s. von der eigentlichen Terebinthe (**Pistacia Terebinthus** L.) nur wenig verschieden. Sein schönes gefiedertes dunkelgrünes Blatt, die reiche Belaubung und die im Alter malerischen Kronen geben dem Baume ein sehr stattliches Ansehen. Jetzt nur im südwestlichen Theile der Insel um Paphos noch zahlreich, hat er jedoch in früheren Zeiten sich viel weiter über die Insel verbreitet. Noch jetzt geben ein halb Dutzend Dörfer und Weiler, welche **Treminthia** und **Tremithusa** heissen, Kunde von diesem Lieblingsbaume der Insulaner, in dessen Schatten sie gerne ihre Hütten bauten.

Zuletzt ist noch des schlechterdings unproductiven Bodens zu erwähnen, der im Ganzen eine verhältnissmässig sehr geringe Ausdehnung hat, und nur auf die schroffsten Kalk- und Sandsteinfelsen der nördlichen Gebirgskette und auf die kreideartigen Mergelkalke der Abhänge des Centralstockes beschränkt ist. Ueberall übrigens, wo durch die rasche Verwitterung des Gesteines nicht fort und fort der Boden abgetragen und damit die sich einfindende spärliche Vegetation wieder entfernt wird, oder wo nicht absoluter Mangel an Feuchtigkeit alles Leben unmöglich macht, sehen wir auch hier die Felsen sich dort und da bekleiden und ihren wüsten Charakter in eine mildere Form umstalten. Es ist kaum anzunehmen, dass die bezeichneten Gegenden einst mit einer dichteren Pflanzendecke bekleidet waren als jetzt. Die auf solchem Boden erscheinenden Gewächse im einzelnen anzugeben halte ich für überflüssig, indem hierin keine Gleichförmigkeit herrscht, und hier ein paar kärgliche Flechten, dort einige Grasarten (**Stipa tortilis** D e s f., **Caetospora ferruginea** R c h b.) und andere Steppen- und Felsenpflanzen wie **Ephedra fragilis, Noea spinosissima, Chamaepeuce mutica, Euphorbia Cassia** u. s. w. sich sporadisch einbürgern.

III. Charakter der Vegetation.

Mediterranflora — Vergleiche — Eigenthümlichkeit der Insel — Aehnlichkeit mit den nächsten Ländern.

Von den Säulen des Hercules bis an den Euphrat herrscht im Allgemeinen durch die nördlichen und südlichen Küstenländer, durch die Inseln des ganzen Mittelmeeres, durch Anatolien über den Libanon bis an den Sinai, ja noch weiter nach Nord und Ost hinaus eine überraschende Verwandtschaft in der Vegetation.

Freilich hat die Bodenunterlage im ganzen Gebiet viel Aehnlichkeit, da der Jurakalk vorherrscht und stellenweise pyrogene Gebilde hervorbrechen. An vielen Stellen werden weite Landtheile von Sandstein, Kalkmergel und den der quaternären Formation angehörigen Massen gebildet. Sie sind oft unter vielfach sich wiederholenden gleichmässigen Verhältnissen nebeneinander gelagert. Die geognostische Karte bietet daher ein scheckiges Bild von den eben erwähnten Gebirgsarten. Auf dieser abwechselnden Unterlage ruht noch die durch ihre chemische und physische Beschaffenheit mannigfaltige Erdkrumme.

Ueppige grüne Gefilde, von Vegetation strotzende Thäler und nackte sterile Einöden mit fast pflanzenlosen Hügelreihen und Bergseiten sind in diesem ganzen Reich bunt durcheinander geworfen. Der Hauptgrund hierzu ist das Vorhandensein oder das Fehlen des Wassers. Da es vom April an bis October in den meisten Gegenden fast nicht regnet, so herrscht durch das ganze Gebiet schroffer Wechsel von solchen Landschaften, welche das ganze Jahr hindurch einen lieblich grünenden und dicht beschattenden Pflanzenwuchs nähren und solchen, die nie grünen oder beschattet erscheinen. Also noch mehr als die Beschaffenheit des bald sehr fruchtbaren bald sehr steinigen oder sterilen Bodens ist es die Aehnlichkeit klimatischer Verhältnisse, welche zu der allgemeinen Gleichmässigkeit des bunten Formcharakters in so weitem Umfange hauptsächlich beiträgt.

Während des Winters wird überall der Boden durchfeuchtet, im Februar und März strotzen alle Küsten und Strandgebiete von Liliengewächsen, im April und Mai ist über die landeinwärts sich ausdehnenden Ebenen ein bunter Blumenteppich gezogen. Während bald darauf durch die übermässige Hitze an den Küsten und in den Niederungen die Landschaft von der Dürre eine strohgelbe Färbung erhält, entfaltet sich auf den Bergen im Juni und Juli die Flur zu einer die Ebenen während der früheren zwei Monate noch überbietenden Ueppigkeit, bis im August und September der völlige Mangel an Niederschlägen, dazu noch heisse Winde und die bei immer heiterem Himmel stets intensivere Insolation bis in die Alpen hinauf die letzten Zierden stachliger Cynareen gänzlich abstreift. Jedoch nur zu bald entsprossen dem staubigdürren Boden sowohl in Spanien wie an der ganzen Küste Nordafrika's bis zum Fusse des Atlas, in Italien, in Griechenland, auf allen Inseln Anatoliens wie in Syrien über Berg und Thal die Herbstzeitlosen, Safranarten, Seenarcissen, Scillen, Sternbergien, selbst einige Gattungen von Aroideen in mehreren Arten und noch viele andere im Herbst ohne Blätter blühende Zwiebelgewächse mit zum Theil buntgefärbten ansehnlichen Blumen. Bald stellen sich die ersten Herbstregen ein und erfrischen die Spätgewächse zu immer wieder neu vordrängenden Blüthen.

Kaum beginnt in vielen Gegenden, die sich eines milderen Seeklima's erfreuen, dieser letzte Florencyclus den Abschluss, so geben schon einen reichlichen Ersatz dafür die schnell aufschiessenden Erstlinge des Frühjahrs. In derselben Zeit treffen die gleichen Veränderungen in der Flora durch das ganze Gebiet ein.

Wir vermissen in diesem grossen Reiche die Entwicklung des Rasens, den die Natur wegen der anhaltenden Hitze und Dürre des Bodens nicht erzeugen kann. Dagegen tritt ein Vorherrschen der Sträucher und Halbsträucher ein, von denen viele mit grossen lebhaft gefärbten Blumen geschmückt oft aromatisch duften. Die vielen Laubhölzer mit lederartigen, immergrünen Blättern erinnern an die Nachbarschaft dieses Vegetationsgebietes zu der subtropischen Zone.

Wälder von Seekiefern, Pinien, Schwarzföhren, Gall- Kork- Stein- und Stecheichen, dazwischen Oliven- Myrthen- Lorbeer-Bäume; Niederwald von stachligen und dornenreichen Sträuchern, sowie Gesträppe von Halbsträuchern und allerlei holzartigen Gewächsen, deren Südeuropa allein über 350 Arten zählt, sind zum grössten Theil durch das ganze Gebiet als hauptsächliche Bekleidung der oft nackt hervortretenden Hügelreihen und felsigen Berghöhen verbreitet.

Alle diese Vegetationstypen findet man in Cypern allgemein vertreten. Doch auch unter den krautartigen Gewächsen kommt eine unerwartete Uebereinstimmung durch das ganze Mediterrangebiet im Allgemeinen vor, was sich in der Betrachtung des kleinen Antheiles der Insel Cypern zum ganzen Floragebiete deutlich herausstellt. Dieses erstreckt sich vom 10. bis zum 60. ° östlicher Länge von Ferro und vom 30. bis zum 45. ° nördlicher Breite.

Wenn auch unsere Insel im östlichsten Winkel des Mittelmeeres gelegen von Creta, Griechenland und dem übrigen Westen dieses Florareiches weit getrennt und näher an Kleinasien und Syrien gelegen ist, wo im Norden die mächtige Kette des Taurus von West nach Ost, im Osten der Libanon und Amanus von Süd nach Nord streichend einen mächtigen Wall vor ihr bilden, und so ihre Vegetation besonders beeinflussen sollten, so geschieht dies doch in keinem so überwiegenden Maasse, dass der allgemeine Mediterrancharakter etwa schwächer vertreten wäre als auf anderen Inseln, die dem Centrum näher gelegen sind.

Soweit bisher die Insel erforscht ist, kennen wir über 1000 Arten **Phanerogamen**, eine ansehnliche Zahl, da sie den fünfzehnten Theil der ganzen Gebietsflora ausmachen dürfte. Diese 1000 Arten sind zusammengestellt aus 51 Bäumen, 66 Sträuchern, 55 Halbsträuchern, 235 Stauden, 45 Zwiebel- und 70 Knollengewächsen, 6 Schmarotzern und 2 untertauchten Süsswasserpflanzen, endlich 472 Arten einjähriger Kräuter. Die 21 **Amen-**

taceen sind vertreten durch 14 Baum- und 2 Straucharten; die 8 **Gymnospermen** durch 6 Bäume und 2 Sträucher; von 14 **Cistineen** sind 6 Sträucher; die 5 **Tamarix** sind alle Sträucher; von 10 **Pomaceen** sind 5 Bäume und 4 Sträucher; die 5 **Amygdaleen** sind alle Bäume; unter 103 **Papylionaceen** finden sich 2 Bäume und 3 Sträucher; die 3 **Mimoseen** 2 Bäume und 1 Strauch. Rechnen wir noch die Halbsträucher hinzu, so besitzt Cypern 172 holzige Gewächse, was schon die Hälfte von den Südeuropa repräsentirenden ausmacht.

Betrachtet man die vorherrschenden Familien und deren Artenzahlen, so stellt sich folgendes Verhältniss heraus:

Im Mediterrangebiet	auf Cypern			in ganz Europa	
		Genera	Species	Genera	Species
1. Compositen	1. Compositen	70	117	138	1401
2. Papilionaceen	2. Papilionaceen	32	103	55	852
3. Labiaten	3. Gramineen	37	96	91	554
4. Cruciferen	4. Labiaten	25	53	39	441
5. Umbelliferen	5. Umbelliferen	34	51	106	495
6. Gramineen	6. Cruciferen	29	49	74	579
7. Scrophularineen	7. Caryophylleen	13	44	26	493
8. Boragineen	8. Liliaceen	13	39	27	257
9. Amaryllideen	9. Boragineen	12	29	24	204
10. Ranunculaceen	10. Ranunculaceen	9	23	25	277
11. Cistineen	11. Serophularineen	9	20	28	318
12. Caryophylleen	12. Orchideen	7	20	24	111

Daraus ist ersichtlich, wie die nur 400 ▢ Meilen einnehmende Insel in der Reihenfolge der meistvertretenen Familien mit dem ganzen Gebiete fast übereinstimmt, während sie doch nur ungefähr den fünfzehnten Theil der Arten aufweiset. Selbst mit der gesammten Flora Europa's, dessen Gebiet nur mit dem vierten Theile dieser Zone angehört, lässt sich einige Aehnlichkeit erkennen.

Um den Antheil, welchen Cypern an der ganzen Mediterranflora hat, genauer zu bezeichnen, wollen wir nun jene Pflanzenformen betrachten, die denselben besonders vertreten. Keine der östlichen Inseln hat so reichen Waldwuchs aufzuweisen, wie Cypern, und zwar sind es drei **Coniferen**, die sowohl auf der Insel, als auch im ganzen Gebiet häufig verbreitet sind, während Laubholz fast gänzlich fehlt.

Die Seekiefer, **Pinus maritima** L a m b e r t (**Pinus halepensis Mill.**) bewohnt die ganze Mittelmeerzone sammt den Inseln von Gibraltar bis zum Libanon hin und noch südlich von Hebron. In Cypern bekleidet sie die Hügel und Gebirgsgegenden bis 4000 Fuss über dem Meer als gemeinster Baum, gedeiht hier wie sonst im Gebiet auf Jurakalk, doch sagt ihr die pyrogene Troodosgruppe eben so gut zu. Von Carpasso angefangen überschattet die nördliche Kalkkette meist diese Kiefer und bewaldet die Nordabhänge in den weniger zugänglichen Höhen stärker als an den niederen Lehnentheilen. So wie auf der gegenüber liegenden Seite des südlichen Amanus noch jetzt, bedeckte der Baum einst mit Hochwald diese ganze Inselseite vom Capo Kormachiti bis nach Carpasso. Auf der Südlehne dieses Gebirges ist er nur in der Nähe des felsigen Höhenkammes häufiger. Im unproductiven Boden des Sandsteines will er nicht recht wachsen. Man sieht hier nämlich nur alte Zwerge, die bei 4 Fuss Höhe schon Decennien hindurch Früchte tragen. Reste einer ehemaligen starken Bewaldung finden sich auch im Mergelkalk an dem südlichen und westlichen Fusse der Troodosgruppe, wo von Lefkera über Omodos bis nach Polin Chrysoku bald grössere bald kleinere Gruppen und zerstreute Bäume anzutreffen sind.

Der zweite ebenfalls Waldbestände bildende Baum ist die Schwarzföhre, **Pinus Laricio Poir var. orientalis**, die alle Höhen von 4000 Fuss über Meer hinauf bedeckt und sich über den Adelphos bis zur Spitze nahe an 6000 Fuss erhebt. Diese Föhre lässt die westlichen Berge der Insel schon vom Meere aus dunkel erscheinen. Ausnahmsweisse wächst sie in Cypern auf pyrogenem Gesteine, während in Creta und Anatolien bei gleicher Erhebung derselbe Berggürtel von Bäumen auf Jurakalk ebenso gut gedeiht. Griechenland, Italien, Sicilien, Corsika und Spanien führen diese Föhre ebenfalls als Waldbaum über der oberen Grenze der Seekiefer. In Spanien senkt sich dieser schwarze Waldgürtel von 3000—1000 Fuss zum Meer hinab.

Die wilde Cypresse, **Cupressus horizontalis**, ist der dritte Baum, welcher freilich nur auf der östlichen Hälfte der Insel wächst und allgemein an einigen Stellen sogar noch selbständige Wäldchen bildet. Auf der ganzen nördlichen Bergkette vegetirt am häufigsten nach der Seekiefer diese wilde Cypresse, oft in sehr alten knorrigen Stämmen in den Spalten der Kalkwände, zumal auf beiden Seiten in der Höhe des Kammes von 2000—3000 Fuss über Meer. Das Gedeihen derselben scheint vom Jurakalk bedingt, denn im westlichen Gebirgsstock kommt sie wild nicht vor. Ihres festen und wohlriechenden im Handel gesuchten Holzes wegen, ist sie weit mehr ausgerottet als die anderen Bäume.

Nicht allein am Kloster Chrysostomo, sondern auch über Sichari und hinter St. Hilarion bildet sie Wäldchen. Die ganze südliche Lehne dürfte einst mit einem Walde von Cypressen in der Art bewaldet gewesen sein, wie dies mit **Pinus maritima** noch jetzt an der Nordabdachung der Fall ist. Einzelne und in kleinen Gruppen stehende Cypressen zwischen Chrysostomo und Vuno sprechen dafür. Unter denselben Verhältnissen wie hier, theilweise in Gesellschaft der Seeföhre wächst die wilde Cypresse am Westabhang des Libanon bis zur Höhe von 4000 Fuss. Unterhalb Becherre gegen Anubin bewaldet sie alle weiteren Thallehnen theilweise mit sehr alten Bäumen. Auf Creta müssen einst grosse Wälder von diesem Baume gewesen sein, denn die meisten Gebirge ziert der Cypressenbaum fast allein. Auf dem Ida trifft man bei 4670 Fuss über Meer eine erstaunliche Menge von verkrüppelten wohl 1000jährigen Cypressenstämmen, und schon Strabo wie Plinius erzählen, dass die Cypresse in Creta selbst unter dem Schnee fortwachse. Man findet auf den höchsten Bergen diese Ueberreste einstiger Wälder noch häufig; doch um 2000 Fuss tiefer sind kaum mehr einzelne Bäume der Zerstörung entgangen. In Anatolien, Bithynien, Griechenland, Macedonien, sowie durch das Küstenland von Lybien bis an den Atlas ist sie ebenfalls einheimisch und wird in der pyramidalen Form durch das ganze Mittelmeergebiet, selbst in Egypten, gepflanzt.

Der meist als hoher Strauch und Halbbaum vorkommende Wachholder, **Juniperus phoenicea**, hat eine noch weitere Verbreitung auf dem östlichen Theile der Insel als die Cypresse, und er müsste ebenfalls abgeschlossene Baumbestände liefern, wie er solche einst gewiss auf der Insel gebildet hat, wenn er geschont würde. In der Tracheotis zwischen Oromidia, Famagosta und Capo Graeco, sowie in den Gegenden von Carpasso bedeckt er weite Strecken als Halbbaum und Strauch, bildet überdies die Begleitung der Cypresse auf dem Kamme der ganzen Nordkette. Diese *Ἀρκευθος μεγαλη* des Dioscorides, jetzt *κιδρος* in Cypern genannt, ist nicht selten auf Creta verbreitet, sowie im ganzen Archipel gemein und in Lycien sowie in Griechenland sehr häufig. Viviani sagt: „Passim in montibus Cyrenaicis ubi in arborem conspicuae magnitudinis elevata", weil sie hier in den letzten Jahrhunderten von den Verwüstungen der Sarazenen mehr verschont geblieben ist als auf Cypern und sonst. In ganz Italien bis in die Corneren des adriatischen Meeres, durch Ligurien und Südfrankreich, Corsika und Spanien reicht ihre weitere Verbreitung.

Diese drei letzten Bäume sind es vorzüglich, welche mit ihrem dunklen Grün eine melancholische Färbung dem ganzen Gebiete und auf gleiche Weise auch der Insel Cypern geben. Einen Contrast hierzu bilden die hellgrün gekrönten lachenden Eichen, Erdbeerbäume, Johannisbrodbäume, Platanen, im Gemisch mit den graugrünen Oliven. Die lichtgrüne Belaubung durch hohe und niedere Bäume von Galleichen ist dem ganzen Gebiet von Portugal und dem Atlas, bis in den tiefen Orient eigen. In der Troodosgruppe sind Eichen auf der Nordabdachung vielfach vorhanden und werden bei Prodromo und Galata im Thale Evrico und Lefka mächtige Bäume, die bei Alifotes über Peristerona einige Lehnen mit Hochwald bedecken; so **Quercus Pfaeffingeri, Q. inermis, Q. Cypria.**

Der orientalische Erdbeerbaum, **Arbutus Andrachne,** mit korallenrothem Stamm und Aesten, der seine Rinde gleich der Platane abwirft, ist allgemein von 600 bis 3000 Fuss über Meer durch die Insel zu finden. Er bewohnt die ganze syrische Landschaft von Palästina an, Anatolien bis nach Taurien, die

Türkei, den Berg Athos, Griechenland und den Archipel und hat weiter nach Westen seinen Stellvertreter durch's Gebiet im **Arbutus Unedo**, der sich laut einer ungewissen Angabe von Sibthorp bis Cypern erstrecken soll.

Der Johannisbrotbaum, **Ceratoria Siliqua**, bewohnt in Cypern die Ufergegenden nach allen Seiten, erreicht nur selten Höhen von 1000 Fuss über Meer unter günstigen Standortsbedingungen und auch da nur als krüppelnder Strauch. Die Cultur dieses Baumes ist eine erträgliche Einnahmsquelle, da dessen Früchte in neuester Zeit immer mehr zur Spiritusfabrikation in Triest gesucht werden. Alle wilden Halbbäume werden abgepfropft und einiger Aufmerksamkeit unterzogen, wodurch sie zu hohen, gute grosse Schotenfrüchte tragenden Bäumen heranwachsen. Grade zur Zeit unserer Anwesenheit wurde der Baum in der Wildniss überall abgepfropft; doch wird er meist aus Samen gezogen. Die Ebenen von Cerinia, zwischen Lapethus und Bellapays, von Massoto bis Moni, dann bei Chrysoku werden vom Johànnisbrodbaum ausschliesslich beschattet, wo sie reichlich mit Früchten behangen sind, von denen ein grosser Theil schon grün durch Stürme abgeworfen wird. Die syrische und anatolische Küste, sowie Creta, die Inseln des Archipels, Griechenland, Zante, Dalmatien, Italien, Südfrankreich, Spanien und Lusitanien bieten diesem in die Mittelmeerflora gehörigen, im Ganzen aber mehr exotischen Baume Wohnsitze an ihren durch ein mildes Seeklima begünstigten Küsten. Clapperton und Denham verfolgten den Baum bis tief in's nördliche Afrika, wo seine Heimat zu suchen sein dürfte.

Die hellgrüne Platane wächst in allen feuchten Hügel- und Bergthälern bis zur Grenze der Schwarzföhre, doch seltener in Gruppen beisammen, ausser um Quellen und in feuchten Gebirgsschluchten, die sie oft allein beschattet. An Bächen in der Nähe der Dörfer des Flachlandes findet man oft Nestoren, Zeugen ehemaliger dichterer Beschattung dieser Ufer. Durch den ganzen Orient verbreitet findet sich dieser Baum in Palästina und Creta oft in sehr alten Stämmen, reicht durch Syrien und Kleinasien bis ans schwarze Meer nach Taurien und Kaukasien, vom Bosporus nach Bulgarien, über

124

Südalbanien nach Italien und Sicilien, fehlt aber weiter im Westen.

Der Oelbaum ist unter denselben Verhältnissen wie der Johannisbrodbaum einheimisch, aber weit mehr geschätzt. Auch seine wild aufgeschossenen Aeste werden nicht selten veredelt und dann zu mächtigen Bäumen herangezogen. Unter allen Bäumen erreicht er die bedeutendste Mächtigkeit, sein hohler Stamm verjüngt sich nach aussen immer fort und frischgetriebene Aeste wachsen und tragen wie junge Stämmchen. Bei Morphu steht der bedeutendste Olivenhain aus sehr alten Stämmen, so auch bei Kithrea. Seine Verbreitung durch das ganze Gebiet ist bekannt.

Diese wenigen Arten von Bäumen, die in der Physiognomie der Landschaft deswegen eine so hohe Bedeutung besitzen, weil sie die am meisten vorherrschende Gruppe in der Vegetation bilden, bedecken einen ansehnlichen Theil von Cypern. Grade hierdurch werden die ersten und wichtigsten ganz allgemeinen Umrisse des Typus der Mediterranflora dieser Insel mehr als den anderen aufgedrückt.

Vorwaltend und bezeichnend ist in diesem Gebiet die Masse von Sträuchern sowohl nach Verschiedenheit der Arten, als nach der weiten Verbreitung der einzelnen Arten. Einige bedecken allein weite Ebenen oder Berglehnen, andere treten verbrüdert auf und nehmen im Vorgebirge oder im Hügellande weite Strecken ein, noch andere stehen zerstreut zwischen anderem Gebüsch oder treten ganz vereinzelt auf.

Auf den Höhen im Schatten der Schwarzföhre rankt an feuchteren Stellen hingestreckt **Rubus fruticosus** in Gesellschaft von **Pteris aquilina** ganz in derselben Weise wie sonst durch das ganze Gebiet. Vom Gebirge hinab findet man bis zum Hügelland keine häufig verbreiteten Mediterran Sträucher, nur **Cistus salviaefolius** ist an den Bergseiten zwischen dem sehr häufigen Cistus creticus eingestreut und beide überziehen weite Lehnen, welche „Cistarga“ genannt werden. Diese Cistrose mit zarten, weissen Blumen ist unter allen ihrer Familie am weitesten verbreitet und reicht auch in Cypern selbst bis in die Tracheotis hinab. Formen von Sträuchern, die allgemein durch die Mittelmeerländer verbreitet sind, erscheinen erst, sobald einige die Insel allein auszeichnenden zurücktreten und zwar auf der Südseite in der Höhe von Omodos, also 2700—3000 Fuss über Meer. Die immergrüne **Quercus caliprinos var. echinata** ist mit **Calicotome villosa**, **Ulex europaeus**, **Paliurus australis** mehr oder minder verbrüdert, um die noch **Smilax aspera** mit **Asparagus horridus** an durch Feuchtigkeit mehr begünstigten Stellen oft das stachlige Freundschaftsband winden. Der Wald ist hauptsächlich durch **Pinus maritima** vertreten. Wie dieser Baum den Inselhöhen unterhalb 4000 Fuss ein weichgrünes Aussehen verleiht, ebenso ist es die Gruppe dieser durch alle Gegenden unseres grossen Gebietes allgemein verbreiteten Sträucher, welche der Insel durch die dunklere Färbung einen noch deutlicheren, das ganze Reich vertretenden Charakter aufprägt. In den tieferen Beständen der Seekiefer ist der grosse Complex des hohen Hügellandes am Südabhange der Troodosgruppe mit diesem stachlig-dornigen Niederwald bedeckt, ebenso die Vorberge der Nordküste zwischen Cap Kormachiti und Carpasso. In dem kalkhaltigen Mergel und Conglomeratboden gedeihen Sträucher überall auf der Insel vortrefflich, erreichen nicht selten die Höhe eines Halbbaumes und im Stämmchen die Stärke eines Schenkels. An mehreren Stellen stehen Gruppen von dornen- und stachellosen Lorbeeren und **Rhamnus Alaternus**, welche den Schmuck dieser das ganze Jahr hindurch grünenden Landschaften vervollständigen.

In diesen umfangreich auftretenden immergrünen Strauchwäldern sind einige der ganzen Mittelflora angehörige Sträucher eingesprengt, die durch ihre grauen Blätter Mannigfaltigkeit der Färbung hervorbringen, im Winter aber ihre Blätter abwerfen. Der schlanke Strauch des **Styrax officinalis** mit der niedrigen **Anagyris foetida** von **Pistacea Terebinthus** begleitet, stehen immer zerstreut im Strauchlande und nicht selten klettern zwischen ihren Aesten **Clematis cirrohosa** und **Lonicera Etrusca** empor, als würden sie die steifen Formen und Stacheln der weit zahlreicheren dunkelgrünen Nachbarn fürchten.

Ueberall, wo Flüsse in das Mittelmeer münden oder Bäche sich mit den Flüssen verbinden, sind die Geröllufer bis tief ins Gebirge hinauf mit hohen Sträuchern von **Oleander**, **Myrten** **Tamarix** und **Vitex Agnus Castus** dicht und hoch überwachsen. Vom äussersten Westen bis zum tiefen Osten tritt diese Einfassung und meist in vertraulichster Gesellschaft auf.

Dieselbe Physiognomie zeigen die Bachufer Cyperns, nur **Tamarix gallica** wird im Osten durch **Tamarix Smyrnensis** vertreten, die eben so reiche Blüthenrispen auf schlanken Zweigen in den Lüften wiegt.

Der Mastixstrauch, **Pistacea Lentiscus**, bekleidet die felsige Nähe des Seestrandes und selbst die entfernten Abhänge, in derselben Weise, wie dies in dem steilen Küstensaum der meisten Inseln und europäischen Seegegenden der Fall ist. Das beste Mastixharz gibt der Strauch im griechischen Archipel, zumal auf Chios. An mehreren Stellen, so bei Pissuri und bei **Tablu**, hat dieser Strauch **Myrtus communis** und **Thymelea Tartonreira** bisher nicht ganz verdrängt.

Noch sind einige Mediterransträucher im Strandgebiet zu erwähnen, wie **Ariplex Halymus**, der zerstreut und in Flugsand fast eingeweht an der Nord- und Südküste oft am äussersten Meerstrand seine graugrünen Gruppen bildet. So wie in Spanien und auf einigen Inseln wird auch bei Larnaca und Famagosta dieser **Halophyte** mit dem besten Erfolge im Salzboden zu lebenden Zäunen benützt und bildet dann oft sogar Halbbäume von 8 Fuss Höhe mit armdicken und noch stärkeren, gedrehten, am Boden hingestreckten Aesten. Dann **Thymelea hirsuta**; diese wächst weit zerstreut am Strande des Capo Gatto und an anderen Stellen.

Die Gesträppformation ist von jener der Sträucher wohl nicht so verschieden, wie diese vom Wald; aber dennoch bietet sie ein ganz eigenthümliches Moment für sich dar. Die Anzahl der Halbsträucher oder niedrigen Holzgewächse, welche dem ganzen Floragebiet gemein sind, ist auf Cypern durch Artenzahl nur spärlich vertreten, aber desto grösser das Auftreten in Massen. Wie an allen Küsten des Mittelmeeres, so kommen auch in Cypern holzig werdende Salzpflanzen unter denselben Verhältnissen vor. **Salicornia herbacea**, **Frankenia** hirsuta, **Salsola fruticosa** und das an trockenen Abhängen stehende **Zygophyllum album** sind die häufigsten.

Das anstossende Hügelland führt ein dichteres dornig-stachliges niederes Gestrüpp von **Poterium spinosum, Satureja spinosa, Capparis spinosa, Ononis antiquorum, Fagonia Cretica,** worunter **Lavendula Stoechas** und **Cistus monspeliensis** stellenweise eingestreut erscheinen. Diese Gestrüppformation ist aus denselben stachligen Pflanzen an allen Küsten und Inseln bis nach Spanien verbreitet, ja der erste dieser Gestrüppsträucher spielt als Brennmaterial eine nicht unbedeutende Rolle. Die Griechen haben in ihren Befreiungskriegen alte Schiffe mit trockenem **Poterium spinosum** angefüllt, die sich dann als Brander gegen die türkische Flotte gut bewährt haben. Die Blätter von **Cistus monspeliensis** werden jung gesammelt und als Spinat benützt. Das Hügelland hat in Cypern also ein solches Aussehen, wie die den Strandgebieten zunächst liegenden Höhen der übrigen Küstenländer. Weiter suchen wir vergebens nach anderen Vergleichen auf der Insel; selbst die Felsenvegetation bietet keine Anhaltspuncte zu dem ganzen Gebiet.

Nachdem die Bäume, Sträucher und Gestrüpppflanzen die äussere Charakteristik der Mediterranflora deutlich bezeichnet haben, soll noch der Antheil berücksichtigt werden, den die auf der Insel wie auch im ganzen Gebiet verbreiteten perennirenden und endlich die in ihrem Lebenscyclus nur einmal blühenden Pflanzen auf den Mediterrancharakter des Eilandes ausüben.

Im Verhältniss sind es nur wenige krautartige Pflanzen, die sich einer solchen Häufigkeit auf der Insel und Verbreitung durch's ganze Gebiet erfreuen, wie dies bei Bäumen und Sträuchern der Fall ist. Wenn auch viele durch das ganze Gebiet wachsende Pflanzen Cypern in ihr Netz einbeziehen, so sind hier davon nur wenige häufig genug, um in Betracht gezogen zu werden.

So wie im ganzen Gebiet unter den Bäumen **Pinus maritima** den wärmeren Theil bewaldet und die Schwarzföhre an den kühleren, höher oder der nördlichen Grenze zu gelegenen Theilen zum Vorschein kommt, haben wir auf Cypern mehrere dem ganzen Reich angehörige krautartige Pflanzen, die sich von der Küste bis 4000 Fuss allgemein verbreitet zeigen, während andere nur den höher gelegenen Gegenden angehören.

Auf der Kuppe des Troodos waren es hauptsächlich zwei einjährige Pflanzen, **Calamintha graveolens** und **Veronica acinifolia**, die, eben im Entwickeln begriffen, wegen ihrer Häufigkeit Erwähnung verdienen. Ueberall, wo der Boden seit einiger Zeit vom Schnee befreit hinlänglich Feuchtigkeit noch enthält, sprossen diese zwei Pflanzen hervor und trugen den 20. Mai bereits Knospen. Zerstreut und einzeln umherstehend an den der Vegetation günstigen Orten des Schwarzföhrenwaldes gedeiht **Viola tricolor var. agrestis, Cerastium viscosum, Scleranthus annuus, Erophila verna, Festuca rigida, Lithospermum arvense, Lamium amplexicaule, Erodium pusillum;** doch sind alle diese nicht häufig vertreten. Noch mehr versetzen uns hier in unsere Heimath **Calamintha Clinopodium**, selbst an den sterilsten Orten wachsend, mit **Potentilla hirta**, ja in Gesellschaft der früher erwähnten einjährigen wächst in feuchtem Boden **Taraxum officinale, Bellis perennis, Erodium cicutarium, Myosotis refracta.** Die Massen von **Pteris aquilina** und **Rubus fruticosus** überbieten sich hier an Häufigkeit. Endlich begegnen an der Nordseite unter der Kuppe ein **Holosteum** mit **Cystopteris fragilis** und **Asplenium viride** nicht seltener.

Der allgemeinsten Verbreitung erfreuen sich durch die Insel von 4000 Fuss bis zur See hinab: **Bromus madritensis** und **Bromus tectorum, Poa bulbosa var. vivipara, Asphodelus ramosus,** aus dessen gedörrten Wurzeln ein Mehl bereitet wird, um es beim Zuckerwerk für Pasta zu verwenden. **Conium maculatum** tritt oft in grossen Massen wie beim Kloster Chrysoroiatissa auf. **Smyrnium Olusatrum** ist die Zierde aller Feldraine, **Papaver Rhoeas** übertüncht die weissen Saatfeldern der Kalkmergel mit Purpur, **Trifolium stellatum** bedeckt weite Strecken der Hügel aus zersetztem pyrogenem Gestein am nördlichen Fuss vom Maschera, wo auch **Erophaca boetica** von 4000 Fuss herabsteigend bei 400 Fuss über Meer aufhört. Vermehrt werden diese Arten von 2000 Fuss hinab noch durch **Phalaris minor, Stipa tortilis, Polypogon monspeliense, Allium nigrum** welches alle Saatfelder durchwuchert und durch seine Häufigkeit das Getreide verdrängt. Die Meerzwiebel, **Urginia Scilla**, liegt zahlreich vom Strande an bis weit über Lefkera im Mergel auch an dem nördlichen Fuss des Maschera in dem pyrogenen Gestein hinauf und wuchert in vielen hügligen Stellen der Küstengegend so, dass man Schiffe damit beladen könnte. **Chrysanthemum Coronarium** überzieht alle Haus-Terrassen der Städte und Dörfer und ebenso die im Herbste umgestürzten Felder, ist überhaupt eine der verbreitetsten Blumen der wärmeren Inselzone. **Notobasis syriaca** wird in vielen Gegenden eine Landplage, weil die Saaten von ihr überwuchert und zum grössten Theil dann erstickt werden. **Echium elegans** wandelt hier allein an den Hügeln der Küstengegenden ganze Seiten zu einem dichtgewirkten Blumenteppich um, fehlt aber von Italien weiter nach West. **Sinapis alba** ist ein Unkraut in der Gerste und der nächsten Umgebung der Städte. Als Ruderalpflanze vertritt bei Mangel von **Chenopodium** und **Amaranthus** deren Stelle **Mesembrianthemum crystallinum** mit **Momordica Elaterium** und einigen andern, ebenfalls in der ganzen Mediterranflora verbreiteten Pflanzen.

Endlich mögen zum Schluss noch jene Pflanzen genannt sein, die wohl dem ganzen grossen Gebiet angehörend, auf der Insel nur an gewissen Standorten gedeihen. So belebt **Scirpus littoralis** nur die brackigen Sümpfe in der Küstennähe und erreicht, in dichten Gruppen beisammen stehend, die Höhe von sechs Fuss. **Scilla autumnalis** und **Narcissus serotinus** blühen den Winter hindurch bei Papho. Die Flur der **Orchideen** ist ebenso herrlich und reich, zumal auf den Südabhängen von Kalkmergel, wie auf den meisten Inseln. **Statice sinuata** blüht das ganze Jahr hindurch und belebt mit dem intensiven Blau den Strand. **Aetheorhiza bulbosa** hat sich in die dichten rasigen Büsche von **Juncus maritimus** zum Schutz ihres zarten Wuchses geflüchtet. **Ferula communis var. Anatriches** liebt die Nähe der See und ist im Hügellande seltener anzutreffen. **Ranunculus bullatus** schmückt mit gelben Blumen den Boden im Winter. **Ficaria ranunculoides** ist ein Erstling der Gegend um Prodromos im März, **Cistus monspeliensis** häufig am Capo Gatto und bei Chrysoku, so **Hypericum crispum** im Mergelboden, **Erodium** laciniatum mit **Ononis antiquorum** an lehmhaltigen Abhängen. Von einjährigen Pflanzen sind die wichstigsten: **Calendula arvensis**, **Picnemon Acarna**, **Asperula arvensis**, **Anchusa italica** in Saatfeldern; **Orobanche pruinosa** als Schmarotzer die Bohnenfelder durch ihr massenhaftes Auftreten verwüstend; weiter **Anagallis arvensis**, **Ammi majus**, **Krubera leptophylla**, **Scandix Pecten**, **Bifora testiculata**, letztere als Zubiss zum Brod beliebt, **Frankenia pulverulenta**, **Spergularia marina**, **Mercurialis annua** zum Betäuben der Fische an der Küste verwendet, **Melilotus sulcata**, **Lathyrus annuus** und **Hedysarum spinosissimum**, alle drei an den feuchteren Stellen der Küstengegenden vielfach verbreitet.

Zu den seltensten Pflanzen der Insel gehören: **Equisetum sylvaticum**, **Asplenium viride**, **Trichonema Columnae**, **Botryanthus parviflorus**, **Scilla amoena** und **Scilla biflora**; **Aceras anthropomorpha** und **Aceras longebracteata**, **Osyris alba**, **Gundelia Tournefortii**, **Chamaepeuce mutica**, **Lactuca hispida**, **Salvia pinnata**, **Salvia candidissima**, **Brunella vulgaris**, **Anchusa strigosa**, **Odontites Bocconi**, **Pentaptera Sicula**, **Smyrnium connatum**, **Anemone blanda**, **Phytolacca pruinosa**, **Ruta linifolia**, **Poterium verrucosum**, **Vicia Cassia**.

Bei so ausgeprägter Verwandtschaft der Mediterranflora hat die Insel doch ihre hervortretenden Eigenthümlichkeiten, durch welche sie sich hinlänglich unterscheidet. Schon im Allgemeinen weicht der Charakter Cyperns ab, denn auf einem Areal von 400 ☐Meilen entfallen auf die Buschvegetation von Sträuchern und Gestrüpp nahezu 180, auf den Wald 120 und auf das Culturland etwa 100 ☐Meilen; eine so stufenweise Vertheilung, wie sie sonst auf keiner Insel dieses Gebietes vorkommt.

Der Wald, hier reicher hervortretend als auf den andern Inseln, wird aus einer westlichen und östlichen Gruppe gebildet, von Strauch- und Gestrüppland eingefasst, zwischen beiden Waldgegenden liegt fast alles Culturland in einem grossen Complex, mit Ausnahme einiger schmaler oft unterbrochener Streifen längs der Küste.

Die Nadelhölzer gewinnen immer mehr die Oberhand und

verdrängen die Laubwälder, selbst die Strauchvegetation meidet ihre Bestände.

Eine weitere beachtenswerthe Eigenthümlichkeit ist das Auftreten von **Pinus Laricio, Juniperus foetidissima,** von **Rhamnus Alaternus** auf pyrogenem Gesteine allein, während sonst nur überall diese Bäume Kalk zur Unterlage haben. Merkwürdig ist das abnorme Vorkommen sämmtlicher Eichen auf derselben Unterlage und deren gänzliches Fehlen auf der Nordkette im Jurakalk, von denen nur **Quercus Caliprinos** eine Ausnahme bildet.

Aber es zeigen sich auch specifische Verschiedenheiten, die der Insel einen charakteristischen Typus verleihen, indem ihre Flora, den umliegenden gegenüber, manche eigenthümliche Specialitäten für sich allein besitzt und so zwischen den Mediterranformen Gruppen eingesprengt zeigt, die einzig der Insel angehören. Unter den 42 bisher in Cypern allein gefundenen Arten, von denen 11 **Monocotyledonen,** 2 **Apetalen,** 16 **Gamopetalen** und 13 **Dialypetalen** sind, üben einige auf die Physiognomie der Vegetation einen allgemeineren, andere einen partielleren Einfluss aus.

Quercus alnifolia ist für die ganze orientalische Flora eine überraschende Erscheinung; die Quercus Ilex auf der Insel vertretend, ist sie in der Troodosgruppe allgemein von 1000 bis 5000 Fuss zu finden, bedeckt an der Ostseite von Maschera die ganze Lehne vorherrschend, ebenso die Nordseite des Troodos an vielen Stellen, nicht so häufig auf dem West- und Südabhange. Das Blatt hat in Substanz und Farbenglanz Aehnlichkeit mit dem der Camellie, selbst die Form weicht nicht sehr ab, doch ist die Unterseite mit intensiv goldgelbem Filz überzogen. Meist als hoher Strauch vegetirend, gedeiht sie an günstigen Stellen zu einem Halbbaum. In Californien giebt es eine Eiche, die ihr in der ganzen Tracht nahe steht. Der Unterwald zwischen **Pinus maritima** ist vorzugsweise von **Quercus alnifolia** und **Arbutus Andrachne** zusammengesetzt, letztere drückt durch die corallenrothen Stämme und Aeste mit lichtgrünen Blättern, erstere durch die glänzenden dunkelgrünen auf der Unterseite dunkelgelben Blätter dem Walde eine ganz fremdartige Physiognomie auf.

Quercus Cypria ist ein hoher starker Baum, den Galleichen angehörig, der im Thale von Evrico, Chrysoku und sonst auf der Nordseite der Troodosgruppe verbreitet steht. Nach den noch zerstreut herumstehenden Ueberresten zu urtheilen, befand sich einst hier ein geschlossener Laubwald, den Pinus maritima einerseits verdrängte, andererseits der Bedarf verzehrend ausrottete.

In den Kalkbergen über Chrysostomo, am Fusse unter den Felswänden sowie im Engpasse von Cerinia kommt eine strauchartige, unserem grossen Gebiete ganz fremdartige Lippenblume **Ballota integrifolia** vor, die, mit Stacheln bewaffnet, ihre Zweige zu einem dichten Ballen von 4—6 Fuss Höhe verwachsen lässt. Nicht weniger befremdend ist das Erscheinen der **Bosea Yervamora**, einer Salsolacee, in der Nachbarschaft bei Lapethus, die für das ganze Gebiet neu, zu den charakteristischen Erscheinungen auf Cypern gehört. Dieser Strauch, bisher auf Jamaica und den canarischen Inseln bekannt, blühte leider noch nicht, und es bleibt dahin gestellt, ob sich in Blüthe und Früchten nicht solche Unterschiede herausstellen, dass er eine neue Art bildet. In den Ruinen von Lampusa am Kloster Acheropiti vegetirt er auf alten Mauern, bei Lapethus an Konglomeratwänden im Orte selbst, nach Art des Lycium vulgare bei uns. Einige knorrige Sträucher, von Ziegen immer wieder abgenagt, stehen in der Nähe der Phaneromene bei Larnaca; es scheint also, dass der Strauch auf der Insel einer grösseren Verbreitung sich erfreut.

Da, wo sich die Seekiefer mit der Schwarzföhre auf dem Südabhang des Olympus begegnen, bieten zwei kleine, neue Halbsträucher **Pterocephalus Cyprius** und **Salvia Cypria** durch ihr zahlreiches Vorhandensein ein neues Bild von der Vegetation der Insel. Besonders ist es der bis 5 Fuss hohe Salbeistrauch, der eine wahre Zierde durch sein häufiges Auftreten und durch den Reichthum seiner hellblauen Blüten an den Westlehnen unter Prodromo bildet. Unserem gemeinen Salbei ähnlich ist er zunächst der auf der östlichen Inselhälfte zerstreut wachsenden Salvia libanotica verwandt. Der Pterocephalus wird während des Sommers bis in den October an 2 Fuss hoch, blüht sehr reich und ist über alle Süd- und Westlehnen zerstreut anzutreffen.

Galium suberosum, ein kleiner Halbstrauch, der den kreideweissen Höhen von Mergelkalk über Larnaca zur Zeit seiner Blüthe mit Ende April ein fleischfarbenes Aussehen giebt, ist diesen sonst nur karg bewachsenen Höhen ganz eigen. Die weissgrauen Stämmchen sind kantig, von einer starken, korkartigen Rindensubstanz umgeben.

Ornithogalum pedicellare, dem O. tenuifolium der neapolitanischen Flora zunächst verwandt, ist eine sehr häufige weisse Blume, die in den ebeneren Theilen der Insel zwischen Larnaca, Famagosta und Nicotia Ende März und Anfang April den Boden wie mit weissen Sternen überdeckt. Einer ebenso weiten Verbreitung erfreut sich das **Cyclamen Cyprium** mit seinen schneeweissen Blumen und carminroth gefärbter Krone. Es ist dem Cyclamen neapolitanum am meisten ähnlich und scheint der ganzen Troodosgruppe anzugehören, zumal wächst es bei Galata häufig, während Cyclamen repandum mehr die Kalkberge liebt.

Ein sehr häufig in der Trachäotis und an den Vorbergen von Cypern vorkommender Strauch ist die von La Billardier 1787 im April auf dem Berge St. Croce entdeckte **Onosma fruticosa**, welche schwerlich mit der nach De Candolle's Prodromus auf Ghilans-Bergen in Persien wachsenden identisch sein dürfte.

Bei Larnaca sollen nach Sibthorp's Angabe die Höhen auch reichlich mit **Anthemis rosea** besetzt sein, jedoch entging uns diese Pflanze gänzlich.

Die graugrüne Bewohnerin des Schattens der Ferula ist **Silene laevigata**, welche ebenfalls ausser Cypern nicht bekannt ist. Auch **Polygala glumacea**, von Sibthorp bei Antiphoniti gefunden, dürfte mit der in Gibraltar von De Candolle angegebenen nicht übereinstimmen, nur selten ist sie bei Larnaca gefunden.

Auf dem Wege von Episcopi nach Kuklia steht das **Allium junceum**, mit Allium cilicicum Boiss. verwandt, in Massen und ist über die Hügel gegen die Berghöhen hin bis unter Prodromo als häufig beisammenstehend zu finden. In derselben Land-

schaft ziert die schattigen Stellen von Lentiscus- und Myrthensträuchern der zarte **Gladiolus triphyllus** durch seine Menge,
welcher letztere bei Melandrina zwar seltener, um Omodos
jedoch von Dr. F. Bauer ebenfalls häufig gesehen wurde.

Am Saume des Schwarzföhrenwaldes an den Abhängen
der Schluchten und selbst auf der Höhe des Troodos befindet
sich zerstreut das **Colchicum Troodi**, welches mit dem
Colchicum neapolitanum Tenore zunächst verwandt ist. In
seiner Gesellschaft lebt der zarte schon unter dem Schnee
hervorkommende **Crocus Cyprius**, dem Crocus nivalis naheste-
hend. Ueberraschend war dessen Entdeckung am 6. April
1859, indem seine Blumen den vor wenigen Tagen vorher
erst gefallenen Schnee durchbrochen hatten und nun auf dem
weissen Tuche ihre zarten violetten Blumen entfalteten. Diese
Safranart dürfte jene sein, die Sibthorp für Crocus vernus
gehalten haben mag. Eine zweite, gelblich weiss blühende
Safranart, **Crocus Veneris**, bildet in der Winterflora um Papho
eine Zierde und ist mit Crocus moesiacus nahe verwandt.
Aber auch noch eine dritte neue Pflanze bewohnt den
Schwarzföhrenwald, die demselben so recht eigentlich angehört. **Teucrium Cyprium** B o i s s., dem Teucrium cinereum am
ähnlichsten, begnügt sich mehr als jede andere Pflanze mit
dem kargen Rest des schlechten Bodens auf pyrogenem Gesteine. Die rasigen Polster, aschgrau und wie mit Spinnweben
überzogen, blühen erst im Juli und sind in der höhern Region
unweit der Bergrücken häufiger als andere niedere Pflanzen.
An Sümpfen und Quellabflüssen im Schatten der Schwarzföhre
begrüsst uns die im Moospolster eingefasste **Pinguicula crystallina** mit weissen Blumen. Nicht nur bei Prodromo, sondern noch häufiger umsäumt sie die Zuflüsse der Franken-
quelle in niedlicher Weise. Auf der felsigen nackten Kuppe
des Troodos beginnt mit Ende Mai die niedrige **Onosma Troodi**
der Onosma orientalis zunächst stehend, zu erblühen, sie ist
der Schmuck aller Felsspalten.

Die schattigen Schluchten der nördlichen Vorberge von
Troodos werden von dem weissblühenden, neuen **Cyclamen
Cyprium**, das bereits erwähnt worden, im Spätherbst in einen

wahren Blumengarten verwandelt, zu dessen Ausfüllung und Ausschmückung Scilla autumnalis und Ranunculus bullatus schwesterlich die getreulich mithelfende Hand reichen.

Den Rand der Thäler am Fusse des südlichen Troodosabhanges bewohnt an strauchlosen Stellen von Fini bis Colossi hinab **Nigella fumariaefolia,** die von der ähnlichen Nigella sativa sich vorzüglich durch die Hüllblätter unterscheidet. Dieses Pflänzchen, das allgemein vorkommt und fast ganz am Boden sich hinstreckt, hat wenig Ansehen.

Noch näher am Meere hat sich auf den östlichen Felsenlehnen des aus Korallenkalk gewordenen Capo Graeco die mit Vicia cinerea verwandte **Vicia cypria** angesiedelt. Das zarte Pflänzchen ersteigt selbst den Pentedactylos und präsentirt sich hier, unter den vielen übrigen Blumen durch ihre lebhaft weisse und blaue Färbung auffällig und sehr häufig. Eine ebenfalls die Gesellschaft liebende und zugleich durch ihre Schönheit auffallende Blume ist **Arum Cyprium,** mit Arum Dioscoridis verwandt und durch die gleichen Standorte oft verbrüdert; seine Wohnsitze sind die Schluchten und Küstengegenden des niedern Hügellandes. Auch in den Saatfeldern findet sich eine Novität bei Nicotia und sonst in der Messaria. **Allium macrospermum,** dem Allium neapolitanum nahe stehend, ist vor dem Ceriniathore bei Nicotia, auf Aeckern von Chrysostomo durch seine schwefelgelben Blumen im Anfang April nicht leicht zu verkennen.

Die Geselligkeit nicht liebende, also einzeln wachsende neue Pflanzen sind bis jetzt auf Cypern nur wenige gefunden worden. In den Spalten der Felswände des Pentedactylos und Buffavento trifft man **Micromeria gracilis** hie und da zerstreut an. Im Orte von Lapethus steht die unerwartete Bosea Yervamora nicht vereinzelt, ihn bewohnt auch der mehr nach den canarischen Inseln oder in den Altai passende **Umbilicus Lampusae,** dessen Blattrosen einem der grössten Semperviven gleichen, der cylindrisch angereihte Blüthenstand aber erreicht $1\frac{1}{2}$ Fuss Höhe. Die Pflanze, blos im verblühten Zustand im vorigen Jahre gefunden, dürfte im Juli blühen und in die Gruppe Orostachys gehören. Sibthorp führt sie als Sempervivum globiferum auf. Ein zweiter neuer **Umbilicus, micro-stachys** genannt, kam mir auf der Nordseite der Kuppe des Troodos seltener unter die Hände, im Blatt nähert er sich dem Umbilicus libanoticus, hat aber die Structur des Blüthenstandes vom vorigen, nur ist derselbe auf $1\frac{1}{2}$ Zoll verkürzt.

Eine seltene Staude scheint das **Teucrium Kotschyanum** zu sein, da ich dasselbe nur im October 1840 am Troodos in einigen Exemplaren gefunden habe, jedenfalls muss es spät blühen; viel Aehnlichkeit hat es mit dem im Frühjahr blühenden Teucrium Smyrnaeum Boiss. —

Das durch die dicken Blätter und eigenthümlich gefleckten Blattstiele sich von allen übrigen Arten unterscheidende **Arisarum crassifolium** ist noch in seinen Blüthen und ihrer Entfaltungszeit unbekannt. Sein Vorkommen auf Brachfeldern zwischen der Phaneromene und dem Meere ist eine sehr bemerkenswerthe Ausnahme für diese Gattung. Ausgezeichnete Blätter, die triternal zusammengesetzt, dick, lederhart und lanzettlich pfriemenförmig sind, und einer Umbellifere, vielleicht einem neuen **Peucedanum Veneris** angehören dürften, stehen am Saume des Culturlandes zwischen Kuklia und Hierokipos. Die Pflanze dürfte eine ziemliche Höhe erreichen, erst im Herbst blühen und hier die Stelle von Ferula communis var. Anatriches einnehmen.

Das in Sibthorp's Flora abgebildete, von Ferdinand Bauer als Fruchtexemplar gesammelte und im k. k. bot. Hofcabinet zu Wien befindliche **Ligustium Cyprium** S p r e n g. ist mir auf der Insel leider nicht untergekommen, ebenso die am Kloster Trooditissa in den südlichen Lehnen des Troodos gesammelte **Imperatoria Ostrutium** S i b t h., die jedenfalls etwas Anderes sein dürfte. Noch wird hier ein Cheiranthus Cyprius von ihm am 30. Mai gefunden angegeben, der von Smith als **Cheiranthus flexuosus** beschrieben ist.

Ich bedaure, die der Lactuca cretica nahestehende **Lactuca leucophaea** sowie die durch ihren Habitus ausgezeichnete **Scorzonera araneosa** nicht gefunden zu haben. Weiter habe ich übersehen die im Prodromus von Decandolle aufgeführte **Matthiola tenella,** dann die am Fusse des St. Croce wachsende

Silene leucophaea und die im Sandboden der Meeresküste vorkommende **Silene thymifolia**, deren Auffinden um so erwünschter wäre, als sie Cypern allein angehören.

Eine weitere ungelöste Frage betrifft den von Lamark beschriebenen **Cistus Cyprius**, zu dessen Zeiten er unter diesem Namen als verbreitet in den Gärten, von ihm abgebildet worden ist. Zwar fand denselben noch kein Botaniker wild, doch kann er ebenso leicht, wie Cistus laurifolius in Cilicien auf Schiefer, nördlich von Sis, mit einem Male einen weiten Bergrücken bedeckend mir unterkam, in dem östlichen Adelphos weit verbreitet sein, um so mehr, als der grösste Theil der mächtigen westlichen Gruppe pyrogenen Gesteines noch gar nicht besucht wurde.

Die als **Centaurea Behen** von Sibthorp aufgeführte Pflanze an der von uns nicht besuchten Fontana amorosa, dürfte eher zu der neuen im Juli 1862 am südlichen Amanus über Arsus um die Quelle Naba Feng gefundene **Centaurea foliosa** Kotschy et Boiss. gehören, um so mehr als die so nahe Nachbarschaft dieselben Boden- und Feuchtigkeitsverhältnisse aufweist.

In Miller's Dict. edit. 8 findet sich noch ein **Cyprus Narcissus**, zu den Tazetten gehörig, der in Kunth's Enumeratio als **Hermione Cypri** aufgeführt, mir nicht bekannt geworden ist.

Der Charakter der Inselflora ist ausser den angeführten allgemeinen und speciellen Eigenthümlichkeiten noch dadurch ganz besonders unterschieden, dass die nur auf dieser Insel wachsenden Pflanzen durch ihre eigenen Gruppen dem Bilde der allgemeinen Mediterranflora mehr Abwechslung geben. Da aber diese Pflanzen nicht allein in Gruppen bei einander, sondern auch zwischen den Mittelmeerpflanzen in verschiedenster Weise eingemengt stehen, so bekommt das Gesammtbild der Vegetation auf dieser Insel einen vielfach von dem der übrigen Inseln und Küsten des Mittelmeeres abweichenden Charakter. — Besonders aber erhält Cypern ein eigenes Aussehen dadurch, dass ihm sehr viele solcher Pflanzen fehlen, die nicht allein im ganzen Gebiete, sondern auch in den zunächst gelegenen Ländern allgemein verbreitet oder doch häufiger vertreten sind. Die allerwichtigsten Bäume, welche auf der Insel nicht vorkommen, sind: **Pinus Pinea** — Creta, Cilicien, Beirut. **Taxus baccata**, — Cilicien, Libanon. **Quercus**, die ganze Abtheilung **Aegilops** — Creta, Anatolien, Syrien. **Quercus Cerris** — Rhodus, Anatolien, Syrien. **Phillyrea media** — Creta, Anatolien, Syrien. **Ostrya vulgaris** — Anatolien, Syrien. **Carpinus orientalis** — Anatolien, Libanon. **Celtis australis** — Creta, Taurus, Libanon. **Fraxinus Ornus** — Cilicia, Amanus. **Eleagnus angustifolia** — Creta, Anatolien, Aleppo, Damascus. **Erica arborea** — Creta, Cilicien, Syrien. **Cornus Mas** — Cilicien, Amanus, Libanon. **Pistacea vera** — Creta, Cilicien, Syrien. **Crategus orientalis** — Creta, Cilicien, Syrien, Persien. **Sorbus torminalis** — Anatolien, Amanus. **Amelancher vulgaris** — Cilicien, Syrien. **Cercis Siliquastrum** — Creta, Cilicien, Syrien. Weiter vermisst man die in Creta, Anatolien und Syrien allgemein verbreitete **Putoria calabrica** und **Solanum Dulcamara**.

Werfen wir einen Blick über die Insel hin in Bezug auf die Mannigfaltigkeit ihrer allgemeiner verbreiteten Bäume und Sträuche, so ergiebt sich, dass ihre Anzahl in nächster Nachbarschaft eine dreifach grössere ist, was hauptsächlich der Natur einer durch das Meer abgeschlossenen Inselflora zuzuschreiben ist. Bei näherer Einsicht ist also der Mediterrancharakter wegen des Fehlens vieler Formen auf Cypern ein nicht so deutlich ausgeprägter, wie dies bei den frühern Vergleichen sich zu ergeben schien. — In einem ähnlichen Verhältnisse sind auch von den übrigen Pflanzen sehr viele in Cpern nicht zu finden, während dieselben die Nachbarländer und selbst das ganze Florengebiet bewohnen. Um nur einige Repräsentanten zu nennen, führe ich hier an: **Pteris longifolia** — Creta, Anatolien, Syrien. **Eragrostis megastachya** — auf allen Culturfeldern verbreitet. **Bothryanthus racemosus**, die Zierde des bunten Frühlingsteppichs, ihn mit zahllosen dunkelblauen Blumen in Gemeinschaft mit der rothen **Anemone coronaria** schmückend, die beide auf Cypern fehlen. Die schönen **Hyacinthus** und

Sternbergien sucht man umsonst. **Plumbago europaea, Ambrosia maritima** fehlen gleichfalls, obwohl letztere als Strandpflanze hier um so eher zu erwarten wäre, als dieselbe in Aegypten, Palästina, bei Beirut, sogar bei Alexandretta und an der anatolischen Küste sehr häufig, ja selbst in Creta vorkommt. Ebenso verhält es sich mit **Cynanchum acutum**, der gemeinsten Schlingpflanze an den wasserreichen Küstenstrichen Creta's, Aegypten's, Syrien's und Anatolien's. **Teucrium Chamaedrys, Cuscuta monogyna**; die Gattungen **Acanthus, Delphinium, Isatis, Alcea** fehlen ganz, weiter **Euphorbia aleppica, Andrachne thelephioides, Geum urbanum**, welches über den Taurus bis in den Amanus reicht und endlich **Glyzirhiza glandulosa**, die in Creta, Rhodos, Anatolien und Syrien oft weite Strecken von Humusboden überwuchert. Solcher Beispiele könnte man noch sehr viele aufzählen.

Um aber noch ein deutlicheres Bild von der Zusammensetzung der Elemente in dieser Inselflora zu entwerfen, sollen jetzt die physiognomischen Aehnlichkeiten der Vegetation mit den Nachbarländern geschildert werden.

Von den mir aus Creta bekannt gewordenen 560 Pflanzen wachsen 317 auf Cypern. Beide Inseln haben aber auch ihrer Erdoberfläche nach viele Aehnlichkeit mit einander, denn auch auf Creta erheben sich Berge von Ost nach West und zwar in drei Gruppen, dem Lassati (Mons Dicta), Ida und Lecaoroi und reichen mit ihren Ausläufern oft bis an die Küste. Die geognostische Beschaffenheit beider Inseln dürfte nach den Andeutungen Sieber's viele Analogieen haben, obwohl der Hauptmasse nach das Gebirg aus Jurakalk besteht. Die Verbindung aber zwischen dem Lassati und Ida findet durch Sandsteingebirge, Muschelkalk und die Glieder der zur Kreideformation gehörigen Uebergänge des Mergels bis zum Fusse des Ida statt; Verhältnisse, wie sie auf Cypern auch zu Tage liegen. Nur ungefähr der fünfte Theil der Insel Creta ist angebaut, ein zweites Fünftel wird nicht bearbeitet und drei Fünftheile sind felsig, der Agricultur daher unzugänglich. Die gegen Cypern um 2000 Fuss höhern Berge sind nur an wenigen Stellen bewaldet und bieten daher dem

auf dem Meere Vorübersegelnden ein kahl aussehendes landschaftliches Bild von dieser Insel. Auf den meisten Bergen
vegetirt weit zerstreut nur allein die Cypresse, doch stehen
am Alpenland noch eine grosse Anzahl derselben in pygmäem
Zustand, als Zeugen ehemaliger, ausgedehnter Wälder. Dem
Ida fehlt die Cypresse, ihre Stelle aber vertreten die Erdbeerbäume und Stech- oder Coccuseichen.

Die Gruppe Lassati rühmt sich mehrerer durch **Pinus
maritima** bewaldeter Thäler bei Calamata. In diesen östlichen,
ebeneren, aber scharfen Ostwinden ausgesetzten Gegenden
der Insel wachsen weder Johannisbrodbäume, viel weniger
noch Oliven, während beide in wärmeren Thälern Cypern's
gleichmässig vertheilt, vortrefflich überall gedeihen. **Acer creticum, Juniperus phoenicea** und **Juniperus rufescens** sind in den
niedern Gegenden nur als Sträucher anzutreffen, im Gebirge
aber bilden sie Bäume, was in Cypern nicht der Fall ist.
Die Anzahl wohlriechender Kräuter ist hier ebenfalls zahlreicher vorhanden, sowie auch die Familien der Labiaten, Per-
sonaten, Umbelliferen und Papilionaceen mehr vorherrschen
als in Cypern. Besonders reich vertreten ist auf Creta
die Felsenflora. In eigenthümlicher Weise zieren die Felswände drei Arten von baumartigen **Stachlinen**, ferner B a u m -
u n d S t r a u c h n e l k e n , b a u m a r t i g e r F l a c h s , w o h l r i e -
c h e n d e D a p h n e n , a u s g e z e i c h n e t e G l o c k e n b l u -
m e n und andere absonderliche Pflanzen, die alle in Cypern
fehlen, indem da als solche Repräsentanten blos **Brassica Cretica** und **Phagnalon rupestre** auftreten.

Die Vegetation stachliger Strauchwerke zeigt sich hier
wie in Cypern stark vertreten, wird aber bei dem Mangel an
Holz mehr in Anspruch genommen, indem man acht und
dreissig Arten von Sträuchern und holzigen Pflanzen zur
Feuerung benützt. *)

Auf Creta und Cypern allein vorkommende und mir bis
jetzt anderwärts unbekannt gebliebene Pflanzen sind folgende:

---

*) Sieber Reise nach der Insel Creta II. p. 91.

Planera Cretica, Lyonetia pusilla, Aegialophila Cretica, Crepis Raulini, Scutellaria hirta, Calamintha cretica, Myosotis Idae, Celsia Arcturus, Cistus parviflorus, Acer obtusifolium.

Creta weist uns aber noch eine Reihe von Pflanzen auf, die in Cypern und den nächsten Ländern mitunter recht häufig vorkommen, ohne dabei zu den gemeinen des Mediterran-Gebietes zu gehören. Die wichtigsten auf Creta und Cypern sind: **Lloydia serotina** — Griechenland. **Allium graecum** — Griechenland, Cilicien. **Aristolochia sempervirens** — Griechenland, Syrien. **Thesium graecum** — Cilicien, Griechenland. **Statice graeca var.** Sieberi — Griechenland. **Plantago cretica** — Anatolien, Syrien, Persien. **Anthemis pontica** — Pontus. **Echinops spinosus** — Griechenland, Aegypten. **Galium graecum** Griechenland, Anatolien, Syrien. **Sideritis syriaca** — Pelopones, Palaestina. **Teucrium creticum** — Aegypten, Palaestina, Cilicien, Archipel, Sicilien. **Paracaryum myosotioides** — Syrien, Cilicien. **Odontites Bocconi** — Sicilien. **Hasselquistia aegyptiaca** — Aegypten, Syrien. **Lekokia cretica** — Libanon, Cilicien, Caucasus, Sicilien. **Saxifraga hederaefolia** — Anatolien, Griechenland. **Corydalis rutaefolia** — Anatolien, Libanon. **Erucaria aleppica** — Aegypten, Syrien, Anatolien, Griechenland. **Bryonia cretica** — Syrien, Anatolien, Griechenland. **Hypericum empetrifolium** — Syrien, Anatolien, Griechenland. **Polygala venulosa** — Griechenland. **Fagonia cretica** — Sicilien, Spanien, **Zygophyllum album** — Spanien, Aegypten.

Obwohl der Pelopones, nahe am Festlande Griechenlands, durch seine Grösse, das viele Gebirgsland und die weiten Ebenen mit Cypern wenig Aehnlichkeit besitzt, so finden sich doch unter den von Bory aufgezählten 1322 Pflanzenarten nicht weniger als 485, die auch auf Cypern vorkommen.

Als für Cypern und den Pelopones eigenthümliche Pflanzen, sind bisher bekannt: **Lolium compressum, Scilla nivalis, Allium decumbens, Achillea Tournefortii, Cynara Sibthorpii, Centaurea acicularis, Campanula drabaefolia, Phlomis lunariaefolia, Satureja spinosa, Duriea graeca, Sedum eriocarpum, Ranunculus leptaleus, Alyssum fulvescens, Brassica cretica, Didesmus tenuifolius, Dianthus diffusus, Vicia Sprunnerii.**

Eine weitere **Pflanzenreihe**, welche dem Peloponnes und Cypern wegen häufigeren Vorkommens gemeinschaftlich angehört und physiognomische Aehnlichheit darbietet, ist vertreten durch: **Nephrodium pallidum** — Cilicien, Syrien. **Helichrysum conglobatum** — Anatolien, Sicilien. **Cardopatium orientale** — Archipel, Anatolien. **Aegialophila pumila** — Chios, Attica, Aegypten. **Aristolochia hirta** — Archipel, Anatolien. **Cynara horrida** — Creta, Sicilien, Madera. **Catananche lutea** — Rhodos, Creta, Cilicien, Algier, Aegypten. **Nonnea ventriciosa** — Creta, Thracien, Dalmatien. **Convolvulus Dorycnium** — Creta, Cilicien. **Convolvulus oleaefolius** — Creta. **Bunium ferulaefolium** — Algier, Balearen. **Opoponax orientale** — Lydien, Creta, Syrien, Palaestina. **Thapsia villosa** — Algier. **Artedia squamata** — Anatolien, Syrien, Persien. **Ranunculus incrassatus** — Dalmatien, Sicilien, Sardinien. **Notoceras cornutum** — Bithynien. **Enarthrocarpus arcuatus** — Creta. **Arenaria oxypetala** — Rhodos, Creta. **Euphorbia arguta** — Syrien. **Trigonella elatior** — Anatolien, Griechenland.

Die Insel Zante bewohnen nach Margot und Reuter's Aufzählung 631 Pflanzen-Arten, von denen in der Flora Cypern's 264 eingestreut sind. Diese gehören fast durchgehends zu den allgemein im Mittelmeergebiet verbreiteten.

Allein gehören diesen beiden Inseln nur **Thapsia foetida** und **Lepidium sativum**, doch soll letzteres auch in Nordsyrien und Südrussland vorkommen, es wird aber in jenen Ländern häufig gebaut und dürfte verwildert sein. Die westliche Grenze erreichen in Zante **Lavatera unguiculata** — Griechenland, Athos, Archipel. **Linum Sibthorpianum** — Griechenland, Anatolien, Syrien.

Da uns später die Einsicht in die geographische Verbreitung der auf Cypern lebenden Pflanzen darthun wird, in welcher Verwandtschaft ihre Flora mit den weiteren Mittelmeerländern steht, so sei nur vorübergehend erwähnt, dass nach Gussone's Berechnung Sicilien 2586 Arten besitzt, von denen auf Cypern 512 auch gefunden werden. Ausschliesslich haben beide Inseln gemein die **Erica (Pentaptera)**, **Sicula** und den **Lupinus micranthus**, schon **Odontides Bocconi** kommt auch in Creta vor, **Dactylis repens** am Strande von Lybien, **Cachrys pterochlaena**, die am Gestade bei Castra Vigelia unweit Larnaca und weiter nördlich bei Strullos allgemein verbreitet ist, wächst noch im Peloponnes und in Palästina.

Gehen wir hinüber auf die Nordküste von Afrika, so begegnen uns in Lybien 330 von Prof. Viviani bekannt gemachte Pflanzen, von denen über 100 Arten in Cypern auch vorkommen. An dem sandigen Wüstenstrand wächst sowie bei Larnaca die Dattelpalme weithin bis nach Syrien als einziger hoher Baum. **Cynodon Dactylon, Salicornia herbacea, Cressa Cretica, Zygophyllum album** gedeihen auf diesem wüsten Landstrich unter sehr ähnlichen Bedingungen, wie am Salzsee bei Larnaca und einem Theil vom Capo Gatto.

Weiter mögen noch aus Lybien's Ländern angegeben sein, obwohl das Vorkommen auch anderwärts bekannt ist: Melica minuta, Juniperus phoenicea, Cupresus sempervirens, Helichrysum conglobatum, Picridium tingitanum, Salvia clandestina, Anchusa ventricosa, Opoponax orientale, Ranunculus asiaticus, Fagonia cretica, Lotus edulis, Ervum monanthos.

In Aegypten, wo das Delta in seiner üppigen Fruchtbarkeit bis an das Meer sich herandrängt, finden wir 240 Pflanzen, die mit der Flora von Cypern die Gestade des Nil-Landes gemein haben. Charakteristisch für beide Floren und ihnen allein angehörig ist **Rumex rosens, Plantago decumbens, Onosma orientalis, Adonis microcarpa, Didesmus aegyptiacus.** Die Vegetation der **Halophyten** unter Palmen, die vielen Sanddünen und salzhaltigen Bodenstellen, geben diesen gegenüberliegenden Meeresküsten eine überraschende Aehnlichkeit.

In Aegypten findet man aus Cypern besonders häufig vertreten: **Cynodon Dactylon, Lepturus incurvatus,** die **Salsolaceen** und **Plantagineen, Pulicaria arabica, Chrysanthemum coronarium, Cichorium Intybus, Nerium** und **Olea** cultivirt, Anagallis arvensis, **Hasselquistia aegyptiaca, Matthiola tricuspidata, Frankenia pulverulenta, Cucumis Colocynthis, Spergularia marina, Malva rotundifolia, Zizyphus Spina Christi, Zygophyllum album, Erodium malacoides, Trigonella foenum graecum, Faba vulgaris,**

Mimosa Farnesiana, die sämmtlich auf der Insel eben auch reichlich vertreten sind.

Weit mehr Annäherung zeigt sich in Syrien, denn von 300 Pflanzen Palästina's findet man 83 auf Cypern; von 650 aus Damascus und vom Libanon 270 auf der Insel; von 150 der gegenüberliegenden Flora des Thales Svedia und Berges Cassius 53 in Cypern; endlich im südlichen Amanus, Tolos Dagh gehören unter 300 Arten 60 der Inselflora gemeinschaftlich an.

Folgende Arten sind der Insel mit Syrien ausschliesslich eigenthümlich: **Belevallia nivalis, Ornithogalum lanceolatum, Allium hirsutum, Arisarum Libani, Arum Dioscoridis, Scabiosa prolifera, Salvia libanotica, Thymus Billardieri, Cuscuta Palaestina, Bupleurum nodiflorum, Ainsworthia cordata, Telmissa sedoides, Ranunculus myriophyllus, Nigella ciliaris, Arabis purpurea, Fumaria oxyloba, Alsine picta, Silene Olivieriana, Acer syriacum, Euphorbia Cassia, Trifolium dichroanthum, Astragalus dyctiocarpus, Vicia Cassia.**

In ganz Syrien herrschen die Laubbäume vor und Eichen, Pappeln, Eschen sind die häufigsten. Nadelhölzer beschränken sich auf die Gegend südwestlich von Hebron, und die westlichen Thäler am Fusse des imposanten Hermon. Der Libanon hat von 4000 bis 6000 Fuss stellenweise Haine und kleinere Gruppen von Coniferen, die am Nordabhang als Wald auftreten. In den Bergen von Antiochia und im Amanus sind fast nur Nadelhölzer, die alle Lehnen mit Hochwald, der aber nicht dicht ist, bedecken. Das fast ausschliessliche Auftreten der Laubbäume und besonders vieler stachligen Sträucher in Südsyrien entspricht in der Physiognomie den niederen Gegenden der Insel, während jene mit Coniferen bewaldeten auf der Nordkette und in den Höhen von Troodos, mehr den Typus von Nordsyrien an sich tragen. Weitere wichtige Repräsentanten Cypern's in Syrien wären: **Alopecurus anthoxanthoides,** kommt auch in Cilicien vor, **Gagea Billardieri** auch in Jonien, **Campanula peregrina** und **Serratula cordifolia,** beide auch in Cilicien, **Galium canum** in Creta und Cilicien, **Tordylium syriacum** auch in Creta, Griechenland, Cilicien, **Umbilicus libanoticus** häufig in Cilicien, **Euphorbia lanata** in Creta, Cilicien und Nordpersien, **Pistacea Palaestina** ebenfalls in Cilicien, **Lathyrus amphicarpus** auf Rhodus auch noch einheimisch.

Die in der nordöstlichen Ecke des Meerbusens von Alexandretta sich erhebende niedere Berggruppe, Nur Dagh, noch zum Amanus gehörig, führt Jurakalk als Unterlage, während an der südlichen Küste der Tolos Dagh aus pyrogenen Gesteinsmassen entstanden ist. Der Nur Dagh zeigt auch die nächste Verwandtschaft zu der Nordkette, so dass am kürzesten jene Pflanzen aufzuführen wären, die auf den Ceriniabergen wachsen, aber am Nur Dagh fehlen. Eigenthümlichkeiten, die beide Gegenden haben, sind im allgemeinen sehr entgegengesetzt, denn so wie in Cypern alle Eichen auf Kalk fehlen, sind es jenseits besonders diese, die als hohe Sträucher, ja waldbildende Bäume gedeihen. **Quercus Boissieri** und **Quercus Pfaeffingeri** mit **Quercus Palaestina** herrschen auf den Bergseiten als Niederwald, sowie **Quercus Pyrami** als Hochwald in der Ebene vor. Eine ähnliche Rolle spielen die Nadelhölzer auf der Nordkette der Insel, wo **Pinus maritima, Cupressus horizontalis, Juniperus phoenicea** die nackten Felsen oft beleben und Hochwald auf den Bergen bilden, während der letztere Wachholder die Ebenen gegen Carpasso und Famagosta mit weiten Buschwäldern bedeckt.

Bei so verschiedenem Aussehen bewohnen von 96 Pflanzenarten des Nur Dagh 50 Arten Cypern, die mit wenig Ausnahmen alle im Coniferengebirge von Cerinia zu finden sind. Einzig angehörig ist beiden Gebirgen das schöne und auffallende **Smyrnium connatum**, bemerkenswerth das beiderseitige Vorkommen von **Alopecurus anthoxanthoides, Tulipa montana, Scilla amoena, Orchis anatolica, Orchis longicruris, Orchis sancta, Laurus nobilis, Cyclamen latifolium, Conium maculatum, Clematis cirrhosa, Ranunculus asiaticus, Pistacia Lentiscus, Dorycnium hirsutum** und viele Andere. Nur **Quercus Pfaeffingeri, Valeriana Dioscoridis, Lonicera Etrusca, Viola odorata, Rhamnus Alaternus, Linum Sibthorpii, Geranium tuberosum, Pyrus graeca** gedeihen auf pyrogenem Gestein in der Troodosgruppe, während sie auf dem Nur Dagh auf Jurakalk leben.

Die an der südwestlichen Spitze des Alexandretta-Meerbusens gelegene Gebirgskette des pyrogenen Tolos Dagh ist fast durchgehends mit **Pinus maritima** überwachsen, mit Eichen als Sträucher und Bäumen eingemengt, hat aber lange nicht die grosse Verwandtschaft zum Troodos, wie der Nur Dagh zum Ceriniagebirge. In den beiden pyrogenen Gebirgen wachsen gemeinschaftlich: **Phytolacca pruinosa, Paeonia corallina, Melissa altissima, Lonicera Etrusca, Kentrophyllum syriacum, Quercus Pfaeffingeri, Juniperus rufescens, Alyssum Cassium, Thlaspi violascens, Euphorbia herniariaefolia, Vicia elegans** sammt vielen anderen minder wichtigen.

Werfen wir noch zuletzt einen Blick auf Kleinasiens Südküste und das am nächsten nördlich von der Insel gelegene Cilicien. Die cultivirbaren Ebenen, die mit stachligem Strauchwerk überwachsenen Hügel und Vorberge, das mit Seekiefern, Eichen und Terebinthen beschattete Niedergebirge, der von 4000 bis 6000 Fuss dunkele Waldgürtel von Schwarzföhren mit dem ihn überragenden Alpenlande, geben ein noch einmal so grosses landschaftliches Bild wie die Insel, und doch sind sich beide sehr ähnlich. Das Verhältniss des Laub- und Nadelholzes ist auch ziemlich dasselbe wie in Cypern. Von den mir aus Cilicien bekannten Pflanzen wächst der vierte Theil auch auf der Insel, und beiden Gegenden sind ausschliesslich eigen: **Evax eriosphaera, Galium adhaerens, Galium peplidifolium, Bupleurum Koechelii, Ranunculus Cadmicus, Nigella elata, Silene macrodonta, Euphorbia Kotschyana, Vicia sericocarpa.**

Weiter sind noch aus beiden Floren, auch in einigen angrenzenden Ländern wachsend, häufig vertreten: **Poa persica** — Syrien bis Taurien. **Orchis anatolica** — Bithynien, Carien. **Pterocephalus papposus** — Syrien. **Gundelia Tournefortii** — Syrien, Armenien. **Evax contracta** — Syrien. **Centaurea hyalolepis** — Mesopotamien. **Crepis Sieberi** — Griechenland. **Molucella laevis** — Syrien. **Lamium moschatum** — Griechenland. **Teucrium Smyrnaeum** — Jonien. **Lithospermum hispidulum** — Rhodus. **Veronica caespitosa** — Libanon, Bithynien. **Daucus bicolor** — Bithynien. **Anemone blanda** — Antilibanon. **Fumaria Thuretii** — Griechenland.

Arabis albida — Caucasus. **Sisymbrium torulosum** — Mesopotamien, Algier. **Silene longipetula** — Syrien (Svedia). **Phytolacca pruinosa** — Südliche Amanus. **Tamarix Smyrnensis** — Anatolien. **Cotoneaster numulariaefolia** — Creta, Anatolien, Libanon, Nord-Persien, Caucasus. **Crataegus Aronia** — Syrien, Mesopotamien. **Trifolium ovatifolium** — Syrien, Peloponnes. **Astragalus dyctiocarpus** — Syrien. **Prosopis Stephaniana** — Syrien, Palaestina, Mesopotamien, Nord-Persien, Caucasus.

Wir haben gesehen, dass die holzigen Gewächse aus der Mediterranflora auf die Physiognomie der Insel weit mehr Einfluss üben, als die krautartigen Pflanzen. Da aber viele Bäume und Sträucher in Cypern fehlen, so gestaltet sich das Gemisch hier anders als im grossen Gebiet. Auch der Antheil, den die benachbarten Länder an der Zusammensetzung der Inselflora haben, vermehrt ihre Mannigfaltigkeit. Wenn nun noch jene Eigenthümlichkeiten hervortreten, die durch eine Anzahl der Insel ausschliesslich angehöriger Pflanzen bewirkt werden, so gewährt diese Zusammensetzung des Gewächsreiches hier in ihrer Gesammtheit ein eigenes Bild.

Die folgende Aufzählung aller in Cypern bisher bekannten Pflanzenarten wird aber besonders zeigen, woraus der Reichthum und Prunk dieses Gesammtbildes in allen seinen Nüancen zusammengesetzt ist. Bevor wir jedoch die specielle Flora in Betracht ziehen, dürfte hier in einigen Worten vorausgeschickt werden, wie die bisherige Kenntniss derselben zu Stande gekommen ist.

Unter den schon früher erwähnten Reisenden ist De La Billardière der älteste, dessen Pflanzen wir von einem im Februar 1787 ausgeführten kurzen Ausflug auf den Berg St. Croce unweit Larnaka besitzen, die am vollständigsten im Herbar von Florenz aufbewahrt werden.

Dr. John Sibthorp ist in Begleitung von F. Bauer als Zeichner, Mr. Hawkins als Zoologen fast zu derselben Zeit in Cypern eingetroffen und hat sich unter allen bisherigen Reisenden die glänzendsten, nach 80 Jahren noch nicht erreichten Verdienste um die Flora und Fauna erworben. Vom 8.—13. April hielt sich diese Gesellschaft bei Larnaca und

148

auf dem Berge St. Croce auf. Am 15. April ist die Reise über Famagosta, Uspera auf die Nordseite des Kalkgebirges nach Antiphoniti angetreten worden, und über Belpais, Cerinia, Lapithus erreichte man Nicotia am 23., um nach Larnaca zu reisen. Mr. Hawkins trennte sich in Nicotia und unternahm allein eine Tour nach Solia, zum Kloster Tschikko, vereinte sich aber am 28. in Limasol mit der Gesellschaft wieder.

Eine zweite Reise trat Sibthorp's Expedition am 27. April von Larnaca über Limasol auf den Troodos an. Man botanisirte am 30. April um das Kloster Trooditissa, erstieg am 1. Mai die höchste Bergkuppe der Insel und stieg an der Nordseite herab. Am 2. Mai kam man an dem bekannten Dorfe Peristeroani vorbei und am nächsten Tage an Nicosia, Hagios Giorgios bis nach Larnaca.

Eine dritte Reise wurde noch von Papho aus, wohin man zur See gelangt war, vom 11. bis 14. Mai über Poli Chrysoku zur Fontana Amorosa unternommen, worauf man sich nach Rhodus einschiffte.

Die auf diesen Ausflügen gemachte Ausbeute belief sich nach den später mit Smith herausgegebenen Prodromus Florae Graecae auf mehr als 420 Species: nämlich 12 Cryptogamen, 39 Monocotyledonen, 14 Apetalen, 190 Gamopetalen und 164 Dialypetalen. Dieses Material hat mit dazu beigetragen, dass die praehtvollen Abbildungen der Flora Graeca entstanden, und es sind in diesem Werke von den bis jetzt in Cypern bekannten Pflanzen nicht weniger als 374 Arten abgebildet enthalten.

Dr. John Clarke bereiste 1801 Cypern und beschrieb blos einige Pflanzen in seinem später erschienenen Werke gelegentlich.

Mehr hat dagegen Aucher-Eloy geleistet, der vom 5. bis 28. August 1831 Nicosia, Kythrea, Panteleimon, Evrico, das Hochgebirg, dann Tschikko, Emessa, Kuklia, Papho besucht und über Limasol den Hafen von Larnaca erreicht hat. Seine werthvolle Ausbeute wird im Jardin des plantes und Herbarium Boissier's am vollständigsten angetroffen.

Unbedeutender war meine nach Mitte October 1840 um Prodromo und das Kloster Trooditissa, sowie Mitte November in der Gegend von Papho gemachte Ausbeute; da nur 60 blühende Species, die in Poech's Enumeratio aufgenommen sind, gefunden wurden.

Albert Gaudry kam 1853 erst wieder als Forscher auf die Insel. In seinem Werke Recherches scientifiques en Orient sind eine Anzahl mitgebrachter, von Herrn Spach in Paris bestimmter Pflanzen angeführt. Die übrigen bei den **Phanerogamen** angegebenen Resultate ergaben meine zwei letzten Reisen.

Die gegen Erwarten grosse Menge von Cryptogamen, von denen bisher fast nichts bekannt war, ist allein eine Frucht der letzten von mir und Professor Unger unternommenen Reise, was um so erklärlicher ist, als jeder von uns nur nach Einem Theile der Flora sein Augenmerk richtete.

Dass zur vollständigen Kenntniss der Phanerogamenflora noch viel fehlen mag, ist daraus ersichtlich, dass wir in derselben Jahreszeit die Insel bereisten, wie Sibthorp. Auch kennen wir die zeitige Frühlingsflora noch nicht, welche im Jahre 1862 nach Aussage des Herrn Consul Pascotini drei Wochen vor unserer Ankunft die Ufergegenden in prachtvoller Weise geschmückt hat. Was im Juni und Juli auf der Insel überhaupt blüht, ist ebenfalls unbekannt; doch zeigen einige von Herrn Boissier publicirten Arten, dass Aucher noch im August eine gute Ausbeute machte. Die Flora des Septembers fehlt uns. Jene von Mitte November bis in den März treibt den ganzen Winter hindurch, nach dem Zeugniss der Landleute, immer einige Blumen hervor, welche mit den obigen Lücken zukünftigen Reisenden der Beachtung empfohlen bleiben.

IV. Specielle Flora der Insel Cypern.

Aufzählung der Arten nach natürlichen Familien.

A L G A E.[*)]

Diatomeae.

Fam. Eunotieae.

Epithemia ocellata Kg. Auf Spirogyra communis Kg. Wasserleitung von Hagia Napa. Auf Vaucheria clavata an der Wasserleitung von Melandrina.

Fam. Fragilarieae.

Denticula elegans Kg. Auf Spirogyra communis Kg. An der Wasserleitung von Hagia Napa.

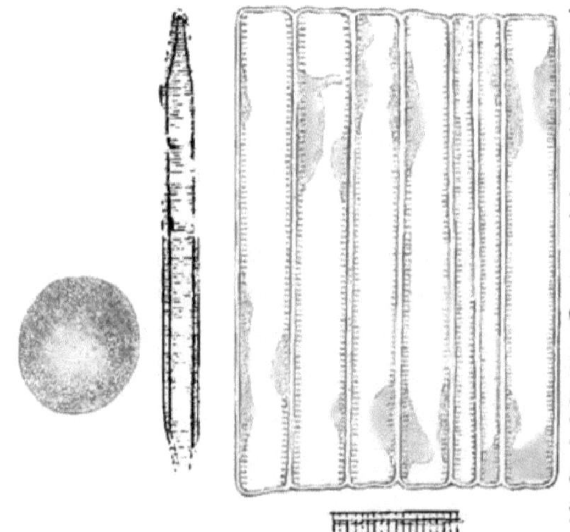

Fragilaria Ungeriana Grunow n. sp. Fragilaria maxima, fascias longissimas efficiens, valvis linearibus, apice parum attenuatis, obtusis, striis transversis distinctissimis 22-24 in 0·001″, linea media angusta, area media laevi subnulla vel parva, unilaterali, hinc inde subannuliformi. Longit. frust. 0·0025—0·0048″, latit. valvae 0·0003″.

---

*) Bearbeitet von Herrn A. Grunow.

In der 16⁰ R. warmen Quelle von Katoloco zwischen Larnaca und Dali. Hat mit keiner der bekannten Arten von Fragilaria Aehnlichkeit. Die einzelnen Frusteln gleichen denen von Synedra Ulna ausserordentlich.

Diatoma tenue Kg. Auf Cladophora comosa um Melandrina, auf Cladophora glomerata in der Wasserleitung von Larnaka, in der Quelle über Wretscha von 12·3⁰ R.

Fam. Surirelleae.

Campylodiscus costatus Kg. In der Quelle von Kataloco, (16⁰ R.) mit Stigeoclonium thermale A. Br.

Surirella ovata Kg. In der Quelle von Katoloco, mit der Vorhergehenden.

— **fastuosa** Kg. Auf Meeresalgen um Cypern.

Synedra splendens Kg. Mit Stigeoclonium thermale in der Quelle von Katoloco, mit Zygnema tenue in Bergbächen bei Prodromo, mit Spirogyra communis in der Wasserleitung von Hagia Napa, mit Cladophora comosa um Melandrina.

— **splendens var. amphirhynchus** Ehrbg. Mit Enteromorpha pilifera Kg., mit Cladophora flavida und Ulothrix cateniformis im Salzsee von Larnaka.

Fam. Cocconeideae.

Cocconeis Pediculus Ehrbg. var. salina. Mit Enteromorpha pilifera, Cladophora flavida und Ulothrix cateniformis im Salzsee von Larnaka.

— **Pediculus Ehrbg. var. minor.** Auf Cladophora fluitans um Lapithus.

— **Scutellum Ehrbg.** Zwischen Meeresalgen.

Fam. Achnantheae.

Achnanthes subsessilis Kg. Mit Enteromorpha pilifera, Cladophora flavida und Ulothrix cateniformis im Salzsee von Larnaka.

152

Fam. Cymbelleae.

Cymbella cuspidata Kg. **var. minor.** Mit Stigeoclonium thermale, in der Quelle von Katoloco.
— **affinis,** Kg. Auf Cladophora comosa um Melandrina, auf Spirogyra communis an der Wasserleitung von Hagia Napa.

Fam. Gomphonemeae.

Gomphonema Micropus Kg. Auf Cladophora glomerata in der Wasserleitung von Larnaka und in der Quelle über Wretscha.
— **dichotomum** Kg. Auf Cladophora comosa um Melandrina.

Fam. Naviculeae.

Navicula viridis Kg. Mit Zygnema tenue um Prodromo.
— **elliptica** Kg. Mit Vaucheria clavata um Melandrina.
— **cryptocephala** Kg. Mit Cladophora comosa um Melandrina.
Nitzschia amphioxys Sm. Mit Spirogyra communis in der Wasserleitung von Hagia Napa.
Stauroneis aspera Ehrbg. Zwischen Meeresalgen.
Amphora gracilis Kg. Mit Stigeoclonium thermale in der Quelle von Katoloco (16° R.).
Mastogloia fimbriata Thw. Zwischen Meeresalgen.
— **lanceolata** Thw. Zwischen Meeresalgen.
— **Smithii** Thw. Auf Spirogyra communis an der Wasserleitung von Hagia Napa.

Fam. Striatelleae.

Rhabdonema adriaticum Kg. Zwischen Meeresalgen.

Fam. Tabellarieae.

Grammatophora oceanica Sm. Zwischen Meeresalgen.
— **marina** Sm. Zwischen Meeresalgen.

Fam. Biddulphieae.

Biddulphia pulchella Grev. Zwischen Meeresalgen.

Confervaceae.

Fam. Palmellaceae.

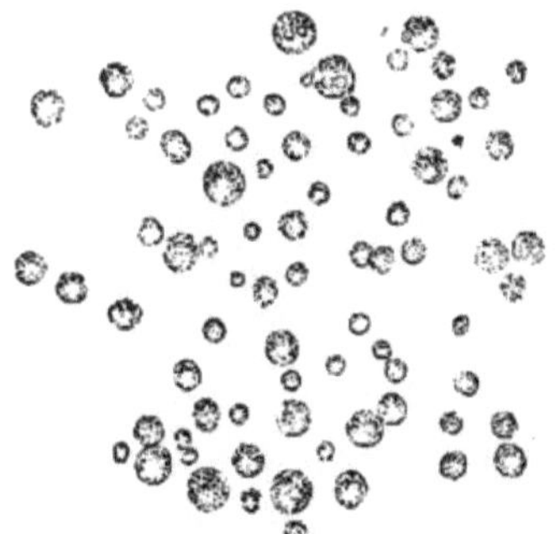

Palmellá Ungeriana Grunow n. sp. Palamella parva, lubrica, natans, luride flavo-viridis, gonidiis polygonimicis, pallidis, membranula crassiuscula cinctis, 0·00021 — 0·00041" crassis. Im Salzsee bei Larnaka ungemein häufig im März und April.

Fam. Oscillarieae.

Oscillaria antliaria Kg. An der Wasserleitung von Larnaka bei St. Giorgio.

Phormidium subfuscum Kg. An der Quelle von Hierocipos bei Paphos und an einer feuchten Wand des Klosters Chrysostomo.

Fam. Calothricheae.

Tolypothrix bicolor Kg. Quelle über Wretscha (12·3⁰ R.).

Fam. Ulotricheae.

Ulothrix cateniformis Kg. Salzsee von Larnaka.

Stigeoclonium thermale A. Br. In St. lubricum Kg. übergehend steril und fructificirend. In der Quelle von Katoloco in Cypern.

Fam. Conferveae.

Cladophora comosa Kg. Sp. alg. p. 408 (nec 389!) Bei Melandrina.

— **flavida** Kg. Salzsee von Larnaka.

— **Ungeriana** Grunow n. sp. Cladophora 3—4 pollicaris, saturate virdis, rigidiuscula, irregulariter dichotome ramosa, superne parum attenuata; ramis erecto patentibus longioribus et brevioribus intermixtis, inferne saepe brevi spatio concretis, ramulis ultimis hinc inde subsecundis, articulis inferioribus $\frac{1}{20}'''$, superioribus $\frac{1}{30}$ raro $\frac{1}{35}'''$ crassis, omnibus diametro 3—4plo longioribus, ultimis subacutis.

Ueber die Beschaffenheit des Zelleninhaltes lässt sich bei den getrockneten Exemplaren wenig sagen. Wie bei den meisten Arten findet er sich (trocken) gegen das Ende der Glieder hin gehäuft; Andeutungen von Spiralbändern habe ich nicht bemerkt, wodurch sich unsere Art von Cladophora crispata und ähnlichen Formen unterscheidet. Eine Verwechselung dürfte wohl nur mit einigen einfacher verästelten Formen der Cladophora glomerata (und besonders der Cladophora canalicularis Kg., die ich nur für eine Varietät derselben halte) möglich sein, und es bedarf hier einiger Uebung, um den ganz verschiedenen Charakter der Verästelung herauszufinden, der vorzüglich darauf beruht, dass bei der (wenigstens normal) büschelig verästelten Cladophora glomerata die Aeste dem Hauptstamme viel mehr untergeordnet und selbst bei den einfachsten Formen die Seitenästchen viel dünner und kurzgliedriger als der Hauptstamm sind.

Cladophora fluitans Kg. Mit Cocconeis Pediculus v. minor Kg. in dem Gebirgsbache des Dorfes Lapithus in Cypern.

— **glomerata** Kg. Mit Gomphonema micropus und Diatoma tenue in der Wasserleitung von Larnaka, 13·6 ° R. am 26. März 1862.

— **glomerata** Kg. var. **simplicior** mit Gomphonema micropus Kg. und Synedra splendens. Quelle über Wretscha, 12·3⁰ R.

Fam. Zygnemeae.

Spirogyra longata Kg. Aus einer Quelle bei Paralimni, 10·4⁰ R. — Am 29. März 1862.

— **communis** Kg.? Aus der Wasserleitung von Hagia Napa.

— **arcta** Kg. In dem kleinen Wassergraben unter dem Gipfel des Monte Croce.

Zygnema tenue Kg. Mit Synedra splendens und Navicula viridis in Gebirgsbächen bei Prodromo.

Fam. Ulvaceae.

Protoderma viride Kg. Ueberzieht Kalkgerölle in der Quelle von Kormachiti, 16·8⁰ R.

Fam. Enteromorpheae.

Enteromorpha pilifera Kg. Mit Cladophora flavida, Ulothrix cateniformis Kg. u. s. w. Am Ufer des Salzsee's.

Fam. Vauchcrieae.

Vaucheria clavata Ag. Mit Navicula elliptica und Epithemia ocellata in der Wasserleitung von Melandrina.

Fam. Codieae.

Halimeda Tuna Lamk. An der Küste bei Bogasi.

Fam. Dasycladeae.

Dasycladus clavaeformis Ag. Küste bei Bogasi.

Phyceae.

Fam. Dictyoteae.

Dictyota implexa Lamk. Küste von Bogasi.
Zonaria Pavonia Ag. var. minor Kg. Bogasi.

Fam. Cystosireae.

Halerica ericoides Kg. Küste von Bogasi.
Cryptacantha affinis Kg. Bogasi.
Cystosira barbata Ag. Bogasi.
— glomerata Kg. Häufig an der Küste von Bogasi.
— discors Ag. Bogasi.

Fam. Sargasseae.

Sargassum Donati Kg. (jung). Bogasi.

Florideae.

Fam. Corallineae.

Jania tenella Kg. Küste von Bogasi.

Fam. Lomentarieae.

Laurentia obtusa Lamk. Bogasi.

CHARACEAE.*)

Chara foetida A. Braun.
> α. forma subinermis, longebracteata, divergens, incrustata et cinerascens; communissima form. Quelle bei Katoloco.
> β. eadem forma sed munda et viridis. Quelle am Cap Kormachiti.
> γ. forma α, foliis interdum absque incrustatione et ideo ad Charam gymnophyllam transitum faciens. Wasserleitung von Hagia Napa.

— **aspera** Willd. forma brachyphylla.
> In der Pfütze hinter Marina von Larnaka.

FUNGI.**)

Gymnomycetes.

Puccinia Compositarum Schl. Auf Stengeln und Blättern von Centaurea cerinthefolia Lam. bei Kerinia.

— **Umbelliferarum** DC. Auf Blättern von Lecockia cretica DC. bei Prodromo.

Aecidium Falcariae DC. An Stengeln, Blattstielen, Blättern und Früchten von Lecockia cretica DC. häufig.

---

*) Bearbeitet von Herrn A. Braun.
**) Bearbeitet von Herrn Dr. Reichardt und mir.

Gasteromycetes.

Tulostoma mammosum *β.* squamosum F r.   Auf der Spitze des
Troodos.
Bovista nigrescens F r.   Am Troodos.

Hymenomycetes.

Telephora calcea P e r s.   Am morschen Rebengeländer der
Kirche Hag. Elias bei Machera.
Daedalea latissima F r.   Hag. Elias bei Machera.
Polyporus igniarius F r.   Auf alten Oelbäumen.
Agaricus (Tricholoma) Columbetta F r. (A. leucocephalus Bull.)
bei Prodromo.
— (Russula) alutaceus F r.   Bei Paphos.
— (Clitocybe) ramosus B u l l.   An feuchten Stellen zwischen
den Häusern von Episkopi.
— (Omphalaria) muscorum H o f f m. Wälder des Troodos.
— (Pleurotus, Concharia) Anatriches n. sp.   Agaricus pileo
carnoso, tenaci, convexo, expanso, demum, depresso,
irregulari, g l a b r o, g r i s e o - a l b i c a n t e; stipite solido
subexcentrico vel laterali, nudo, basi attenuato, albi-
cante; lamellis decurrentibus, subdistantibus, latis, albi-
docarneis.

> O b s. Proximus Agarico Eryngii DC. Fl. fr. VI. p. 47 Vittadini,
> Fung. mang. p. 71 Tab. X. fig. II. Fries, Epicr. p. 132, a quo differt
> pilo glabro, griseo-albicante.

Im Schatten der Ferula communis var. Anatriches um
Larnaka nicht selten.   Wird zu Markt gebracht und Bo-
lites genannt.
— (Derminus) mutalibis S c h a e f f.   Am Troodos.
— (Coprinus) deliquescens F r.   Auf Feldern am Capo Gatto.

LICHENES *).

Ser. I. Phycolichenes.

A. Gymnocarpi.

Ord. Collemaceae.

Trib. Collemeae.

Collema albo-ciliatum Desmaz. Nyl. Synops. meth. p. 117; Polychidium cetrarioides Anzi Cat. Lich. Sondr. p. 7, Lich. Longob. exs. No. 13, forma sterilis, thallo complicato. Apothecia sessilia, primo scutellaria dein patellaria, disco fusco, plano, tandem convexo et immarginato, juniori — eodem modo ac thalli loborum margine — albo-ciliato, adultiori plerumque nudo. Sporidiis navicularibus, bilocularibus, hyalinis, 0,022 mm. long., 0.005—0.007 mm. lat. Troodotissa, Troodos, Prodromo.

Herr Professor Anzi hat wahrscheinlich an den von ihm untersuchten Exemplaren seines Polych. cetrarioides keine jüngeren Apothezien gesehen, da er in der Diagnose dieser Species a. a. O. von dem weissciliirten Rande der Fruchtscheibe an den jüngeren Apothezien, den übrigens auch einzelne ältere noch besitzen, keine Erwähnung macht.

— **turgidum** Ach. Hepp exs. 215; Schaer. En. p. 258. pr. p. Chrysoku.

— **cristatum** L. Schaer. En. p. 255; exs. No. 417, Hepp exc. No. 213. Pentadactylos, Hagia Napa.

Trib. Leptogiae.

Leptogium atrocaeruleum Hall. *α.* lacerum Sw. Pentadactylos [schön fructif.], Prodromo.

Trib. Omphalarieae.

Physma compactum Ach. — Collema chalazanum Ach. Nyl. Prodromo steril.

---

*) Bearbeitet von Herrn August von Krempelhuber.

Ser. II. Gnesiolichenes.

A. Gymnocarpi.

Ord. Cladoniaceae.

Trib. Cladonieae.

Cladonia endivifolia Diks. Hagia Napa, Capo greco, Sta. Croce, Pentadactylos, Syra, steril.

— **cervicornis** Ach. forma scyphosa; simplex Schaer. Mit sehr ausgebildetem Thallus. Hagia Napa in Gesellschaft der Vorigen.

— **rangiformis** Hoffm.; Clad. furcata 2. rangiformis Schaer. En. p. 202. Hagia Napa, steril; Sta. Croce.

— **pyxidata** Linn.; forma scyphosa: integra Schaer. En. p. 191. Sta. Croce, Pentadactylon, Galata, Pantelcimon.

Ord. Usneaceae.

Trib. Usneae.

Usnea ceratina Ach. Prodromo und Troodos, steril.

Alectoria jubata Linn. *α* prolixa Ach. Troodos, Prodromo, steril.

Ord. Ramalinaceae.

Trib. Cetrarieae.

Evernia prunastri Linn. Trooditissa, Prodromo, steril.

— **furfuracea** Linn. Prodromo, steril; Troodos, schön fructif.

— **vulpina** Linn. Troodos, sehr schön und reich fructif.

Cetraria glauca Linn. Troodos, prachtvoll fructif.

Ramalina pollinaria Ach. Sta. Croce.

— **fraxinea** Linn. var. fastigiata Pers. Sta. Croce.

— **pusilla** Prev. Fries Lichenogr. p. 29; Schaer. En. p. 8. Pentadactylos, steril.

— **farinacea** Linn. Trooditissa, steril.

Trib. Roccelleae.

Roccella tinctoria Ach. Pentadactylos und Capo greco, steril.

Ord. Parmeliaceae.

Trib. Peltigereae.

Peltigera polydactyla Neck. Chrysoku.

Trib. Parmelieae.

Parmelia olivacea Linn. *α* vulgaris f. corticola et saxicola.
Moni, Sta. Croce, Prodromo, Chrysostomo.
— conspera Ehrh. steril. Moni.
— quercifolia Wulf. *α* tiliacea Ehrh., Sta. Croce, Trooditissa, Galata, Prodromo.
— ceratophylla var. tubulosa Schaer. En. Prodromo.
— aspera Mass; Koerb. Syst. p. 78. Troodos.
— saxatilis Linn. *α*. vulgaris. Troodos, steril.
— carporhizans. Tayl. Nyl. Synops. p. 384. Prodromo, steril.

Trib. Anaptychieae.

Anaptychia stellaris Linn. *α*. aipolia Ehrh. Troodos.
— — *β*. ambigua Ehrh. Troodos über Laub-
moosen.
— — *γ*. hispida Fr. Galata.
— pulverulenta Schreb. var. muscicola Krplhbr. Galata.
— — var. grisea Lam. Galata.
— — var. venusta Ach. Galata, Prodromo.
— — var. angustata Hoffm. Troodos, auf Junip.
foetidissima; Prodromo, Trooditissa, Galata.
— ciliaris Linn. Prodromo, Troodos, sehr schön!
— — var. crinalis Schl. Prodromo, steril.
— obscura Ehrh. var. orbicularis Neck. Prodromo.
— pulchella Wulf. var. dubia Hoffm. Troodos, Prodromo,
an Felsen.

Trib. Placodieae.

Physcia callopisma Ach. Mazoto, Moni, Castello della regina,
Camares, Larnaca, sehr schön!

Physcia parietina Linn. *α*. vulgaris Schaer. Panteleimon, Galata, Pentadactylos.

— — var. aureola Ach. Sta. Croce, steril.

— — var. ectanea Ach. Pentadactylos, steril.

— — var. granulata Schaer. Famagosta und Camares, steril.

Placodium radiosum Hoffm. *α*. circinatum Pers. Chrysostomo, Pissuri.

— **saxicolum** Poll. *α*. vulgare Körb. Sta. Croce, Prodromo.

— — var. diffractum Ach. Sta. Croce, Galata, Prodromo.

— **Montagnei** Fr. var. calcaria Schaer. En. p. 63? Chrysoku, Pissuri, (specimina manca!)

— **fusco-pallens** Krplhbr. spec. nova!

Thallus pallide-cinereo-fuscus orbicularis crustaceo-adnatus, contiguus, centro subverrucoso-rimulosus, ambitu nonnihil radioso-plicatus, radiorum apicibus fuscis. Apothecia plerumque centralia, sed dispersa, fusco-nigra vel brunnea, disco plano a margine thallode integro, tenui mox retracto evanidoque cincto. Sporae 8, subcylindricae vel oblongo-ellipsoideae, valde minutae, hyalinae, 0·0043—0·0055 mm. long., 0·0110—0·0137 mm. lat.

Persimilis quoad habitum externum formis quibusdam Placodii circinati Pers. sed ab hoc forma sporarum et apotheciorum diversa.

Affinis etiam videtur ex descriptione Squamaria rhodocarpa Nyl. Lich. And. Boliv. p. 376 (in Annal. des. scienc. nat. 4. serie. Bot. T. XV. [Cahier. No. 6.]).

Sporae minutae, plerumque sporoblastos duos, hyalinos, globosos ferentes.

Chrysostomo, Sta. Croce auf kalkhaltigem Sandstein.

Trib. Psoromeae.

Psoroma lentigerum Web. Hagia Napa.

— **crassum** Ach. *β* caespitosum Vill. Hagia Napa, Melandrina.

Psoroma crassum Ach. β. caespitosum Vill. b. Dufourei Fr.
Belpais, Chrysoku, Pentadactylos, Panteleimon, Castello
della regina, Syra.
— **fulgens** Sw. — Lecanora friabilis α. fulgens Schaer.
Pentadactylos auf nackter Erde; Castello della regina,
auf serpentinartigem Gesteine.
Gyalolechia bracteata Hoffm., Koerb. Panteleimon, Syra.

Trib. Lecanoreae.

Lecanora atra Huds. Mazoto, Aradipu (hier auf Kreide-
Kalkgestein!), Famagosta, Castello della regina, Prodromo, Chelia.
— **subfusca** Linn. var. distans Ach. Schaer. Galata.
— **varia** Ehrh. α. pallescens Schrank. Troodos.
Dirina repanda Fr. Capo greco, schön fructif.!
Callopisma cerinum Hedw. Troodos (dürftig!).
— **aurantiacum** Lighf. β. flavovirescens Hoffm. Sta. Croce.
Zeora sordida Pers. var. pallide-flava Krplhbr.
Thallus rimoso-arcolatus planus pallide-flavus vel arme-
niacus, a linea atra circumscriptus; apotheciorum discus
plerumque planus, caesio-pruinosus; sporae ut in typo.—
Sta. Croce. (Auch auf dem Pentelikon in Griechenland.)

Ord. Urceolariaceae.

Trib. Urceolarieae.

Urceolaria scruposa Linn. var. gypsacea Ach. Kythraea.
— — — var. bryophila Ehrh. Pentadac-
tylos.
— — — var. arenaria Schaer. Syra.
— — — var. cretacea Ach. Schaer. Comares.
— **ocellata** Vill. Larnaka, Hagia Napa.

Trib. Aspicilieae.

Acarospora cervina Pers. var. depauperata b. nuda Krplhbr.
Lich. Fl. Baierns p. 172. Larnaka.

Aspicilia contorta, var. **aggregata** Flke.; Krplhbr. d. L. Fl. Baierns p. 178. Mazoto, Pissuri.

— **viridescens**, var. **trachytica** (Pachyospora calcarea var. trachytica Mass. Mem. p. 144). Prodromo, Chrysostomo, Sta. Croce.

> Anmerkung. Leider konnte ich in keinem von den Exemplaren, welche von dieser Flechte vorhanden waren, reife Sporen finden, wie es denn sehr auffallend erschien, dass die wenigsten von den auf Cypern gesammelten Steinflechten gut ausgebildete Sporen zeigten. Ich bin nicht ganz sicher, ob gegenwärtige Flechte als Varietät zu Asp. viridescens Mass. oder Asp. contorta Flke. gehört; ich habe sie einstweilen bei ersterer untergebracht, da die Vergleichung mit den Massalong'schen Original-Exemplaren der Asp. viridescens es räthlich zu machen schien, sie zu letzteren zu bringen.

Ordo. Lecideaceae.

Trib. Psoreae.

Psora testacea Hoffm. var. **turgida** Krplhbr. Squamis pallide-olivaceis turgidis, margine non albis. Sporis 0·006 mm. long., 0·015—0·017 lat., hyalinis. Prodromo.

— **decipens** Ehrh. Syra.

— **ostreata** Hoffm. Troodos; steril.

Thalloidima vesicularis Hoffm. Prodromo.

Trib. Lecideae.

Lecidea fumosa Hoffm. Sta. Croce.

— **elata** Schaer. forma minor? Aradipu.

— **polycarpa** Flke.?, sporenlos! Prodromo, Troodos.

— **enteroleuca** var. **rugulosa** Ach. Troodos.

— **sabuletorum** var. **euphorea** Flke. Comi.

— **atrobrunnea** Ram. Anzi Lich. Longob. exs. No. 84. (ex errore sub Psora fumosa Hoffm.); Rabenh. exs. No. 439!. Troodos.

> Paraphysen oben schön dunkelsmaragdgrün, nicht bräunlich, wie Massalongo und Koerber irriger Weise angegeben haben.

— **conformis** Krplhbr. spec. nova. Thallus tartareus atro-

cincreus vel plumbeus, laevis et omnino planus, pulchre
et conformiter rimuloso-areolatus, determinatus, intus
albus, subiculo atro. Apothecia minuta, areolis immersa, angulata, disco atro, plano, opaco, ruguloso areo-
las aequante nunquam· superante; hypothecio pallide-fus-
cidulo, sporis 8, ovoideis, hyalinis, 0·0165 mm. long.,
0·0110 mm. lat. Apothecia quoad formam, situm et colo-
rem illis Gyrothecii polysporii Nyl. (Sporost. morio β.
cinerea Schaer., Koerb.) subsimilia. Prodromo, auf
hornblendeartigem Gesteine.

Rhizocarpon geographicum Linn. Prodromo, Troodos.

Trib. Diplotommeae.

Diplotomma albo-atrum Hoffm. β. margaritaceum Sommerf.
Famagosta, Mazoto, Kythraea.

Porpidia stipata Krplhbr. spec. nov. Thallus tartareus rugulosus rimoso-areolatus albus determinatus. Apothecia
mediocria, pseudolecidina, stipata, primitus subclausa,
dein aperta, sessilia, disco atro plano opaco subpruinoso,
a margine crassiusculo persistente (primitus thallode tandem in proprium mutato, carbonisato) circumdato; hypothecio ex fuscidulo-albido, paraphysibus supra fuscis.
Sporis 8, ovoideis, hyalinis, 0·011 — 0·013 mm. long.,
0·008 mm. lat. Troodos, auf dürrem Holze.

(A congeneribus praesertim hypothecio pallide-fusci-
dulo recedens.)

Trib. Biatoreae.

Biatorina Michelettiana Mass. Miscellan. lichenol. p. 38.
„Thallo cartilagineo squamuloso orbiculari-effigurato, squa-
mulis polygonis irregularibus olivaceis, madefactis viridi-
bus, subtus candidis. Apotheciis minutis immersis, dein
sessilibus orbicularibus badiis variegatis immarginatis,
madefactis tenuibus helvis decoloratis hyalinis. Ascis
parvis clavatis 8-sporis, paraphysibus crassiusculis ramosis apice capitellatis, obvallatis, sporidiis ovoideo-fusifor-

mibus diaphanis bilocularibus, diam. long. 0·0061 mm.,
transv. 0·00280 mm. — Mass. l. c. Pentadactylos.

Blastenia Lallavei Clem.; Koerb. Syst. p. 185, Parmelia ery-
throcarpea *β*. Lallavei Fr. Lichenogr. p. 121. Kythraea.

B. Angiocarpi.

Ord. Endocarpaceae.

Endocarpon nodulosum Krplhbr. spec. nov.

Thallus coriaceo-cartilagineus, e squamis complicatis
suberectis dense confertis, apicibus supra omnino nodulosis,
contextus, colore cervino vel fusco, superficie interdum
in cinereum expallente. Perithecia minuta, squamarum
apicibus nodulosis immersa et ostiolo papillato fusco-
nigricante protuberantia; nucleo subgelatinoso, globuloso,
pallide roseo, sporis unilocularibus elongato-ovoideis, hyalinis, 0·0138—0·0165 mm. long., 0·0055—0·0069 mm. lat.
(Paraphyses nullae; gelatina hymenea jodo-rubens.)

Aeusserlich sehr ähnlich dem Endocarpon pulvinatum
Th. Fries Lich. arct. p. 257, welches aber 2 grosse, mucron-
förmige, olivenbraune Sporen in jedem Schlauch besitzt.
Vielleicht nur eine Varietät des Endoc. miniatum. Troodos, auf Felsen.

— **miniatum** Linn. var. decipiens Mass. Ric. p. 184; Krplhbr.
Lich. Fl. Bay. p. 229. Troodos.

Trib. Dermatocarpeae.

Placidium rufescens Ach. Troodos.

Ord. Verrucariaceae.

Trib. Verrucarieae.

Verrucaria lecideoides Mass.; Hepp exs. No. 682; Verruc.
amphibola Nyl. Exp. Pyrenocarp. p. 23. Mazoto.
— **calciseda** DC. Pisuri.
— **nigrescens** Pers. Pisuri.
— **fuscella** Turn. Mazoto.

T r i b. L i m b o r i e a e.

Limboria candidissima Krplhbr. spec. nova.

Thallus tartareo-farinosus laevis, quasi detersus, candidus, contiguus, effusus (?). Apothecia thallo omnino immersa, punctiformia, cinereo-pruinosa, apice perforata, poroque contracto obsolete subradiato-striato, orbiculari vel longitudinaliter fisso, instructa.

Sporis 6, ovoideis, serialiter polyblastis, primo hyalinis dein olivaceis, magnis, 0·0179—0·0193 mm. lat., 0·0330 —0·0344 mm. long.

Durch den schneeweissen, zusammenhängenden — nicht ritzig gefelderten Thallus, die punctförmigen Apothezien, deren Mündung am Scheitel bald rund, bald länglich gespalten erscheint, und die grossen Sporen von Limb. actinostomo Ach. hinlänglich verschieden. Kythraea, auf kalkhaltigem Sandstein.

S e r. III. H y s t e r o l i c h e n e s.

Ord. Opegraphaceae.

T r i b. O p e g r a p h e a c.

Opegrapha rupertris Pers.; Opegr. gyrocarca Fw., Koerb. Moni, auf Sandstein.

Lecanactis grumulosa Fr. Pentadactylos. (specimina manca.)

—

HEPATICAE. *)

Frullania dilatata N. ab E. — Troodos.

Fossombronia pusilla N. ab. E. — Syra. — Var. *β*. **major.** Hagia Napa.

Pellia epiphylla N. ab E. — Lapithus, Prodromo, Vrisi ta Maschinari, Troodos.

Targionia hypophylla L. — An Mauern der Stadt Famagosta, Hagia Napa, Sta. Croce, Pentadactylos, Panteleimon.

---

*) Diese und die folgende Abtheilung von Herrn J. Juratzka bearbeitet.

MUSCI FRONDOSI.

a. ***Acrocarpi.***

Gymnostomum calcareum N. & H. γ. **intermedium.** — Sta. Croce,
Hagia Napa, Capo Gatto.

Weissia viridula Brid. — Sta. Croce.

Dicranella varia Schpr. β. **tenuifolia.** — Comi.

Fissidens cyprius Juratzka n. sp. — Hermaphroditus, gre-
garius vel subcaespitulosus, pusillus, lacte-viridis. Caulis innovando-ramosus e declinato ascendens. Folia 4 —
10juga conferta latiuscula, lamina verticali versus basin
subito fere angustata, supra costae basin vel in ipsam
deliquescente, usque versus apicem anguste marginata,
duplicatura ad vel ultra medium producta perlate marginata, costa crassiuscula (albescente) sub apice subintegro
evanida. Fructus terminalis, capsula suberecta pusilla
ovalis, deoperculata sub ore constricta, anguste annulata;
operculum conicum breve et ubique rostratum. Calyptra
uno latere fissa, operculo duplo longior.

    Auf Kalkerde bei Chrysostomo mit Eucladium ver-
ticillatum.

    Caulis bi — 3 linearis, folia sicca subcrispata, humida
unum latus versus leniter dejecta, ascendendo majora et
confertiora, triplo v. quadruplo longiora quam lata; pedicellus 2 — 3 linearis e stramineo rufescens, sinistrorsum
tortus: annullus ex unica serie cellularum formatus, cum
operculo secedens; peristomii dentes ad medium fissi.

Fissidens taxifolius Hedw.? — Prodromo; steril.

Pottia venusta Juratzka n. sp. — Laxe caepitosa, pallide v.
laete viridis. Caulis simplex basi parce radiculosus.
Folia flaccida obovato-oblonga et spathulata subito fere
acuminata, margine plana et integra, costa tenui excedente aristata. Flores monoici, antheridia solitaria vel
per paria in foliorum comalium axillis disposita, libera,
oblonga, paraphysata. Capsula in pedicello tenerrimo

inferne ultra medium dextrorsum superne sinistrorsum torto erecta subcylindrica truncata. Calyptra laevis. Operculum plano-convexum oblique rostellatum.

Auf nacktem Boden bei Hagia Napa.

Caespites laxe cohaerentes; caulis 2—3 linearis, folia laevia, mollia, apicem versus parce chlorophyllosa, aetate provecta echlorophyllosa hyalina; pedicellus 2—4 lineas longus, rufescens, infra capsulam albescens et diaphanus. Capsula leptoderma rufo-fusca, diametro triplo fere longior, opaca, plicato-striata. Annulus simplex latiusculus, fragmentarie secedens.

Didymodon rubellus B. & Sch. — Sta. Croce.

— **luridus** Hrnsch. — Hagia Napa; steril.

Eucladium verticillatum B. & Sch. — Capo Gatto, Sta. Croce, Chrysostomo, Acheropithi, Trooditissa, Panteleimon, Prodromo; an der Wasserleitung bei Kolossi in schönen Rasen und mit reichlichen Früchten.

Ceratodon purpureus Brid. — Pantcleimon.

Trichostomum tophaceum Brid. — Sta. Croce, Panteleimon mit Hypnum filicinum; Prodromo und auf dem Troodos.

— **mutabile** Br. — Comi, Pentadactylos, Melandrina, Panteleimon; var. β. robustius Jur., Capo greco; steril.

— **crispulum** Br. — Pentadactylos; steril.

— **convolutum** Brid. — Sta. Croce.

— **Barbula** Schwgr. — St. Croce, Capo Gatto.

Barbula aloides B. & Sch. — Hagia Napa, Capo Gatto, Comi, Syra.

— **membranifolia** Schltz. — Famagosta, Comi, Pentadactylos.

— **chloronotos** Br. — Syra.

— **vinealis** Brid. — Sta. Croce, Hagia Napa, Pentadactylos.

— **convoluta** Hdw. — Melandrina.

— **tortuosa** W. & M. — Auf dem Troodos; steril.

— **squarrosa** B. & Sch. — Sta. Croce, Pentadactylos; steril.

Grimmia marginata B. & Sch. — Capo Gatto und an den Mauern der Stadt Famagosta.

— **muralis** Hdw. — Comi, Capo Gatto.

— **inermis** B. & Sch. — Prodromo und Troodos.

— **alpina** B. & Sch. — Auf dem Troodos mit Homalothecium sericeum; steril.

— **ruralis** Hdw. — Prodromo und Troodos.

— **Mülleri** B. & Sch. — Pentadactylos, Prodromo, Troodos.

— **conferta** Funk. — Prodromo, Troodos.

— **pulvinata** Sm. — Pentadactylos, Prodromo, Troodos.

— **trichophylla** Grev., γ. **meridionalis.** — Sta. Croce, Prodromo.

— **leucophaea** Grev. — Prodromo.

— **commutata** Hueb. — Prodromo, Troodos.

— **(Gümbelia) Ungeri** Juratzka, n. sp. — Grimmiae alpestri facie similis. Pulvinuli compacti, V. depressi, ex atro-viridi plus minus canescentes. Folia erecto patula, inferiora minora mutica, comalia majora ex obovata basi lanceolata sensim vel subito in pilum decurrentem laevem exeuntia, margine plano, areolatione ut in Grimmia alpestri. Flores monoici. Capsula in pedicello erecto stramineo vix supra pilos elata, minuta ovalis, laevis, e ferrugineo fuscescens, exannulata, operculo conico subobtuso rufulo. Calyptra cucullata. Peristomii dentes ferrugineo-purpurei integri vel apicem versus parce pertusi et fissi, siccitate recurvo-patuli.

Auf dem Troodos an Aphanit-Felsen.

Differt a Grimmia alpestri floribus monoicis et capsula exannulata; a Grimmia montana floribus monoicis, capsula dilutius tincta et operculo subobtuso; a Grimmia Doniana capsulae colore, defectu annuli et calyptra cucullata.

Hedwigia ciliata Hdw., β. **leucophaea.** — Troodos.

Orthotrichum cupulatum Hoffm. — Pentadactylos, Prodromo.

— **Sturmii** Hoppe & Hrnsch. — Prodromo.

— **anomalum** Hdw. — Prodromo, Troodos.

Orthotrichum affine Schrad. — Prodromo.

— **rupestre** Brid. — Prodromo.

— **stramineum** Hrnsch. — Prodromo.

Encalypta vulgaris Hdw. — Sta. Croce, Melandrina, Prodromo, Pentadactylos.

Entosthodon curvisetus Schpr. — Hagia Napa.

— **pallescens** Juratzka, n. sp. — Monoicus, caespitosus, humilis, sordide flavescens, aetate pallescens. Folia superiora in rosulam erecto-patulam congesta, late obovato - v. spathulato-lanceolata acuminata, haud limbata, margine cellulis prominulis inaequali; costa fusco-lutea in medio folii dissoluta, laxissime areolata omnino echlorophyllosa. Capsula unacum collo sporangium subaequante anguste pyriformis, sicca sub ore constricta, leptoderma erecta et subinclinata, pedicello inferne sinistrorsum superne dextrorsum torto. Calyptra...? Operculum...? Peristomii dentes brevissimi, truncati rubro-fusci.

Hagia Napa, Capo Gatto.

Caulis brevis lineam circa longus; capsula fuscescens, evacuata pallide ferruginea; pedicellus bilinearis usque semipollicaris stramineus, inferne rubellus.

Funaria calcarea Whlnbg. — Hagia Napa. — Var. β. **patula**, Prodromo und auf dem Troodos.

— **hibernica** H. & T. — Hagia Napa.

— **anomala** Juratzka, n. sp. — Monoica; folia comalia erecto- patentia, obovato-acuminata, margine superne obsolete crenulata, costa sub apice dissoluta. Capsula unacum collo sporangio breviore pyriformis, laevis, parum incurva suberecta, exannulata, operculo depresso - convexo, sicco omnino plano, pedicello rubello sinistrorsum torto. Peristomii externi dentes apice haud cohaerentes, interni rudimentarii.

Auf Sta. Croce.

Capsula sicca sub ore plus minusve constricta ovalis in collum plicato-rugosum attenuata, ferrugineo-fusca. Pedicellus 2—5 linearis. Peristomii externi dentes pro capsulae magnitudine parvi, articulationibus 9—10, linea divisuriali aegre conspicua.

Funaria hygrometrica Hedw. — Comi. Var. *β*. **patula.** Auf dem Troodos.

Webera albicans Schpr. — Prodromo; steril.

Bryum cirrhatum Hornsch. — Prodromo, Vrisi ta Maschinari am Troodos.

— **torquescens** B. & Sch. — Sta. Croce, Prodromo, Melandrina.

Bryum atropurpureum B. & Sch. — Hagia Napa, Comi, Prodromo, Troodos.

— **alpinum** L. — Prodromo; steril, in Gesellschaft mit Bryum cirrhatum.

— **capillare** Hedw. — Prodromo; steril.

— **Donianum** Grev. — Sta. Croce, Capo Gatto, zwischen Tristost. Barbula.

— **pseudotriquetrum** Schwaegr. — Vrisi ta Machinari, mit Hypnum cuspidatum, steril.

Aulacomnium androgynum Schwgr. — An faulen Stämmen auf dem Troodos; c. pseudopodiis.

Bartramia stricta Brid. — Sta. Croce, Pentadactylon.

b. *Pleurocarpi.*

Leptodon Smithii Mohr. — Pentadactylon, Prodromo, Troodos; steril.

Leucodon sciuroides Schwgr. *β*. **cylindricus.** — Panteleimon, Pentadactylos, Prodromo, Troodos; steril.

Fabronia pusilla Raddi. — Panteleimon.

Pterigynandrum filiforme Hedw. — Troodos; steril.

Pterogonium gracile Sw. — Pentadactylon, Prodromo, Troodos; steril.

Homalothecium sericeum B. & Sch. — Pentadactylon, Prodromo, Troodos.

Camptothecium aureum B. & Sch. — Sta. Croce, Pentadactylos, Prodromo, Troodos.

Brachythecium olympicum Juratzka, n. sp. — Monoicum; intricato-caespitosum, laete v. lutescenti-viride, sericconitens. Caulis adrepens, ramosus, subpinnatim ramulosus, ramulis erectis vel incurvatis. Folia conferta, patula vel laxe secunda, e basi ovata lanceolata longe et tenuiter acuminata, haud plicata, margine undique minute denticulato subplana, ultra medium costata, areolatione pertenui densa, basi parum dilatata ad angulos minute subquadrata. Folia perichaetialia laxe imbricata, externa e lata basi subito lanceolato-acuminata, interna late oblonga ex apice eroso-dentato subito fere in acumen longiusculum lanceolato-subulatum producta, ecostata vel costa summopere obsoleta instructa. Capsula in pedicello laevi horizontalis turgide ovata e luteo aurantiaca saepius bicolor, demum fuscescens, operculo convexo-conico breviter apiculato. Annulus duplex; peristomii interni cilia processibus breviora nodulosa.

Auf faulem Holze und an Aphanitfelsen bei Prodromo und auf dem Troodos (cyprischer Olymp.).

A Brachythecio velutino B. & Sch., cujus formis minoribus haud dissimile est, pedicello omnino laevi, a Brachythecio salicino B. & Sch. foliis perichaetialibus ex apice eroso dentato subito fere acuminatis ecostatisque facile distinguitur.

Brachythecium velutinum B. & Sch. — Auf dem Troodos mit der letzteren Art.

— **rivulare** B. & Sch. — Auf dem Troodos; steril.

Scleropodium illecebrum Schp. — Sta. Croce, Melandrina, Chrysoku, Panteleimon, Pentadactylos, Troodos.

Eurhynchium circinatum B. & Sch. — Sta. Croce, Panteleimon, Pentadactylos; steril.

— **praelongum** B. & Sch. — Lapithus; steril.

Rhynchostegium tenellum B. & Sch. — Panteleimon.

— **megapolitanum** B. & Sch. β. **meridionale.** — Sta. Croce, Chrysoku.

— **rusciforme** B. & Sch. β. **atlanticum.** — Hagia Napa, Lapithus, Prodromo; steril.

Hypnum filicinum L. — Panteleimon, Prodromo; steril.

— **cupressiforme** L. — St. Croce, Prodromo, Troodos; steril.

Hypnum cuspidatum L. — An der Quelle Vrisi ta Maschinari;
steril.
— purum, L. — Prodromo; steril.

EQUISETACEAE.

Equisetum, Linn. gen. No. 1169. Endl. gen. n. 601.
E. sylvaticum, Linn. sp. 1516. Schk. fil. t. 166. Milde.
Nov. Act. nat. curios. XXVI. 2. p. 431. n. 13. Engl. Bot.
1874. Smith Prod. fl. gr. II. p. 269 n. 2336.

In Cypern auf feuchten Aeckern bei Wretscha gegen Yophyri
im Mergelboden. 9. Mai n. 697 a. *)

Europa, Nord- und Mittelasien, Nordamerika, Neuholland.

E. Telmateja, Ehrh. — Milde Nov. Acta nat. curios. XXVI.
2. p. 425. n. 12. E. eburneum Roth. — Schkuhr fil. t.
168. Fl. danica t. 1461.

Um Prodromo in schattigen Schluchten an Quellenabflüssen,
gegen Demithu und Trisedies. 14. Mai n. 864 a.

Europa, Westasien, Nordafrika, Nordamerika.

POLYPODIACEAE.

Gymnogramme Desv. in Berl. Mag. V. pag. 304. Endl.
gen. n. 606.
G. leptophylla, Dev. Journ. bot. 1, 26. — Schk. fil. t. 26.
Hooker et Greville Ic. fil. t. 25. Asplenium lepto-
phyllum Cavanilles Ann. Scienc. Vol. V. 13. t. 41.

Zwischen Moosen auf den Felsen um's Kloster St. Croce,
2. April n. 186 a.; am Pentadactylos 13. April n. 337 a.

Portugal, Nordafrika, Südfrankreich, Corsica, Sicilien, Orient.

---

*) Die hinter den Standorten angegebenen (n) Nummern beziehen sich
auf die k. k. Sammlung des botanischen Hofcabinets und die vertheilten
Herbarien wie auch auf mein botanisches Tagebuch. (Kotschy.)

Ceterach, Willd. enum. 1068. Endl. gen. No. 606c.

C. **officinarum,** Willd. Sp. V. p. 136. Féc genera fil. 206. t. 30 f. 2. Scolopendrium Ceterach. Engl. Bot. t. 1244. The Firns Moor t. 43.

Auf schattigen Felsen auf dem Pentadactylos 13. April n. 375 a.

Canarische Inseln, Nordafrika, Portugal, Süd- und Mitteleuropa.

Polypodium, Linn. gen. n. 79. Endl. gen. n. 615.

P. **vulgare,** Linn. sp. 1544. Engl. bot. t. 1149, Milde Nova Act. natur. curios. XXVI. 2. p. 627. Sturm Flora XXIV. 3. Fl. dan. t. 1060.

Auf Felsen des Nordabhanges vom Pentadactylos häufig, den 13. April n. 338a.

Europa, Nordafrika, Asien, Nordamerika.

Notochlaena RBr. Endl. gen. n. 614.

N. **Marantae** R. Br. Prod. 146. Webb. Phytogr. Canar. III. p. 455. Acrostichum Maranthae Linn. sp. 1569. Sibth. fl. gr. t. 964. Smith Prod. fl. gr. II. p. 271. n. 2344.

In Cypern Sibth. Felsen von St. Croce. 13. April: n. 192. An Felsen über den sumpfigen Wiesen bei Dicomo am Wege nach Cerinia 16. April n. 464.

Cheilanthes Sw. Syn. t. 3 f. 5—7. Endl. gen. n. 618.

Ch. **fragrans** Webb. Phytogr. Canarien. III. p. 452. Polypodium fragrans Linn. Mant. II. 307. Sm. Prod. fl. gr. II. p. 278. n. 2367.

In Cypern an Felsen nach Sibthorp.

Canarische Inseln, Nordafrika, Schweiz, Orient.

Adiantum Linn. gen. 1180. Endl. gen. n. 620.

A. **Capillus Veneris** Linn. sp. 1558. Moore et Lindley The Firns t. XLV. Jacq. Mis. Aust. II. 77 t. 7.

Um Quellen an schattigen Orten und in Schluchten bei Kythrea an der Quelle unter dem Pentadactylos 13. April n. 331. Bei Fini an der Südseite des Troodos 17. Mai n. 883 und vielen andern Stellen.

Asien, Afrika, Amerika und Südeuropa.

Pteris Linn. gen. n. 1174. Endl. gen. n. 622.

P. aquilina Linn. sp. 1533. Moore et Lindley The Firns t. XLIV. Engl. Bot. 1679. Smith Prod. fl. gr. II. p. 277 n. 2364. Πτερις hodie in Cypero.

Auf der ganzen Höhe des Troodos allgemein auf feuchteren Stellen schon von Sibthorp angeführt. Die häufigste Pflanze nach Pinus Laricio in deren Schatten.

Europa, Asien, Amerika.

Asplenium Linn. gen. 1176. Endl. gen. n. 630.

A. Adianthum nigrum Linn. sp. 1541. Moore et Lindl. The Firns tab. 36, 37. var. acutum Borg. — Engl. bot. t. 1950.

In tiefen schattigen Schluchten der Südseite des Troodos beim Dorfe Fini 17. Mai n. 737, wo die Wedel bis 2 Fuss hoch wachsen.

Europa, Asien, Afrika, Nordamerika.

A. viride Huds. fl. Angl. 385. Moore et Lindley The Firns t. 40. Engl. bot. t. 2257.

An schattigen Stellen in Schluchten des Troodos, Mai n. 864.

Nord- und Mitteleuropa, Westasien, Nordwestamerika.

Nephrodium Richard in Mich. fl. bor. Am. Mich. II. 266. Endl. gen. n. 639.

N. pallidum Bory Exped. Morée Botanique p. 287 n. 1335 t. 36. Aspidium Filix mas Gaudry Recherches en Orient p. 199. Osmunda cypria? Sibthorp Journal in Walpol Mem. p. 26.

Nordseite des Pentadactylos 13. April n. 375. Bei Fini und um Prodromo nicht selten in tiefen Schluchten 17. Mai n. 884. Bei Fontana amorosa am Flüsschen im Schatten der Bäume den 13. Mai 1787 Sibth.

Griechenland, Anatolien, Syrien.

Cystopteris Bernh. in Schrader Journ. 1806. p. 49. t. 2 f. 7. Endl. gen. n. 641.

C. fragilis Bernh. l. c. — Moore et Lindley The Firns tab. 46a Hook. gen. fil. t. 52³.

Auf der Spitze vom Troodos an der Nordseite 20. Mai n. 914.

Asien, Amerika, Nordeuropa.

LYCOPODIACEAE.

Selaginella Spring in Regensb. bot. Zeit. 1838 p. 148
Spring Monogr. Lycopod. II. p. 52.

S. denticulata Link fil. hp. hort. Berol. 159. Spring. Monogr.
Lycopod. II. p. 82. n. 24. Dillen. hist. Musc. tab. 66.
fig. 1. A.

In Cypern nicht selten auf St. Croce 2. April n. 190a. Bei
Limasol 1840 häufig gefunden.

Mittelmeerküsten, Schweden, Carpathen, Azoren, Madera, Cap der
guten Hoffnung.

CYTINEAE.

Cytinus Linn. gen. n. 1232. Endl. gen. n. 1232.

C. Hypocistis L. Syst. nat. ed. 2. p. 602. Cav. Ic. II. p. 55.
fig. 171. Desf. Fl. Atl. II. 326. Sibth. fl. gr. tab. 938.
Reichb. Ic. XI. fig. 1150.

— — — var. **cermesina**.

Auf Cistus Creticus bei Prodromo häufig Mitte Mai n. 751.

Südeuropa, Tyrol, Nordafrika, Westasien.

GRAMINEAE.

Oryza Linn. gen. n. 448. Endl. gen. n. 729.

O. sativa Linn. sp. 475. Steudel Syn. gram. p. 3. n. 1.
Beauv. Agrostog. t. VII. f. 7. 8. Host Gram. III. t. 325.
Wird bei Colossi gebaut.
Wild in China und Ostindien.

Zea Linn. gen. n. 1042. Endl. gen. n. 742.

Z. Mays Linn. sp. 1378. Steudel Syn. gram. p. 9. n. 1.
Beauv. t. 24. fig. 3. Gaertn. Carp. t. 1. fig. 4.
In Cypern gebaut.
Wild in der Paraguay.

Alopecurus Linn. gen. n. 78. Endl. gen. n. 747.

A. anthoxanthoides Boiss. Diag. XIII. p. 42. Steudel Syn. I. p. 421. n. 30 b.

Auf Feldern an feuchteren Orten bei Haggia Napa 30. März n. 130.

Syrien, Cilicien.

A. pratensis Linn. sp. 88. Steudel Syn. gram. p. 148. n. 20. Smith Prod. fl. gr. I. p. 42. n. 146. Schreb. gram. I. t. 19. f. 1. Trin. ic. IV. t. 44.

In Cypern nach Sibthorp's Angabe.

Fast in ganz Europa.

Phleum Linn. gen. n. 77. Endl. gen. n. 750.

P. asperum Vil. Delp. II. t. 2. fig. 4. Steudel Syn. gram. p. 151. n. 9. P. paniculatum Sm. Engl. Bot. t. 1077. Host. gram. II. t. 37.

Bei Episkopi an Feldern um die Wassergräben 11. Mai; auch bei Kuklia n. 616 a.

Südeuropa.

Phalaris Linn. gen. n. 74. Endl. gen. n. 753.

P. minor Retz 3. 8. Obs. Steudel Syn. Gram. p. 11., n. 11. Trin. ic. VII. t. 79. Host. gram. II. t. 39. Ph. aquatica Reichb. Ic. fig. 1493.

Auf Aeckern von Nicosia n. 454. Sehr häufig hinter Citti im Weizen 27. April.

Canarische Inseln und Mittelmeerländer.

P. Paradoxa Lin. Cod. 462. Steudel Syn. gram. p. 10. n. 5. Schreb. t. 12. f. 1. 2. Trin. ic. t. 82. Host. gram. II. t. 40. Reichb. Ic. l. fig. 1491.

An Rändern nasser Aecker in der Mesaurea bei Synkrasi 23. April n. 539.

Portugallis Orient.

Milium Linn. gen. n. 79. Endl. gen. n. 762.

M. effusum Linn. sp. 90. Steudel Syn. gram. p. 34. n. 1. Reichb. Ic. I. fig. 1456. Host. gram. III. t. 22. Smith Prod. fl. gr. I. p. 44. n. 150.

In schattigen Hainen Cyperns nach Sibthorp.

Ganz Europa, Sibirien.

178

Panicum Linn. gen. n. 76. Endl. gen. n. 770.

  P. verticillatum Linn. sp. 81. Steudel Syn. gram. p. 53. n. 215. Engl. Bot. t. 874. — Host. Gram. IV. t. 13. Trin. Ic. t. 202.

      In Saaten von Linsen bei Limasol 30. April n. 606 a.
      Europa, Asien, Amerika.

Urachne Trin. Stip. p. 13. Endl. gen. n. 794 a.

  U. coerulescens Trin. Stip. p. 14. Steudel Syn. gram. p. 121. n. 5. Milium coeruleum Desf. Atl. t. 12. Piptatherium coerulescens. Beauv. Agrost. t. 5. fig. 10. Kunth Synops. I. p. 176. Ejusd. Synops. t. 11. f. 2.

      Auf Hügeln bei Amathus unweit Limasol 29. April n. 586. Um Chrysorooditissa 8. Mai n. 694 a.
      Mitteleuropa bis in den Banat.

  U. parviflora Trin. Unifl. p. 173. Steudel Syn. gram. p. 121. n. Milium arundinaceum Sibth. fl. gr. t. 66. Host. Gram. III. t. 45. Piptatherium multiflorum Beauv. Agrost. 18. Kunth. Enum. I. p. 177. n. 3.

      In der Umgebung von Colossi an Gräben 2. Mai.
      Südeuropa, Nordafrika.

Stipa Linn. gen. n. 90. Endl. gen. n. 798.

  S. tortilis Desf. Atl. I. p. 99, t. 31. fig. 1. Steudel Syn. gram. p. 130. n. 84.

      In Cypern nicht selten. Bei Melandrina 19. April n. 525. Anhöhen um Larnaca n. 78. Auf Aphanit bei Fillani n. 222. Am Hierokypos bei Papho 5. Mai.
      Südeuropa, Nordafrika.

  S. pennata Linn. sp. 115. Steudel Syn. gram. p. 131. n. 92. Host gr. IV. t. 33. Smith Prod. fl. gr. I. p. 65. n. 237.

      In Cypern nach Sibthorp.
      Südeuropa, Ungarn, Nordafrika, Kaukasus, Sibirien.

Polypogon Desf. fl. atl. I. 66. Endl. gen. n. 813.

  P. monspeliensis Desf. l. c. Steudel Syn. gram. p. 184. n. 13. Phleum crinitum Sibth. fl. gr. tab. 62. Schreb. gram. tab. 20. fig. 3.

Bei Haggia Napa Nr. 107. Um Mazoto n. 560. Sehr häufig bei Camars an der Grenze von Karpasso.
Europa, Asien, Afrika und Amerika.

Arundo Linn. gen. n. 93. Endl. gen. n. 821.

A. **Donax** Linn. sp. 20. Steudel Syn. gram. p. 193. n. 1. Host gram. IV. t. 38. Kunth Supl. t. XIV. fig. 7.
An sumpfigen Stellen allgemein verbreitet.
Südeuropa, Nordafrika, Orient, Aegypten.

Phragmites Trin. fund. 134. Endl. gen. n. 824.

P. **communis** Trin. l. c. Steudel Syn. gram. p. 195. n. 1. Rchb. fl. germ. I. 108. Arundo Phragmites Linn. Host gram. IV. t. 39. E. Bot. t. 401.
In Cypern seltener, bei Colossi an Gräben verbreitet.
Europa, Nordasien, Australien, America.

Echinaria Desf. fl. atl. II. 385. Endl. gen. n. 832.

E. **capitata** Desf. l. c. Steudel Syn. gram. p. 201. n. 1. Beauv. Agrost. t. XVII. fig. 2. Kunth. Supl. t. XV. fig. 6. Sesleria echinata Host gram. III. t. 8. Cenchrus capitatus Linn.
Um Prodromo auf trockenen Stellen 12. Mai n. 833.
Südeuropa, Nordafrika, Syrien.

Cynodon Rich. in Pers. Enchr. I. 85. Endl. gen. n. 836.

C. **Dactylon** Pers. l. c. Steudel Syn. gram. p. 212. n. 1. Panicum Dactylon Host gram. II. t. 18. Engl. Bot. t. 850.
Um Limasol in den Gärten an den Wassergräben 30. April.
Europa, Amerika, Neuholland.

Aira Linn. Kunth gram. p. 98. Endl. gen. n. 859.

A. **Caryophyllea** Linn. sp. 97. Steudel Syn. gram. p. 221. n. 35. Engl. Bot. t. 812. Host. gram. II. t. 44. Reichb. Ic. XI. t. 1676.
Bei Prodromo gegen Fini nicht häufig 17. Mai n. 841.
Europa, Nordafrika.

Lagurus Linn. gen. n. 92. Endl. gen. n. 862.

L. **ovatus** Linn. sp. 119. Steudel Syn. gram. p. 183. n. 1.

Schreb. gram. I. t. 19. fig. 3. Host. gram. II. t. 46. Engl. Bot. t. 1334.

Um Larnaca nicht selten auf grasigen Plätzen 7. April n. 313. Capo Gatto bei St. Nicola. Um Kalochorio gegen St. Croce.

Europa, Asien.

Avena Linn. gen. n. 91. Endl. gen. n. 864.

A. **sativa** L. Steudel Syn. gram. p. 230. Host. gram. II. t. 59. Kunth Suppl. t. XX. fig. 1.

Wird bei Morphu als Grünfutter gebaut. Gaudry.

A. **sterilis** Linn. sp. 118. Steudel Syn. gram. p. 230. n. 13. Host. gram. II. t. 57. Jacq. Ic. t. 23. Reichb. Ic. I. fig. 1711.

Bei Larnaca nicht selten n. 8.

Mittelmeergebiet.

A. **hirsuta** Roth. Catal. 3,19. Steudel Syn. gram. p. 230. n. 11. Avena Cypria Sibth. Journ. in Walpole's Mem. p. 23.

In Cypern nicht selten bei Larnaca 26. März n. 68. — Bei Peristeroani 2. Mai 1787 Sibthorp gefunden.

A. **elatior** Linn. sp. 117. Steudel Syn. gram. p. 235. n. 73. *β.* **bulbosa** Gaudin fl. helv. I. 342. Avena bulbosa Willd. Host gram 11. t. 49.

In Cypern selten. Bei Chrysorooditissa zwischen Anagyris foetida und Cistus creticus n. 686.

Fast durch ganz Europa verbreitet.

Poa Linn. gen. n. 83. Endl. gen. n. 876.

P. **annua** Linn. sp. 99. Steudel Syn. gram. p. 250. n. 1. Leers Herbar t. 6. f. 1. Host. gram. 2. t. 64. Engl. Bot. t. 1141. Reichenb. Ic. fig. 1621. Poa supina Schrad. in Host gram. IV t. 27.

Bei Haggia Napa n. 106. Um Larnaca.

Europa, Asien, Afrika, Amerika.

P. **bulbosa** Linn. sp. 99. Steudel Syn. gram. p. 250. n. 7. Host. gram. II. t. 65. Engl. Bot. 1071. Reichenb. Ic. fig. 1619.

Um Larnaca n. 71. Bei Machera den 3. April n. 213.

Var. vivipara im Gebirge an schattigen Felsen gegen Pisuri. Um Prodromo n. 797.

Ganz Europa, Nordafrika, Orient, Sibirien.

P. compressa Linn. sp. 101. Steudel Syn. gr. p. 251. n. 28. Host. gram. II. t. 170. Engl. bot. t. 565. Fl. dan. t. 742. Smith. Prod. fl. gr. I. p. 55. n. 189.

In Cypern nach Sibthorp.

In ganz Europa.

P. Persica Trin. Act. Petrop. VI. l. p. 374. Kunth Enum. I. 359.

Bei Prodromo nicht selten n. 840.

Cilicien, Syrien, Persien.

Glyceria RBr. Prod. 179. Endl. gen. n. 878.

G. sphenopus Steudel in Syn. gram. p. 287. n. 36. Poa divaricata Guan. ill. III. t. 2. fig. 1. Smith Prod. fl. gr. I. p. 54. n. 183. Festuca expansa Kunth Supl. t. 30. fig. 3. Sphoenopus divaricatus Rchb.

In Cypern am Meeresgestade nach Sibthorp. — Um Larnaca 291.

Südeuropa, Nordafrika.

Bryza Linn. gen. n. 84. Endl. gen. n. 883.

B. minor Linn. sp. 102. Steudel Syn. gram. p. 282. n. 5. Engl. Bot. t. 1316. Host. gram. I. t. 28. Sibth. fl. gr. t. 74.

Bei Chrysostomo im Walde der Cupressus horizontalis 15. April n. 428.

Süd- und Mitteleuropa.

B. maxima Linn. sp. 103. Steudel Syn. gram. p. 283. n. 9. Jacq. obs III. t. 60. Host. gram. II. t. 30. Palis. Beauv. Agr. t. XIV. fig. 3.

Bei Larnaca n. 309. Bei Limasol 1859, 9. April. n. 431.

Südeuropa, Afrika, Ostindien, Neuholland.

B. media Linn. sp. 103. Steudel Syn. gram. p. 282. n. 2. Host. gram. II. t. 29. Engl. Bot. t. 340. Smith Prod. fl. gr. I. p. 57. n. 196.

In Cypern nach Sibthorp.

Von Griechenland bis Lappland, Nordamerika.

Melica Linn. gen. n. 82. Endl. gen. n. 887.

  M. minuta Linn. Mant. 32. Steudel Syn. gram. p. 291.
n. 49. M. saxatilis Sibth. fl. gr. tab. 71. Smith Prod.
fl. gr. I. p. 50. n. 170.

    In Cyperns Bergen nach Sibth. — Bei Melandrina n. 520.
Bei Chrysorooditissa n. 682. Um Prodromo gegen Trisedies
n. 867.

    Südeuropa, Nordafrika.

Koeleria Persoon Ench. I. 97. Endl. gen. n. 889.

  K. phleoides Persoon Ench. Steudel Syn. gram. p. 294.
n. 27. Festuca phleoides Vill. Host. gram. III. t. 21.

    In Cypern an Aeckern der Anhöhen bei Larnaca 8. April
n. 259.

    Im ganzen Mittelmeergebiet.

Dactylis Linn. gen. n. 86. Endl. gen. n. 892.

  D. glomerata Linn. sp. 105. Steudel Syn. gram. p. 297.
n. 1. Fl. dan. 743. Host. gram. II. t. 94. Engl. Bot.
t. 335. Schreb. gr. II. t. 8. f. 2.

    Um Prodromo einzeln herumstehend, ist seltener n. 877 a.

    Ganz Europa, Nordafrika, Asien, Nordamerika.

Cynosurus Linn. gen. n. 87. Endl. gen. n. 894.

  C. elegans Desf. fl. atl. I. p. 82. t. 17. Steudel Syn. gram.
p. 299. n. 3. C. gracilis Viv. fl. lybica.

    Auf dem Pentadactylos um schattige Felsen sehr häufig 13.
April n. 380. 337. Auch sonst aber nur auf Kalk.

    Südeuropa, Orient, Brasilien.

Lamarkia Moench meth. 201. Endl. gen. n. 895.

  L. aurea Moench l. c. Steudel Syn. gram. p. 300 n. 1.
Kunth Agrost. p. 389. Cynosurus aureus Linn. sp. 107.
Host. gram. III. t. 4. Jacq. Ic. t. 630. Sibth. fl. gr.
tab. 79. Smith Prod. fl. gr. I. p. 58. n. 205.

    In Cypern an rauhen und steinigen Stellen bei Peristeroani
2. Mai 1787 nach Sibthorp. — Bei Limasol an Ackerrändern zerstreut 30. April.

    Südeuropa, Nordafrika, Orient, Abyssinien.

Festuca Linn. Endlicher genera n. 899.

F. rigida Kunth Enum. I. 129. Steudel Syn. gram. p. 302. n. 8. Poa rigida Linn. Engl. Bot. t. 1371. Host. gram. II. t. 74.

Um Prodromo an feuchteren Stellen gegen Trisedies 14. Mai n. 859.

Südeuropa, Nordafrika.

F. dura Vill. Dauph. II. 94. Steudel Syn. gram. p. 303. n. 14. Sesleria dura Kunth Agrost. Supl. t. XXII. f. 4. Smith Prod. fl. gr. I. p. 53. n. 181. Poa dura Host. gr. II. t. 73. Cynosurus durus Sibth. Journ. in Walpole's Memoirs p. 23.

In Cypern bei Peristeroani den 2. Mai 1787 Sibth. — Bei Prodromo 6. April 1859.

Südeuropa, Kaukasus.

E. distachya Willd. Enum. p. 118. Steudel Syn. gram. p. 317. n. 229. Bromus distachyus Linn. Host. gram. I. tab. 20. Festuca monostachya Desf. Atlant. t. 24. fig. 2.

In Cypern um Prodromo 12. Mai n. 814. Um St. Croce 2. April n. 215.

Südeuropa, Nordafrika, Orient.

Bromus Linn. gen. n. 89. Endl. gen. n. 900.

B. madritensis Linn. Steudel Syn. gram. p. 318. n. 9. Host. gram. I. tab. 18. Engl. Bot. t. 1006. Reichenb. Ic. I. fig. 1584.

In Cypern häufig n. 256, 356, 453, 798.
Mittel- und Südeuropa, Nordafrika.

B. tectorum Linn. Codex 642. Reichb. Ic. fig. 1582.

Auf Conglomerat um Larnaca, am Capo Greco häufig.
In ganz Europa, Kaukasus, Orient.

B. rubens Linn. Steudel Syn. gram. p. 318. n. 10. Delile Aegypten t. 11. fig. 2. Cav. ic. t. 45. Reichb. Ic. fig. 1586.

Um Larnaca auf Anhöhen 6. April n. 307a.
Südeuropa, Creta, Nordafrika.

B. maximus Desf. fl. atl. t. 26. Steudel Syn. gram. p. 319. n. 13. B. madritensis Cav. ic. VI. t. 67 (non Linn.).

Um Prodromo an sonnigen Lehnen den 17. Mai n. 837.
Südeuropa, Nordafrika.

B. divaricatus Rhode, Steudel, Syn. gram. p. 325. n. 98.
Bei Larnaca auf Canglomerat im März.
Südeuropa.

B. squarrosus Linn. Reichb. Ic. fig. 1598.
Auf der Insel allgemein verbreitet n. 214, 270.
Mittel- und Südenropa, Kaukasus, Nordafrika, Orient.

Lolium Linn. gen. n. 95. Endl. gen. n. 912.

L. perenne Linn. sp. 122. Steudel Syn. gram. p. 340.
n. 1. Engl. Bot. t. 315. Host. gram. I. t. 25. Kunth
Enum. I. Sppl. t. 33. fig. 1.
Um Chrysostomo an den Aeckern des Vorwerkes 15. April
n. 451.
Europa, Asien, Nordamerika.

L. strictum Presl var. compressum. Bois. Diag. II. 4. p. 144.
Bei Larnaca am Meeresstrande im Salzboden, n. 262.
Griechenland.

L. temulentum Linn. sp. 122. Steudel Syn. gram. p. 340.
n. 17. Fl. dan. t. 160. Schreb. gram. t. 36. Engl.
Bot. t. 1134.
In der Umgebung von Larnaca 26. März n. 28. Bei Moni
28. April n. 588.
Europa, Neuholland, Japan, Chili.

Triticum Linn. gen. n. 913. Endl. gen. n. 913.

T. vulgare Linn. sp. Steudel Syn. gram. p. 341. n. 1.
Host. gram. III. t. 26. Metzger Cereal. t. I. 1. 2.
Beauv. Agrost. t. 20. f. 4.
In Cypern vielfach gebaut.
Europa, Mittelasien, Neuholland und Amerika gebaut.

T. turgidum Linn. sp. 126. Steudel Syn. gram. p. 341.
n. 4. Metzger Cereal. t. 23. T. compositum Linn.
Host. gram. III. t. 27.
In Cypern gebaut.
Südenropa und Aegypten gebaut.

T. Spelta Linn. sp. 127. Steudel Syn. gram. p. 341. n. 9.
T. Zea Host. gram. I. t. 29. Metzger Cereal. p. 27. t. IV.

In Cypern am Gebirge gebaut.

Mittel- und Südeuropa.

T. junceum Linn. sp. 128. Steudel Syn. gram. p. 342. n. 21. Host. gram. III. t. 33. Fl. Dan. t. 916. Engl. Bot. t. 814.

Nördlich von Papho am Meer im Flugsande 6. Mai n. 671ᵃ.

Europa, Taurien, Kaukasus.

Hordeum Linn. gen. n. 96. Endl. gen. n. 917.

H. vulgare Linn. sp. 125. Steudel Syn. gram. p. 351. n. 1. Host. gram. III. t. 34. Beauv. Agrost. t. 21. fig. 1. Metzger Cereal. t. 9.

In ganz Cypern allgemein als Futterkraut gebaut und hierzu dreimal in einem Frühjahr abgemäht.

H. hexastychum Linn. sp. 125. Steudel Syn. gram. p. 351. n. 2. Host. gramineae I. t. 35. Viborg Cereal. t. 2. Metzger Cereal. t. 10.

In der Mesaurea häufig gebaut.

H. distichum Linn. Cod. 712. Metzger Cereal. t. 11.

In der Gegend von Larnaca gebaut.

H. zeocriton Linn. sp. 125. Steudel Syn. gram. p. 351. n. 7. Host. gram. I. t. 37. Metzger Cereal. t. 11. fig. 13.

In Cypern gebaut.

H. bulbosum Host. gram. IV. t. 13. Steudel Syn. gram. p. 352. n. 11. Sibth. fl. gr. tab. 98. Smith Prod. fl. gr. I. p. 73. n. 256.

In Cypern Sibthorp. — Bei Melandrina 19. April n. 524. Capo Gatto bei Limasol 1. Mai n. 620ᵃ.

Südeuropa. Nordafrika, Syrien.

H. murinum Linn. sp. 126. Steudel Syn. gram. p. 352. n. 16. Fl. dan. t. 629. Host. gram. I. t. 32. Engl. Bot. t. 1971.

In den Gärten von Kithrea unter dem Pentadactylos 12. April n. 357.

Europa, Asien, Amerika.

H. maritimum Wither. Bot. Arr. 172. Steudel Syn. gram.

p. 352. n. 20. Fl. dan. 1632. Host. gram. I. t. 34.
Engl. Bot. t. 1205. Reichenb. Ic. fig. 1364.

In den Thälern bei Camares nördlich von Famagosta 22.
April n. 535 sehr häufig, bedeckt da ganze Strecken der
Salzmulden mit Polypogon monspeliensis.

Europa, Asien, America.

Aegilops Linn. gen. n. 1150. Endl. gen. n. 918.

A. ovata Linn. sp. 1489. Steudel Syn. gram. pag. 354.
n. 1. Host. gram. III. t. 5. Reichb. Ic. XI. fig.
1354. Beauv. Agrost. t. 20. f. 5.

Bei Larnaca nicht selten im April n. 274.
Südeuropa.

A. triuncialis Linn. sp. 1489. Steudel Syn. gram. p. 354.
n. 5. Schreb. gram. t. 10. fig. 1. Host. gram. II. t. 6.
Rchb. Ic. fig. 1355.

In Cypern an der Südküste bei Citti 27. April.
Mediterrangebiet.

Philurus Trin. fund. 93. Endl. gen. n. 921.

P. nardoides Trin. l. c. Steudel Syn. gram. p. 357. n. 1.
Rottboelia monandra cav. ic. I. t. 39. fig. 1. Asperella
nardoides Host. gram. IV t. 29. Nardus aristata Linn.
sp. 84. Smith Prod. fl. gr. I. p. 35. n. 120.

In Cypern nach Sibthorp auf Aeckern. — Bei Prodromo
Mitte Mai n. 842.
Mediterrangebiet.

Lepturus KBr. prod. 207. Endl. gen. n. 922.

B. incurvatus Trin. fund. 123. Steudel Syn. gram. p. 357.
n. 1. Rottboelia incurvata L. cav. ic. III. t. 213. Host.
gram. I. t. 23. Sibth. fl. gr. tab. 91. Smith Prod. fl.
gr. I. p. 71. n. 248.

In Cypern am sandigen Meeresstrande nach Sibthorp. —
Bei Larnaca n. 248. Bei Ivadli 28. April n. 536. Auch sonst
häufig.
Mediterrangebiet.

L. filiformis Trin. fund. 123. Steudel Syn. gram. p. 357
n. 2. Rottboelia erecta Savi Giorn. Pisan. IV 230. Fig. 5. 6.
> Bei Mazoto zwischen Larnaca und Limasol den 27. April
n. 239.
> Nord- und Mitteleuropa.

Saccharum Linn. gen. n. 73. Endl. gen. n. 939.
S. officinarum Linn. sp. 79. Steudel Syn. gram. p. 405
n. 1. Tratt. tab. 399. Hayne Arzeneipfl. t. 30. 31.
> In Cypern einst vielfach gebaut, jetzt nur in den Gärten
von Episkopi.
> Ostindien.

S. Ravennae Murr. Syst. Veg. 88. Steudel Syn. gram. p.
408. n. 42. Host. gram. III. t. 1. Erianthus Ravennae
P. B. Rchb. Ic. fig. 7505. Andropogon Ravennac L. sp.
1481.
> In den Gärten von Warosia bei Famagosta.
> Mittelmeergebiet.

Imperata Cyrill ic. var. II. t. 11. Endl. gen. n. 940.
I. arundinacea Cyrill. l. c. Steudel Syn. gram. p. 405. n. 1.
I. cylindrica Beauv. Agr. t. 5. fig. 1. Saccharum Lam.
ill. t. 40. f. 2.
> Auf Wiener-Sandstein im Hügellande zwischen Kithrea
und Chrysostomo 16. April n. 370.
> Südeuropa, Nordafrika, Senegal, Ostindien.

Andropogon Linn. gen. n. 1145. Endl. gen. n. 950.
A. distachyum Linn. sp. 1481. Steudel Syn. gram. p. 372.
n. 99. Jacq. ic. rar. t. 630. Host. gram. III. t. 2.
> Nordküste am Kloster Antiphoniti bei Melandrina den
20. April n. 523.
> Südeuropa, Nordafrika.

A. halepensis Sibth. fl. gr. t. 68. Steudel Syn. gram. p.
394. n. 384. Holcus halepensis L. Schreb. gram. t. 18.
Host. gram. I. tab. 1.
> An Rändern der Aecker 30. April zwischen Limasol und Colossi.
> Südeuropa, Südamerika, Orient, Ostindien, Süd- und Nordamerica.

A. Gryllus Linn. sp. 1480. Steudel Syn. gram. p. 395. n. 402. Host. gram. II. tab. 1. Sibth. fl. gr. t. 67. Smith Prod. fl. gr. I. p. 46. n. 157.

Auf unfruchtbaren steinigen Stellen in Cypern nach Sibth.
Europa, Nordafrika, Ostindien, Neuholland.

A. hirtum Linn. sp. 1482. Steudel Syn. gram. p. 384. n. 261. Reichb. Ic. I. fig. 1498.

An Wassergräben zwischen Colossi und Episcopi 2. Mai n. 617.
Am ganzen Mittelmeer, auch Nordafrika.

CYPERACEAE.

Carex Mich. nov. gen. n. 33. Endl. gen. n. 957.

C. divisa Huds. angl. 348. Reichb. Ic. VIII. fig. 545. Engl. Bot. t. 1096.
C. schoenoides Desf. Atl. II. 336.

Um Colossi an Gräben n. 620.
Mittel- und Südeuropa, Nordafrika.

C. muricata Linn. Cod. 7065. Steudel Syn. Cyper. p. 192. n. 129. Host gram. I. t. 54. Engl. Bot. t. 1096. Schk. Car. fig. 22. Reichb. Ic. VIII. fig. 561.

An feuchteren schattigen Stellen um Prodromo n. 855.
In ganz Europa und Algier.

C. divulsa Good Trans. of Linn. soc. II. 150 Steudel Syn. Cyper. p. 193. n. 134. Host. gram. I. t. 55. Reichb. Ic. VIII. fig. 570.

Bei Episkopi am Wassergraben nicht selten, n. 620.
Ganz Europa, Algier.

C. distans Linn. Cod. 7091. Steudel Syn. Cyper. p. 223. n. 547. Engl. Bot. t. 1234. Fl. dan. t. 1049. Reichb. Ic. VIII. fig. 622.

Im Cypressenwald bei Chrysostomo an feuchten Stellen 394.
Bei Episcopi an Gräben. n. 612.
Europa, Asien, Nordamerika, durch ganz Europa.

C. vulpina Linn. Cod. 7065. Steudel Syn. Cyper. p. 192.
n. 125. Engl. Bot. t. 307. Flor. dan. t. 308. Reichb.
Ic. VIII. fig. 564.
> In Cypern auf Rasenplätzen bei Prodromo. n. 712.
> Durch ganz Europa.

C. remota Linn. Cod. 7068. Steudl Syn. Cyper. p. 200.
n. 228. Fl. dan. t. 370. Host. gram. I. t. 52. Engl.
Bot. t. 832. Reichb. Ic. VIII. fig. 556.
> In Cypern an Quellenabflüssen bei Prodromos n. 826.
> England, Schweden, Mittel- und Südeuropa.

C fulva Good. Act. Linn. II. t. 20. fig. 6. Steudel Syn.
Cyper. p. 223, n. 551. — Engl. Bot. 1295. Schkuhr
fig. 67.
> Auf der Nordseite der Kalkalpen n. 494.
> In Europa.

C. glauca Scop. fl. car. n. 1157. Steudel Syn. Cyper. p. 235.
n. 708. Reichb. Ic. VIII. f. 648. Carex flava Schkuhr
fig. 57. et 113. Host. gram. I. t. 90
> Um Prodomo in schattigen Schluchten n 826ᵃ·
> Durch ganz Europa.

Chaetospora KBr. prod. 232. Endl. gen. n. 968.
Ch. ferruginea Reichb. fl. germ. I. p. 74. Steudel Syn.
Cyper. p. 160 n. 1. Schoenus ferrugineus Linn. Host.
gram. IV. t. 71.
> In Cypern am felsigen hohen kahlen Meeresstrand der Südwest-
> seite des von Stürmen gefegten Bodens auf dem Capo Gatto. n. 600.
> Bei Prodromo selten n. 890.
> Europa.

Scirpus Linn. gen. n. 67. Endl. gen. n. 1000.
S. littoralis Schrad. Germ. t. 5. fig. 7. Steudel Syn.
Cyper. p. 86 n. 45. S. fimbriatus Del. Aegypt. t. 7.
fig. 1—4.
> Bei Lanarca im Brackwasser des Tamarixhaines bildet er
> kleine oft 6—8 Fuss hohe Gruppen, sonst nirgends gesehen
> n. 289.
> Europa, Nordafrika.

S. maritimus Linn. sp. 74. Steudel Syn. Cyper. p. 87.
n. 60. Engl. Bot. t. 542. Host. gram. III. t. 67. Smith
Prod. fl. gr. I. p. 34. n. 117.

In Cypern nach Sibth. Bei Larnaca n. 310. Um Prodromo
an feuchten Stellen selten. n. 848.

Europa, Asien, Afrika, Amerika, Neuholland.

Cyperus Linn. Endl. gen. n. 1003.

C. olivaris Trag. Tozzet. mem. soc. ital. Reichb. Ic. VIII.
fig. 761.

C. rotundus Steudel Syn. Cyper. p. 32. n. 351.
C. radicosus Sibth fl. gr. t. 45.
C. tetrastachyus Desf. fl. atlant. t. 8.

An Abflüssen der Quellen wo Rasenbildung entsteht; in
den oberen Gärten von Prodromo und im Gartenthal gegen
Trisedies n. 771, sonst nicht angetroffen.

Südeuropa, Nordafrika, Arabien.

JUNCACEAE.

Juncus DC. fl. Fr. III. p. 162. Endl. gen. n. 1049.

J. maritimus Lam. Encycl. III. p. 264. Steudel Syn.
Cyper. p. 297. n. 27. Reichb. Ic. fig. 895. Engl. Bot. t. 1725.
Fl. dan. t. 1689. Host. gram. III. t. 80.

Um Larnaca an Brackwässern.

An allen Meeresküsten bis zu den canarischen Inseln, Cap der
guten Hoffnung und Nordamerika.

J. bufonius Linn. sp. 466. Steudel Syn. Cyper. p. 307.
n. 163. Fl. dan. t. 1098. Host. gram. t. 90. — Reichb.
Ic. fig. 872—876.

Bei Larnaca und sonst nicht selten, n. 63. 559a.

Europa, Asien, Afrika, Amerika.

MELANTHACEAE.

Colchicum Tournef. inst. t. 181. Endl. gen. n. 1086.

C. Troodi Kotschy n. sp. Tubere *ovato subgloboso,* tunicis
fuscis membranaceis secus vaginas florales longe productis

vestito, foliis hysterantiis amplexantibus glabris *longis late lanceolato-linearibus utrinque sensim paululum angustatis apice rotundate-obtusatis* multinerviis *reflexis*, floribus e vagina spathiformi lanceolate-terminata 4—5 prodcuntibus, *tubo perigonii fere aequilongo, laciniis lanceolatis acutis* pallide-roseis, nervis 10—12 reetis, fauce glabra, staminibus ad basin laciniae insertis, filamentis inaequalibus medium limbum perigonii superantibus, antheris linearibus flavis, stylis quam stamina longioribus, stigmate *brevi unilaterali recurvo*, capsulis maturis *pedunculatis* ovato-oblongis *acutatis, apice in carpella dissolutis, carpellis rostratis, rostris apice conniventibus*, plerumque residuis tubi subvestitis.

Proximum C. neapolitano a quo differt forma foliorum et capsularum.

C. autumnale Poech Enum. pl. Cypri p. 8. n. 11. Hodie *Κολχικον* in Cypro.

Im Gebirge um Prodromo zerstreut u. 904.

Bei Trooditissa 1859 n. 1086. In Blüthe am westlichen Troodosabhange 20. Oct. 1840.

C. Bertolonii Stev. in Aet. nov. Mosq. VII. 268 Kunth Enum. IV. p. 143. n. 14.

Im Sandboden gegen Famagosta hinter Augoro den 28. März n. 179.

Corsica, Sicilien, Cephalonien, Athos, Milos, Creta.

LILIACEAE.

Tulipa Tournef. inst. t. 199 et 200. Endl. gen. n. 1091.

T. **montana** Lindl. in Bot. Roy. t. 1106. Kunth. Enum. IV. p. 223. n. 9. Roem et Sehult. Syst. VII. p. 1684.

Bei Pantcleimon am Wege nach Paleo Milo. Auch im westlichen Theile der Insel.

In Süd-Persien, am Sinai, in Cilicien, auf dem Nur Dagh.

192

Gagea Salisb. in Ann. of Bot. II. 555. Endl. gen. n. 1093.

G. spathacea Roem. et Schult. Syst. VII. 541 et 1703.
Kunth. Enum. IV. p. 237 n. 5. Sturm flor. VII. 27.
Reichb. fl. ger. 10. 476. Smith Prod. fl. gr. I. 229.
Sibth. fl. gr. tab. 331. Red. Lil. t. 242.

In Cypern auf dem Olympus 5800', und sonst verbreitet,
blüht im Mai n. 889. 803.

Westliches Mittel- und Südeuropa, Taurien, Inseln Griechenlands.

G. Billardieri Kunth. Enum. IV. p. 242. n. 17^a.
Anthericum villosum Labill. pl. Syr. Dec. V. p. 14.
t. 9. fig. 1.

Auf dem Troodos den 20. Mai, um die Spitze häufig 803^a.
Nordseite von St. Croce 2. April n. 190. — Pentadactylos
13. April n. 368. 416.

Kleinasien, bei Ephesus, Syrien.

G. arvensis. Roem. et Schult. Syst. VII. 547. Kunth. Enum.
IV. p. 240. n. 14. Ornithogalum arvense Sibth. fl. gr.
t. 334. Smith Prod. fl. gr. I. p. 230. n. 792.

Um Prodromos in Laubwäldchen 19. Mai n. 804. Am Nordabhange von St. Croce 2. April. n. 191.

Europa, Caucasus, Anatolien, Persien.

Lloydia Salisb. msc. Endl. gen. n. 1094.

L. graeca Endl. gen. p. 140. Kunth Enum. IV. p. 245. n. 2.
Anthericum graecum Linn. sp. 444. Sibth. fl. gr. t. 336.
Smith Prod. fl. gr. I. p. 234. n. 805.

Auf Cypern Sibth. — In der Tracheotis gegen Famagosta
häufig den 28. März. Auf St. Croce n. 194, zwischen Melandrina
und Antiphonito n. 515.

Auf den Inseln des Peloponneses, Creta.

Aloe inst. t. 190. Endl. gen. n. 1115.

A. vulgaris Lam. Encycl. I. 86. Desf. Atl. I. 310. Sibth.
fl. gr. t. 341. Smith Prod. fl. gr. I. 239?.

et Schult. VII. p. 693. Sibth. fl. gr. t. 341? A. vulgaris Linn. Encycl. I. 86. Desf. fl. Atl. l. 310 Smith Prod. fl. gr. I. p. 239? Aloe vera Sibth. Journ. in Walpole's Mem. p. 16.

In Cypern auf Schutthaufen von Famagosta den 18. April, bei Bafo den 11. Mai 1787 nach Sibth. Aus Mekka in Larnaca eingeführt.

In Spanien, Sicilien, Griechenland und Nordafrika halbverwildert.

Botryanthus Kunth. Enum. IV. p. 310. Endl. gen. n. 1118/1.

B. parviflorus Kunth. Enum. IV. p. 312. n. 4.
Muscari parviflorum Desf. Atl. I. 309. Guss. Prod. fl. Sic. I. 427 Roem. et Schult. Syst. VII. 592.
Hyacinthus parviflorus Pers. Enchirid. I. 375.
Bei Prodromo über dem verlassenen Kloster Panaija im Sumpfboden zwischen Pteris aquilina und Rubus 6. April 1859. n. 405. Herb. Vindob.

Algier, Sicilien, Syrien, Libanon.

Bellevalia Lapeyr. in Journ. de Phys. LXVII. p. 425. n. 1. Endl. gen. n. 1119.

B. romana Reichb. fl. germ. 105. Nees. jun. Gen. IV. t. 8. fig. 1—3. 6—12. Kunth. Enum. IV. p. 307. n. 2. Reichb. fl. germ. X. t. 458.
Hyacinthus romanus Linn. mant. 224. Willd. II. 169. Red. Lil. t. 334. Sibth. fl. gr. t. 340. Schult. Syst. VII. p. 587. Smith. Prod. fl. gr. I. p. 237. n. 814.
Scilla romana Bot. Mag. t. 939.
In Cypern Sibth. — Am Wege von Larnaca nach Famagosta bei Augoro 28. März, n. 93. Beim Mascherakloster 5. April, n. 216,

Barbarei, Frankreich, Italien, Sicilien, Dalmatien, Griechenland.

B. trifoliata Kunth. Enum. IV. p. 308. n. 4.
Hyacinthus trifoliatus Tenore fl. Neap. III. 376. t. 136.
In Cypern, nach Lefevre.
Apulien, Scio, Persien.

B. nivalis Boiss. Diag. IV. p. 110.

Im Aufsteigen der ersten Schlucht von Prodromo rechts gegen den Troodos hinauf 6. April 1859. n. 411.

Antilibanon über Zebdaine.

B. comosa Kunth. Enum. IV. p. 306. n. 1.

Hyacinthus comosus Linn. Spec. 455. Jacq. Aust. 126. Smith. Prod. fl. gr. I. p. 238. n. 817. Bot. Mag. 133. Willd. sp. II. 169.

Muscari comosum Mill. Dict. n. 2. Red. Lil. t. 231. Cypriis „Βωλβο" hodie.

In Cypern nach Sibth. Bei Nicosia in Saatfeldern sehr häufig 1859. n. 468.

Bei Larnaca n. 184. Bei Kitrea n. 351 und an der Nordseite des Pentadactylos. Um das Kloster Melandrina werden die Zwiebeln genossen n. 510. Um Prodromo n. 892, also allgemein verbreitet und blüht im April und Mai.

Mittel- und Südeuropa, Morea, Nordafrica, Aegypten, Syrien, Sicilien, Georgien, Mesopotamien.

Scilla Linn. gen. n. 419. Endl. gen. n. 1130.

S. autumnalis Linn. sp. 443. Cav. Ic. III. t. 274. fig. 2. Kunth. Enum. IV. p. 315. n. 2. Engl. Bot. 78. Willd. sp. II. 130. Red. Lil. t. 317. Bot. Mag. t. 919.

Auf Hügeln von Kalkconglomerat um Paphos häufig den 14. November 1840. n. 56.

Im westlichen und südlichen Europa, Spanien, Frankreich, Italien, Morea, Cycladen, Rumelien, Taurien, Cilicien, Syrien, Nord-Afrika.

S. bifolia Linn. sp. 443. Kunth. Enum. IV. p. 316. n. 6. Fl. dan. t. 568. Bot. Mag. t. 746. Engl. Bot. t. 24.

Auf dem Kirchhofe bei Famagosta zerstreut, 28. März.

Mittel- und Südeuropa, Taurien, Caucasus.

S. amoena Linn. sp. 443. Kunth. Enum. IV. p. 317. n. 8. Bot. Mag. t. 341.

An der Nordseite vom Buffovento, östlich vom Castello Reg. mit Anemone blanda, den 15. April. n. 414.

Griechenland, Kleinasien.

Urginea Steinh. Ann. sc. nat. 1834. I. p. 321. Endl. gen. n. 1131.

U. **Scilla** Steinh. l. c. Nees. Gen. X. t. 4. Kunth Enum. IV. p. 332. n. 1. S. maritima Linn. sp. 442. Willd. sp. II. p. 125. Red. Lil. t. 116. Roem. et Schult. Syst. VII. p. 556. Reichb. fl. germ. X. 466.

Um Larnaca gegen Castro, bei Kalochorio gegen St. Crocc. Im Orte Lefkera 1500′ über Meer. Eine Stunde nördlich unter dem Kloster von Maschera an 1700′ über Meer. In den Küstengegenden weit verbreitet.

In ganz Südeuropa, Nordafrika, Syrien, Paläst., den canarischen Inseln und am Cap der guten Hoffnung.

Ornithogalum Link. Handb. I. 146. Endl. gen. n. 1132.

O. **tenuifolium** Gussone Prod. fl. Sic. I. p. 314.

O. Gussone Tenore Fl. Neap. III. 371. Kunth. Enum. IV. p. 364. n. 48.

Zerstreut in Vorbergen um Prodromo im Mai. n. 707. zwischen Omodos und Limasol 8. April 1859. n. 498.

Sicilien, Calabrien.

O. **pedicellare** Boiss. et Kotschy in schedul. pl. Cilic. Kurd. n. 412. Bulbo ovoideo tunicis numerosis vestito, foliis crebris *angustissime linearibus planis glabris mox marcescentibus* corymbo brevioribus *exceptis 2 3 extimis longioribus irregulariter reflexis recurvatisve,* scapo 1—2 pollicari pedicellis 1—6 remotis elongatis arrectis, bracteis lanceolato-linearibus longulis sustentis, flores minorum graciles, sepalis lanceolato-ellipticis subacutis $4^{1}/_{2}'''$ longis $1^{1}/_{2}'''$ latis, filamentis e *latiuscula basi apicem versus sensim angustatis,* antheris *oblongis* subsagittatis connectivo prominulo, capsula *sphaeroidea.*

O tennifolio Guss. proximum a quo differt bulbo ovoideo, foliis planis irregulariter reflexis, antheris oblongis subsagittatis.

Auf dem Wege zwischen Larnaca und Athienu entdeckt 1859. n. 412. In der Tracheotis gegen Famagosta 28. März. n. 93ᵃ·

Ist Cypern eigen.

196

O. lanceolatum La Billard. pl. Syr. Dec. V. p. 11. t. 8. Kunth. Enum. IV. p. 360. n. 38.

Um Prodromo weit zerstreut, blüht im Mai, n. 749.
Syrien um Latakia.

O. montanum Tenore. fl. Neap. I. p. 176. t. 53. Kunth. Enum. IV. p. 360. n. 39. Bot. Reg. 1838. t. 28.

Um Prodromo 6. April 1859. n. 37. (sub O. Huetii.)
Sicilien, Italien, Griechenland.

O. pyrenaicum Linn. sp. 440. Kunth. Enum. IV. p. 355. n. 20. Red. Lil. t. 234. Engl. Bot. t. 44. Jacq. Aust. t. 103.

Auf der Westseite von Prodromo um Mitte Mai. n. 910. — Bei Ivatli mit Früchten am 23. April. 528.
Mitteleuropa, Griechenland, Creta, Taurien, Caucasus.

Allium Linn. gen. 409. Endl. gen. n. 1137.

A. sativum Linn. sp. 425. Willd. sp. II. 68. Kunth. Enum. IV. p. 380. n. 1. Guimpel et Schldl. 180. Reichb. fl. germ. X. 488.

In Cypern vielfach gebaut.
Provence, Sicilien, Aegypten, Songarien.

A. Scorodoprasum Linn. sp. 425. [excl. β] Kunth. Enum. IV. p. 381. n. 4. Smith. Prod. fl. gr. I. p. 223. n. 769. Fl. dan. t. 290 et 1455. Plenk. Ic. t. 256. Engl. Bot. 2905. Reichb. fl. germ. X. 490.

Wächst in Cypern nach Sibth.
Durch ganz Europa und Griechenland bis nach Nordafrika.

A. Porrum Linn. sp. 423. Willd. sp. II. 64. Kunth. Enum. IV. p. 384. n. 9. Reichb. fl. germ. X. 489. Plenk. Ic. t. 253. Blakw. Ic. t. 421.

Wird in Cypern häufig gebaut.
Portugal, Spanien, Italien, Aegypten.
Ausgeführt aus den Weinbergen von Mittel- und Südeuropa.

A. rotundum Linn. sp. 423. Willd. sp. II. 65. Kunth. Enum. IV. p. 385. n. 10. Roem. et Schult. VII. 1011.

Reichb. fl. germ. X. 492. — Smith. Prod. fl. gr. I. p. 222. n. 765. Don Monogr. All. p. 14. n. 12. „*Αγριο πρασον,*" hodie Cypriis.

In Cypern nach Sibth.
Mittel- und Südeuropa, Podolien, Taurien, Lenkoran, Italien.

A. descendens Linn. sp. 427 [excl. Syn.] Don Monogr. All. 21. Kunth. Enum. IV. p. 388. n. 20. Sibth. fl. gr. t. 316. Schult. Syst. VII. p. 1017. Smith. Prod. fl. gr. I. p. 224. n. 771.

In Cypern häufig nach Sibth.
Mitteleuropa, Schlesien, Dalmatien, Griechenland, Caucasus.

A. margaritaceum Smith. Prod. fl. gr. I. p. 224. Sibth. fl. gr. t. 315. Kunth. Enum. IV. p. 390. n. 27. Smith. fl. gr. Prod I. p. 224. n. 770. Reichb. fl. germ. X. 401 Roem. et Schult. VII. p. 1022.

In Cypern nach Sibth. — Chrisostomo 15. April. n. 292a.
Sicilien, Macedonien, Athos, Naxos, Brussa, Syrien, Antilibanon.

A. junceum Smith. Prod. fl. gr. I. p. 226. Sibth. fl. gr. t. 322. Kunth. Enum. IV. p. 393. n. 32. Don Monogr. 25. Roem. et Schult. VII. p. 1024.

In Cypern Sibth. — Häufig am Wege von Limasol nach Papho den 3. Mai. n. 624. Bei Prodromo 16. Mai. n. 767.
Bisher nur in Cypern gefunden.

A. Cepa Linn. sp. 431. Lam. ill. t. 242. fig. 2. Kunth. Enum. IV. p. 394. n. 35. Willd. sp. pl. II. p. 80. Sibth. fl. gr. t. 326. Don Monogr. 25. Roem. et Schult. Syst. VII. 1024. Reichb. fl. germ. X. 494.

In grosser Menge in Cypern gebaut und wird von Kormatschiti in Handel gebracht.
Vaterland unbekannt.

A. Graecum d'Urville Exped. Morea 96. Sibth. fl. gr. t. 313.

A. subhirsutum Kunth. Enum. IV. p. 40. n. 128 (ex

parte) Smith. Prod. fl. gr. I. p. 223. n. 767. *Ανκορδα* Cypriis hodie.

Im Kalkgebirge der Nordkette zerstreut, bei Chrysostomo den 15. April. — Sibth. in Cypern.
Morea, Syrien.

A. hirsutum Zucc. in Abhandl. der Münchner Akad. der Wiss. III. p. 232. t. 2. fig. 2. (nec Lam.) Schenk. Pl. Syr. p. 9. n. 46.

Im Gebirge an feuchten Orten von Prodromo gegen Trisedics 14. Mai. n. 768. Bei Maschera 4. April. n. 242.
In Syrien bei Hebron.

A. neapolitanum Cyril. pl. rar. Neap. l. 13. t. 4. Kunth. Enum. IV. p. 439. n. 125.

Don Monogr. 86. Tenore. fl. Neap. t. 137. Reichb. fl. ger. X. 507.

A. album Savi in Santi Viaggio 352. t. 7. Red. Lil. t. 300.

A. lacteum Smith. Prod. fl. gr. I. p. 226. Sibth. fl. gr. t. 325.

Häufig in Cypern auf Felsengrund bei Larnaca n. 304. Am Fusse des Buffavento 15. April. n. 412. Bei Trinithia 1859. n. 481.
Spanien. Frankreich, Sicilien, Barbarei, Griechenland.

A. (Moly) macrospermum Boiss. et Kotschy in schedul. pl. Cilic. et Kurd. 1859. n. 482. 1862 n. 242a.

Bulbo ovato simplici, haud prolifero, tunicis cinereis chartaceis vestito, scapo erecto *ima basi tantum vaginato* tereti glabro striatulo, foliis 3—4 *griseis* patulis lanceolato-elongato-linearibus 4—5''' latis canaliculato-complicatis scapo paulo brevioribus glabris integerrimis sub anthesi parte superiore marcidis, spatha persistente membranacea multinervi tandem disrupta, partitionibus deflexis, pedicellis flore quadruplo longioribus, perigonio sulphureo, *sepalis erectis lanceolatis acutiusculis costa fusco-brunea percursis, filamentis triquetris,* antheris *sagittato-lanceolatis luteis*, capsula *sphaeroidea*, semine scrobiculato aterrimo nitido magno ($1\frac{1}{2}'''$ lato. $2\frac{1}{4}'''$ longo.)

Prope A. Philistaeum **Boiss.** Diag. II. 13. p. 26. collocandum.

In Saatfeldern, bei Nicosia vor dem Thore von Cerinia häufig gefunden, auch sonst in der Ebene zerstreut.

Ist bisher nur in Cypern.

A. nigrum **Linn.** sp. 430. **Red.** Lil. t. 102. **Kunth.** Enum. IV. pag. 447. n. 143. **Willd.** sp. II. 78. **Sibth.** fl. gr. t. 323. **Smith.** Prod. fl. gr. I p. 226. n. 779. **Don** Monogr. 48. **Roem. et Schult.** Syst. VII. 1114. **Webb.** Canar. 234. **Reichb.** fl. germ. X. 505.

In Cypern nach **Sibth.** — Um Larnaca in Livadia, bei Kalochorio. Um Lapethus, bei Famagosta und bei Pera unweit Dali n. 238.

Ganz Südeuropa, Süddeutschland bis Griechenland, Klein-Asien, Nordafrika.

Nectaroscordium **Lindley** in Bot. Reg. t. 1913. **Kunth.** Enum. IV. p. 456.

N. siculum **Lindl.** l. c. **Kunth.** l. c. p. 457. n. 1.

Allium siculum **Ucria** Sic. VI. 250. **Sweet.** Flor. Gar. II. 349. **Guss.** fl. sic. t. 167. **Don** Monogr. 83. **Roem.** et **Schult.** VII. 1109. A. Dioscoridis **Sibth.** msc. **Smith.** Prod. fl. gr. I. 222. n. 764.

In Cypern nach **Sibth.**

Sardinien, Sicilien, Carien, Mysien.

Asphodelus **Linn.** gen. 421. (excl. sp.) **Endl.** gen. n. 1141.

A. ramosus **Linn.** sp. 444. ex parte. **Sibth.** fl. gr. t. 334. Bot. Mag. t. 799. **Kunth.** Enum. IV. p. 555. n. 2. **Roem.** et **Schult.** VII. p. 487. et 1695. **Red.** Lil. tab. 314. **Sturm.** Flora II. 6. **Reichb.** fl. germ. X. 514.

In Cypern häufig, bei Oromidia am Wege nach Famagosta weit verbreitet. Unter dem Pentadactylos. Auf dem Capo Gatto. Auch bei Prodromo nicht selten.

Portugal, Spanien, Südfrankreich, Corsica, Italien, Istrien, Dalmatien, Griechenland, Syrien, Alexandretta, Nord-Afrika, Canarische Inseln.

A. fistulosus Linn. sp. 444. Cav. Ic. III. t. 202. Bot. Mag. t. 984. Kunth. Enum. IV. p. 557. n. 5. Sibth. fl. gr. t. 335.

An Wassergräben bei Chrysoku den 7. Mai. n. 679.

Im Mittelmeergebiet bis Dongola am Nil verbreitet.

Asparagus Linn. gen. n. 424. Endl. gen. n. 1164.

A. acutifolius Linn. sp. 449. Kunth. Enum. V. p. 65. n. 10. Duham. Arb. t. 31. Desf. Atl. I. 306. Willd. sp. II. 153. Sibth. fl. gr. t. 337. Schult. Syst. VII. p. 326.

Bei Mazoto n. 567. Um Trisedies bei Prodromo n. 836.

Im südlichen Europa, Portugal, Spanien, Südfrankreich, Balearen, Sardinien, Sicilien, Italien, Illyrien, Dalmatien, Macedonien, Taurien, Peloponnes, Kleinasien, Nordafrika und canarische Inseln.

A. aphyllus Linn. sp. 450. Kunth. Enum. V. p. 66. n. 11. Willd. sp. II. p. 154. Desf. Fl. Atl. I. p. 306. Sibth. fl. gr. t. 338. Smith. Prod. I. 235. Schult. Syst. VII. 327. Griseb. Spicileg. 300.

Um Larnaca seltener n. 1. Zwischen Moni und Amathus. n. 578.

Südeuropa, Kleinasien, Palästina, Ostafrika, canarische Inseln.

A. horridus Linn. suppl. 203. Kunth. Enum. V. p. 67. n. 12. Cav. Ic. t. 136. Sibth. fl. gr. t. 339. Smith. Prod. fl. gr. I. p. 236. n. 810. Schult. Syst. VII. 328.

In Cypern Sibth.

Portugal, Spanien, Balearen, Sicilien, Candia, Aegypten, Barbarei.

A. verticillatus Linn. sp. 450. Kunth. Enum. V. p. 68. n. 15. Smith. Prod. fl. gr. I. 235. Schult. Systema VII 323.

A. tricarinatus Red. Lil. t. 451.

In der Umgegend von Larnaca nicht selten, wird von den Landbewohnern im Frühjahr zum Verkauf gebracht. Um Haggi Napa. n. 381.

Podolien, Bessarabien, Rumelien, Laconien, Taurien, Kleinasien, und Transcaucasien, Bithynien.

SMILACEAE.

Smilax Tournef. inst. 481. Endl. gen. n. 1184.

S. aspera Linn. sp. 1458. (excl. *β*.) Kunth. Enum. IV. p. 214. n. 68. Willd. sp. IV. 773. Schkuhr Handb. t. 328. Smith. Prod. fl. gr. II. p. 259. n. 2312. Sibth. fl. gr. t. 959. Nees. gen. II. t. 12. Schnitzl. Ic. I. 56. Reichb. fl. germ. X. 438. Hodie ξυλοβατος in Cypro.

Bei Galata und in anderen wasserreichen Thälern, häufig bei Haggi Elias.

Südeuropa bis Krain, Illyrien, Dalmatien, Griechenland, Creta Kleinasien, Syrien, Palästina.

S. mauritanica Poir. It. II. 263. Kunth. Enum. V. p. 216. n. 70. Desf. Atl. II. 367. Willd. sp. IV. 774. S. aspera *β*. Linn. sp. 1458.

Auf Felsen von Capo Graeco und dem Pentadactylos. — Gaudry Recherches p. 197.

Canarische Inseln und alle Mittelmeerländer.

DIOSCOREAE.

Tamus Linn. gen. 1119. Endl. gen. n. 1202.

T. communis Linn. sp. 1458. Kunth Enum. V. p. 453. n. 1. Mill. Ic. t. 89. Lam. ill. t. 817. Engl. Bot. t. 91. Willd. sp. IV. 772. Smith. Prod. fl. gr. II. 258. n. 2310. Reichb. fl. germ. X. 439. Schnitzl. Ic. I. 57. Turiones cocti apud Cypriis hodie esculenti sub nomine Οβρυα.

In Cypern häufig in Wäldern und ums Gestrüpp herum.

Mittelmeergebiet, Ungarn, Deutschland.

T. cretica Linn. sp. 1458. Kunth. Enum. V. p. 455. n. 3.
Willd. sp. IV. 772. Sibth. fl. gr. t. 958. Griseb.
Spicileg. p. 403. Smith. Prod. fl. gr. II. p. 258. n. 2311.
Turiones esculenti.

Am Capo Greco nicht selten und sonst in Cypern.
Creta, Griechenland, Chio, Athos.

IRIDEAE.

Iris Linn. gen. n. 59. Endl. gen. n. 1226.

I. florentina Linn. sp. 55. Dietr. Syn. I. p. 144. n. 47.
Red. Lil. t. 23. Sibth. fl. gr. t. 39.

In Cypern (nach Dietrich). Um Prodromo in Gärten. n. 888.
Südeuropa.

Gynandriris Parl. n. gen. 49.

G. Sisyrinchium Parl. l. c.

Iris Sisyrinchium Linn. sp. 59. Smith. Prod. fl.
Gr. I. p. 28. n. 95. Sibth. fl. Gr. t. 42. Red. Lil.
t. 458.

Gemein in Cypern auf den Inseln und an den Küsten des
Mittelmeeres.

Gladiolus Linn. gen. n. 57. Endl. gen. n. 1239.

G. segetum Ker. Bot. Mag. 719. Reichb. Ic. 819. Dietr.
Syn. I. p. 157. n. 39.

Gladiolus communis Sibth. fl. gr. t. 37. Pocch.
Enum. pl. Cypri. p. 10.

Auf Anhöhen in Saatfeldern häufig um Prodromo n. 748.
Zerstreut hie und da auf der ganzen Insel anzutreffen. Am
Fusse vom St. Croce 13. April 1787 von Sibth. als
Σπαρτοφυτον eingesammelt.

Im Oriente.

G. triphyllus S i b t h. msc. in S m i t h. Prod. fl. gr. I. p. 25. et 26. n. 87. Gladiolus communis var. *β*. S i b t h fl. gr. t. 38.

Auf fruchtbaren Aeckern des Südabhanges des Troodos am 30. April 1787 von Ferd. B a u e r. Bei Melandrina gegen Antiphoniti und zwischen Pisuri auf Kuklia zu, im Schatten der Sträucher sehr häufig am 4. Mai.

Ist Cypern eigen.

Trichonema K e r. in Annal. of Bot. I. p. 224. E n d l. gen. 1247.

T. Columnae R e i c h b. fl. exc Dietr. Syn. I. p. 159. n. 2. Ixia Columnae S i b t h. fl. gr. t. 36. R e d. Lil. t. 88. fig. a.

Ueber Chrysostomo selten 1859. n. 982. Um Prodromo selten auf dem Troodos 13. Mai. n. 813.

Italien, Griechenland.

Crocus T o u r n e f. inst. t. 183. 184. E n d l. gen. n. 1248.

C. vernus S m i t h. Prod. fl. gr. I. p. 24. n. 84. E n g l. Bot. t. 344. J a c q. Aust. Append. t. 36. S i b t h. Journal in Walpole's Mem. p. 23.

Auf den Höhen der Berge in Cypern, zumal am Schnee des Troodos 1. Mai 1787. nach S i b t h. (Wahrscheinlich mit Crocus Cyprius verwechselt?)

C. Veneris T a p p a i n e r in P o e c h- Enum. pl. Cypri. p. 10.

Im Hügellande bei Papho an den Abhängen zwischen Ktima und dem Meer. n. 55. anno 1840. 10. November.

Cypern eigen.

C. Cyprius B o i s s. et K o t s c h y in plant exsic. 1859. n. 257. Tunicis radicalibus fuscis tenuissimis nitidis basi saepe dissolutis, vaginis tribus elongatis inaequalibus, foliis synanthiis linearibus glabris albide costatis, perigonii *tubo limbo longiore, fauce flava* glabra, sepalis lanceolatis obtusis exterioribus albis basin versus violaceo striatis

interioribus ex coeruleo-violascentibus, *filamenta crocea,
antherae filamentis dupplo longiores obscuro-flavae, stigmate
tripartito croceo partitionibus canaliculato-involutis erectis
apicem versus sensim dilatatis summo apice trifidis lobo medio
omnium maximo exitu rotundato lateralibus brevioribus
multoque angustioribus.*

Habitu C. laevigato, structura stigmatis C. Moesiaco
affinis.

Bei Prodromo im Aufsteigen gegen den Troodos am Schnee
5000' 5. April 1859. Um die Spitze 1862. n. 772.

Ist Cypern eigen.

AMARYLLIDEAE.

Pancratium Linn. gen. n. 404. Kunth. Enum. V. p. 657.
Endl. gen. n. 1288.

P. **maritimum** Linn. sp. 418. Cav. Ic. t. 56. Kunth. Enum.
V. p. 658. n. 1. Red. Lil. t. 8. Bot. Reg. t. 161. Sibth.
fl. gr. t. 309. Smith Prod. fl. gr. I. p. 220. n. 760.
Reichb. fl. germ. IX. 371. Reichb. Exot. t. 84.

Auf der Nordküste Cyperns im Sand von Melandrina gegen
Acanthu bei Eurosi. — Sonst an sandigen Gestaden in Cypern
nach Sibth.

An allen Ufern des Mittelmeeres, im südlichen Europa, Orient und
Nordafrika.

Hermione Herbert. Am. Kunth. Enum. V. p. 738.

H. **papyracea** Haw. Rev. 143. Herb. Amaryll. 323. Roem.
Am. 230.

Narcissus papyraceus Bot. Mag. t. 947. fol. 1188.
Schult. Syst. VII. 974. N. unicolor Vent. Malm. t. 26.
N. Tazetta albus Red. Lil. t. 17.

In Cypern nach Kunth. Enum. p. 747. Gaudry Recherches „des Narciss." p. 187.

Mitteleuropa.

H. **serotina** Haw. Monogr. 13. n. 53. Herb. Am. t. 41.
Kunth. Enum. V. p. 749. n. 9.
Narcissus serotinus L. sp. 417. Schult. Syst. VII. 979.

In Cypern am Strande zwischen Papho und Ktima am 10. November 1840. n. 54.

An den Nordküsten des Mittelmeeres.

H. **Cypri** Haw. in Phil. Mag. Mart. 1831. Kunth. Enum. V. p. 755. n. 31. Sweet. Brit. Flow. Gard. ser. II. t. 92. Narcissus Cyprus Mill. Dietr. ed. 7.

In Cypern, allein mir unbekannt geblieben.
Italien. ?

ORCHIDEAE.

Aceras RBr. in Act. hort. Kew. V. p. 191? Endl. gen. 1512.

A. anthopophora RBr. l. c. Reichb. Fl. germ et helv. XIII. p. 1. t. 357. Sm. Engl. Bot. t. 29. Sweet. Brit. Gard. II. 168. Nees ab Esenb. V. t. 4. Ophrys anthopophora Linn. Codex. 6854.

Zwischen Omodos und Limasol bei Terapo und Wuni 8. April 1859. n. 55. Eine seltene Pflanze in Cypern.

Im westlichen Europa und durch alle Länder am Mittelmeer, ausser Aegypten, Türkei, Cilicien.

A. intacta Reichb. fl. germ. et helv. XIII. p. 2. n. 2. t. 500.

Ophrys densiflora Desf. Coroll. p. 11. t. 6.
Aceras secundiflora Lindl. Bot. Reg. t. 1525. (XV. 25.)
Peristylus densiflorus Lindl. Orchid. p. 298.
Aceras densiflora Boiss. Voyage. p. 595.

Cypern 1859 n. 414. nicht selten am Wege von Limasol nach Omodos bei Civides. Auch auf der Nordseite von Sta. Croce 2. April 1862. n. 186., bei Prodromo seltener n. 755a.
Im Gebiete des Mittelmeeres.

A. longibracteata Reichb. fl. germ. et helv. XIII. p. 3.
t. 379. (27.) Orchis longibracteata Biv. Bern. Sic. Pl.
Cent. 1. p. 57. Tenore. Fl. Neap. t. 91. Bot. Reg.
t. 357.

Bei Omodos gegen Limasol unweit Wuni 8. April 1859,
herb. Vindob.

Im Gebiet des Mittelmeeres nicht häufig

A. pyramidalis Reichb. fil. fl. germ. et helv. XIII p. 6.
t. 359. (9.) Orchis pyramidas Linn. Codex. 6810. O.
condensata Desf. Atl. II. 376. Jacq. Aust. t. 266. Engl.
Bot. t. 110. Fl. dan. t. 2113.

Auf Capo Greco 30. März n. 183. Bei Papho   Mai
n. 653.

Im Mittelmeergebiet bis zum 58. Grad nördl. Breite. Bei Hebron
in Palästina

Serapias Linn. Codex. gen. 895. ex parte. Endl. gen.
n. 1538.

S. pseudocordigera Moric. fl. Vent. 374. Reichb. fl. germ.
et helv. XIII. p. 12. t. 341. (89.) S. longipetala Poll.
Ver. III. 30. Ten. fl. Neap. t. 98. Bot. Reg. 1189. Sibth.
fl. gr. 931.

Bei Xylophago gegen Capo Greco 30. März n. 178.
Zwischen Lapethus und Cerinia 18. April n. 496.

Im Mittelmeergebiet von Südtyrol, Südfrankreich bis an die Ostseite des Mons Cassius bei Antiochia.

S. laxiflora Chaub. et Bory. Exped. Morce. Reichb. fl.
germ. et helv. XIII. p. 13. t. 449. (147.) S. occulta
Gay msc. β. Columnae Reichb. l. c.

Limasol gegen Omodos 8. April 1859 n. 413. Bei Lefkera 3. April
n. 234.

Mittelmeerküste.

Orchis Linn. Codex gen. 885 Endl. gen. n. 1507.

O. Morio Linn. Cod. 6813. Reichb. fl. ger. et helv. XIII.
p. 17. t. 363. (11.) Fl. dan. 253. Engl. Bot. 2059. Sweet.

Bot. IV 233. Smith Prod. fl. gr. II. p. 212. n. 2179. „*Οὖρα τοῦ λαγου*“ hodie.

Wird von Sibth. als häufig vorkommend in Cypern angegeben. (Vielleicht eine Verwechslung mit O. Anatolica Boiss.)

In den nördlichen Gegenden Europa's häufig, in den südlichen seltener.

O. coriophora Linn. Cod. 6811. Reichb. fl. germ. et helv. XIII. p. 20. n. 6.

α. **sancta** labelli segmentis lateralibus grosse serratis.

O. sancta Linn. Codex 6802. Reichb. Ic. p. 173. D'Urv. Soc. Linn. Paris I. p. 376. Linn. sp. ed. II. p. 1330. (Fl. Palaest.)

An der Küste gegen Haggia Napa. n. 97—99.

β. **Polliniana** Reichb. fl. germ. et helv. XIII. p. 21. t. 14 (oder 364.)

Zwischen Cerinia und Lapethus häufig.

Griechenland, Anatolien, Cilicien, Syrien, Palästina.

O. longicruris Link. in Schrad. Diar. 1799. II. p. 323. Reichb. fl. ger. helv. XIII. p. 33. t. 375. (23.) Bot. Reg. 375. Sibth. fl. gr. t. 927. O. undulatifolia Biv. Cent. Sic. Dec. II. p. 44. t. 6. Smith. Prod. fl. gr. II. p. 213. n. 2184.

Bei Lefkera und St. Croce n. 232. Nordseite des Pentadactylos 13. April n. 350.

In wärmeren Gegenden des Mittelmeeres von Gibraltar bis Alexandretta.

O. anatolica Boiss. Diag. V. 56. Reichb. fl. germ. et helv. XIII. p. 47. n. 26. t. 389. (37.)

O. rariflora C. Koch. in Linnaea XIX. p. 15.

In Gebirgsgegenden nicht selten, so am Nordabhange von St. Croce n. 185, auf dem Pentadactylos n. 377, auf der Nordseite des Troodos neben dem Weg gegen Galata 927.

Brussa, Chios, Anatolia, Cilicia orientalis.

O. palustris Jacq. Coll. I. 75. Reichb. fl. germ. et helv. XIII. p. 47. t. 392. (40.) Jacq. Ic. rar. 1. 181. Reichb. pl. crit. 831. O. laxiflora Lam.

Am Wege von Nicosia nach Cerinia auf nassen Wiesen hinter Dicomo an der Quelle vor dem Engpasse n. 495. Im Gebirge unweit Fini auf feuchten Quellwiesen.

In Mitteleuropa, seltener im Süden, Griechenland, Orontes Syrien, Persepolis. Auch in Schweden.

O. **Pseudosambucina.** Ten. Syn. ed. I. p. 72. Reichb. fl. germ. et helv. XIII. 62. t. 414. (62.) O. bracteata Ten. fl. Neap. t. 86. 'Prod. p. 52. O. lucana Spreng. Pugill. II. p. 79. O. romana Sebast. Roem. Fl. fas. 2. t. 3.

Um Omodos gegen Trooditissa 1859 n. 416.

Italien, Griechenland, Cilicien, Anatolien, Cypern, Caucasus.

Ophrys Linn. gen. 104. Endl. gen. n. 1542.

O. **fusca** Link in Schrad. Diar. 1799. II. 324. Reichb. fl. germ. et helv. XIII. p. 73. t. 444. (92.) O. insectifera Linn. spec. 943. γ et χ. O. fusca Tod. Orchid. Sic. 98. Tab. 2. 11. 12. Reichb. pl. crit. 855.

Bei Omodos gegen Limasol 8. April 1859. 570a. Wächst häufig in Cypern.

Frankreich, Algier, Sicilien, Griechenland, Anatolien, Cilicien, Creta.

O. **lutea** Cav. Ic. II. p. 46. t. 160. Reichb. fl. germ. et helv. XIII. p. 75. O. fusca Ten. Neap. t. 92.

Ueber Limasol gegen Omodos 8. April 1859 n. 450. Bei Lefkera 3. April n. 229 und an Stellen der Kreideberge. Auf St. Croce von Labillardier im März 1787 gefunden.

Portugal, Spanien, Algier, Provence, Italien, Griechenland, Creta,

O. **tentredinifera** Willd. sp. IV. 67. Reichb. germ. helv. XIII. p. 81. t. 468. (111.) Poech. Eenum. pl. Cypri p. 11. n. 28. Smith. Prod. fl. gr. II. p. 217. n. 2195. O. Tenoreana Lindl. Bot. Reg. 1093. Reichb. ic. crit. 574, 576. Bot. Mag. 1930. Tod. sic. I. q. t. 10. Sibth. fl. gr. t. 929, 930. Κορις hodie.

Bei Lefkera nicht häufig am 3. April. n. 220a.

Spanien, Algier, Italien, Griechenland, Creta, Anatolien.

O. atrata Lindley. Bot. Reg. t. 1087. Reichb. fl. germ. et helv. XIII. p. 90. t. 452 (100). Koch Syn. fl. germ. ed. II. p. 797. Reichb. pl. crit. t. 858.

In Cypern nicht selten von Limasol gegen Omodos 8. April 1859 n. 270. Bei Lefkera am 3. April n. 231.

Gibraltar, Sicilien, Dalmatien, Triest, Griechenland, Macedonien, Creta.

O. Scolopax Cuv. *β*. picta. Link. Schrad. Diar. 1799. II. 325. Reichb. fl. germ. et helv. XIII. p. 99. t. 459 (107). Reichb. pl. crit. 867.

Bei Lefkera und sonst auf Kreideboden nicht selten. Bei Larnaca an der Georgiuskirche unweit der Wasserleitung 1859. n. 269.

Südöstliches Frankreich, Portugal, Algier, Nissa, Griechenland, Creta.

Platanthera Rich. Ann. Mus. IV. 42. Endl. gen. n. 1515.
P. montana Reichb. fl. germ. et helv. XIII. p. 123. n. 4.

Orchis montana Smith. fl. bohem. 1793 p. 35.

Im Walde der Schwarzföhren über Prodromo selten 13. Mai. 755.

Von Mitteleuropa bis Sibirien.

Cephalanthera Rich. Ann. Mus. IV. 43, 51. Endl. gen. n. 1608.
C. grandiflora Babingt. Brit. Bot. 296. Reichb. fl. germ. et helv. XIII. p. 136. t. 571 (119).

Serapias grandiflora Linn. sp. ed. XIII. Scop. Carm. ed. II. vol. II. p. 203.

Epipactis pallens. Willd. sp. IV. 85.

Selten in Wäldern der Schwarzfähren 22. Mai in Blättern bei Prodromo. 758a.

Limodorum Tournef. inst. 437. Endl. gen. n. 1607.
L. abortivum Swartz. kgl. Sockh. Handl. 1799. 80. (1800. 243)

Orchis abortiva. L. sp. 943 Linn. Codex Rich. 6830.

L. abortivum. *β*. orientale. C. Koch in Linn. XIX.

Jacq. Aust. 193. Sturm II. 20.

Bei Prodromo am Wege gegen den Troodos längst dem nördlichen Sattel zerstreut in Schwarzföhren-Wäldern beginnt mit 20. Mai zu blühen. n. 744.

Im mittleren und südlichen Europa, Griechenland, Chersonesus, Taurien, Cilicien.

NAJADEAE.

Ruppia Linn. gen. n. 175. Endl. gen. n. 1661.

R. maritima Linn. sp. 184. Willd. sp. pl. I. p. 717. Fl. dan. t. 364. Reichb. Ic. fl. germ. XVII. t. 17.
Engl. Bot. 136. Reichb. Ic. pl. crit. II. 174. Reichb. fl. germ. VII. 17.

In der Nähe des Meeres im Brackwasser. Sibth. Bei Larnaca im Tamariskenhaine. 267. Anfangs April.

Europa, Westasien.

AROIDEAE.

Arisarum Trag. Tozzi in Ann. Mus. Flor. II. 2. 66. Endl. gen. n. 1673.

A. Sibthorpii. Schott. Prod. Aroid. p. 21 n. 4.
Arum Arisarum Smith. Prod. fl. gr. II. p. 246. n. 2281. Sibth. fl. gr. t. 948. Poech. Enum. pl. Cypri p. 11.

In schattigen Orten über Paphos bei Ktima. 10. Nov. 1859. n. 59. in herb. Vindob.
Griechenland.

A. Libani. Schott. in Prod. Aroid. p. 21. n. 3.

Am Meeresstrande, westlich von Larnaca, unter Ferula Anatriches. n. 280ᵃ· Bei Lapetus. n. 378 und auf dem Pentadactylos. n. 490.
Syrien.

A. **crassifolium** Schott in Bonplandia. 1861. p. 369. Schott et Kotschy in schedulis Iter Cilic.-Kurd. 1859.

Bei Larnaca auf Aeckern zwischen Phaneromene und der Saline.

Cypern eigen. Noch unvollständig gekannt.

Arum Linn. gen. n. 1028 (ex sp. div.) Endl. gen. n. 1676.

A. **Cyprium** Schott in schedulis Kotschy Iter Cilicien 1859. n. 438[a]. Schott Ic. Aroid. t. ined. Id. in Bonplandia 1861. p. 369.

Nicht selten am Capo greco. n. 181. Bei Ormidia und sonst. Nur in Cypern bisher gefunden.

A. **Dioscoridis** Sibth. fl. gr. t. 947. Smith Prod. II. 245. n. 2280. Kunth. Enum. III. p. 24. n. 3. Schott. Prod. p. 78. n. 4. Ic. ined.

Arum Sibth. Journal in Walpole's Mcm. p. 15. n. 182. Mit dem vorigen in Gesellschaft, öfters auch allein, so bei Colossi. Von Sibth. bei Ormidia als Ἀγριοκολοκυθια. — 17. April 1787

Hermon, Syrien.

A. **Ponticum** Schott in Bonplandia 1862. p. 148.

A. Nickelii Kotschy in schedul. pl. Cypri 1862. n. 739.

Am südlichen Abhange des Troodos im kreideweissen Boden, ums Dorf Fini. 18. Mai. n. 739. Von den Einwohnern „Luffato," „Ἀρωκολκας" genannt.

Um Trapezunt.

Colocasia Ray Meth. 157. Schott. Melet. 18. Endl. gen. n. 1683.

C. **Antiquorum** Schott Melet. 1. 18. Kunth. Enum. III. p. 37. n. 1. Schott Prod. p. 138. n. 1.

Arum Colocasia Linn. sp. 1368. Smith Prod. fl. gr. II. p. 245. n. 2278. Colocasia nympheaefolium. Kunth. Enum. III. p. 37. n. 2. Colocasia esculenta Schott. Melet. 1, 18. Kunth. Enum. p. 37. n. 3.

In Cypern gebaut, bei Lefkera die Knollen am besten. Citti, Panteleimon, Morphu, Cerinia, Carpasso.

In Portugal, Griechenland, Kleinasien, Syrien, Creta, Aegypten, Ostindien, Molukken und Südamerika, Neu-Seeland, Neu-Holland; — überall gebaut.

TYPHACEAE.

Typha Tournef. inst. 301. Endl. gen. n. 1709.

T. latifolia Linn. sp. 1377. Kunth. Enum. III. p. 90. n. 1. fl. dan. t. 613. Willd. sp. IV. 197. Engl. Bot. t. 1455.

In den Wässern von Livadia bei Larnaca und Ivatli. An stehenden Wässern. Gaudry Recherches p. 190.

PALMAE.

Phoenix Linn. gen. n. 1224. Endl. gen. n. 1763.

P. dactylifera Linn. hort. Cliff. 482. Ejusd. sp. pl. 1658. Kunth. Enum. III. p. 255. n. 1. Willd. sp. IV. 730. Delile Aegypt. t. 62. Mart. Palmen t. 120. X. Z. Jacq. Collect. V. 15.

Bei Larnaca, Nicosia, von den Muselmännern eingeführt. Gedeiht noch in Haggios Elias, über 1500′ vom Meere. Früchte sind in Cypern nicht süss genug.

Nordafrika, Aegypten, Nubien, Süd-Mesopotamien; Persische Meerbusen, und da wahrscheinlich einheimisch.

CUPRESSINEAE.

Juniperus Linn. gen. n. 1134. Endl. gen. n. 1789.

J. rufescens Link. Fl. 1846 p. 579. Endl. Syn. Conif. p. 11. n. 4. J. Oxycedrus Sibth. Prod. fl. gr. II. 263. Griseb. sp. II. 352.

Bei Prodromo auf dem Süd- und Nordabhange, 13. Mai. n. 758.

Selten im Libanon, häufig um den cilicischen Taurus, Griechenland, Macedonien, Dalmatien, Calabrien, Sardinien, Spanien und Portugal. Selbst auf den Azoren.

J. foetidissima Willd. Sp. IV. p. 843. Endl. Syn. Conif. p. 24. n. 19. J. foetida v. squarulosa Spach in Ann. sc. nat. II. V. XVI. p. 300. Cypress greew Sibth. Journal in Walpol'es Mem. p. 22.

Auf der Höhe des Troodos, an der Nordseite. Häufig als Baum. 6. April 1859. n. 265. 20. Mai. n. 757. — Hier auch von Sibth. 1. Mai 1787 gesehen.

Im Taurus, bei Tiflis und Erivan in Karabach. Griechenland.

J. phoenicea Linn. sp. 1471. Endl. Syn. Conif. 30. n. 28. Desf. fl. atl. II. 371. Guss. pl. rar. 370. t. 62. Reichb. fl. germ. XI. 336. „Σαφιχα" der heutigen Griechen.

Allgemein verbreitet, zumal im östlichen Theil der Insel. Bildet in der Tracheotis auf den horizontalen Conglomerat-schichten 6—8 Fuss hohe Halbbäume, die in leichten Bestän-den weit hin den Boden beschatten, auch auf Capo Gatto.

In den Ländern am Mittelmeere und im Orient. Kommt auf Aphanit nicht vor.

Cupressus Tournef. inst. 358. Endl. gen. n. 1791.

C. horizontalis Miller Dict. n. 2. Endl. Syn. Conif. p. 56. n. 1. C. sempervirens *β*. Linn. sp. 1422. Smith Prod. fl. gr. II. p. 248. n. 2286. *Κυπαρισσια.*

Auf den Kalkbergen bei Chrysostomo und über Sichari Wäldchen bildend. In Felsenritzen auf dem Pentadactylos und der ganzen Kalkkette von Carpasso bis Larnax hinter Lapethus. Fehlt in dem Bergstock des Pyrogenen-Gesteines. Gaudry Re-cherches p. 197.

Häufig auf dem Libanon in Creta, Bithynien und Persien?

C. fastigiata DC. Fl. fr. V. 336. Endl. Syn. Conif. p. 57. n. 2. C. sempervirens *α*. Linn. sp. 1422. Rich. Conif. t. 9.

In den Gärten der Städte Cyperus gebaut.

Griechenland, Kleinasien, Syrien, Persien und in den Mittelmeerländern häufig gebaut.

ABIETINEAE.

Pinus Linn. gen. ed. 2. n. 879. Endl. gen. Suppl. II. p. 26.

P. Laricio Poiret Dict. V. p. 339. Endl. Syn. Conif. p. 178. n. 105. δ. Caramana Endl. Syn. l. c. Gaudry Recherches p. 197. P. Laricio Poir. var. orientalis Kotschy in schedulis pl. Cypri 1862.

Auf der Höhe des Troodos, von 4000 Fuss angefangen. n. 759. Auf Kalk nicht vorkommend.

In Kleinasien, in Candia und den Alpen des Amanus.

P. maritima Lamb. Pin. Ed. I. vol. II. p. 30. t. 10. Endl. Conif. p. 181. n. 107, 108. Sibth. fl. gr. t. 949. Reichb. fl. germ. XI. 527. Materiem navalem optimam usitatissimam, nec non picem ac terebinthum praebet. Haec unica hujusce generis species in Cypro invenitur (!). Sibth. P. Pinea Sibth. Journal in Walpole's Mem. p. 15, 17, 22. „Πευκος" hodie. P. halepensis Miller Dict. n. 8. Ic. t. 216.

Ueber die ganze Insel vom Meere bis zur Höhe von 4000 F. allgemein verbreitet. Exemplare von Prodromo, 17. Mai. n. 760.

Im ganzen Mittelmeergebiet.

GNETACEAE.

Ephedra Tournef. Coroll. 53. Endl. gen. n. 1804.

E. fragilis Desf. Fl. atl. II. 372. C. A. Meyer. Epedr. 69. t. 1. Endl. Conif. 260. n. 14. E. vulgaris Rich. Conif. 26. t. 4. fig. 2. E. distachya Sibth. fl. gr. X. 51. t. 961.

Auf Felsen herabhängend bei Boghasi nördlich von Famagosta, in Blüthe den 23. April.

Jaffa in Syrien, Aegypten, Griechenland, Dalmatien, Sicilien, Algier, Sardinien, Spanien, Portugal.

BETULACEAE.

Alnus Tournef. inst. t. 359. Endl. gen. n. 1841.

A. orientalis Decaisne in Ann. sc. nat. II. ser. IV. 348. Spach in Ann. sc. nat. XV. p. 208. The alder Sibth. Journal in Walpole's Mem. p. 21. A. oblongata Pocch enum. pl. Cypri p. 12. nec Willd.

Bei Episcopi n. 618 und in den tieferen Schluchten, so auch westlich von Troodos, bei Slewra n. 679, anno 1840. n. 12. — Beim Kloster Omodos, gegen Troodos, 30. April 1787 von Sibth. geschen.

In Syrien bei Beirut und bei Tarsus.

CUPULIFERAE.

Corylus Tournef. inst. 347. Endl. gen. n. 1844.

C. Avellana Linn. sp. 1417. Engl. Bot. t. 723. Spach hist. des végét. XI. 209. Reichb. Ic. XII. fig. 1300.

In den Gärten der Bergdörfer und Klöster, so Trooditissa. Europa, Asien.

Quercus Linn. gen. n. 274. Endl. gen. n. 1845.

Q. infectoria Oliv. Voy. orient. vol. II. p. 42. t. 14, 15. Willd. sp. pl. IV. p. 436 Endl. gen. suppl. IV. Pars II. p. 25. n. 40.

Auf Anhöhen an der Nordseite über Lefka und Evrico gefunden vom Consul Caprara 1853 und von mir in der Sammlung Iter cilicicum in Tauri alpes „Bulghar Dagh" vertheilt, unter n. 371.

Im ganzen Orient.

Q. Pfaeffingeri Kotschy. Eichen Europa's und des Orients. t. 23. Q. infectoria Pocch in enum. pl. Cypri p. 12. Q petiolaris Boiss. Diag. pl. orient. I. 12. p. 120.

Um Evrico nicht selten am südl. Abh. gegen Chaminarga n. 761.

216

Var. Cypria arborea foliis undulatis infra stellato-puberulis, perigoniis extus pilosis fructibus minoribus.

Im Orte Evrico gesammelt und als *Q. Cypria* in pl. Cypri 1862 unter n. 963 vertheilt. Blüthen 1859. n. 259.

Anatolien, Syrien, Kurdistan. Diese Abart nur Cypern eigen.

Q. inermis Kotschy in schedulis 1855. „Revisio gen. Quercus." n. 57. Arborea ramis dilatatis, coma rotundato-depressa, ramuli fusco - grisei glabrati, annotini cum petiolis pube densa stellata induti, gemmae parvae rotundatae vel conoideae, folia novella *jam in anthesi stricta coriacea* ovato - lanceolata vel lanceolato - ovata parte superiori serrata acuta, supra ad costam pilis brevissimis albis obsita, *infra dense tomentosa*, adulta] usque ad verem persistentia, in ramulis tomentosis petiolata, petiolis glabris vel glabratis 1½ poll. et ultra longis, lamina ovato-oblonga vel oblongo-ovata basi obliqua inaequaliter basi angustata margine undulato - serrata apice obtusa vel rotundata, 3—5 poll. longa 2—3 poll. lata coriacea supra laete viridis nitidula *infra flavicans pilis stellatis brevibus albis sparse tantum obsita costa et nervis valde prominentibus;* inflorescentia mascula ex amentis numerosis gracilibus 2 poll. longis constituta, rhachi villosa, bracteis linearibus subulatis, floribus remotiusculis sessilibus; perigonium patulum ex sepalis sex lanceolatis ad trientem connatis *extus pilis longis laxe villosum bracteaque superatum;* filamentis perigonium aequantibus antheris flavo-fuscis; inflorescentia feminea ramentis duobus linearibus parte superiore spathulato-lanceolatis apice plus minusve acutis suffulta sessilis turbinata villosa stigmatibus atris superata; fructus junior in ramis cum foliis adultis dimidia magnitudine pisi pedicellatus squamis lanceolatis griseo-villosis cinctus stigmatibus canaliculatis reflexis obscure-fuscis coronata. Fructus majorum 2 poll. longi 1 poll. lati, cupula turbinatc-cyathiformi, squamis adpressis ovatis producte apiculatis gibbis ex flavo-fuscescentibus, glans cupulam triplo excedens.

Q. inermis G. Ehrenberg in schedula pl. Syriae. herb. Berol. nomine tantum nota.

Proxima *Q. Syriacae* sed differt foliis usque ad verem persistentibus, novellis dense tomentosis strictis, perigoniis extus pilis longis laxe villosis aliisque notis.

In Cypern bei Evrico als starker breitästiger Baum in Blüthen und jährigen Blättern. 1859. n. 260, in frischen Blättern und Früchten. 1862. n. 962.

Syrien im Libanon.

Q. alnifolia P o e c h. Enum. pl. Cypri p. 12. K o t s c h y, die Eichen Europa's und des Orients. t. VI. Q. Ilex Sibth. Journal in Walpole's Mem. p. 22. Q. Cypria Jaub. et S p a c h Illustr. Fl. orient. I. t. 56. Q. (Cypriotes) alnifolia J. G a y in Ann. sc. nat. ser. III. tom. IV. cah. 6. p. 24 n. 44.

Diese Cypern allein angehörige, auf der Troodosgruppe allgemein verbreitete schöne Eiche ist besonders auf dem Berge Maschera und der Nordseite des Troodos häufig verbreitet und steigt von 1600—5000 Fuss hinauf. Am 6. April 1859 fand ich die Sträucher noch unter Schnee, sie könnten also als Zierde unserer Gärten verwendet werden. — Sibth. sah diese Eiche am Kloster Trooditissa, 30. April 1787. — A u c h e r sammelte sie in den Bergen über Papho Juli 1830.

Q. calliprinos W é b b. iter Hisp. 15. J a u b. et S p a c h Illustr. pl. orient. I. t. 57. Q. Pseudococcifera L a B i l l a r d. Pl. Syr. Dec. V. t. 6. fig. 1.

Var. arcuata K o t s c h y in schedul. Iter Syriac. 1855. n. 247a.

Auf Kalkunterlage zwischen Pisuri und Kuklia. Auch von S. Hilarion über Cerinia bei Fungi erhalten durch Dr. C a r l e t t i aus Nicosia.

Im Oriente.

ULMACEAE.

Planera G m e l. Syst. 305. E n d l. gen. n. 1849.

P. Cretica S c h u l t. Syst. II. p. 304. n. 2. — Abelica Cretica Clus. hist. 302.

Ulmus Abeliea Smith. Prod. fl. gr. I. p. 172. n. 2.
Zelkova Cretica Spach in hist. veget. XI. p. 121.
Auf der Nordseite der Gebirge gegen Melandrina. n. 503.
Creta.

MOREAE.

Morus Tournef. gen. n. 278. Endl. gen. n. 1856.

M. nigra Linn. sp. 1398. Spreng. Syst. veg. I. p. 492.
n. 4. Lam. Eneyel. 762. Reiehb. fl. germ. XII. 658.
Nees gen. IV 32.

Häufig in Cypern cultivirt.

Aus Persien nach dem Occident verpflanzt.

M. alba Linn. sp. 1398. Spreng. Syst. veg. I. 492. n. 1.
Lam. Encycl. 762. Reichb. fl. germ. XII. 657. Nees
gen. IV. 32.

Zur Zucht der Seidenwürmer um die Häuser gebaut.

Ist aus China über Asien und Südeuropa verbreitet worden.

Ficus Linn. gen. 278. Endl. gen. n. 1859.

F. Carica Linn. sp. 1513. Spreng. Syst veg. III. p. 785.
n. 107. Lam. Encycl. 861. Reiehb. fl. germ. XII.
659. Sehnitzl. Ic. II. 92.

In Cypern oft halb verwildert und allgemein gepflanzt.

Soll aus Carien stammen; in zahlreichen Varietäten durch Cultur
über Westasien und Südeuropa verbreitet.

Sycomorus Miquel in Hooker Journal VII. p. 109.

S. antiquorum Miquel in Hooker Journ. of bot. VII. p. 109.
Ficus Sycomorus Linn. sp. 1513. n. 2. Spaeh hist.
des vég. XI. p. 58. Rauwolf Iter t. 57. 287. Alpin.
Aegypt. Ic.

An den Moscheen von Larnaca und Nicosia stehen uralte
wahrscheinlich durch die Türken hieher gebrachte Bäume. In
den letzten Gärten westlich von Limasol und an anderen Stellen zu treffen, doch immer angebaut.

Dieser Baum gehört dem Lande des unteren Nillaufes und Palästina an. In Dongola ist er nicht mehr zu finden.

URTICACEAE.

Urtica Tournef. inst. 308. Endl. gen. n. 1879.

U. pilulifera Linn. sp. 1395. Spach hist. des vég. XI.
p. 29. Engl. Bot. t. 148. U. balearica Linn. sp. 1395.
An felsigen Stellen der Schafhürden, Mandera genannt.
Orient, Nordafrika, Südeuropa.

U. dioica Linn. sp. 1396. Spach hist. des vég. XI. p. 28.
Fl. dan. t. 746. U. hispida D. C. fl. fr.
Um Larnaca in den Gärten.
Europa, Asien.

Parietaria Tournef. inst. 289. Endl. gen. n. 1885.

P. Cretica Linn. sp. 1492. Sibth. fl. gr. t. 154. Spreng.
Syst. veg. III. 914.
An Felsen der Nordseite der Kalkgebirge. Mitte April. n. 443.
Syrien, Creta.

Thelygonum Linn. gen. 1068. Endl. gen. n. 1888.

T. Cynocrambe Linn. sp. 1411. Dietr. Syn. V. p. 313.
n. 4899. Lam. ill. t. 777. Delile Ann. sc. nat. XIX.
370. t. 13. Nees jun. gen. IV. 69. Sibth. fl. gr. t. 941.
Schkr. Handb. 299.
Bei Larnaca am Capo Greco auf Felsboden sehr häufig.
30. März. n. 136. Bei Chrysostomo am Pentadactylos 13. April
n. 204[a]. Kam mir im westlichen Theile der Insel nicht vor.
Im Oriente verbreitet.

CANNABINEAE.

Cannabis Tournef. inst. 1308. Endl. gen. n. 1890.

C. sativa Linn. sp. 1459. Spreng. Syst. veg. III. p. 903.
n. 1. Lam. Encycl. 814. Reichb. fl. germ. XII. 655.
Reissek Fasergewebe 10—11.

Der Anbau von Hanf ist unbedeutend in Cypern. Gaudry Recherches p. 168.

Indien.

PLATANEAE.

Platanus Linn. gen. n. 1075. Endl. gen. n. 1901.

P. orientalis Linn. sp. 1417. Tournef. inst. 590. Spreng. Syst. veg. III. p. 865. Sibth. fl. gr. t. 945 Pallas fl. ross. p. 51. Schkr. Handb. 306. „*Πλατανος*" hodie.

In den feuchteren Hochgebirgs-Thälern um Prodromo häufig. n. 757, geht aber bis zum Meeresgestade hinab, so bei Episiopi, bei Chrysoku.

Orient.

BALSAMIFLUAE.

Liquidambar Linn. gen. 1076. Endl. gen. n. 1902.

L. imberbe Ait. Kew. III. p. 365. Willd. sp. IV. 475. n. 2. L. orientale Miller Dict. n. 2. Spreng. Syst. III. p. 864. Platanus orientalis in Poekok iter II. t. 89 (Lignum Rhod.) L. Styraciflua Sibth. Journal in Walpole's Mem. p. 17.

Was Dr. Hawkins von Cupressus sempervirens in Sibth. et Smith Prod. fl. gr. II. p. 248 sagt „Habitat in insula Cypro prope coenobium Antiphoniti," gilt von Liquidambar, wo ihn Sibth. selbst am 19. April 1787 gesehen, indem dort kein Cupressus, wohl aber Liquidambar wächst.

Bei Papho im Kloster Neophito. „*Τοξυλω Εφηνδι*" heute genannt.

Antiochia, Alexandretta, Anatolien, zumal um Halicarnass.

SALICINEAE.

Salix Tournef. inst. 365. Endl. gen. n. 1903.

S. **alba** Linn. sp. 1449. Spreng. Syst. veg. I. p. 99. Engl.
Bot. t. 1910 et 2430. Reichb. fl. germ. XI. 608. The
white willow Sibth. Journal in Walpole's Mem. p. 22.

    Am Bache südlich von Palis Chrysoku. — In Cypern beim
Kloster Trooditissa 30. April 1787. Sibth.

    Europa, Nordasien.

S. **babylonica** Linn. sp. 1443, Spreng. Syst. veg. I. p. 99.
Rauwolf iter 183. Gmel. Reise III. t. 34.

    In Cypern gebaut, Sibth.

    Kurdistan, Persien.

Populus Tournef. inst. 365. Endl. gen. n. 1904.

P. **dilatata** Ait. Kew. V. 396. Willd. sp. IV. p. 804.
Spreng. Syst. veg. II. p. 244. n. 10. Noeea el Balb.
fl. tie. t. 19. Hayne Arzenpf. XIII. 46. P. fastigiata
Desf. P. pyramidata Moeneh.

    In Gärten der Dörfer in Vorbergen, so bei Sclia unweit
Sta. Croce, bei Elias zwischen Lefkera und Maschera. In Prodromo häufig.

    Europa.

P. **nigra** Linn. sp. 1464. Engl. Bot. t. 1910. Dietr.
Syn. V. p. 440. n. 5. Smith Prod. fl. gr. II. p. 260.
n. 2317. Guimp. Holzgew. t. 204. The blae poplar
Sibth. Journal in Walpole's Mem. p. 22.

    In Cypern um Chrysoku; auch von Sibth. gefunden. Häufig
im Thale von Kythrea unter dem Pentadactylos als Schatten-
bäume. — Um das Kloster Trooditissa Sibth.

    Europa, Nordasien.

SALSOLACEAE.

Salicornia Moq. Chenop p. 113. Endl. gen. n. 1908.

S. herbacea Linn. sp. p. 5. n. 1. D. C. Prod. XIII. 2.
p. 144. n. 1. Lam. Encycl. n. 4. Guss. fl. sic. t. 2.
Schnitzl. Iconogr. II. 101.

Im Salzboden der Brackwasser um Larnaca und am Capo
Gatto weit verbreitet.

An allen Meeresküsten und den Ufern der Landsalzseen in Europa,
Afrika, Sibirien, Ostindien, Amerika.

Atriplex Gaertn. fruct. 1. 316. Endl. gen. n. 1912.

A. laciniata Linn. sp. 1494 D. C. Prod. XIII. 2. p. 93. n. 9.
Engl. Bot. III. 165. Sturm fl. XVIII. 80. Fl. dan.
VIII. 1284.

Auf Lagerplätzen der terra d'ombra bei Larnaca. n. 35.
Bei Limasol 1859.

Europa, Palästina, Nordamerika am Meeresufer, Südfrankreich,
Corsica, Sicilien, Griechenland, Tartarei.

A. Halimus Linn. sp. 1492. D. C. Prod. XIII. 2 p. 100.
n. 35. Sibth. fl. gr. t. 962. Viv. Aegypt. t. 2. Smith
Prod. fl. gr. II. 266. n. 2329.

Auf salzigem Boden bei Larnaca zu lebenden Zäunen verwendet, wird 8 Fuss hoch, und auf dem Capo Gatto an der
Westseite bei Agrotien versandet.

Am Meeresgestade von Südeuropa, Syrien, Nord- und Südafrika,
Nordamerika? Chili.

Obione Gaertn. fruct. II. p. 198 t. 126. Endl. gen. n. 1912ᶜ.

O. portulacoides M. Tand in D. C. Prod. XIII. 2. p. 107.
Atriplex portulacoides Linn sp. 1493. Willd. sp. IV.
p. 957. Engl. Bot. t. 261.

Am Wege zwischen Colossi und Agrothyri in Salicornia
herbacea mit Inula crithmifolia.

Europa, Nordasien.

Beta Tournef. inst. p. 501. t. 286. Endl. gen. n. 1924.

B. vulgaris Moq. in D. C. Prod. XIII. 2. p. 55. n. 3. Sibth. fl. gr. 254. *B. vulgaris α. pilosa* Del. fl. Aegypt. ill. p. 57. n. 292.

Am Seestrande um Larnaca gegen die Salinen, im April, n. 306.

Europa, Ostindien.

Spinacia Tournef. inst. p. 533. t 108. Endl. gen. n. 1915.

S. oleracea Miller Dict. 1. D. C. Prod. XIII. 2. p. 118. n. 2. Linn. sp. 1456. Schkr. Handb. 324. Lamb. Encycl. 814. Nees gen. IV. 66.

Halb verwildert und gebaut in Livadia bei Larnaca, Nicosia. Im Oriente wild.

Echinopsilon Moq. Ann. sc. nat. scr. II. vol. 2. p. 2. Endl. gen. n. 1927.

E. hirstus Moq. in D. C. Prod. XIII. 2. p. 136. n. 8. Salsola hirsuta Linn. sp. ed. 2. 323. n. 8. Fl. dan. II. t. 187. Smith. Prod. fl. gr. I. p. 170. n. 594. Suaeda pallida Pallas iter p. 53. t. 45. Suaeda hirsuta Reichb. fl. germ. p. 580. n. 3759.

In Cypern nach Sibth. Bei Kalopsida wird Soda aus der Pflanze bereitet.

Im salzigen Boden des Mittelmeeres, am schwarzen Meere, Odessa, am baltischen Meere.

Boussingaullia HBK. VII. p. 194. Endl. gen. n. 1938.

B. baselloides HBK. l. c. t. 645 D. C. Prod. XIII. 2. p. 228. n. 1. Bot. mag. 3620.

Häufig in Gärten von Larnaca, Limasol und Nicosia, wie auch sonst im Oriente gebaut.

Von Quito, Buenos-Ayres.

Suaeda Moq. in D. C. Prod. XIII. 2. p. 155. Endl. gen. n. 1941.

S. fruticosa Forsk. fl. Aegypt. Strab. p. 70. n. 19. D. C. Prod. XIII. 2. p. 156. n. 7. Ann. sc. nat. XXIII. 20.

Salsola fruticosa **Linn.** sp. 324. Engl. Bot. t. 635.
Cav. Ic. 285. Sibth. fl. gr. t. 255.

Wächst nicht selten um Larnaca an den Ufern des Salz-
sec's und sonst um die Brackwasser; beginnt im April zu blühen.
284. Gutes Kameelfutter unter dem Namen *Αλμοριδι*.

Mittelmeergestade.

Noëa Moq. in D. C. Prod. XIII. 2. 207. Endl. gen. n. 1944ᴬ

N. spinosissima Moq. in D. C. Prod. XIII. 2. p. 209. n. 6.
Anabasis spinosissima **Linn.** fil Suppl. 173. Salsola
spinifex **Pallas** ill. pl. 32. t. 24. S. Echineus **Labill.**
Syr. 2. p. 10. t. 5. Delile fl. Aegypt. t. 21. fig. 2.

In Cypern gefunden von **Gaudry.** p. 187.

Barbarei, Aegypten, Syrien, Persien, Georgien, Tartarei.

Bosea **Linn.** hort. Cliff. p. 84. Endl. gen. n. 1854.

B. Yervamora **Linn.** hort. Cliff. p. 84. Moq. in D. C. Prod.
XIII. 2. p. 87. Gaertn. fruct. I. p. 376. n. 490. t. 77.
fig. 6. Lam. ill. t. 182, 3.

In Lapethus auf alten Mauern bei Acheropiti; vielfach ver-
breitet im Orte an felsigen Abhängen. n. 492. Auch bei der
Phaneromene unweit Larnaca als krüppelnder Strauch, weil von
Ziegen abgefressen. (Vielleicht eine neue Species!)

Jamaica, Canarische Inseln.

AMARANTHACEAE.

Amaranthus **Linn.** gen. n. 1068. Endl. gen. n. 1972.

A. Blitum **Linn.** sp. 1405. n. 11. D. C. Prod. XIII. 2.
p. 263. n. 18. A. viridis **All.** pedem. II. p. 19. n. 2093.
Willd. Amaranth. t. 8. fig. 16.

In Cypern um Larnaca, n. 257, und um andere Städte nicht
selten zu finden, als Ruderal-Pflanze.

Europa, Nordasien et cit.

POLYGONEAE.

Polygonum Linn. Syst. nat. ed I. n. 640. Endl. gen. n. 1986.

P. equisetiforme Smith et Sibth. Prod. fl. gr. I. 2661. fl. gr. t. 364. Meiss in D. C. Prod. XIV 1. p. 85. n. 4.

> Am Meeresstrande bei Larnaca und um Papho, 5. Mai. n. 630.
> Griechenland, Afghanistan.

P. maritimum Linn. sp. 519. Sibth. fl. gr. t. 363. Smith Prod. fl. gr. I. p. 266. n. 906. Meiss. in D. C. Prod. XIV. 1. p. 88. n. 16.

> In Cypern nach Sibth.
> Mittelmeer, Nordamerika.

Emex Neck. elem. II. p. 214. Endl. gen. n. 1992.

E. spinosa Campd. Rum. p. 58. Meiss. in D. C. Prod. XIV. 1. p. 40. Rumex spinosus Linn. sp. 481. Sibth. fl. gr. t. 347.

> In der Umgebung von Acrothyri am Capo Gatto. 1. Mai. n. 626[a].
> Mittelmeergebiet.

Rumex Linn. gen. n. 357. Endl. gen. n. 1993.

R. Patientia Linn. sp. 476. Willd. sp. II. p. 249. Meiss. in D. C. Prod. XIV. 1. p. 51. n. 42.

> Am Kloster Trooditissa südlich unter dem Troodos. 16. Mai. n. 795.
> Bithynien.

R. aquaticus Linn. sp. 479. Meiss. in D. C. Prod. XIV. 1. p. 42. n. 5. Reichb. pl. crit. t. 369. Smith Prod. fl. gr. I. p. 246. n. 847.

> In Cypern an Gräben nach Sibth. Bei Larnaca n. 146[a].
> Mittel- und Nordeuropa, Syrien, Nordamerika.

R. bucephalophorus Linn. sp. 479. Meiss. in D. C. Prod. XIV. 1. p. 62. n. 89. Smith Prod. fl. gr. I. p. 266. n. 906. Sibth. fl. gr. t. 345.

In der Umgebung von Larnaca häufig, im April. n. 306 et 16. Mittelmeergebiet.

R. pulcher Linn. sp. 477. Roem. et Schult. Syst VII. p. 1399. Meiss. in D. C. Prod. XIV. 1. p. 58 n. 69.

In der Umgegend von Larnaca zerstreut. n. 31^a.
Europa, Nordasien.

R. tuberosus Linn. sp. 481. Meiss. in D. C. Prod. XIV 1. p. 67. n. 101. Smith Prod. fl. gr. I. p. 248. n. 852. Sibth. fl. gr. t. 348.

In Cypern nach Sibth.
Griechenland.

R. Tingitanus Linn. sp. 479. Meiss. D. C. Prod. XIV 1. p. 67. n. 102. Zanoni hist. p. 9. t. 6. Campd. Rum. p. 126. Smith Prod. fl. gr. I. p. 247. n. 847.

In Cypern nach Sibth.
Italien, Tunis, Algier, Spanien.

R. roseus Linn. sp. 480. Meiss. in D. C. Prod. XIV. 1. n. 118. Sibth. fl. gr. t. 346. Smith Prod. fl. gr. I. p. 247. n. 848.

In Cypern bei Larnaca am Meere im Schotter nicht selten, zumal gegen Castria zu, 28. März. n. 15. 282. Auch bei Chrysoku.

Aegypten. Palästina.

LAURINEAE.

Laurus Tournef. inst. 367. Endl. gen. n. 2061.

L. nobilis Linn. sp. 529. Smith. et Sibth. fl. gr. IV p. 57. t. 365. „Δαφρη" hodie.

In den Kalkbergen an der Nordseite des Pentadactylos, in voller Blüthe 3. April. n. 345.
Italien, Griechenland, Archipelagus. Pontus.

SANTALACEAE.

Thesium Linn. gen. n. 292. Endl. gen. n. 2072.

T. divaricatum D. C. Prod. XIV. 2. p. 642. n. 9. γ. gracile.

T. linophyllum Desf. fl. atl. 1. p. 205. Reichb. fl. germ.
XI. t. 543.

    Bei Prodromo unter Föhren im Aufsteigen des Troodos selten.
Mittelmeergebiet bis Oesterreich und Mähren.

Osyris Linn. gen. n. 734. Endl. gen. n. 2078.

  O. alba Linn. sp. 1450. D. C. Prod. XIV. 2. p. 633 n. 1.
Lam. ill. t. 802. Reichb. Ic. fl. germ. t. 582.

    In Cypern um Limasol häufig 1859. n. 985.
Mittelmeergebiet.

DAPHNOIDEAE.

Daphne Linn. gen. n. 311. Endl. gen. n. 2092.

  D. oleoides Schreb. dec. I. p. 13. t. 7. Meiss. in D. C.
Prod. XIV. p. 554. n. 12.

    D. jasminea Sibth. fl. gr. t. 358. Lodd. Cab. t. 299.
Bei Evrico gesammelt 1859, auch über Galata.
Corsica, Sicilien, Griechenland, Anatolien.

THYMELEAE.

Thymelea Tournef. inst. p. 584. Endl. gen. Suppl. IV.
pars IX. p. 65.

  T. Tartonraira All. pedem. I. p. 133. Meiss. in D. C. Prod.
XIV. 2. p. 556. n. 16. Daphne Tartonraira Linn. sp. 356.
Daphne argentea Smith. Prod. fl. gr. I. p. 257. Sibth.
fl. gr. t. 354.

    Sehr häufig um Tablu zu Besen benützt. Auch bei Pisuri
zwischen Limasol und Papho 1840. 25. Dec. n. 65.
Mediterrangebiet.

  T. hirsuta Endl. gen. Suppl. IV. pars II. p. 65. Meiss. in
D. C. Prod. XIV. 2. p. 557. n. 19. Passerina hirsuta
Linn. sp. 559. Sibth. fl. gr. t. 360. Smith Prod. fl.
gr. I. 262. n. 893. „Αγριοθεοκολλυ" hodie.

Auf dem Capo Gatto bei St. Nicola, seltener um Larnaca.
Mittelmeergebiet.

ARISTOLOCHIEAE.

Aristolochia Tournef. inst. t. 71.   Endl. gen. n. 2162.

A. boetica Linn. sp. 1363. Willd. sp. IV. p. 158. n. 22.
Spreng. Syst. veg. III. 751. Smith Prod. fl. gr. II. p.
221 n. 2205.

In Cypern nach Sibth.
Portugal, Spanien, Nordafrika, Griechenland.

A. hirta Linn. sp. 1365. Willd. sp. IV. p. 162. n. 36.
Spreng. Syst. veg. III. p. 755. Smith. Prod. fl. gr. II.
p. 223. n. 2212.

In Cypern nach Sibth.
Orient.

A. sempervirens Linn. sp. 1363. Willd. sp. IV. p. 158.
n. 25. Spreng. Syst. veg. III. p. 754. Sibth. fl. gr.
t. 924. Bot. mag. t. 1116.

In Schluchten bei Fini am südlichen Fusse des Troodos
häufig. n. 736.
Syrien.

A. parvifolia Smith Prod. fl. gr. I. p. 222. n. 2207. Sibth.
fl. gr. t. 935.

In Felsenlöchern des Corallenkalkes auf Capo Greco n. 118.
Attica.

PLANTAGINEAE.

Plantago Linn. gen. n. 142. Endl. gen. n. 2170.

P. albicans Linn. sp. 165. D. C. Prod. XIII. 1. p. 705.
n. 55. Cav. Ic. II. p. 136. t. 124. Sibth. fl. gr. t. 145
(nec 155 ut in D. C. Prod.).

An Anhöhen des verwitternden Conglomerats bei Larnaca. n. 52, 265.

Spanien, Neapel, Aegypten.

P. Cretica Linn. sp. 165. D. C. Prod. XIII. 1. p. 706. n. 59. Willd. Suppl. I. p. 646. Sibth. fl. gr. t. 147. Smith. Prod. fl. gr. I. p. 100. n. 352.

In Cypern nach Sibth. — Auf trockenen Anhöhen bei Larnaca. n. 322. Im Cypressenwalde bei Chrysostomo. n. 440.

Creta, Aleppo, Mesopotamien, Schiras.

P. Lagopus Linn. sp. 165. D. C. Prod. XIII. 1. p. 716. n. 114. Sibth. fl. gr. t. 144. Sturm Flora XIX. 87.

Bei Larnaca auf Grasplätzen. n. 39, 148, 323. Bei Episkopi 2. Mai. n. 654.

Canarische Inseln, Mittelmeergestade, Spanien, Südfrankreich, Malta, Mauritanien, Odessa, Creta, Aleppo, Aegypten, Schiras.

P. maritima Linn. sp. 165. D. C. Prod. XIII. 1. p. 729. n. 180. Engl. Bot. III. 175. Smith. Prod. fl. gr. I. p. 101. n. 353. Sibth. fl. gr. t. 148. Sturm Flora XIX. 88.

In Cypern auf feuchtem Brackboden. Sibth. — Im Salzboden bei Larnaca gegen Haggios Georgios am Salzsee. n. 310ª·

Westküste Europa's, Mittelmeergestade, Ungarn (Theiss, Neusiedler See), Griechenland, Aegypten.

P. Coronopus Linn. sp. 166. D. C. Prod. XIII. 1. p. 729. n. 187. Engl. Bot. XIII. 892. Sturm Flora XIX. 88.

Bei Larnaca und um Capo Gatto. n. 603ª.

Var. simplex D. C. l. c.

Um Larnaca seltener. n. 324.

Im südlichen Europa, nördlichen Afrika, und dem westlichen Asien sehr häufig.

P. Psyllium Linn. sp. 167. D. C. Prod. XIII. 1. p. 734. n. 195. P. Afra Linn. sp. 168. P. sicula Presl. delic. prag. p. 70. Sibth. fl. gr. t. 149. Sturm Flora II. 7. XIX. 88. Nees gen. V. 2.

Gemein an der Südküste bei Larnaca und sonst. n. 40. Bei Chrysostomo n. 398.

An den Mittelmeergestaden. Canarische Inseln, Portugal, Spanien, Sicilien, Süd- und Nordpersien.

PLUMBAGINEAE.

Statice Willd. enum. hort. berol. p. 333. Endl. gen. n. 2172.

S. **sinuata** Linn. sp. 397. D. C. Prod. XII. p. 635. n. 1. Sibth. fl. gr. t. 301. Bot. mag. II. t. 71. Rauwolf iter t. 314. S. hirsuta Presl. Bot. Bem. p. 105. „*Προφασις*" hodie in Cypro.

Am Meeresufer östlich von Larnaca bei Castro Vigelia 30. März. n. 173. Um Papho bei Ktima in den Gärten. n. 47, den 10. Nov. 1840.

Portugal, Marokko, Griechenland, Candia, Syrien, Palästina.

S. **Limonium** Linn. sp. 394. D. C. Prod. XII. p. 644. n. 32. γ. macroclada Boiss. in D. C. Prod. l. c. p. 645. S. serotina Reichb. pl. crit. VIII. t. 998.

In Larnaca an den östlichen Salzsümpfen gegen Lividia.

Adriatisches Meer, Sicilien, Rumelien, Syrien.

S. **graeca** Boiss. in D. C. Prod. XII. p. 650. n. 48.

Var. β. microphylla l. c. S. graeca Poiret Dict. Suppl. V. p. 237. S. echioides Sibth. fl. gr. t. 299. Smith Prod. fl. gr. I. p. 213. n. 737. S. rorida Sibth. fl. gr. t. 298. S. palmaris Sibth. fl. gr. t. 297.

In Cypern nach Sibth. — Limasol 1859. n. 989.

Mittelmeergebiet, Nordafrika, Kleinasien.

S. **echioides** Linn. sp. 394. D. C. Prod. p. 665. n. 96. Gou. ill. 22. t. 2. Reichb. Ic. II. fig. 292. S. aristata Sibth. fl. gr. t. 299. Smith. Prod. fl. gr. I. p. 213. n. 739.

Bei Boghasi nördlich von Famagosta, 23. April. n. 536. Um Siluri nördlich von Nicosia auf Salzboden sehr gemein.

Auf den griechischen Inseln Samos, Melo, Santurin, Anatolien, Syrien, Beiruth, Tripolis.

VALERIANEAE.

Valerianella Moench Meth. 486. Endl. gen. n. 2182.

V. echinata D. C. fl. fr. IV. p. 242. D. C. Prod. IV. p. 626. n. 8. Betke Monogr. 1. Guill. Archiv II. t. 20. Mutel fl. fr. t. 26. Reichb. fl. germ. 714. Valeriana locusta Smith. Prod. fl. gr. I. p. 22 n. 77.

Bei Sta Croce. n. 192. Um Chrysostomo. n. 437. Bei Demithu unweit von Prodromo. n. 873. In Cypern Sibth.
Bosphorus, Taurien, Kaukasus.

V. eriocarpa Dev. Journ. bot. II. p. 314. t. 11. fig. 2. D. C. Prod. II. p. 626. n. 9. D. C. Valerianées t. 3. Cosson Atlas t. 24. Reichb. fl. germ. XII. t. 712, 713.

Um das Kloster von Chrysostomo. n 436.
Europa, Spanien bis Taurien.

V. vesicaria Moench Meth. 497. D. C. Prod. IV. p. 628. n. 21. Reichb. fl. germ. XII. t. 716.

Um Chrysostomo und sonst an Aeckern verbreitet. n. 435.
Im Mittelmeergebiet zumal im Oriente, Belgien, Frankreich.

Centranthus D. C. fl. fr. IV. p. 238. Endl. gen. n. 2185.

C. Calcitrapa Dufr. Valer. p. 39. D. C. Prod. IV. p. 632. n. 5. Reichb. fl. germ. XII. 717. Valeriana Calcitrapa Linn. sp. 44. Sibth. fl. gr. t. 30.

Im Ansteigen des Südgehänges von Fini zum Troodos. — 17. Mai. n. 753.
Mittelmeergebiet, Portugal bis Cypern.

C. Calcitrapa Dufr. Valer. p. 39. D. C. l. c.

β. orbiculata D. C. l. c. Valeriana orbiculata Sibth. fl. gr. t. 31. Smith. Prod. fl. gr. I. p. 21. n. 72. Valeriana n. sp. Sibth. Journal in Walpole's Ann. p. 17.

In Cypern, Sta. Croce. n. 200. Auf Sta. Croce oder Sawr Wuni D. Ferd. Bauer. Bei Antiphoniti am 19. April 1787 von Sibth. gesammelt.
Balearische Inseln. Mittelmeergebiet.

Valeriana Neck. elem. 1. p. 123. Endl. gen. n. 2186.

  V. Dioscoridis Sibth. fl. gr. t. 33. Smith. Prod. fl. gr. I. p. 21. n. 74. V. sisymbriifolia Desf. choix t. 41? D. C. Prod. IV. p. 641 n. 78? V. tuberosa Smith. Prod. fl. gr. I. p. 21. n. 75. (nec Linnée).

    In schattigen Schluchten bei Prodromo häufig im Mai. n. 712. Bei Fillani unter Maschera, 5. April. Von Sibth. am 12. April 1787 auf Sta. Croce gefunden.

    Anatolien, Kaukasus.

DIPSACEAE.

Cephalaria Schrad. Cat. sem. h. Goett. 1814. Endl. gen. n. 2192.

  C. Syriaca Schrad. l. c. D. C. Prod. IV. p. 648. n. 5.

    β. pedunculata D. C. l. c. Scabiosa syriaca Linn. sp. Sibth. fl. gr. t. 105. Smith Prod. fl. gr. I. p. 84. n. 278. Scabiosa Sibirica Lam. ill. n. 1302.

    Auf Feldern in Cypern — Bei Amathus 28. April 1787. Sibth. n. 585. Um Episcopi und Colossi.

    Von Spanien bis Persien.

Pterocephalus Vaill. act. acad. Paris 1722. p. 184. t. 13. Endl. gen. n. 2194.

  P. papposus Coult. dip. p. 32. t. 1. fig. 17 D. C. Prod. IV p. 652. n. 1. Scabiosa involucrata Sibth. fl. gr. t. 112. Smith. Prod. fl. gr. I. p. 84. n. 294.

    Auf Hügeln in Cypern Sibth. Auf Buffavento 1859.   409.

    Portugal, Spanien, Griechenland, Anatolien, Creta, Syrien.

  P. plumosus Coult. l. c. D. C. Prod. IV. p. 652. n. 3 Scabiosa plumosa Sibth. fl. gr. t. 111. Smith. Prod. fl. gr. I. p. 84. n. 293.

    Bei Chrysostomo 1859.   Suppl. 409. Bei Papho. n. 660.

    Taurien, Iberien, Samos, Creta, Syrien, Mesopotamien, Südpersien.

P. Palaestinus Coult. l. c. D. C. Prod. IV. p. 652. n. 4.
Scabiosa Cerigensis Sibth. Journal in Walpole's Mem.
p. 18. Scabiosa brachiata et Sibthorpiana Smith et
Sibth. fl. gr. t. 109 et 110. Smith Prod. fl. gr. I. p. 83.
n. 291 et p. 84. n. 292.

Auf Feldern bei Cerinia, 20. April 1787 nach Sibth.

Istrien, Dalmatien, Calabrien, Griechenland, Chios, Anatolien, Bithynien, Syrien, Palästina.

P. multiflorus Pocch. in enum. pl. Cypri p. 16. Walp.
Rep. VI. p. 86. P. Cyprius Boiss. Diag. pl. Orient. I.
2. p. 110. Walp. Rep. II. p. 534. n. 5.

Von Aucher 1831 von der Insel Cypern unter n. 756 gebracht. Auf dem Olympus (Troodos) am 16. October 1840 unter
n. 31. Um Prodromo sehr häufig. n. 747.

Ist der Insel Cypern eigen.

Scabiosa Roem. et Schult. Syst. III. p. 2. Endl. gen.
n. 2195.

S. prolifera Linn. sp. 144. D. C. Prod. IV p. 655. n. 5.
Smith Prod. fl. gr. I. p. 82. n. 287. Sibth. fl. gr.
t. 107. „Σιτοθαρι" hodic.

Auf Aeckern bei Armidia, 17. April 1787 nach Sibth.
— Auch bei Ormidia 30. April. n. 176.

Aegypten, Barbarei.

S. Ukrainica Linn. sp. 144. *γ. Sicula* Coult. D. C. Prod.
IV. p. 655. n. 10γ. Scabiosa Sicula Linn. Mant. 196.
S. divaricata Jacq. hort. Vindob. I. t. 15. S. eburnea
Sibth. fl. gr. t. 106. Smith Prod. fl. gr I. p. 82.
n. 284, 286.

In Cypern nach Sibth. — Chrysostomo 1859.

Von Spanien bis Taurien durch Südfrankreich.

S. crenata Cyrill pl. rar. neap. I. p. 11. t. 3. D. C. Prod.
IV. p. 656. n. 24. S. coronipifolia Sibth. fl. gr. t. 114.
Coult. phyt. 2. fig. 31.

In Cypern auf sonnigen Abhängen gegen Sta. Croce.

Italien, Griechenland.

COMPOSITAE.

Gundelia Tournef. iter II. p. 251. Endl. gen. n. 2332.

G. Tournefortii Linn. sp. 1315. D. C. Prod. V. p. 88. n. 1.
Lam. Encycl. 720. Tournef. inst. t. 486. Rauwolf
iter 74. t. n. 94 et 173. Miller Ic. t. 287.

> Zwischen Limasol und Colossi herwärts vom Capo Gatto.
> Palästina, Syrien, Aleppo, Cilicien, Armenien, Persien.

Bellis Linn. gen. n. 962. Endl. gen. n. 2348.

B. annua Linn. sp. 1249. D. C. Prod. V. p. 304. n. 2.
Smith Prod. fl. gr. II. p. 184. n. 2087. Sibth. fl. gr.
t. 876.

> Am Meeresgestade bei Papho 1840. n. 63.
> Von Teneriffa bis in den Orient. In Europa überall.

B. perennis Linn. sp. 1248. D. C. Prod. V p. 304. n. 4.
Lamk. ill. t. 677. Fl. dan. 502. Engl. Bot. t. 424.

> In Cypern bei Prodromo. n. 706.
> Im ganzen Mittelmeergebiet und in Europa.

B. sylvestris Cyrill. pl. rar. II. p. 22. t. 4. D. C. Prod. V.
p. 305. n. 5.

> In Cypern um Prodromo unter Schwarzföhren an nassen
> Stellen von Lividia's Hochthal n. 706a.
> Im südlichen Europa.

Phagnalon Cass. bull. philom. 1819. p. 174. Endl. gen.
n. 2406.

P. rupestre D. C. Prod. V. p. 396. n. 4. Boiss. Diag. I.
XI. p. 7. Conyza saxatilis Sibth. fl. gr. t. 862?

> Auf den nördlichen Kalkbergen und diesen eigen. 15. April.
> 386.
> In den westlichen Theilen der Mittelmeerflora (ausser Creta, Grie-
> chenland), Aleppo, Südpersien.

Erax Gaertn. fruct. II. p. 393. t. 165. Endl. gen. n. 2420.

E. eriosphaera Boiss. Diag. I. XI. p. 3. Walp. Ann. II. p. 841. n. 4.

> Bei Larnaca 1859. n. 474. Gegen Livadia nicht selten. n. 309.
> Südküste von Klein-Asien.

E. contracta Boiss. Diag. I. XI. p. 3. Walp. Ann. II. p. 841. n. 5.

> Bei Larnaca nicht selten. 1859. 476.
> Steinige Arabien, Südpersien.

Micropus Linn. gen. n. 996. Endl. gen. n. 2421.

M. erectus Linn. sp. 1313. D. C. Prod. V. p. 460. n. 2. Smith Prod. fl. gr. II. p. 208. n. 2171. Lam. ill. t. 694. fig. 2. Gaudin fl. helv. V. t. 1. Nees gen. XX.

> Bei Larnaca auf Conglomerat nicht selten. n. 266[a].
> Mittel- und Südeuropa, von Spanien über Aleppo bis Persien, Mauritanien.

M. bombycinus Lag. nov. gen. et sp. p. 32. n. 400. D. C. Prod. V. p. 460.

> In Cypern in der Umgebung von Chrysostomo. 15. April. n. 439.
> Südeuropa.

Inula Gaertn. fr. II. p. 449. fig. 170. Endl. gen. n. 2426.

I. Britanica D. C. fl. fr. IV. p. 149. D. C. Prod. V. p. 467. n. 22. Linn. sp. 1237. Schkr. Handb. t. 247. Fl. dan. t. 413.

> Bei Prodromo in Schluchten im Schatten gesammelt 1840.
> Europa, Orient.

I. crithmoides Linn. sp. 1240. D. C. Prod. V p. 470. n. 34. Engl. Bot. 1. 68.

> Auf Salzboden an der westlichen Landenge des Capo Gatto neben dem Wege von Colossi nach Agrothyri n. 601.
> Längs dem ganzen Mittelmeere, vom Orient bis Portugal, den canarischen Inseln und England.

I. viscosa Ait. Kew. ed. 1. III. p. 223. D. C. Prod. V. p. 470. n. 36. Brot. Phytogr. t. 164. Erigeron viscosum Linn. sp. 1209. Jacq. hort. Vindob. t. 165.

Weit in den Bergthälern an feuchten Stellen zerstreut und da nicht selten. Ueber Chrysostomo bei Prodromo um Galata, bei Maschera. Am Wege von Pantelcimon nach Palco Milo. Blüht im Juni.

Längs den Mittelmeergestaden, bei Jerusalem, Mauritanien, Tencriffa.

Jasonia D. C. Prod. V. p. 476. Endl. gen. n. 2433.

J. **Sicula** De Cand. Ann. sc. nat. 1834. bot. 261. D. C. Prod. p. 476. n. 3. Erigeron Siculus Linn. sp. 1210.

Auf der Ebene bei Larnaca unweit Phaneromene, 28. Mai noch nicht in Blüthe. n. 978.

Sinai, Creta, Mauritanien, Italien, Spanien.

Pulicaria D. C. Prod. V. p. 477. Endl. gen. n. 2434.

P. **dysenterica** Gaertn. fruct. II. p. 462. D. C. Prod. V. p. 479. n. 7. Dietr. fl. bor. VIII. t. 561. Reichb. fl. germ. XVI. 933.

In schattigen Schluchten neben dem Kloster Trooditissa am südlichen Abhange des Troodos 1840, n. 10.

Europa, in feuchten Gräben bis in den Orient.

P. **Arabica** Cass. dict. XI. IV. p. 94. D. C. Prod. V. p. 478. n. 2. Inula Arabica Linn. mant. 114?

Um Larnaca auf Brachfeldern, 28. Mai. n. 979.

Arabien, Aegypten, Creta, Spanien, Mauritanien, Ostindien, Mesopotamien, Persien.

Asteriscus Moench Meth. 592. Endl. gen. n. 2439.

A. **aquaticus** Moench l. c. D. C. Prod. V. p. 486. n. 2. Nees gen. X. x. Buphtalmum maritimum Linn. sp. 1274. Schkr. Handb. t. 257. Lam. Encycl. 682. Sibth. fl. gr. t. 899.

Bei Larnaca auf der Ebene. n. 827.

Syrien, Sicilien, Creta, durchs Mittelmeergebiet, Constantinopel, Spanien bis zu den canarischen Inseln.

Pallenis Cass. dict. 37. p. 275. Endl. gen. n. 2442.

P. **spinosa** Cass. l. c. D. C. Prod. V p. 487. n. 1.

Buphtalmum spinosum Linn. sp. 1274. Sibth. fl. gr. t. 898.

Bei Mazoto. n. 554. Auf der Ebene von Papho. n. 661.

Südeuropa, Nordafrika, von Teneriffa bis Aegypten, Constantinopel, Syrien.

Helianthus Linn. gen. n. 979. Endl. gen. n. 2538.

H. tuberosus Linn. sp. 1277. D. C. Prod. V. p. 590. n. 36. Jacq. hort. Vindob t. 161 Mem. Mus. XIX. 4.

Auf den Aeckern bei Prodromo fast wild, 1840. n. 32.

Aus Brasilien eingeführt.

Anthemis D. C. fl. fr. p. 498. Endl. gen. n. 2639.

A. pontica Sibth. fl. gr. t. 885. Smith Prod. fl. gr. II. p. 190. n. 2110. D. C. Prod. VI. p. 6 n. 10?

Vom Meeresgestade bis zur Höhe von 5000' über Meer. Bei Prodromo häufig. Gehört zu den verbreiteten Pflanzen

Im Pontus, Odessa?

A. arvensis Linn sp. 1260. D. C. Prod. VI. p. 6. n. 11. Smith Prod. fl. gr. II. p. 189. n. 2106. Fl. dan. t. 1179. Engl. Bot. t. 602. Sturm Flora VII. 27

An feuchteren Stellen um Larnaca und Colossi und 301.

Auf Aeckern von Europa, im Orient und in Aegypten.

A. Australis Willd sp. III. 2177. D. C. Prod. VI. p. 6, sub n. 8. Sibth. fl. gr. t. 886 Smith Prod. fl. gr. p. 190. n. 2111.

Am Meeresufer in Cypern nach Sibth.

Südeuropa.

A. peregrina Linn. Syst. nat. ed. 10. vol II. p. 1223. D. C. Prod. VI. p. 9. n. 27 Sibth. fl. gr. t. 883. A. tomentosa Willd. sp. III. p 2176.

In Cypern nicht selten.

Sicilien, Calabrien, Orient, Arabien.

A. rosea Sibth. fl. gr t. 887. Smith Prod. fl. gr. II. p. 191. D. C. Prod. VI. p. 12. n. 37.

In Cypern auf Anhöhen sehr häufig. „*Παπουνι*" genannt nach Sibth.

Bisher Cypern gefunden.

Maruta Cass. dict. 29. p. 174. Endl. gen. n. 2640.

M. Cotula D. C. Prod. VI. p. 13. Anthemis Cotula Linn. sp. 1261. Curt. Cond. II. t. 279. Fl. dan. t. 1179.

> In Cypern zwischen Heptacomo und Tricomo. n. 533.
>
> Europa, Persien bis Madera, Canar. Inseln, in Amerika eingeführt.

Lyonnetia Cass. dict. 34. p. 106. Endl. gen. n. 264.

L. pusilla Cass. dict. 34. p. 106. D. C. Prod. VI. p. 14. n. 1. Anacyclus Creticus Linn. sp. 1258. Desf. Ann. XI. t. 22. Smith. Prod. fl. gr. p. 18. n. 2099.

> In Cypern nach Sibth.
>
> Südeuropa.

L. rigida D. C. Prod. VI. p. 14. n. 2. Santolina rigida Sibth. fl. gr. t. 853. Smith. Prod. fl. gr. II. p. 166. n. 2027.

> Bei Larnaca; am häufigsten, ganze Strecken überziehend, bei Castro am Seeufer, vor dem Einbug gegen Famagosta.
>
> Creta, Peloponnesus.

L. abrotanifolia Cass. Syn. 259. D. C. Prod. VI. p. 15. n. 3. Cotula abrotanifolia Willd. sp. III. p. 2167. Santolina anthemioides L.

> In Cypern am Meeresstrande. 1859. n. 440. — 1862 n. 489.
>
> Südeuropa.

Anacyclus Pers. ench. II. p. 464. Endl. gen. n. 2643.

A. orientalis Linn. sp. 1258. D. C. Prod. VI. p. 17. n. 8. Cotula complanata Sibth. fl. gr. Prod. II. 187. fl. gr. t. 879.

> In Cypern nach D. C. Prod. l. c.
>
> Constantinopel, Troja, Athos.

Achillea Neck. Elem. n. 25. Endl. gen. n. 2649.

A. Tournefortii D. C. Prod. VI. p. 28. n. 21. A. Aegyptica Linn. sp. 1265. Willd. sp. III. p. 2203. Sibth. fl. gr. t. 892. Smith. Prod fl. gr. II. p. 193. n. 2121. Absynthium Aegyptiacum Dod. pomp. 25. fig. 2. mala.

In den Bergen Cyperns nach Sibth.?
Griechenland, Archipel, Astrachan, Aegypten.

A. Santolina Linn. sp. 1264. D. C. Prod. VI. p. 31. n. 42.
Sibth. fl. gr. 891.

In Cypern bei Synkrasi auf kahlem Boden in der östlichen
Messaria, 23. April. n. 543.
Aegypten, Sinai, Persien, Syrien, Creta.

Matricaria Linn. gen. 967. Endl. gen. n. 2669.

M. Chamomilla Linn. sp. 1256. D. C. Prod. VI. p. 51. n. 9.
Fl. dan. X. 1764. Reichb. fl. germ. XV. 997.

Sehr häufig auf der Ebene zwischen Limasol und Colossi.
1859. n. 433. Bei Larnaca n. 44.
Europa, Orient, Aleppo.

Pyrethrum Gaertn. fruct. II. p. 430. t 199. Endl. gen.
n. 2670.

P. Balsamita Willd. sp. III. p. 2153. D. C. Prod. VI.
p. 63. n. 52. Chrysanthemum Balsamita Linn. sp. 1252.
Jacq. obs. IV. p. 8. t. 89.

In den Gärten allgemein gebaut zu Sonntagsbuschen.
Erzerum, Georgien, Persien über Teheran, Schirasgebirge.

Chrysanthemum D. C. Prod. VI. p. 63. Endl. gen. n. 2671.

Ch. segetum Linn. sp. 1254. D. C. Prod. VI. p. 64. n. 1.
Engl. Bot. t. 540. Dietr. fl. bor. 632.

In den Bergen zwischen Saaten, so bei Slewra und in den
Thälern um Chrysoku. Auch   dem nördlichen Kalkgebirge.
n. 480.
Belgien, England, Deutschland, Frankreich, Anatolien, Creta, Syrien,
Nordpersien.

Ch. coronarium Linn. sp. 1254. D. C. Prod. VI. p. 64.
n. 3. Sibth. fl. gr. t. 877. Lam. ill t. 678. fig. 6.

Auf der ganzen Südküste der Insel sehr häufig. Bedeckt
alle Erd-Terrassen in Larnaca und Nicosia. Allgemein verbrei
tete Pflanze.
Südeuropa, Nordafrika, Orient, Smyrna.

Cotula Gaertn. fruct. 2. p. 388. t. 165. Endl. gen. n. 2683.

C. **coronopifolia** Linn. sp. 1257. D. C. Prod. VI. p. 78. n. 3. Fl. dan. 341. Lam. Encycl. 700. Sturm Fl. I. 7. Tanacetum ulignosum Smith Prod. fl. gr. IV. p. 167. n. 2029. Pyrethrum ulignosum Sibth. fl. gr. t. 855.

Auf salzigem Boden bei Larnaca, 1859. n. 254. — 1862 n. 308. Bei Mazoto im feuchten Thale, 27. April. — An feuchten Orten mit Juncus bufonius in Cypern nach Sibth.

Sandige Meeresufer, Cap der guten Hoffnung, Brasilien. Neu-Seeland, Van Diemenland, Hamburg, Bremen, Oldenburg, Orient.

Cota Gay in Guss. Syn. II. 867. Endl. gen. n. 2683b.

C. **altissima** Gay in Guss. Syn. II. 867. Anthemis altissima Linn.

Bei Prodromo im oberen Theile der Gärten. n. 790a.
Südeuropa.

C. **Palaestina** Reuter in herb. Boiss. msc.

Annua glabra vel sparse hirsuta, caule angulato-striato a base divaricatim ramoso, ramis apice monocephalis, foliis ambitu ovato bipinnatisectis segmentis patentibus lineari oblongis in rhachin alatam confluentibus, lobatis dentibusque calloso-mucronatis, involucri squamis subpubescentibus adpressis lanceolatis acutis pallidis margine membranaceis, receptaculi paleis rigidis cuneatis apice truncatis, in mucronem breviter attenuatis, seriei exterioris longius aristatis flores superantibus, achaeniis compressis truncatis nudis lateribus subulatis faciebus tenuiter nervoso striatis. — Diversa a Cota altissima Gay ramis patentibus, foliorum rhachidibus latioribus, paleis structura distinctissima.

Bei Larnaca östlich von der Marine auf Meeresgerölle n. 304. Um Prodromo n. 870.
Cypern.

Helichrysum D. C. Prod. VI. p. 169. Endl. gen. n. 2741.

H. **conglobatum** Boiss. Diag. XI. p. 31. H. decumbens Boiss. in Voy. Bot. Esp. p. 43. var. orientalis. H. caespitosum D. C. Prod. VI. p. 182. n. 70. Gnaphalium conglobatum Viv. fl. lib. (1824) p. 54. t. 111. fig. 5.

In Cypern auf der nördlichen Kalkkette im April allgemein. Bei Evrico 1859. n. 479.

Narbonne, Sicilien, Lybische Syrten, Anatolien.

H. microphyllum Camb. fl. bal. n. 325. D. C. Prod. VI. p. 183. n. 73. Gnaphalium microphyllum Willd. sp. III. p. 1863.

In Cypern bei Moni und Mazoto im Flussbett, blüht im Juli. n. 577. Bei Prodromo auf Felsen gegen Demithu. n. 839.

Creta, Sardinien, Balearen.

Filago Tournef. inst. t. 259. Endl. gen. n. 2752.

F. germanica Linn. sp. 1311. D. C. Prod. VI. p. 247. n. 1. Gnaphalium germanicum Willd. sp. III. p. 1894. Fl. dan. VI. 997. Sturm Flora III. 12. Ann. sc. nat. II. XX. 13.

Um Machera. n. 238a.

Europa, Taurien, Persien.

E. gallica Linn. sp. 1312. D. C. Prod. VI. p. 248 n. 3. Engl. Bot. t. 2369. Gnaphalium gallicum Willd. sp. III. p. 1895. D. C. fl. fr. n. 31200.

Am Kloster von Chrysostomo im Cypressenhaine, 15. April. n. 439a.

Fast in ganz Europa, Madera, Constantinopel, sogar in Chili.

F. arvensis Linn. sp. 1312. D. C. Prod. VI. p. 248. n. 6. F. paniculata Moench Meth. 577.

Var. β. Lagopus D. C. l. c.

In Kieferwäldern bei Prodromo. a. 845.

Sicilien, Persien.

F. postrata Parlat. in Ann. sc. II. ser. vol. XV. p. 302. Nyman Sylloge p. 14.

Um Larnaca nicht selten auf Anhöhen zerstreut. n. 268a.

Sicilien, Calabrien.

F. eriocephala Guss. rar. 304. Jord. observ. III. p. 203. t. 7. fig. 1—10.

Um Larnaca auf Anhöhen in dürrem Boden. n. 266.
Südfrankreich, Hyeren, Neapel.

Senecio Less. Syn. 391. Endl. gen. n. 2811.

S. crassifolius Willd. sp. III. p. 1982. D. C. Prod. VI.
p. 344. n. 18. Smith. Prod. fl. gr. II. p. 177. n. 2060.
Sibth. fl. gr. t. 868. Reichb. Ic. fl. germ. XVI 962.
In Cypern am Meeresgestade Sibth. — Auf Aphanit. n. 238.
Provence, Mauritanien, Sicilien.

S. vernalis W. K. pl. rar. I. p. 23. t. 24. D. C. Prod. VI.
p. 345. n. 24. Reichb. Ic. crit. IV. fig. 513.
In Cypern nicht selten in der Meereslandschaft auf Conglomerat. Prodromo n. 876. — 1859 n. 465.
Ungarn, Rumelien, Griechenland.

S. vulgaris Linn. sp. 1216. D. C. Prod. VI. p. 341. n. 1.
Fl. dan. t. 513. Engl. Bot. t. 747.
Um Larnaca zerstreut. n. 250a.
Europa, Nordamerika.

Calendula Neck. Elem. n. 75. Endl. gen. n. 2822.

C. arvensis Linn. sp. 1303. D. C. Prod. VI. p. 452. n. 6.
Gaertn. fruct. t. 168. Sibth. fl. gr. t. 920.
In Baumwollfeldern der Insel Cypern am nördlichen Fusse
des Olympus (Troodos) beim Dorfe Evrico, 11. Oct. 1840. n. 6.
Bei Limasol 1859 n. 462. Bei Larnaca n. 122, 251.
Im Mittel- und Südeuropa, Madera, Teneriffa, Südpersien.

Echinops Less. in Linn. 1831. p. 88. Endl. gen. n. 2847.

E. spinosus Linn. mant. t. 119. D. C. Prod. VI. p. 525.
n. 14. Smith Prod. fl. gr. II. p. 209. n. 2173. Sibth. fl.
gr. t. 924. Desf. fl. atl. II. p. 310.
In Cypern nach Sibth. — Zwischen Kuklia und Hierokipos
bei Papho. Ueber Chrysoku Polis gegen Slewra auf Felsen.
Barbarei, Tunis, Aegypten.

Cardopatium Juss. Ann. mus. VI. p. 334. Endl. gen.
n. 2849.

C. orientale Spach. Ann. sc. nat. (3. ser.) V. p. 233. Walp.
Rep. VI. p. 731. n. 1. Carthamus corymbosus d'Urv.
Sibth. fl. gr. t. 844? Cardopatium corymbosum D. C.
Prod. VI. p. 528. n. 1. (ex parte).

Am Meeresstrande bei Colossi und um Papho bei Hierokipos.
Blüht im Juni. Gaudry Recherches in Orient p. 187
Orient, Griechenland.

Xeranthemum Tournef. inst. 499. t. 284. Endl. gen.
n. 2850.

X. inapertum Gay Mem. soc. hort. Paris III. 357. t. 7. D. C.
Prod. VI. 529. sub: X. erectum Presl. del Prag. —
Reichb. Cent. VII. n. 863. t. 640.
Um Prodromo seltener. n. 810a.
Spanien, Wallis, Italien, Orient.

Carlina Tournef. inst. t. 285. Endl. gen. n. 2859.

C. vulgaris? Linn. sp. 1161. D. C. Prod. VI. p. 546. n. 3.
Fl. dan. 1174. Reichb. fl. germ. XV. t. 742.
Auf der Ebene von Kuklia gegen Hierokipos bei Papho?
Europa, Orient bis Persien.

·***Astractylis*** Linn. gen. n. 930. Endl. gen. n. 2860.

A. cancellata Linn. sp. 1162. D. C. Prod. VI. p. 550. n. 3.
Acarna cancellata Sibth. fl. gr. t. 839. Smith. Prod. fl.
gr. II. p. 159. n. 2008. Cirsellium cancellatum Lam. ill.
t. 662. fig. 1. Gaertn. fruct. II. t. 163.

Bei Melandrina n. 517. Um Amathus auf der westlichen
Höhe. n. 590. Im lockeren Erdboden bei Paleo Milo hinter
Panteleimon. n. 939. Bei Papho 14. Nov. 1840. n. 62.
Mittelmeergestade, Persien, Arabien.

Crupina Cass. dict. V. 44. p. 39, 50, 239. Endl. gen.
n. 2870.

C. **vulgaris** Cass. l. c. D. C. Prod. VI. p. 565. n. 1. Vi-
siani Dalm. t. 51. Reichb. fl. germ. XV. 746, 749.
Centaurea Crupina Linn. sp. 1285. Sibth. fl. gr. t. 900.
In Cypern zerstreut, zumal auf Kalk.
Von Spanien durch Südeuropa, Mauritanien in den Orient, Cili-
cien, Aleppo bis Süd- und Nordpersien.

Centaurea Less. Syn. p. 7. Endl. gen. n. 2871.

C. **Behen** Linn. sp. 1292? D. C. Prod. VI. p. 567. n. 10.
Rauwolf iter t. n. 288. Smith. Prod. fl. gr. II. p. 199.
n. 2142.
Centaurea foliosa Boiss. et Kotschy in sched. pl.
Amani 1862 fortasse!
Auf Cyperns Feldern an der Fontana amorosa den 13. Mai
1787 nach Sibth.
Cappadocien, Georgien, Kara Bagh?

C. **solsticialis** Linn. sp. 1297. D. C. Prod. VI. p. 594. n. 156.
Sibth. fl. gr. t. 908. Engl. Bot. t. 243. Reichb. fl. germ.
p. 795.
Auf nacktem Boden in der Messaria bei Synkrasi. n. 541a.
Mittel- und Südeuropa, Portugal, Oesterreich bis nach Persien am
schwarzen Meere und Kurdistan vorbei.

C. **acicularis** Smith Prod. fl. gr. II. p. 203. n. 2155. D. C.
Prod. VI. p. 595. n. 164. Sibth. fl. gr. t. 911.
In Cypern nach Sibth.
Insel Lero im Archipel.

C. **Calcitrapa** Linn. sp. 1297. D. C. Prod. VI. p. 579. n. 178.
Sturm Flora I. 4. Reichb. fl. germ. XV. 798. Engl.
Bot. II. 123.
Auf der Ebene von Kuklia über Hierokipos gegen Papho.
Durchs Mittelmeergebiet von Aegypten bis Madera, Südpersien bis
England.

C. **hyalolepis** Boiss. Diag. I. VI. p. 133. C. Ibiriea Poech
in Enum. pl. Cypri p. 19. C. monacantha Clark Trav.
II. p. 358.

Um Colossi und auf der Ebene gegen Limasol. n. 548. Auf
Baumwollfeldern am Orte Evrico 11. Oct. 1840. n. 2.
Syrien.

Aegialophila Boiss. Diag. pl. orient. I. 10. p. 105.

A. Cretica Boiss. l. c. p. 106.
Auf kahlen Hügeln bei Pantelcimon. n. 928?
Creta.

A. pumila Boiss. Diag. pl. orient. I. X. p. 105. Centaurea
pumila L. Amoen. Acad. IV. p. 292. D. C. Prod. VI.
p. 591. n. 142. Vent. Malm. t. 9. Sibth. fl. gr. t. 918.
Hodie „ῥίζα παναίας.“
Um Ktima bei Paphos n. 673. Um Limasol 1859. n. 490.
Nicht selten im Meeressand bei Lividia, im Oct. 1840. Ein allgemein bekanntes Mittel gegen Entzündungen der Fingerbein-
haut. „Panarhizio“ auf der Insel genannt ist die Wurzel.
Aegypten, Creta, Chios.

Cnicus Vaill. act. ac. par. 1718. Endl. gen. n. 2872.

C. benedictus Linn. sp. ed. 1. I. 826. D. C. Prod. VI.
p. 606. n. 1. Gaertn. Carp. t. 162. Reichb. fl. germ.
XV. t. 718. Centaurea benedicta Linn. sp. 1269. Sibth.
fl. gr. t. 906. Smith. Prod. fl. gr. II. p. 201. 2140.
In Cypern „Καλαγαθο“ nach Sibth. — Um Lapethus.
Persien, Aleppo, Syrien, Griechenland, Taurien.

Kentrophyllum Neck. Elem. n. 155. Endl. gen. n. 2874.

K. lanatum D. C. et Duby bot. gall. I. p. 293. D. C.
Prod. VI. p. 610 n. 1. Carthamus lanatus Linn. sp.
1163. Smith. Prod. fl. gr. II. p. 160. n. 2010. Sibth.
fl. gr. t. 841. Hodie „Ἀτραξύλη.“
Am Wege von Chrisostomo nach Cerinia auf Wiener Sandstein. — In Cypern, Sibth.
Südeuropa, Orient.

Carthamus Tournef. inst. 457. t. 258. Endl. gen. n. 2875.

C. tinctorius Linn. sp. 1162. D. C. Prod. VI. p. 612. n. 1.

La m. ill. t. 661. fig. 3. Bot. Reg. t. 170. Reichb. fl. germ. XV. t. 746.

Wird in der Ebene von Messaria und sonst an Wasserleitungen unter dem Namen „*Οβερος*“ gebaut.

Aus Ostindien.

Onopordon Vaill. act. acad. Paris 1718. Endl. gen. n. 2881.

O. **Graecum** Gou. ill. 64. t. 25. D. C. Prod. VI. p. 619. n. 7. Linn. suppl. 349. Smith. Prod. fl. gr. II. p. 156. n. 1996.

In Cypern nach Sibth.

Griechenland und Insel Melo.

O. **virens** D. C. fl. fr. suppl. 456. D. C. Prod. VI. p. 618. n. 2. O. elatum Smith et Sibth. fl. gr. t. 833.

In der Umgebung der höchsten Quellen über Kithrea am Fusse des Pentadactylos, 13. April. n. 346.

Frankreich, Rom, Griechenland, Creta, Trapezunt, Taurien.

Sylibum Vaill. act. acad. Paris 1718. Endl. gen. n. 2878.

S. **Marianum** Gaertn. fruct. t. 168. D. C. Prod. VI. p. 616. n. 1. Carduus Marianus Linn. sp. 1163. Engl. Bot. t. 976. Smith. Prod. fl. gr. II. p. 150. n. 1977. „*Κατοντγα*“ hodie.

In Cypern nach Sibth. — Nicht selten um Chrysoroodi-tissa. n. 697. An der Quelle von Kithrea. n. 346.

Auf Wällen in Südeuropa, westlichen Asien, Ostindien, Madera, Chili Conception.

Cynara Vaill. act. acad. Paris 1718. Endl. gen. n. 2882.

C. **Scolymus** Linn. sp. 1159. D. C. Prod. VI. p. 620. n. 2. Lam. Encycl. 663. Woodv. Med. I. 28. Schkr. Handb. 231. *β. hortensis* D. C. l. c.

Wird in Warosia bei Famagosta, in Nicosia, Limasol und Larnaca in Gärten häufig gebaut.

Stammland unbekannt.

C. **Cardunculus** Linn. sp. 1159. D. C. Prod. VI. p. 620. n. 3. Bot. Mag. t. 2862 et 3241.

In Cypern zerstreut.

Creta, Griechenland, Barbarei, Sardinien, Südfrankreich.

C. horrida Ait. Kew. I. p 148. D. C. Prod. VI. p. 620. n. 4. Sibth. fl. gr. t. 834. Webb. Canar. t. 114 (ex errore 117).

Am Wege von Panteleimon gegen Paleo Milo. n. 942. — Nach D. C. in Madera. Gaudry Recherches p. 187.

Madera, Griechenland.

C. Sibthorpiana Boiss. et Heldr. Diag. pl. orient X. p. 94. C. humilis Smith. Prod. fl. gr. II. p. 157. n. 2002. Sibth. fl. gr. t. 835. „Ἀγριαγκάθα" hodie.

In Cypern an der Fontana amorosa 13. Mai 1787 nach Sibth. — An der Seeküste von Mazoto gegen Moni nicht selten. 28. April. n. 571.

Portugal, Spanien, Barbarei, Corsica, Peloponnes.

Carduus Gaertn. fruct. II. p. 377. t. 162. Endl. gen. n. 2884.

C. argentatus Linn. mant. 280. D. C. Prod. XI. p. 627. n. 35. Jacq. hort. Vindob. II. t. 192. Smith. Prod. fl. gr. II. p. 149. n. 1976.

In Cypern nach Sibth. — Um Larnaca. 753.

Griechenland, Aegypten, Syrien.

C. acanthoides Linn. sp. ed. II. p. 1150. D. C. Prod. VI. p. 623. n. 12. Jacq. Aust. t. 249. Smith. Prod. fl. gr. II. p. 149. n. 1973. Engl. Bot. t. 973. C. axillaris Caudin fl. belv. II. p. 169.

In Cypern nach Sibth.

In ganz Europa, Taurien, etc.

Picnomon Lob ic. 2. t. 14. fig. 2. Endl. gen. n. 2886.

P. Acarna Cass. dict. 40. p. 188. D. C. Prod. VI. p. 634. n. 1. Cnicus Acarna Linn. sp. 1158. Cav. Ic. I. t. 53.

Auf Brachfeldern zwischen Panteleimon und Nicosia. — Gaudry Recherches p. 188.

Von Portugal nach Taurien und Persien zu den Inseln des Mittelmeeres.

Chamaepeuce Pr. Alp. exot. 77. Endl. gen. n. 2889.

Ch. mutica D. C. Prod. VI. p. 657. n. 1. Staehlina Chamaepeuce Linn. sp. 1147. Staehlina Chamaepeuce Smith. Prod. fl. gr. II. p. 163. n. 2017. — Sibth. fl. gr. t. 847.
> An Felsen in Cypern, Sibth. Um Buffavento 1859. n. 475.
> Inseln des Archipel, Zanthe, Lybien, Syrien.

Notobasis Cass. dict. 25. p. 225. Endl. gen. n. 2890.

N. Syriaca Cass. l. c. D. C. Prod. VI. p. 660. n. 1. Carduus Syriacus Linn. sp. 1153. Willd. sp. IV. 1683. Smith Prod. fl. gr. II. p. 154. n. 1992. Cnicus Syriacus Willd. sp. pl. III. p. 1683. Sibth. fl. gr. t. 831.
> In Cypern sehr häufig, oft den Saatfeldern nachtheilig, Sibth. Besonders an der Südküste, auch unweit Larnaca. n. 259.
> Von Madera über Portugal, Mauritanien, Corsica, Sicilien, Italien, Griechenland nach Anatolien, Cilicien und Syrien bis Aegypten.

Raponticum D. C. mem. compos. p. 21. Endl. gen. n. 2894.

R. acaule D. C. Prod. VI. p. 664. n. 8. Cynara acaulis Linn. sp. 1160. Desf. fl. atl. II. 249. t. 223. Smith Prod. fl. gr. II. p. 158. n. 2003. Lam. ill. t. 663. fig. 2. Till. hort. pis. t. 20. Cynara humilis Juss. gen. 173. — „Ἀγριοκυναρα" hodie.
> Auf der Insel Cypern nach Sibth.
> In der Barbarei.

Serratula Cass. dict. 25. p. 173. n. 41. Endl. gen. n. 2897.

S. cordata Cass. dict. I. p. 468. Rauwolf iter 288. Centaurea cerinthefolia Sibth. et Smith Prod. fl. gr. II. p. 197. D. C. Prod. VI. p. 567. n. 12. Serratula Behen Lam. dict. t. 666. fig. a.
> Ueber Chrysostomo am Fusse des Buffavento. n. 392. Sehr häufig am Wege von Panteleimon nach Paleo Milo. n. 938.
> Libanon, Cilicien, Antiochia, Mesopotamien, Cappadocien am Euphrat.

Scolymus Tournef. inst. 273. Endl. gen. n. 2965.

S. hispanicus Linn. sp. 1143. D. C. Prod. VII. p. 76. n. 2. Sibth. fl. gr. t. 825. Desf. fl. atl. II. 240.

Auf fruchtbaren Feldern bei Larnaca, Citti und von Limasol nach Colossi.

Mittelmeergestade, Taurien, Mauritanien, Madera, Canar. Inseln.

Rhagadiolus Tournef. inst. 479. t. 272. Endl. gen. n. 2970.

R. stellatus D. C. Prod. VII. p. 77. n. 1. Gaertn. Carp. t. 157. Lam. Encycl. 655. Laspana Rhagadiolus Linn. hort. Ups. 245. Smith Prod. fl. gr. II. p. 144. n. 1957. Sibth. fl. gr. t. 818. L. stellata Linn. hort. Ups. 245. Smith. Prod. fl. gr. II. p. 144. n. 1958. Sibth. fl. gr. t. 817.

Bei Larnaca. n. 84. Auf dem Pentadactylos, 13. April n. 365. Bei Episcopi. n. 614.

In Südeuropa von Portugal bis in den Orient und nach Südpersien.

Koelpinia Pallas iter ed. germ. III. p. 755. t. 1. fig. 2. Endl. gen. n. 2971.

K. linearis Pallas l. c. D. C. Prod. VII. p. 78. Laspana Koelpinia Linn. sp. suppl. 348. Smith Prod. fl. gr. II. p. 145. n. 1959. Sibth. fl. gr. t. 819. Rhagadiolus Koelpinia Willd. sp. III. 1626.

In Cypern nach Sibth.

Dahurien, Sibirien, Nordpersien, Euphrat, Kermanschah.

Hedypnois Tournef. inst. 478. t. 271. Endl. gen. n. 2973.

H. Cretica Willd. sp. 1616. D. C. Prod. VII. p. 81. n. 1. Smith Prod. fl. gr. II. p. 142. n. 1950. Sibth. fl. gr. t. 813. Hyoseris Cretica Linn. sp. 1139. Gaertn. fruct. II. p. 360. t. 160. fig. 2.

Um Larnaca am Meere 1859. n. 460.

Von Spanien bis Creta.

H. polymorpha D. C. Prod. VI. p. 81 n. 3. Smith Prod. fl. gr. II. p. 142. n. 1949. H. rhagadioloides Sibth. fl.

gr. t. 812. H. monspeliensis Smith Prod. fl. gr. II. p. 142. n. 1948.

 In den Ebenen der Seeküste bei Larnaca, Mazoto. n. 275.

An allen Seegestaden des Mittelmeeres bis Südpersien.

Hyoseris Juss. gen. 169. Endl. gen. n. 2974.

H. microcepala Cass. dict. 22. p. 338. D. C. Prod. VII. p. 79. n. 1. H. scabra Linn. sp. 1138. Smith Prod. fl. gr. III. p. 141. n. 1947. Hieracium Tragopogoni capit. Bocc. mus. t. 206.

 In Cypern nach Sibth.

Im ganzen Mittelmeergebiete.

H. minima Linn. sp. 1138. Fl. dan. t. 201. Engl. Bot. t. 94. Arnoseris pusilla Gaertn. fruct. t. 157. D. C. Prod. VII. p. 79. Lapsana pusilla Willd. sp. pl. III. 1623.

 Um Prodromo in Wäldern von Schwarzföhren. n. 814.

In Europa weit verbreitet.

Catananche Vall. act. acad. par. 1721. p. 215. Endl. gen. n. 2976.

C. lutea Linn. sp. 1142. D. C. Prod. VII p. 83. n. 2. Smith Prod. fl. gr. II. p. 145. n. 1961. Lam. ill. t. 658. fig. 2. Schkr. Handb. t. 226. Sibth. fl. gr. t. 821.

 Im Walde von Cupressus horizontalis bei Chrysostomo nicht selten. n. 393.

In den Gegenden am Mittelmeere, Barbarei, Creta, Syrien.

Cichorium Tournef. inst. t. 272. Endl. gen. n. 2978.

C. Intybus Linn. sp. 1142. D. C. Prod. VII. p. 84. n. 1.

 β. *divaricatum* D. C. l. c. C. pumilum Jacq. obs. t. 80. Smith Prod. fl. gr. II. p. 146. n. 1963. Sibth. fl. gr. t. 822.

 Nicht selten am Wege von Chrysostomo nach Cerinia.

Küsten des Mittelmeeres von Madera bis Aegypten.

C. Endivia Willd. sp. III. 1629. Linn. sp. 1142. D. C. Prod. VII. p. 84. n. 2. Blackw. herb. t. 378. Smith Prod. fl. gr. II. p. 146. n. 1954.

In Cypern nach Sibth. Auf Aeckern allgemein.

Wird gebaut, stammt aus Indien und ist überall verwildert.

C. spinosum Linn. sp. 1142. D. C. Prod. VI. p. 84. n. 5. Bauhin Prod. t. 62. Lam. Encycl. t. 658. Smith fl. gr. II. p. 146. n. 1965. Sibth. fl. gr. t. 823. Sibth. Journal in Walpole's Mem. p. 25.

An der Nordküste am Meeresufer zwischen Cerinia und Melandrina mit Crinum maritimum, den 19. April. n. 504. Auch Aucher. — Um Papho den 11. Mai 1787, Sibth.

Sicilien, Griechenland, Creta.

Tolpis Biv. Monogr. 1809. Endl. gen. n. 2979.

T. barbata Gaertn. fruct. II. p. 372. t. 160. fig. 1. D. C. Prod. VII. p. 86. n. 1. Smith Prod. fl. gr II. p. 140. n. 1942. Lam. ill. t. 651. Biv. Monogr. p. 13. t. 3. Crepis barbata Linn. sp. 1131. Bot. Mag. t. 35.

In Cypern, Sibth.

Südeuropa, Nordafrika, Canarische Inseln, nach Ostindien eingeführt.

T. umbellata Pers. ench. II. p. 377. D. C. Prod. VII. p. 86. n. 2. T. quadriaristata Biv. Monogr. p. 9. t. 1. Smith Prod. fl. gr. II. p. 140. n. 1943. Sibth. fl. gr. t. 810?

An den Abhängen von Ktima bei Papho, 14. Nov. 1840. n. 61. In Gebirgen gegen Prodromo. n. 810.

Mittel-Italien.

Thrincia Roth. Cat. 1. p. p. 99. Endl. gen. n. 2989.

T. tuberosa D. C. fl. fr. ed. 3. n. 2967. D. C. Prod. VII. p. 100. n. 4.

β. Olivieri D. C. l. c. Leontodon tuberosus Linn. sp. 1123 var. Apargia tuberosa Willd. sp. III. p. 1549. Smith Prod. fl. gr. II. p. 130. n. 1906. Sibth. fl. gr. t. 797.

Bei Papho am Meere 1840 sub n. 66 in Sand. Bei Larnaca n. 59. Auf dem Capo Greco n. 158. Im Cypressenwald an feuchteren Stellen n. 426. Ist allgemein verbreitet.

Auf allen Küsten des Mittelmeeres.

Seriola Linn. gen. n. 917. Endl. gen. n. 2987.

  S. **Aetnensis** Linn. sp. 1139. D. C. Prod. VII. p. 95. n. 1. Sibth. fl. gr. t. 815. Jacq. obs. t. 73. Lam. ill. t. 656.

    Bei Limasol 1859. n. 978. Capo Greco n. 156.
Küsten des Mittelmeeres.

Geropogon Linn. gen. 904. Endl. gen. n. 2992.

  G. **glabrum** Linn. sp. 1109. D. C. Prod. VII. p. 111. n. 1. Jacq. hort. Vindob. I. t. 33. Bot. Mag. XIV. t. 479. Smith Prod. fl. gr. II. p. 119. n. 1866.

    In Cypern nach Sibth. Bei Larnaca.
Von Madera bis Taurien, Magador bis Aleppo.

Podospermum D. C. fl. fr. ed. 3. vol. IV. p. 61. Endl. gen. n. 2993.

  P. **canum** C. A. Meyer cauc. enum. 499. D. C. Prod. VII. p. 110. n. 5. Scorzonera laciniata L. Bieberst. fl. taur. cauc. suppl. n. 1576.

    Bei Larnaca nicht selten auf salzigem Boden. Im J. 1859. n. 389. 1862 n. 326.
Caucasus, Anatolien.

  P. **villosum** Stev. in D. C. Prod. VII. p. 111. n. 7 (excl. syn.). — P. molle Fisch. et Meyer in Linn. XIV. Littlbl. 163. Scorzonera mollis MB.

    In der Umgebung vom Salzsee bei Larnaca 1859. Suppl. n. 831 in herb. Vindob.
Taurien, Kaukasus.

Urospermum Scop. intr. 1777. Endl. gen. n. 2994.

  U. **picroides** Desf. cat. hort. par. ed. 1. p. 90. D. C. Prod. VII. p. 116. n. 2. Arnopogon asper Willd. sp. pl. III. p. 1497. Sibth. fl. gr. t. 782.

    In allen felsigen Küstengegenden, selbst bis 4000′ über Meer, um Prodromo. n. 825.
Von Madera bis Südpersien.

Tragopogon Linn. gen. 905. Endl. gen. n. 2995.

T. hirsutum Gou. fl. monsp. 342. D. C. Prod. VII. p. 113. n. 8. Garid aix 466. t. 106. D. C. fl. fr. n. 2990. Geropogon hirsutum Linn. sp. 1109. Smith Prod. fl. gr. II. 119. n. 1867. Sibth. fl. gr. t. 778.

In Cypern nach Sibth.
Frankreich.

T. australe Jord. Cat. du Jardin de Dijon 1848. p. 32. Walp. Ann. II. p. 960. n. 1.

Auf der Spitze des Troodos an der Nordseite. n. 776.

T. eriospermum Ten. fl. neap. Prod. III. p. 11. D. C. Prod. VII. p. 113. n. 5.

In Cypern allgemein verbreitet, vom Seeufer bis nach Prodromo hinauf.
Neapel.

Scorzonera D. C. fl. fr. ed. 3. p. 59. Endl. gen. n. 2997.

S. araneosa Sibth. fl. gr. t. 785. D. C. Prod. VII. p. 117. n. 4. Smith Prod. fl. gr. II. p. 183. n. 1880.

In Cypern nach Sibth.
Im Orient, Olivier.

S. Cypria Kotschy sp. n. Radice tuberosa crassa multicipiti, squamis fuscis foliorum vestutorum vestigiis coronata, foliis fere omnibus radicalibus lanceolatis vel lineari-lanceolatis in petiolum tenuem attenuatis, acutis, subtus et inferne tenuiter et adpresse araneoso-pubescentibus, scapis tenuibus simplicibus inferne 2—3 foliatis apice monocephalo folia superantibus, involucri cylindracei basi puberuli squamis lanceolatis acutis, ligulis flavis extus subrubellis. — Affinis S. humili, differt radice crassiori reliquiisque foliorum vestutorum vestita, foliis basi angustissime attenuatis capitulis angustioribus et aliis notis. S. parviflora Jacq. foliis longioribus caule fistuloso crassiori etc. differt.

Auf Anhöhen um Larnaca selten, April 1859. n. 459.
Ist Cypern eigen.

S.? **species nova** radice rapiformi crassa, foliis lanceolatis apice subulatis glabris. Caeterum ignota ex affinitate Scorz. undulatae.

Blüht erst im Juli oder später und hatte am 20. Mai nur Blätter, unterkam mir nur auf der Spitze des Troodos, da aber nicht selten. n. 782, 837.

1st Cypern eigen.

Picris Juss. gen. 170. Endl. gen. n. 2999.

P. **Sprengeliana** Lam. dict. IV. p. 310. D. C. Prod. VII. p. 128. n. 3. P. Rhagadiolus Pers. Syn. II. 370. P. laxa D. C. Prod. VII. p. 129. Hieracium Sprengelianum Willd. sp. III. 1598. Crepis rhagadioloides Linn. mant. Jacq. hort. Schönbr. t. 144.

Bei Prodromo nicht selten. n. 728.

Mittelmeergebiet.

Sonchus Cass. dict. 25. p. 151. Endl. gen. n. 3003.

S. **tenerrimus** Linn. sp. 1117. D. C. Prod. VII. p. 186. n. 14. Smith Prod. fl. gr. II. p. 125. n. 189. Reichb. hort. t. 139. Sibth. fl. gr. t. 790.

Auf Feldern bei Larnaca. n. 255.

Spanien, Italien, Sicilien, Barbarei.

S. **ciliatus** Lam. fl. fr. II. 87. D. C. Prod. VII. p. 185. n. 6. S. oleraceus Linn. sp. 1116. Engl. Bot. t. 843. Schkr. Handb. 256.

Bei Limasol und Larnaca gegen den Salzsee. n. 459, anno 1859. — Gaudry Recherches p. 198.

Eine weit verbreitete Wanderpflanze.

S. **arvensis** Linn. sp. 1116. D. C. Prod. VII. p. 187. n. 23. Fl. dan. IV. 606. Engl. Bot. X. 674. Hieracium spinulosum Spreng. Syst. veg. III. p. 645.

Am Capo Greco n. 159.

In ganz Europa.

Picridium Desf. fl. atl. II. p. 220. Endl. gen. n. 3002.

P. **Tingitanum** Desf. fl. atl. II. 220. D. C. Prod. VII. p. 182.

n. 1. Scorzonera tingitana Linn. sp. 1114. Bot. mag. IV. 142. Schkr. 215. Sonchus tingitanus Lam. dict. III. p. 397. Sibth. fl. gr. t. 792. Smith Prod. fl. gr. II. p. 126. n. 1893. Sibth. Journal in Walpole's Mem. p. 16.

In den sandigen Küstengegenden bei Famagosta, 17. April 1787, Sibth.

Balearische Inseln, Sicilien, Barbarei, Aegypten.

P. vulgare Desf. fl. atl. II. p. 221. D. C. Prod. VII. p. 182. n. 4. Sonchus picroides Lam. dict. III. p. 398. Sibth. fl. gr. t. 793. Smith. Prod. fl. gr. II. p. 126. n. 1894.

Auf der Insel Cypern nach Sibth.

Im Mittelmeergebiet.

Lactuca Tournef. inst. p. 447. t. 267. Endl. gen. n. 3008.

L. hispida D. C. Prod. VII. p. 139. n. 44. Prenanthes hispida MB. fl. taur. cauc. II. p. 245.

Auf der Spitze des Troodos nicht selten, hat 20. Mai noch schwach geblüht. n. 784.

Iberien, Cappadocien.

L. leucophaea Sibth. fl. gr. t. 974. D. C. Prod. VII. p. 136. n. 25. Smith. Prod. fl. gr. II. p. 127. Tournef. coroll. 35.

Auf der Insel Cypern nach Sibth.

Cypern eigen.

L. Cretica Desf. ann. mus. XI. p. 160. t. 19. D. C. Prod. VII. p. 137. n. 31. Tournef. coroll. 44. t. 34. D'Urv. Enum. p. 99. Desf. Choix. t. 34.

Zerstreut auf dürrem Boden im Gebüsch von Pistacia Lentiscus bei Melandrina und gegen Heptacomi n. 507, 597. Auch sonst im westlichen Theile der Insel.

Archipel, Melo, Thera, Astypalaea, Creta.

L. sativa Linn. sp. 1118. var. *α*. D. C. Prod. VII. p. 138. n. 41. Hayne Medicinalpfl. VII. 30. Gaertn. Carp. 158.

Wird in den Gärten der Städte und Gebirgsdörfer gebaut.

Vaterland Ostindien, Cordofan.

Chondrilla Linn. gen. n. 910. Endl. gen. n. 3009.

Ch. juncea Linn. sp. 1120. D. C. Prod. VII. p. 142. Jacq. Aust. t. 427. Fl. dan. X. 1652.

Um Ktima bei Papho 1840 n. 64 in herb. Vindob.
Europa, Sibirien, Altai.

Taraxacum Hall. helv. I. p. 23. Endl. gen. n. 3010.

T. gymnanthum D. C. Prod. VII. p. 145. n. 3. Leontodon gymnanthum Link in Linn. 1834. p. 582.

Bei Papho um die Stadt Ktima 1840. n. 57.
Peloponnes.

T. laevigatum D. C. Cat. hort. monsp. 140. D. C. Prod. VII. p. 146 n. 8. Hook fl. antarc. t. 112. Smith Prod. fl. gr. II. p. 129. n. 1905.

An felsigen Stellen der Insel Cypern, Sibth. — Bei Prodromo 1859. Suppl. n. 1025.
Mittel- und Südenropa, wie auch Westasien.

T. officinale Wiggers Prim. fl. holm. p. 56. Guldenst. iter II. p. 344. T. Dens Leonis Desf. Atl. II. p. 228. D. C. Prod. VII. p. 145. n. 1. Leontodon Taraxacum Linn. sp. 1122. Smith Prod. fl. gr. II. p. 129. n. 1903.

Bei Prodromo in Lividia zwischen Paeonia. n. 903. Um die Spitze des Troodos.
Europa, Westasien, Nordafrika, bis in die höchsten Alpen hinauf.

Nemauchenes Cass. dict. 34. p. 362. Endl. gen. n. 3014.

N. aspera Cass. l. c. D. C. Prod. VII. p. 179. n. 2. Crepis aspera Linn. sp. 1133. Smith Prod. fl. gr. II. p. 137. n. 1933. C. nudiflora Viv. fl. libyc. t. 13. fig. 2? C. muricata Sibth. Prod. fl. gr. II. 138. n. 1936. t. 807? Seriola urens Lam. ill. t. 656. fig. 2.

In Cypern nach Sibth.
Palästina, Syrien.

Rodigia Spreng. neue Entd. I. p. 173. Endl. gen. n. 302½.

R. commutata Spreng. l. c. D. C. Prod. VII. p. 98. —

Spreng. Syst. veg. III. p. 654. Millia hyoscroides D. C. Prod. VII. p. 110.

Auf Kalk über dem Kloster von Melandrina. n. 526.
Archipelagus.

Pterotheca Cass. bull. philom. 1816. p. 200. Endl. gen. n. 3019/1.

P. bifida Fisch. et Mayer. Index sem. Petrop. IV. p. 43. Ledebour fl. ross. II. p. 831. P. nemausiensis MB. Fl. taur. cauc. II. p. 225. D. C. Prod. VII. p. 179.

Bei Larnaca, n. 85, und von Prodromo gegen Trisedies hinab. n. 856.
Italien, Dalmatien, Griechenland, Kaukasus, Palästina, Persien.

Crepis Moench Meth. 534. Endl. gen. n. 3022.

C. pulchra Linn. sp. 1134. D. C. Prod. VII. p. 160 n. 1. Smith Prod. fl. gr. II. p. 139. n. 1938. Engl. Bot. XXXIII. 2325. Schkr. Handb. t. 222. Prenanthes hieracifolia Willd. sp. pl. III. p. 1541.

In Cypern, Sibth. — Bei Larnaca. n. 294. Bei Fini am südlichen Abhange des Troodos am 17. Mai.
Frankreich, Deutschland, Italien. Taurien, Westasien.

C. Fraasii C. H. Schulz Bip. in Flora 1848. p. 173. Walp. Rep. II. p. 993. C. Sieberi Boiss. Diag. XI. p. 53.

Auf dem Pentadactylos am Fusse der Felsen 384 et 857.
Orient.

C. Raulini Boiss. Diag. XI. p. 58. Walp. Ann. II. p. 975.

Bei Larnaca auf Conglomerat häufig n. 245.
Creta.

Aetheorhiza Cass. dict. 48. p. 425. Endl. gen. n. 3022.

A. bulbosa Cass. l. c. D. C. Prod. VII. p. 160. n. 1. Leontodon bulbosum Willd. sp. III. p. 1462. Sibth. fl. gr. t. 798.

Am Salzsee bei Larnaca im Juncus maritimus 1859. n. 425. Auch gegen Livadia auf Salzboden zwischen Juncus 10. April.
Von Südfrankreich bis in den Archipel.

LOBELIACEAE.

Laurentia Mich. nov. gen. t. 14. Endl. gen. n. 3060.

L. tenella D. C. Prod. VII. p. 40. n. 2. Lobelia setacea Sibth. fl. gr. t. 221. Smith Prod. fl. gr. I. p. 145. n. 605. Sibth. Journal in Walpole's Mem. p. 23.

An feuchten Stellen um Prodromo am Kloster Trooditissa 1440. n. 20. am 13. Oct. Am Wege von Maschera gegen Nord herab an Quellen. Um Moni n. 576. Vertritt da unsere Myosotis palustris. — Im Thale Evrico an Quellen, den 1. Mai 1787 von Sibth. gesammelt.

Portugal, Sardinien, Corsica, Sicilien, Creta.

CAMPANULACEAE.

Campanula Fuchs hist. p. 43. Endl. gen. n. 3085.

C. Erinus Linn. sp. 240. D. C, Prod. VII. p. 473. n. 103. Sibth. fl. gr. t. 214. Smith Prod. fl. gr. I. p. 142. n. 496.

An felsigen Stellen, Sibth., bei Larnaca n. 103. Auf dem Capo Gatto im Tempeleingang von Lamnias, 1. Mai n. 604.

Madera, Tenariffa durchs Mittelmeer bis Südpersien.

C. drabaefolia Smith et Sibth. fl. gr. III. p. 11. t. 415. D. C. Prod. VII. p. 474 n. 1044. Smith. Prod. fl. gr. I. p. 142. n. 497.

Auf Felsen in Cypern, Sibth. — Bei Prodromo gegen Triselia zerstreut zwischen Cichoriaceaen.

Griechenland, Kleinasien.

C. peregrina Linn. syst. p. 301. D. C. Prod. VII. p. 478. n. 132. Jacq. hort. Schönbr. III. t. 337. Hoffm. et Link fl. port. t. 83. Bot. mag. t. 1237.

Am Kloster Trooditissa in schattigen Schluchten 1840 unter n. 9. Bei Colossi an der Wasserleitung und sonst nicht selten.

Aleppo, Libanon, Mauritanien.

Specularia Heist syst. p. 8. Endl. gen. n. 3086.

S. falcata Al. D. C. mem. Camp. p. 345. D. C. Prod. VII.
p. 489. n. 2. Prismatocarpus facatus Ten. fl. neap. t. 38.
Am Wege von Colossi nach Papho, um Prodromo. n. 608,
909. Bei Galata.
Corsica, Italien, Dalmatien, Griechenland, Syrien.

S. hybrida Al. D. C. mem. Camp. p. 349. D. C. Prod. VII.
p. 490. n. 4. Engl. Bot. t. 375.
Am Dorfe Fini unter dem Kloster Trooditissa, n. 800.
Mitteleuropa, Nordküste des Mittelmeeres, Kaukasus.

RUBIACEAE.

Vaillantia D. C. fl. fr. IV p. 266. Endl. gen. n. 3098.

V. muralis Linn. sp. 1490. D. C. Prod. IV. p. 614. n. 1.
Sibth. fl. gr. t. 137. Nees gen. X. x.
Auf Felsen des Capo Greco n. 165. Ueber Chrysostomo
n. 448.
Südeuropa, Cilicien, Smyrna.

V. hispida Linn. sp. 1490. D. C. Prod. IV. p. 615. n. 2.
Sibth. fl. gr. t. 138. Webb. Canar. t. 79.
Häufig zwischen anderen Pflanzen auf dem Capo Greco.
Teneriffa, Spanien, Italien, Balearen, Barbarei, Orient.

Galium Scop. carn. ed. 2. vol. l. p. 94. Endl. gen. n. 3100.

G. suberosus Smith et Sibth. fl. gr. t. 128. D. C. Prod. IV.
p. 597. n. 28. Griseb. specil. fl. rum. II. p. 161. n. 20?
Walp. Rep. VI. p. 13. n. 23.
Auf kreideweissem Felsboden zwischen Athienu und Forni
sehr häufig. n. 966.
Cypern eigen.

G. canum Rep. diss. msc. in herb. D. C. D. C. Prod. IV.
p. 602. n. 69.
Auf Felsen des Corallenkalkes am Capo Greco n. 160, 363.

Auf Felsen der Nordlehne des Pentadactylos. n. 359. Ueber Chrysostomo n. 408. An der Quelle von Dicomo gegen Cerinia. n. 465.

Syrien.

G. saccharatum All. ped. n. 39. D. C. Prod. IV. p. 607. n. 106. G. verrucosum Sibth. fl. gr. t. 133. Engl. Bot. t. 2173.

Auf dem Capo Greco sehr häufig. n. 139ᵃ· Um Prodromo n. 849.

Europa, Orient.

G. tricorne With. brit. ed. II. p. 153. D. C. Prod. IV. p. 608. n. 107. Engl. Bot. 1641.

In der Umgebung des Klosters Maschera, 4. April. u. 234.

Europa.

G. murale D. C. fl. fr. n. 3383. D. C. Prod. IV. p. 610. n. 121ᵇⁱˢ All. fl. ped. III. t. 77. Jord. observ. III. t. 6.

Bei Prodromo n. 715. In Cypern nach D. C. Prod.

Spanien, Provence, Italien, Sicilien, Constantinopel, Per.

G Aparine Linn. sp. 157. D. C. Prod. IV. p. 608. n. 110. Engl. Bot. t. 816.

β. macrocarpum Boiss.

Um Larnaca nicht selten. n. 36.

Europa, Nordasien, Unalaska, Nordamerika.

G. Vaillantii D. C. fl. fr. n. 3381. D. C. Prod. IV. p. 608. n. 111. Engl. Bot. t. 2943. G. infestum Waldst. Kit. III. t. 202.

Hat sich allgemeiner Verbreitung am Capo Greco zu erfreuen.

In ganz Europa.

G. setaceum Lam. dict. II. p. 584. D. C. Prod. IV. p. 609. n. 117. G. capillare Cav. ic. II. p. 79. t. 191.

Bei Chrysostomo im Cypressenwalde n. 449. Bei Wretscha n. 603.

Spanien, Mauritanien, Provence, Sicilien.

G. pauciflorum Kotschy sp. n. Annum, gracile, caulibus simplicibus sparse et breviter hirtellis, verticillis distantibus, foliis semihirtellis obovatis vel superioribus lanceolatis omnibus breviter mucronatis, pedunculis folia subaequantibus 3—5 floris hispidis post anthesin patulis vel recurvis, corollis minimis vix apertis extus hirtellis, fructibus minutis didymo-globosis hispidis.

Affinis G. recurvato Req. in D. C. Prod. verticillis distantibus, foliis obtusatis aliisque notis differt.

Bei Lapethus n. 487. Auch sonst in Kalkbergen.

Cypern eigen.

G. floribundum Sibth. fl. gr. vol. II. p. 23. t. 134. Smith Prod. fl. gr. I. p. 94. n. 331. G. Cyprium Sibth. Journal in Walpole's Mem. p. 25.

Auf Cypern bei den Diamantenfelsen über Papho, 11. Mai 1787, nach Sibth.

Syrien, Libanon.

G. pisiferum Boiss. Diag. pl. orient. I. 10. p. 67. Walp. Ann. II. p. 735. n. 4.

Auf dem gegen Osten geneigten Felsen von Capo Greco häufigst herumkriechend, den 29. März. n. 139, 148.

Palästina, Antilibanon, Carmel.

G. peplidifolium Boiss. Diag. I. 3. p. 46. Walp. Rep. VI. p. 10. n. 3.

β. forma pygmaea.

An der Quelle Ta Maschinari auf dem Troodos, hatte noch keine Früchte am 20. Mai. n. 715.

Anatolien.

Rubia Tournef. inst. 113. t. 38, Endl. gen. n. 3101.

R. tinctorum Linn. sp. 158. D. C. Prod. IV. p. 589. n. 11. Sibth. fl. gr. t. 141. Sturm Flora I. 3. Spach Suites 56.

Bei Morphu und Perilimno, wie auch an anderen Orten als ausgezeichnetes Product in Cypern gebaut. Braucht mitunter 3 Jahre, um gehörige Güte zu erlangen.

Im Orient und in Südeuropa wild.

R. brachypoda Boiss. Diag. I. X. p. 57. Walp. Ann. II. p. 738. n. 1. R. lucida Sibth. fl. gr. t. 142. (non L.). Smith Prod. fl. gr. I. p. 97. n. 342.

Auf dem Pentadactylos n. 371. Bei Galata in Früchten sehr üppig. n. 922.

β. *rupestris* foliis quaternis.

In Cypern, Sibth. — Auf Felsen bei Prodromo nur ganz klein. n. 729.

Syrien, Palästina.

Crucianella Linn. gen. n. 126. Endl. gen. n. 3102.

C. latifolia Linn. sp. 157. D. C. Prod. IV. p. 586. n. 1. Sibth. fl. gr. t. 139.

In Cypern bei Prodromo zwischen Sträuchern zerstreut.

Südeuropa.

C angustifolia Linn. sp. 157. D. C. Prod. IV p. 586. n. 2. Sibth. Journal in Walpole's Mem. I. p. 25. Smith exot. bot. t. 189.

Von Sibth. bei Papho 11. Mai 1787 gefunden, laut seinem Exemplar im kaiserl. Herbarium in Wien. An der südlichen und nördlichen Küste verbreitet.

Von Spanien bis Palästina.

Asperula Linn. gen. 121. Endl. gen. n. 3103.

A. arvensis Linn. sp. 150. D. C. Prod. IV p. 581. n. 1.

Auf Saatfeldern bei Prodromo nicht selten.

Europa, Orient.

Sherardia Dill. gen. n. 3. Endl. gen. n. 3104.

S. arvensis Linn. sp. 149. D. C. Prod. IV. p. 581. n. 1. Engl. Bot. t. 891. Fl. dan. t. 439.

In Cypern weit herum verbreitet, aber zerstreut. — Chrysostomo 1859. n. 983.

Europa, Taurien, Orient.

LONICEREAE.

Lonicera Desf. fl. atl. I. p. 183. Lam. ill. t. 150. Endl. gen. n. 3337.

L. Etrusca S. Viaggio I. p. 113. t. 1. D. C. Prod. IV. p. 331. n. 2.

Um Prodromo auf Sträuchern von Crategus monacantha.
Bei Galata am Herabweg von Prodromo n. 920. — 1859 u. 1024.
Italien, Griechenland.

L. **Periclymenum** Linn. sp. 247. D. C. Prod. IV. p. 331.
n. 6. Fl. dan. 908. Engl. Bot. t. 800. Nees gen. X. x.
Smith. Prod fl. gr. I. p. 148. n. 516.
Hat in Cypern Sibth. angegeben.
Mitteleuropa.

Sambucus Tournef. inst. t. 376. Endl gen. n. 3341.

S. **nigra** Linn. sp. 385. D. C. Prod. IV. p. 322. n. 9.
Engl. Bot. t. 476. Hayne Arzeneig. III. t. 16. Reichb.
fl. germ. XII. 730.
Wird in Gebirgsdörfern gebaut, auch in Larnaca.
Europa, Kaukasus, Sibirien, Japan.

JASMINEAE.

Jasminum Tournef. inst. 368. Endl. gen. n. 3342.

J. **officinale** Linn. sp. 9. D. C. Prod. VIII. p. 313. n. 86.
Bot. mag. t. 31. Nees gen. X. x.
In Cypern allgemein in den Gärten verbreitet und mit Sorg-
falt zu Pfeifenröhren cultivirt.
Kaukasus, Nordpersien, China.

OLEACEAE.

Olea Tournef. inst. t. 370. Endl. gen. n. 3349.

O. **europea** Linn. sp. p. 11. D. C. Prod. VIII. p. 284. n. 2.
Sibth. fl. gr. t. 3.
Ein für die Insel wichtiger Baum, der in Prodromo nicht
mehr gedeiht, wohl aber bis 2500' über Meer. Oft als Strauch
verwildert, der veredelt wird. Bei Morphu und bei Kithrea in
sehr alten Bäumen.

Im Oriente wild, von da aus über Südeuropa, die Mittelmeerinseln und Nordafrika verbreitet. (Ritter's Erdkunde: Verbreitung des Oelbaumes. Bd. XI. p. 516—537.)

Phillyrea Tournef. inst. t. 367. Endl. gen. n. 3349ᶜ.

P. latifolia Linn. sp. 10. D. C. Prod. VIII. p. 292. n. 1. Sibth. fl. gr. t. 2. Duhamel arboret. t. 125.

In den Vorbergen zwischen Lefkera und Maschera. Südeuropa.

APOCYNEAE.

Nerium Linn. gen. ed. 1737 n. 181. Endl. gen. n. 3427.

N. Oleander Linn. sp. 305. D. C. Prod. VIII. p. 420. n. 1. Sibth. fl. gr. t. 248. Sibth. Journal in Walpole's Mem. p. 14. Savi fl. ital. I. p. 9. Hodie „Ῥοδοδαφνη.“

An allen feuchten Stellen, um Quellen und deren Abflüsse, neben Brackwässern der wärmeren Region. Bei Sta. Croce 12. April 1787 Sibth. An der Quelle Perko hinter Cormatschiti, bei Kuklia, Haggia, Napa, Carpasso. etc.

Portugal, Algier, Südfrankreich, Sicilien, Griechenland, Anatolien, Archipel, Syrien.

GENTIANEAE.

Erythrea Ren. sp. 77. Endl. gen. n. 3543.

E. ramosissima Pers. Syn. I. 283. D. C. Prod. IX. p. 57. n. 1.

β. pulchella Fr. nov. II. p. 31. D. C. l. c.

E. pulchella Fr. Fl. dan. 1637. Dietr. fl. borus. III. t. 161.

An feuchten, schattigen Stellen der Quellenabflüsse um Prodromo n. 615.

Schottland, Schweden, Deutschland, Frankreich, Italien, Griechenland, Aegypten, Syrien, Südpersien, Himalaya.

E. Centaurium Pers. syn. I. p. 283. D. C. Prod. IX. p. 58.
n. 5. Sturm Flora III. 12. Guimp. et Schld. C.
Med. t. 3.

In Schluchten an der Südseite des Troodos nach Gaudry.
p. 195.

Mittel- und Südeuropa, Nordküste Afrika's, Anatolien, Mesopotamien.

Chlora Ren. p. 76. Endl. gen. n. 3547.

C. perfoliata Willd. sp. pl. II. p. 340. D. C. Prod. IX.
p. 69. n. 1.

γ. *sessilifolia* Griseb. Gent. p. 117. D. C. l. c.

Um Prodromo zerstreut in den Rasen von Juncus bei Panaija mit Erythrea. n. 615[a].

Frankreich, Italien, Spanien, Syrien.

LABIATAE.

Ocymum Linn. gen. 173. Endl. gen. n. 3569.

O. Basilicum Linn. sp. 833. D. C. Prod. XII. p. 32. n. 2.
Wird in allen Gärten durch ganz Cypern gebaut.
Aus dem wärmeren Asien und Afrika in unsere Gärten verpflanzt.

Lavendula Tournef. inst. I. 198. t. 93. Endl. gen. n. 3585.

L. Stoechas Linn. sp. 800. D. C. Prod. XII. p. 114. n. 1.
Sibth. fl. gr. t. 549. „Μοροφορα" hodie Cypriis.

Auf der Nordseite von Stavro Wuni (Sta. Croce) über dem
Kloster St. Barbara n. 193. Zwischen Lefkera und Maschera.
Auf dem Capo Gatto n. 603.

Mittelmeerküste, Constantinopel, Tunis, Algier, Canar. Inseln.

Mentha Linn. gen. p. 291. Endl. gen. n. 3594.

M. sylvestris Linn. sp. p. 804. Benth Lab. p. 171. D.
C. Prod. XII. p. 166. n. 3.

Var. ε. nemerosa Reichb. Ic. bot. X. t. 984. Jacq. hort. Vindob. III. t. 87. Hodie „Καλαμεδρα" Cypriis.

In den Schluchten um das Kloster Trooditissa. 10. October 1840. n. 23.

Europa, Nordasien, Südpersien, Sinai, Teneriffa, Cap.

M. Pulegium Linn. sp. 807. D. C. Prod. XII. p. 175. n. 25. Sole Menth. t. 23. Engl. Bot. XV. 1026. Fl. dan. X. 1755.

An dem Saume der Büche bei Acheropithi, bei Forni, 970, unweit Larnaca; in Cyperns erster Region nach Gaudry.

Europa, Kaukasus, Persien, Abyssinien, Algier, Teneriffa, Madera, Valparaiso, Nordamerika.

Salvia Linn. gen. ed. 1773. n. 16. Endl. gen. n. 3597.

S. Libanotica Boiss. Diag. II. 4. p. 16.

In Cypern auf der nordöstlichen Kalkkette bei Chrysostomo 1859 unter n. 483. Am Pentadactylos n. 369. Bei Lapethus n. 483.

Syrien.

S. Cypria Kotschy sp. n. *Frutex 3 — 5 pedes altus, dense ramosus*, ramis assurgentibus puberulis. Ramulis annotinis quadrangulis *dense glanduloso-hirsutis*, foliis breviter petiolatis proportione parvis oblongo-ovatis in petiolum subdecurrentibus vel auriculis laminae juxta positis et confluentibus subpinnatisectis vel ima basi obtusissimis et quasi subcordatis, apice semper obtusis, supra densissime ac minutissime bullato verrucosulis tomentosulis infra tomento denso quasi complanatis, margine bululis prominentibus majoribus crenata. Folia floralia vix brevus petiolata auriculato-trifida, segmento inter medio ovato utrinque obtusato lateralibus ellipticis minimis. Bracteae ovatae vel obovatae subcuspidato-acutatae sicut inflorescentia tota dense glanduloso-hirtae. Verticillis remotius culis paucifloris. *Calyx subclavatus*, dentibus maximo excepto lanceolatis acuminatis brevibus. Corollae surrectae *tubo sensim ampliato glabro fauce flavo-maculato*, labio superiore rectiusculo angusto dorso glandulose-puberulo *inferiore horizontaliter porrecto* trilobo, lobo medio laeviter producto ac dilatato-emarginato *extus hirsuto* (nec glanduloso-hirsuto). Proxima S. Libanoticae a qua foliis minoribus dentibus calycis minoribus corolla magis inflata fauce maculata et aliis notis differt.

Häufig auf der Westlehne zwischen Prodromo und Dimithu in reichster Blüthe am 15. Mai. n. 724.

Ist Cypern eigen.

S. grandiflora Ettling. Salv. n. 2. D. C. Prod. XII. p. 264. n. 7. Jacq. fil in ecl. t. 36. S. triloba Poech enum. Cypri p. 23, nec Linn.

In Cypern auf dem Gebirge südlich vom Kloster Troodi-tissa, 18. Oct. 1840. n. 18.

Bythinien, Cilicien.

S. pinnata Linn. sp. 39. D. C. Prod. XII. p. 266. n. 13. Jacq. frag. t. 49.

·An der Nordküste über dem Kloster Melandrina, eine Tag-reise östlich von Corinia; auch bei Antiphoniti n 528.

Spanien, Smyrna, Arabien.

S. viridis Linn. sp. 34. D. C. Prod. XII. p. 277. n. 60. Jacq. rar. II. t. 4. Sibth. fl. gr. t. 19. Reichb. Ic. bot. VI. t. 531.

Um Larnaca nicht selten, vom Castro gegen Haggia Napa. n. 175a. Capo Gatto bei Fassuria.

In Europa und den Mittelmeergestaden Afrika's und Asiens, Tiflis, Talüsch.

S. Horminum Linn. sp. 34. D. C. Prod. XII. p. 278. n. 61. Sibth. fl. gr. t. 20. Sabb. hort. rom. III. t. 19.

In Cypern (Sibth.). Häufig um Larnaca n. 38. — Bei Limasol etc. n. 7 bei Panteleimon.

In den Mittelmeer- und Pontusländern, Aleppo, Libanon, Taurus.

S. candidissima Vahl. enum. I. p. 278. D. C. Prod. XII. p. 280. n. 69. S. argentea Sibth. Journal in Walpole's Mem. p. 19. S. crassifolia Sibth. fl. gr. t. 26. Smith. Prod. fl. gr. I. p. 17. n. 64.

268

In Cypern selten nach D. Ferd. Bauer bei Nicosia 22. April
1787, Sibth.. — Bei Kithrea im Thale rechts auf Schiefer.
12. April. n. 333.

Armenien, Isaurien.

S. Sibthorpii Smith et Sibth. fl. gr. I. p. 17. t. 22. D. C.
Prod. XII. p. 291. n. 111. S. campestris MB. I. p. 20.
Reichb. Ic. bot. VI. t. 529. S. Cerignensis Sibth. Jour-
nal in Walpole's Mem. p. 18.

In Larnaca gegen Wlachy n. 88ᵃ˙ — Bei Cerinia, 20. April
1787. Sibth.

Im östlichen Mitteleuropa und Westasien, Griechenland, Taurien,
Kaukasus, Syrien, Südpersien, Kachmir.

S. Verbenaca Linn. sp. 35. D. C. Prod. XII. p. 294.
n. 118. S. Spielmanniana M. B. fl. taur. cauc. I. p. 21.

Um Prodromo nicht häufig. n. 694.

Mitteleuropa, Russland, Kaukasus.

S. clandestina Linn. sp. 36. D. C. Prod. XII. p. 294. n. 119.
β. *multifida* D. C. l. c. S. multifida Sibth. fl. gr.
t. 23. Reichb. Ic. bot VI. 524, 525.

Nicht selten um Larnaca n. 58, gegen die Salzsee'n 1859.
In Cypern nach Sibth.

Von Madera bis Aleppo und aus caspische Meer.

S. controversa Ten. Lyll. fl. neap. p. 18. D. C. Prod. XII.
p. 295. n. 112. S. ceratophylloides Sibth. Journal in
Walpole's Mem. p. 15. S. clandestina Sibth. fl. gr. t. 24.
Smith Prod. fl. gr. II. p. 16. n. 59.

In Cypern nicht selten auf Aeckern unter Sta. Croce von
D. Ferd. Bauer gefunden. — Bei Larnaca gegen den Salzsee
1859. n. 447.

Spanien, Syrien, Euphrat, Sinai, Aegypten, Syrten, Cap der guten
Hoffnung.

Zizyphora Linn. gen. ed. 1742. n. 26. Endl. gen. 3602.

Z. capitata Linn. sp. 31. D. C. Prod. XII. p. 366. n. 9.
Smith Prod. fl. gr. I. p. 13. n. 44. Sibth. et Smith
fl. gr. t. 13. Mem. acad. sc. Petrop. II. p. 308. t. 10.

Auf Sta. Croce in Cypern 12. April 1787 D. Ferd. Bauer. Im Cypressenwalde beim Kloster Chrysostomo am Buffavento n. 433.

Atlas, Spanien, Süditalien, Griechenland, Bythinien, Taurien, Kaukasus, Armenien, Persepolis, Songarei.

Origanum Tournef. inst. t. 94. Endl. gen. n. 3608.

C. Majorana Linn. sp. 824. D. C. Prod. XII. p. 195. n. 20. Guimp. et Schldl. Med. Pfl. t. 158. Majorana hortensis Nees gen. VI. t. 15.

Am nördlichen Abhange von Panteleimon gegen Paleo Milo. n. 937. Ums Kloster Chrysostomo. n. 460. Gaudry Recherches p. 198.

Mittelländisches Afrika, Mittelasien, Algier, Jemen, Ostindien und Kamaon.

Thymus Linn. Benth t. 340. Endl. gen. n. 3610.

T. Billardieri Boiss. Diag. pl. orient. II. F. IV. p. 8. — T. villosus Sibth. et Smith fl. gr. VI. p. 62. t. 578 (nec T. integer Griseb.) T. hirsutus M. B. in schedulis Kotschy iter Cilic.-Kurd. 1859. n. 397. Thymus Sibth. Journal in Walpole's Mem. p. 15.

Am Fusse des Buffavento auf Wiener Sandstein; auf Schiefer bei Evrico 1859. Nordseite von Sta. Croce n. 195. Auch hier von Sibth. 12. April 1787. Bei Chrysorchodissa n. 691. Bei Prodromo 832, wie überhaupt auf dem Troodos weit umher verbreitet aber sehr zerstreut.

Libanon.

T. capitatus Hoff. et Link fl. port. I. p. 123. D. C. Prod. XII. p. 204. n. 34. Satureja capitata Sibth. et Smith fl. gr. VI. p. 36. t. 544.

Bildet mit Satureja spinosa und S. Thymbra L. einen Theil des niederen Gestrüppes in der Trachaeotis, also sehr häufig verbreitet.

Von Tanger über Portugal nach dem Orient bis Syrien und Palästina.

Satureja Linn. gen. n. 707. Endl. gen. n. 3611.

S. **spinosa** Linn. sp. 795. D. C. Prod. XII. p. 209. n. 2. Sibth. fl. gr. t. 545.

> In der niederen Tracheotis verbreitet. Gaudry Recherch. 195. Spanien, Archipelagus, Creta.

S. **Thymbra** Linn. sp. 794. D. C. Prod. XII. p. 211. n. 8. Sibth. fl. gr. t. 541. Thymus Tragoriganum Linn. mant. 81. Smith Prod. fl. gr. I. p. 421. n. 1404. Sibth. Journal in Walpole's Mem. p. 15.

> Auf Anhöhen längs der südlichen Meeresküste nicht selten. Sta. Croce am Nordabhange häufig, 13. April 1787. Sibth. Ost-Griechenland, Archipelagus, Kleinasien, Syrien, Palästina.

Micromeria Benth in Bot. Reg. XV. ad calc. n. 1283. Endl. gen. n. 3616.

M. **Graeca** *var. latifolia* Benth. Lab. p. 373. D. C. Prod. XII. p. 214. n. 5. Satureja Graeca Linn. sp. 794. Sibth. fl. gr. t. 542.

> Auf Felsen vom Castello Regina 15. April. n. 396. Am Kloster Antiphoniti über Melandrina. n. 508.
> Von Portugal, Algier bis Creta, Syrien.

M **Cypria** Kotschy sp. n. Basi suffrutescens ramis tenuibus adscendentibus *pilosulis pilis longulis horizontaliter exsertis* sparsis, foliis *omnibus ovatis* basi brevissime petiolatis apice acutusculis pilosulis infra glandulis splendentibus punctiformibus sparsis donatis pilisque praecipue in costa et venis obsessis, cymis brevissime pedunculatis 2—4 floris, bracteis subovato-linearibus pedicellos superantibus pilosis. *Calyx obconoideus* pilosus costato-nervosus nervis subcontiguis *dentibus subulato-linearibus* tubo dupplo vel plus dupplo *brevioribus*, corolla calyce longe exserta *pilosula*, labio superiore bifido, inferiore trilobo lobis subaequalibus, antheris ex ovato-rotundatis exsertis carmineis.

Post M. Graecam collocanda a qua differt indumento, foliis omnibus ovatis, calycis dentibus subulato linearibus.

An Felswänden der Nordseite des Pentadactylos, 13. April.
n. 338. Um Castello della Regina, 15. April. n. 390.

Ist Cypern eigen.

M. nervosa Benth Lab. p. 376. D. C. Prod. XII. p. 218.
n. 25. Satureja nervosa Desf. fl. atl. II. p. 9. t. 121. fig. 2?

Um Larnaca an felsigen Stellen häufig, am Capo Greco. Bei
Mazoto und sonst verbreitet.

Athos, Sicilien, Neapel, Archipel, Palästina.

Calamintha Benth in D. C. Prod. XII. p. 226. Endl.
gen. n. 3617 α.

C. incana Boiss. Diag. pl. I. 12. p. 54. D. C. Prod. XII.
p. 226. n. 1.

Thymus incanus Sibth. et Smith fl. gr. VI. p. 62.
t. 577. Melissa incana Benth. Lab. p. 386.

An der Nordküste bei Panteleimon gegen Paleo Milo und
bei Nicosia im Olivenhaine. n. 980.

Griechenland bis Aleppo.

C. Cretica Benth in D. C. Prod. XII. p. 227. n. 3. Melissa
cretica Linn. sp. 828. Thymus hirsutus Sieber pl.
exsic (non aliorum).

Auf dem Südabhange des Troodos gegen Fini unterhalb des
Klosters Trooditissa. n. 734a.

Creta, Griechenland.

C. graveolens Benth in D. C. Prod. XII. p. 231. n. 20. —
Thymus graveolens M. B pl. ross. Ic. t. I. t. 38. Melissa
graveolens Benth. Lab. p. 590. Thymus exiguus Sibth.
fl. gr. t. 575. Smith Prod. fl. gr. I. p. 421. n. 1402.

Am Dorfe Fini unter dem Kloster Trooditissa gegen Omodos.
n. 762. Spitze des Troodos, noch sehr klein und scheint hieher
zu gehören. n. 774.

Südöstliches Europa und angrenzendes Asien, Siebenbürgen, Talüsch, Südpersien.

C. Clinopodium D. C. Prod. XII. p. 233. n. 32. Clinopodium
vulgare Linn. sp. 821. Engl. Bot. XX. t. 1406.

Auf der Höhe des Troodos im Schwarzföhrenwalde nicht
selten.

272

Schottland, Schweden, Spanien, Algier, Kaukasus, Anatolien, Creta.

Melissa Tournef. inst. p. 193. t. 91. Endl. gen. n. 3617.
M. officinalis Linn. sp. 827. D. C. Prod. XII. p. 240. n. 1.
M. altissima Sibth. et Smith fl. gr. VI. p. 63. t. 579.
Um Prodromo. n. 877.

Südeuropa, Mittelasien, Aleppo, Taurien, Turkistan.

Thymbra Linn. gen. ed. 1764. n. 708.
T. spicata Linn. sp. 795. D. C. Prod. XII. p. 240. n. 1.
Sibth. fl. gr. VI. p. 37. t. 546. T. ambigua Clarke trav. IV. p. 239.

In Cypern nach Clarke. Bei Prodromo zerstreut.

Süd-Griechenland, Creta, Anatolien, Palästina, Syrien, Kurdistan.

Brunella Tournef. inst. I. 182. t. 84. Endl. gen. n. 3624.
B. vulgaris Linn. sp. 837. D. C. Prod. XII. p. 410. n. 3.
Reichb. pl. crit. III. t. 239. Sturm Fl. II.

In den Vorbergen Cyperns nach Gaudry's Recherch. p. 198.

Europa, Nordafrika, Kaukasus, Persien, Altai, Kachmir-Himalaya, Ostindien, China, Japan, Van Dimen, Port Jackson, Unalaska, Nord- und Mittelamerika.

Scutellaria Linn. gen. ed. I. p. 493. Endl. gen. n. 3626.
S. Columnae All. fl. ped. I. 40. t. 82. fig. 2. D. C. Prod. XII. p. 419 n. 34.

β. *Sibthorpii* D. C. l. c. S. peregrina Sibth. fl. gr. t. 582. Smith. Prod. fl. gr. I. p. 421. n. 1416. Sibth. Journal in Walpole's Mem. p. 17.

Ueber Kithrea gegen Pentadactylos n. 353. Ueber Chrysostomo n. 457. — Bei Antiphoniti 19. April 1787 Sibth. — Zwischen Cerinia und Lapethus n. 489. Bei Chrysorhoodissa n. 699a.

Banat, Dalmatien, Norditalien bis Sicilien, Constantinopel.

S. peregrina Linn. sp. 836. Benth in D. C. Prod. XII. p. 420. n. 37.

Um Prodromo, noch nicht in Blüthe Ende Mai. n. 780γ·
Taurien, Griechenland, Sicilien, Kurdistan, Sinai, Abyssinien.

S. hirta Smith et Sibth. fl. gr. t. 583. Benth in D. C. Prod. XII. p. 420. n. 40.
In Cyperns Bergen auf Aphanit um Prodromo. n. 699.
Creta, Syrien.

Nepeta Benth Lab. 464. Endl. gen. n. 3636.

N. Cataria Linn. sp. 796. D. C. Prod. XII. p. 383. n. 58. Engl. Bot. t. 137. Sturm Fl. 19, 84. Dietr. fl. boruss. X. 695.
Bei Papho und um Prodromo thalwärts gegen Süden.
In ganz Europa und Mittelasien, Libanon, Taurus, Kaukasus, Sibirien, Kachmir.

N. Mussini Henckel adumb. pl. p. 15. D. C. Prod. XII. p. 385. n. 66.
Auf der Höhe des Troodos, hat noch nicht geblüht. n. 773.
Italien, Orient.

Lamium Benth Lab. p. 507. Endl. gen. n. 3645.

L. amplexicaule Linn. sp. 809. D. C. Prod. XII. p. 508. n. 19. Reichb. Ic. bot. III. t. 224. fig. 373. Engl. Bot. t. 770.
Bei Haggia Napa n. 112ª· Um Prodromo auf Aeckern 895.
Von Schottland über Schweden bis Petersburg und Kasan, bis Portugal, Berberey, Griechenland, Aleppo, Kaukasus, Nordpersien, Kabul, Himalaya; — Canarische Inseln und Nordamerika eingeführt.

L. moschatum Mill. dict. 4. Benth in D. C. Prod. XII. p. 508. n. 23.
Bei Larnaca auf Saatfeldern. n. 295.
Orient.

Stachys Benth Lab. 534. Endl. gen. n. 3650.

S. Italica Mill. dict. n. 3. D. C. Prod. XII. p. 464. n. 9. S. salviaefolia Ten. fl. neap. II. p. 23. t. 53.

274

Bei Mazoto 551. Um Arora nördlich von Ktima 669a. Um Prodromo häufig. n. 906.

Mitteleuropa, Anatolien, Syrien.

Sideritis Linn. Endl. gen. n. 3655.

S. pullulans Vent. hort. Cels. t. 98. Benth in D. C. Prod. XII. p. 440. n. 17.

Im Cypressenwalde bei Chrysostomo in Blättern 15. April. n. 391. Blüht später.

Creta, Palästina.

S. romana Linn. sp. 802. D. C. Prod. XII. p. 445. n. 39. Cav. Ic. t. 187. Sibth. fl. gr. t. 552.

Bei Larnaca n. 39. In Felsritzen bei Chrysostomo, 15. April. n. 442. Auf Felsen des Capo Greco, n. 134.

Spanien, Italien, Barbarei, Griechenland, Aleppo.

Marrubium Benth Lab. p. 585. Endl. gen. n. 3657.

M. vulgare Linn. sp. 816. D. C. Prod. XII. p. 453. n. 27. Nees gen. VI. t. 38. Engl. Bot. VI. t. 410.

β. *lanatum* D. C. l. c. M. apulum Ten. fl. neap. t. 154.
Nicht selten bei Pisuri. n. 628. Prodromo und bei Athienu wo die var. β. lanata häufig steht. n. 971.

In ganz Europa, Canarische Inseln, Kaukasus, Persien, Anatolien, Jemen, Kachmir, Nordamerika, Californien, Mexiko.

Ballota Benth. Lab. 529. Endl. gen. n. 3658.

B. nigra Linn. sp. 814. D. C. Prod. XII. p. 520. n. 16. Reichb. Ic. bot. t. 775. Engl. Bot. I. t. 16. Lam. Eucycl. 508. „Πισπερίξα" hodie Cypriis.

Bei Evrico 1840. n. 8.

Europa, von Petersburg bis Spanien, Griechenland, Kaukasus, Kurdistan, Ispahan.

B. integrifolia Benth Lab. p. 599. D. C. Prod. XII. p. 521. n. 22. Molucella frutescens Sibth. et Smith fl. gr. VI. p. 55. t. 568. Smith. Prod. fl. gr. I. p. 415. n. 1383. Sibth. Journal in Walpole's Mem. p. 19.

Zwischen Cerinia und Nicosia, 22. April 1787, Sibth. — Im Ansteigen von Chrysostomo gegen die hohe Felswand unter Castello Regina als 4′ hoher, dicht durch einander gewachsener Strauch, 15. April n. 390.

Cypern eigen.

Phlomis Br. prod. 504. Endl. gen. n. 3669.

P. viscosa Poir. dict. V. p. 271. D. C. Prod. XII. p. 540. n. 15.

Zwischen Limasol und Omodos 1859. n. Suppl. 464.

Alexandretta, Nordsyrien.

P. lunariaefolia Smith. Prod. fl. gr. I. p. 414. n. 1379. D. C. Prod. XII. p. 541. n. 22. Bory exped. Morée p. 89.

In Cypern bei Chrysoku im Thale gegen Chrysoroodissa nicht selten bis 6′ hoch. n. 678.

Peloponnesus.

Molucella Benth Lab. 639. Endl. gen. n. 3668.

M. laevis Linn. sp. 821. D. C. Prod. XII. p. 513. n. 1. Sibth. et Smith fl. gr. t. 566. Bot. mag. t. 1852.

Auf dem Wege von Athienu gegen Larnaca. n. 975.

Anatolien, Tarsus, Aleppo, Syrien, Palästina.

Prasium Linn. gen. n. 302. Endl. gen. n. 3676.

P. majus Linn. sp. 838. D. C. Prod. XII. p. 556. n. 1. Sibth. fl. gr. t. 584. Nees gen. VI. t. 44.

Bei Haggia Napa n. 133. Um Chrysostomo n. 411. Auf dem Capo Gatto bei Lamnias. n. 606.

Von Madera bis Syrien.

Teucrium Linn. et auct. Endl. gen. n. 3679.

T. Creticum Linn. sp. 788. D. C. Prod. XII. p. 576. n. 6. Sibth. fl. gr. t. 529. Smith Prod. fl. gr. I. p. 391. n. 1299.

Zwischen Antiphoniti und Belpais, 20. April 1787 Sibth. Zwischen Cerinia und Lapethus, n. 334, und noch häufiger

zwischen Panteleimon und Paleo Milo, auch sonst an der Südküste bei Papho nicht selten.

Sicilien Palästina, Aegypten.

T. Smyrnaeum Boiss. Diag. I. 5. p. 42. D. C. Prod. XII.
p. 584. n. 47.

T. Kotschyanum Poech in Fl. 1844. p. 454. D. C.
Prod. XII. p. 585. n. 48. Poech enum. pl. Cypri p. 24.

Am Fusse des Troodos bei Galata nicht selten auch um
Prodromo. n. 921. Am selben Standorte, 11. Oct. 1859. n. 13.

Um Smyrna.

T. scordioides Schreb. Unilab. p. 37. D. C. Prod. XII.
p. 586. n. 54. T. lanuginosum Hoffm. et Link fl. port.
I. 84. t. 3.

An feuchten Stellen bei Chrysostomo, bei Paleo Milo unweit
Panteleimon 949.

Von den Canarischen Inseln bis Taurien, Mesopotamien, Armenien,
Turkistan.

T. flavum Linn. sp. 791. Benth in D. C. Prod. XII.
p. 588. n. 60.

β. *purpureum* Benth forma divaricata. T. lucidum
Smith et Sibth. fl. gr. t. 532. T. divaricatum Sieber
pl. exsic. n. 244. T. pseudo-chamaedrys Sibth. Journal
in Walpole's Mem. p. 26.

In Cypern auf dem Capo Gatto und bei Kormatschiti, wie
an vielen anderen Stellen. — Um Papho am 11. Mai 1787 von
Sibth. gesammelt.

Creta, Syrien.

T. Cyprium Boiss. Diag. I. 5. p. 43. D. C. Prod. XII.
p. 590. n. 71.

In Cypern im Juli, Aucher n. 1595. — Auf der Höhe des
Troodos im Schwarzföhrenwalde, überall kleine Rasen bildend.
n. 783.

Cypern eigen.

T. Polium Linn. sp. 792. D. C. Prod. XII. p. 591. n. 79.
Sibth. fl. gr. t. 535. Lam. Encycl. 501.

Am Capo Gatto bei St. Nicola häufig gegen Agrothiri.
Weit verbreitet im Gebiete des Mittelmeeres.

ε. purpurascens. D. C. l. c. T. Achaemenis Schreb. Unilab. p. 44. T. pseudo-Polium Sibth. Journal in Walpole's Mem. p. 26.

Auf sandigem Boden im Ansteigen von Morphu gegen Panteleimon n. 925. — Bei Papho am 11. Mai 1787 von Sibth. gefunden.

In den Gegenden des Mittelmeeres.

Ajuga Benth Lab. p. 692. Endl. gen. n. 3680.

A. orientalis Linn. sp. 785. D. C. Prod. XII. p. 596. n. 3. Dill. hort. Elth. t. 53.

Auf dem Troodos über Prodromo n. 752.

Spanien, Sicilien, Bithynien, Damascus, Libanon, Cilicien, Cappadocien, Kaukasus.

A. Iva Schreb. Unilab. p. 25. Benth in D. C. Prod. XII. p. 600. n. 24.

β. Pseudo-Iva D. C. fl. fr. p. 395. Sibth. fl. gr. t. 525.

In Prodromo und bei Chrysostomo.

Verona, Istrien, Rumelien, Attica, Anatolien, Taurus, Kaukasus.

A. tridactylites Ging in Benth Lab. p. 699. D. C. Prod. XII. p. 600. n. 25.

Ueber Chrysostomo 1859. n. 426.

Sinai, Libanon, Taurus, Cappadocien, Kurdistan.

VERBENACEAE.

Verbena Linn. gen. n. 23. Endl. gen. n. 3685 ex parte.

V. officinalis Linn. sp. 29. D. C. Prod. XI. p. 547. n. 47. Engl. Bot. I. 26. Sturm Fl. I. 3. Dietr. fl. boruss. II. t. 120.

Bei Larnaca hinter den Gärten nicht selten.

Auf dem ganzen Erdkreis der gemässigten und wärmeren Zone.

Vitex Linn. gen. n. 790. Endl. gen. n. 3700.

V. **Agnus-Castus** Linn. sp. 890. D. C. Prod. XI. p. 684. n. 3. Sibth. fl. gr. t. 609. Nees gen. VI. 51. Hodie „Καναῶιττα" vel „Αγνεια."

In den Niederungen Cyperns an Bachufern und selbst in die zweite Zone hinaufreichend. Gaudry Recherches p. 189 et cet. Reicht bis in die Vorberge.

Ums ganze Mittelmeer herum, Kurdistan.

CORDIACEAE.

Cordia Plum. gen. 13. t. 14. Endl. gen. n. 3738 ex parte.

C. **Myxa** Linn. sp. 273 (excl. Syn.). D. C. Prod. IX. p. 479. n. 36. Delile. fl. aegypt. p. 47. t. 19. Jacq. Frag. t. 103. Hayne Medizinpfl. IX. 33.

Im Garten des Klosters von Haggia Napa und sonst in den Gärten der Städte gebaut, wegen Früchten zu Vogelleim, um die kleinen Zugvögel, „Bekafigi" genannt, im Herbst zu fangen.

Aus Indien und Nepal.

ASPERIFOLIAE.

Heliotropium Tournef. inst. 138. t. 57. Endl. gen. 3751.

H. **Europaeum** Linn. sp. 187. D. C. Prod. IX. p. 534. n. 9. Jacq. fl. Aust. III. t. 207.

Im Schwarzföhrenwalde über Prodromo an sonniger Lehne. n. 835. Gaudry Recherches p. 187.

Im Mittel- und Südeuropa, Nordafrika, Taurien, Aegypten.

Echium Buck in Linn. 1837. p. 129. Endl. gen. n. 3757.

E. **elegans** Lehm. Asperif. n. 339. D. C. Prod. X. p. 19. n. 31. E. hispidum Sibth. fl. gr. t. 181.

Eine sehr verbreitete Pflanze in einigen Gegenden der Insel, die durch ihre Menge, z. B. gegen Moni und gegen Colossi, die

Hügel stellenweise grau überzieht. Kommt auch bei Larnaca n. 66 und sonst vor.

Sardinien, Neapel, Creta, Cilicien, Aegypten.

E. pyramidatum D. C. Prod. X. p. 23. n. 48. E. Pyrenaicum Desf. fl. atl. I. p. 164. D. C. fl. fr. n. 2789. E. Italicum Linn. sp. 200. Mant. 334 (nec Lehm.). E. asperrimum Lam. ill. n. 1854.

Auf mergelhaltigen Abhängen nördlich von Paphos gegen Chrysoku bei Arora n. 667.

In allen Mittelmeergegenden.

Lithospermum Tournef. inst. 137. t. 55. Endl. gen. n. 4761.

L. arvense Linn. sp. 190. D. C. Prod. X. p. 74. n. 5. Desf. fl. atl. I. 154. Fl. dan. t. 456. Engl. Bot. t. 123. Schrank. fl. monac. IV. 307.

Auf Aeckern um Prodromo. n. 890.

Europa, Nordafrika, West-Asien.

L. incrassatum Guss. fl. sic. I. p. 211. D. C. Prod. X. p. 74. n. 6. Visiani fl. dalm. t. 23.

An den südlichen Lehnen von Prodromo gegen Trisedies. Auch auf der Seite gegen Demithu. n. 878.

Calabrien, Sicilien, Algier, Dalmatien, Aleppo, Syrien, Cap der guten Hoffnung.

L. tenuiflorum Linn. fil Suppl. 130. D. C. Prod. X. p. 75. n. 10. Jacq. Ic. t. 313. Sibth. fl. gr. t. 159. Smith Prod. fl. gr. I. p. 113. n. 396. Sibth. Journal in Walpole's Mem. p. 15.

Am Fusse von Sta. Croce, 13. April 1787, Sibth.

Aegypten, Syrien, Mesopotamien, Ibirien.

L. Apulum Vahl. Symb. II. p. 32. D. C. Prod. X. p. 75. n. 11. Sibth. fl. gr. t. 158.

An der Nordseite von Sta. Croce (Stavro Wuni) n. 201[a].

Südeuropa, Mauritanien, Orient.

L. hispidulum Sibth. et Smith fl. gr. t. 162. D. C. Prod. X. p. 81. n. 41. Lehm. asp. II. t. 332. t. 45.

280

Auf der Nordseite von Sta. Croce. Unter dem Felsen des Pentadactylos auf der Nordseite. Auf Wiener Sandstein vor Chrysostomo 15. April. Bei Chrysorooditissa n. 680, und sonst nicht selten, einen dichten struppigen Halbstrauch von kugeliger Form im Durchmesser von 1—3' bildend.

Insel Rhodus, Cilicien.

Nonea Medik. phil. bot. I. p. 31. Endl. gen. n. 3756.

N. ventricosa Griseb. sp. fl. rum. p. 93. D. C. Prod. X. p. 33. n. 20. Anchusa ventricosa Sibth. fl. gr. t. 169. Smith. Prod. fl. gr. I. p. 117. 410.

In Cypern nach Sibth. An Abhängen gegen Westen von Prodromo. n. 869.

Thracien, Creta, Cilicien, Phrygien.

Anchusa Linn. gen. n. 182. Endl. gen. n. 3768.

A. hybrida Ten. fl. neap. I. p. 65. t. 11. D. C. Prod. X. p. 45. n. 12. Guss. pl. rar. p. 81. t. 16. Sibth. fl. gr. t. 165. Hoffm. et Link fl. port. t. 22. Bot. mag. 2119.

Um Larnaca n. 49. Bei Prodromo im westlichen Thale von Lividia gegen Demithu. n. 770.

Auf beiden Ufern und den Inseln des Mittelmeeres.

A. strigosa Labill. syr. dec. 3. p. 7. t. 4. D. C. Prod. X. p. 47. n. 21.

Auf dem Wege von Nicosia nach Cerinia an Felsen der Quelle hinter Tricomo n. 453.

Syrien, Palästina, Taurus.

A. aegyptiaca D. C. Prod. X. p. 48. n. 27. Lam. ill. n. 1819. Lycopsis aegyptiaca Linn. sp. 138. Jacq. Vindob. III. t. 21.

Um Larnaca nicht selten. n. 8.

Aegypten.

A. Italica Retz obs. 1. (1779.) p. 12. D. C. Prod. X. 47. n. 22. Trew. dec. II. p. 14. t. 18. Bot. Reg. t. 483. Bot. mag. t. 2197. A. paniculata Ait. Kew. I. (1789.) p. 777. Sibth. fl. gr. t. 163.

In der mittleren Region über Papho bei Arora und selbst in der Gegend von Prodromo, aber nur auf Saatfeldern. n. 846.

Von Madera, den canarischen Inseln, Süddeutschland, Schweiz, ums Mittelmeer, am Sinai, Syrien, Mesopotamien, Kaukasus, Persien bis Kachemir.

A. aggregata Lehm. asp. 219. t. 47. D. C. Prod. X. p. 47. n. 23. — A. parviflora Sibth. fl. gr. II. p. 57. t. 167. Sibth. Journal in Walpole's Mem. p. 21.

Am sandigen Meeresufer bei Castro gegen Haggia Napa n. 94ª. — Bei Limasol auf Meeressand, 28. April 1787, Sibth. — Auf Sanddünen bei Amathus unweit Limasol. 580.

Griechenland, Sicilien, Mauritanien.

Alkana Tausch in Fl. 1824. p. 234. Endl. gen. n. 3768/1.

A. tinctoria Tausch l. c. D. C. Prod. X. p. 99. n. 10. Lithospermum tinctorium Andr. Bot. rep. t. 576. Anchusa tinctoria Sibth. fl. gr. t. 166. Smith Prod. fl. gr. I. p. 116. n. 408.

In Cypern nach Sibth.

In den Ländern ums ganze Mittelmeer.

Myosotis Dill. gen. n. p. 99. t. 3. Endl. gen. n. 3772.

M. Idae Boiss. Diag. pl. orient. XI. p. 121. Walp. Ann. III. p. 138. n. 1.

Auf der Nordseite des Troodos höchster Spitze. n. 716.

Creta.

M. hispida Schldl. in Koch. Syn. 506. D. C. Prod. X. p. 108. n. 15. M. collina Reichb. fl. exsist. I. p. 341.

Auf den Abhängen um Prodromo und den Troodos in schattigen feuchteren Stellen. n. 716ª·

Europa, Orient.

M. stricta Link Enum. I. p. 164. D. C. Prod. X. p 109. Engl. Bot. t. 2558. Sturm Deutschl. Flora 42.

Um Prodromo auf den Abhängen gegen die Höhen des Troodos. Sta. Croce. n. 201.

Europa.

M. refracta Boiss. Voy. Esp. p. 433. t. 125. D. C. Prod. X. p. 109. n. 18.

In Cypern Bergen auf Aphanit, von Prodromo gegen Trisedies und Demithu. 901ᵃ· Bei Wrisi ta Maschinari.
Spanien.

Onosma Linn. gen. n. 187. Endl. gen. n. 3755.

O. fruticosa Labill. pl. Syr. dec. III. p. 10. t. 6. D. C. Prod. X. p. 58. n. 6. Lehm. nov. aet. haf. 1808. t. 1. Sibth. fl. gr. t. 173. Smith. Prod. fl. gr. II. p. 122. n. 425.

Auf dem Berge Sta. Croce Labill. und Sibth. — In der Trachaeotis gegen Famagosta. Bei Mazoto n. 553. Auf Conglomerat häufig.
In Persiens Bergen von Ghilan?

O. mitis Boiss. Diag. I. 11. p 111. Walp. Ann. III. p. 132. n. 17.

Auf südl. Abhängen um Prodromo gegen Fini zu. n. 705.
Anatolien.

O. caespitosum Kotsehy sp. n. Rhizomate erasso lignescente multieipiti caespitoso eaules abbreviatos rosuliferos florisferosque edenti, eaulibus brevibus setulis erecto-patulis pubeque breviori intermixta vestitis, foliis inferioribus et rosularum spathulatis, caeteris laneeolato-linearibus omnibus infloreseentiaque setulis adpressiusculis pubeque breviori dense vestitis, racemis (junioribus) eircinnato-capitatis, laciniis calyeinis linearibus adpressiuscule setulosis, eorolla extus paree hirsuta calyeem tertia parte superante, antheris inelusis, stylo exserto. — Caules digitales. Folia 7—8 lin. longa, 2 lin. lata, rosularia in diametro majori 3 lin. lata. Flores intense eitrini.

Affinis Onosmae miti Boiss. quae differt indumento brevi velutino molliori caulibus longioribus, ramis ereetis elongatis et diversis aliis notis.

In Spalten der Felswände auf dem Buffavento unter dem Castello della Regina an unzugänglichen Stellen mit Brassica cretica; an den citronengelben Blumen schon aus der Ferne zu erkennen. Am 15. April. n. 445.

Ist der nördlichen Kalkkette und Cypern allein eigen.

O. gigantea Lam. ill. n. 1840. D. C. Prod. X. p. 60. n. 14. Tausch hort. camal. t. 13.

Im westlichen Theile von Cypern am Fusse des Gebirges über dem Thale von Slevra gegen Avdiu am Wege von Chrysoku nach Chrysoroodissa, den 7. Mai. n. 680.

Palästina, Syrien.

O. orientalis Linn. Amoen IV. p. 267. D. C. Prod. X. p. 63. n. 26. Smith. Prod. fl. gr. I. p. 120. n. 421. Sibth. Journal in Walpole's Mem. p. 15.

Auf Feldern unter Sta. Croce 13. April 1787, Sibth.

Aegypten, Hasselq.

O. Troodi Kotschy sp. n. Perennis caespitans suffrutescens spithaminea, tota pilis simplicibus patulis albis vel flavicantibus secus caules et calyces hirsuta, foliis parvis infimis rosulatim approximatis (5 — 7 lin. longis $1\,^1/_2$ lin. latis) spathulatis acutiusculis, caulinis anguste-lanceolatis acutis basin versus praecipue angustatis (8—10 lin. long. $1\,^1/_2$—$1\,^3/_4$ lin. latis), floribus 10—15 dense capitato congestis pilis flavicantibus hirsuto vestitis, calycis laciniis (4—6 lin. longis 1 lin. latis) lineari-lanceolatis basin versus sensim angustatis acutis hirsutis, corolla sordide flava quarta parte excedente pilis paucis brevissimis laxe obsita infra lobos vix constricta, lobis aequalibus triangulis acutis, antheris inclusis filamento triplo longioribus oblongolanceolato-linearibus apice bifidis, basi breviter sagittatis, stylo exserto.

Differt ab Onosma nana D. C. cui affinis foliis minoribus, antheris filam. triplo longioribus et aliis notis.

Auf der Spitze des Troodos in Felsenspalten häufig, hatte aber am 20. Mai nur noch wenige Blüthen entwickelt. n. 754.

Ist Cypern eigen.

Borrago Tournef. inst. 1. 133. t. 53. Endl. gen. n. 3778.

B. officinalis Linn. sp. 197. D. C. Prod. X. p. 35. n. 2.

Engl. Bot. t. 36. Schkr. Handb. 31. Nees gen. VI.
69. Smith. Prod. fl. gr. I. p. 122. n. 426. „*Αρμπετα*"
hodie.

Auf Schutthaufen in Cypern nach Sibth. — Um Larnaca.
Soll aus Aleppo nach Europa gekommen sein.

Paracaryum Alph. in D. C. Prod. X. p. 159.

P. myosotioides Schrank Acad. Munch. phil. III. 220. D.
C. Prod. p. 159. n. 5. Cynoglosum myosotioides La
Billard pl. syr. dec. 2. p. 6 t. 2.

Auf der Südseite des Troodos, unter Pinus Laricio. n. 741.
Syrien, Cilcien.

Cynoglossum Tournef. inst. 139. t. 57. Endl. gen. n. 3784.

C. pictum Ait. Kew. I. p. 179. D. C. Prod. X. p. 147.
n. 7. Hoffm. et Link fi. port. t. 24. Bot. mag. t. 2134.

Am Capo Greco n. 123. Um Prodromo n. 868. Anno
1859. n. 1024.

Südeuropa, Tirol, Nordafrika, Griechenland von Madera bis zum
Kaukasus.

Asperugo Tournef. inst. 135. t. 54. Endl. gen. n. 3785.

A. procumbens Linn. sp. 198. D. C. Prod. X. 146. n. 1.
Fl. dan. t. 552. Engl. Bot. t. 661. Sibth. fl gr. t. 177.
Smith Prod. fl. gr. II. p. 123. n. 429. „*Κολλητζοδα*" hodie.

Auf Schutthaufen in Cypern nach Sibth. — Bei Warosia.
Spanien, Italien, Sicilien, Taurus, Aleppo, Sinai, Kaukasus, Altai,
Songarien.

CONVOLVULACEAE.

Cressa Linn. sp. 325. Endl. gen. n. 3792.

C. Cretica Linn. sp. 325. D. C. Prod. IX. p. 440. Lam.
ill. t. 183. Sibth. fl. gr. t. 256.

Auf dem Capo Gatto bei Limasol.
In sandigem wärmeren Boden auf dem ganzen Erdkreis.

Calystegia R. Br. Prod. p. 483. Endl. gen. n. 3801.

  C. **sepium** R. Br. Prod. p. 483. D. C. Prod. X. p. 433. n. 2.
Convolvulus sepium Linn. sp. 218. Engl. Bot. t. 313.

    Bei Chrysostomo an Sträuchern.

    Europa, Amerika, Asien, Australien.

Convolvulus Linn. sp. 218. Endl. gen. n. 3803.

  C. **oleaefolius** Desc. enc. III. p. 552. D. C. Prod. IX. p. 401.
n. 12. C. linearis Curt. mag. 289.

    Am Wege von Cerinia nach Lapethus bei Fuugi. u. 485.
Bei Episcopi um Curium, auch bei Pisuri.

    Griechenland, Archipel, Kleinasien, Creta.

  C. **lineatus** Linn. sp. 224. D. C. Prod. IX. p. 403. n. 24.
Sibth. fl. gr. t. 199.·

    var. *angustifolius* Kotschy in schedulis pl. Cypri
anno 1862.

    Auf Capo Gatto in Felsspalten von Lamnias n. 627.

    Im Mittelmeergebiet, an der Wolga, Südpersien.

  C. **Dorycnium** Linn. sp. 224. D. C. Prod. IX. p. 403. n. 28.
Sibth. fl. gr. t. 201.

    Bei Papho zwischen Kuklia und Hierokipos. n. 638.

    Griechenland, Creta, Aegypten, Palästina, Mesopotamien, Nord-
persien.

  C. **undulatus** Cav. Ic. III. p. 39. t. 277. D. C. Prod. IX.
p. 405. n. 42. C. evolvuloides Desf. fl. atl. I. 176. t. 49.
Sibth. fl. gr. t. 198. C. humilis Jacq. Collect. IV. p. 209.
t. 22. fig. 2. Smith Prod. fl. gr. I. p. 134. n. 466.

    In Cypern nach Sibth.

    Aegypten, Barbarei, Spanien.

  C. **pentapetaloides** Linn. syst nat. III. p. 229. D. C. Prod.
IX. p. 406. n. 43. Cav. Ic. rar. II. p. 20. t. 123. Sibth.
fl. gr. t. 197.

    Am Capo Greco n. 135. Bei Athienu n. 974. Limasol 1859
n. 484.

    Archipel, Griechenland, Italien, Sardinien, Spanien.

C. arvensis Linn. sp. 218. D. C. Prod. IX. p. 406. n. 46.
Fl. dan. t. 459. Engl. Bot. V. 312. Bot. Reg. IV. 322.
Bei Larnaca auf Feldern und bei Paleo Milo.
Europa, Asien, Arabien, Südpersien, Aegypten, Madera, Mauritius, Buenos-Aires, Mexiko.

C. Siculus Linn. sp. 223. D. C. Prod. IX. p. 407. n. 50.
Sibth. fl. gr. t. 196. Bot. Reg. 445. Bocc. sic. t. 48.
Auf dem Capo Greco n. 135. Im Cypressenwalde bei Chrysostomo n. 418.
Mittelmeergebiet, Madera, Teneriffa.

C. altheoides Linn. sp. 222. D. C. Prod. IX. p. 409. n. 64.
Bot. mag. X. 359. Sibth. fl. gr. t. 191.
Häufig bei Lapethus und auch bei Larnaca.
Mittelmeergebiet, Kleinasien, China.

Cuscuta Tournef. inst. 652. t. 422. Endl. gen. n. 3816.

C. minor Bauh. pin. 219. D. C. Prod. IX. p. 453. n. 5.
C. Europaea Engl. Bot. t. 55. Lam. ill. t. 88.
Nicht selten bei Felsen auf Labiaten am östlichen Buffavento. n. 421.
Mittel- und Südenropa, Syrien, Kaukasus, Südpersien, Canarische Inseln.

C. Palaestina Boiss. Diag. pl. orient. XI. p. 86. Walp. Ann. III. p. 118. n. 10.
Bei Limasol und um Papho, nicht selten auch in Prodromo n. 812a.
Palästina.

SOLANACEAE.

Nicotiana Tournef. inst. t. 41. Endl. gen. n. 3841.

N. Tabacum Linn. sp. 258. D. C. Prod. XIII. 1. p. 557. n. 1. Lam. ill. t. 113. Schkr. Handb. t. 44. Hayne Medicinpfl. XII. 41.
Wird in Papho viel gebaut, besonders aber um Omodos, als die beste Sorte auf der Insel.
Aus Südamerika.

N. rustica Linn. sp. 258. D. C. Prod. XIII¹· p. 563. n. 24.
Barton Fl. I. 25. Plée Types liv. 14. Bull. herb. t. 289.
> Mit der vorigen Sorte, aber nicht so häufig gebaut.
> Süd- und Mittelamerika.

Hyoscyamus Tournef. inst. 117. t. 42. Endl. gen. n. 3847.
H. albus Linn. sp. 257. D. C. Prod. XIII¹· p. 548. n. 11.
Sibth. fl. gr. t. 230.
> Am Castello Regina bei Nicosia. Bei Mazoto. n. 552.
> Im südlichen Europa und ums Mittelmeer.

H. aureus Linn. sp. 257. D. C. Prod. XIII¹· p. 549. n. 10.
Bot. mag. t. 87. Sibth. fl. gr. t. 231. Bull. herb. t. 20.
Sibth. Journal in Walpole's Mem. p. 15.
> An alten Mauern bei Famagosta, auch sonst auf Felsen.
> Auf Felsen von Sta. Croce häufig, 12. April 1787, Sibth.
> Im Orient an Mauern.

Capsicum Tournef. inst. p. 152. t. 66. Endl. gen. n. 3854.
C. annuum Linn. sp. I. 270. D. C. Prod. XIII¹· p. 412. n. 1.
Fingerhut Monogr. t. 2. Hayne Medicinpfl. X. 24.
Nees gen. V. 57.
> Wird in allen Ortschaften gebaut.
> Aus Mittelamerika.

Solanum Sendt in Endl. et Ment. fl. bras. Endl. gen.
n. 3855 ex parte.
S. tuberosum Linn. sp. 282. D. C. Prod. XIII¹ p. 31. n. 1.
Mem. mus. XIX. t. 1—3. Putsche Monogr. 1—9. Hor-
ticol Transact. V. t. 11.
> Wird in Prodromo und sonst in Thälern seit 1820 gebaut.
> Aus Südamerika von den Cordilleren.

S. nigrum Linn. sp. 266 ex parte. D. C. Prod. XIII. p 50.
n. 59. Fl. dan. t. 460.
> Zwischen Colossi und Papho eine hohe Abart. n. 613. Auf
> dem Troodos ums Kloster Trooditissa. Gaudry Recherches
> p. 198.
> Europa, Asien, Amerika.

S. esculentum Dun. Sol. 208. D. C. Prod. XIII¹· p. 355. n. 816. S. Melongena Linn. sp. 260. Rumpf. Amboin. V. 85.

In den Gärten von Warosia bei Famagosta und in Nicosia häufig gebaut.

Stammt aus Ostindien.

Lycopersicum Tournef. inst. 93. Endl. gen. n. 3856.

L. esculentum Mill. dict. n. 2. D. C. Prod. XIII¹· p. 26. n. 10. Dun. Sol. p. 113. t. 3. Solanum Lycopersicum Linn. ed. I. p. 150.

Allgemein, selbst auf den Feldern gebaut.

Süd und Mittelamerika.

Withania Dun. in D. C. Prod. XIII¹· p. 453. Endl. gen n. 3858.

W. somnifera Dun. in D. C. l. c. Physalis somnifera Link in hort. Berol. p. 180. n. 1699. Smith Prod. fl. gr. I. p. 154. n. 536. Sibth. fl. gr. t. 233. Cav. Ic. t. 103. Jacq. Ecloge t. 22.

An Mauern bei Haggia Napa n. 113. Sonst nicht häufig. — Bei Papho, 11. Mai 1787 von Sibth.

Im östlichen Theile des Mittelmeergebietes, Ostindien, Cap der guten Hoffnung.

Mandragora Tournef. inst. 2. t. 12. Endl. gen. n. 3859.

M. vernalis Bert. virid. Bonon. 1824. p. 6. D. C. Prod. XIII¹· p. 466. n. 1. Bert. nov Comm. Bonon. II. t. 23. Brand et Ratzeb. t. 18. Hodie „Γοϱγογαι.“

Um Larnaca, an den Rändern dor Saatfelder und selbst in den Aeckern. Wurzel bis über 4ʹ lang.

Im Orient.

Lycium Linn. gen. n. 263. Endl. gen. n. 3863.

L. vulgare Dun. in D. C. Prod. XIII¹· p. 509. n. 3. Schkr. Handb. p. 147. t. 46. fig. 1

Auf Sanddünen bei Amathus unweit Limasol, auch sonst.

Wahrscheinlich aus Asien nach Frankreich und Europa eingeführt, Nordafrika.

SCROPHULARINEAE.

Verbascum Linn. gen. n. 97. Endl. gen. n. 3878.

V. sinuatum Linn. sp. 254. D. C. Prod. X. 234. n. 43. Sibth. fl. gr. t. 227.

In Cypern seltener bei Evrico gegen Solia 916, und bei Panteleimon. n. 947.

Europa, Mittelmeergebiet.

Celsia Linn. gen. n. 312. Endl. gen. n. 3879.

C. Arcturus Murray Syst. 469. D. C. Prod. X. p. 245. n. 7. Bot. mag. 1962. Smith Prod. fl. gr. I. p. 438. n. 1462. C. sublanata Jacq. fragm. t. 126. Bot. Reg. t. 438.

An Mauern in Cypern nach Sibth. — Kloster Chrysostomo und bei Acheropiti auf den alten Ruinen von Lampusa n. 389.

Creta.

Scrophularia Linn. gen. 312. Endl. gen. n. 3883.

S. canina Linn. sp. 865. D. C. Prod. X. p. 315. n. 70. Sibth. fl. gr. t. 598. Reichb. Ic. crit. VIII. 728. S. bicolar. Sibth. fl. gr. t. 602. Guss. pl. rar. t. 44. — „Σκραπιδοχορτον“ hodie Cypriis.

In Cypern nicht selten, aber weit zerstreut.

Südeuropa, Nordafrika, Kleinasien, Kaukasien sehr häufig, Syrien.

Linaria Juss. gen. 120. Endl. gen. n. 3891.

L. cymbalaria Mill. dict. n. 17. D. C. Prod. X. p. 266. n. 3. Sturm Fl. XVI. 70. Dietr. fl. borus. II. t. 112. Antirrhinum cymbalaria Linn. sp. 851. Engl. Bot. t. 502. Smith. Prod. fl. gr. I. p. 430. n. 1431.

An Felsen in Cypern nach Sibth.

England, Frankreich, Spanien, Rhodus.

L. spuria Mill. dict. n. 15. D. C. Prod. X. p. 268. n. 11.
Curt. Lond. II. 28. Sturm Fl. XVI. 70. Dietr. fl.
borus. VII. 447.

> Am Dorfe Evrico in Baumwollgärten. n. 5. anno 1840.
>
> In ganz Europa, Palästina, Mossul, Tunis.

L. Elatine Mill. dict. n. 16. D. C. Prod. X. p. 268. n. 12.
Curt. Lond. II. t. 105. Sturm Fl. XVI. 70. Anthy-
rium Elatine Linn. sp. 851. Smith. Prod. fl. gr. I. p.
430. n. 1433.

> Auf Feldern in Cypern nach Sibth.
>
> Europa, Kaukasus, Mesopotamien, Muscate, Abyssinien, Tunis,
> Canarische Inseln.

L. aparinoides Chav. Monogr. 138. D. C. Prod. X. p. 275.
n. 48. Anthirrhigum strictum Sibth. fl. gr. t. 594. Smith
Prod. fl. gr. I. p. 433. n. 1444. L. hetrophylla Desf. fl.
atl. t. 140.

> In Cypern nach Sibth.
>
> Atlas, Sicilien, Carien.

L. Chalepensis Mill. dict. n. 12. Chav. Monogr. p. 148.
D. C. Prod. X. 277. n. 60. Anthirrinum chalepense Linn.
sp. 859. Sibth. fl. gr. t. 592. Smith Prod. fl. gr. I.
p. 433. n. 1446.

> Einzelne in Cypern zerstreut, auch schon von Sibth. ge-
> funden.
>
> Orient, Palästina.

Anthirrhinum Linn. gen. n. 309. Endl. gen. n. 3892.

A. Siculum Ucria Chav. Monogr. 88. D. C. Prod. X. 291.
n. 4. A. majus Linn. sp. 850. Smith Prod. fl. gr. I.
p. 434. Pocch Enum. pl. Cypri p. 26.

> Auf alten Mauern von Buffavento 1859. n. 496. Bei Bella-
> pays. n. 385.
>
> Archipel, Sicilien, Spanien.

A. Orontium Linn. sp. 860. D. C. Prod. X. p. 290. n. 2.
Engl. Bot. t. 1155. Sturm Fl. VII. 27.

Bei Larnaca in Saaten n. 76. Um Prodromo n. 913.
Europa, Nordafrika, Mittelasien über Südpersien bis in den Himalaya, Canarische Inseln.

Veronica Linn. gen. p. 14. Endl. gen. n. 3979.

V. Anagallis Linn. sp. p. 16. D. C. Prod. X. p. 467. n. 43. Engl. Bot. t. 781.

Am Saume der Bäche nach Gaudry Recherches p. 190.
In ganz Europa, Mittelasien bis China und Japan, Sinai, Aegypten, Algier, Cap der guten Hoffnung, Nordamerika.

V. caespitosa Boiss. Diag pl. orient. IV. p. 79. D. C. Prod. X. p. 480. n. 103.

Auf der Spitze des Troodos an der Nordseite der Felstrümmer. 1859 lebend in den bot. Garten von Wien gesandt.
Bythinischer Olympus, Libanon, Cilicien, Taurien.

V arvensis Linn. sp. 18. D. C. Prod. X. p. 483. n. 119. Engl. Bot. t. 734. Fl. dan. III. 515. Sturm Fl. XIV. 58. Smith. Prod. fl. gr. I. p. 32. Curt. Lond. t. 2.

Auf Aecker in Cypern nach Sibth.
Ganz Europa, Nordafrika, Mittelasien, Altai, Himalaya, Nordamerika.

V. triphyllos Linn. sp. 19. D. C. Prod. X. p. 486. n. 135. Sibth. fl. gr. t. 10. Engl. Bot. t. 26.

Auf Aeckern bei Prodromo.
Mittel- und Südeuropa, Aleppo, Turkistan.

V. acinifolia Linn. sp. 19. D. C. Prod. X. p. 484. n. 122. All. ped. t. 85. fig. 2.

Auf der Spitze des Olympus Troodos. n. 852.
Europa.

V. Cymbalaria Bert. Amoen. ital. 56. D. C. Prod. X. p. 488. n. 143. Sibth. fl. gr. t. 9.

In Cypern 1859 gefunden. Suppl. n. 1010. Auf dem Capo Greco sehr häufig. n. 147.
Im Mittelmeergebiete.

V. hederaefolia Linn. sp. 19. D. C. Prod. X. p. 488. n. 144.
Engl. Bot. t. 784. Fl. dan. 428. Sturm Fl. XIII. 56.
Smith. Prod. fl. gr. I. p. 9. n. 33.

 In Cypern nach Sibth.

 Europa, Kleinasien, Nordpersien, Nordamerika.

Odontites Haller in Pers. Syn. II. p. 150. Endl. gen.
n. 4010.

O. Bocconi Walp. Rep. III. p. 400. D. C. Prod. X. p. 551.
n. 16. Euphrasia Bocconi Guss. fl. sic. Prod. II. p. 148.
E. frutescens Sieber pl. cret. exsic. Benth in herb.
Vindob. msc.

 In der Gegend von Evrico gegen Prodromo, am 17. October
1840 blühend. n. 29. Auf Felsen am äussersten Ende von
Capo Gatto. n. 602. Auf Schieferabhängen von Prodromo gegen
Demithu, blüht erst im Herbst n. 858.

 Sicilien, Creta.

Eufragia Griseb. sp. fl. rum. 2. p. 13. Endl. gen.
n. 4013.

E. latifolia Griseb. l. c. D. C. Prod. X. p. 542. n. 1.
Bartsia latifolia Sibth.. fl. gr. t. 586. Smith Prod. fl.
gr. I. p. 428. n. 1425.

 Auf Anhöhen bei Larnaca und am Kloster von St. Barbara
unter Stavro Wuni. n. 206.

 Südeuropa, Nordafrika, Westasien.

E. viscosa D. C. Prod. X. p. 543. n. 2. Bartsia viscosa
Linn. sp. 839. Engl. Bot. t. 1045.

 Im Thale von Chrysoku gegen Süden.

 West- und Südeuropa, Nordafrika, Orient, nach Brasilien aus Europa
verpflanzt.

Trixago Stev. mem. mosc. VI. p. 4. Endl. gen. n. 4013/2.

T. Apula Stev. l. c. D. C. Prod. X. p. 543. n. 1. Bartsia
Trixago Linn. sp. ed. I. p. 602. Sibth. fl. gr. t. 585.
Lasiopera rhinanthina Hoffm. et Link fl. port. I. t. 58.

Am Wege von Ktima nach Arora in Saatfeldern nicht selten. 676.

Mittelmeergebiet, Abyssinien, Südafrika, Canarische Inseln, Süd-Brasilien.

SESAMEAE.

Sesamum Linn. gen. n. 782. Endl. gen. n. 4105.

S. **Indicum** D. C. pl. rar. hort. genev. p. 18. t. 5. D. C. Prod. IX. p. 250. n. 1. Endl. Iconogr. t. 70. Bot. mag. 1688. Wight. Illust. 163. S. orientale Cham. in Linn. 1832. p. 732.

Häufig angebaut als Handelsproduct, so bei Dali Lapethus Solia. Aus dem Saamen wird Oel gewonnen.

Aus Ostindien nach Westen eingeführt, bis Mittelamerika.

OROBANCHEAE.

Phelipeae Tournef. inst. 47. Endl. gen. n. 4183.

P. **ramosa** C. A. Meyer en pl. cauc. p. 104. D. C. Prod. XI. p. 8. n. 14. Walp. Rep. III. p. 459. Sibth. fl. gr. t. 608 (sub Orobanche). Orobanche ramosa Linn. sp. 882. Engl. Bot. t. 184. Smith Prod. fl. gr. II. p. 440. n. 1469. Endl. et Puttn. in Nees gen. germ. f. 32. Ic.

In radicibus Viciae Fabae parasitica et noxiosissima ubicumque legumen istud excolatur. Sibth.

In Cypern nach Sibth.

Ganz Europa, Sibirien, Abyssinien, Cap der guten Hoffnung.

P. **Muteli** F. Schultz in Mutels fl. fr. II. 353. D. C. Prod. X. p. 8. n. 16. P. caesia Griseb. fl. rumel. II. p. 50.

Bei Limasol gegen Moni 1859. n. 166.

Mittelmeergebiet, Ober-Aegypten, Sinai.

P. **Aegyptiaca** Walp. Rep. III. p. 463. Reuter in D. C. Prod. XI. p. 9. n. 20. P. longiflora Poech in Enum. pl. Cypri p. 26.

Auf Brachfeldern um Limasol nicht selten 28. Oct. 1840. n. 49.

Aegypten, Syrien.

Orobanche Linn. gen. n. 779. Endl. gen. n. 4185.

O. pruinosa Lapeyr. suppl. 87. D. C. Prod. XI. p. 19.
n. 16. Reichb. pl. crit. fig. 911. Vauch. Monogr. t. 5.
O. grandiflora Bov. et Chaub. fl. pelop. p. 983. t. 23.
> In Feldern von Faba vulgaris bei Citti sehr häufig.
> Im Mittelmeergebiet.

O. Cypria Reuter sp. n. in Kotschyi schedulis plant. Cypri
Orobanche sepalis oblongis plurinerviis apice breviter
trifidis vel interdum integris tubum corollae superantibus,
corolla subrecta tubuloso - cylindracea ad faucem medio-
criter inflata sparse glanduloso-hirsuta nervoso-reticulata,
labii superioris bilobi lobis latis apice retusis vel emarginatis, inferioris trilobi lobis brevibus ovatis, ovato-
rotundis intermedio paulo majore, omnibus tenuiter denticulato - fimbriatis, staminibus supra basin tubi insertis
inferne sparse hirsutis, stylo glanduloso, stigmate divaricatim bilobo, scapo 2—3 pollicari basi tubuloso incrassato
ut et squamae bracteaeque pilis brevibus crispulis sub-
velutino-hirsuto squamis ovatis laxis, bracteis ovatis vel
ovato - lanceolatis auctis sepala subaequantibus, spica
densa oblonga. Flores purpurascentes et in sicco rubi-
gnoso fucescentes.

Ad radices Pterocephali multiflori et Scutellariae hirtae,
affinis Orobanchae fuliginosae a qua differt floribus minoribus densius imbricatis bracteis sepalisque non acuminatis.
> Um Prodromo im Mai. n. 854.
> Bisher nur in Cypern gefunden.

UTRICULARIEAE.

Pinguicula Tournef. inst. p. 167. t. 74. Endl. gen.
n. 4105.

P. crystallina Smith Prod. fl. gr. I. p. 11. n. 38. D. C.
Prod. VIII. p. 30. n. 16. Sibth. fl. gr. t. t. 11. Sibth.
Journal in Walpole's Mem. p. 23.

Auf sumpfigem Boden der Quellenabflüsse bei Panaija von Prodromos. An den Zuflüssen des Baches von Wrisi Franchi auf der Südwestseite des Troodos. n. 765. An Bächen neben dem Dorfe Comanderia in Cypern Dr. Ferd. Bauer nach Sibth. Von Sibth. selbst gesammelt an Quellen von Evrico, 1. Mai 1787.

Ist Cypern eigen.

PRIMULACEAE.

Androsace Tournef. inst. t. 46. Endl. gen. n. 4197.

A. maxima Linn. sp. 203. D. C. Prod. VIII. p. 53. n. 37. Lam. ill. t. 98. fig. 1. Jacq. Aust. IV. t. 231. Nees gen. V. t. 6.

Auf Aeckern beim Dorfe Fini am Wege vom Kloster Trooditissa nach Omodos. n. 881.

Spanien, Frankreich, Oesterreich, Taurien, Sibirien, Persien, Aleppo, Cilicien.

Cyclamen Linn. gen. n. 201. Endl. gen. n. 4201.

C. hederaefolium Willd. sp. I. p. 810. Duby in D. C. Prod. VIII. p. 57. n. 4. C. latifolium Sibth. fl. gr. t. 185. C. Cyprium Sibth. Journal in Walpole's Mem. p. 25.

In Cypern auf der Nordseite der Gebirge von Cerinia bei Belpaese in Blüthe sehr häufig. n. 514. — Bei Papho den 11. Mai 1787, Sibth.

Südosteuropa.

C. **Cyprium** Kotschy sp. n. Tubere monocephalo diametro 2—3 pollicari depresso, foliis cordato-heptangularibus, lobis baseos sinu profundo angusto sejunctis rotundate obtusatis reliquis laeviter tantum prominulis repande connexis terminali rectangulo acuto, supra atroviridibus opacis inter discum et marginem irregulariter albide zonatis infra carmineis nitidis. Petiolo scapo calyceque glanduloso puberulis, calycis lacincis lineari-lanceolatis integris, corollae tubo globoso aperto fauce pentagona non constricta anguloso decemdendata utrinque carmineo picta, petala lineari-lanceolata reflexa subtorta subacuta nivea, filamentis brevibus, antheris flavis lanccolato apiculatis altitudine sepalorum, ovario dilute cupreo puberulo stylo filiformi vix exserto mutico.

C. neapolitano affinc quod differt forma foliorum, calycis laciniis ovatis glanduloso-dentatis corolla et antheris ovario glabro albo, stylo basi incrassato.

Blüht im Herbst häufig bei Galata im Thale von Evrico, woher viele Knollen in den beiden botanischen Gärten von Wien und Schönbrunn reichlich geblüht haben.

Ist Cypern eigen.

Asterolinum Hoffm. et Link fl. port. 333. Endl. gen. n. 4205.

A. **Linum stellatum** Hoffm. et Link l. c. D. C Prod. VIII. p. 68. n. 1. Lysimachia Linum stellatum Linn. sp. 211. Gaertn. t. 50. Sibth. fl. gr. t. 189. Smith. Prod. fl. gr. I. p. 130. n. 451.

In Cypern nach Sibth. — Um Prodromo an feuchten Stellen.

Portugal, Südfrankreich, Peloponnes, Kleinasien, Syrien.

Anagallis Tournef. inst. 59. Endl. gen. n. 4213.

A. **arvensis** Linn. sp. 211. D. C. Prod. VIII. p. 69. n. 4. Schkr. Handb. ti 36. Engl. Bot. 829. Sturm Fl. I. 1. A. coerulea Schreb. Engl. Bot. t. 1823. Fl. dan. 1570. Nees gen. V. 20. A. phoenicea Lam. Encycl. 101. Dietr. fl. borus. IV. 221. A. Monelli Linn. sp. 211. Don in Sweet brit. gard. ser. 2. t. 377.

Auf Feldern bei Haggia Napa n. 142. Bei Larnaca 263. Zwischen Kuklia und Papho n. 644.

Europa, Cyrene, Arabien, Abyssinien, Indien, Kachmir, Neuholland, Cap, Monte Video, Chili, Brasilien, Mexiko, Californien, Nordamerika.

Samolus Linn. gen. 222. Endl. gen. n. 4215.

S. **Valerandi** Linn. sp. 243. D. C. Prod. VIII. p. 73. n. 6.

Fl. dan. II. 198. Engl. Bot. 10,703. Dietr. fl. borus. 10. t. 653.

In der Grotte der Hauptquelle über Kithrea 322. An der Quelle der Aphrodite bei Hierokipos. Nicht selten an Sümpfen bei Prodromo.

Europa, Algier, Mittel-Aegypten, Orient, Persien, Cap, Monte Video, Nordamerika.

STYRACEAE.

Styrax Tournef. inst. p. 598. Endl. gen. n. 4257

S. officinalis Linn. sp. 535. D. C. Prod. VIII. p. 260. n. 1. Cav. diss. t. 188. Sibth. fl. gr. t. 375. Smith Prod. fl. gr. I. p. 275. n. 928. Spach Suites t. 136. Sibth. Journal in Walpole's Mem. p. 19 et 22. „Στουρακι“ hodie.

Häufig, oft weit zerstreut, so bei Lefkera. Bei Lapethus, 21. April. — Gegen Omodos 29. April 1787, Sibth.

Provence, Nizza verwildert — Dalmatien, Rom, Griechenland, Smyrna, Creta, Palästina, Libanon.

ERICACEAE.

Pentaptera Klotzsch in Linn. XII. p. 497. Endl. gen. n. 4314.

P. Sicula Klotzsch l. c. D. C. Prod. VII. p. 613. n. 1. Link Ic. III. 19. Erica Sicula Guss. Prod. sic. I. p. 463.

In Felsspalten über Chrysostomo nicht häufig 429. Am Pentadactylos 13. April. — 1859. n. 253.

Im westlichen Sicilien.

Arbutus Tournef. inst. 598. t. 368. Endl. gen. n. 4325.

A. Andrachne Linn. sp. 566. D. C. Prod. VII. 582. n. 7. Smith Prod. fl. gr. I. p. 284. n. 920. Bot. Reg. t. 113.

Sims. Bot. mag. t. 2024. Sibth. fl. gr. t. 374. Sibth. Journal in Walpole's Mem. p. 22. „Ἀγριοκουμαρνία" hodie.

In allen Bergen von 300' bis in die Höhe von 4500' über Meer. — Um Trooditissa, 30. April 1788, Sibth.

Griechenland, Anatolien, Cilicien, Antiochia, Libanon, Carmel, Taurien.

UMBELLIFERAE.

Eryngium Tournef. inst. 327. Endl. gen. n. 4386.

E. campestre Linn. sp. 337. D. C. Prod. IV. p. 88. n. 1. Jacq. Aust. II. 155. Engl. Bot. I. 57. Nees gen. X. 10. Fl. dan. IV. 554. Lam. Encycl. 185.

Nicht selten am Wege von Kuklia nach Hierokipos am 5. Mai.

Mittel- und Südeuropa, Orient.

E. Creticum Lam. dict. IV. p. 754. D. C. Prod. IV. p. 89. n. 12. De Laroche Eryng. t. 8. E. cyaneum Sibth. et Smith fl. gr. t. 258.

Auf Aeckern südlich von Athenu an der Ausmündung der Feigengärten herb. Vindob. n. 973. — Limasol 1859.

Archipel, Samos, Creta.

E. maritimum Linn. sp. 337. D. C. Prod. IV. p. 89. n. 25. Fl. dan. t. 718. Tratt. arch. 209. Sea Eryngo Sibth. Journal in Walpole's Mem. p. 25.

An sandigen Ufern bei Papho, 11. Mai 1787. Sibth.

Mittelmeerküsten.

Ammi Tournef. inst. 304. Endl. gen. n. 4404.

A. majus Linn. sp. 349. D. C. Prod. IV. p. 112. n. 1. — Sibth. et Smith fl. gr. t. 273. Lam. Encycl. 193. Schkr. Handb. 61.

Im fetten Ackerboden unweit Larnaca bei Citti. Im Olivenhaine nördlich von Nicosia sehr häufig und am Kloster von Panteleimon. Herb. Vindob. 935, 968.

Mittel- und Südeuropa, Aegypten, Orient.

Bunium Koch in litteris 1828. Endl. gen. n. 4407.

B. Ferulaefolium Desf. ann. mus. XII. p. 275. t. 30. D. C. Prod. IV. p. 117. n. 10. Desf. Choix t. 43. Smith. Prod. fl. gr. I. p. 186. n. 651.

In „Cypro" Sibth. — Bei Larnaca im April n. 219. Im humusreichen Boden bei Arora zwischen Paphos und Chrysoku 6. Mai. n. 666.

Atlas, Chio, Creta.

Pimpinella Linn. gen. n. 336. Endl. gen. n. 4410.

P. Anisum Linn. sp. 399. D. C. Prod. IV. p. 122. n. 20. Guimp. et Schldl. t. 129. Hayne Arz.-Gew. VII. p. 122. „Λεουκανισον" hodie.

Auf Saatfeldern bei Hierokipos unweit Ktima. n. 637.

Chio, Aegypten, in Europa cultivirt.

Bupleurum Tournef. inst. 309. Endl. gen. n. 4414.

B. semicompositum Linn. sp. 342. D. C. Prod. IV. p. 128. Sibth. fl. gr. t. 261. Gouan ill. t. 7. Reichb. pl. crit. II. t. 183. Smith Prod. fl. gr. I. p. 178. n. 619. Sibth. Journal in Walpole's Mem. p. 26.

Bei Larnaca auf Anhöhen. n. 317. — Zwischen Ktima und Chrysoku, 12. Mai 1787, Sibth.

Südfrankreich, Sardinien, Corsica, Istrien, Dalmatien, Italien, Algier, Griechenland.

B. glumaceum Smith Prod. fl. gr. I. p. 177. n. 618. D. C. Prod. IV. p. 128. n. 11. Reichb. Ic. t. 179. Spreng. Umbellif. t. 3.

Häufig im Ansteigen von Pissuri gegen Kuklia. n. 623. — Im Gesträuch der Ostabhänge auf Corallenkalk. — In Cypern, Sibth.

Calabrien, Cephalonia, Griechenland, Constantinopel, Creta.

B. Odontites Linn. sp. 342. D. C. Prod. IV. p. 129. n. 12. Reichb. Ic. crit. t. 177. Jacq. hort. Vindob. III. t. 91. Engl. Bot. t. XXXV. 2468. Guss. rar. t. 22. Smith Prod. fl. gr. I. p. 177. n. 616.

Auf Aeckern in Cypern nach Sibth. nicht selten zu finden.
Montpellier, Italien, Sicilien, Mauritanien, Griechenland, Smyrna.

B. nodiflorum Sibth. fl. gr. III. p. 54. t. 260. D. C. Prod. IV. p. 129. n. 14. Smith Prod. fl. gr. I. p. 177. n. 617.
Auf Aeckern in Cypern nach Sibth.
Syrien, Aleppo, Aegypten.

B. protractum Link fl. port. II. n. 387. D. C. Prod. IV. p. 129. n. 16. Camb. bal. p. 83. B. subovatum Spreng. in Schult. Syst. VI. p. 365.
An Saatfeldern zwischen Ktima und Chrysoku 6. Mai. n. 621.
Portugal, Syrien, Griechenland.

B. rotundifolium Linn. sp. 340. D. C. Prod. IV. p. 129. n. 17. Engl. Bot. t. 99. Sturm Fl. II. 5. Lam. Encycl. t. 189. B. perfoliatum Lam fl. fr. III. p. 405.
Auf Aeckern und Saatfeldern Cyperns, Sibth.
Europa, zumal im Süden, Kaukasus, Südsibirien, Persien.

Foeniculum Adans fam. II. p. 101. Endl. gen. n. 4425.

F. piperitum Bertol Amoen. p. 2. D. C. Prod. IV. p. 142. n. 3. Meum piperitum Schult. Syst. veg. VI. p. 435. Guss. Prod. fl. sic. I. 345. The Sea Samphier Sibth. Journal in Walpole's Mem. p. 25.
Häufig bei Papho am Feldraume zwischen Kuklia und Hierokipos den 5. Mai. — Am Seestrande von Sibth. 11. Mai 1787 hier gefunden.
Südeuropa.

Seseli Linn. gen. n. 360. Endl. gen. n. 4430.

S. coloratum Ehrh. herb. p. 113. D. C. Prod. IV p. 147. n. 19. Dietr. fl. borus. X. 709. S. annuum Linn. sp. 373. Jacq. fl. aust. t. 55. Smith. Prod. fl. gr. I. p. 199. n. 695.
Im Gebirge von Cypern nach Sibth.
Europa.

Ligusticum Koch umbell. 104. fig. 44—47. Endl. gen. 4442.

L. Cyprium Spreng. umbell. sp. 125. D. C. Prod. IV.

p. 159. n. 14. Athamantha multiflora Sibth. fl. gr. t. 276. Smith Prod. fl. gr. I. p. 188. n. 655.

In Cypern nach Sibth. — Ein Fruchtexemplar befindet sich im kais. Wiener Herbarium aus Sprengel's Sammlung und gehört zu Conium maculatum!

Crithmum Tournef. inst. 317. Endl. gen. n. 4449.

C. maritimum Linn. sp. 354. D. C. Prod. IV. p. 164. n. 1. Jacq. hort. Vindob. t. 187. Engl. Bot. XII. 819. Schkr. Handb. 64.

Am felsigen Meeresufer nördlich vom Kloster Panteleimon, wo die Blätter gesammelt und zu Salat in Salzwasser für die Fastenzeit aufbewahrt werden.

An Felsgestaden des schwarzen Meeres, in Taurien und am Mittelmeere häufig.

Krubera Hoffm. umb. p. 103 et 202. t. 1. Endl. gen. n. 4450.

K. leptophylla Hoffm. umb. 104. t. 3. D. C. Prod. IV. p. 199. n. 1. Tordylium peregrinum Linn. mant. 55. Brot. Phytogr. t. 40. Conium dichotomum Desf. atl. I. p. 245. t. 66.

Auf dem Wege von Iwaldi gegen Zappa, 24. April. n. 541.

Canar. Inseln, Madera, Portugal, Griechenland, Orient.

Opoponax Koch umbell. 96. Endl. gen. n. 4458.

O. orientale Boiss. Ann. sc. nat. (3. ser.) I. p. 330. Walp. Rep. V. p. 873. n. Pastinaca Opoponax Sibth. fl. gr. t. 288.

Auf Feldern bei Athienu und Strullos, 24. April n. 537, 573.

Orient.

Ferula Tournef. inst. 321. t. 170. Endl. gen. n. 4459.

F. communis D. C. Prod. IV. p. 172. n. 8. Ferula nodiflora Linn. sp. ed. I. p. 247. Smith Prod. fl. gr. I. p. 190. n. 663. Sibth. fl. gr. t. 279 (fructu immaturo).

Sibth. Journal in Walpole's Mem. II. p. 284! „Νάρθηξ"
of Prometheus.

var Anatriches radice verucosa, verucis pisi magnitudine, laciniis foliorum filiformibus angustissime sulcatis pendulis, fructibus 7 lin. longis 5½ latis; *valleculis univittatis altera vix dimidiata rarissime addita.*

Vulgo in Larnaca „Anatriches" nominata.

In Cypern um Larnaca auf Conglomerat, bei Panteleimon sehr häufig. Der Schaft, oft an 8' hoch und mehr als 1" dick, wird zu Sesseln verarbeitet oder als Stöpsel benutzt, das Mark dient zu Feuerzundern. Diese Benutzung der Ferula „αναρθηκας" stammt aus den ältesten Zeiten, worüber mehr in Walpole's Mem. l. c.

Sicilien, Italien.

Peucedanum Linn. gen. n. 339. Endl. gen. n. 4462.

P. Veneris Kotschy sp. n. Perenne, habitu insigni, radice crassa, foliis radicalibus sesquipedem longis et latis carnosis rigidissimis, petiolo basi vaginato angulato striato, lamina ternato trichotoma geniculata, foliolis lineari-lanceolatis acutis utrinque paululum attenuatis griseis; caeterum ignota.

Auf der Ebene zwischen Kuklia und Hierokipos bei Papho nicht selten, den 5. Mai n. 632. Diese ausgezeichnete Doldenstaude wird hoch und vertritt hier die Stelle der Ferula communis var. Anatriches im Hochsommer erst blühend.

Cypern eigen.

Imperatoria Linn. gen. 359. Endl. gen. n. 4462. g.

I. Ostruthium Linn. sp. 375. D. C. Prod. IV. p. 183. n. 1. Smith. Prod. fl. gr. I. p. 199. n. 692. Sibth. Journal in Walpole's Mem. p. 22. Engl. Bot. t. 1380. Lam. Encyel. 199. Schkr. Handb. 74. Hayne Medicinalpfl. VII. 15. — Peucedanum Ostruthium Koch umbell. 95. Nees off. Pfl. 12. t. 7.

Auf Schutthaufen ums Kloster Trooditissa 30. April 1787 Sibth.

Mir unbekannt, dürfte aber eine neue Cypern eigene Art sein.

Anethum Tournef. inst. 317. t. 69. Endl. gen. n. 4467.

A. graveolens Linn. sp. 377. D. C. Prod. IV. p. 186. n. 2. Hayne Arzn.-Gew. VII. t. 17. Fl. dan. 1572.

In der Gegend von Limasol gebaut und verwildert.

Südeuropa, Aegypten.

Zosimia Hoffm. umbell. I. p. 145. t. 1. B. fig. 9. Endl. gen. n. 4478.

Z. absinthifolia D. C. Prod. IV. p. 195. n. 1. Heracleum absinthifolium Vent. choix t. 22. Sibth. fl. gr. t. 281. Zosimia orientalis Hoffm. umbell. I. p. 148. t. 4.

Bei Kithrea, Castello Regina. n. 441. Am Dorfe Mazoto. n. 549. Am Dorfe Moni gegen Amathus n. 569.

Cilicien, Persien, Kaukasus, Nord- und Südpersien.

Hasselquistia Linn. gen. n. 341. Endl. gen. n. 4481.

H. Aegyptiaca Linn. Amoen. IV. p. 270. D. C. Prod. IV. 197. n. 1. Jacq. hort. Vindob. t. 87. Gaertn. Carp. 21. Smith Prod. fl. gr. I. p. 180. n. 628.

An den Südküsten der Insel, in der Ebene bei Larnaca 47, häufig bei Colossi und Limasol. Bei Ktima unweit Paphos im Meeressande n. 666a. Auch in Saatfeldern.

Aegypten, Syrien.

Tordylium Tournef. inst. 320. t. 170. Endl. gen. 4482.

T. syriacum Linn. sp. 345. D. C. Prod. IV. p. 197. n. 1. Jacq. hort. Vindob. t. 54. Gaertn. Carp. t. 21. Lam. Encycl. 193.

Bei Larnaca gegen Livadia n. 256a.

Griechenland, Kleinasien, Syrien.

Ainsworthia Boiss. Ann. sc. nat. (3. ser.) I. p. 343. Endl. gen. n. 4481/1.

    A. cordata Boiss. l. c. Walp. Rep. V. p. 894. n. 1.
        Bei Lapethus nicht selten. n. 468.
        Orient.

Thapsia Tournef. inst. 321. t. 171. Endl. gen. n. 4490.

    T. foetida Linn. sp. 375. D. C. Prod. IV. p. 103. n. 4.
Smith Prod. fl. gr. I. p. 201. n. 701. Lobel Ic. 780.
Blackw. herb. t. 459. T. foeniculifolia Sibth. Journal
in Walpole's Mem. p. 26.
        An der Fontana amorosa, 13. Mai 1787 nach Sibth.
        Spanien, Zanthe.

    T. villosa Linn. sp. 375. D. C. Prod. IV. p. 202. n. 2.
Smith. Prod. fl. gr. I. p. 201. n. 700. Lam. Encycl.
t. 206. D. C. fl. fr. IV. p. 342.
        An Feldern in Cypern, Sibth.
        Portugal, Spanien, Südfrankreich, Mauritanien.

Artedia Linn. gen. n. 332. Endl. gen.. n. 4495.

    A. squamata Linn. sp. 347. D. C. Prod. IV. p. 209. Sibth.
fl. gr. t. 268.
        In Cypern nach Sibth. laut D. C. Prod. — Um Colossi
n. 618[a].
        Peloponnes, Anatolien, Syrien, Mesopotamien, Westasien.

Orlaya Hoffm. umbell. I. p. 58. Endl. gen. n. 4496.

    O. platycarpa Koch umbell. p. 79. D. C. Prod. IV. p. 209.
n. 2. Caucalis latifolia Lam. fl. fr. III. p. 426. excl. sym.
        Um Prodromo auf Aeckern. n. 900.
        Südfrankreich bis Taurien durch die Zone des Oelbaumes.

    O. maritima Koch umbell. p. 79. D. C. Prod. IV. p. 209.
n. 3. Moris oxon. 5. 9. t. 14. fig. 7. Caucalis maritima
D. C. fl. fr. IV. p. 331. Cav. Ic. 101.
        Zerstreut im Meersande von Ktima bei Paphos. n. 664[a].
        Nicht selten bei Amathus unweit Limasol auf Sanddünen n. 574.
        Küsten, Spaniens, Südfrankreichs, Corsica, Westitalien, Creta.

Daucus Tournef. inst. p. 307. t. 161. Endl. gen. n. 4497.

D. muricatus Linn. mant. 392. D. C. Prod. IV. p. 210.
n. 1. var. *β*. D. littoralis Sibth. fl. gr. III. p. 65. t. 272.
Smith. Prod. fl. gr. I. p. 185. n. 646. Gaertn. Carp. 20.
> Am Meeresstrande von Cypern (Sibth.).
> Calabrien, Numidien, Mauritanien.

D. involucratus Sibth. fl. gr. t. 271. D. C. Prod. IV. p. 211.
n. 8. Smith Prod. fl. gr. I. p. 184. n. 645. D. creticus
Mill. dict. n. 5? Duriea gracca Boiss. et Heldr. in
schedul. pl. Gracciae exsic.
> Um die Ruinen von Paphos, n. 657. Bei Prodromo 907.
> Cypern, Griechenland.

D. Carota Linn. sp. 348. D. C. Prod. IV. p. 211. n. 9.
Fl. dan. V. 723. Hayne Arz.-Gew. 7. t. 2. Engl. Bot.
XVII. t. 1174. Wight ill. 117.
> In Prodromo an rasigen Quellenabflüssen, Gaudry Recher-
> ches p. 198.
> Europa, Taurien, Kaukasus bis China und Cochinchina und Ame-
> rika vertragen.

D. maritimus Lam. dict. I. p. 634. D. C. Prod. IV. p. 211.
n. 10. Engl. Bot. XXXVI. t. 2560. Gaertn. Carp. 20.
> Bei Colossi 639. Am Meeressand nördlich von Ktima 664.
> Um Chrysoku n. 672.
> Südfrankreich und Nordküste des Mittelmeeres.

D. maximus Desf. fl. atl. I. p. 241. D. C. Prod. IV. p. 212.
n. 16.
> Beim Kloster Panteleimon neben Paleo Milo. n. 960.
> Südfrankreich, Sardinien, Mauritanien.

Caucalis Linn. Hoffm. umbell. 54. t. 1. fig. 14. Endl.
gen. n. 4501.

C. daucoides Linn. mant. 351. D. C. Prod. IV. p. 216.
n. 1. Jacq. fl. aust. t. 157. Sturm Fl. XVIII. 81.
> Um Prodromo u. 807.
> Mittel- und Südeuropa, Taurien, Persien.

C. leptophylla Linn! sp. 347. D. C. Prod. IV. p. 216. n. 2.
C. humilis Jacq. hort. Vindob. II. t. 195. Sturm Fl. I. 3.
Am Capo Greco n. 128, 407.
Süd- und Mitteleuropa, Mauritanien, Orient.

C. tenella Del. fl. aeg. p. 58. t. 21. fig. 3. D. C. Prod.
IV. p. 216. n. 4.
Um Larnaca am Gestade häufig. n. 83.
Aegypten bei Alexandria.

Turgenia Hoffm. umbell. 59. Endl. gen. n. 4502.

T. latifolia Hoffm. l. c. D. C. Prod. IV. p. 218. n. 1.
Caucalis latifolia Jacq. hort. Vindob. t. 128. Engl. Bot.
III. p. 198. Smith. Prod fl. gr. I. p 182. n. 636.
Im östlichen Cypern zwischen Saatfeldern bei Slewra und
Chrysoroodissa.
Mittel- und Südeuropa, Mauritanien, Griechenland, Persien.

Torilis Spreng. umbell. Prod. 24. Endl. gen. n. 4503.

T. nodosa Gaertn. fruct. I. p. 82. t. 20. fig. 6. D. C. Prod.
IV. p. 219. n. 8. Tordylium nodosum Linn. sp. 346.
Caucalis nodosa Engl. Bot. t. 199. Smith Prod. fl. gr.
I. p. 183. n. 640.
Auf Feldern Cyperns, Sibth. — Zwischen Mazoto und Moni
im Gesträuch. n. 568.
Europa, Mauritanien, Orient. Bis Chili eingeführt.

Scandix Gaertn. fruct. II. p. 33. t. 85. Endl. gen. n. 4504.

S. Pecten Veneris Linn. sp. 368. D. C. Prod. IV. p. 221.
n. 2. Smith Prod. fl. gr. I. p. 197. n. 686. Engl. Bot.
t. 1497. Jacq. Aust. III. 263. Fl. dan. V. 844. Hodie
„Σαρδυκι" Cypriis.
In Cypern nach Sibth. — Bei Larnaca nicht selten in Saatfeldern. n. 24ª. Auf der Ebene von Papho.
Ganz Europa, Orient, Nordafrika, Teneriffa.

S. australis Linn. sp. 569. D. C. Prod. IV. p. 221. n. 4.
Sibth. fl. gr. t. 285. Smith Prod. fl. gr. I. p. 197. n. 687.

Auf Feldern und im mageren Boden der Insel, Sibth.
Spanien, Frankreich, Italien, Griechenland, Anatolien.

Anthriscus Hoffm. umbell. I. p. 38. Endl. gen. n. 4505.

A. vulgaris Pers. ench. I. p. 320. D. C. Prod. IV. p. 224.
n. 8. Koch umbell. 132. fig. 59, 60. Dietr. fl. borus.
IX. 648. Scandix Anthriscus Linn. sp. 368. Engl. Bot.
t. 818. Smith. Prod. fl. gr. I. p. 198. n. 688.
In Cypern, Sibth. — Bei Prodromo und Galata.
Von Westeuropa bis Taurien.

Lagoetia Linn. gen. n. 285. Endl. gen. n. 4518.

L. cuminoides Linn. sp. 294. D. C. Prod. IV. p. 233. n. 1.
Sibth. fl. gr. t. 243. Schkr. Handb. 48. Lam. En-
cyclop. 142.
Auf der Insel häufig, so am Capo Greco. Pentadactylos, bei
Papho und mit Orlaya platycarpa in den westlichen Vorbergen
von Prodromo. Bei Awdiu über Slewra sehr häufig und gross.
Spanien, Lybien, Griechenland, Creta, Anatolien, ganz Persien.

Cachrys Tournef. inst. t. 172. Endl. gen. n. 4525.

C. pterochlaena D. C. Prod. IV p. 237. n. 6. C. Sicula
Linn. sp. 355. Smith Prod. fl. gr. I. p. 190. n. 661.
Sibth. fl. gr. t. 278. Lam. Encycl. t. 205. Desf. fl.
atl. I. 240. „Πέτροα νάρθηκας“ hodie Cypriis.
Auf Felsen in Cypern, Sibth. — Häufig auf den Saatfeldern
von Iwadli gegen Strullos am Orte Arsus, den 24. April noch
in Knospen. n. 540. Zwischen Larnaca und Castro Vigelia am
Seestrande.
Spanien, Mauritanien, Sicilien, Griechenland.

Lekokia D. C. mem. V. p. 67. t. 2. fig. 1. Endl. gen. 4528.

L. Cretica D. C. l. c. D. C. Prod. IV. p. 240. n. 1. Cachrys
Cretica Desf. Ann. mus. II. p. 274. t. 29. Planch col.
t. 42. Scandix latifolia Smith Prod. fl. gr. I. p. 197.
n. 685. Sibth. fl. gr. t. 284.

In Cypern, Sibth. — Auf Buffavento und in den Gärten von Prodromo sehr häufig. n. 732.
Cilicien, Libanon, Creta.

Conium Linn. gen. n. 469. Endl. gen n. 4532.

C. maculatum Linn. sp. 349. D. C. Prod. IV. p. 242. n. 1. Engl. Bot. 1191. Jacq. Aust. II. 156. Fl. dan. XIII. t. 2168.

Im Schatten von Pinus maritima Lamb. um das Kloster Chrysoroodissa sehr häufig, 8. Mai in Blüthe. n. 695. Auch sonst.
Ganz Europa, Anatolien, Aleppo, Ostasien, nach Nordamerika und Chili verpflanzt.

Physospermium Guss. mem. soc. méd. Paris 1782. p. 279. Endl. gen. n. 4540.

P. aquilegifolium Koch umbell. 134. D. C. Prod. IV. p. 246. n. 1. Danaa aquilegifolia All. ped. n. 1392. t. 63.

Bei Paleo Milo unweit vom Kloster Panteleimon. n. 935.
Portugal, Spanien, Italien, Taurien, Cilicien, Libanon.

Smyrnium Lag. am. nat. II. p. 101. Endl. gen. n. 4541.

S. Olusatrum Linn. sp. 376. D. C. Prod. IV. p. 247. n. 1. Smith Prod. fl. gr. I. p. 203. n. 707. Lam. ill. t. 204. Engl. Bot. t. 230. Mem. mosc. V. t. 1. Schkr. Handbuch t. 76.

In Cypern, Sibth. — Besonders häufig auf Ackerrainen in Myrthensträuchern bei Mazoto 546. In der Umgebung des Klosters Maschera in Knospen den 4. April.
Südeuropa, Orient.

S. perfoliatum Mill. dict. n. 3. D. C. Prod. IV. p. 247. n. 4. Smith Prod. fl. gr. I. p. 202. n. 706. Sibth. fl. gr. t. 289. Waldst. Kit. t. 23. Sibth. Journal in Walpole's Mem. p. 22.

In der schattigen Schlucht der Gärten bei Prodromo, 14. Mai. n. 731. — Um Trooditissa's Kloster den 30. April 1787, Sibth.
Pressburg, Syrmien, Dalmatien, Italien, Balearen, Südfrankreich, Spanien, Griechenland.

S. connatum Boiss. et Kotschy in plant. 1859. „Iter Cilicico-Kurdicum" n. 19. — Glabrum, ramosum 3—5 pedes
altum, foliis radicalibus amplissimis petiolo vaginanti tri-
pinnatisectis partitionibus longe petiolatis pinnatipartitis
segmentis petiolulatis ovato-subcordatis, foliis caulinis et
rameis flavo - virentibus perfoliatis rotundato - lanceolatis
basi late-auriculatis, auriculis quasi infundibiliforme connatis serrato-crenatis perspicue et grosse reticulato-venosis,
6 poll. longis 4 poll. latis chartaceis, rameis geminis connatis ambitu rhomboideis singulis basi concreta trans-
versim latioribus quam longioribus plus minusve integris,
umbellulis folio involucrali parvulo sustentis vel nudis
10—12 floris, petalis flavo-virentibus, stylis divaricatis sylo-
podio paululum longioribus. Proximum S. rotundifolio a
quo sat diversum foliis radicalibus etc.

In den Ruinen von Castello della Regina auf Buffavento 344.

Cilicien, Nur Dagh, Amanus, Svedia am Berg Cassius, Peloponnes.

Scaligera D. C. coll. Mem. V. p. 70. t. 1. Endl. gen. 4544.

S. Cretica Boiss. in Ann. sc. (3. ser.) vol. II. p. 70. S.
Tournefortii Boiss. Diag. pl. orient. IX. p. 52.

Bei Paleo Milo am Kloster Panteleimon n. 935.

Creta, Syrien.

Bifora Hoffm. umbell. 191. fig. 2. in tit. Endl. gen. 4546.

B. testiculata Spreng. in Schult. Syst. veg. VI. 448. D.
C. Prod. IV. p. 249. n. 1. Coriandrum testiculatum
Linn. sp. 367. D. C. fl. fr. IV. 293. Lam. Encycl. 196.
Bifora floccosa M. B. suppl. p. 234.

Wird mit Brot genossen. War im April 1859 bei Trinithia
allgemein verbreitet und in Blüthe n. 470.

Spanien, Frankreich, Italien, Griechenland, Mauritanien, Kaukasus.

Coriandrum Hoffm. umbell. p. 186. fig. 14, 15 in tit. —
Endl. gen. n. 4540.

C. sativum Linn. sp. 367. D. C. Prod. IV. p. 250. n. 1.
Smith Prod. fl. gr. I. p. 196. n. 682. Sibth. fl. gr. t. 283.

Lam. Encycl. 196. Engl. Bot. I. 67. Sturm Fl. I. 3.
In Saatfeldern der Insel Cypern, Sibth. — Bei Papho.

In Saaten der Tartarei des Orientes und Griechenlands, dorther weiter bis Italien und Südfrankreich verbreitet.

ARALIACEAE.

Hedera Sw. fl. ind. occid. 518. Endl. gen. n. 4560.

H. Helix Linn. sp. 292. D. C. Prod. IV. p. 261. n. 1.
Lam. Encycl. 145. Engl. Bot. t. 1267. „Κισσος" hodie.

In den schattigen Felsschluchten beim Kloster Trooditissa mit Früchten im October 1840. An Felswänden am Wege von Maschera hinab bei Fillani. Am rechten Ufer des Pediaeus, 4. April.

Europa, Canar. Inseln, Nordindien.

AMPELIDEAE.

Vitis Linn. gen. n. 284. Endl. gen. n. 4567.

V. vinifera Linn. sp. 293. D. C. Prod. I. p. 633. n. 1.
Sibth. fl. gr. t. 242. Blackw. herb. t. 154. Duham. arb. fr. II. t. 1—6. Jacq. Ic. t. 50. Dietr. sc. nat. 160. Lam. Encycl. t. 145.

Wird in allen Theilen der Insel gebaut, gedeiht vortrefflich im Gebirge der Aphanite über Limasol und liefert Trauben für die berühmte Commandería in jener Gegend. Der Anbau reicht vom Meere hinauf bis nach Prodromo, also bis 4000' über Meer. Die Reben standen in Galata am nördlichen Fusse des Olympus am 23. Mai in Blüthe; also zu gleicher Zeit mit den Reben der Umgebung von Wien.

Im südlichen Asien einheimisch.

CRASSULACEAE.

Telmissa Fenzl. Pug. pl. Syr. n. 50. Endl. gen. n. 4607 d.

T. sedoides Fenzl l. c. Fenzl in Russcger's Reise I. 949. Atlas t. 16^b. Walp. Rep. II. 256 et V. 791.

Im Districte von Famagosta bei Haggia Napa auf den mit Erde bedeckten Felsenkanten von Kalk am Wege gegen den Aquaeduct häufig, n. 101, den 29. März schon verblüht. Bei Aleppo 1841 auf aus dem Boden vorstehenden Felskanten (nec in stagnis!) zuerst entdeckt.

Bei Aleppo und in Syrien.

Crassula Haw. syn. 51. Endl. gen. n. 4610.

C. microcarpa Smith Prod. fl. gr. I. p. 217. n. 754. D. C. Prod. III. p. 390.

Auf der Insel Cypern nach Sibth.

Bloss auf Cypern angegeben.

Umbilicus D. C. in bull. philom. 1801. n. 49. Endl. gen. n. 4620.

U. globulariaefolius Fenzl Pug. pl. n. Syriae p. 15. Walp. Rep. II. p. 258. U. libanoticus Kotschy in pl. exsic. 1862.

Am Castello Regina, bei Lapethus und Prodromo. 488.

Syrien.

U. microstachyus Kotschy sp. n. Perennis? radix fibrosa ex rhizomate crassiusculo. Folia circiter 10 — 12 laxe rosulare prolata spathulate - linearia vix lineari - spathulata obtusissima pollicem vel sesquipolicem longa 2—3 lineas apice lata glanduloso-puberula, caulina decidua. Inflorescentia foliis paululo longiore cymis superpositis composita olygantha caulina parte gracili foliigera brevior, calycis sepalis extus glandulosis, petalis lanceolatis acuminatis citrino-flavis, antheris obtusis basi cordatis.

Foliis ad sectionem Rosulariae inflorescentia fructibusque ad hanc Orostachydis spectat et proxima U. globulari aefolio.

Auf der Nordseite der Spitze des Troodos selten, zwischen
Steinspalten 20. Mai, blüht im Sommer. n. 786 herb. Vindob.
Ist Cypern eigen.

U. (Orostachys) Lampusae Kotschy sp. n. Bienne, folia in
rosulam diametro $3\frac{1}{2}$ pollicarem patentissime prolatam
haud dense coordinata, rosulae folia subpathulate-obovata
acutiuscula crassa utrinque glanduloso-puberula infra ru-
bentia, caulina spathulata, apice magis rotundata, floralia
lineari-lanceolata untrinque glandulosa, bracteae conformes
minores. Inflorescentia conice subcylindrica $1—1\frac{1}{2}$ pe-
dalis racemosa e cymis brevibus approximate superpositis
paucifloris, cymae in ramulis brevissimis laxiflorae, pedunculis ramulo longioribus. Calycis sepala lanceolato-ovata
acuta ad trientem connata, petala oblanceolata apice re-
pentino cuspidato - acuminata sordide flaventia bruneo-
sanguineo-striolata, in disco verticaliter $3—5$ striata marginem versus striolato-punctata. Stamina $\frac{2}{3}$ petala attin-
gentia, pistilla glanduloso-pilosa rostrata. Capsula matura
rostro suo subulato multo longior.

Sempervivum globiferum Smith Prod. fl. gr. I. 334.
n. 1129. Poech enum. pl. Cypri p. 30 (nec Linn)!

Im Orte Lapethus, einst Lampusa genannt, an den Schluch-
tenabhängen mit Bosea Yervamora zusammen den 17. April.
471. Blühte 1863 im kais. Pflanzengarten von Schönbrunn.
Ist bisher nur in Cypern gefunden.

U. pendulinus D. C. pl. grass. t. 156 (162?). D. C. Prod.
III. p. 400. n. 6. Cotyledon umbilicus Linn. sp. 615.
var. r. Engl. Bot. t. 325. Lam. Encycl. 389.

Sehr zerstreut, so am Pentadactylos, am Felsen Castello
Regina bei Lapethus etc.
West- und Südeuropa.

Sedum D. C. in bull. phil. n. 49. Endl. gen. n. 4622.

S. rubens D. C. Prod. III. p. 405. n. 39. Sturm Fl. VI. 22.
Fl. dan. I. 82. Crassula rubens Linn. syst. veg. 253.
D. C. pl. grass. t. 55.

In Cypern an den Berglehnen zerstreut, bei Prodromo 819, bei Chrysostomo n. 447.

Mittel- und Südeuropa.

S. altissimum Poir. dict. IV. p. 634. D. C. Prod. III. 408. n. 61. D. C. pl. grass. t. 116. Sempereivum sediforme Jacq. hort. Vindob. t. 81.

Vielleicht gehört diese Pflanze zu S. rufescens Ten., steht aber noch nicht in Blüthe.

Um Prodromo auf Steinhaufen gegen Trisedies. n. 816a.

Italien, Griechenland.

S. porphyreum Kotschy sp. n. Annuum, glaberrimum totum colore purpureo tinctum, caule brevi simplici apice in cymam 2—3 radiatam foliis ovatis vel oblongis obtusissimis vestitum abeuntis, cymae ramis post anthesin erecto contractis, floribus subsessilibus calycis segmentis ovatis obtusis petalis quadruplo brevioribus, petalis erectiusculis carinatis lineari-lanceolatis, carpellis erectiusculis triangulari-lanceolatis acutis.

Caulis subpollicaris, foliis lineam vel sesquilineam longis circiter semilineam latis.

Affinis S. littoreo Guss. differt cymae ramis post anthesin erectis nec patenti recurvatis, petalis sepalis quadruplo nec duplo longioribus roseo-purpureis nec lutescentibus.

Bei Cerinia in den Steinbrüchen an Kanten der Felsen nicht selten am 17. April in Blüthe. n. 475. Zwischen Prodromo und Trisedies 3500'. 20. Mai. n. 817a.

Ist Cypern eigen.

S. littoreum Guss. pl. rar. p. 185. t. 37. fig. 2. Walp. Rep. II. p. 260. n. 7.

Nicht selten am Fusse der Nordkette bei Cerinia und um Lapethus (Lampusa) auf Felsen der alten Monolyte. n. 474.

Calabrien, Griechenland.

Sempervivum Linn. gen. n. 612. Endl. gen. n. 4623.

S. arboreum Linn. sp. 664. D. C. Prod.. III. p. 411. Dradl. succ. t. 31. Smith. Prod. fl. gr. I. p. 334. n. 1127.

Sibth. fl. gr. t. 473 Sibth. Journal in Walpole's Memoiren I. p. 25.

Wächst auf Schutt bei Istima (Ktima). 11. Mai 1787, Sibth. Portugal, Spanien, Creta, Zanthe, Barbarei.

SAXIFRAGEAE.

Saxifraga Linn. gen. n. 764. Endl. gen. n. 4634.

P. hederacea Linn. sp. 579. D. C. Prod. IV. p. 43. n. 124. Smith. Prod. fl. gr. I. p. 278. n. 937. Sibth. fl. gr. IV. p. 7. t. 379. Sternb. rev. I. 22.

An der Nordostlehne des Felsbodens von Capo Greco den 30. März. Im Schatten der hohen Felswände an der Nordseite des Pentadactylos am östlichen Ende häufig. 13. April. n. 364. Creta.

RANUNCULACEAE.

Clematis D. C. syst. I. p. 131. Endl. gen. n. 4768.

C. cirrhosa Linn. sp. 766. D. C. Prod. I. p. 9. n. 77. — Sibth. fl. gr. t. 517. Bot. mag. t. 1070. Lood. Cab. t. 1806.

Nicht selten bei Fini am südlichen Abhange von Troodos in Früchten, 17. Mai; auch in Evrico 1850. n. 37. Panteleimon um Paleo Milo.

Majorca, Sicilien, Calabrien.

Anemone D. C. syst. I. p. 188. Endl. gen. n. 4773.

A. stellata Lam. dict. I. p. 166. D. C. Prod. I. p. 18. n. 16. A. hortensis Linn. sp. 761. Court. Bot. mag. t. 123. Sibth. fl. gr. t. 575. Reichb. fl. germ. IV. 50.

Auf den Anhöhen über Furni 1859. n. suppl. 13[a.] Südeuropa,

A. blanda Schott et Kotschy in Oesterr. botan. Wochenblatt 1859. p. 129.

Auf dem Sattel östlich von Castello Regina 1859. n. 394.
— 1862 in Felsspalten der Nordseite entgegengesetzt. n. 413.
Taurus, Cilicien, Libanon, Antilibanon.

Adonis Dill. giess. n. gen. 109. t. 4. Endl. gen. n. 4778.

A. aestivalis Linn. sp. 772. D. C. Prod. I. p. 24. n. 9.
Reichb. Ic. crit. 317. Reichb. fl. germ. III. t. 24.
A. miniata Jacq. fl. aust. t. 354.
Bei Larnaca gegen Ost. n. 90. Prodromo in Feldern 794.
Frankreich, Italien.

A. microcarpa D. C. syst. I. p. 223. D. C. Prod. I. p. 24.
n. 5.
Bei Limasol 1859. n. s. 492.
Aegypten.

Ranunculus C. Bauch pin. 180. Endl. gen. n. 4783.

R. pantothrix D. C. syst. veg. I. p. 235. D. C. Prod. I.
p. 26. n. 3 β. R. fluitans Fl. dan. t. 376. Barr. Ic. 57.
t. 566.
In Wässern bei Cataloco am Wege nach Daliin.
Mittel- und Südeuropa.

R. bullatus Linn. sp. 774. D. C. Prod. I. p. 27. n. 4. D.
C. syst. I. 253. Ten. fl. neap. t. 49.
Bei Papho an den Felsen von Ktima blühend im November
1840. In der Gegend von Kalochorko unweit Larnaca 1862.
Bei Ormidia unweit Famagosta in der Tracheotis häufig.
Südeuropa.

R. chaerophyllus Linn. sp. 780. D. C. Prod. I. p. 27. n. 5.
D. C. syst. I. 254. R. flabellatus Desf. fl. atl. t. 114.
Sibth. fl. gr. t. 520.
Im Schatten der Gärten von Prodromo zerstreut. 12. Mai.
n. 702.
Südeuropa, Nordafrika, Archipelagus.

R. millefoliatus Vahl. symb. II. p. 63. t. 37 D. C. Prod.
I. p. 27. n. 9. Desf. fl. atl. t. 116. Sibth. fl. gr. t. 531.
Reichb. fl. germ. III. 9. Bot. mag. 3009.

Bei Chrysostomo unter dem Castello Regina 1859. n. 402. Um Pentadactylos den 13. April.

Sicilien, Tunis, Peloponnes.

R. myriophyllus Russ. Alep. in Schrader journ. 1799. p. 424. D. C. Prod. I. p. 28. n. 12. Deless. Ic. I. t. 31. D. C. syst. I. 257.

Um das Kloster von Chrysostomo am Fusse des Buffavento 1859, n. 266; in festen Rasenstellen n. 626.

Bei Aleppo.

R. Cadmicus Boiss. Diag. pl. orient. I. p. 65. Walp. Rep. II. p. 740. n. 21.

Auf der Nordseite der Spitze des Troodos in vom schmelzenden Schnee befeuchtetem Boden. 20, Mai. n. 719.

Anatolien, auf den Cypern gegenüber liegenden Alpen.

R. parviflorus Linn. sp. 780. D. C. Prod. I. p. 42. n. 143. D. C. syst. I. p. 300.

An Gräben um Prodromo. n. 821ª. An Quellen Evrico's.

Südl. und westl. Europa.

R. trilobus Desf. fl. atl. I. p. 437. t. 113. D. C. Prod. I. p. 42. n. 144. D. C. syst. I. p. 301.

In Quellabflüssen bei Prodromo nicht selten. n. 824.

Mittelmeergebiet.

R. trachycarpus F. et M. in Ledebour fl. ross. 1. p. 46 n. 60. F. et M. in Indice IV. sem. hort. Petropol. p. 44. Walp. Rep. I. p. 39. n. 61.

Um Prodromo, so wie bei Larnaca an nassen Stellen. n. 292 und 886. Im Cypressenwalde bei Chrysostomo 15. April. 430.

Kaukasus.

R. leptaleus D. C. syst. veg. I. p. 258. n. 47. D. C. Prod. I. p. 28. n. 14. Deless. Ic. selet. I. t. 33.

Auf Cypern von Labillard. laut **D. C.** gefunden.

Peloponnesus.

R. Asiaticus Linn. sp. 777. D. C. Prod. I. p. 29. n. 22. D. C. syst. I. p. 261. Pacho voyage 99. Mill. Ic. t. 216. Sibth. fl. gr. t. 518. Smith. Prod. fl. gr. I.

p. 381. n. 1271. R. sanguineus Mill. dict. 10. Reichb. fl. germ. III. 8. R. Creticus fl. albo. Bauch. hist. in D. C. Prod. I. p. 29. n. 22γ. etc.

Planta mirum in modum foliis mox latioribus mox multifidis tenuilobis lobis nempe linearibus acutis, ad littora maris in salsis floribus albis; in trachioticis plerumque flavis vel citrinis; inter segetes sanguineis vel puniceis nonnunquam maculatis vel adsparsis occurrit. Hodie „Αγριο σελινον“ in Cypro.

An der Wasserleitung von Alpera bei Larnaca 12. April 1787 Sibth.

So wie es mit vielen Pflanzen im Oriente der Fall ist — was auch bei uns vorkommt — zeigt auch die asiatische Ranunkel nicht jedes Jahr ein gleich zahlreiches Vorkommen. 1862 fand man diese Pflanze seltener in Blüthe, während sie 1859 mein steter Begleiter an den Küsten und durch die niederen Theile der Insel gewesen ist. Gleich einem Teppich bekleideten am häufigsten die gelben und rothen Farben in mannigfaltigen Abstufungen überall den Boden in den ersten Tagen Aprils. — Knollen von Anemonen und Ranunceln, so wie Zwiebeln von Narcissen, die im Winter blühen, werden aus Cypern jährlich in grosser Anzahl ausgeführt. Gaudry Recherches en Orient. p. 187.

Lesbos, Archipel, Cilicien, Carien, Syrien.

R. arvensis Linn. sp. 780. D. C. Prod. I. p. 41. n. 138 β orientalis. D. C. syst. I. 297. Fl. dan. t. 219. Engl. Bot. t. 138. Sturm Fl. XVIII. 82. Reichb. fl. germ. III. 21.

Um Prodromo auf der Seite des Troodos auf Feldern zerstreut, doch nicht häufig.

In Mittel- und Südeuropa.

R. muricatus Linn. sp. 780. D. C. Prod. I. p. 42. n. 139. D. C. syst. I. 298. Lam. ill. 498. Reichb. Ic. fl. germ. t. 22. Sibth. fl. gr. t. 522.

Bei Haggia Napa am Aquaeduct, eben so bei Colossi häufig. n. 700, 564.

In den Mittelmeergegenden.

R. incrassatus Guss. fl. sic. syn. II. 1. p. 50. n. 25.

Nicht selten in Haggia Napa an der Wasserleitung, 30. März n. 196. Am Pentadactylos 13. April. n. 354. Am Kloster Chrysostomo in Sümpfen 15. April. An Abflüssen der Quellen im Schatten bei Prodromo 15. Mai. n. 764. etc.

Chio, Griechenland.

Ceratocephalus Moench meth. p. 218. Endl. gen. n. 4784.

C. falcatus Pers. ench. I. 341. D. C. Prod. I. p. 26. n. 1. D. C. syst. I. 230. Jacq. fl. aust. t. 48. Reichb. fl. germ. III. t. 1. Bull. mosc. 1852. I. 7. Ranunculus falcatus Linn. sp. 781.

Am Kloster Panteleimon unweit bei Paleo Milo und bei Fini am südlichen Fusse des Troodos. n. 882.

In allen Mittelmeerländern.

Ficaria Dill. gen. n. 108. Endl. gen. n. 4785.

F. ranunculoides D. C. syst. I. p. 304. n. 1. D. C. Prod. I. p. 44. n. 1.

Var. β. integra, foliis non angulatis.

In Cypern bei Prodromo 1859. Wird im botanischen Garten in Wien dorther gebaut.

In ganz Europa, Barbarei, Taurien, Syrien.

Garidella Tournef. inst. 655. t. 43. Endl. gen. n. 4793.

G. Nigellastrum Linn. sp. 753. D. C. Prod. I. p. 48. D. C. syst. I. 325. Sibth. fl. gr. t. 443. Bot. mag. 1266. Lam. Encycl. 379. Smith. Prod. fl. gr. I. p. 307. n. 1039.

Bei Larnaca n. 283. Von Cerinia nach Lapethus n. 469. Bei Kuklia n. 631.

Südfrankreich, Griechenland.

Nigella Tournef. inst. 258. t. 134. Endl. gen. n. 4794.

N. ciliaris D. C. syst. I. p. 327. D. C. Prod. I. p. 49. n. 2. Del. Ic. t. 45.

In Saatfeldern von Amathus zerstreut, 29. April. n. 592.

Orient.

N. arvensis Linn. sp. 753. D. C. Prod. I. p. 49. n. 7. D.
C. syst. I. 329. Schkr. Handb. II. p. 92. t. 146. Sibth.
fl. gr. t. 512. Smith Prod. fl. gr. I. p. 374. „Μαυρο
κουκαδιες“ hodie in Cypro.

Auf Aeckern in Cypern nach Sibth.

Mittel- und Südeuropa.

N. fumariaefolia Kotschy sp. n. Pumila tota glabra griseo-
pruinosa pluricaulis caulibus divaricatis spithamineis tetragonis, foliis crassiusculis abbreviatis .pinnatisectis glabris segmenti lacinulis suboppositis spathulato - linearibus acutiusculis, phyllis foliis caulinis conformibus tan-
tillo majoribus, involucro 2—4 phyllo, sepalis albis coe-
rulco - venosis patulis petiolatis, petiolo lineari longulo
abrupte in laminam late triangulari-ovatam expansis, petalis longestipitatis in nectarium gibbiforme sepala versus
vergente inferne glabris ampliatis, sepalis oppositis apicem
versus in partitiones duas elongato - lanceolatas antice
exitum versus sparse pilosas extremitate incurvas prolon-
gatis, intus, stamina versus, lacinia ovata cuspidato - acuminata dimidio breviore glabra auctis, sepalis alternis in
partitionem solitariam prioribus conformen et aequilongam
basi et apice transverse fascia atropurpurea ut relinqui
productis, antheris atropurpureis muticis, carpellis tuber-
culato asperis.

Prope N. stellarem collocanda.

In den Thälern bei Episcopi n. 655. Am Dorfe Fini ober
Omodos, 17. Mai. n. 741.

Bisher nur in Cypern bekannt.

N. elata Boiss. Diag. pl. orient. I. 1. p. 66. Walp. Rep.
II. 743.

Auf .Feldern zwischen Kuklia und Paphos 5. Mai. n. 655.

Anatolien.

Paeonia Linn. gen. n. 678. Endl. gen. n. 4804.

P. corallina Retz obs. III. 34. D. C. Prod. I. p. 65. n. 2.
Blackw. herb. t. 245. Engl. Bot. 1513. Mor. Sard. t. 4.
Reichb. fl. germ. IV. 128. „Ψυφεδιλη“ hodie in Cypro.

Durch die Häufigkeit des Vorkommens ist diese Pflanze eine Zierde des Bergrückens über Prodromo, wo sie in den von Pinus Laricio beschatteten 4500 Fuss über Meer gelegenen feuchten Thälern, Livadia genannt, um Mitte Mai am schönsten blüht. n. 701.

Europa in Wäldern des Südens, Cilicien, Syrien.

BERBERIDEAE.

Berberis Linn. gen. n. 442. Endl. gen. n. 4814.

B. **Cretica** Linn. sp. 472. D. C. Prod. I. p. 106. n. 6. Alp. exot. p. 21. t. 20. Sibth. fl. gr. t. 342. Smith Prod. fl. gr. I. p. 212. n. 833. Sibth. Journal in Walpole's Mem. p. 22.

Auf der Höhe des Troodos den 21. Mai 1787, Sibth. — Um Prodromo, zieht sich bis auf die Spitze des Troodos, wo die Nordseite damit statt dem Krummholz unserer Alpen bedeckt ist und erst im Juli blüht.

Creta, Enboea.

Leontice Linn. gen. n. 423. Endl. gen. n. 4810.

L. **Leontopetalum** Linn. sp. 448. D. C. Prod. I. p. 109. n. 2. Lam. t. 254. fig. 1. D. C. syst. II. p. 25. Sibth. Journal in Walpole's Mem. p. 15 sub Brassica vesicaria.

Bei Larnaca auf Saatfeldern bei der Phaneromene, verblüht 26. März. — Am Fusse von Sta. Croce in Saatfeldern, 13. April 1787 Sibth.

Apulien, Hetrurien, Creta, Syrien, Aleppo, Südpersien.

Bongardia C. A. Meyer Pfl. cauc. 174. Endl. gen. 4809.

B. **Rauwolfii** C. A. Meyer l. c. Walp. Rep. I. p. 100. n. 1. Rauwolf t. 114. Leontice chrysogonum Linn. sp. 447. D. C. Prod. I p. 109. The Botaniste I. t. 50. Knowles et Wittgott t. 98.

In Saatfeldern zwischen Sta. Croce und Lefkera, 2. April. Griechenland, Aleppo, Mesopotamien, Nordpersien.

PAPAVERACEAE.

Papaver Tournef. inst. 237. t. 119. Endl. gen. n. 4823.

P. hybridum Linn. sp. 725. D. C. Prod. I. p. 118. n. 5. D. C. syst. II. 73. Engl. Bot. t. 43. Reichb. fl. germ. III. 14. Dietr. fl. boruss. III. 188.

Bei Limasol gegen Eremi 1859. n. 495.

Ostindien, Südeuropa bis Südpersien.

P. dubium Linn. sp. 726. D. C. Prod. I. p. 118. n. 7. D. C. syst. II. p. 75. Engl. Bot. t. 644. Fl. dan. VI. 902. Jacq. Aust. I. 25. Reichb. fl. germ. III. 15.

Unweit Prodromo, am Dorfe Dimithu und Trisedies n. 865.

In Gemüsegärten Europa's.

P. Rhoeas Linn. sp. 726. D. C. Prod. I. p. 118. n. 9. D. C. syst. II. p. 77. Engl. Bot. 645. Fl. dan. IX. 1580. Reichb. fl. germ. III. 15. Hodie „Πετεινος" Cypriis.

Um Larnaca n. 19 und sonst nicht selten zerstreut, bei Lapethus n. 473.

Europa bis Südpersien.

P. setigerum D. C. fl. fr. V. p. 585. D. C. Prod. I. p. 119. n. 20. Del. Ic. select. II. t. 17. P. somniferum Sibth. Journal in Walpole's Mem. p. 18.

Um Prodromo gegen Trisedies 14. Mai. n. 856. — Sehr häufig zwischen Antiphoniti und Belpaese am Meere 20. April 1787 von Sibth.

Südeuropa, Orient.

Glaucium Tournef. inst. 254. t. 130. Endl. gen. n. 4826.

G. phoeniceum Brit. fl. 564. Engl. Bot. t. 1433. Sibth. fl. gr. V. p. 72. t. 489. Smith Prod. fl. gr. I. p. 357. n. 1195. Chelidonium corniculatum Linn. sp. 724. Schkr. Handb. t. 140. D. C. Prod. I. p. 122. n. 3. var. α.

In Weingärten der Insel Cypern nach Sibth.

Orient.

Roemeria Medik in Usteri Ann. p. 792. Endl. gen. 4825.

R. hybrida D. C. syst. II. p. 92. D. C. Prod. I. p. 122. n. 1. Glaucium violaceum Sibth. fl. gr. t. 490. Smith. Prod. fl. gr. I. p. 358. n. 1196.

> Bei Chrysostomo n. 409. Um Lapethus n. 479. Saatfelder bei Amathus n. 584.
> Griechenland.

FUMARIACEAE.

Hypecoum Tournef. inst. 230. t. 115. Endl. gen. n. 4833.

H. grandiflorum Benth in Cat. Pyren. pl. 91. 1. Walp. Rep. I. p. 117. n. 2.

> In Cypern nach Sibth. — Bei Larnaca nicht selten n. 46.
> Pyrenäen, Orient.

Cryptoceras Schott et Kotschy im botan. Wochenblatt 1854. p. 120.

C. rutaefolium Schott et Kotschy l. c. Corydalis rutaefolia D. C. syst. II. p. 15. D. C. Prod. I. p. 126. n. 3. Fumaria Sibth. Journal in Walpole's Mem. p. 22. Fumaria rutaefolia Sibth. et Smith fl. gr. t. 667. Smith Prod. fl. gr. II. p. 49. n. 1634.

> Auf der Spitze des Troodos 1. Mai 1787, Sibth. — Sehr häufig in der Alpenhöhe des Troodos oder cypriotischen Olympos, zumal auf der Nordseite 15. Mai. n. 718.
> Cilicien, Libanon.

Fumaria Tournef. inst. p. 422. t. 237. Endl. gen. n. 4843.

F. oxyloba Boiss. Diag. pl. orient. I. 8. p. 14. Walp. Ann. II. p. 29. n. 8.

> Bei Prodromo an schattigen Orten 13. April.   907.
> Anatolien, Syrien.

F. Thuretii Boiss. Diag. pl. orient. II. 1. p. 15.

> Auf der Nordseite von Prodromo gegen Galata 22. Mai. 911.
> Anatolien, Syrien.

F. officinalis Linn. sp. 984. D. C. Prod. I. p. 130. n. 6. Engl. Bot. t. 589. Reichb. fl. germ. III. t. 3.

> Auf Saatfelder in Prodromo, 14. Mai.   911.
> Europa, Orient.

CRUCIFERAE.

Matthiola Brow. hort. Kew. ed. 2. vol. IV. p. 119. Endl. gen. n. 4845.

M. coronopifolia D. C. syst. II. p. 173. D. C. Prod. I. 134. n. 16. Cheiranthus coronopifolius Sibth. fl. gr. t. 637. Ch. littoreus Sibth. Journal in Walpole's Mem. p. 18.

> Um Larnaca auf Conglomerat zerstreut nicht häufig 130 a. — An der Nordküste zwischen Antiphoniti und Belpaese den 20. April 1787, Sibth.
> Mittelmeergebiet.

M. tricuspidata Brow. l. c. D. C. Prod. I. p. 134. n. 3. Cheiranthus tricuspidatus Linn. sp. 926. Schkr. Handb. n. 1846. t. 184.

> In Cypern, Sibth. — Bei Larnaca n. 37[a.] An der Westküste im Meeressand bei Ktima unweit Papho mit Daucus maritimus nicht selten. n. 663.
> Mittelmeergebiet.

M. incana Brown l. c. D. C. Prod. I. p. 133. n. 1. D. C. syst. II. p. 163. Reichb. fl. germ. II. 45. Hook Journ. 1849. t. 5. Cheiranthus incanus Linn. sp. 924. Weim. phytogr. t. 643.

> Selten an der felsigen Meeresküste des Capo Greco n. 154[a.]
> Mittelmeergebiet.

M. tenella D. C. syst. II. p. 169. D. C. Prod. I. 133. n. 10.
> Auf der Insel Cypern nach D. C. im Prodromus.
> Cypern eigen.

M. oxyceras D. C. syst. II. p. 173. D. C. Prod. I. p. 134.
n. 17. Del. Ic. II. t. 11.
> In Cypern bei Larnaca, auch bei Limasol 1859. S. n. 457.
> Cilicien, Damascus, Aleppo, Mossul, Persien.

Notoceras R. Br. hort. Kew. IV. p. 117. Endl. gen. 4846.

N. cardaminefolium D. C. syst. II. p. 204. D. C. Prod. I.
p. 140. n. 4. Deless. Ic. selct. II. t. 18. Lepidium
cornutum Sibth. fl. gr. VII. t. 617. Smith Prod. fl. gr.
II. p. 6.
> In Cypern nach Sibth. — Messaria häufig, bei Strullos.
> Im Pontus.

Cheiranthus R. Br. hort. Kew. IV. p. 118. Endl. gen. 4848.

Ch. flexuosus Sibth. fl. gr. VII. t. 634. D. C. syst. II.
p. 817. D. C. Prod. I. p. 137. n. 14. Species obscura!
Ch. Cyprius Sibth. Journal in Walpole's Mem. I. p. 22.
> In der Umgebung des Klosters Trooditissa am Südabhange des
> Troodos mit Imperatoria Ostrutium? am 30. April 1787 von
> Sibth. gesammelt.
> Ist bisher weiter unbekannt und nur Cypern eigen.

Nasturtium R. Br. hort. Kew. IV. p. 109. Endl. gen. 4850.

N. officinale R. Br. l. c. D. C. Prod. I. p. 137. n. 1. D.
D. syst. II. p. 188. Sturm Fl. XI. 43. Reichb. fl.
germ. t. 50. — Sisymbrium nasturtium Linn. sp. 916.
Engl. Bot. t. 855.
> An sumpfigen Abflüssen der Quellen bei Prodromo nicht
> selten. n. 792.
> An Bächen der kalten und gemässigten Zone fast um die ganze
> Erde. Palästina.

Turritis Dill. n. gen. in pl. giess. p. 120. t. 6. Endl. gen. n. 4853.

T. glabra Linn. sp. 930. D. C. Prod. I. p. 142. n. 1. Engl. Bot. t. 777. Lam. ill. t. 563. fig. 4. Sibth. Journal in Walpole's Mem. p. 22.

Am Kloster Trooditissa am 30. April 1787 von Sibth. längs der Felsen mit Euphorbia Myrsinites.
Europa, Nordasien.

Arabis Linn. gen. n. 818. Endl. gen. n. 4854.

A. verna R. Br. hort. Kew. 2. vol. IV. p. 105. D. C. Prod. I. p. 142. n. 1. Sibth. fl. gr. t. 641. Bot. mag. 16. 3331. Reichb. fl. germ. 2. 33.

Auf dem Nordabhange von Sta. Croce über dem Kloster St. Barbara nicht selten. n. 199. Unter dem Kloster von Maschera auf Felsen. Bei Larnaca an Felsen 1859. n. 422.
Südeuropa.

A. Billardieri D. C. syst. II. p. 218. D. C. Prod. I. p. 142. n. 7. Deless. Ic. select. II. t. 24.

Auf Felsen des Buffavento östlich vom Castello Regina und an der Nordseite unter den Felsen des Pentadactylos. n. 438.
Syrien, Cilicien.

A. purpurea Smith. Prod. fl. gr. II. p. 28. n. 1569. Sibth. fl gr. t. 643. Sibth. Journal in Walpole's Mem. p. 22. Aubrietia purpurea. D. C. Prod. I. p. 158. n. 2. A. albida Poech in Enum pl. Cypri p. 31. (nec Stev.).

Auf der Spitze des Troodos den 1. Mai 1787 von Sibth. entdeckt. — 1840 in Früchten. — Bei Maschera und auf Felsen bei Prodromo häufig n. 745. — 1859 n. 256.
Syrien.

A. cremocarpa Boiss. Diag. pl. orient. II. 5. p. 16.

Im Schieferboden zwischen Fini und Omodos 1859. n. 79. Bei Prodromo, am Wege nach Dimithu. n. 726.
Anatolien.

A. Thaliana Linn. sp. 929. D. C. Prod. I. p. 144. n. 24.
Smith Prod. fl. gr. II. p. 28. n. 1568. Engl. Bot. 901.
Fl. dan. t. 1106.

In Cypern nach Sibth. — Selten an schattigen Stellen.
Auf Sta. Croce n. 209.

Europa, Nordasien.

Cardamine D. C. syst. II. p. 245. Endl. gen. n. 4859.

C. hirsuta Linn. sp. 915. D. C. Prod. I. p. 152. D. C.
syst. II. p. 259. Engl. Bot. t. 492. Sturm Fl. 12. 45.
Reichb. fl. germ. II. 26.

Auf dem Troodos über Prodromo's altem Kloster im feuchten
Boden 1859. n. Suppl. 1007.

β. Var. glabra:

An der Nordseite der Spitze des Troodos 1862. n. 818.

In ganz Europa bis Persien.

Pteroneuron D. C. syst. II. p. 269. Endl. gen. n. 4860.

P. Graecum D. C. syst. l. c. D. C. Prod. I. p. 154. n. 2.
Cardamine Graeca Linn. sp. 915. Sibth. fl. gr. t. 631.

Auf feuchten Felsen am Herabwege von Maschera nach Herakli
am Kloster in der Region der Seefichten.

Griechenland, Sicilien, Corsica.

Alyssum D. C. syst. II. p. 301. Endl. gen. n. 4874.

A. alpestre Linn. mant. 92. D. C. Prod. I. p. 161. n. 14.
D. C. syst. II. p. 307. Sibth. fl. gr. t. 623. All. ped.
III. t. 18.

β. obtusifolium Fenzl in herb. palat. Vindob. msc.
Odontorhena obovata C. A. Meyer. A. campestre Sibth.
Journal in Walpole's Mem. p. 22.

Um die Spitze des Troodos nicht selten, aber 20. Mai kaum
blühend. n. 755. — Eben daselbst von Sibth. 1. Mai 1787
angeführt.

Südfrankreich bis in den Orient.

A. hirsutum M. B. fl. taur. II. p. 106. D. C. Prod. I. 163.
n. 30. Deless. Ic. II. t. 40. Reichb. fl. germ. II. 18.

Um Prodromo 1859. n. Suppl. 430. Bei Larnaca n. 14.
Am Wege gegen die Spitze des Troodos auf der Nordseite im
Walde von Pinus Laricio unweit von Wrisi ta Maschinari 805.
Taurien, Iberien, Cilicien.

A. fulvescens Smith. Prod. fl. gr. II. p. 13. D. C. Prod. I.
p. 193. n. 36. D. C. syst. II. p. 317. Tchihatscheff
Asie mineure III. p. 313. n. 33. Vesicaria gemonensis
Poir.?

Im Walde von Pinus Laricio über Prodromo 4500' n. 808.
Peloponnesus.

A. argenteum Wittm. in D. C. Prod. I. p. 160. n. 5. A.
alpestre Sibth. fl. gr. t. 623. Sibth. Journal in Walpole's Mem. p. 22. (Forsan A. Cassium Boiss.!)

Um Prodromo sehr häufig. Bekleidet die Umgebung des
Dorfes und die Anhöhen des Troodos mit einer lieblich gelben
Farbendecke. Fruchtexemplare unbekannt.
Südeuropa, Orient.

Clypeola Linn. gen. 806. Endl. gen. n. 4877.
C. Jonthlapsi D. C. syst. II. p. 326. D. C. Prod. I. p. 165.
Gaertn. carp. t. 141. Cav. Ic. t. 32. Desv. Journ.
bot. III. p. 161. t. 25. fig. 7.

In Cypern um Prodromo zerstreut.
Europa, Orient.

Erophila D. C. syst. II. p. 356. Endl. gen. n. 4881.
E. vulgaris D. C. syst. l. c. D. C. Prod. I. p. 172. n. 2.
Draba verna Linn. sp. 896. Fl. dan. t. 983. Reichb.
fl. germ. II. 12. Engl. Bot. t. 586. Smith Prod. fl. gr.
II. p. 24.

Auf der Nordlehne des Berges Sta. Croce oder Stavro Wuni
n. 189. Im Walde von Cupressus horizontales bei Chrysostomo
unter dem Buffavento 427. Um die Spitze des Troodos und bei
Prodromo n. 818a.
In ganz Europa bis in den Orient über Persien nach Indien.

Thlapsi Dill. fl. giss. gen. nov. p. 123. t. 6. Endl. gen. n. 4885.

T. **perfoliatum** Linn. sp. 902. D. C. Prod. I. p. 176. n. 9. D. C. syst. II. 378. Engl. Bot. t. 2354. Jacq. Aust. t. 327. Reiehb. fl. germ. II. 5. Smith. Prod. fl. gr. II. p. 8. n. 1498. T. Natolicum Boiss. Ann. sc. nat. ser. II. XVII. p. 180.

Nicht selten an der Nordlehne von Stavro Wuni gleich in den Sträuchern unterhalb des Klosters. n. 197. An der Nordseite des Pentadactylos n. 367. Ums Kloster von Chrysostomo n. 434.

Ganz Europa, Orient.

T. **violascens** Schott et Kotsehy in schedulis „Iter Cilicium in alpes Bulghar Dagh 1853." n. 70[a].

Annuum glaberrimum totum violascens pluricaule, eaulibus ereetis foliosis, foliis subcarnosulis, radicalibus rosulatim dispositis, petiolo vaginato angustato, lamina petiolo aequilonga vel breviori orbicularis basi paululum decurens, caulinis minoribus ovato-lanceolatis basi cordata fere amplexicaulibus auriculis rotundatis sparse dentieulatis acutiuseulis, racemis florum brevibus, fructiferis elongatis siliculis dense obsitis, petalis ex roseo violascentibus spathulatis integris calyce longioribus, ovariis octovulis, pedieellis horizontalibus vel patulo reflexis fere siliculae longitudine, siliculis obcordatis basin versus sensim attenuatis ala valvarum antiee latitudine loeuli, sinu emarginaturae quintam siliquae partem aequante, stylo emarginaturae lobis dimidium breviore.

Affine T. tuberoso a quo differt radice annua et aliis notis.

Auf der Spitze des Troodos, an der Nordseite 6000' den 20. Mai. n. 717.

Cilicieu, Cataonien.

T. **densiflorum** Boiss. et Kotschy in schedulis „Iter Cilicico-Kurdicum 1859." n. 62.

Annuum glabrum multicaule foliis radicalicus numerosis in rosulam laxam aggregatis petiolatis spathulatis vel ovato oblongis inaequaliter erenato-serratis apiec rotundatis vel rectangulis basi sensim decurrentibus, eaulinis ovato-laneeolatis integerrimis aeutiusculis basi angulate auriculatis, floribus dense aggregatis, pedicellis brevioribus, sepalis flavidis albo-marginatis, petalis albis spathulatis integris sepalis dupplo longioribus, antheris sulphureis petala fere aequantibus, rhachi fructifera elongata siliquis pedieellis horizontalibus aequilongis obeordatis basi attenuatis apice emarginatis lobis brevibus rotundatis, ala valvularum superne loeulo angustata.

Proximum T. ochroleuco Boiss.

Ueber Prodromo an der Quelle Wrisi ta Maschiuari 5000'. 13. Mai. n. 717[a.]

Cilicien in Kassan Oglu.

Bisculella Linn. gen. n. 808. Endl. gen. n. 4888.

B. Columnae Ten. Prod. fl. neap. p. 38. t. 162. D. C. Prod. I. p. 182. n. 12. D. C. syst. II. p. 412. Sibth. fl. gr. t. 629. Reichb. pl. erit. VII. 612.

var. contracta Boiss. herb.

Bei Larnaca gegen den Salzsee hin n. 6. — Bei Omodos über Limasol 1859. n. 426.

var. microcarpa Boiss. herb.

Auf dem Wege von Lefkera nach Maschera im Walde von Pinus maritima Lamb. n. 212.

Italien, Griechenland, Rhodus, Syrien, Südpersien.

Malcolmia R. Br. hort. Kew. IV. p. 121. Endl. gen. 4902.

M. Chia D. C. syst. II. p. 440. D. C. Prod. I. p. 187. n. 4. Sweet Flow. gard. t. 40. Cheiranthus Chius Linn. sp. 924. Dill. elth. 180. t. 147. fig. 178.

In Belpaese mit Coronilla eretica in der Schlucht gegen das Gebirge. n. 500.

Insel Chio.

M. lyrata D. C. syst. II. p. 443. D. C. Prod. I. p. 187. n. 9. Cheiranthus lyranthus Sibth. fl. gr. t. 635. Smith Prod. fl. gr. II. p. 24.

Auf der Insel Cypern nach Sibth. ohne nähere Angabe des Fundortes.

Cypern eigen.

Erysimum Gaertn. fruct. t. 143. Endl. gen. n. 4908.

E. repandum Linn. Amoen. III. p. 415. D. C. Prod. I. 198. n. 18. Jacq. fl. aust. t. 22. D. C. syst. II. p. 500. Reichb. fl. germ. t. 62.

Auf brachliegenden Aeckern bei Prodromo. n. 711.

Im gemässigten Europa, Syrien, Südpersien.

Alliaria Adans fam. II. p. 218. Endl. gen. n. 4906. γ.

A. officinalis Andz. in M. B. fl. taur. suppl. n. 445. D. C. Prod. I. p. 196. n. 1. Dietr. fl. boruss. VIII. 539. Reichb. fl. germ. II. 60. Erysimum Alliaria Linn. sp. 922. Fl. dan. t. 935. Engl. Bot. t. 796.

Im Schatten der Sträucher um Prodromo. n. 789.

Fast in ganz Europa bis Nordpersien.

Sisymbrium All. ped. I. 274. Endl. gen. n. 4906.

S. torulosum Desf. fl. atl. II. 83. t. 159. D. C. Prod. I. p. 195. n. 43. Smith Prod. fl. gr. II. p. 20. n. 1536. Sibth. fl. gr. t. 632. D. C. syst. II. 483.

In Cypern nach Sibth. Auf Anhöhen bei Synkrasi.

Tunis, Persien.

Camelina Crantz fl. aust. I. p. 17. Endl. gen. n. 4919.

C. sativa Crantz fl. aust. p. 10. D. C. Prod. I. p. 201. n. 1. D. C. syst. II. 515. Reichb. fl. germ. II. 24. Dietr. fl. boruss. XI. 757. Sturm Fl. II. 14. Myagrum sativum Linn. sp. 894. Cav. Ic. t. 66. D. C. syst. p. 515. Alyssum sativum fl. brit. 679. Smith Prod. fl. gr. II. p. 15. n. 1519. Engl. Bot. t. 1254.

Auf Aeckern nicht selten, Sibth.

In Saaten durch Europa, Nord- und Südpersien.

Capsella Vent. t. III. p. 110.　Endl. gen. n. 4927.

　C. **Bursa-pastoris** Moench mcth. 271.　D. C. Prod. I. 177.
　　n. 1.　Dietr. fl. boruss. IX. 600.　Reichb. fl. germ. II.
　　11.　Thlapsi Bursa - pastoris Linn. sp. 993.　Engl. Bot.
　　t. 1485.
　　　　Bei Prodromo am 6. April 1859. Scheint da selten zu sein.
　　　　Europa, Nordasien.

Lepidium R. Br. hort. Kew. IV 85.　Endl. gen n. 4932.

　L. **sativum** Linn. sp. 899.　D. C. Prod. I. p. 204. n. 9.
　　Smith Prod. fl. gr. II. p. 6. n. 1490.　Boiss. fl. europ.
　　t. 440. fig. 2.　Sibth. fl. gr. t. 616.　D. C. syst. II. 533.
　　Reichb. fl. germ. II. t. 9.　Wight ill. t. 12. — Hodic
　　„Καρδαμο" Cypriis.
　　　　In Cypern einheimisch nach Sibth., da her in Europa's
　　　　Gärten eingeführt.
　　　　Persien.

　L. **latifolium** Linn. sp. 899.　D. C. Prod. I. p. 207. n. 41.
　　Engl. Bot. t. 182.　Sturm Fl. XVI. 68.　Reichb. fl.
　　germ. II. 10.
　　　　An feuchten Stellen der Ebenen. Gaudry Recherches 190.
　　　　Europa, Syrien, Nordpersien.

Neslia Desv. journ. III. p. 162.　Endl. gen. n. 4942.

　N. **paniculata** Desv. l. c.　D. C. Prod. I. p. 202. n. 1.
　　Dietr. fl. boruss. XI. 760.　Reichb. fl. germ. II. t. 24.
　　Myagrum paniculatum Linn. sp. 894.　Fl. dan. t. 204.
　　Rapistrum paniculatum Gaertn. fruct. II. p. 285. t. 141.
　　　　In Getreidefeldern bei Larnaca. n. 80.
　　　　Europa.

Brassica Linn. gen. n. 820.　Endl. gen. n. 4949.

　B. **oleracea** Linn. sp. 932.　D. C. Prod. I. p. 213. n. 1.
　　D. C. syst. II. 583.　Lam. Encycl. 565.　Engl. Bot. 637.
　　Reichb. fl. germ. II. t. 97.　Est et (Brassica) Cyprii

generis ex albo rubiunda, laevi et tenerrimo folio. Columella lib. XI. cap. III.

Wird in Cypern gebaut. Gaudry Reeherehes en Orient. p. 185.
Vaterland unbekannt.

B. Cretica Lam. dict. I. 747. D. C. Prod. I. p. 215. n. 6. Sibth. fl. gr. t. 645. D. C. syst. II. p. 594. Smith Prod. fl. gr. II. p. 30.

An überhängenden Felsen unter dem Castello Regina und hier nur sehwer zn erreichen. n. 397.
Creta, Archipel, Griechenland.

Sinapis Tournef. inst. 227. Endl. gen. n. 4950.

S. alba Linn. sp. 933. D. C. Prod. I. p. 220. n. 28. D. C. syst. II. 620. Dietr. fl. boruss. VIII. 523. Reichb. fl. germ. II. 85. Engl. Bot. t. 1677.

Häufig auf der Ebene von Larnaea n. 48, aueh bei Sta. Croee. n. 202; aueh bei Limasol und sonst um Papho verbreitet in Saatfeldern.
Südeuropa bis Syrien.

S. arvensis Linn. sp. 935. D. C. Prod. I. p. 219. n. 18. Fl. dan. 678. Engl. Bot. XXV. t. 1748. Reichb. fl. germ. II. 86.

Auf Cypern im niederen Gebirge vom Kloster Trooditissa herab. Gaudry Reeherehes p. 198.
Durch Europa bis Syrien.

Crambe Tournef. inst. 211. t. 100. Endl. gen. n. 4967.

C. Hispanica Linn. sp. 937. D. C. Prod. I. p. 226. n. 9. D. C. syst. II. p. 655. Lam. Encycl. 553. Schkr. Handb. 189a.

Am Fusse der Spitze des Capo Greeo an der Ostseite nicht selten, zwischen Sträuchern von Pistacca Lentiseus zerstreut, 29. März. n. 125.
Spanien.

Rapistrum Boerh. lugd. 406. Endl. gen. n. 4968.

R. **perenne** Berg in Desv. journ. III. 160. D. C. Prod. I. p. 227. n. 1. Reichb. fl. germ. II. 2. Bunias perenne Smith. Prod. fl. gr. II. p. 2. n. 1478. Myagrum perenne Linn. sp. 893. Jacq. fl. aust. t. 414. D. C. syst. II. p. 431.

> Auf der Insel Cypern nach Sibth.
> Mitteleuropa.

Didesmus Desv. journ. III. p. 160. t. 25. fig. 11. Endl. gen. n. 4969.

D. **Aegyptius** Desv. l. c. D. C. Prod. I. p. 227. n. 1. Bunias virgata Smith Prod. fl. gr. II. p. 3. n. 1479. Sibth. fl. gr. t. 613. Myagrum Aegyptium Linn. sp. 895. Deless. Ic. II. t. 92.

> Auf der Nordseite unter dem Felsrücken des Capo Greco, zwischen Sträuchern nicht häufig, 29. März. n. 117a.
> Aegypten.

D. **tenuifolius** D. C. syst. II. p. 659. D. C. Prod. I. p. 227. Bunias tenuifolia Smith Prod. fl. gr. II. p. 3. Sibth. fl. gr. t. 614.

> Unter Sträuchern am östl. Fusse des Capo Greco. 29. März. n. 117. Am Pentadactylos auf der Nordseite unter den hohen Felsen seltener in Blüthe. 13. April.
> Nordafrika.

D. **bipinnatus** D. C. syst. II. 659. D. C. Prod. I. p. 227. n. 4. Myagrum pinnatum Russel in Schrad. Journ. I. 426.

> Bei Limasol als 2' hohe Staude mit rothen Blumen. Oct. 1840. n. 48. Bei Larnaca gegen Alpera hin. n. 264.
> Archipel.

Enarthrocarpus Labill. Syr. dec. V. p. 4. t. 3. Endl. gen. n. 4970.

E. **arcuatus** Labill. l. c. D. C. Prod. I. p. 228. n. 1. D. C. syst. II. 660.

> Kommt in Cypern vor nach Prof. Endlichers Angabe in gen. pl.
> Creta, Libanon.

Raphanus Linn. gen. n. 1098. Endl. gen. n. 4972.

  R. sativus Linn. sp. 935. D. C. Prod. I. p. 228. n. 1. D. C. syst. II. 663. Lam. ill. t. 566. Reichb. fl. germ. II. 3. Ann. sc. nat. XXI. 5.

    In verschiedenen Abarten häufig auf Cypern gebaut.
Stammt aus China, Japan und Westasien.

  R. Raphanistrum Linn. sp. 953. D. C. Prod. I. p. 229. n. 4. Fl. dan. t. 678. Engl. Bot. 856.

    Auf Aeckern um Larnaca, Nicosia häufig.
Europa, Mittelasien.

Erucaria Gaertn. fruct. II. 298. t. 143. Endl. gen. n. 4974.

  E. Aleppica Gaertn. l. c. D. C. Prod. I. 230. n. 1. Vent. Cels. t. 61. Sibth. fl. gr. t. 649. D. C. syst. II. p. 674. Condylocarpus levigatus Willd. sp. III. p. 563.

    Auf fettem Boden bei Larnaca. n. 36a.
Griech. Archipel, Kleinasien, Syrien, Alexandria.

Senebiera Poir. dict. VII. p. 75. Endl. gen. n. 4975.

  S. Coronopus Poir. dict. VII. p. 76. D. C. Prod. I. p. 203. n. 6. Sturm Fl. XVI. t. 68. Reichb. fl. germ. II. 9. Dietr. fl. boruss. VII. p. 492.

    In der Messaria östlich von Famagosta nach Ivadli im Schlamme des Pediaeus nicht selten.
Fast in ganz Europa.

CAPPARIDEAE.

Capparis Linn. gen. n. 39. Endl. gen. n. 5000.

  C. spinosa Linn. sp. 720. D. C. Prod. I. p. 245. n. 4. Sibth. fl. gr. t. 486. Bot. mag. IX. t. 291. Reichb. fl. germ. III. 19. Hodie „Καππαρια“ Cypriis.

    Ueber Limasol in Schluchten am Felsen. Im Steinboden am Meere 1840 n. 50. Steigt in die felsigen Vorberge, so um Panteleimon hinter Paleo Milo. Die jungen Sprossen werden

in Essig oder Salzwasser eingemacht um als Salat genossen zu
werden, wobei die Stacheln manchmal mit dem Zahnfleische in
unangenehme Berührung gerathen.

> Südeuropa, Orient.

RESEDACEAE.

Reseda Linn. gen. n. 608. Endl. gen. n. 5011.

R. alba Müller Monogr. Resedaceae p. 100. t. VI. fig. 86.
R. undata Spreng. syst. II. p. 464.

> In Cypern bei Larnaca häufig. n. 56, 286.
> Südeuropa.

R. odorata Linn. sp. 646. Müller Monogr. p. 129. n. 11.
t. VI. fig. 95. Bot. mag. t. 29. Dietr. fl. boruss. III.
Reichb. Ic. fl. fig. 4444.

> Um Larnaca in Cypern verwildert auf Aeckern.
> Aegypten, Nordafrika.

R. orientalis Boiss. fl. orient. msc. R. macrosperma var.
orientalis Müller Resed. p. 113. n. 13. t. VII. fig. 97.
R. mediterranea Pocch in Enum. pl. Cypri p. 32.

> Um Limasol 1840. Bei Chrysoku n. 670, nicht häufig.
> Orient.

R. lutea Linn. sp. pl. ed. I. p. 449. Müller Monogr. Res.
p. 183. n. 41. Jacq. fl. aust. t. 353. Engl. Bot. 321.
Lam. ill. t. 410.

> ζ. var. orientalis Müller l. c.
> Auf der Nordseite von Cypern. n. 342. An felsigen Stellen

bei Larnaca. n. 86.

> Europa, Orient.

CISTINEAE.

Cistus Tournef. inst. 259. t. 136. Endl. gen. n. 5028.

C. polymorphus Willk. Cist. Monogr. p. 19. t. 79—82.

336

Var. *β*. Orientalis spathulaefolius Willk. l. c. p. 22. t. 80. B. C. Creticus Spreng. in herb. Vindob. C. incanus Smith. Prod. fl. gr. I. p. 363. Sibth. Journal in Walpole's Mem. p. 16. „Κοννουκλια“ hodie Cypriis.

In Cypern bei Ormidia 17. April 1787, Sibth.

Orient, Macedonien, Constantinopel, Brussa, Griechenland, Samos, Syrien, Beirut, Libanon.

C. Creticus Linn. sp. 738. Willk. Monogr. Cist. p. 24. n. 6. t. 83.

α. Genuinus Willk. l. c. p. 25. Smith Prod. fl. gr. I. p. 362. n. 1211. Griseb. Spic. flora bith. I. 230. Reichb. fl. germ. III. t. 40. „Λαδανω“ hodie Cypriis.

In Cypern weit verbreitet. Unter dem Pentadactylos, bei Tablu an der Nordküste; Sta. Croce bei Haggia Warvara, am Capo Gatto. Bei Prodromo bis in die Höhe von 5000′ über Meer, wo das Ladanum gewonnen wird. n. 681, 688, 713. Die Sträucher heissen „Συσταργα“ und kommen auf den Aphanitbergen zumal um Tschicco häufig vor, wo ebenfalls viel Ladanum gewonnen wird.

Macedonien, Thracien, Abydos, Griechenland, Insel Rhodus, Creta, Sicilien.

C. parviflorus Lam. Encycl. p. 14. Smith Prod. fl. gr. I. p. 364. Willk. Monogr. Cist. p. 27. n. 9. t. 85.

β. spathulaefolius Willk. l. c. p. 28. C. incanus Sibth fl. gr. t. 495 (nec Linn.). D. C. Prod. I. p. 265.

In Cypern nach Sibthorp's Exemplar im kaiserl. Wiener Herbarium. — In der Gegend von Lapethus. n. 486. Auf der Tracheotis vor Ormidia. Am Wege von Episkopi nach Paphos. Zwischen Morphu und Panteleimon.

Sicilien, Lampedusa, Griechenland, Morea, Creta.

C. monspeliensis Linn. sp. 737. Willk. Monogr. Cist. p. 29. t. 86. Lam. Encycl. 17. Sibth. Journal in Walpole's Mem. p. 26. Smith Prod. fl. gr. I. p. 363. Sibth. fl. gr. t. 493. Moris Sard. I. p. 198. Reichb. fl. germ. III. t. 37.

Auf Capo Gatto am Wege von St. Nikola nach Lamnias 1. Mai n. 599. Bei Chrysoku. — Hier auch von Sibth. den 12. Mai 1787 gesehen.

Canarische Inseln, Teneriffa, Portugal, Spanien, Tanger, Bona, Narbonne, Montpellier, Toulon, Hyeren, Sardinien, Spezzia, Capri, Corsica, Sicilien, Istria Pola, Dalmatien, Athos, Griechenland, Creta.

C. salviaefolius Linn. sp. 738. Willk. Monogr. Cist. p. 37. n. 17. t. 91. 92. Smith. Prod. fl. gr. I. p. 364. Ledeb. fl. ross. 1. 239. Moris Sard. 1. 197. Jacq. Collect II. p. 8. Cav. Ic. t. 137. Sibth. fl. gr. t. 497 Reichb. fl. germ. III. t. 36.

var. η. undulatifolia: planta tota fere glabra, lymbo foliis undulatis subtus in nervis stellato-pillosis.

Auf Cypern weit umher verbreitet. Auf dem Capo Greco n. 172. Unter Chrysostomo bei St. Barbara unter Sta. Croce. Um Episkopi gegen Pissuri. Bei Prodromo auch nicht selten 721.

In allen Mittelmeer-Ländern bis Creta, selbst um Bordeaux gefunden.

C. Cyprius Lam. Encycl. p 16. Willk. Cist. Monogr. p. 43. n. 20. t. 46b. Sweet Cist. t. 31. Hayne Arzneipfl. XIII. 35. Nees Düsseld. 428. Cistus ladaniferus Bot. mag. t. 112 non Linn. (Species obscura quoad locum natalem).

Auf der Insel Cypern nach D. C. Prod. I. p. 266.
Soll Cypern eigen sein, von Sibth. und später nicht gefunden.

Tubularia Spach Ann. sc. nat. scr. II. vol. VI. p. 47. Willk. Cist. Monogr. p. 69.

T. variabilis Willk. Cist. Monogr. p. 73. n. 3. t. 112. Cistus guttatus Linn. sp. 741. Smith Prod. fl gr. I. p. 366. n. 1219.

In Cypern auf der Nordseite von Sta. Croce. n. 188.

Von den Canar. Inseln durch Südeuropa bis auf die Insel Jersey, in Deutschland bis Wittenberg und zum südöstlichen Theil von Kleinasien bis Cypern verbreitet.

338

Helianthemum Tournef. inst. 259. t. 136. Endl. gen. 5029.

H. ledifolium Willd. Enum. 571. Willk. Cist. Monogr.
p. 85. t. 120. Reichb. fl. germ. fig. 4537. Sweet
Cist. t. 41. Cistus ledifolius Linn. sp. 742. Lam. Encycl.
p. 27. Engl. Bot. t. 2415.

var. microcarpum Coss. β. dissitiflorum.

In Cypern einzeln zerstreut um Larnaca n. 138. Bei Prodromo n. 801 a.

Mittelmeerküsten.

H. salicifolium Pers. Ench. I. p. 78. Willk. Cist. Monogr.
p. 89. n. 5. t. 133 A. D. C. Prod. I. p. 273. Sibth.
fl. gr. t. 499. Smith Prod. fl. gr. I. p. 367. Ledeb
fl. ross. I. 239. Reichb. fl. germ. fig. 4538.

Var. brachypetalum in Willk. Cist. Monogr. p. 91.
Cistus salicifolius Smith Prod. fl. gr. I. p. 367. n. 1221.

Bei Larnaca n. 54. Bei Haggia Napa nicht selten n. 171.

An den Gestaden des Mittelmeeres ausser Aegypten, Jordan,
Damascus, Aleppo, Mesopotamien, Smyrna, Kaukasus, Kurdistan, Südpersien, Algier.

H. aegyptiacum Mill. dict. n. 23. Willk. Cist. Monogr.
p. 94. n. 8. t. 124 B. Spach in histoire de végét. VI.
p. 20. Moris fl. sard. I. p. 212. Cistus aegyptiacus
Linn. sp. 742. Jacq. Obs. III. p. 17. t. 68. Desf. fl.
atl. l. 424.

Auf Sta. Croce bei St. Barbara n. 207.

Spanien, Sardinien, Algier, Aegypten, Südpersien.

H. pulverulentum D. C. fl. fr. IV. 823. Willk. Cist. Mon.
p. 108. t. 137, 138. H. polifolium Gren et Godr. fl. de
Fr. I. 170. Sweet Cist. t. 29. Reichb. fl. germ. III. 34.

An den Sandhügeln über der Ebene von Morphu gegen
Panteleimon n. 924.

Mittel- und Südeuropa.

H. vulgare Gaertn. fruct. I. t. 76. Willk. Cist. Monogr.
p. 112. n. 23. t. 139. Koch syn. ed. II. p. 86. Gren
et Godr. fl. de Fr. I. 169.

Var. 4. microphyllum **Willk**. Cist. Monogr. p. 113. t. 139 d.

   Um Larnaca nicht selten auf Anhöhen des Conglomerates. 72. Mittelmeergestade.

H. obovatum Dun. in D. C. Prod. I. p. 277. n. 64. Cistus italicus Linn. sp. 740.

   In Cypern bei Limasol gegen Omodos zu, 1859. n. 488. Bei Larnaca n. 311.

   Südeuropa.

Fumana Spach hist. vég. VI. p. 8. Willk. Monogr. Cist. t. 74. Endl. gen. 5027.

F. Spachii Gren et Godr. fl. fr. 1. p. 174. Willk. Mon. Cist. hucusque ined. F. arabica Spach hist. vég. VI. p. 10. Desf. fl. atl. t. 105.

   In Cypern bei Melandrina gegen Antiphoniti n. 516—532. Südeuropa, Orient.

VIOLARINEAE.

Viola Tournef. inst. 419. t. 236. Endl. gen. n. 5040.

V. canina Linn. sp. 1324. D. C. Prod. I. p. 298. n. 44. Reichb. pl. crit. I. 74, 75. VII. 601. Sturm Fl. III. 11. Smith Prod. fl. gr. I. p. 146. n. 509.

   δ. macrantha D. C. Prod. l. c. „Βιολετα" hodie Cyp. γ. sylvestris Lam. fl. fr. II. p. 680.

   In der Umgebung des Klosters Trooditissa am südlichen Abhang des Olympus, n. 14, am 13. Oct. 1840 als V. sylvestris. Var. δ. 1859 n. 262. Gärten bei Prodromo 1862 n. 708.

   Europa, Persien, Japan, Westamerika, Canarische Inseln.

V. odorata Linn. sp. 1324. D. C. Prod. 1. p. 296. n. 29. Sturm Fl. III. 11. XX. 89. Reichb. fl. germ. III. 6, 8.

   In den Baumgärten von Prodromo, und dorther, im botan. Garten seit 1859 recht gut gedeihend. 1862. n. 753.

   Europa, Sibirien, China, Japan.

V. tricolor *var. arvensis* D. C. Prod. I. p. 303 n. 81.

An Prodromo's Feldrainen, oberhalb der Gärten. n. 710.

Bagdad und Kermanschach, Cilicien.

FRANKENIACEAE.

Frankenia Linn. gen. n. 445. Endl. gen. 5053.

F. pulverulenta Linn. sp. 474. D. C. Prod. I. p. 349. n. 1. Sibth. fl. gr. t. 344. Bark. Webb. iter Hisp. p. 65.

Bei Larnaca am Salzsee gegen die Wasserleitung.

Europa am Meeresstrande, Sibirien, Taurien und vielleicht Neu-Holland.

F. laevis Linn. sp. 773. D. C. Prod. I. p. 349. Mich. gen. t. 22. fig. 1. Engl. Bot. t. 205. Lam. Encycl. 262. Smith Prod. fl. gr. I. p. 243. n. 835.

Am Meeresstrande in Cypern, Sibth.

Canarische Inseln, Südeuropa.

F. hirsuta Linn. sp. 473. var. Cretica. Sibth. fl. gr. t. 343. Smith Prod. fl. gr. I. p. 243. n. 836. Lam. Encycl. 262. F. hispida D. C. Prod. I. p. 349. n. 6.

Hinter Larnaca im Tamariskenwalde und gegen Livadia. 244.

Von Cypern bis Sibirien.

CUCURBITACEAE.

Bryonia Linn. gen. n. 1480. Endl. gen. n. 5130.

B. dioica Jacq. Aust. t. 199. D. C Prod. III. p. 307. n. 39. Engl. Bot. t. 439. Mill. Ic. t. 71. Sturm Fl. XVIII. t. 80. B. alba Desf. fl. atl. II. 36ᵃ

Auf dem mittleren Rücken von Capo Greco, wo Juniperus phoenicea aufhört. n. 116.

Orient, Mittel- und Südeuropa.

B. Cretica Linn. sp. 1439. D. C. Prod. III. p. 307. n. 41.
Desf. cor. p. 91. t. 70. Sibth. fl. gr. t. 940.
> In den Thälern von Chrysoku gegen Süd häufig n. 674.
> Creta, Syrien.

Momordica Linn. gen. n. 1477. Endl. gen. n. 5133.

M. Elaterium Linn. sp. 1434. D. C. Prod. III. 311. n. 8.
Sibth. fl. gr. t. 939. Bot. mag. 44. 1914. Elaterium
cordifolium Moench meth. 563. Ecballium agreste Walp.
Rep. II. p. 199. Roem. Peponif. p. 52. n. 1. Reichb.
fl. germ. 294.
> Bei Larnaca auf Schutthaufen sehr häufig, auch sonst unfern
> der Dörfer n. 111.
> Auf Schutthaufen der Mittelmeerländer sehr häufig.

Citrullus Neck Elem. 389. Endl. gen. n. 5131.

C. Colocynthis Schrad. in Linn. XII. p. 421. Walp. Rep.
II. p. 199. Weight Ic. pl. Ind. orient. II. t. 498. Roem.
Peponif. p. 49. n. 1. Cucumis Colocynthis Linn. sp. 1485.
D. C. Prod. III. p. 302. n. 18.
> Wird für den Handel in Jeri bei Nicosia gebaut. Gaudry
> Recherches p. 213.
> Türkei, Orient, Nordafrika, Cap d. guten Hoffnung, Ostindien und
> Japan.

C. edulis Spach hist. veg. VI. p. 214. Roem. Peponif.
p. 50. n. 3. Cuburbita Citrullus Linn. sp. 1435. Willd.
sp. IV 610. Blackw. herb. t. 157. Cucumis Citrullus.
Ser. in D. C. Prod. III. p. 301. n. 14.
> Gedeiht vorzüglich in den Gärten von Warosia bei Fama-
> gosta.
> Indien, Westasien, Südeuropa allgemein cultivirt.

Lagenaria Ser. in D. C. Prod. III. p. 299. Endl. gen.
n. 5146.

L. vulgaris D. C. Prod. III. p. 299. Wight ill. 105. Roem.
Peponif. p. 60. Cucurbita lagenaria Linn. sp. 1434.
Lam. ill. t. 795. fig. 2. „Κολογι" hodie Cypriis.

Wird häufig zu Weingefässsen gebaut, zumal um Ivadli und Nicosia.

Indien und von dort in allen Tropen und gemässigten Ländern verbreitet.

Cucurbita Linn. gen. n. 1478.   Endl. gen. n. 5138.

C. Pepo Linn. sp. 1435.   Roem Peponif. p. 84. n. 2. D. C. Prod. III. p. 317. n. 5.

Häufig in Gärten gebaut. Die Früchte werden gebacken und feilgeboten.

Aus dem Orient nach Europa gebracht.

Cucumis Linn. gen. n. 1479.   Endl. gen. n. 5137.

C. Melo Linn. sp. 1436.   Roem. Peponif. p. 68. n. 1. D. C. Prod. III. p. 300.   Jacq. Monogr. t. 1—39.

Allgemein in Cypern gebaut und „Tumbures" genannt.

Wahrscheinlich aus Ostindien, jetzt überall cultivirt.

C. Dunaim Linn. sp. 1437.   Roem. Peponif. p. 72. n. 5. D. C. Prod. III. p. 301. n. 7. Andr. Rep. t. 548. C. odoratissimus Moench meth. p. 654.   Dill. hort. Elt. 223. t. 218.

Des Geruches wegen in Gärten gezogen.

Persien.

C. sativus Linn. sp. 1437.   Roem. Peponifer. p. 76. n. 26. D. C. Prod. III. p. 300. n. 3.   Lam. ill. 795.   Gaertn. fruct. 88.

In Cypern so wie im ganzen Orient hochgeschätzt.

In Indien, der Tartarei, dem ganzen Orient und Europa gebaut.

CACTEAE.

Opuntia Tournef. inst. 239. t. 122.   Endl. gen. n. 5161.

O. Ficus Indica Haw. syn. 191. D. C. Prod. III p. 473. n. 22.   O. vulgaris Ten. Syll. fl. neap. p. 230.   Walp. Rep. II. p. 348. n. 26.   Acad. Neap. VI. (1851) 1. 2. Pfeiffer Cact. p. 152.

Wird um Larnaca und an allen Städten, auch in vielen Dörfern als Zaunpflanze gebaut und gibt im hiesigen Klima reichlich Früchte. Vegetirt am üppigsten bei Larnaca im Schotter der Meeresküste.

Aus Mittelamerika eingeführt.

MESEMBRIANTHEMEAE.

Mesembrianthemum Linn. gen. n. 628. Endl. gen. 5163.

M. nodiflorum Linn. sp. 687. D. C. Prod. III. p. 447. n. 268. D. C. pl. grass. t. 88. Sibth. fl. gr. t. 840.
Im Salzboden ein zierlicher Strauch um Larnaca n. 86a.
Corsica, Neapel, Mauritanien, Aegypten.

M. crystallinum Linn. sp. 688. D. C. Prod. III. p. 448. n. 278. D. C. pl. grass. t. 128. Sibth. fl. gr. t. 481.
Ueberall auf dem gelockerten Boden der Ruinen bei Larnaca.
Cap der guten Hoffnung, Canar. Inseln, Athen, Archipel.

PORTULACACEAE.

Aizoon Linn. gen. n. 629. Endl. gen. n. 5165.

A. hispanicum Linn. sp. 700. D. C. Prod. III. p. 454. n. 3. D. C. pl. grass. t. 30. Lam. Encycl. 437.
Auf kahlen sandigen Stellen östlich von Larnaca häufig.
Spanien, Barbarei, Aleppo.

Portulaca Tournef. inst. t. 118. Endl. gen. n. 5174.

P. oleracea Linn. sp. 638. D. C. Prod. III. p. 453. n. 1. D. C. pl. grass. t. 123. Sibth. fl. gr. t. 457.
In den Gemüsegärten von Nicosia verwildert und für den Markt in Larnaca cultivirt. Aucher-Eloy Voy. 1. p. 52.
Europa verwildert, Indien, Cordofan.

Glinus Linn. gen. n. 610. Endl. gen. n. 5185.

G. lotoides Linn. sp. 663. D. C. Prod. III. p. 455. n. 1. Lam. ill. t 413. fig. 1—2. Burm. fl. ind. t. 36. fig. 1.

Im fetten Boden der Messaria nicht selten bei Ivatli mit Senebiera coronopus.

Spanien, Nordafrika, Archipel, Asien.

CARYOPHYLLEAE.

Paronychia Juss. mem. mus. I. 388. Endl. gen. 5202.

P. argentea Lam. fl fr. III. p. 230. D. C. Prod. III. 371. n. 7. D. C. fl. fr. ed. III. p. 404. Illecebrum Paronychia Linn. sp. 299. Barr. Ic. 726. Dict. sc. nat. 192. Sibth. fl. gr. t. 246.

Um Larnaca auf Anhöhen gegen den Salzsee n. 17. Bei den Ruinen von Lamnias auf Capo Gatto 610. Am Wege von Episcopi nach Pisuri n. 625. Auch sonst zerstreut, doch nicht häufig.

Südeuropa — Orient.

P. capitata Lam. fl. fr. III. p. 229. D. C. Prod. III. 571. n. 8. Nees gen. IV. 73. Illecebrum capitatum Linn. sp. 299. Sibth. fl. gr. t. 247.

Bei Pantcleimon gegen Paleo Milo n. 941.

Südeuropa, Orient.

Pteranthus Forsk. Aeg. 36. Endl. gen. n. 5206.

P. ecchinatus Desf. fl. atl. p. 149. Gaertn. fruct. III. 178. t. 213. Walp. Rep. I. 262. Louichea corvina l'Herit. stirp. I. 135. t. 65. Camphorosma Pteranthus Linn. Sibth. fl. gr. t. 153.

Auf Feldern der Insel Cypern nach Sibth.

Südpersien, Aegypten.

Spergularia Pers. syn. I. p. 504. Endl. gen. n. 5218.

S. marina Bess. Enum. pl. Volhyn. Neitr. Flora Nieder-Oesterreichs 782. n. 2. Arenaria marina Smith fl. brit.

II. p. 480. Engl. Bot. XIV. 958. Arenaria rubra β. marina Linn. sp. 606. D. C. Prod. I. p. 401. n. 6. Spergularia media Pers. Ench. I. 504.

Bei Chrysostomo am Salzboden, nicht selten am Fusse der Gebirge n. 388.

Afrika, Europa, Orient.

Scleranthus Linn. gen. n. 562. Endl. gen. n. 5222.

S. annuus Linn. sp. 580. D. C. Prod. III. p. 378. n. 2. Fl. dan. t. 504. Engl. Bot. V. 351. Nees gen. IV. 77.

Bei Larnaca au steinigen Plätzen östlich von der Marina n. 264a. Um die Spitze des Troodos im Schwarzföhrenwalde nicht selten zerstreut n. 812.

Europa, Orient, jetzt auch Nordamerika.

Sagina Linn. gen. n. 176. Endl. gen. n. 5224.

S. maritima Engl. Bot. t. 2195. D. C. Prod. I. p. 389. n. 4. Fl. dan. XII. 2104. Reichb. fl. germ. V. 201. Jord. Obs. III. 3.

Bei Larnaca am Meeresufer im Lehmboden. n. 318.

In England.

Alsine Wahlenb. Fl. Lapp. p. 127. Endl. gen. n. 5227.

A. tenuifolia Wahlenb. Helv. p. 87. Koch syn. ed. II. p. 125. Arenaria tenuifolia Linn. sp. 607. D. C. Prod. I. p. 405. n. 53. Engl. Bot. t. 219. Sabulina tenuifolia Reichb. fl. germ. V. 4916.

Um Prodromo iu kleinen sternigen Schluchten u. 898.

var. hispida Boiss. herb.

Um Larnaca auf Anhöhen u. 8ᵃ·

Europa.

A. picta Fenzl in pl. Alepp. Kotschyi 1841. n. 5. Arenaria picta Sibth. fl. gr. t. 440. D. C. Prod. I. p. 408. n. 78. A. Cerignensis Sibth. Journal in Walpole's Mem. I. p. 18.

Zerstreut auf der Insel, bei Chrysostomo 1859 n. 408. Um Larnaca und sonst in Thälern des Hügellandes. — An der Küste von Cerinia gegen Melandrina 20. April 1787, Sibth.

Aleppo.

346

Arenaria Linn. gen. n. 774. Endl. gen. n. 5234.

  A. leptophylla Reichb. Ic. fl. germ. XV. t. 207.

    Um Larnaca auf Anhöhen mit Alsine tenuifolia n. 8.
In Mitteleuropa.

  A. oxypetala Sibth. fl. gr. t. 537. D. C. Prod. I. p. 414. n. 133.

    In Cypern bei Chrysostomo n. 444.
Griechenland, Elis.

  A. Pamphilica Boiss. Diag. I. 8. p. 102. Walp. Ann. II. p. 52.

    Um Prodromo in den Wäldern der Schwarzföhren im Mai. n. 868.
Anatolien.

  A. ciliata Linn. sp. 608. D. C. Prod. I. p. 411. n. 110. Engl. Bot. t. 1745. Sibth. fl. gr. t. 438. Jacq. collect. t. 16. fig. 1.

    Auf Felsen der Gebirge Cyperns nach Sibth.
Europa's Alpen.

Holosteum Linn. gen. n. 136. Endl. gen. n. 5239.

  H. umbellatum Linn. sp. 130. D. C. Prod. I. p. 393. n. 5. Lam. ill. t. 51. fig. 1. Fl. dan. 1204.

    Auf den Höhen des Troodos um die Quelle Ta Maschinari und sonst am 20. Mai n. 715.
Südeuropa, Griechenland, Orient.

Stellaria Linn. gen. n. 568. Endl. gen. n. 5240.

  S. Cilicica Boiss. et Bal. in Diag. pl. orient. II. 5. p. 59.

    An feuchten Stellen um Prodromo seltener den 18. Mai 912.
Cilicien.

  S. media Vill. hist. des plant. de Dauph. III. p. 625. Fenzl in Ledeb. fl. ross. I. p. 377 Reichb. Ic. XV. t. 222. D. C. Prod. I. p. 396. n. 11. Alsine media Linn. sp. 272. Var. orientalis. Lam. ill. t. 214.

    Auf dem Rücken von Castello della Regina, 15. April 417.
In Europa häufig.

Cerastium Linn. gen. n. 797. Endl. gen. n. 5241.

C. viscosum Linn. sp. 627. D. C. Prod. I. p. 416. n. 14. Smith. Prod. fl. gr. I. p. 315. n. 1070. Engl. Bot. t. 790. Reichb. pl. crit. III. 244. C. vulgatum M. B. fl. taur. suppl. n. 883.

> Bei Prodromo in Gärten und Aeckern zerstreut. n. 838a. Europa häufig.

C. brachypetalum Desportes in Pers. syn. I. 520. D. C. Prod. I. p. 416. n. 20. D. C. Ic. pl. gall. t. 44. Reichb. pl. crit. III. 234. Reichb. fl. germ. V. t. 229.

> Bei Prodromo 4000' über Meer, nicht selten n. 838. Frankreich, Orient.

C. illyricum Arduin. Animad. II. t. 11. D. C. Prod. I. p. 420. n. 61. Reichb. fl. germ. VI. 233. C. pilosum Sibth. fl. gr. t. 454. Smith Prod. fl. gr. I. p. 316. n. 1073.

> In Cypern nicht selten auf der Nordkette, so bei Chrysostomo n. 361. am Pentadactylos. Südeuropa, Orient.

Velezia Linn. gen. n. 448. Endl. gen. n. 5243.

V. rigida Linn. sp. 474. D. C. Prod. I. p. 387. n. 1. Sibth. fl. gr. t. 390. Reichb. fl. germ. VI. t. 246.

> In Cypern, Sibth. — Um Prodromo nicht selten n. 861. Frankreich, Creta bis Süd- und Nordpersien.

Tunica Scop. Carn. I. p. 300. Endl. gen. n. 5244c.

T. velutina F. M. Sub Dianthus Guss. pl. rar. p. 166. t. 32. Walp. Rep. I. p. 270. Reichb. fl. germ. VI. 5010.

> Auf der Nordseite von Sta. Croce n. 203. Unter Maschera n. 218. Um Prodromo n. 810. Sicilien.

Dianthus Linn. gen. n. 770. Endl. gen. n. 5244.

D. diffusus Sibth. fl. gr. t. 396. D. C. Prod. I. p. 358. n. 33. Smith Prod. fl. gr. I. p. 285.

Auf der Insel Cypern nach Sibth. Seither dort nicht gefunden.
Griechenland, Macedonien.

D. Caryophyllus Linn. sp. 587. D. C. Prod. I. p. 359. n. 45.
Engl. Bot. 214. Bot. mag. t. 39.
Wird in Cypern häufig in Dorf- und Stadtgärten gebaut.
Frankreich.

D. cinnamoneus Sibth. fl. gr. t. 406. D. C. Prod. I. p. 360.
n. 57. Smith. Prod. fl. gr. I. p. 287.
In Cypern nach Sibth. Später nicht gefunden.
Bithynien, Byzanz.

D. tricuspidatus Sibth. fl. gr. t. 398. D. C. Prod. I. 363.
n. 92. Smith. Prod fl. gr. I. p. 286.
Auf der Insel Cypern nach Sibth. Sonst daher unbekannt.
Cypern eigen.

D. crinitus Smith act. sac. Linn. Lond. II. p. 300. D. C.
Prod. I. p. 364. n. 108. Willd. sp. pl. II. 678.
In Cypern nach Sibth. Blüht später im Sommer.
Im Orient weit verbreitet bis Nordpersien.

Silene Linn. gen. n. 772. Endl. gen. n. 5248.

S. inflata Smith fl. brit. 467. D. C. Prod. I. p. 368. n. 7.
var. major. Cucubalus Behen Linn. sp. 591.
Um Larnaca nicht selten auf Aeckern n. 288.
Europa.

S. Otites Pers. Ench. I. p. 497. D. C. Prod. I. p. 369.
n. 24. Smith Prod. fl. gr. I. p. 300. n. 1014.
In Cypern nach Sibth.
Schlesien, Oesterreich, Südeuropa.

S. gigantea Linn. sp. 598. D. C. Prod. I. p. 370. n. 36.
Sibth. fl. gr. t. 432.
In Cypern bei Chrysostomo unter Buffavento n. 458.
Nordafrika, Creta.

S. macrodonta Boiss. Diag. pl. orient. I. p. 37.
In Cyperus um Larnaca n. 62. Bei Limasol 1859. u. 435.
Orient.

S. conica Linn. sp. 508.   D. C. Prod. 1. p. 371. n. 39.
Smith Prod. fl. gr. I. p. 296. n. 997.   Jacq. fl. aust. t. 253.
> In Cypern nach Sibth.
> Südeuropa, Orient.

S. conoidea Linn. sp. 598.   D. C. Prod. I. p. 371. n. 40
Smith. Prod. fl. gr. I. p. 296. n. 998. Reichb. fl. germ.
VI. p. 275.
> In Cyperns Saatfeldern nach Sibth. — Bei Larnaca 1859.
> Orient.

S. nocturna Linn. sp. 595.   D. C. Prod. I. p. 372. n. 54.
Sibth. fl. gr. t. 408.
> In Cypern um Larnaca nicht selten n. 131.
> Südeuropa, Orient.

S. Olivieriana D. C. Prod. I. p. 373. n. 68.
> Auf Anhöhen um Larnaca, häufig auch am Meeresstrande.
> n. 132 et 95.
> Orient.

S. Sibthorpiana Griseb. spec. fl. rum. I. p. 176. n. 28. S.
dichotoma Sibth. fl. gr. t. 413 et S. divaricata l. c. t. 414?
> Um Limasol auf Grasplätzen 1859. n. 466.
> Griechenland.

S. vespertina Retz obs. III. p. 31.   D. C. Prod. I. p. 374.
n. 79. S. bipartita Desf. fl. atl. I. p. 352. t. 100. Sibth.
fl. gr. t. 409.
> Nicht häufig auf Anhöhen um Larnaca n. 64.
> Südeuropa, Orient.

S. pendula Linn. sp. 599.   D. C. Prod. I. p. 375. n. 92.
Bot. mag. t. 114. Reichb. fl. germ. VI. p. 276. Smith
Prod. fl. gr. I. p. 291. n. 979.
> In Cypern nach Sibth.
> Sicilien.

S. Cretica Linn. syst. veg. 421. n. 29. D. C. Prod. I. p. 376.
n. 108.   Sibth. fl. gr. t. 422.   Smith. Prod. fl. gr. I.
p. 296. n. 996.
> In Cypern nach Sibth. — Bei Panteleimou n. 951.
> Creta, Griechenland, Bithynien.

S. longipetala Vent. hort. Cels. p. 83. t. 83.   D. C. Prod.
I. p. 377. n. 121.   Silene sp. n.
> In Cypern. Um Larnaca n. 55.
> Syrien.

S. laevigata Sibth. fl. gr. t. 418.   Smith Prod. fl. gr. l.
p. 295. n. 990.   D. C. Prod. I. p. 380. n. 157.
> In Cyperns Bergen, Sibth. — Am Seestrande unter Ferula
Anatriches bei Larnaca n. 280.
> Ist Cypern eigen.

S. fructicosa Linn. sp. 597.   D. C. Prod. I. p. 381. n. 164.
Sibth. fl. gr. t. 428.   Smith. Prod. fl. gr. I. p. 299.
n. 1008.   Sibth. Journal in Walpole's Mem. p. 25.
> Bei Ktima unweit Papho auf Felsenrücken 6. Mai n. 662.
— Ebendaselbst den 11. Mai 1787 von Sibth. gesammelt.
> Sicilien, Griechenland.

S. paradoxa Linn. sp. 1673. D. C. Prod. I. p. 381. n. 171.
Jacq. hort. Vindob. III. t. 84.   Smith Prod. fl. gr. I.
p. 208. n. 1005.
> In Cypern nach Sibth.
> Südfrankreich, Macedonien.

S. leucophaea Sibth. fl. gr. t. 424.   D. C. Prod. I. 384.
n. 207.   Smith Prod. fl. gr. I. p. 297.   Sibth. Journal
in Walpole's Mem. p. 15.
> In Cypern nach Sibth. am Fusse von Sta. Croce den
12. April 1787.
> Ist Cypern eigen.

S. thymifolia Sibth. fl. gr. t. 411.   D. C. Prod. I. p. 384.
n. 210.   Smith Prod. fl. gr. I. p. 292. n. 982.
> Im Sandboden an der Meeresküste nach Sibth.
> Cypern eigen.

S. rubella Linn. sp. 600.   D. C. Prod. I. p. 369. n. 15.
Sibth. fl. gr. V. t. 426.   Del. Aegypt. t. 29. fig. 3.
Smith Prod. fl. gr. I. p. 297. n. 1002.
> In Cypern nach Sibth.
> Cypern eigen.

S. discolor Sibth. fl. gr. t. 410. D. C. Prod. I. p. 385. n. 214. Smith Prod. fl. gr. I. p. 292. n. 981.

> In Cypern nach Sibth.
>
> Cypern eigen.

S. Atocion Murr. syst. ed. XIII. p. 421. D. C. Prod. I. p. 383. n. 194. S. orchidea Linn. fil. suppl. 241. Sibth. fl. gr. t. 427. Smith Prod. fl. gr. I. p. 297. n. 1003.

> In Cypern weit verbreitet auf Feldern. Limasol 1859 n. 467.
>
> Orient.

PHYTOLACCACEAE.

Phytolacca Tournef. inst. p. 299. t. 154. Endl. gen n. 5262.

P. pruinosa Fenzl in Ind. sem. hort. bot. Vindob. 1855. P. stricta Hoffm. in Pocch enum. pl. Cypri p. 35.

> Im Aufsteigen von Evrico nach Prodromo unter n. 41, den 11. Oct. 1840 entdeckt. Auf Trachyt-Felsen im Schwarzföhren-walde von Prodromo gegen Galata eine Stunde weit. Ist eine selten vorkommende Pflanze.
>
> Im Taurus über Tarsus. Im Gebirge westlich von Alexandretta. Pompejopolis bei Tarsus sehr häufig.

MALVACEAE.

Lavatera Linn. gen. n. 842. Endl. gen. n. 5269.

L. unguiculata Desf. arb. 1. p. 471. D. C. Prod. I. 438. n. 9.

> Bei Paleo Milo unweit Pantelcimon, erreicht die Höhe von 8' und den Stammdurchmesser eines Zolles n. 936.
>
> Orient.

L. Cretica Linn. sp. 973. D. C. Prod. I. p. 439. n. 21. Cav. diss. 2. t. 32. fig. 1. Jacq. hort. Vindob. t. 41. Malva pseudo-lavatera Barker Webb. Phytogr. Cemar. p. 29.

352

In der Ebene bei Larnaca auf fettem Ackerboden n. 300.
Mittelmeergebiet.

Malva Linn. gen. n. 841. Endl. gen. n. 5271.

M. Scherardiana Linn. sp. 1675. D. C. Prod. I. p. 431. n. 17.
Cav. diss. II. t. 26. fig. 4.
>Auf Acckern von Larnaca gegen Ardipu.
>Orient.

M. Cretica Cav. diss. t. 138. fig. 2. D. C. Prod. I. p. 431.
n. 19.
>Um Limasol gegen Colossi häufig im Humuslande.
>Creta.

M. athaeoides Cav. diss. II. t. 135. D. C. Prod. I. p. 431.
n. 29. β. hirsuta Ten. Prod. p. 40.
>In Cypern nicht selten von Belpaese gegen Osten. n. 468.
>Italien, Griechenland.

M. sylvestris Linn. sp. 969. D. C. Prod. I. p. 432. n. 32.
Cav. diss. II. t. 26. fig. 2.
>Bei Fini unter dem Troodos gegen Omodos 850. Um Papho.
>Europa.

M. flexuosa Horn. h. hafn. II. p. 655. D. C. Prod. I. p.
433. n. 43.
>Um Larnaca am Rande der Accker nicht selten.
>Vaterland sonst unbekannt.

Hibiscus Linn. gen. n. 846. Endl. gen. n. 5277.

H. Trionum Linn. sp. 981.   D. C. Prod. I. p. 453 n. 84.
Sibth. fl. gr. t. 666. Bot. mag. t. 209.
>In Baumwollfeldern bei Evrico im October 1840.
>Südeuropa.

Abelmoschus Medik. malv. p. 45. Endl. gen. n. 5281.

A. esculentus Wight et Arn. Prod. fl. penins. Ind. orient.
I. 53. Walp. Rep. I. p. 309. n. 15. Hibiscus esculentus
D. C. Prod. I. p. 450. Tussac Flore des Antilles I.
p. 91. t. 10.   „Κερατια“ hodie in Cypro.
>In Morphu, Nicosia und sonst gebaut.
>Ostindien.

Gossypium Linn. gen. n. 845. Endl. gen. n. 5286.

L. herbaceum Linn. sp. 975. D. C. Prod. I. p. 456. n. 1.
Cav. diss. t. 164. fig. 2.
> In Cypern mit viel Vortheil für den Handel gebaut.
> Aus Indien und Afrika.

TILIACEAE.

Corchorus Linn. gen. n. 675. Endl. gen. n. 5371.

C. olitorius Linn. sp. 746. D. C. Prod. I. p. 504. n. 9.
Lam. ill. t. 478. fig. 1.
> Wird in den Gärten von Nicosia und sonst als beliebtes
> Grünzeug gezogen.
> In allen Tropenländern auf Schutthaufen und im Culturlande.

HYPERICINEAE.

Hypericum Linn. gen. n. 902. Endl. gen. n. 5464.

H. crispum Linn. mant. 106. D. C. Prod. I. p. 549. n. 59.
Sibth. fl. gr. t. 776. Reichb. fl. germ. VI. p. 345.
> In Olivengärten bei Athienu gegen Larnaca zu. n. 972.
> Mittelmeergebiet.

H. empetrifolium Willd. sp. III. p. 1452. D. C. Prod. I.
p. 553. n. 108. Smith Prod. fl. gr. II. p. 215. n. 1852.
Sibth. fl. gr. t. 774. Watson Dendr. II. t. 141.
> Auf der Insel Cypern nach Sibth.
> Ums Mittelmeer, Beirut.

H. (?) species affinis H. perforato sine flore inderminabile.
> Auf den Höhen des Troodos nicht selten n. 787. Noch
> nicht in Blüthe am 20. Mai.

TAMARISCINEAE.

Tamarix Desv. Ann. sc. nat. IV. 348. Endl. gen. n. 5484.

T. tetragona Ehrenberg in Linn. II. p. 247. Bunge gen.
Tam. p. 22. n. 5.

> Auf dem Nordabhange von Panteleimon gegen Paleo Milo.
n. 961.

> Aegypten bei Damiette und Cairo.

T. Meyeri Boiss. Diag. I. x. 9. Bunge gen. Tam. p. 23.
n. 6.

> Bei Larnaca an der Marina im Brackwasser sehr häufig.
n. 243.

> Am caspischen Meere, Transkaukasien.

T. tetrandra Pallas. Ind. taur. M. B. fl. taur. cauc. I. p. 247.
Bunge l. c. p. 29. n. 11.

> Zwischen Larnaca und Sta. Croce im Thale über Kalo-
chorko n. 226.

> Anatolien, Peloponnesus.

T. Smyrnensis Bunge gen. Tamarix p. 53. n. 28. Boiss.
in Kotschy pl. Ciliciae 1853. n. 313.

> Auf dem Wege von Larnaca nach Limasol vor Amathus.
n. 572.

> Anatolien.

T. parviflora D C. Prod. III. p. 97. n. 14. Bunge gen.
Tam. p. 32. n. 14.

> Var. Cypria, fruticosa, fructibus purpurascentibus.

> Im Aphanitgesteine am Bache der bei Paleo Milo aus der
Gegend des Klosters Tschicco zwischen Wretscha und Yuphyri
herabfliesst mit T. Smyrnensis n. 698.

> Griechenland, Macedonien.

AURANTIACEAE.

Citrus Linn. gen. n. 1218. Endl. gen n. 5514.

C. Medica Risso Ann. mus. XX. p. 199. t. 2. fig. 2. D. C.
Prod. I. 539. n. 1.   Desc. Antill. I. t. 7.   Hayne XI.
t. 27.   Ann. mus. XX. 4.

Wird in allen Küstengegenden bis 1500′ über Meer gebaut,
auch in vielen Abarten, so im Garten von Citti.

Aus Asien.

C. Aurantium Risso Ann. mus. XX. p. 181. t. 1. fig. 1, 2.
D. C. Prod. I. p. 539. n. 4.   Ferr. hespirid. t. 427, 399,
401. Tuss. Antill. III. 14. Hayne Medicinalpfl. XI. 28.
Dict. sc. nat. 119.

Die vorzüglichen Früchte bringen die Gärten von Warosia
bei Famagosta und von Nicosia.

Ostindien.

C. Limonium Risso l. c. p. 201.   D. C. Prod. I. p. 539. n. 3.
Ferr. hesperid. t. 247, 211 etc.

In Cypern vielfach an der südlichen Küste gebaut.

Stammt aus Asien.

MELIACEAE.

Melia Linn. gen. n. 576. Endl. gen. n. 5520.

M. Azederach Linn. sp. 550. D. C. Prod. I. p. 621. Lam.
ill. 372. Cav. diss. VII. p. 363. t. 207.

In den Gärten von Nicosia und Citti gebaut.

Ceylon, Aegypten, Syrien.

ACERINEAE.

Acer Moench meth. 334. Endl. gen. n. 5558.

A. obtusifolium Sibth. fl. gr. t. 361. Smith Prod. fl. gr.
I. p. 263. D. C. Prod. I. p. 594. n. 12.

An Felsen bei Castello Regina 1859 n. 477. Im Thale unter
dem Kloster Maschera n. 221.
Creta, Syrien.

A. Creticum Linn. sp. 1497. D. C. Prod. I. p. 595. n. 13.
Tratt. arch. 1. n. 19. Sibth. Journal in Walpole's Me-
moiren p. 22.
Beim Kloster Trooditissa 30. April 1787, Sibth. — Auf
Cypern im hohen Gebirgslande nach Gaudry.
Griechenland, Creta, Südeuropa.

A. Syriacum Boiss. Diag. pl. orient. II. 5. 72.
Var. Cypria foliis obtuse trilobis lobisque minus productis, supremis lanceolato-cordatis latioribus ac brevioribus. Fructibus minoribus, ala basi angustata in medio
dilatata apicem versus lanceolato excurrente.
Ein hoher Strauch in den Schluchten von Prodromo gegen
das Dorf Trisedies n. 829. Die Früchte reifen im Juni.
Syrien.

POLYGALEAE.

Polygala Juss. Ann. mus. XIV. p. 386. Endl. gen. 5647.

P. venulosa Sibth. et Smith fl. gr. t. 669. D. C. Prod. I.
p. 324. n. 39. Smith Prod. fl. gr. II. p. 52.
Weit zerstreut und einzeln in der Tracheotis.
Archipelagus, Griechenland.

P. glumacea Sibth. et Smith fl. gr. t. 671. D. C. Prod.
I. p. 325. n. 49. Smith Prod. fl. gr. II. p. 52. P. mon-
speliaca in Sibth. Journal in Walpole's Mem. p. 17.
Auf felsigem Boden um Larnaca n. 316. — In den Bergen
von Antiphoniti 19. April 1787, Sibth.
Gibraltar?

RHAMNEAE.

Paliurus Tournef. inst. t. 387. Endl. gen. n. 5715.

P. aculleatus Lam. ill. t. 210. fl. fr. ed. 3. n. 4081. Ann. sc. nat. X. 10. Nouv. Duh. III. 17. D. C. Prod. II. p. 22. n. 1. P. australis Gaertn. Carp. 43. Sibth. fl. gr. t. 240. Rhamnus Paliurus Linn. sp. 281.

Ueber Chrysostomo am Buffavento und sonst an der Südküste. Bei Comares und Synkrasi in der östlichen Messaria.

Auf rauhen Stellen der Mittelmeerküsten.

Zizyphus Tournef. inst. t. 403. Endl. gen. n. 5717.

Z. vulgaris Lam. ill. t. 185. fig. 1. D. C. Prod. II. p. 19. n. 1. Sibth. fl. gr. t. 241. Ann. sc. nat. X. t. 12. R. Zizyphus Linn. sp. 282. Pall. Ross. II. t. 59.

In Carpasso bei Comares als Baum. Auch sonst an Ortschaften, wahrscheinlich aus Syrien eingeführt.

Syrien, aus dem tieferen Osten herstammend.

Z. Lotus Lam. dict. III. p. 318. Encycl. t. 185. D. C. Prod. II. p. 18. n. 3. Rhamnus Lotus Linn. sp. 281. Desf. ast. Per. 1788. t. 21.

Bei Larnaca als niederes Gestrüpp an der Meeresküste bei Citti.

Portugal, Sicilien, Tunis.

Z. Spina Christi Willd. sp. I. p. 1105. D. C. Prod. II. p. 20. n. 6. Rhamnus spina Christi Linn. sp. 282. D. C. fl. atl. I. p. 201.

Bildet ein Wäldchen von alten Stämmen, als Baum zwischen Salamina und St. Barnabas nördlich von Famagosta.

Nordafrika, Palästina.

Rhamnus Lam. dict. IV. p. 461. ill. t. 128. Endl. gen. n. 5722.

R. Alaternus Linn. sp. 281. D. C. Prod. II. p. 23. n. 1. Dict. sc. nat. t. 270. Ann. sc. nat. X. t. 13. Spach Suites t. 15.

Sehr häufig in den wilden Schluchten zwischen Lefkora und dem Kloster von Maschera n. 224.

Südeuropa.

R. oleoides Linn. sp. 279. D. C. Prod. II. p. 24. n. 14. Moris Sard. t. 26. Desf. Atl. I. p. 197.

Var. parvifolia, forma glabra.

Auf den Hügeln der Südküste nicht selten n. 579. In der Tracheotis oft nur 4 Fuss hoch, aber sehr häufig.

Sicilien, Mauritanien, Griechenland, Cilicien, Syrien.

R. Graecus Boiss. et Reuter Diag. pl. orient. II. 5. p. 74.

Am Meeresufer bei Citti am Wege gegen Mazoto als krüppelnder Strauch nicht selten in der Nähe der Küste.

Griechenland, Archipel, Creta.

EUPHORBIACEAE.

Euphorbia Linn. gen. n. 243. Endl. gen. n. 5766.

E. lanata Sieber in Spreng. syst. III. p. 792. D. C. Prod. XV p. 101. n. 390. Boiss. Euphorb. Ie. t. 53. E. Syriaca Spreng. syst. III. 792. E. malacophylla Clarke trav. II. p. 358.

In Cypern nach Clarke.

Creta, Nordpersien.

E. arguta Solander in Russ. Aleppo ed. 2. p. 252. D. C. Prod. XV. p. 117. n. 459. Sibth. fl. gr. t. 468. Smith Prod. fl. gr. I. p. 329. n. 1113. E. calendulaefolia Del. fl. aeg. p. 268. t. XXX. fig. 1.

Auf Feldern in Cypern nach Sibth. — Bei Amathus 591.

Syrien, Aegypten.

E. exigua Linn. Amoen. acad. III. p. 118. D C. Prod. XV. p. 139. n. 549. Engl. Bot. 1336. Sturm Fl. XX. 94. Reichb. fl. germ. V 141.

In der Gegend von Chrysostomo n. 400.

Europa.

E. falcata Linn. sp. 654. D. C. Prod. XV. p. 140. n. 552. Jacq. fl. aust. II. p. 121. Reichb. fl. germ. V. t. 141. fig. 4776. E. leucosperma Poech Enum. pl. Cypri p. 36.
Auf Feldern zwischen Evrico und Morphu n. 950.
Europa.

E. Cassia Boiss. Diag. pl. orient. I. XII. p. 108.
Auf der Insel, zumal um Morphu im Sand am Wege gegen Panteleimon, auch sonst. n. 783, 923.
Syrien.

E. Peplus Linn. sp. 658. D. C. Prod. XV. p. 141. n. 556. Engl. Bot. t. 959. Reichb. fl. germ. V. 140. Ann. sc. nat. III. 18. t. 17.
Von Larnaca gegen den Salzsee n. 50, 300.
Anatolien, Syrien, Persien.

E. herniariaefolia Willd. sp. II. p. 902. D. C. Prod. XV p. 155. n. 614. E. pumila Sibth. fl. gr. t. 460.
Um die Spitze des Troodos auf der Nordostseite.
Anatolien, Syrien, Persien.

E. amygdaloides Linn. sp. 662. D. C. Prod. XV. p. 170. n. 673. Engl. Bot. 256. Reichb. fl. germ. fig. 4799. E. sylvatica Jacq. Aust. t. 375. Smith. Prod. fl. gr. I. p. 222.
In Cypern nach Sibth. — Vielleicht mit der folgenden gleich.
Europa.

E. Kotschyana Fenzl pugill. pl. Syriac et Tauri n. 17. Russ. Reise II. 906. Boiss. in D. C. Prod. XV. p. 171. n. 678. Boiss. Euph. t. 116.
Um Prodromo in Wäldern von Schwarzföhren Mitte Mai. n. 899.
Cilicien.

E. myrsinitis Linn. sp. 661. D. C. Prod. XV. p. 173. n. 686. Smith Prod. fl. gr. I. p. 331, n. 1121. Sibth Journal in Walpole's Mem. p. 22. Sibth. fl. gr. t. 471. Reichb. fl. germ. V. 148. E. Marschalliana in Ky. pl. Cypri 1859. n. 399.

Am südlichen Fusse des Berges Troodos bei Fini 17. Mai.
n. 791. — Ums Kloster Trooditissa den 30. April 1787 nach
Sibth.

Europa.

Mercurialis Linn. gen. n. 1125. Endl. gen. n. 5786.

M. annua Linn. sp. 1465. Spreng. syst. veg. II. p. 272.
n. 5. Engl. Bot. XI. 1890. Smith Prod. fl. gr. II. p.
261. n. 2319. Sturm Fl. VIII. f. 29. Reichb. fl. germ.
V. p. 151. Labrus Scarus hac herba „Σκισολαχνον“ dicta
copiose in mare injecta piscatoribus Cypriis allicitur.

Am Meeresstrande bei Larnaca häufig wie auch sonst.
Europa.

Ricinus Tournef. inst. 307. Endl. gen. n. 5809.

R. communis Linn. sp. 1430. Spreng. syst. veg. III. 878.
Smith Prod. fl. gr. II. p. 249. n. 2289. Sibth. fl. gr.
t. 952. Bot. mag. t. 2209. R. Africanus Willd. —
„Κροτωντια“ hodie in Cypro.

Wird hie und da gebaut, so bei Synkrasi in der Messaria.
n. 544. Auf Schutthaufen um die Städte nicht selten mehrjährig.
Orient.

JUGLANDEAE.

Juglans Lion. gen. n. 1071. Endl. gen. n. 5890.

J. regia Linn. sp. 1415. Spreng. syst. veg. III. p. 865.
n. 1. Del. sc. nat. 268, 269. Hayne Arzeneipfl. VIII.
t. 17.

Am Kloster Maschera und in Prodromo häufig.
Vaterland unbekannt. In Persien eben auch nur gebaut.

ANACARDIACEAE.

Pistacia Linn. gen. n. 1108. Endl. gen. n. 5893.

P. Terebinthus Linn. sp. 1455. D. C. Prod. II. p. 64. n. 2.
Duh. arb. ed. 1. II. t. 87. P. atlantica Webb. Canar. t. 66.
> In Papho einzeln zu alten Bäumen herangewachsen, so bei
Hierokipos und im Orte Fini bei Omodos. Die kleinen Saamen
werden auf dem Markte als Gemüse verkauft.
> Barbarei, Constantinopel.

P. Palaestina Boiss. Diag. I. 9. p. 1. Walp. Ann. II. 280.
n. 1. „*Τρμιθὶα*" Sibth. Journal in Walpole's Mem. II.
p. 242. n. 30.
> Im Gesträuch an den Hügeln der Südküste. Auch am Pen-
tadactylos, bei Heraklia-Fillani nördlich von Maschera.
> Im Orient häufig.

P. Lentiscus Linn. sp. 1455. D. C. Prod. II. p. 65. n. 7.
Sibth. fl. gr. t. 957. Bot. mag. XLI. 1967.
> Allgemein auf der Insel vom Seeufer bis 600' Höhe.
> Südeuropa, Nordafrika, Orient.

Rhus Linn. gen. n. 369. Endl. gen. n. 5905.

R. Coriaria Linn. sp. 379. D. C. Prod. II. p. 67. n. 4.
Sibth. fl. gr. t. 290. Watson Dindrolog. II. t. 136. —
Hodie „*'Ρους*" in Cypro.
> Auf dem Hügellande im Gebirge, so bei Chrysorooditissa.
> Von Portugal nach Taurien, und in den Orient.

RUTACEAE.

Ruta Tournef. inst. t. 133. Endl. gen. n. 6027.

R. linifolia Linn. sp. 549. D. C. Prod. I. p. 711. n. 17.
Smith Prod. fl. gr. I. p. 273. n. 922. Sibth. Journal
in Walpole's Mem. p. 26. Andr. Rep. IX. 565. Lam.
Encycl. 345. Bot. mag. t. 2254. R. spathulata Sibth.
fl. gr. t. 370. Hodie „*Πέγανι*" in Cypro.

Auf der westlichen Seite der Insel zwischen Ktima und Chrysoku den 12. Mai 1787, Sibth.

Spanien, Tunis.

R. angustifolia Pers. Ench. I. p. 464. D. C. Prod. I. 710. n. 6. Sibth. fl. gr. t. 368. Ruta graveolens Sibth. Journal in Walpole's Mem. p. 25. R. halepensis Moris ox. 5. V. t. 35. fig. 8. Smith Prod. fl. gr. I. p. 272. n. 920. — „*Απήγανος*" hodie Cypriis.

Um Ktima bei Papho an der Westseite der Abhänge häufig n. 661.

Italien, Griechenland.

Peganum Linn. gen. n. 601. Endl. gen. n. 6025.

P. **Harmala** Linn. sp. 638. D. C. Prod. I. p. 712. Sibth. fl. gr. t. 456. Reichb. fl. germ. V. 158.

Auf kahlen salzigen Stellen mit Alhagi nördlich von Famagosta bei Synkrasi. Bei Papho gegen Arora.

Von Madrid bis nach dem Orient.

ZYGOPHYLLEAE.

Tribulus Tournef. inst. t. 141. Endl. gen. n. 6030.

T. **terrestris** Linn. sp. 554. D. C. Prod. I. p. 703. n. 3. Sibth. fl. gr. t. 372. Reichb. fl. germ. V. 161.

In der Ebene von Messaria bei Synkrasi.

Südeuropa. Nordafrika, Orient.

Fagonia Tournef. inst. t. 141. Endl. gen. n. 6034.

F. **Cretica** Linn. sp. 553. n. 1. D. C. Prod. I. p. 704. n. 1. Lam. Encycl. 346. Bot. mag. VII. t. 241. Mem. mus. XII. t. 14.

Am Ansteigen von Episcopi bei Curium gegen den Apollotempel n. 641.

Creta, Mauritanien, Spanien.

Zygophyllum Linn. gen. n. 530. Endl. gen. n. 6036.

Z. album Linn. dec. I. t. 8. D. C. Prod. I. p. 706. n. 16.
Sibth. fl. gr. t. 371. D. C. Plantes grasses. t. 154.
Smith Prod. fl. gr. I. p. 273. n. 923.

    Bei Larnaca an Abhängen in der Nähe des Meeresstrandes.
n. 285.

    Aegypten, Barbarei, Canar. Inseln.

GERANIACEAE.

Erodium L'Herit. ger. Ie. D. C. fl. fr. IV. p. 838. Endl.
gen. n. 6045.

E. laciniatum Cav. diss. IV. p. 228. t. 113. fig. 3. D. C.
Prod. I. p. 646. n. 16. Smith Prod. fl. gr. I. p. 36.
n. 1593. Sibth. fl. gr. t. 655. Reiehb. fl. germ. V 186.

    Um Larnaca nicht selten, n. 10.

    Südpersien, Creta, Cilicien, Nordafrika, Portugal.

E. hirtum Willd. sp. III. p. 650. D. C. Prod. I. p. 646.
n. 17. Jaeq. Eclog. t. 58.

    Bei Episkopi an der Höhe über Curium am Wege n. 642.

    Aegypten.

E. Ciconium Willd. sp. III. p. 629. D. C. Prod. I. p. 646.
n. 20. Reiehb. fl. germ. V. t. 184. Cav. diss. t. 95.
fig. 2.

    Bei Larnaca 1859 unter n. 493.

    Mittelmeergebiet.

E. cicutarium Leman in D. C. fl. fr. IV. p. 840. D. C.
Prod. I. p. 646. n. 21. Engl. Bot. XXV. 1768. Reiehb.
fl. germ. V. t. 183.

    Auf Feldern um Prodromo n. 932.

    Europa, Nordafrika, Orient.

E. gruinum Willd. sp. III. p. 633. D. C. Prod. I. p. 647.
n. 27. Sibth. fl. gr. t. 656. Cav. diss. t. 88. fig. 2.

    Um Larnaca 1859. n. 423.

    Südpersien, Syrien, Creta, Nordafrika, Spanien.

E. malacoides Willd. sp. III. 638. D. C. Prod. I. p. 648. n. 34. Cav. diss. t. 91. fig. 1. Smith Prod. fl. gr. II. p. 37. n. 1596. Sibth. fl. gr. t. 658. Reichb. fl. gorm. V. t. 185. Geranium n. sp. Sibth. Journal in Walpole's Mem. p. 16.

Bei Ormidia gegen Famagosta 17. April 1787, Sibth. — Am Capo Greco n. 140. Um Chrysostomo n. 435. In Antiphoniti über Melandrina n. 527. Bei Prodromo n. 933.

Südeuropa, Nordafrika, Canar. Inseln.

Geranium L'Herit. in D. C. fl. fr. IV. p. 844. Endl. gen. n. 6046.

G. tuberosum Linn. sp. 953. D. C. Prod. I. p. 640. n. 20. Smith Prod. fl. gr. II. p. 38. n. 1594. Sibth. fl. gr. t. 659. Reichb. pl. crit. IV. t. 392. Reichb. fl. germ. V. t. 194.

In Saaten nach Sibth. — Nicht selten auf der Nordseite der Spitze des Troodos.

Südfrankreich bis Taurien, Orient, Aleppo, Libanon.

G. molle Linn. sp. 955. D. C. Prod. I. p. 643. n. 51. Engl. Bot. t. 753. Reichb. fl. germ. V. p. 189. Dietr. fl. boruss. t. 807.

Allgemein verbreitet in Cypern n. 149, 421, 690.

Europa.

G. pusillum Linn. sp. 957. D. C. Prod. I. p. 643. n. 52. Engl. Bot. t. 385. Fl. dan. 1994. Reichb. fl. germ. V. t. 190.

An der Nordseite von Sta. Croce n. 198. An Felsen des Pentadactylos n. 365.

Europa.

G. rotundifolium Linn. sp. 957. D. C. Prod. I. p. 643. n. 53. Engl. Bot. t. 157.

Um Prodromo häufig an Sträuchern n. 933.

Europa.

G. dissectum Linn. sp. 956. D. C. Prod. I. p. 643. n. 56. Engl. Bot. t. 753. Reichb. fl. germ. V. t. 189.

Auf Capo Greco n. 150. Castello Regina am Fusse 420.
Europa, Iberien, Orient.

G. Robertianum Linn. sp. 955. D. C. Prod. I. p. 644.
n. 63. Engl. Bot. t. 1486. Reichb. fl. germ. V 187.
β. purpureum Vill. dauph. III. 3. t. 40.
Um das Gebirgsdorf Prodromo an der Westseite des Troodos.
n. 930.
Europa.

G. modestum Jordan Ind. sem. Grenoble 1849. p. 16. n. 8.
Walp. Ann. II. 234.
Um Prodromo im Schatten n. 931.
Frankreich.

LINEAE.

Linum Smith brit. fl. II. 342. Endl. gen. n. 6056.

L. gallicum Linn. sp. 401. D. C. Prod. I. p. 423. n. 1.
Sibth. fl. gr. t. 303. Ger. galloprov. t. 16. fig. 1.
Zerstreut zwischen Gesträuch vor Agathu.
Frankreich, Iberien bis Syrien.

L. nodiflorum Linn. sp. 401. D. C. Prod. I. p. 424. n. 6.
Sibth. fl. gr. t. 307. Smith Prod. fl. gr. I. p. 217.
n. 751.
Bei Magado (Mazoto) 27. April 1787 Sibth. — Um Pro-
dromo n. 833a.
Italien, Archipel, Syrien.

L. strictum Linn. sp. 400. D. C. Prod. I. p. 424. n. 7.
Sibth. fl. gr. t. 304.
Im Walde von Cypressen bei Chrysostomo unter Buffavento.
n. 423.
Südeuropa, Nordafrika, Südpersien.

L. Sibthorpianum Reuter in Mem. Genev. VIII. p. 283.
t. 3. Walp. Rep. I. 287. n. 7. L. viscosum Smith
Prod. fl. gr. I p. 214. n. 743. Sibth. Journal in Walpole's Mem. p. 15.

Auf Cyperns Feldern bei Limasol, Colossi. Zwischen Ormidia und Famagosta den 17. April 1787 Sibth. gefunden.
Orient bis Zanthe.

A. hirsutum Linn. sp. 398. D. C. Prod. I. p. 426. n. 26. Smith Prod. fl. gr. I. p. 215. n. 744. Sibth. fl. gr. t. 302. Reichb. fl. germ. VI. 333. Jacq. Aust. I. 31.
Zerstreut auf Aeckern nach Sibth.
Europa.

L. usitatissimum Linn. sp. 397. D. C. Prod. I. p. 426. n. 29. Engl. Bot. 1357. Sturm Fl. VII. 26. Reichb. fl. germ. VI. 329.
Wird in der Gegend von Mórphu gebaut. Gaudry Recherches en Orient p. 167.
Europa.

L. angustifolium Huds. Angl. 134. D. C. Prod. I. p. 426. n. 35. Engl. Bot. 6. 381. Lodd. Cac. 1543. Reichb. fl. germ. VI. t. 329.
An den feuchten rasigen Stellen bei Prod. um Trisedies 725.
England, Italien, Asien, Neuholland.

OXALIDRAE.

Oxalis Linn. gen. n. 582. Endl. gen. n. 6058.

O. corniculata Linn. sp. 624. D. C. Prod. I. p. 692. n. 20. Sibth. fl. gr. t. 451. Reichb. fl. germ. V. 199. Sturm Fl. I. 1. — Hodie „Μοσχόφιλὸ" Cypriis.
Bei Evrico 1840 n. 53. Um Prodromo nicht selten n. 897.
Europa, Teneriffa, Bourbon, Caribeen, Nordamerika, Mexiko.

OENOTHEREAE.

Epilobium Linn. gen. n. 471. Endl. gen. n. 6121.

E. montanum Linn. sp. 494. D. C. Prod. III. p. 41. n. 10. Reichb. Ic. t. 189. Engl. Bot. 1177.
Var. β. lanceolatum Koch. Sturm Fl. Heft 79. t. 9.

Um Prodromo an Quellen und deren Abflüssen selten n. 830.
Europa.

E. parviflorum Schreb. sp. p. 146. D. C. Prod. III. p. 43.
n. 28. Engl. Bot. 12. t. 795. Sturm Flora XVIII. 81.
Dietr. fl. boruss. 572.

In schattigen Stellen neben Baumwollpflanzungen bei Evrico
den 11. Oct. 1840 n. 7.
England etc.

Lawsonia Linn. gen. n. 482. Endl. gen. n. 6159.

L. alba Lam. dict. III. p. 106. D. C. Prod. III. p. 91.
n. 1. Lam. Encycl. 296. Wight ill. pl. ind. orient.
t. 87. Cyprius in Rauwolf iter t. n. 60.

Jetzt in Nicosia seltener, einst aber in den Gärten der alten
Cyprier als Handelartikel allgemein gebaut worden.
Ostindien, Orient, Nordafrika.

LYTHRARIEAE.

Lythrum Juss. gen. 332. Endl. gen. n. 6149.

L. Graefferi Ten. Prod. fl. neap. 2. 27. D. C. Prod. III.
p. 82. n. 111. L. hysopifolia D'Urv. Enum. 52.

An feuchten Stellen bei Haggia Napa n. 108. In feuchten
Schluchten bei Prodromo n. 847. Am Mühlgraben bei Paleo
Milo hinter Panteleimon und sonst häufig n. 943.

Europa, auch Nord- und Südamerika, wahrscheinlich eingeführt,
so in Neuholland.

MYRTACEAE.

Myrtus Linn. gen. n. 617. Endl. gen. n. 6316.

M. communis Linn. sp. 673. D. C. Prod. III. p. 239. n. 5.
Sibth. fl. gr. t. 475. — „Μυρσίνι“ hodie in Cypro. —

Auf der Insel weit verbreitet. Im Gebirge gegen Maschera n. 225. Bei Fillani nördlich von Maschera. Unter Chrysostomo. Bei Tablu an der Nordküste, wo die Früchte genossen werden. Im Gebiete von Papho.

Südeuropa.

GRANATEAE.

Punica Tournef. inst. t. 140. Endl. gen. n. 6340.

P. Granatum Linn. sp. 676. D. C. Prod. III. p. 3. n. 1. Sibth. fl. gr. t. 476. Bot. mag. 1832a. b. Guimp. et Schldl. 89.

Wird in allen Gärten der niederen Region gebaut.

Mauritanien etc.

POMACEAE.

Cydonia Tournef. inst. 632 t. 405. Endl. gen. n. 6341.

C. vulgaris Pers. ench. II. p. 40. D. C. Prod. II. p. 638. n. 1. Jacq. Aust. t. 342. Hartig 81. Hayne Medicinalpfl. IV. 47.

In Gärten allgemein mit ausgezeichnet grossen Früchten.

Südeuropa.

Pyrus Lindl. trans. linn. soc. 13. p. 97. Endl. gen. 6342.

P. communis Linn. sp. 686. D. C. Prod. II. p. 633. n. 1. Engl. Bot. 1784. Lam. Encycl. 435. Hartig t. 78.

Wird in Gärten der Gebirgsthäler in veredelten Sorten gepflegt.

Europa.

P. Syriaca Boiss. Diag. I. x. p. 1. Walp. Ann. II. p. 522. n. 1.

Zwischen Kuklia und Ktima als Baum, auch am Wege von Ktima nach Chrysoku den 6. Mai in Früchten n. 668. In der Nordkette seltener. „*Απιδια*" heute genannt.

Syrien.

P. **Malus** Linn. sp. 686. D. C. Prod. I. p. 635. n. 15. Engl. Bot. 179. Hartig t. 77. Guimp. et Schldl. Medicinalpfl. t. 61.

> In allen Gärten der Berge und Thäler verbreitet.
> Europa's Wälder.

Sorbus Linn. gen. n. 623. Endl. gen. n. 6342 f.

S. **Graeca** Spach hist. veg. vol. II. p. 102. P. nivea Hortorum. Pyrus Aria Lodd. Sibth fl gr. t. 479.

> Um die Spitze des Troodos als kleiner Strauch, im westlichen Theile des Thales von Livadia ein Halbbaum n. 766 779.
> Orient.

Mespilus Lind. trans. Linn. soc. XIII. p. 99. Endl. gen. n. 6344.

M. **Germanica** Linn. sp. 684. D. C. Prod. II. p. 633. n. 1. Engl. Bot. 1523. Hartig Forstcult. t. 82.

> In Prodromo zerstreut um die feuchten Schluchten n. 893.
> Europa, Nordpersien.

Cotoneaster Lindl. trans. Linn. soc. XIII. p. 101. Endl. gen. n. 6347.

C. **nummularia** F. M. Ann. sc. nat. V. 183. Walp. Rep. II. p. 65. n. 3.

> Auf der Spitze des Troodos an der Nordlehne nicht selten. n. 779.
> Taurus bis Nordpersien, Kaukasus.

Crataegus Lindl. trans. Linn. soc. XIII. p. 105. Endl. gen. n. 6353.

C. **monogyna** Jacq. Aust. t. 291. fig. 1. Willd. sp. pl. II. p. 1006. Engl. Bot. t. 2504. Hayne et Guimp. t. 73.

> Zwischen den Acckern des Dorfes Prodromo am Südabhange nicht selten n. 720.
> Europa.

C. **Aarzolus** Linn. sp. 683. D. C. Prod. II. p. 629. n. 31. Hartig Forstcult. t. 86. Andr. Rep. IX. 579.

Ein allgemein verbreiteter Baum, der zumal um Wlachy bei
Larnaca häufig vorkommt n. 89, 328. Früchte werden genossen.
Südfrankreich, Italien, Orient.

C. Aronia B o s c. in.   D. C. Prod. II. p. 629. n. 32.
Als Strauch bei Prodromo nicht häufig. n. 730.
Orient.

ROSACEAE.

Rosa T o u r n e f. inst. I. p. 636. t. 408.   E n d l. gen. n. 6357.
R. canina L i n n. sp. 704.   D. C. Prod. II. p. 613. n. 75.
Var. glabra D e s v. journ. bot. 1813. p. 114.   Engl.
Bot. t. 992.
Um das Dorf Demithu westlich von Prodromo n. 727.
Europa bis Nordpersien, Syrien.

R. centifolia L i n n. sp. 704.   D. C. Prod. II. p. 619. n. 97.
In Menge angepflanzt unterhalb Prodromo gegen Chaminerga.
Zu Rosenwasser in Lapethus und Cerinia verwendet.
Vaterland unbekannt, wahrscheinlich Südpersien.

Rubus L i n n. gen. n. 364.   E n d l. gen. n. 6360.
R. candicans W e i h e in R e i c h b. fl. excurs. p. 601. n. 3891.
R. fructicosus W e i h e et N e e s t. VIII. R. macracanthus
W e i h e in exsic.
Auf dem Wege von Evrico gegen Solia n. 917.
Europa.

R. sanctus S c h r e b. dec. p. XV. t. 8.   D. C. Prod. II. p.
561. n. 44.   Ann. mus. XII. 6.   D e s f. Choix. t. 61.
Auf dem Troodos um die Höhen im Schwarzföhrenwalde
allgemein verbreitet. Unter dem Kloster Maschera.   In Cypern
in der zweiten Region nach G a u d r y's Recherches en Orient.
Im Oriente, Nordpersien.

Potentilla L e h m. pot. diss.   E n d l. gen. n. 6363.
P. hirta L i n n. sp. 712.   D. C. Prod. II. p. 578. n. 45. P.
recta L i n n. sp. 711.   N e s t l Pot. p. 42. t. 6.   All. ped.
t. 71. fig. 1.

Nicht häufig über Prodromo im Schwarzföhrenwalde n. 816.
Europa, Orient, Nordpersien.

Poterium Linn. gen. n. 1069. Lam. ill. t. 777. Endl. gen. n. 6374.

P. spinosum Linn. sp. 1411. D. C. Prod. II. p. 594. n. 1. Lam. Encycl. 777. Sibth. fl. gr. t. 943. — „*Στοιβη*" hodie in Cypro.

Fehlt nur an wenigen Küstenorten bis zur Höhe von 600'.
Archipel, Byzanz, Anatolien, Libanon.

P. verrucosum Ehrenberg Ann. sc. nat. ser. III. p. 263. Walp. Rep. II. p. 44. n. 3.

Am Abhange von Panteleimon gegen Paleo Milo n. 940.
Sinai, Malta, Gibraltar.

AMYGDALEAE.

Amygdalus Tournef. inst. t. 402. Endl. gen. n. 6405.

A. communis Linn. sp. 677. D. C. Prod. II. p. 530. n. 4. Lam. Encycl. 430. Hayne Medicinalpfl. IV. 39. Guimp. et Schldl. Medic. t. 6.

Ueberall in Weingärten. — „*Αφατσχης*" heute in Cypern genannt.

An Mauritanien's Zäunen wahrscheinlich wild.

A. Persica Linn. sp. 677. Lam. dict. I. p. 99. n. 1—20 et 28—42. Persica vulgaris D. C. Prod. II. p. 531. n. 1. Spach Suites t. 5.

In Gärten und Weinanlagen überall.
Aus Persien eingeführt. Stammland unbekannt.

Armeniaca Tournef. inst. 399. Endl. gen. n. 6406ᵃ.

A. vulgaris Lam. dict. I. p. 2. D. C. Prod. II. p. 532. n. 1. Prunus Armeniaca Linn. sp. 679. Fl. des serres IV. p. 418.

In den tieferen Gegenden allgemein gebaut.
Aus Armenien eingeführt. Stammland nicht gekannt.

24*

Cerasus Juss. gen. 340. Endl. gen. n. 6406c.

C. avium Moench Meth. 672. D. C. Prod. II. p. 535. n. 2.
Prunus Cerasus avium Linn. sp. 679.

> Beim Kloster Maschera, um Prodromo als Vogelkirsche gebaut.
> Wälder im südöstlichen Europa.

Prunus Tournef. inst. t. 399. Endl. gen. n. 6406.

P. domestica Linn. sp. 680. D. C. Prod. II. p. 533. n. 9.
Var. ζ. Juliana et ϑ. Aubertiana D. C. l. c.

> Runde Pflaumen, gelb und violett, werden in Gärten gebaut.
> In Bergen von Südeuropa.

PAPILIONACEAE.

Anagyris Tournef. inst. t. 415. Endl. gen. n. 6418.

A. foetida Linn. sp. 534. D. C. Prod. II. p. 99. Sibth.
fl. gr. t. 366. Ten. Prod. fl. neap. t. 227. Lodd. Cab.
t. 740. Sibth. Journal in Walpole's Mem. p. 22.

> Zwischen Limasol und Omodos sehr häufig, 27. April 1787
> Sibth. — In den hügeligen Küstengegenden Cyperns, so bei
> Amathus unweit Limasol. Am Kloster Chrysoroodissa n. 696.
> Panteleimon bei Palco Milo.
> Dalmatien, Südeuropa, Syrien.

Lupinus Tournef. inst. 391. t. 213. Endl. gen. n. 6473.

L. micranthus Guss. Prod. fl. sic. II. p. 400. n. 5. Cup.
Hort. Cham. p. 117. Ic. fl. sic. t. 383. Walp. Rep.
1. p. 596 n. 8.

> Im Sande bei Awgoro auf dem Wege von Larnaca nach
> Famagosta n. 88, Zwischen Lefkera und dem Kloster Hagios
> Elias n. 223. Am südlichen Fusse des Troodos beim Dorfe
> Fini n. 740.
> Sicilien, Archipel.

L. angustifolius Linn. sp. 1016. D. C. Prod. II. p. 407.
n. 7. Sibth. fl. gr. t. 685.

Bei Prodromo an der westlichen Lehne des Troodos gegen
Demithu weit umher zerstreut n. 793.

Spanien, Corsica, Italien, Sicilien, Palästina.

Ononis Linn. gen. 863. Endl. gen. n. 6493.

O. crispa Linn. sp. 1010. D. C. Prod. II. p. 159 n. 1.
Roem. Arch. I. pars III. p. 106 t. 1. Smith Prod. fl.
gr. II. p. 58. n. 1661. Sibth. fl. gr. t. 680.

Auf der Insel Cypern nach Sibth.

Spanien? (D. C.)

O. biflora Desf. fl. atl. II. 143. D. C. Prod. II. p. 160.
n. 12. Moris fl. sard. t. 33.

Bei Limasol und Larnaca 1859. n. S. 1006.

Barbarei.

O. ornithopodioides Linn. sp. 1009. D. C. Prod. II. p. 160.
n. 21. Cav. Ic. II. t. 192. Sibth. fl. gr. t. 679. Smith
Prod. fl. gr. II. p. 58. n. 1660. Sibth. Journal in Walpole's Mem. p. 17.

Auf den Berglehnen bei Antiphoniti den 19. April 1787,
Sibth.

Spanien, Italien, Sicilien, Mauritanien.

O. Cherleri Linn. sp. 1007. D. C. Prod. II. p. 162. n. 36.
Smith Prod. fl. gr. II. p. 57. n. 1557. Sibth. fl. gr.
t. 677.

Am Kloster Melandrina an der Nordküste, zwei Tagereisen
östlich von der Stadt Cerinia n. 529.

Provence, Nizza, Barbarei, Archipel bis Syrien.

O. antiquorum Linn. sp. 1006. D. C. Prod. II. p. 163.
n. 42γ. D. C. fl. fr. IV. p. 509. O. macrocantha Clarke
Trav. II. p. 350. Poech Enum. pl. Cypri p. 33.

Auf Wiener Sandstein zwischen Kithrea und Chrysostomo,
bei Panteleimon n. 944.

Europa, Südpersiens Berge.

O. alopecuroides Linn. sp. 1008. D. C. Prod. II. p. 163.
n. 49. Desf. fl. atl. II. 146. Schkr. Handb. t. 194.
Smith. Prod. fl. gr. II. p. 57. t. 1656.

In Cypern von Sibth. angeführt ohne näheren Standort.
Portugal, Spanien, Barbarei, Sicilien.

Ulex Linn. gen. n. 881. Endl. gen. n. 6495.

U. europaeus Linn. sp. 1045. D. C. Prod. II. p. 144 n. 1.
Engl. Bot. t. 742. Guimpel Holzgew. 123. Ann. sc.
nat. (ser. 3) XI. 9.

Ein auf der ganzen Insel in den Küstengegenden und dem
niederen Hügellande allgemein verbreiteter Strauch, dessen Holz
sich durch Härte und die dunkelbraune, ja oft sogar schwarze
Farbe auszeichnet. In Blüthe giebt er der Landschaft ein
blumenreiches Aussehen. Sehr häufig wächst er bei Lefkera
an den Abhängen gegen Osten, bei Tablu an der nördlichen
Küste, zwischen Episcopi und Pisuri, gegen Papho ebenfalls.
Canar. Inseln, Westeuropa im Süden, Orient bis Syrien.

Cytisus D. C. fl. fr. IV. p. 501. Endl. gen. n. 6505.

C. lanigerus D. C. Prod. II. p. 154. n. 14. Spartium lani-
gerum Desf. fl. atl. II. p. 135. Calicotome lanigera
Link in Schrad. n. Journ. II. 2. p. 50. Spartium villosum
Poir. Sibth. fl gr. t. 673. „Αγριοκυτισος“ Sibth. Journal in Walpole's Mem I. p. 18.

Noch häufiger als Ulex verbreitet und eine noch grössere
Zierde der Landschaft während der Blüthenzeit. Die weisslichen
Aeste fallen zwischen den übrigen dunkelgrünen Gesträuch auf.
Am Nordabhange von Stawro Wuni bei St. Barbara bis Kalo-
chorko hinab. — Hier auch durch Sibth. den 12. April 1787
gefunden. — An der Nordlehne des Pentadactylos, zumal öst-
lich der Felsen- und der anderen Theile des Küstenlandes.
Griechenland, Syrien.

Physanthyllis Boiss. in Voy. Esp. p. 455. Endl. gen. 6506/c.

P. tetraphylla Boiss. l. c. Anthyllis tetraphylla Linn. sp.
1012. D. C. Prod. II. p. 171. n. 17. Sibth. fl. gr.
t. 681. Bot. mag. 108. Gaertn. Carp. 145.

Auf der Nordküste um Lapethus n. 476[a.] und sonst.
Südeuropa, Spanien bis Orient.

Medicago Linn. gen. n. 1214. Endl. gen. n. 6507.

M. circinnata Linn. sp. 1096. D. C. Prod. II. p. 171. n. 1. Sibth. fl. gr. t. 768. Moris fl. sard. t. 34. Smith Prod. fl. gr. II. p. 110. n. 1837.

In Cypern nach Sibth. Scheint nur einzeln vorzukommen. Mittelmeergebiet, Corsica, Byzanz, Orient.

M. lupulina Linn. sp. 1097. D. C. Prod. II. p. 172. n. 6. Smith Prod. fl. gr. II. p. 110. n. 1840. Engl. Bot. XIV. 971. Dietr. fl. boruss. VI. t. 371. Fl. dan. VI. 992.

Auf der Insel Cypern nach Sibth. Muss selten sein. Europa.

M. denticulata Willd. sp. III. p. 1414. D. C. Prod. II. p. 176. n. 34. Engl. Bot. 2634. Moris fl. sard. 47, 48.

Bei Larnaca n. 161. Im Walde von Cupressus horizontalis bei Chrysostomo am Fusse des Buffavento n. 401. Bei Prodromo unweit des Dorfes Trisodies n. 843. Südfrankreich.

M. marina Linn. sp. 1097. D. C. Prod. II. p. 176. n. 41. Smith Prod. fl. gr. II. p. 112. n. 1846. Cav. Ic. 130. Sibth. fl. gr. t. 770. Gaertn. Carp. II. t. 255. fig. 7.

Am Meeresgestade von Cypern nach Sibth. Mittelmeergestade.

M. coronata Lam. dict. III. p. 634. D. C. Prod. II. p. 176. n. 42. M. polymorpha β. coronata Linn. sp. 1098. Moris hist. II. t. 15. fig. 16.

Bei Chrysostomo auf felsigem Boden n. 446. Kithera. Südfrankreich.

M. minima Lam. dict. III. p. 636. D. C. Prod. II. p 178. n. 58. M. polymorpha β. minima Linn. sp. 1099. Engl. Bot. 2635. Dietr. fl. borus. XII. 902.

β. canescens Ser. ms. in D. C. Prod. l. c.

Um Limasol 1859 u. S. 984. Auf dem Capo Gatto bei St. Nicola n. 607.

Europa.

M. cylindracea D. C. cat. Monsp. p. 123. D. C. Prod. II. p. 178. n. 54. M. tornata β. Lam. dict. III. p. 633.

M. cochleata Riv. tetr. irr. t. 89. f. 4. Cup. Ic. fl. sic.
t. 428. fig. 2.
> Auf dem Capo Greco auf Muschelkalk nicht häufig n. 297.
> Italien, Sicilien.

Trigonella Linn. gen. n. 1213. Endl. gen. n. 6508.

T. **Foenum graecum** Linn. sp. 1095. D. C. Prod. II. p. 182.
n. 9. Smith Prod. fl. gr. II. p. 109. n. 1834. Sibth.
fl. gr. t. 766. Guimp. et Schldl. Medicinalpfl. 243. —
„*Τῆλι*“ hodie Cypriis.
> Auf der Insel Cypern nach Sibth. Stellenweise gebaut.
> Südfrankreich, Orient.

T. **hamosa** Linn. sp. 1094. D. C. Prod. II. p. 182. Bauh.
hist. II. 357. Sibth. fl. gr. t. 764. Smith Prod. fl. gr.
II. p. 108. n. 1832.
> In Cypern nach Sibth.
> Aegypten.

T. **elatior** Sibth. fl. gr. VIII. p. 45. t. 762. D. C. Prod.
II. p. 183. n. 21. Smith Prod. fl. gr. II. p. 108. n. 1830.
> Wächst in Cypern nach Sibth.
> Kleinasien.

T. **Monspeliaca** Linn. sp. 1095. D. C. Prod. II. p. 183.
n. 20. Sibth. fl. gr. VIII. p. 47. t. 765. Smith Prod.
fl. gr. II. p. 109. n. 1833.
> In Cypern nach Sibth.
> Südeuropa.

T. **corniculata** Linn. sp. 1094. D. C. Prod. II. p. 184.
n. 83. Sibth. fl. gr. t. 761. Wight. Ind. orient. II. 384.
> Auf fruchtbaren Saatfeldern bei Nicosia 1859. n. S. 1020.
> Südfrankreich.

Melilotus Tournef. inst. 406. t. 229. Endl. gen. 6510.

M. **parviflora** Desf. fl. atl. II. p. 192. D. C. Prod. II. 187.
n. 12. Trifolium Melilotus Indica δ. Linn. sp. 1077.
> An feuchten Stellen bei Chrysostomo am Fusse des Buffa-
> vento n. 457.
> Frankreich, Italien, Barbarei.

M. Messanensis Desf. fl. atl. II. p. 192. D. C. Prod. II.
p. 187. n. 12. Trifolium Messanense Linn. mant. 175.
Moris fl. sard. t. 58.

Bei Larnaca auf Saatfeldern. Häufig bei Mazoto rechts am
Wege nach Limasol an feuchten Stellen n. 561.

Barbarei, Sicilien, Sardinien.

M. sulcata Desf. fl. atl. II. p. 193. D. C. Prod. II. p. 189.
n. 24. Trifolium Melilotus Indica γ. Linn. sp. 1077.
Moris fl. sard. t. 59.

Auf nassen Stellen zwischen den Aeckern bei Mazoto 562.
Algier, Alexandria.

M. gracilis D. C. fl. fr. V. p. 565. D. C. Prod. II. p. 188.
n. 17. Trifolium spicatum Sibth. fl. gr. VIII p. 32. t. 743.
D. C. Prod. II. p. 190. Smith. Prod. fl. gr. II. p. 93.
n. 1783.

In Cypern nach Sibth.
Südfrankreich, Neapel.

Trifolium Tournef. inst. 404. t. 228. Endl. gen. n. 6511.

T. angustifolium Linn. sp. 1083. D. C. Prod. II. p. 189.
n. 1. Sturm Fl. I. 16. Sibth. fl. gr. t. 749.

Bei Larnaca auf Anhöhen gegen Livadia n. 303.
Südeuropa, Südafrika.

T. dichroanthum Boiss. Diag. pl. orient. I. IX. p. 20. —
Walp. Ann. II. p. 348.

In Cypern bei Lapethus n. 481. Bei Papho um Ktima.
Syrien.

T. arvense Linn. sp. 1083. D. C. Prod. II. p. 190. n. 9.
Smith Prod. fl. gr. II. p. 99. n. 1853. Engl. Bot. 944.
Dietr. fl. boruss. VI. t. 366.

Auf Feldern in Cypern nach Sibth.
Europa.

T. lappaceum Linn. sp. 1082. D. C. Prod. II. p. 191. n. 14.
Sibth. fl. gr. t. 746. Moris fl. sard. t. 62. Baruil.
Ic. t. 871.

Auf den Feldern der Insel Cypern nach Sibth.
Südeuropa.

T. striatum Linn. sp. 1085. D. C. Prod. II. p. 192. n. 20.
Engl. Bot. 1843. Waldst. Kit. t. 25. Sweet Bot. 616.
>Bei Larnaca gegen die Phaneromene n. 77.
>Europa.

T. supinum Savi observ. Trif. p. 46. fig. 2. D. C. Prod.
II. p. 192. n. 24.
>Zerstreut am Wege nach Trisedies unter Prodromo n. 860a.
>Südeuropa, Orient.

T. globosum Linn. sp. 1081. D. C. Prod. II. p. 196. n. 56.
Sibth. fl. gr. t. 744. Smith Prod. fl. gr. II. p. 96.
n. 1792.
>Auf Aeckern in Cypern nach Sibth.
>Italien, Syrien, Arabien.

T. clypeatum Linn. sp. 1084. D. C. Prod. II. p. 197.
n. 58. Sibth. fl. gr. t. 751. Smith Prod. fl. gr. II.
p. 99. n. 1805.
>Im Schatten der Eichen bei Evrico 1859 n. 478. Pentadactylos.
>Orient.

T. stellatum Linn. sp. 1083. D. C. Prod. II. p. 197. n. 59.
Engl. Bot. 1545. Sibth. fl. gr. t. 750. Smith Prod. fl.
gr. II. p. 99. n. 1804. — Hodie „Ακαφρα" in Cypro.
>Auf der Höhe des Capo Greco n. 167. Am Wege von
>St. Barbara zur Höhe von Stavro Wuni n. 187. Bedeckt
>zwischen Paterium spinosum und Cistus weite Hügelflächen des
>verwitternden Aphanits am nördlichen Fusse des Maschera von
>Fillani gegen das Kloster Herakli. Auf dem Capo Gatto 609.
>Gehört unter die allgemeinst verbreiteten Pflanzen der Insel, ist
>selbst in der ganzen Tracheotis zerstreut.
>Südeuropa.

T. ovatifolium Bory et Chamb. fl. Pelop. 1261. t. 28. fig. 1.
Walp. Rep. I. 640. n. 17.
>Um Prodromo in der Nähe von Quellenabflüssen n. 704.
>Griechenland.

T. repens Linn. sp. 1080. D. C. Prod. II. p. 198. n. 71.
Smith Prod. fl. gr. II. p. 95. n. 1790. Engl. Bot. 1769.
Dietr. fl. boruss. VI. 368. Curt. Lond. f. 3. t. 46. —
„Τριφυλλι" hodie Cypriis.

In Cypern nach Sibth. Wahrscheinlich mit folgendem verwechselt.
Europa, Jamaica eingeführt.

T. nigrescens Viv. fragm. ital. p. 12. t. 13. D. C. Prod. II. p. 199. n. 77. T. Vailantii Loisel Journ bot. II. p. 365. Michel n. gen. t. 25. fig. 25.

An der Küste bei Larnaca auf Aeckern nicht selten zerstreut 26. Südeuropa.

T. spumosum Linn. sp. 1085. D. C. Prod. II. p. 202. n. 99 Smith Prod. fl. gr. II. p. 100. Sibth. fl. gr. t. 753. Moris fl. sard. t. 63.

In Cypern nach Sibth. Südeuropa.

T. tomentosum Linn. sp. 1086. D. C. Prod. II. p. 203. n. 102. Moris fl. sard. t. 64. Cup. fl. sic. t. 414. fig. 2.

Bei Limasol 1859 n. 1005. Um Larnaca n. 27. Südeuropa.

T. speciosum Willd. sp. III. p. 1382. D. C. Prod. II. p. 205. n. 120. Smith Prod. fl. gr. II. p. 101. n. 1813. Sibth. fl. gr. t. 754. Bory Morée t. 27. Reichb. hort. t. 7. T. comosum Labill. dec. pl. Syr. V. 15. t. 10.

In Cypern nach Sibth. Creta, Syrien.

T. procumbens Linn. sp. 1088. D. C. Prod. II. p 205. n. 121. Engl. Bot. XIV. t. 943. Dietr. fl. boruss. VI. t. 370.

β. T. campestre Schreb. in Sturm Deutschl. Fl. I. fas. 16.

Bei Larnaca auf Anhöhen, auch bei Maschera gegen Fillani häufig.
Europa.

Dorycnium Tournef. inst. 391. t. 211. fig. 3. Endl. gen. n. 6512.

D. hirsutum Ser. msc. in D. C. Prod. II. p. 208. n. 4. — Lotus hirsutus Linn. sp. 1091. Sibth. fl. gr. t. 757. Bot. mag. X. t. 336. Smith Prod. fl. gr. II. p. 105. n. 1823.

In Cypern nach Sibth. Ist seither noch nicht gefunden worden.
Südeuropa, Syrien.

Lotus Linn. gen. n. 897. Endl. gen. n. 6514.

L. **peregrinus** Linn. sp. 1090. D. C. Prod. II. p. 209. n. 3.
L. oligoceras Lam. dict. III. p. 605.

Um die Felsen des Capo Greco auf der Nordseite unter der Höhe n. 129.
Südeuropa.

L. **edulis** Linn. sp. 1090. D. C. Prod. II. p. 209. n. 1.
Cav. Ic. t. 163. Sibth. fl. gr. t. 756. Smith Prod.
fl. gr. II. p. 103. n. 1817. — „Νεϱατιξουϱα“ hodie Cypriis.

In Cypern nach Sibth.
Syrien, Creta, Spanien.

L. **Creticus** Linn. sp. 1091. D. C. Prod. II. p. 211. n. 17.
Cav. Ic. II. p. 44. t. 156. Sibth. fl. gr. t. 758. Reichb.
hort. 50. Smith Prod. fl. gr. II. p. 105. n. 1822.

Am felsigen Meeresstrande in Cypern nach Sibth
Südeuropa.

L. **diffusus** Soland. in Smith fl. brit. II. 724. Willd. sp.
pl. III. 1389. Sibth. fl. gr. t. 757. D. C. Prod. II.
p. 213. n. 34. Smith Prod. fl. gr. II. p. 104. n. 1819.

In Cypern, Sibth.
Südeuropa.

L. **corniculatus** Linn. sp. 1092. D. C. Prod. II. p. 214.
n. 42. Engl. Bot. t. 2090. Dictr. fl. boruss. VII. 486.
Cosson Atl. 11.

In Kithrea Gärten von Hagios Andronikos n. 334. Am
Kloster Chrysoroodissa von Chrysoku gegen Prodromo n. 687
und vielen anderen feuchten Orten der niederen Berge
Europa.

Tetragonolobus Scop. fl. carn. II. p. 87. Endl. gen. 6515.

T. **purpureus** Moench meth. p. 164. D. C. Prod. II. p. 215.
n. 1. Lotus tetragonolobus Linn. sp. 1009. Sibth. fl.
gr. t. 755. Smith Prod. fl. gr. II. p. 103. n. 1816.
Bot. mag. XV. t. 151. — „Μαϱταλια“ hodie Cypriis.

Bei Nicosia 1859 n. 488. Bei Limasol unweit Colossi.
Südeuropa.

Erophaca Boiss. Voy. bot. 515. Endl. gen. n. 6571/1.

E. baetica Boiss. l. c. Phaca baetica Linn. sp. 1046.
D. C. Prod. II. p. 273. n. 1. Sibth. fl. gr. t. 727. —
Astragalus Lusitanicus Lam. dict. I. p. 312. — „*Αγριο-
κουκια*" hodie in Cypro.

In Schluchten zwischen Lefkera und Maschera, auch an der
Nordseite von Maschera gegen Fillani. Um Prodromo häufig.
Bei Galata am nördlichen Fusse des Troodos n. 918.
Portugal, Spanien, Mauritanien.

Astragalus D. C. ast. p. 22 et 79. Endl. gen. n. 6572.

A. glaux Linn. sp. 1097. D. C. Prod. II. p. 288. n. 60.
Riv. Pentep. Irr. t. 109. D. C. Astrag. n. 22. Smith
Prod. fl. gr. II. p. 88. n. 1766.
Auf Feldern der Insel Cypern nach Sibth.
Spanien, Südfrankreich.

A. Stella Linn. syst. veg. ed. 13. p. 367. Pluk. Phytogr.
t. 79. fig. 4. D. C. Prod. II. p. 288. n. 64. Smith
Prod. fl. gr. II. p. 87. n. 1763.
Auf der Insel Cypern nach Sibth. — Um Larnaca n. 272.
Südfrankreich, Nordafrika.

A. sesameus Linn. sp. 1068. D. C. Prod. II. p. 288. n. 66.
D. C. ast. n. 14. t. 11. fig. 1? Smith. Prod. fl. gr. II.
p. 87. n. 1764.
In Cypern nach Sibth. Bei Larnaca auf Feldern zerstreut.
Südeuropa, Nordafrika.

A. contortuplicatus Linn. sp. 1068. D. C. Prod. II. p. 290.
n. 81. Pallas Astr. t. 79. D. C. Ast. n. 49. Sibth.
fl. gr. t. 729.
Auf der Insel Cypern nach Sibth.
Sibirien, Taurien, Ungarn.

A. hamosus Linn. sp. 1067. D. C. Prod. II. p. 290. n. 85.
Gaertn. fruct. t. 154. Sibth. fl. gr. 728. Smith Prod.
fl. gr. II. p. 86. n. 1760.

Bei Larnaca und auf anderen Feldern in Cypern n. 31.
Von Spanien bis Mauritanien.

A. Epiglottis Linn. mant. 274. D. C. Prod. II. p. 290. n. 88.
Sibth. fl. gr. t. 731.

Auf Aeckern der Insel Cypern nach Sibth.
Spanien, Südfrankreich, Barbarei.

A. baeticus Linn. sp. 1068. D. C. Prod. II. p. 291. n. 90.
Riv. tetr. vir t. 104. Sibth. fl. gr. t. 730.

Bei Larnaca an Feldrändern n. 30.
Spanien, Barbarei, Sicilien, Orient.

A. angustifolius Lam. dict. 1. 321. D. C. Prod. II. p. 298.
n. 165. D. C. Ast. n. 98. Sibth. fl. gr. t. 734. Smith
Prod. fl. gr. II. p. 87. n. 1762.

Am Dorfe Prodromo und auf der Spitze des Troodos 781.
Armenien, Anatolien, Syrien.

A. incanus Linn. sp. 1072. D. C. Prod. II. p. 304. n. 217.
Sibth. fl. gr. t. 732. Smith Prod. fl. gr. II. p. 89.
n. 1770.

In Cypern nach Sibth. Vielleicht zur folgenden Art gehörig.
Frankreich.

A. dyctiocarpus Boiss. Diag. pl. orient. I. 2. p. 84. Walp.
Rep. II. p. 878 n. 98.

In Cypern bei Chrysostomo auf Sandstein 1859 n. 255. Am
Kloster Maschera n. 217. Bei Mazoto häufig auf Conglomerat
n. 555.
Syrien.

Cicer Tournef. inst. 389. t. 210. f. 2. Endl. gen. n. 6578.

C. arientinum Linn. sp. 1040. D. C. Prod. II. p. 354. n. 1.
Lam. ill. t. 632. Sibth. fl. gr. t. 703. Bot. mag. 2274.
In Cypern bei Episkopi und Wretscha unter dem Namen
„Hommus“ von den Muselmännern gebaut.
Spanien, Italien, Orient.

Faba Tournef. inst. t. 222. Endl. gen. n. 6581/a.

F. vulgaris Moench meth. p. 130. D. C. Prod. II. 354. n. 1.

Vicia Faba Linn. sp. 1039. Sturm Fl. VII. fas. 32. Hayne Arzeneigew. XI. t. 48.

In Cypern häufig gebaut, zumal an der Südküste; ist als Grünspeise hoch geschätzt.

An den Gegenden des caspischen Meeres.

Pisum Tournef. inst. t. 215. Endl. gen. n. 6579.

P. sativum Linn. sp. 1026. D. C. Prod. II. p. 368. Lam. Encycl. 633. Schrank fl. monach. III. t. 261. Smith Prod. fl. gr. II. p. 62. n. 1671. — „*Λυχος*" hodie Cypriis.

Auf Aeckern in Cypern gebaut, Sibth. so in der Messaria.

Vaterland unbekannt.

Ervum Linn. gen. n. 874. Endl. gen. n. 6580.

E. Lens Linn. sp. 1039. D. C. Prod. II. p. 366. n. 1. Lam. Encycl. 634. Sturm Fl. VIII. 32. Lens esculenta Moench meth. p. 131.

Wird in Cypern häufig in den Ebenen der Küsten cultivirt.

Europa.

E. Ervilia Linn. sp. 1040. D. C. Prod. II. p. 367. n. 9. Sibth. fl. gr. t. 762. Lam. Encycl. 634. Ervillia sativa Alef. Bonpl.

In der Ebene von Famagosta bei Synkrasi n. 545.

Europa.

E. pubescens D. C. cat. hort. monsp. p. 109. D. C. Prod. II. p. 367. n. 13.

β. Biebersteinii Alef. in Bonplandia·

Vicia cinerea M. B.

Im Walde von Cupressus horizontalis bei Chrysostomo 399.

Südfrankreich, Neapel.

Vicia Tournef. inst. t. 221. Endl. gen. n. 6581.

V. dumetorum Linn. sp. 1035. D. C. Prod. II. p. 355. n. 5. Sturm Fl. I. f. 31. Fl. dan. 1464.

In Cypern in Vorbergen über Omodos 1859.

Europa, Amerika.

V. Cracca Linn. sp. 1095. D. C. Prod. II. p. 357. n. 19. Engl. Bot. t. 1168. Sturm Fl. I. f. 31. Smith Prod. fl. gr. II. p. 70. n. 1702.

In Cypern nach Sibth.

Europa.

V. microphylla Boiss. Diag. pl. orient. IX. p. 119. Walp. Ann. II. 399. n. 5.

Im Absteigen von Episcopi gegen die Höhe bei den Ruinen von Curium mit Fagonia Cretica zwischen Poterium spinosum n. 622.

Griechenland.

V. onobryoides Linn. sp. 1036. D. C. Prod. II. p. 358. n. 32. Smith Prod. fl. gr. II. p. 70. n. 1703. Sturm fl. germ. I. f. 32. All. pedem. t. 42. fig. 1. Bot. mag. t. 2206.

In Cypern nach Sibth.

Im bergigen Europa.

V. Cassia Boiss. Diag. pl. orient. I. 9. p. 119. Walp. Ann. vol. II. p. 400. n. 6.

Um Prodromo am Wege nach Dimithu im ersten Thale zwischen Rubus sanctus rankend n. 722.

Syrien.

V. elegans Poir. dict. VIII. p. 567. D. C. Prod. II. 359. n. 36.

Auf Cypern. Unweit Galata am Wege gegen Prodromo 915.

Syrien.

E. (Cracca) monanthos Godr. et Gren. fl. fr. I. p. 471. Ervum monanthos Linn. sp. 1040. D. C. Prod. II. p. 367. n. 10. Sturm Fl. VIII. fas. 32. Lathyrus monanthos Willd. sp. III. p. 1109. Smith Prod. fl. gr. II p. 67. n. 1690.

In Cypern auf Feldern Sibth. Scheint selten vorzukommen.

Südeuropa.

Vicia Cypria Kotschy sp. n. — Perennis, tota glaberrima, gracilis, radicis fibrillis granulatis ovoideis interdum testiculiformibus munita, cauliculis hypogaeis filiformibus, epigaeis horizontaliter procurrentibus inferne tantum parce ramosis tum erectis subflexuosis tetragonis, inferioribus minoribus superioribus majoribus, rhachide in cirrhum bi- tripartitum terminatis, foliolis omnibus alternis obovatis apice truncatis vel emarginato-truncatis sursum decrescentibus, costa in mucronem subulatum terminata, stipulae singuli folii difformes, altera triloba basin versus triangulari-angustata apicem versus acuminata in setam vel cirrhum terminata lobis lateralibus medianis breviter setosis, altera opposita brevissime stipitata abrupte dilatata ambitu triangulari setoso acuminata laciniis utrinque tribus quatuorve in setas sursumvergentes excentibus, pedunculis folio fere dimidio brevioribus 1—2 floris, pedicellis calyce subaequilongis bractea filiformi suffultis, calycis glabri supra ad basin gibbi laciniis tribus inferioribus longioribus quam binis superioribus, corolla glabra suprema parte vexilli et carinae intense coerulea caeterum laete flava calyce sesqui-longior, vexillo emarginato aliis oblongo - spathulatis paulo longiore, carina vexillo tertia parte breviore rotundata mucronata, stylo sub stigmate ad quartam partem pilosissimo, legumine brevissime pedicellato calyce persistente instructo vix compressiusculo glabrato nigro oblongo-lineari-lanceolato mucronulato 5—6 spermo, seminibus globosis sordidis atro-adspersis.

Folia superiora 6 lin. longa 4 lin. lata, calyx 2 lin. longus vexillum 9 lin. longum carina 6 lin. a base calycis longa, legumen 11 lin. longum $2\frac{1}{2}$ lin latum.

Species structura stipularum insignis, antecedenti affinis.

Diese zarte Wicke kommt sehr häufig auf Felsboden des Capo Greco und des Pentadactylos in den gegen Osten abfallenden Lehnen vor und ist bisher blos da am 30. März n. 115 und 13. April 373 gesammelt worden.

Cypern eigen.

V. sativa Linn. sp. 1037. D. C. Prod. II. p. 360. n. 52. Engl. Bot. 334.

α. obovata Ser. msc. in D. C. Prod. II. p. 360. V. sativa Hoppe in Sturm Fl. I. f. 31.

β. segetalis Ser. msc. in D. C. Prod. II. p. 360. V. segetalis Thuill. fl. Paris. ed. 2. p. 367.

Auf Aeckern zerstreut bei Larnaca. *α.* Bei Belpaese n. 499 a. Am Kloster Chrysoroodissa n. 684b. *β* Um Prodromo n. 799. Wird auf ganzen Complexen in der Messaria angebaut.
Europa.

V. carnea Kotschy sp. n. Annua (?) caulibus gracilibus, foliis 8—10 foliolatis, apice cyrrho simplici terminatis, foliolis brevibus oblongo - linearibus apice truncato - emarginatis brevissime mucronulatis, stipulis minutis semisagitattis, floribus axillaribus solitariis breviter pedunculatis, calycis campauulati basi hinc gibbosi fauce obliqua dentibus lanceolato - subulatis inaequalibus, vexillo lato emarginato carneo-lillacino alis pallidioribus multo ampliore, leguminibus (junioribus) lanceolatis subfalcatis tenuiter puberulis. Affinis V. Michauxii Spreng. foliis brevioribus apice truncato emarginatis floribus majoribus longius pedicellatis, dentibus calycinis longioribus angustioribusque differt.

Um das Kloster von Chrysoroodissa am Boden hingestreckt den 8. Mai n. 681. (Scheint mehrjährig zu sein).
Ist bisher nur in Cypern gefunden.

V. lathyroides Linn. sp. 1037. D. C. Prod. II. p. 357. n. 65. Smith Prod. fl. gr. II. p. 71. n. 1708. Engl. Bot. I. t. 30. Sturm Fl. VIII. Dietr. fl. boruss. XII. 812. Ervum Soloniense Linn. sp. 1040.
In Cypern nach Sibth.
Südeuropa.

V. sericocarpa Fenzl. Pugill. pl. nov. Syr. I. p. 4. Walp. Rep. I. p. 714. n. 7.
Auf dem Sattel von Capo Greco n. 152. An höher gelegenen Orten bei Larnaca 295. Bei Chrysostomo 415. In Belpaese n. 500a. Ueberall einzeln.
Syrien. Cilicien.

V. sepium Linn. sp. 1038. D. C. Prod. II. p. 364. n. 76. Smith Prod. fl. gr. II. p. 73. n. 1713. Engl. Bot. 1515. Sturm Fl. VIII. 31. Sweet Bot. 326.
Auf Cypern, Sibth. Seither nicht beobachtet worden.
Europa, Orient.

V. narbonensis Linn. sp. 1038. D. C. Prod. II. p. 364.
n. 81. Smith Prod. fl. gr. II. p. 73. n. 1715. V. ser-
ratifolia Jacq. Aust. app. t. 8. Sturm Fl. I. f. 32.
>   Auf Feldern in Cypern nach Sibth.
>   Europa, Cilicien.

Lathyrus Linn. gen. n. 1186. Endl. gen. n. 6582.

L. Cicera Linn. sp. 1030. D. C. Prod. II. p. 373. n. 35.
Jacq. Eclog. t. 115. Sibth. fl. gr. t. 694. Cicerula anceps Moench meth. 163.
>   An Feldern bei Larnaca n. 154.
>   Spanien.

L. annuus Linn. sp. 1032. D. C. Prod. II. p. 373 n. 36.
Buxb. cent. 3. t. 42. fig. 1. Smith. Prod. fl. gr. II. 67.
n. 1692. — „*Αγριοχουχος*" hodie Cypriis.
>   Bei Nicosia 1859 n. S. 1024. Bei Episkopi an Mühlgraben
>   häufig im Andropogon n. 299.
>   Spanien.

L. Ochrus D. C. fl. fr. IV. p. 578. D. C. Prod. II. p. 357.
n. 51. Tournef. inst. t. 219, 220. — Pisum Ochrus
Linn. sp. 1027. Sibth. fl. gr. t. 689. Smith. Prod. fl.
gr. II. p. 62. Clymenum Ochrus Alef. in Bonplandia. —
„*Λυχοσαγριον*" hodie Cypriis.
>   Auf Feldern in Cypern nach Sibth. — Bei Herakli und
>   Politikos n. 227.
>   Europa.

L. amphicarpus Linn. sp. 1030. D. C. Prod. II. p. 373.
n. 33. Sibth. fl. gr. t. 693. Smith Prod. fl. gr. II.
p. 65. n. 1684.
>   Auf der Insel Cypern nach Sibth.
>   Syrien.

Scorpiurus Linn. gen. n. 876. Endl. gen. n. 6584.

S. sulcata Linn. sp. 1050. D. C. Prod. II. p. 308 n. 3.
Sibth. fl. gr. t. 719. Lam. Encycl. t. 631.
>   Bei Mazoto nicht selten n. 550a.
>   Mittelmeerküste.

S. subvillosa Linn. sp. 1050. D. C. Prod. II. p. 308. n. 4. Schkr. Handb. t. 208.

Bei Larnaca n. 144. Ums Kloster Chrysostomo n. 424. Bei Lapcthus n. 476 und Belpacse n. 503.

Mittelmeerländer.

Coronilla Neck Elem. n. 1319. Endl. gen. n. 6585.

C. parviflora Willd. sp. III. 1155. D. C. Prod. II. p. 310. n. 13. Sibth. fl. gr. t. 713. Coronilla cretica Tournef. coroll.

Nicht selten im Gesträuch an der Schlucht bei Belpacse 399.

Creta, Taurien.

C. minima Linn. sp. 1048. D. C. Prod. II. p. 309. n. 8. Jacq. Aust. t. 271. Smith Prod. fl. gr. I. p. 78. n. 1732. C. vaginalis Lam. dict. II. p. 121. Bot. mag. 2179.

Auf Feldern in Cypern nach Sibth.

Europa.

C. varia Linn. sp. 1048. D. C. Prod. II. p. 310. Smith Prod fl. gr. II. p. 79. n. 1734. Bot. mag. t. 258. Sturm Fl. II. 49. Dietr. fl. boruss. VI. 361.

In Cypern auf Feldern nach Sibth.

Europa, Taurien, Cilicien.

Hippocrepis Linn. gen. n. 885. Endl. gen. n. 6588.

H. multisiliqua Linn. sp. 1050. D. C. Prod. II. p. 312. n. 6. Sibth. fl. gr. vol. VIII. p. 12. t. 717. Moris fl. sard. t. 66. Smith Prod. fl. gr. II. p. 80. n. 1740.

In Cypern unweit der Meeresküste auf Feldern bei Larnaca und bei Limasol.

Spanien, Südfrankreich, Italien, Barbarei.

H. unisiliqua Linn. sp. 1050. D. C. Prod. II. p. 313. n. 7. Sibth. fl. gr. t. 746. Lam. Encycl. t. 630. Smith Prod. fl. gr. I. p. 80. n. 1739.

In Cypern nach Sibth. — Capo Greco n. 164.

Südeuropa, Barbarei, Orient.

Arthrolobium Desv. journ. bot. III. p. 121. t. 4. f. 10. Endl. gen. n. 6586.

A. scorpioides D. C. Prod. II. p. 311. n. 4. (Astrolobium). Ornithopus scorpioides Linn. sp. 1049. Cav. Ic. t. 37. Smith Prod. fl. gr. II. p. 80. Sibth. fl. gr. t. 715.

In Cypern, Sibth — Haggia Napa und au anderen Stellen. Südeuropa.

Hedysarum Jeaum. Journ. bot. III. p. 61. Endl. gen. n. 6618.

H. spinosissimum Linn. sp. 1058. D. C. Prod. III. p. 341. n. 8. Sibth. fl. gr. t. 721. Pluk. alm. t. 50. fig. 2. Smith Prod. fl. gr. p. 82. n. 1746.

Bei Larnaca gegen den Salzsee auf Anhöhen 1859 n. 432. Um Haggia Napa n. 161. Auf Conglomerat bei Mazoto n. 556. Spanien, Süditalien.

H. flexuosum Linn. sp. 1058. D. C. Prod. III. p. 341. n. 11. Schkr. Handb. t. 207. Smith Prod. fl. gr. II. p. 82. n. 1747. H. siliqua undulata Riv. tetrap. irr. t. 99.

Auf Feldern der Insel Cypern nach Sibth. Asien.

Onobrychis Tournef. inst. t. 211. Endl. gen. n. 6619.

O. saxatilis All. ped. n. 1191. t. 19. fig. 1. D. C. Prod. II. p. 345. n. 12. Hedysarum saxatile Linn. sp. 1059. Smith Prod. fl. gr. II. p. 83. n. 1749. Sibth. Journal in Walpole's Mem. p. 18.

Auf den Bergen ober Lapasis (Lapethus) den 21. April 1787 von Sibth. Spanien, Südfrankreich.

O. Caput Galli Lam. fl. fr. II. 652. D. C. Prod. II. p. 346. n. 17. Hedysarum Caput Galli Linn. sp. 1059. Sibth. fl. gr. t. 723.

In Cypern nach Sibth. Südeuropa.

O. Crista Galli Lam. fl. fr. II. 652. D. C. Prod. II. p. 346. n. 18. Gaertn. fruct. II. t. 148.

Hedysarum Crista Galli Linn. syst. veg. ed. 13. 563. Sibth. fl. gr. t. 724.

Bei Larnaca am Salzsee 1859 n. 415a. Bei Mazoto 570.
Südeuropa.

O. aequidentata D'Urv. Enum. p. 90. D. C. Prod. II. p. 346. n. 20. Hedysarum aequidentatum Sibth. fl. gr. t. 725. Smith Prod. fl. gr. II. p. 84.

Auf der Insel Cypern nach Sibth.
Creta, Archipel, Südpersien.

O. venosa Desv. journ. bot. 1814. p. 80. D. C. Prod. II. p. 347. n. 31. Hedysarum venosum Desf. fl. atl. t. 201. Sibth. fl. gr. t. 722.

Am Salzsee bei Larnaca häufig 1859 n. 980. Um Mazoto auf Conglomerat zahlreich n. 550, auch sonst nicht selten.
Tunis, Persien.

Alhagi Tournef. cor. 54. t. 489. Endl. gen. n. 6625.

A. Maurorum Tournef. l. e. D. C. Prod. II. p. 352. n. 1. Hedysarum Alhagi Linn. sp. 1051. Gmel. Reise II. t. 29. Sibth. fl. gr. t. 720.

Auf kahlem Lehmboden nördlich von Famagosta zwischen Trikomo und Synkrasi. Gaudry Recherches p. 187.
Aegypten, Syrien, Mesopotamien.

Phaseolus Linn. gen. n. 866. Endl. gen. n. 6674.

P. vulgaris Savi mem. III. p. 14. D. C. Prod. II. p. 392. n. 17. Lam. Encycl. 610. Flore des Seres V. 435 var.
In Cypern auf Feldern häufig gebaut, zumal in der Messaria.
Aus Ostindien stammend.

Lablab Adanson fam. II. p. 425. Endl. gen. n. 6677.

L. vulgaris Savi diss. 1821. p. 19. D. C. Prod. II. p. 401. n. 1. Dolichos Lablab Linn. sp. 1019. Lam. dict. II. p. 293.

In Cyperns Gärten zu Lauben gebaut. Stamm armdick.
Aegypten, Ostindien.

Poinciana Linn. gen. n. 515.   Endl. gen. n. 4766.

P. Gillesii Hooker Bot. mag. I. p. 129. t. 34. Sweet fl.
gard. II. t. 311.   Walp. Rep. I. p. 809
> In den Gärten von Cypern verwildert, so bei Larnaca.
> Südamerika.

Ceratonia Linn. gen. n. 1167.   Endl. gen. n. 6809.

C. Siliqua Linn. sp. 1513.   D. C. Prod. II. p. 486. n. 1.
Cav. Ic. 113.   Andr. Rep. IX. t. 567. Hayne Arzneig.
VII. 36.   Schldl. et Guimp. Arzneig. 103. — „Κερατια“
hodie Cypriis.
> In Cypern auf der ganzen Insel. Wird zur Erziclung mehr
> zuckerhaltiger Früchte durch Pfropfen hinter die Rinde veredelt.
> Die reichste Ernte an Johannisbrod wird zwischen Mazoto und
> Limasol, wie auch um Cerinia erzielt. Der Baum ist oft strauch-
> artig und zieht sich als ganz niederer Strauch bis 2000' über
> Meer hinauf. Alle Früchte Cyperns werden seit drei Jahren zur
> Bereitung von Spiritus nach Triest verführt.
> Südeuropa Mauritanien, Orient.

MIMOSEAE.

Acacia Neck. Elem. n. 1207.   Endl. gen. n. 6834.

A. Farnesiana Willd. sp. IV. p. 1083.   D. C. Prod. II.
p. 461. n. 138.   Mimosa Farnesiana Linn. sp. 1506.
Lam. Encycl. 846.   Desc. Ant. I. t. 1.
> In Gärten von Larnaca nicht selten.
> Aus St. Domingo.

A. Julibrissim Willd. sp. IV. p. 1065.   D. C. Prod. I. 469.
n. 217.   Mimosa arborea Forsk. desc. 177.   Lam. dict.
I. p. 13.
> In den Gärten Cyperns ein beliebter Zierbaum.
> Nordpersien, Masanderan.

Prosopsis Linn. mant. 68. Endl. gen. n. 6821.

P. Stephaniana Kunth. msc. ex Benth in Hooker Journ. of Bot. IV. p. 347. Walp. Rep. V. p. 582. n. 2. Lagonychium Stephanianum M. B. fl. taur. cauc. Suppl. 288. D. C Prod. I. p. 488. Deless. Ic. III. t. 75.

Am südwestlichen Stadtgraben bei Nicosia auf Aeckern häufig, bei Citti seltener.

Kaukasus, Persien, Mossul, Syrien, Cilicien.

VI. Wichtige Arzenei- und Handelsgewächse
und deren Producte.

I. Das Ladanum-Harz (Resina Ladani).

Um über das Ladanum zu reden, ist es nothwendig, vorerst einen Blick auf die früheste Geschichte der Insel Cypern zu werfen, da diese mit jener harzigen Substanz einigermassen im Zusammenhange steht.

Von den Ureinwohnern dieser Insel ist uns — so lange wir ihre hinterlassenen Schriftdenkmäler nicht zu entziffern vermögen — so viel als nichts bekannt. Geschichtlich festgestellt treten Phönicier als die ersten Colonisten derselben auf; aber es ist sehr wahrscheinlich, dass diese bereits eine autochthone, mit Kleinasien in Verbindung stehende Bevölkerung daselbst trafen, mit der sie in Conflict kamen, sich jedoch gegen dieselbe siegreich zu behaupten vermochten.

Wie fast bei allen Auswanderungen aus dem Mutterlande war auch hier eine Uebervölkerung die nächste Ursache. Der schmale, fruchtbare Küstensaum Phöniciens war nicht mehr im Stande die sich dahin drängenden kananäischen Völkerstämme zu fassen, besonders zur Zeit, als die Amoriter sich auszubreiten anfingen (1400 a. Chr.), und das Ende der Hyksosherrschaft in Aegypten die Rückkehr der stammverwandten Völker nach sich zog (1300 a. Chr.).

Zu dieser Zeit führte die gewerbliche Stadt Sidon noch die Vorherrschaft (vom 16. bis 12. Jahrh.). Von da aus gingen nach Westen die ersten Colonisten und es ist staunenswerth, wie nach und nach nicht nur das nächstgelegene Cypern, Creta und viele Inseln des ägäischen Meeres mit sidonischen Auswanderern bevölkert wurden, sondern wie dieselben eben so an der afrikanischen Küste Haltpunkte suchten und endlich über Sicilien, Sardinien, die Balearen und Pithyusen bis zu den Säulen des Herkules und über diese hinaus (Tarsisland, vom J. 1100—700 a. Chr.) vordrangen.

Damals führte Cypern den phönicischen Namen Kittim, und die semitische Bevölkerung der Kittier hatte jedenfalls das Uebergewicht über die Bewohner der schönen an Naturschätzen reichen Insel.

Wie alle Tochterstaaten war auch Kittim, obgleich von eigenen Herrschern (Königen) regiert, noch dem Mutterlande Phönicien unterthänig und theilte mit demselben die Schicksale, die es im Laufe der Zeiten traf. — So ist wahrscheinlich, dass schon Sesostris (1433—1415 a. Chr.) mit Phönicien auch Cypern eroberte, und dass dessen Nachfolger Sethos (1419—1389 a. Chr.) die ägyptische Bothmässigkeit nur erneute.

Wir wissen, dass Hieram, ein Zeitgenosse Salamo's, (1000 a. Chr.) das Land der Kittier, welches sich der Zinspflicht entziehen wollte, wieder zur Unterwerfung brachte; eben so, dass der syrische König Elulaus die abgefallenen Cyprier besiegte, die sich nachher der assyrischen Herrschaft unterwarfen.

Ein interessantes Denkmal jener Zeit (705 a. Chr.) ist eine in Larnaka vor mehreren Jahren aufgefundene Stele, die im Relief eine priesterliche oder königliche Figur darstellt, umgeben von Keilinschriften. (Ross. Hellenika I. p. 69.) Eine abermalige Unterwerfung unter Aegypten hatte der unglückliche Seekrieg gegen Apries (594—570 a. Chr.) zur Folge.

Wie dieses Eiland, von Bürgerkriegen zerrüttet, um die Mitte des 6. Jahrhunderts v. Chr. sich freiwillig der Schutzherrschaft Aegyptens unterwarf, darüber gibt eine vor Kurzem

in Dali aufgefundene Erztafel näheren Aufschluss*). Wir
lernen daraus, dass ungeachtet der zu jener Zeit wahrscheinlich schon vorherrschenden griechischen Bevölkerung, die
von Salamis aus sich über die ganze Insel verbreitete, die
vorherrschende Sprache dennoch die semitische und zwar der
aramäische, ein dem chaldäischen ganz nahe verwandter
Dialect war. Durch eben diese Ueberhandnahme der griechischen Bevölkerung hatte sich auch der Name Kittim als
Bezeichnung der Insel zuletzt nur auf die sidonische Colonial-
stadt Kition, dem heutigen Larnaka, beschränkt und wir finden
fortan das Wort $Kύπρος$ zur Benennung der Insel gebraucht.
Forscht man der Etymologie dieses Namens nach, so liegt
demselben offenbar das hebräische Wort כֹּפֶר auch גֹּפֶר (Gopher,
Kopher) zu Grunde, das nach der allgemeinen Meinung der
Sprachforscher einen Strauch bezeichnet, dessen Blüthen und
Früchte zu mancherlei Oelen und Salben verwendet wurde.

Ueber diese Kypros- oder Kopher-Pflanze, die der Insel
den Namen gab, ertheilt uns zuerst Plinius in seiner
Hist. nat. XII. 109 Aufschluss, wo es heisst: „Cypros
in Aegypto est arbor ziziphi foliis, semine coriandri can-
dido, odorato; coquitur hoc in oleo premiturque postea
quod Cypros vocatur. Pretium ei in Libras X. v. Optimum
e Canopica in ripis Nili nata, secundum Ascalone Judeae,
tertium Cypro insula odoris suavitate. Quidam hanc esse di-
cunt arborem, quae in Italia ligustrum vocetur.“ Und XXIV.
p. 45: „Ligustrum, si eadem arbor est, quae in oriente Cypros
suos in Europa habet usus.“

Es geht daraus hervor, dass diese Pflanze keineswegs
in Cypern einheimisch, wahrscheinlich aus Aegypten oder
Palästina dahin verpflanzt und rücksichtlich ihrer Producte
von geringerem Werthe als die Pflanze jener Länder gewesen
sei. Die Beschreibung, welche Plinius von dieser Pflanze

---

*) Dr. E. M. Röth. Die Proklamation des Amasis an die Cyprier
bei der Besitznahme Cypern durch die Aegyptier um die Mitte des 6. Jahrhunderts v. Chr. Geburt.

Entzifferung der Erztafel von Idalion in des Herrn Herzogs von
Luynes' „Numismatique et inscriptions cypriotes.“ Paris 1855. Fol. p. 120.

gibt, lässt übrigens keine Zweifel, dass sie nichts anderes, als die Lawsonia alba Lam. — d. i. die Alhenna oder Henna der Araber sei, was auch schon längst Prosp. Alpini nachgewiesen hat *).

Allerdings ist dieser Strauch, wie wir aus Jauna erfahren **), vor etwa 150 Jahren auf Cypern häufig angebaut worden, jetzt aber mit Ausnahme einiger Gärten völlig verschwunden.

Eine Pflanze, welche durch ihren ausgedehnten Gebrauch berühmt, aber nicht einheimisch ist auf der Insel, soll ihr den Namen gegeben haben? Dies könnte nur möglich sein, wenn sie in der Folgezeit hier in grösserer Menge als irgend wo anders cultivirt worden wäre — so dass dann gleichsam von da aus der Bedarf der Völker des Alterthums gedeckt worden wäre, — oder wenn die Insel der Stappelplatz gewesen wär, von welchem aus der Handel sie weiter verbreitete. Beide Fälle sind aber höchst unwahrscheinlich. Die Cyprospflanze des Plinius ist, wie wir das genau wissen, in Indien, Südpersien, Arabien und Afrika (am Senegal) zu Hause, und von da aus nach Aegypten, Palästina, Syrien und Mauritanien etc. gebracht worden. Sie wurde vorzüglich als cosmetisches Mittel zum Färben der Kopf- und Barthaare, der Augenbrauen, der Fingernägel, der Fingerspitzen etc. und wohl auch als Arzenei angewendet. Ihr Gebrauch datirt sich von den ältesten Zeiten, denn wir finden sie schon bei den alten Aegyptern, soweit uns Mumien darüber Aufschluss geben können. Die Henna war daher sicherlich lange vorher bei den Arabern, Aegyptern und Phönikern bekannt, bevor sie nach Cypern kam.

Dass Cypern aber auch keinen Stappelplatz für den Handel mit dieser Pflanze abgeben konnte, von wo aus man sie hätte beziehen können, geht daraus hervor, weil diese Pflanze im ganzen Oriente nie aufgehört hat, cultivirt zu werden, daher derselbe von Cypern aus gewiss nicht mit

---

*) Prosp. Alpini. Hist. Aegypti naturalis II. sive de plantis Aegypti C. 13. De ligustro aegyptio p. 23.

**) Histoire générale des Roiaumes de Chypres etc. 1747. 4. p. 5.

diesem Producte versehen worden ist, für den Westen aber, für Griechenland und Rom nie ein Bedarf dieses Cosmeticums existirte.

Es ist also durchaus unwahrscheinlich, dass die Cyprospflanze diejenige ist, wie sie von Plinius bezeichnet wurde, und dass daher alle späteren Schriftsteller, selbst Dioscorides nicht ausgeschlossen, in Irrthum geriethen, indem sie sich der Ansicht Plinius' anschlossen.

Die Cyprospflanze muss also vielmehr auf Cypern selbst gesucht werden. Wie Rhodos von ῥόδον, Susa von Susan (Schwertlilie), so hat — wie Rosenmüller mit Grund behauptet*) — die Insel Kittim von einer auf ihr wachsenden einheimischen Pflanze den späteren Namen erhalten.

Es ist nun die Frage, welche ist diese Pflanze, die schon in den ältesten Zeiten einen solchen Ruf erlangte, dass sie als ein wichtiger Handelsartikel auf dem Weltmarkt des Orientes erschien, und sich einen solchen Namen machte, dass man die Insel Kittim darüber als die Insel der Kopherpflanze bezeichnete.

Es unterliegt keinem Zweifel, dass die Pflanze Kopher keine andere sein kann, als diejenige, welche das harzige schon in den ältesten Zeiten bekannte Product Ladanum lieferte, eine Substanz, die einen besonderen Wohlgeruch verbreitet und daher wohl auch zu Salben und Oelen seine Anwendung finden konnte.

Hören wir hierüber Herodot, der uns B. III. 107, 112 ausführlich über dieses Ladanum berichtet. Er sagt: „Das entfernteste bewohnte Land gegen Mittag ist Arabien. Hier allein wächst Weihrauch (λιβανωτος), Myrrhe (σμυρνη), Kassia (κασίη), Zimmet (κιννάμωμον) und Ladanum (λήδανον)."

Herodot ist hier den ihn bekannt gewordenen Angaben gefolgt, die jedoch in Bezug auf das Vorkommen der Mutterpflanzen jener Handelsproducte nichts weniger als richtig ist, denn mit Ausnahme des Weihrauches (Boswellia serrata Stakh.) und der Myrrhe (Balsamodendron Myrrha Ehrnb.)

---

*) Biblische Archäologie. B. VII. p. 253.

ist keine jener Pflanzen in Arabien zu Hause, sondern ihre Producte nur auf dem Wege des Handels aus Ostindien dahin gebracht worden.

Vom Ladanum heisst es weiter (112): „Aber noch wunderbarer ist die Entstehung des Ledanum, welches die Araber Ladanum nennen; denn es hat den höchsten Wohlgeruch und kommt doch von einem ganz hässlich stinkenden Orte. Es wird nämlich dem Ansehen nach wie zähes Waldharz in den Bärten der Ziegen und Böcke gefunden; (ἔτι τούτον θαυμασιώτερον γίνεται ἐν γαρ δύσοδμο τα τω γινοένον εὐωδέστατόν εστι. Τῶν γαρ αἰγῶν τῶν τράγων εν τοῖσι πωγωσι εὑρίσκεται εγγινόμενον, οἷον γλοιὸς ἀπὸ τῆς ὕλης.) Man braucht es zu vielerlei Salben und ist es das eigentliche Rauchwerk der Araber; (χρήσιμον δ'ἐς πολλά τῶν μύρων εστι. Θυμιῶσι τε μάλιστα τοῦτο Ἀράβιοι).

Hier wird die Gewinnung dieser harzigen Substanz genau bezeichnet, und zwar auf eine Weise, die noch heutigen Tages stattfindet; es läuft aber der für die damalige Zeit verzeihliche Irrthum unter, als ob dieselbe aus den Bärten der Ziegen ausschwitze, während sie das Product einer kleinen strauchartigen Pflanze ist. Aber der weniger verzeihliche Irrthum wiederholt sich darin, dass das Ladanum vom südlichen Arabien abstammend angegeben wird, indess es als eine naturhistorisch sichere Thatsache angesehen werden muss, dass die Insel Creta und Cypern als die beiden östlichsten Punkte angesehen werden, wo diese Substanz von einem kleinen Strauche, dem Cistus creticus L., gewonnen wird. Auch Dioscorides erwähnt nur eines in Cypern erzeugten Ladanums (L. I. C. 728) und Oribasius (de virt. simpl. L. II.) fügt hinzu: „Ladanum utile est, quod bene olet; tale autem est in Cypro.“

Plinius (hist. n. XII. 37) geht zuerst auf die alte Fabel ein, dass das Ladanum aus Arabien herrühre, und dass das an Syrien grenzende Land der Nabataeer dies an wohlriechenden Pflanzen von den Ziegen gesammelte Product liefere. Neuere Schriftsteller — fährt er jedoch fort — nennen dies Stobolon; das wahre Ladanum gehöre jedoch Cypern an und gelange von den Blüthen des Epheu auf die Barthaare der

weidenden Ziegen und werde von da sammt den zufällig an-
hängenden Staub gesammelt. Nach Anderen sei es das Kraut
Leda, dessen Fett (pingue) an darüber gezogenen Schnüren
hängen bleibe, woraus dann das Ladanum bereitet werde. Es
gäbe daher von dieser Substanz zwei Arten, eine erdige und
eine künstliche.

Schliesslich bemerkt er noch, dass sich der Ladanum-
strauch auch in Caramanien befände, und von da durch Setzlinge von den Ptolomäern sogar über Aegypten hinaus verpflanzt worden sei, auch beschreibt er die Eigenschaften eines
guten Ladanum und gedenkt dabei der Verfälschungen durch
Myrtenbeeren und anderen thierischen Schmutz. —

Betrachten wir nun diese Pflanze und ihr Ausscheidungs-
product, so wie die Art und Weise der Gewinnung des Ladanum etwas näher. Es ist dies um so wichtiger, als in der
That es diese Pflanze ist, welche durch ihre Secretions-Sub-
stanz der Insel Cypern den noch gegenwärtig bestehenden Namen gab und der auch dem Namen Cypresse,
(κυπαρισσος*) — dem Worte Kupfer — Cuprum — und dem
Fischnamen Cyprinus etc. zu Grunde liegt, da sich alle diese
Gegenstände auf diese Insel beziehen.

Die cretische Cistrose (Cistus creticus Linn.) ist ein
sehr ästiger bald aufrechter 2—3 Fuss hoher, bald buschig
über die Erde ausgebreiteter Strauch mit grünen filzig-zottigen,
etwas klebrigen jüngeren, und kahlen braunen älteren Aesten.
Die Blätter sind gegenständig gestielt, oval-lanzettlich stumpf,
in den Blattstiel verschmälert, ganzrandig, wellig, aderig-
runzelig, beiderseits filzig-kurzhaarig, klebrig, trübgrün;
die jüngeren graulich, die unteren Blätter breiter, flacher und
etwas länger gestielt, die obersten schmäler, lanzettlich; die
Blattstiele verbreitet, dreinervig, gewimpert, am Grunde meist
paarweise in eine kurze Scheide zusammengewachsen. Auch
die fünf Kelchblätter sind filzig-zottig und klebrig, die noch
einmal so langen blassrothen Blumenblätter umgebend.

---

*) „It is frome the isle of Cyprus that this tree takes its name."
Ali Bei I. p. 265.

Dieser gesellig wachsende Strauch überzieht die baum-
losen sonnigen Höhen im westlichen Theile der Insel hie und
da massenweise. Die schönen gros-

sen, carmesinrothen Blumen, das
krause, duftende Blatt geben der
Pflanze ein angenehmes liebliches
Ansehen, das sie vor ihren zahlreichen Schwesterpflanzen vortheil-
haft auszeichnet. Beifolgende Abbildung stellt ein Stück der cretischen Cistrose in natürlicher Grösse
dar mit einem Blatte, in dessen
Aehsel ein junger, sich eben ent-
wickelnder Zweig ersichtlich ist.

Während alle übrigen Cistusarten in den Niederungen
und in den tieferen Theilen der Insel vorkommen, beginnt
der Verbreitungsbezirk der cretischen Cistrose erst bei einer
Höhe von 2500 Fuss (Chrysorhoiatissa und etwa 500 Fuss
über Galata etc.) und reicht bis 4500 Fuss. Nach den
darüber eingeholten Erkundigungen ist dieser Strauch in den
Gebirgen um das einsame Kloster Kiku am meisten verbreitet
und zieht sich von da nach Prodromo und seinen Umge-
bungen, wo ich ihn zu beobachten durch 12 Tage hinlänglich
Zeit und Gelegenheit fand. Als wir am 9. Mai in diesem
Hochgebirgsdorf anlangten, war diese Pflanze wohl in den
tieferen Regionen in der Blüthe, dieselbe trat aber in den
höheren Strichen erst unmittelbar vor unserer Abreise am
22. Mai ein.

Diese Pflanze ist es, welche hier ebenso wie auf Creta
das Ladanum liefert, nicht aber die cyprische Cistrose
(Cistus cyprius Lam.) und zwar sowohl bei Kiku als bei
Prodromo, allein die Gewinnung dieser wohlriechenden har-
zigen Substanz hat erst zu Ende Juni und im Juli bei grosser
Hitze statt, und erfolgt auf dieselbe Weise, welche schon
Herodot angegeben hat.

Es geschieht nämlich, dass die weidenden Ziegen häufig mit
den krautartigen Theilen dieser Pflanze in Berührung kommen,

die obgleich schon früher als im Juni und Juli, aber zu dieser Zeit besonders reichlich mit einer klebrigen Substanz überzogen sind. Diese Substanz bleibt dann an den Barthaaren der Ziegen hängen, verdichtet sich daselbst zu einer dunkelbraunen Masse und wird immer wieder von neuer ähnlicher Substanz überzogen. Es verkleben dadurch sämmtliche Barthaare untereinander und bieten diese Substanz, die man sonst nicht so leicht zu gewinnen im Stande ist, an den Bärten dieser Thiere in grösserer Menge dar. Durch Abschneiden derselben und Ausbringen der harzigen Substanz mit Hilfe des Feuers erlangt man grössere und kleinere, mehr oder weniger unreine Klumpen und Kugeln.

Ein Stück mit den noch daran befindlichen Barthaaren, deren ich mehrere in Prodromo erlangte, finde ich mich veranlasst, hier in einer in halber Grösse ausgeführten Abbildung beizufügen.

Das im Handel vorkommende Ladanum (ich habe dasselbe nicht auf dem Bazar, sondern unter der Hand erhalten) hat die Form von faustgrossen, bis zu 1 Pfund schweren Kugeln von umbrabrauner Farbe. Bei gewöhnlicher Temperatur bildet es eine feste Masse, die den Eindruck des Fingernagels nicht annimmt, was bei geringer Erwärmung leicht erfolgt.

Auf den Bruch, der uneben und erdig erscheint, gewahrt man einen nach Honig riechenden Duft von eigenthümlicher Art, der bei Erwärmung der Substanz noch intensiver wird. Die übrigen physikalischen und chemischen Eigenschaften dieser Pflanzensubstanz wollen wir später noch in Betrachtung ziehen, wenn wir erst die Frage über die Entstehung dieser eigenartigen Ausschwitzung der cretischen Cistrose kennen gelernt haben. Ich bemerke hiebei, dass es eine meiner speciellen Aufgaben bei Bereisung der Insel war, mich über diesen Gegenstand ins Klare zu setzen.

Zu diesem Zwecke habe ich nicht nur an Ort und Stelle, wo die Pflanze wächst, die nöthigen Studien gemacht, sondern habe Stücke derselben in hermetisch verschlossenen Gefässen im guten Zustande bis nach Larnaka gebracht, wo ich mit aller Musse die anatomische Untersuchung der Ausscheidungsorgane derselben vornehmen konnte.

Schon durch mässige Vergrösserung mit der Lupe hält es nicht schwer, sich zu überzeugen, dass die ganze Pflanze in allen ihren weicheren, krautartigen Theilen mit Ausnahme der Blumenblätter und der Stauborgane mit Haaren dicht besetzt ist. Diese Haare sind jedoch von verschiedener Form und Beschaffenheit, so dass man sie in drei Kategorien bringen kann. Die längsten derselben, zwischen 0·53 und 1·2 Linien, können als einfache Seidenhaare bezeichnet werden, indem sie aus einer einzigen langen, dickwandigen, aber biegsamen Zelle bestehen, welche einer Bastzelle nicht unähnlich ist.

Die zweite Form der Haare zeichnet sich durch bedeutendere Kürze und Schmalheit aus, und was diesen Haaren ganz eigenthümlich zukommt, ist, dass sie immer zu mehreren vereint auf einer oberflächlichen Anschwellung oder einem Polster der Epidermis aufsitzen, und sich von da divergirend ausbreiten. Sie gleichen dadurch manchen Sternhaaren. Verglichen mit den vorerwähnten Haaren, sind sie steifer als diese und finden sich vorzüglich an der Unterseite der Blätter, während die ersteren besonders nur den Scheidentheil derselben einnehmen.

Die dritte Form der Haare endlich unterscheidet sich durch die Zusammensetzung aus vielen regelmässig über einander stehenden, in die Breite gezogenen und nach oben sich verschmälernden Zellen. Diese zusammengesetzten Haare, nicht aber die früher beschriebenen einfachen Haare der cretischen Cistrose, sondern an ihrer Spitze oder an den mittleren Theilen eine zähflüssige, schmierige Substanz von harziger Beschaffenhat ab, die sich in Form von kleinen Tröpfchen an ihrer Aussenseite ansammelt, und wo sie sich vermehrt, wohl oft mehrere Haare miteinander verklebt.

Der beistehende Holzschnitt stellt eine Partie dieser Haare von der Unterseite der Blätter mit 170maliger Vergrösserung dar. Man gewahrt das in tropfenförmiger Gestalt sich

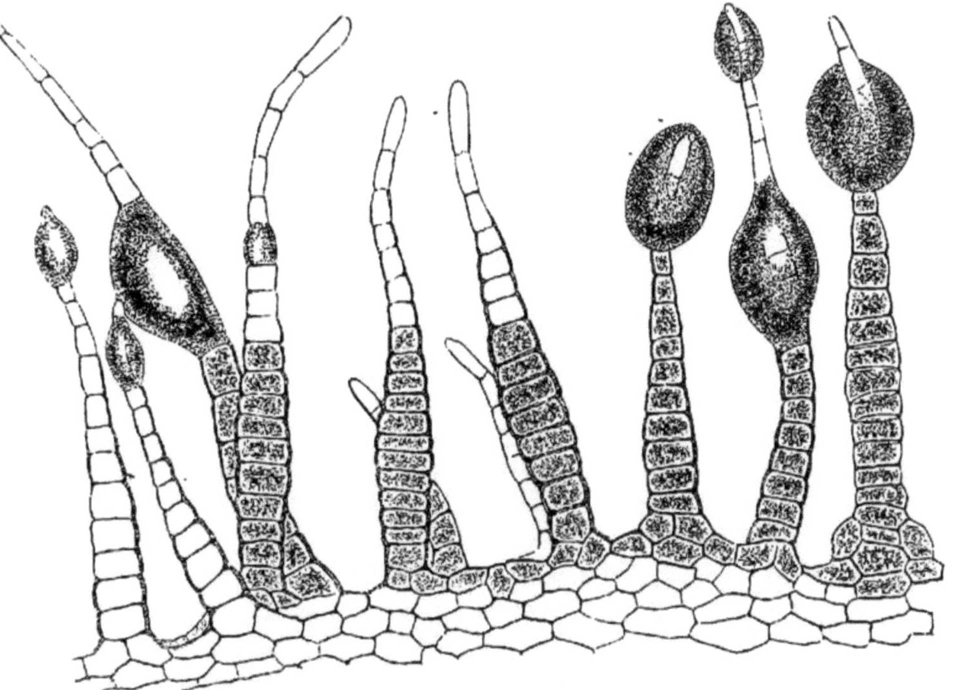

ansammelnde Ausscheidungsproduet in grösserer oder geringerer Menge sowohl an den mittleren Theilen, als an der Spitze der Drüsenhaare. Alkohol löst sie vollkommen auf.

Diese Substanz ist es, welche sich an die Haare des Bartes der weidenden Ziegen von selbst anklebt, wenn sie jene Gegenden besuehen, wo der Cistus eretieus in grosser Verbreitung sich befindet. Und da in den Monaten Juni und Juli die Ausehwitzung der Drüsenhaare am stärksten ist, so bemerkt man erst um diese Zeit eine Ansammlung dieser Substanz in den Barthaaren. Indem man nun dieselben durch Abschaben von den Bärten und Glocken der Ziegen sammelt, gewinnt man das in Cypern im Handel vorkommende Ladanum. Da diese Drüsenhaare nicht blos an der Unterseite und am Rande der Blätter, sondern auch an der Oberseite der-

selben an jungen Stengeln, Blatt- und Blüthenstielen und an
den Kelchen der Blumen vorkommen, so wird es begreiflich,
wie sich bei den weidenden Thieren nach und nach so viel
ansammeln kann, um ein Gegenstand der Gewinnung zu
werden.

Hier im Lande bedient man sich „ so viel ich erfahren
habe, keines anderen, als des angegebenen Mittels zur Erlangung dieser Substanz und es ist daher begreiflich, dass
das jährlich erzeugte Quantum von Ladanum eben nicht sehr
gross sein kann. Indess scheint es den dermaligen Bedürf-
nissen und Nachfragen dennoch zu genügen, indem man
einerseits andere wohlriechende Substanzen genug kennt und
leicht zu erlangen im Stande ist, und dieselbe überdies als
Heilmittel gegenwärtig nicht einmal im Volke seine Anwendung findet. —

Die chemische Analyse des Ladanum, welche von Hrn.
Dr. Ludwig im Laboratorium des Hrn. Prof. J. Redtenbacher ausgeführt wurde, hat folgendes Resultat geliefert.

Das Ladanum ist ein Gemenge von organischen und
mineralischen Substanzen. Beim Glühen desselben bleiben
$53\cdot22 - 53\cdot58$ Proc. unverbrennlichen Rückstandes, welcher
aus Kieselerde, Schwefelsäure, Chlor, Kohlensäure, Eisenoxyd,
Thonerde, Kalk, Magnesia, Kali und Natron besteht.

Zur genaueren Untersuchung der organischen Bestandtheile des Ladanums wurden zunächst 600 Grammes desselben
grob gepulvert und einer Destillation mit Wasserdampf unterzogen: das erhaltene Destillat war eine trübliche Flüssigkeit,
aus der wenige Tröpfchen eines farblosen ätherischen Oeles
abgeschieden wurden, das einen kräftigen campherartigen
Geruch besitzt. Die geringe Menge dieses Oeles, welche bei
der Destillation erhalten wurde, liess eine weitere Untersuchung desselben nicht zu.

Aus der im Destillationsgefässe gebliebenen Masse wurde
nunmehr durch wiederholtes Auskochen mit Wasser alles in
diesem Lösliche ausgezogen, die erhaltene wässerige Flüssigkeit filtrirt und im Wasserbade eingedampft; in diesem Extracte waren Aepfelsäure und einige der oben angeführten

mineralischen Säuren und Basen nachzuweisen; neutrales und basisch essigsaures Bleioxyd erzeugten in dem Extracte grünlich-braune Niederschläge, aus denen durch Zerlegen mit Schwefelwasserstoff nichts Krystallinisches abgeschieden werden konnte.

Der vom Auskochen mit Wasser gebliebene Rückstand wurde mit Weingeist vollständig ausgezogen; die sämmtliche weingeistige Flüssigkeit filtrirt und im Wasserbade eingedampft lieferte eine braune harzige, in Aether vollständig lösliche Masse; von dieser wurde eine mässig concentrirte Lösung in Alkohol bereitet und dieselbe mit einer alkoholischen Lösung von neutralem essigsauren Bleioxyde versetzt, der entstandene grünlich-gelbe Niederschlag auf einem Filter gesammelt, mit Alkohol gut ausgewaschen, im luftverdünnten Raume über Schwefelsäure vollständig getrocknet und der Analyse unterzogen.

Die Elementar-Analyse ergab in vier Verbrennungen für 100 Theilen der Verbindung:

	I.	II.	III.	IV.	Im Mittel
Kohlenstoff	51·7354	51·9209	51·8730	51·7832	51·8281
Wasserstoff	6·8106	6·7627	6·7952	6·7780	6·7866

Zur Bestimmung des Atomgewichtes der Verbindung wurden wiederholt kleine gewogene Mengen derselben so lange geglüht, bis alles Brennbare zerstört war, und hierauf das rückständige Bleioxyd gewogen; diese Bestimmungen ergaben das Resultat: 25·407 Procent Bleioxyd; daraus berechnet sich als Atomgewicht der Verbindung auf 439·13, und die procentische Zusammensetzung der Verbindung:

$$
\begin{aligned}
\text{Kohlenstoff} &= 51·828 \\
\text{Wasserstoff} &= 6·787 \\
\text{Sauerstoff} &= 15·978 \\
\text{Bleioxyd} &= \underline{25·407} \\
&\ \ 100
\end{aligned}
$$

Diese Daten auf das Atomgewicht gerechnet, ergeben Zahlen, welche sehr nahe der Formel: $C_{38} H_{29} O_9 + PbO$ liegen; diese liefert

	Berechnet		Gefunden wurde
C =	51·751	. . . . .	51·828
H =	6·582	. . . . .	6·787
O =	16·342	. . . . .	15·978
Pb O =	25·325	. . . . .	25.407
	100		100

Das Hydrat der mit dem Bleioxyde in Verbindung stehenden Harzsäure hat demgemäss die Formel C_{38} H_{30} O_{10}.

Nachdem aus dem weingeistigen Auszuge des Ladanums mit essigsaurem Bleioxyd die Harzsäure vollständig gefällt war, wurde aus der abfiltrirten Flüssigkeit das Blei mit Schwefelwasserstoff entfernt; die vom Schwefelblei abfiltrirte Flüssigkeit hinterliess beim Eindampfen ein lichtgelbes, weiches neutrales Harz, das getrocknet und analysirt wurde. Die Verbrennung desselben ergab:

$$Kohlenstoff = 82·612$$
$$Wasserstoff = 10·219$$
$$Sauerstoff = 7·169$$
$$100$$

Aus diesen Resultaten lässt sich die Formel C_{32} H_{24} O_2 berechnen, welche folgende gut stimmende Zusammenstellung gibt:

C =	82·785	. . . . . .	82·612
H =	10·344	. . . . . .	10·219
O =	6·898	. . . . . .	7·169
	100		100

Es frägt sich nun noch, ob dieselbe Pflanze nicht auch in anderen Ländern dasselbe Product liefert. Was Creta betrifft, wo dieser Cistus vielleicht noch verbreiteter als in Cypern vorkömmt, so ist es bekannt, dass von da ein Ladanum in Form kleiner gewundener Kuchen (Ladanum in tortis)*) im Handel vorkommt, und zwar viel häufiger als das in Bla-

---

*) Dieses Ladanum ist in Europa immer verfälscht, und ein Product aus Weihrauch, Benzoë und anderen Substanzen.

senform (Ladanum in massis) der Insel Cypern. Dasselbe
wird jedoch nicht aus den Barthaaren der Ziegen, sondern
auf eine andere dieselben in ihrer Wirkung gleichsam nach-
ahmenden Weise gewonnen. Man bedient sich nämlich eines
rechenartigen Instrumentes, dessen Zähne lederne in doppelten Reihen stehende Riemchen von einiger Länge darstellen.
Zur Zeit der Blüthe dieser Pflanze bei grosser Hitze und
Windstille werden die Sträucher mit Gewalt damit überfahren
und dann das an den Riemen sich anhängende Harz abge-
schabt. Tournefort gibt davon eine Abbildung (Voyage du
Levant I. 102. t. 8). Ich sah ein solches Instrument, dort ἐρ-
γαστήριον genannt, in Athen bei Hrn. Dr. Landerer. Ersterer
berichtet, dass ein Mann, wenn er den Tag über fleissig ist,
ungefähr eine Oka (2 Pfd.) Ladanum zusammenzubringen im
Stande ist, auch gibt er an, dass die Verunreinigung dieser
Substanz durch feinen schwärzlichen Sand gang und gäbe sei.

Auch Pococke hat ein ähnliches Instrument, welches,
da es einem Kreuze ähnlich sieht, σταυρός genannt wird, in
Cypern gesehen. Es kommt einem kleinen Bogen sehr gleich
(A descript. of the East etc. Taf. 32. C.), an dessen Quer-
balken wollene, etwa 3 Fuss lange Fäden angebunden sind.
Im Maimonat, so erzählt er, streiche man diese Wolle über die
Blätter der Pflanze, und wenn die balsamische Substanz an
dieselben angeklebt ist, so lege man das Instrument an die
Sonne und ziehe das Harz, wenn es warm ist, von der Wolle
ab. Eben so gewinne man das Harz von den Bärten der
Ziegen, nur mache dessen Reinigung viel zu schaffen. Das
gemeine Volk — so fährt er fort — vermischt, um das Gewicht schwerer zu machen, dieses Harz mit Sand und es
heisst dann bei den Materialisten „Labdanum in tortis“ und
wird auf solche Weise gemeiniglich verkauft. Wenn es aber
vom Sande rein ist, ist es wie weiches Bienenwachs und
heisst Labdanum liquidum.

Eine ähnliche Angabe macht auch J. Mariti (Viaggi
per l'isola di Cipro p. 276). Nach ihm geschieht die Einsammlung des Ladanum schon im Monate Mai und zwar sowohl aus den Bärten der Ziegen, als durch ein Instrument,

das an der Spitze eines Stabes. ein in Riemchen zerschnittenes Ziegenfell trägt.

Da ich selbst weder die eine, noch die andere Form des Ladanum, eben so wenig auch irgend ein Sammelinstrument auf Cypern sah, so möchte ich zweifeln, ob damit nicht die Gewinnung dieser Substanz, wie sie in Creta stattfindet, irrthümlich auf jene Insel übertragen ist. Eben so möchte ich die Angabe Mariti's bezweifeln, der Lefkara als den Ort angibt, wo das Ladanum zumeist gesammelt wird.

In ähnlicher Weise bezüglich der Gewinnung des Ladanum äussert sich auch Le Brun (Voyage au Levant p. 362). Er erzählt, dass diese Substanz zu Lefkara (soll wohl heissen Lefka) gesammelt wird, die nach seiner Meinung als Thau auf eine halbfusshohe salbeyartige Pflanze fallen soll. Zu diesem Zwecke werden die Ziegen vor Sonnenaufgang auf die Felder getrieben. Es klebt, indem sie da weiden, das halbflüssige Harz an ihre Barthaare. Des Jahres einmal wird ihnen dann der Bart abgeschnitten und das über Feuer leicht schmelzbare Ladanum daraus gewonnen. Man nennt diess Jungfern-Ladanum (Lad. vierge); die schlechtere Sorte erhält man von dem Haarschopfe über den Fesseln der Hinterfüsse der Ziegen. Eine andere Art das Ladanum zu sammeln — fährt Le Brun fort — besteht darin, dass zwei Menschen einen dicken Strick von Kuhhaaren über die oben genannten Pflanzen hinwegziehen und endlich mit Hilfe eines Instrumentes, das aus vielen kleinen Stricken, die an einem kurzen Stiele angeheftet sind, besteht, und womit man die Pflanze auf gleiche Weise behandelt. Das auf die letztere Weise gewonnene Ladanum ist von minderer Qualität und sehr grob, indem es zugleich mit vielem Sande verunreinigt wird.

Uebrigens setze ich in die Angabe, dass das Ladanum noch vor hundert Jahren ein Volksarzneimittel war und, sowohl innerlich als äusserlich angewendet wurde, keinen Zweifel, eben so wenig, dass man es als Präservativ gegen ansteckende Seuchen in den Händen trug und zuweilen daran roch.

Ungeachtet der Cistus creticus Linn. α. genuinus Willk. über die ganzen Mittelmeergegenden verbreitet ist und ausser den beiden genannten Inseln auch in Calabrien, Sicilien, in Griechenland, Macedonien und in Anatolien vorkömmt, so ist mir doch nicht bekannt, dass Ladanum davon auch anderswo ausser in Creta und Cypern gewonnen wird.

Da offenbar die Gewinnung des Ladanum durch weidende Thiere älter sein muss, als durch Insrumente, erstere aber noch jetzt vorzugsweise in Cypern üblich ist, während man sie in Creta kaum kennt, so ist wohl begreiflich, dass diese Substanz ursprünglich von Cypern aus bekannt wurde, und diese Insel, nicht Creta das Vorrecht hatte, die Insel der Kopherpflanze (Κνπρος) zu heissen. —

Schliesslich möchte die Frage, ob ausser dem Cistus creticus nicht auch andere Arten, deren es im Oriente und in den Mediterranländern von Spanien bis Griechenland und Kleinasien eine Menge gibt, ein gleiches oder ähnliches Product liefern, hier nicht am unrechten Platze stehen.

Hier kann, was Cypern betrifft, nur von Cistus monspelliensis Linn. die Rede sein, da derselbe rücksichtlich der Bedeckung mit Cistus creticus die meiste Aehnlichkeit hat. Die anatomische Untersuchung stellt in der That das Vorhandensein der dreierlei oben beschriebenen Haarformen auch an dieser Pflanze heraus. Der Unterschied der Drüsenhaare von Cistus monspelliensis Linn. und jener von Cistus creticus besteht nur darin, dass dieselben bei jener Art um mehr als $\frac{3}{4}$ Theile kleiner sind. Wenn diese Drüsenhaare auch eine harzige Substanz abscheiden, so kann diese bei dem Umstande, dass die Haare zugleich viel sparsamer sind, doch nur so gering sein, dass sie weder durch das Gefühl, noch durch das Gesicht wahrgenommen wird. Dass aber dennoch eine kleine Menge von Harz ausgeschieden wird, verräth der Geruch der Pflanze.

Ein von dem cyprischen und cretischen Ladanum verschiedenes Ladanum liefert bekanntlich der Cistus ladaniferus Linn. in Spanien und Portugal. Es werden zu diesem Zwecke die beblätterten Zweige ausgekocht, die erhaltene

Masse in Stangenform gebracht und als „Ladanum in baculis"
in Handel gebracht.

Es ist kein Zweifel, dass auch dieses Product aus Drü-
senhaaren herstammt, womit diese Pflanze eben so wie die
verwandten Arten Cistus laurifolius Linn. und Cistus Ledon
Lam. versehen sind.

II. Der Amber oder das Storax-Harz.

Schon in den ältesten Zeiten wird unter den Handels-
und Tauschartikeln der phönicischen Seefahrer neben schönen
Geweben, silbernen Gefässen, Schmucksachen und anderen
Kostbarkeiten auch wohlriechendes Räucherwerk genannt,
das bei allen orientalischen Völkern vorzugsweise zu religiösen
Handlungen in den Tempeln, bei Leichenpompen und in den
Palästen der Grossen seine Anwendung fand. Wir wissen,
dass ausser Bernstein, der wahrscheinlich durch Zwischen-
händler von der Ostsee auf dem Landwege bis zur Adria
gelangte, auch Weihrauch (Olibanum) und Myrrha nicht blos
auf die Euphratländer beschränkt, sondern auch zum Gemein-
gute der das Mittelmeer umwohnenden Völker wurde, denn
jenes handeltreibenden Volkes Schiffe drangen ja bis Jemen
und an die äthiopischen Küsten vor.

Wenn man bedenkt, dass im Belustempel zu Babylon
jährlich 1000 Pfund Weihrauch verbrannt wurden, dass der
paphischen Göttin auf Cypern allein sabäischer Weihrauch auf
hundert Altären *) empordampfte, dass die Sitte der Weihrauch-
opfer sich auf alle phönicischen Colonien bis Gades verbreitete, — wenn man erwägt, dass es zur Sitte jener orientalischen
Culturvölker gehörte, sich den ganzen Leib mit wohlriechenden,
meist aus Myrrhen bereiteten Salben und Wässern einzureiben,
so kann man auf den grossen Verbrauch dieser Artikel

---

*) Ipsa Paphum sublimis abit, sedesque revisit Laeta suas, ubi tem-
plum illi, centumque Sabaeo ture calent arae. Virg. Aen. I. 415.

schliessen und entnehmen, dass die babylonische Colonie Gérrha am persischen Meerbusen genug zu thun hatte, die ungeheuren Mengen dieser Substanzen für den Handel nach Innen aufzutreiben.

Unter diesen wohlriechenden Artikeln nimmt ausser dem oben betrachteten Ladanum das Storaxharz sicherlich keinen untergeordneten Platz ein.

Am frühesten finde ich seiner gleichfalls in Herodot Erwähnung gethan, wo Storaxrauch seltsamer Weise als Mittel angegeben ist, um den Weihrauch sammeln zu können. Er erzählt (Herod. l. III. c. 107) nämlich: „Es koste den Arabern Mühe, den Weihrauch zu sammeln, was nur geschehen könne, indem sie sich dazu des Storax bedienen, der von den Phönikern als Räucherwerk nach Griechenland ausgeführt wird. ($Tον\ μεν\ γε$ $λιβαρωτόν\ συλλέγουσι\ την\ στύρακα\ θυμιῶτες,\ την\ ἐς\ Ἕλληνας\ Φοί$-$νικες\ εξάγουσι$).“ Es wird nun weiter die Fabel, wahrscheinlich den Kaufleuten nacherzählt, dass der Weihrauchbaum daselbst von einer Art geflügelter Schlangen bewacht werde, die sich in grosser Menge auf jedem derselben aufhalten, und blos mit Storaxrauch verscheucht werden können. — ($οὐδενι\ δε\ ἄλλῳ\ ἀπελαυνονται\ ἀπό\ των\ δενδρεών\ ἤ\ της\ στόρακος$ $τῳ\ καπνῷ$). Wir erfahren hieraus die einzig richtige Thatsache, nämlich, dass der Storax bereits zu jener Zeit gekannt und von den Phöniciern als Handelsartikel nach Griechenland verführt wurde.

Zugleich ersehen wir aus Strabon (XII. 7. p. 571), dass Storax zur damaligen Zeit in Griechenland viel häufiger in Gebrauch war als Weihrauch ($στύραξ\ ᾧ\ πλείστω,\ χρῶνται\ θυμιά$-$ματι\ οἱ\ δεισιδαίμονες$) und aus Plinius, dass er diesem am Werthe beinahe gleichstand (H. n. XII. 55).

Plinius gibt überdies noch die Orte an, wo der Styraxbaum wächst, nämlich Gabala, Marathus und am Berge Casius, und von wo her diese Substanz überdies bezogen wird, wie von den Inseln Cypern, Creta, ferner aus Pisidia, Pamphilia, Cilicia, von dem Amanus, sowie von der Handelsstadt Sidon (l. c. XII. 55.), die ihn nach Aegypten und Arabien verführt. —

Auch bis zur Stunde sind die Acten über diese harzige, als wohlriechendes Räucherwerk und als Heilmittel dienende Substanz noch keineswegs geschlossen, ja es ist nicht einmal sicher, von welcher Pflanze dieselbe herstammt, obgleich man allgemein einen Strauch, der in Griechenland und im ganzen Orient wild wächst, nämlich Styrax officinalis Linn. für die Mutterpflanze des Storax der Alten hält. Allein man zweifelte schon lange an der Richtigkeit dieser Ansicht, doch ist es mir nicht bekannt, auf welche Art sich dieser Irrthum, wie wir gleich sehen werden, in die Wissenschaft eingeschlichen hat.

Styrax officinalis, ein mehr als zweimannshoher Strauch, mit armdickem Stamme, ist eine über ganz Griechenland, Kleinasien, Syrien, Palästina und auf der Insel Cypern, namentlich in dessen westlichen gebirgigen Theile sehr verbreitete Pflanze. Er gehört durch die schönen, in Form weisser Glöckchen oder Quasten herabhängenden Blüthen und durch die zarte Belaubung zu den Zierden der Vegetation. Eine oftmalige Untersuchung der Blüthentheile, der Blätter und namentlich der Aeste und Stämme dieses Strauches haben mir beinahe die Ueberzeugung verschafft, dass diese Pflanze unmöglich in irgend einem Theile eine harzige Aussonderung hervorbringen und enthalten könne; besonders hat sich die Rinde, welche am ehesten als Sitz dieser Excretion beschuldigt werden könnte, durchaus frei von jeder fremdartigen Substanz gezeigt.

Zu einer ganz anderen Ueberzeugung ist indess Herr Kotschy im Verfolge seiner Reise im Amanus gelangt, wo ihm von den Eingeborenen bemerkt wurde, dass an alternden, schenkeldicken Stämmen eben dieses Strauches in der That ein Harz in Form von kleinen Tröpfchen hervorquelle, das sie Storax nennen.

Vergleicht man dies mit der Angabe des Plinius, wo er den Baum, welcher das Storax liefert, unbezweifelt als unseren Styrax officinalis gekennzeichnet*), so kann kein

---

*) Hist. nat. XX. 55. „Arbor est eodem nomine cotoneo malo simili, lacrima ex austero jucundi odoris intus similitudo harundinis, suco praegnans.“

Zweifel sein, dass sowohl im Alterthume als gegenwärtig der Styrax officinalis, wenn gleich in geringer Menge, das nach ihm genannte Harz liefert. Etwas anderes ist die Frage, ob sowohl jetzt als ehedem dieser Strauch als die alleinige Quelle des Storaxharzes angesehen werden kann.

Schon Plinius weist auf seine Verfälschungen mit andern Substanzen, namentlich mit Cedernharz, mit Gummi, ja sogar mit Honig und bitteren Mandeln hin („Adulteratur cedri resina vel cummi, alias melle aut amygdalis amaris" l. c.), ohne eigentlich jene Substanz zu nennen, die sich gewiss auch zu seiner Zeit als vorzüglichste Fälschung geltend machte. —

Fast einem glücklichen Zufalle möchte ich es zuschreiben, dass wir beide, ich und mein Reisegefährte, auf die sichere Spur der Mutterpflanze des verfälschten Storax geführt worden sind, wodurch das pharmacognostische Räthsel ein für allemal als gelöst zu betrachten ist.

Wir hatten die Ostern in dem kleinen Kloster Melandrina, an der Nordostseite der Insel, zuzubringen beschlossen und dabei zugleich unseren, durch die lange dauernden Fasten entkräfteten Dienern eine Erholung zugedacht. Die kirchlichen Functionen, deren wir Zeugen waren und wobei namentlich in der griechischen Kirche Räucherwerk nicht gespart wird, veranlasste uns, durch den etwas befremdenden Geruch der Rauchfässer angeregt, nach dem hier üblichen Weihrauch zu fragen und uns eine Probe davon zeigen zu lassen. Mit Bereitwilligkeit hatte der Papa unserem Wunsche willfahrt und dabei bemerkt, dass die vorgewiesenen kleinen Rindenstücke, die hier nebst dem Olibanum verwendet werden, von einem Baume herrühre, der weiter oben im Gebirge, und zwar im Kloster Joannes Antiphonites wachse. Was war natürlicher, als diesen Baum, der dem Platanus ähnlich, aber doch mit etwas anderem Laube versehen, geschildert wurde, in dem wir sogleich Liquidambar vermutheten, aufzusuchen.

Nach einigen Wegstunden, die wir zu Fusse machten, hatten wir die Felswände erreicht, unter denen sich die von Genuesen erbaute und reichlich ausgeschmückte Kirche mit den umliegenden Klostergebäuden ausbreitete. Kirche und

Kloster halb verfallen, werden gegenwärtig nur von einem
einzigen Papa bewohnt. Sowohl er, als seine Gattin Papida
führten uns auf die Nachfrage um das Christholz (ξύλον του
Χριστου), wie dieser Baum seiner kirchlichen Verwendung
wegen genannt wird, sogleich in den nahen Garten, wo in
der That neben Oliven, Limonien, Cypressen und anderen
gepflanzten Bäumen zwei alte, theilweise durch Windbruch
beschädigte Bäume von Liquidambar orientalis Ait. standen.
Sie waren eben in Blüthe oder richtiger gesagt, die männlichen Kätzchen oder Rispen waren bereits abgefallen; die
weibliche Blüthe schickte sich zur werdenden Frucht an und
nebstbei, um die Wonne eines botanischen Herzens ganz
voll zu machen, hingen allenthalben die reifen vorjährigen
Früchte (freilich ohne Samen) auf den Bäumen. Wir be-
nützten diese seltene Erscheinung so gut wir konnten,
wobei es mir, der ich mein Augenmerk vorzüglich der Rinde
zuwandte, schlechter ging, weil ich meine Säge zufällig zu
Hause vergessen hatte.

Wie begreiflich war der untere Theil des Stammes mit
seiner rissigen Borkenrinde fast ganz zerschunden, aber
zum Glück, dass den Orientalen alle guten Schneideinstru-
mente fehlen, glich auch diese Verstümmlung des Baumes
mehr einem fehlgeschlagenen Versuche, der den Baum immerhin beim Leben erhielt.

Für meine anatomische Untersuchung bedurfte ich wenig
und mit gutem Gewissen kann ich sagen, ich habe der Barbarei der Verstümmlung keineswegs die Krone aufgesetzt.
Noch lange, so Gott will, werden die beiden schönen malerischen Bäume fortgrünen und Zeugenschaft geben, dass
ein früherer Culturzustand der Insel es nicht unterliess,
diese nützlichen Bäume aus der Ferne hicher zu verpflanzen. Wie sehr war ich nach meiner Rückkunft in
Europa bei Durchsicht der Literatur nicht erstaunt, dass
Pococke (l. c. p. 333) des Christholzes, das er aber als
ξύλον αγεσδι bezeichnet, Erwähnung thut, aber es mit Lignum
rhodium irrthümlich für identisch hält. Er sagt, dass das
Kloster Antiphonites des Lignum cyprinum wegen berühmt

sei, dass aber auch hier nur 7 Bäume vorhanden wären, sonst jedoch auf der Insel nirgends welche vorkämen. Dass Pococke wirklich den Liquidambar darunter meint, geht aus einer beigefügten Abbildung hervor. „Das Laub, sagt er ferner, hat einen balsamischen Geruch und einen Pomeranzengeschmack und gibt einen vortrefflichen weissen Terpentin, zumal, wenn in die Rinde viele Kerben geschnitten werden. Ich glaube, man verfertigt daraus das sehr wohlriechende köstliche Oel, welches der Sage nach eben so gut als das Holz selbst die Kraft hat, das Herz und das Gehirn zu stärken. Das gemeine Volk haut die Rinde und das Holz mit einander ab, röstet es im Feuer, saugt daran, und hält solches für das beste Mittel in einem hitzigen Fieber, dem allen Ansehen nach eine fast wunderthätige Wirkung beigelegt wird."

Wie man aus der Vergleichung dieser Angabe mit unserem Augenschein ersieht, sind seit ungefähr 120 Jahren bereits mehr als die Hälfte dieser Bäume zu Grunde gegangen; allein es finden sich auf Cypern noch in einem anderen Klostergarten, wie Herr Kotschy erfuhr, nämlich zu Neophito bei Ktima unweit Paphos einige Liquidambarbäume. Leider hatten wir es übersehen, uns von dem Zustande derselben nähere Kenntniss zu verschaffen. —

Es ist bekannt, dass der Storax vorzüglich von der Insel Cos (Stanchio) zu uns gelangt. Von dort kommen gegenwärtig grosse breite Kuchen einer aus gepressten Rindenstücken bestehenden Substanz nach Triest, wo fabriksmässig durch Destillation Storax liquidus gewonnen wird. Die Vergleichung der Rindenpartikelchen jener Kuchen mit der Rinde von Liquidambar orientalis lässt beide als identisch erkennen, woraus hervorgeht, dass der flüssige Storax der Insel Cos nicht von Storax officinalis, sondern von Liquidambar herrührt.

Wer aber dieser Insel auch nur einmal, und selbst nur von einer Seite nahe gekommen ist, und dieselbe als ein baumloses Hügelland kennen lernte, muss gerechten Zweifel hegen, wie auf derselben so viele Liquidambarbäume vorkommen sollten, um die jährlich beträchtliche Ausfuhr der

Rinde zu decken. Die Sache verhält sich aber nach einer erst kürzlich erfolgten mündlichen Mittheilung des Herrn von Heldreich ganz anders. Cos ist nur der Stappelplatz für die Storaxkuchen; erzeugt werden dieselben auf anatolischem Boden und es ist das nahe Halikarnass, wo noch Wälder von Liquidambar orientalis vorkommen. Eine gleiche Erfahrung hat schon früher Herr Kotschy am Ausfluss des Orontes in Syrien gemacht, wo Liquidambar ebenfalls als Waldbaum noch zu sehen ist.

Interessant ist in dieser Beziehung, was J. Mariti über den Storax mittheilt, obgleich er den Baum, von dem er herkommt, nicht kannte. Er erzählt (l. c. I. p. 289): Der Storax gelange in zweierlei Form aus Caramanien nach Cypern. Der Storax in lacrimis als Harzklümpchen in Schachteln verpackt und mehr oder weniger rein, sei die ausgezeichnetste Sorte. Anders sehe der Storax Calamita aus, der durch Raspeln jener Einschnitte des Baumes gewonnen wird, die bereits den Thränen-Storax gaben. Mit diesen Feilspänen werden die auf die Erde gefallenen und in derselben erhärteten Tropfen des ursprünglich flüssigen Storax vermengt; ausser diesem Gemengsel scheiden sich über dem Feuer die groben erdigen Theile aus und es bleibt die sogenannte Storaxkleie, welche indess nur wenig Harz enthält. Dieses sehr wohlfeile Handelsproduct wird erst in Cypern verfertigt und von da weiter verführt.

Bekanntlich liefert auch Amerika einen flüssigen Storax, der von einer ähnlichen Amberart, dem Liquidambar Styraciflua Linn. gewonnen wird. Auch da macht man in die Rinde der älteren Stämme Einschnitte, aus welchen eine harzige wohlriechende Substanz, die an der Luft erhärtet, ausfliesst. Noch häufiger wird dieser Balsam durch trockene Destillation oder durch Auskochen zerschnittener Zweige und Rindentheile erlangt. —

Es ist nun nicht ohne Interesse, nachdem uns die Mutterpflanze des Storax bekannt ist, die Bildungsgeschichte dieser Substanz anatomisch-physiologisch weiter zu verfolgen.

Die Rinde von Liquidambar orientalis ist bei diesem ziemlich langsam wachsenden Baume selbst am älteren Stamme nicht sehr dick und überschreitet nicht leicht ⅓ Zoll. Darüber hinaus ist sie rissig und wird als Borke nach und nach abgestossen. An den von mir untersuchten Rindenstücken lassen sich ungefähr 12—15 Bastschichten unterscheiden, von denen die fünf unteren zusammenhängenden nur durch einfache Markstrahlen von einander getrennte, die äusseren hingegen mehr oder weniger zerstreute Bündel, ja wohl auch einzelne im Parenchyme isolirte Bastzellen bilden.

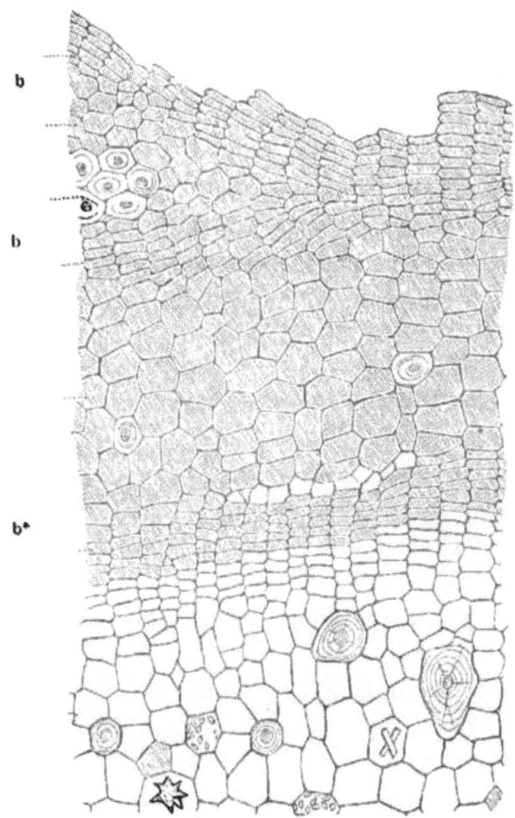

Im jungen Stamme und an den Aesten bemerkt man nur über der bisher noch einzigen Bastschichte eine ziemlich starke Lage von parenchymatischen Zellen, die nur an der äusseren

Grenze plattgedrückt werden und das mauerförmige Zellengewebe des Periderma bilden. Im älteren Stamme finden sich mehrere zum Theile mit einander zusammenhängende Lagen von Periderma, wodurch es geschieht, dass die abgeworfenen Rindenstücke sowohl von Innen als von Aussen mit einer Periderma - Schichte bekleidet sind (*b*, *b*, *b* die Periderma-Schichten); sie machen nur einen kleinen Theil der Rinde aus. Viel grösser und ausgedehnter ist das Parenchym *a*, *a*, *a* — das mit Ausnahme der sehr untergeordneten Bastbündel eigentlich die Rinde bildet, denn das Periderma ist ja nichts anderes, als ein Erzeugniss des Parenchyms.

Die innen an das Cambium grenzenden Lagen desselben bestehen aus ziemlich regelmässigen quadratischen dünnwandigen Zellen, während die äussersten Schichten nicht so regelmässige Elementartheile zeigen. Alle diese Zellen sind mehr oder weniger entweder mit kleinkörnigem Amylum erfüllt, oder sie enthalten Krystalle meist in Gruppen vereinigt, und nur selten findet sich dort und da eine Zelle mit einer gelbrothen harzigen Substanz erfüllt.

Diese harzige Substanz — der Storax — tritt massenhaft erst in jenen Theilen der Rinde auf, die durch das Periderma von den inneren Theilen geschieden wird, also in den äussersten durch Einrisse von einander getrennten Rindentheilen (Borke). Ein Blick auf beiliegende Abbildung zeigt nach Innen die Parenchymzellen theilweise von Amylum oder von Krystallen voll, und nur hie und da eine der kleineren Parenchym- oder Prosenchym - Zellen das gelbrothe Harz enthaltend.

Das innere Periderma *b** bildet die Grenzscheide der harzführenden Zellen, von denen der innere Theil noch nicht, der äussere Theil und alles darüber hinaus Liegende ganz und gar damit erfüllt ist.

Es ist auffallend, dass die dickwandigen Bast- und Parenchymzellen eben so wie die dünnwandigen Zellen diese Substanz enthalten. Es ist begreiflich, dass Risse und Einschnitte in dem äusseren Theile der Rinde ein Ausfliessen des Harzes bewerkstelligt, indem sowohl das eine, wie das andere die Einwirkung der Atmosphäre auf den Zelleninhalt erhöht.

Wir sehen hier mit der Rückbildung der ausgeschiedenen Salze (Krystalle) und des aufgespeicherten Amylum, die im äusseren Theile der Rinde verschwinden, eine Harzausscheidung eintreten, und können nicht umhin, da dieser Process nur in mehr oder minder abgelebten Zellen auftritt, diese Harzbildung als einen, die Zersetzung der Zellen begleitenden Process anzusehen. Dass mit der Storaxbildung zugleich Bildung von Gerbestoff vor sich geht, beweist die dunkelbraune Farbe, die das Wasser bei der Maceration der Rinde in kurzer Zeit annimmt.

Wir sehen somit, dass der Storax nicht in eigenen Gefässen oder Gängen, gleich anderen Harzen entsteht, sondern dass im Gegensatze zu diesen alle äusseren Rindentheile die Bildung desselben bewerkstelligen. Bei Untersuchung der jüngeren Aeste zeigten sich an der Grenze des Holz- und Markkörpers (Corona) allerdings zahlreiche im Kreise gestellte Gänge im Parenchyme; ich konnte aber nicht entnehmen, welchen Inhalt diese Gänge führen. Schliesslich bemerke ich noch, dass Jod die Zellmembran der dünnwandigen Parenchymzellen der Rinde roth, dagegen die dickwandigen Bastzellen (von 0·6‴ Länge) und Parenchymzellen blassgelb färbt.

III. Das Mastix-Harz.

Der Mastix ist ein sehr bekanntes Harz, welches die Mastix-Pistacie (Pistacia Lentiscus Linn.) liefert. Auch diese Substanz ist seit vordenklichen Zeiten als Räucher- und Arzeneimittel bekannt und hat überdies noch in der Technik seine Anwendung gefunden.

Bekanntlich sind alle das Mittelmeer umgrenzenden Länder das Vaterland dieser sowohl strauch- als baumartigen Pflanze, doch wird der Mastix nicht von dem Strauche, son-

dern nur von dem Baume gewonnen. So häufig die strauchartige Mastix-Pistacie allenthalben vorkommt und oft unübersehbare Strecken als Gesträuch überzieht, so ist doch der
Baum eine Seltenheit und gegenwärtig nur auf wenige Punkte
der Mediterranländer beschränkt. Ich habe die Meinung aussprechen gehört, dass der Mastixstrauch nur durch die fortwährend Benagung der Ziegen in dieser krüppelhaften Gestalt sein Leben fristet, — möchte aber daran Zweifel setzen.

Bekanntlich ist Chio, wie schon Plinius (hist. nat.
XII. 36) angibt, und zwar der nördliche Theil dieser Insel,
etwa acht Stunden von der Stadt entfernt, wo dieser Baum
schon seit den ältesten Zeiten zur Gewinnung des Mastix
gepflegt wird, aber es ist kaum begreiflich, wie diese Plan-
tagen auch nur den Bedarf als Kaumittel und als Ingredienz
eines im ganzen Oriente beliebten Liqueurs decken kann,
denn zur Conservirung der Zähne bedienen sich besonders
die Türken des Mastix und eine Lösung dieses Harzes in
Brandwein ist im ganzen Oriente eines der gewöhnlichsten
Mittel, schlechtes Wasser trinkbar zu machen.

Ich war leider nicht in der Lage Chio auf längere Zeit
zu besuchen, um mich über die Gewinnung des Mastix unterrichten zu können; wir erfahren aber durch Professor Or-
phanides*), dass dies auf folgende Weise geschieht. Es
werden um die Mitte des Monates Juni in die Rinde des
Mastixbaumes Einschnitte nach der Länge gemacht, aus deren
Wunden der Mastix flüssig hervorquillt, der erstarrt oder in
Tropfen abfällt. Um auch die abfallenden Tropfen rein zu
erhalten, werden sie durch platte Steine aufgefangen, womit
man den Boden rings um den Stamm belegt. Auch aus den
Aesten und Enden der Zweige fliesst entweder von selbst
oder auf gemachte Einschnitte Mastix in Tropfenform heraus,
er erhärtet aber hier zu kleinen Klümpchen, welche man nach
einiger Zeit ablöst.

Auch auf den griech. Inseln, namentlich auf Amorgos
und Antiparos, so wie in Griechenland selbst findet sich der

---

*) Th. v. Heldreich. Die Nutzpflanzen Griechenlands. 1862. p. 60.

Mastixbaum und kann zur Erzeugung von Mastix verwendet werden. In Cypern fand ich einige Bäumchen nur allein auf dem Cap Kormachiti, wo sie wahrscheinlich hingepflanzt wurden. Sie gaben mir Gelegenheit, die Entstehung des Mastix anatomisch verfolgen zu können.

So oft ich auch früherhin die Stämme und Aeste der strauchartigen Pistacia Lentiscus ansah, um darauf Mastix zu suchen, habe ich vergebliche Mühe angewendet, während man an den Stämmen und Aesten der Mastixpistazie allenthalben dieses Harz in kleineren oder grösseren Klümpchen der Rinde anhängend findet. Auch an den oberwähnten, in ganz einsamer Gegend stehenden Bäumchen, welche ich untersuchte, sah man, dass bereits eine Lese dieses Harzes gehalten worden ist, denn nicht nur waren an den rissigen Stellen der Rinde die Harzklümpchen schon grösstentheils entfernt, sondern man gewahrte auch senkrechte, absichtlich gemachte Einschnitte in der Rinde, die ohne Zweifel den Ausfluss des dickflüssigen Harzes nicht nur erleichtern, son dern auch vermehren sollten.

Es war mir nun darum zu thun, an den mitgenommenen frischen sowohl, als in Weingeist eingelegten Rindenstückchen die Entstehung dieses Harzes zu verfolgen. Die anatomische Untersuchung gab darüber folgenden Aufschluss:

Das Mastixharz entsteht nicht wie das Storaxharz aus den äusseren Zellschichten, wo jede Zelle das Harz secernirt, sondern die Mastixharzsecretion ist nur auf bestimmte Stellen der Rinde beschränkt, die ihr Abscheidungsproduct in einen zwischen denselben entstehenden Intercellulargang ablagern. Die Rinde dieses Baumes ist demnach von solchen Harzgängen vielfach durchzogen. Die Vermehrung dieser Substanz in den ursprünglich engen Gängen hat zunächst eine Erweiterung derselben, später aber sogar eine Zerreissung derselben, die durch die Zerklüftung der äusseren Rindenlagen nur eine Unterstützung erlangt, zur Folge. Der auf diese Weise blossgelegte Harzgang lässt seinen dickflüssigen Inhalt heraustreten; mehrere nachbarliche Harzgänge auf gleiche Weise zum Fliessen gebracht, vereinigen ihr Product und so kommt es, dass an einer Stelle sich grössere und kleinere Massen jener flüssigen Substanz ansammeln und wie alle Harze in Berührung mit der Atmosphäre nach und nach erhärten, in der Form von Tropfen oder Klümpchen erscheinen.

Wenn man an einer älteren Rinde, wo sich Harzmassen ergossen haben, diese Harzgänge untersucht, so kann man hart über die Frage ins Reine kommen, ob die den Harzgang umgebenden Zellen das Harz aussondern, oder ob, wie bei manchen Harzen und Gummiarten, der ganze Harzgang sammt dem Inhalt das Product einer Entmischung der Zellen selbst sei*). Geht man jedoch auf die Bildungsgeschichte derselben an jüngeren Rinden und an Blattstielen ein, so ergibt sich zweifellos, dass man es hier mit wahren Secretionsorganen, d. i. mit Gebilden zu thun hat, die nicht in ihr Product aufgehen, sondern beständig bleiben, so sehr sie sich dabei oft selbst mit demselben überladen.

Verfolgt man die Harzgänge der Pistacie an jungen Zweigen und Blättern, so sieht man sie hier in ihrer beschränktesten Form und Anordnung. Man bemerkt im Blattstiele des zusammengesetzten Blattes 5—7 Harzgänge, die den gewölbten nach auswärts gekehrten Theil desselben einnehmen, regelmässig von einander abstehend; ein Bündel von Bastzellen umgibt jeden Gang von aussen. In den Blattstielchen der Fiederblättchen ist die Anzahl der Harzgänge auf 1—3 beschränkt.

Anders ist es im jungen Zweig; hier liegen sie 12—15 an der Zahl, in einem Kreise in der Innenrinde gleichfalls von Bastbündeln nach aussen geschützt, über welchen sich nur die parenchymatöse Schichte der Rinde mit dem äussersten Periderma erstreckt. In einem federkieldickem Aste nimmt sich die Sache, wie folgt aus. Auf das Mark *a* folgt

---

*) Man vergleiche hierüber A. Wiegand: Ueber die Desorganisation der Pflanzenzelle, insbesondere über die physiologische Bedeutung von Gummi und Harz. Jahrbücher für wissenschaftl. Botanik. Bd. III. p. 115.

das Holz *b* und die Cambiumschichte *c*, über welche sich die Rinde *f* befindet. Den innersten Theil derselben nehmen die in die Breite gezogenen Harz-gänge *d* ein, von denen man auf dem abgebildeten Segmente drei von ungleicher Grösse be-merkt. Die Bastbündel *e*, isolirt, liegen in der darauf folgenden Schichte nach aussen und pfle-gen noch immer die Harzgänge halbkreisförmig zu umgeben. In der nach aussen anliegenden Parenchym - Schichte der Rinde hat sich eine zweite Periderma-

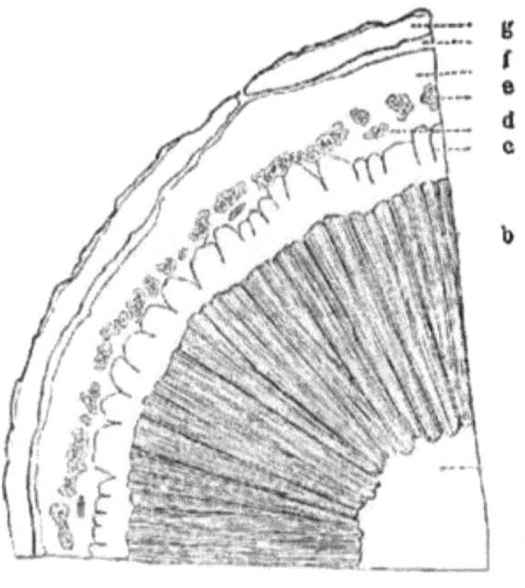

schichte *g* nach innen gebildet, während die erste an der äus-sersten Grenze der Rinde grösstentheils schon abgestossen ist. Einer dieser Harzgänge stärker vergrössert (170mal) erscheint,

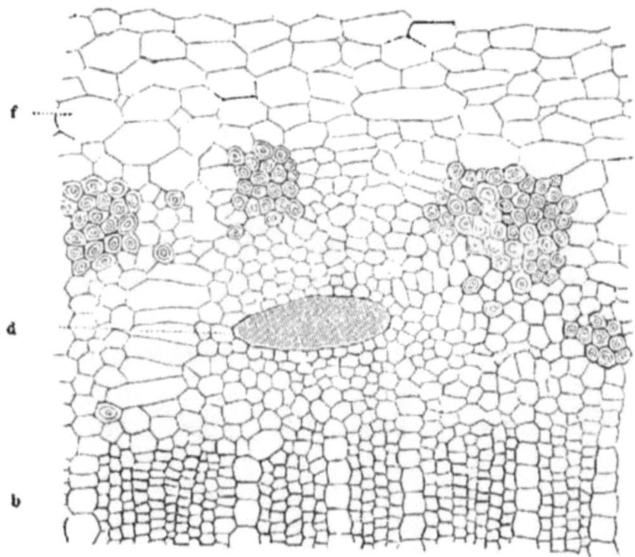

wie hier zu ersehen, von kleinen parenchymatischen Zellen umgeben, deren innerste Schichte durchaus keine Zerreissung der Zellwände zeigt, wenn der Schnitt nicht solche zufällig

herbei geführt hat; auch ist man nicht im Stande einzelne
von der Continuität gelöste und in der Harzmasse eingebettete
Zellen wahrzunehmen, so dass es allen Anschein hat, das
Harz werde hier nicht durch Desorganisation der Zellen, in
deren Innern es sich bildet, und nach und nach auch die
Zellwand selbst in diesen Process hineinzieht, erzeugt. Auch
spricht die Analogie für diese Ansicht, indem in der nächst
verwandten Pflanze Pistacia Terebinthus L. Balsamgänge vorkommen, die sicherlich nicht aus veränderten Zellensträngen
entstanden sind, sondern wo das flüssige Harz von den Zellen
des Balsamganges in denselben ausgeschieden wird*).

In den älteren Aesten und Stämmen dagegen und wo
die Rinde an Umfang bedeutend gewonnen hat und bereits
Harzfluss an der Oberfläche derselben eingetreten ist, sind
zu den ursprünglich in geringer Zahl vorhandenen Harzgängen eine grosse Anzahl neuer, mitten im Parenchyme ent-
standener Harzgänge hinzugekommen. Gerade an den rissigen Stellen der Borke, wo das Mastixharz hervorquillt, sind
sie am zahlreichsten vorhanden. Auf dem Querschnitte mehr
rund als in die Breite gezogen sind sie gleichfalls von klein-
zelligem Zellgewebe umgeben und gleichen auch in ihrer
sonstigen Organisation den bereits beschriebenen primären
Harzgängen dieses Baumes. Es ist klar, dass diese secun-
dären Harzgänge aus dem Zellgewebe der Parenchymschichte
der Rinde entstanden sind, dass sich diese Zellen aber nicht
unmittelbar in Harzgänge umgewandelt haben, sondern dass
gewisse Zellreihen sich erst zu Zellgruppen (durch Neubildung
von Zellen) und diese später zu Harzgängen ausgebildet
haben. Ich will es aber unentschieden lassen, ob in diesem
Falle die entstandenen Zellen sich selbst in Harz auflösten,

---

*) Ich bemerke hierbei, dass die Terpentin-Pistazie (Pistacia Tere-
binthus L.) im westlichen Theile von Cypern ein sehr häufiger Baum ist, und
ungeachtet er für Fröste sehr empfindlich ist, dennoch ein sehr hohes Alter
erreicht. Der früher von diesem Baume gewonnene cyprische Terpentin
kommt gegenwärtig nicht mehr im Handel vor.

oder ob auch hier das Harz nur als Secretionsproduct in den Intercellularräumen abgesetzt wird. Mir wenigstens scheint es gegenwärtig gleich räthselhaft, das Harz aus der desorganisirten Zellhaut oder von unveränderter Membran nach aussen abgeschieden zu betrachten.

VII. Zustand der Agricultur.

———

I. Boden, Feldbau.

Als die ersten Ansiedler nach Cypern kamen, hatten sie Noth ein Fleckchen Erde zu finden, wo sie sich niederlassen und den Boden mit Getreide bebauen konnten. Die ganze Insel war, die Felsen ausgenommen, mit Bäumen bedeckt. Wie überall so geschah es auch hier, dass der Wald dem Felde weichen musste, und dies erfolgte um so leichter und rascher, als die insulare Beschaffenheit des Landes Holz zum Baue der Schiffe bedurfte und die entdeckten Kupferminen zum Abbau derselben, so wie zur Ausbringung des Metalles gleichfalls eine nicht geringe Menge Holz erheischten. So verschwand nach und nach zuerst am Saume der Insel, dann in den ebenen Gegenden des inneren Landes der Wald, so wurden später die Hügel und Vorberge des Gebirges von ihrem natürlichen Schmucke entblösst, und endlich blieb derselbe nur mehr auf das Hochgebirge eingeschränkt, wo er in unzugänglichen Schluchten und auf unerreichbaren Kuppen noch gegenwärtig in seiner ursprünglichen Schönheit und Kraft als indigener Beherrscher des Bodens erscheint. Hier ragen seine Stämme noch als schlanke Masten in die blauen Lüfte und spotten des Menschen, der die vernichtende Axt bis hieher — und nicht weiter zu tragen vermochte.

Aber wie es allgemein die Erfahrung lehrt, ist die Vernichtung des Waldes nicht ein eben so grosser Gewinn für die Area des Feldbaues. Nur ein Theil des Bodens eignet sich in der Regel nach Abtreibung des Waldes für denselben, ein anderer Theil bleibt seiner Unproductivität wegen zu diesem Zwecke fast immer untauglich und ist daher nur mit Schaden aus dem Bereiche des Waldes gezogen worden; denn die Wiedererzeugung des Waldes auf solchen Stellen, wo er ganz und gar weggefegt wurde, ist, wenn nicht ganz unmöglich, doch eine Sache, die sich in südlichen Ländern auf Jahrhunderte hinauszieht.

So sehen wir denn auch auf dieser Insel neben dem eingeschränkten Walde nur einen Theil seines früheren Bodens dem Feldbau zugewiesen, der bei weitem grössere Theil als unfruchtbar und der Cultur unfähig, spielt nun die Rolle des Gestrüppes und des ganz unproductiven Landes, das nur herumirrenden Herden von Schafen und Ziegen eine spärliche Nahrung gewährt.

Leider gilt es auch für Cypern, dass der Wald, wie im ganzen Orient, mit Feuer und Schwert verfolgt wird. An Gestrüppbränden fehlt es auch hier nicht, ja selbst junge Wäldchen der Seestrandskiefer — die Hoffnung kommender Geschlechter — müssen der verheerenden Flamme weichen, um eine spärliche Asche zurückzulassen, von der durch ein paar Jahre einige Cerealien kümmerlich ihr Dasein zu fristen vermögen. Solche Brandstätten, schaudervolle Bilder! sahen wir in weiter Verbreitung über Berg und Thal auf dem Wege von Pisuri nach Kuklia, und auf dem Vorgebirge Akamas hat dies Schicksal streckenweise die schönsten Kieferwäldchen erreicht.

Nehmen wir das Culturland etwa 350.000 Joch an, so beträgt der unproductive Boden sicherlich doppelt so viel, wobei die felsigen, von Natur aus niemals bewaldeten Strecken überdies noch ausgeschlossen sind. Man ersieht sonach, dass mehr als die Hälfte der Insel gegenwärtig eine Wüstenei ist, die, indem sie für das Erträgniss des Bodens keinen Werth hat, überdies auf die klimatischen Zustände ungünstig

einwirkt und nicht wenig zur Vermehrung der Trockenheit beiträgt, von der die Insel schon im Alterthume heimgesucht
wurde.

Unter diesen Umständen, bei der in der Regel unzureichen-
den Versorgung mit meteorischem Wasser, bei der ungünstigen
Vertheilung der wässerigen Niederschläge, wobei auf die
Sommermonate kein Tropfen Regen kommt — ferner bei der
Wasserarmuth der Quellen, die der Vegetation das zu ihrem
Gedeihen nothwendige Labsal nur spärlich darreichen oder
gänzlich versagen — hat der Ackerbau schon seit undenklichen Zeiten darauf Bedacht nehmen müssen, dieses seinen
Zwecken äusserst ungünstige Verhältniss möglichst in ein er-
trägliches zu verwandeln. Er hat dies Bedürfniss um so
dringender gefühlt, als sich die Bevölkerung rasch vermehrte
und die Mittel seiner Existenz zunächst in der Productivität
des Bodens suchte. Das wasserarme Land musste trotz
seiner Mängel auf irgend eine Weise die Mittel für den Ackerbau aufzubringen suchen — und was konnte da näher liegen,
als die nicht unansehnlichen Quantitäten Wassers, welche die
Flüsse alljährlich an das Meer abgeben, möglichst für den
Ackerbau zu gewinnen, und zu verhindern, dass so viel
fruchtlos verloren gehe.

Es entwickelte sich daraus von selbst eine Art Irriga-
tionssystem, wodurch dem Boden für den grössten Theil
des Jahres und namentlich für die Frühlings- und Sommermonate die nöthige Feuchtigkeit zugeführt wurde. Nur unter
diesen Verhältnissen war ein Fortschritt des Ackerbaues, eine
Erweiterung des Culturlandes und eine Vermehrung des Wohlstandes der Inselbewohner möglich, nur so konnte das paphische Land auch „ohne Saaten erquickenden Regen" reich
und fruchtbar werden *).

<table>
<tr><td>*) Πάφον δ' ἂν ἑκατόστομοι</td><td>Et Paphum, quam centum ostia</td></tr>
<tr><td>Βαρβάρου ποταμοῦ ῥοαὶ</td><td>habentis barbari fluvii fluxus</td></tr>
<tr><td>Καρπίζουσιν ἄνομβροι.</td><td>Frugiferam reddunt sine imbribus.</td></tr>
</table>

Euripides, Bacchis.

Abgesehen von den beiden grossen Flüssen der Insel, den Pediás und den Potamos tu Morphu, die mit ihren Zuflüssen den grossen flachen Theil der Insel durchströmen, sind auch alle übrigen Flüsse und Bäche, die nach allen Seiten vom Hochgebirge dem Meere zu verlaufen, mit einem bis ins Kleinste gehenden Systeme von Kanälen und Gräben versehen, die noch lange, bevor das Wasser das ebene Land erreicht, ihnen schon einen guten Theil zur Bewässerung der nebenliegenden Berggelände, der Thalebene u. s. w. entzogen haben. Gewöhnlich kommt der Fluss dann ans Meeresgestade ohne einen Tropfen Wasser mehr zu besitzen.

Solche Bewässerungskanäle sieht man nicht nur an den grösseren und breiteren Bergflüssen, wie z. B. am Garili, der bei Limasol — am Lykos, der bei Episkopi — an den Bergströmen, die bei Kuklia, Chrysoku u. s. w. ins Meer gehen, sondern auch an den kleineren Bächen, ja selbst an Bächlein, die im Sommer gänzlich austrocknen.

So bewässert auf diese Art der wasserreiche Lykos die ganze Halbinsel von Akrotiri und macht sie wie die umliegenden Gegenden zu den fruchtbarsten des Landes. So ist der bei Kuklia aus der Gebirgsschlucht heraustretende Strom von jeher ein Segen des ganzen Küstenstriches von Altpaphos bis Neupaphos gewesen und ebenso war das wasserreiche Thal von Chrysoku und Evriko schon in den ältesten Zeiten für zahlreiche Ansiedlungen geeignet. Noch mehr! Die Bewässerungskunst hatte es dahin gebracht, selbst entfernte, wasserarme Thäler mit Wasser zu versorgen. Eine derartige Wasserführung über die Wasserscheide zweier Thäler bemerkt man noch jetzt unterhalb Evriko.

Aber auch dort, wo das Bächlein nur sparsam mit Wasser versehen ist, wird dieses sorgsam für die Felder benützt; da aber in solchen Fällen ein tropfenweises Zufliessen wenig nützen kann, so hat man durch Anlegen von Bassins, Sammelbecken u. dgl. erst das Wasser sich ansammeln lassen, um es dann von Zeit zu Zeit in ergiebigerer Menge den Feldern und Gärten zuzuführen. Manche Reservoirs dieser Art sind umfangreich, wohlgebaut und mit hydraulischem

Mörtel ausgelegt; auch kunstreiche, mit Fleiss gemauerte und durch weite Strecken geführte Kanäle oder sogar in Felsen eingehauene Rinnsäle sind dort und da zu bemerken, die alle für den gleichen Zweck bestimmt sind, und, wie mir scheint, aus einer guten alten Zeit datiren, ja, wenn man dergleichen bei Dali sieht, wird wohl die Vermuthung unterstützt, sie dürften wenigstens ihrer ersten Anlage nach aus der Zeit stammen, wo diese berühmte Cultusstätte der Aphrodite noch zahlreiche Menschen dahin zog.

Nur wenige Quellen im Lande sind so ergiebig, dass sie gleich bei ihrem Ursprunge zum Zwecke der Bewässerung benützt und in steter Vertheilung über einen weiten Landstrich geführt werden können. Eine solche Quelle ist die aus mehreren Ursprüngen bestehende Quelle von Kythraea. In einer Höhe von 700 Fuss über dem Meeresspiegel entspringend, kann ihr reichliches, das ganze Jahr hindurch unveränderliches Wasser zugleich als mechanische Kraft benützt werden, die in der That 16 über einander liegende Mühlen treibt. Schon auf ihrem Gange in der Bergschlucht, noch mehr aber auf die wenig geneigte Fläche bei Kythraea in die Ebene gekommen, saugen an ihrem Nass Tausende von Orangen-, Citronen-, Mandel-, Feigen- und Maulbeerbäume und die üppigsten Getreidefelder breiten sich unter ihrem Schatten aus. So weit das Quellwasser reicht, ist der Boden herrlich grün und belaubt, darüber hinaus herrscht Trockenheit und Dürre. Mit Wohlgefallen sieht der Reisende schon von weitem diese smaragdne, gesegnete Oase und freut sich in ihre Schatten zu treten. Kythraea ist dieser Quelle wegen sicher schon von den ersten Ankömmlingen auf dieser Insel bevölkert worden.

Anders muss die Bewässerung dort ausgeführt werden, wo das zu befeuchtende Land entfernt von Quellen und Flüssen liegt und weder Wasserleitungen noch Kanäle hingeführt werden können. In diesem Falle müssen mehr oder weniger tiefe Brunnen das Wasser liefern. Sie sind ähnlich, wie die Sakkien in Aegypten gebaut, und das Schöpfen des Wassers geschieht ebenso häufig wie dort durch Thiere, die das Schöpfrad herumzutreiben bestimmt sind, auch werden denselben bei diesem Dienste wie in Aegypten die Augen zugebunden. Diese Schöpfbrunnen heissen Allakati. Leider ist ihr Wasser in der Nähe des Meeresgestades etwas salzig und weniger zur Bewässerung der Gärten als das Flusswasser tauglich. Jeder bewässerungsfähige Boden wird ποτιστικόν genannt und hat einen grösseren Werth, als jener, der nicht bewässert werden kann.

Aber bei weitem ausgiebiger als dieses Bewässerungssystem hat die Natur für die Productivität des ebenen Landes der Insel gesorgt. Der Hauptfluss des Landes, der Pediás vom Troodos kommend, und auf seinem weiten Wege zahlreiche Nebenflüsse aufnehmend, führt in seinem tiefen Bette zur Regenzeit eine sehr anschnliche Wassermasse, die bei dem geringen Gefälle sich stauen und über das Ufer austreten muss. Die jährlich im grösseren oder geringeren Maasse erfolgende Ueberschwemmung treffen besonders die an seinem beiderseitigen Ufer liegenden Gegenden von Nicosia an gegen seinen Ausfluss bei Famagosta im steigenden Grade. Weit umher werden alle Gegenden unter Wasser gesetzt und ist die Verbindung der Dörfer unter einander auf eine Zeit lang aufgehoben.

Sobald aber das Wasser verrinnt, so bleibt auf der ganzen überflutheten Ebene nicht nur eine andauernde Feuchtigkeit zurück, sondern auch ein feiner Schlamm, der die Fruchtbarkeit ausserordentlich erhöht und wohl mit dem Nilschlamme verglichen worden ist, wie man den Pediás auch den cyprischen Nil nannte.

Dieser Alluvialboden, oft in einer Mächtigkeit von 20 Fuss ist es, der an Fertilität jeden anderen Ackergrund der Insel übertrifft, und nicht umsonst μακαρία, d. i. die Heimat der Glückseligkeit genannt wird.

Von diesem ausgezeichneten Boden, der jede Düngung überflüssig macht, habe ich nicht unterlassen Proben mitzunehmen, sie zu untersuchen und mit anderen Ackererden zu vergleichen. Als Beispiel eines vorzüglich guten Bodens mag derjenige dienen, der die fetten Weizenäcker in der Umgebung von Peristerona bildet, und vom austretenden Pediás jährlich überschwemmt wird. Ein am 23. April von diesem Boden mitgenommenes zweifaustgrosses Stück stellte einen unebenen von Klüften durchsetzten brüchigen Klumpen von gelblich-grauer Farbe dar. Die erdige Masse war homogen ohne Beimischung von gröberem Sand und anderen fremdartigen Theilen mit Ausnahme einiger unzersetzter Fragmente von Blättern und gab auch verkleinert ein gleichförmiges feines Pulver.

Geglüht färbten sich die kleinen Klümpchen bald dunkelbraun und schwarz durch die Verkohlung der in ihnen befindlichen organischen Substanzen, und entwickelten zugleich Ammoniak. Dabei wurde die Masse etwas geröthet und fast steinhart. Chlorwasserstoffsäure löste einen Theil mit heftigem Aufbrausen auf, Ammoniak fällte aus der Lösung in gelben Flocken eine reichliche Menge von Eisenoxydhydrat und Thonerde. In der filtrirten Flüssigkeit brachte Oxalsäure einen starken Niederschlag hervor, jene von diesem getrennt gab überdies nicht undeutliche Spuren von Bittererde zu erkennen.

Der Niederschlag von Eisenoxyd und Thonerde neuerdings mit Chlorwasserstoffsäure behandelt, liess mit molybdänsauren Ammoniak eine - eben nicht sehr geringe Menge von Posphorsäure ersehen. Die auf dem Filter nach der ersten Lösung zurückgebliebene unlösliche Substanz zeigte ausgewaschen sehr feine, fast durchaus gleiche Quarzkörner. Es enthält also diese Ackererde viel Thonerde, Kieselsäure als Quarz, Kalk und Eisenoxyd und ausserdem noch organische Substanzen, Ammoniak, Bittererde, Kohlensäure und Phosphorsäure.

Eine genauere, quantitative Analyse von dieser Erde wurde im chemischen Laboratorium des Herrn Professors Dr. J. Redtenbacher von Herrn J. Forstner ausgeführt, aus welcher in der That eine grosse Uebereinstimmung dieser Erde mit dem Nilschlamm hervorgeht, mit dem einzigen

Unterschiede, dass die Erde von Peristerona ungleich mehr Kalk und weniger Alkalien als dieser enthält *).

---

*) **Analyse der Ackererde von Peristerona in Cypern.**

1. Bestimmung des Wassers. 2·257 Gr. Erde wurden bei 100° getrocknet, der Gewichtsverlust betrug 0·067 Gr. entsprechend 2·96 % *Wasser.*

2. Bestimmung des Ammoniaks. 5·7275 Gr. Substanz mit Natronkalk geglüht, wurden durch das entweichende Ammoniak 0·500 norm. Salzsäure gesättigt. Diesem entsprechen 0·14 % *Ammoniak.*

3. Bestimmung der organischen Substanz. 1·1265 Gr. Substanz wurden zur Zerstörung der organischen Bestandtheile im Platintiegel geglüht und der dadurch ätzend gewordene Kalk durch kohlensaures Ammoniak wieder in kohlensauren Kalk übergeführt.

Der Gewichtsverlust betrug 0·086 oder 7·63 %

Davon ab: Wasser 2·96

Ammoniak 0·14

so entfallen auf *organische Substanz* 4·53 %

4. Bestimmung des in Salzsäure unlöslichen Theiles, ferner der Alaunerde, des Eisenoxyds, des Kalkes, der Magnesia und der Alkalien. Hierzu wurden 4·111 Gr. Erde verwendet. Der in Salzsäure unlösliche Theil wog 2·00 Gr. und beträgt somit 48·64 %.

Alaunerde sammt Eisenoxyd und Phosphorsäure wog 0·699 Gr., entsprechend 17 %.

Das Gewicht des kohlensauren Kalkes betrug 1·0125 Gr., entsprechend 24·62 %.

Das Gewicht der als phosphorsaures Salz gewogenen Magnesia war 0·103 Gr., enthaltend 0·0779 Gr. kohlens. Magnesia. Diesem entspricht 1·79 % *kohlens. Magnesia.*

Die Alkalien wurden als schwefesaure Salze gewogen: 0·086 Gr. — Darin sind enthalten: ätzendes Alkali 0·037, entsprechend 0.90 % Natron.

Der Niederschlag von Alaunerde und Eisenoxyd wurde, nachdem er geglüht und gewogen war, in Salzsäure gelöst und das Eisen mit Chamäleon titrirt. So wurden 6·74 % *Eisenoxyd* gefunden.

5. Zur *Bestimmung der Phosphorsäure* wurden 6·364 Gr. Erde verwendet, die Phosphorsäure als Magnesiasalz gewogen: 0·0287 Gr. Dieses enthält: 0·0183 Gr. *Phosphorsäure,* entsprechend 0·28 %.

Werden von 17·00 %

6·74 % Eisenoxyd und

0·28 % Phosphorsäure abgezogen,

so entfallen 9·98 % auf die *Alaunerde.*

6. Bestimmung der Schwefelsäure. 5·3195 Gr. Erde gaben 0·006 Gr. schwefelsauren Baryt oder 0·00206 Gr., entsprechend 0·039 %/₉ *Schwefelsäure.* — Nimmt man an, dass die Schwefelsäure an Kalk gebunden ist, so ent-

Durch die Fruchtbarkeit mit dem Schlammboden der Flussmündungen verbunden, ist der Sandboden, welcher durch die Dünen längs des Meeres stellenweise gebildet wird. Die oft weit hinziehenden Sandhügel werden dort, wo sie in der Nähe der sich mündenden Flüsse in ihrem Untergrunde durch das durchsickernde Flusswasser stets feucht erhalten werden,

---

hält demnach die Erde 0·066 % *schwefelsauren Kalk.* — Die andere grössere Menge des Kalkes ist, da die Erde (mit Säuren zusammengebracht) stark braust, an Kohlensäure gebunden. Zieht man den an Schwefelsäure gebundenen Kalk von der ganzen gefundenen Menge ab, so ergibt sich die Menge des *kohlensauren Kalkes* = 24·57 %.

7. *Bestimmung des Chlors.* 3·9655 Gr. Erde gaben 0·0092 Chlorsilber oder 0·0023 Chlor, woraus sich ein Procentgehalt von 0·058 *Chlor* ergibt.

8. *Bestimmung der Alkalien* in einem wässerigen Auszuge. 9·972 Gr. wurden mit Wasser ausgezogen, in der Lösung nur die Alkalien bestimmt, und 0·043 Gr. derselben als schwefelsaure Salze gewogen. 0·043 Gr. schwefelsaures Natron enthält 0·018 Gr. Natron. Diesem entsprechen 0·18 % Na O. Nimmt man an, dass das Chlor an das Natrium gebunden sei, so enthält die Erde 0·095 % *Chlornatrium.* Die übrigen 0·12 % Alkali dürften, da ein sehr concentrirter wässeriger Auszug alkalisch reagirt an Kohlensäure gebunden sein, während die grössere Menge von Alkalien (um 0·72 % mehr) in der salzsauren Lösung von Kieselsäure-Verbindungen herrühren dürften.

Spuren wurden gefunden von Mangan und Lithion.

Es ergibt sich somit folgende Zusammensetzung:

Wasser	2·96
Organische Substanz	4·53
Kieselsäure und Gestein	48·64
Thonerde	9·98
Eisenoxyd	6·74
Manganoxyd	Spuren
Phosphorsäure	0·28
Kohlensaurer Kalk	24·57
Schwefelsaurer Kalk	0·066
Kohlensaure Magnesia	1·89
Alkalien (Natron, Kali, Lithion)	0·72
Chlornatrium	0·095
Kohlensaures Natron	0·20
Ammoniak	0·14
	100·811

Nicht uninteressant ist es, diese Analyse mit der des Nilschlammes von Dr. Moser (Sitzungsberichte der Akademie der Wissenschaften, Bd. 20, p. 9) zu vergleichen.

zum Anbaue verschiedener Gemüse benützt, die ganz vortrefflich gedeihen. Man ebnet den Boden, bepflanzt ihn mit Zwiebeln, Krapp etc. Diese so zu Gärten umgestalteten Sanddünen werden $\lambda\iota\beta\alpha\delta\iota\alpha$ genannt und die erträglichsten derselben finden sich in der Nähe von Larnaka und zwischen Famagosta und Tricomo.

Von diesem fruchtbaren Boden, der vorzüglich aus der Verwitterung der Mergel- und Sandsteinschichten, so wie des Kalkes und auch wohl des Diorites hervorgegangen ist, und dessen Substanzen die Tagwasser zusammengetragen haben, ist der angrenzende Boden derselben Ebene — nur etwas höher gelegen — durchaus verschieden.

Wie in dem geognostischen Theile gezeigt wurde, sind über die ganze Ebene und am Saume der Insel die jüngsten Glieder einer marinen Ablagerung in der Form von groben

---

Die Zusammensetzung des Nilschlammes ist nämlich nach Dr. Moser folgende:

Wasser	5·917
Glühverlust	5·071
Schwefelsäure	1·082
Kieselsäure	0·849
Eisenoxyd	7·228
Thonerde	4·522
Kalk	3·840
Magnesia	0·831
Alkalien (als Chloride)	0·070
Sand	61·474
Thon nebst Chlor, Phosphorsäure, Kohlensäure und Verlust	9·116
	100·00

In den 61·474 % Sand sind enthalten:

Kieselsäure	47·170
Thonerde	6·755
Kalk	2·962
Magnesia	0·151
Alkalien	4·346
	61·474

Nimmt man an, dass die Schwefelsäure (1·082 %) an Kalk gebunden (0·757 Kalk entsprechend), und der übrige Kalk, welcher in der salzsauren Lösung gefunden wurde, so wie die Magnesia als kohlensaure Salze in dem

Conglomeraten von Grobkalk und Sandsteinen ausgebreitet.
Nur wo diese nicht sehr mächtige Decke unterbrochen oder
später zerstört wurde, tritt der unterliegende Mergel der
Tertiärformation hervor. Dies ist namentlich in den tiefsten
Theilen der Insel, welche der Pediás und der Potamos tu
Morphu durchströmt, der Fall. Hart an diese Niederung
grenzen nach allen Seiten die Gebilde des Conglomerats und
seiner Begleiter, ein wellenförmiges Terrain bildend, in dessen
Mulden und in den Vertiefungen des Flussnetzes gleichfalls,
jedoch anderer Art, eine seichte, erdige Decke zusammenge-
schwemmt wurde. Ein an Eisenoxyd reicher, daher roth gefärbter, mehr oder minder zäher, wasserbindender Thon gibt
eine nur spärliche Ackerkrume, die keinen Vergleich mit
dem fetten Weizenboden der Pediásebene aushält. Nur wo
dieser Boden mit Sand und Kalk gemischt durch Flusswasser
periodisch benetzt oder durch spärliche Quellen feucht erhalten wird, gibt er erträgliche Ernten (vergl. Seite 35).

Schlamme vorhanden seien, so ergibt sich folgende Zusammensetzung des
Nilschlammes, welcher die der Ackererde zum Vergleiche beigestellt sein möge:

	Im Nilschlamme	In der Ackererde von Peristerona
Wasser	5·917	2·96
Glühverlust	5·071	4·53
Kieselsäure	48·019	48·64
Thonerde	11·277	9·98
Eisenoxyd	7·228	6·74
Kalk aus dem Sande	2·956	—
Magnesia	0·151	—
Alkalien	4·430	0·72
Schwefelsaurer Kalk	1·839	0·066
Kohlensaurer Kalk	5·505	24·57
Kohlensaure Magnesia	1·740	1·89
Chloralkalien	0·070	0·095
Thon nebst Phosphorsäure (Kohlensäure) und Verlust	5·789	—
Phosphorsäure		0·28
Kohlensaures Natron		0·20
Ammoniak		0·14
	100.00	100·81

Dieser Boden ist wohl der verbreitetste der Insel, grenzt an den humusreichen Boden der Pediás- und Morphu-Ebene einerseits, so wie andererseits an die Vorberge der beiden Bergsysteme und ist zugleich der Boden, der die ganze Insel umsäumt.

Nicht geringe Strecken derselben Formation sind endlich ganz steriles Land sowohl in der Mesaria als im Umfang der Insel. Sie bilden ein Hochplateau, in welchem die Schichten des Conglomerats zu Tage gehen und nur Gestrüpp oft auch dieses nicht, sondern nur wenige dürre, stachelige Steppenkräuter hervorzubringen vermögen. Die Einheimischen bezeichnen dies mit dem Namen Dürrland (τραχιοτις, τραχιονες) und eben so werden die höher über die Ebene hervorragenden flachen Berge Tafelberge (τράπεζα) genannt (Siehe S. 54).

Einen von diesem verschiedenen Ackerboden gibt der Kalkmergel, wo derselbe aus der Bedeckung des Conglomerats und des Sandsteines hervortritt. Ist er hinlänglich mit Thon und Sand gemischt und kann er gehörig befeuchtet werden, so ist er wie der Boden der Pediásebene fruchtbar. Ein Beispiel gibt die Thalebene von Dali, von Athienu, Aradipu, Callo chorio etc., die zu den fruchtbarsten gehören. Anders ist es, wo der Kalkmergel ein kreidenartiges Ansehen gewinnt, unbewässerbare Abhänge bildet oder in weiten Bergrücken dahinzieht. Hier ist er für den Ackerbau unbrauchbar und kann höchstens, und das nur stellenweise, für den Weinbau gewonnen werden. Dahin gehört z. B. die ganze Gegend von Lithodonta bis Evriko und eben so die Bergabdachung von Omodos.

Endlich ist auch der Wiener Sandstein, der besonders am Südabhang der nördlichen Gebirgskette eine breite Zone einnimmt, für den Ackerbau nicht ohne Bedeutung. In der Regel kommen zwar auf seinem abschüssigen und leicht verwitterbaren Felsboden nur wenige Culturen vor, er wird jedoch dort, wo seine Schichten mehr Thon enthalten und von Flüssen in ihren Kanälen erreicht werden können, zu einem gleichfalls nicht undankbaren Ackerlande. Dies ist namentlich in der Gegend zwischen Myrtu und Siluri der

Fall; auch scheint dies Terrain in noch weiterer Erstreckung gegen Osten für den Ackerbau gewonnen zu sein.

Was den Kalk der Nordkette und dessen Auftauchen am Capo greco, bei Grusa etc. betrifft, so ist derselbe einerseits durch seine schroffen Abstürze, anderseits durch die schwere Verwitterbarkeit und Trockenheit des Gesteines nicht nur aller Cultur unzugänglich, sondern meist auch ganz und gar von aller Vegetation entblösst. Nur stellenweise und als kleine Oasen begünstigt durch eine oder die andere Quelle reift Getreide auch auf diesem Boden oder lässt kleine Wäldchen aufsprossen. Ein Beispiel gibt St. Chrysostomo.

Gross und ausgebreitet ist das Terrain des Grünsteins, aber weder seine verwitterbaren Varietäten noch die damit verbundenen anderen pyrogenen Gesteine desselben bilden eine günstige Unterlage für den Ackerbau, dessen Boden zugleich viel zu uneben und abschüssig ist, um leicht bearbeitet werden zu können. Wo dies jedoch möglich ist, geschieht es für den Weinbau. Dessenungeachtet lässt er dennoch hie und da Raum für einen Garten oder für ein Ackerfeld, und da diese Unterlage sich zu den bedeutendsten Höhen der Insel emporhebt, so folgen ihm solche kleine Ackerparcellen noch bis über 4000 Fuss Seehöhe. An der Quelle Vrisi tu Machinara am Troodos sahen wir in einer Höhe von 4800 Fuss neben dem Schlackenhaufen einer alten Kupferschmelze noch die Reste eines aufgelassenen Kartoffelfeldes. Dies so wie der Umstand, dass man in einer Höhe von 4000 Fuss über Prodromo in den hochstämmigen Wäldern alte Terrassirungen des Bodens wahrnimmt, deuten darauf hin, dass einst die Bodencultur sich auch dieser undankbaren Triften bemächtigte, zu einer Zeit, als die Insel noch 20—30mal mehr Menschen zu ernähren hatte als jetzt. —

Unter den verschiedenen Gegenständen der Bodencultur nehmen die Cerealien ohne weiters den ersten Platz ein. Es wird hier Weizen, Gerste, Hafer, aber kein Korn angebaut. Der erstere war schon im Alterthume berühmt und die Stätten des Cultus der einheimischen Gottheit (Aphrodite) waren zugleich der Cultur des Getreides gewidmet. Dies gilt von

Amathus, Papho und Dali vor allen anderen. „Excellebat vero triticum Amathusium" sagt Meursius im II. Buche. Noch im 16. Jahrhunderte hatte nach dem Zeugnisse des Stephan von Lusignan Cypern so viel Getreide, dass es davon auch anderen Ländern mittheilen konnte. Wenn Plinius sagt: „Cyprium (frumentum) fuscum est, panemque nigrum facit,"[*]) so kommt dies von dem vielen Unkrautsamen her, die sich unter die Weizenkörner mischen, daher dort, wo man schönes Getreide ernten will, man auch für die Reinhaltung des Ackers besorgt ist. Auch hier ist dem schönen Geschlechte und seinen zarten Händen das Jäten des Unkrautes (βοτανίζειν) übertragen.

Der Hauptgetreideboden ist die Mesaria, die Ebene von Morphu und die Thäler, durch die sich die Flüsse und Bäche vom Gebirge her nach den Ebenen winden, nicht weniger aber auch der ganze Küstensaum der Insel. Kein Feld wird gedüngt, dafür muss aber der Fruchtwechsel, so wie die Brache aushelfen. Natürlich entzieht die letztere jährlich fast den dritten Theil des Culturlandes der Ernte.

Gesäet wird der Weizen je nach der Beschaffenheit des Bodens entweder vor dem Eintritte oder nach dem Schlusse der Regenperiode, also entweder mit Ende Septembers oder am Anfange des Monates Jänner. Die Ernte findet dann im Mai statt. Man bedient sich zur Lockerung des Bodens eines

sehr ursprünglichen Pfluges, der denselben nur ein wenig aufritzt und mit Ausnahme der vorderen Spitze ganz ohne

---

[*]) Hist. nat. XVIII.

Eisen verfertigt ist. Zwei abgemagerte Kühe, die keine Milch geben, vorgespannt, sind kaum im Stande selbst diese leichte Nadel durch den Boden zu ziehen.

Die Getreideernte nimmt fast gleichzeitig die ganze Bevölkerung in Anspruch, denn man hat alle Ursache zu eilen, damit derselben nicht durch die um diese Zeit schon vollkommen entwickelten Heuschrecken Eintrag geschieht. Die etwas früher reifende Gerste wird deshalb oft mehr angebaut, als der Weizen, weil man damit den verheerenden Insecten leichter zuvorzukommen meint.

Ist der Schnitt, der mit der Sichel geschieht, vollendet, und sind die Halme in Garben gebunden, so haben nun die Esel und Maulthiere das wichtige Geschäft, dieselben vom Acker auf jene Stelle hinzutragen, die für jedes Dorf und jede Stadt dazu bestimmt ist, einstweilen als Magazin zu dienen. Gewöhnlich ist dies ausserhalb der Häuser auf einem möglichst ebenen Boden. Der vom Felde heimkehrende Esel ist gewöhnlich so bepackt, dass man von ihm nichts als seine vier schmalen trippelnden Beine bemerkt — ein wahrer wandelnder Getreideschober.

Hieher gebracht, werden nun die Garben in grossen Haufen je nach ihren verschiedenen Eigenthümern aufgeschichtet und in kurzer Zeit darauf beginnt das Ausdreschen derselben. Da das Land weder Scheunen noch Tennen besitzt, und sie auch nicht von Nöthen hat, indem es zur Zeit der Ernte nicht mehr regnet, so geschieht auch diese Operation coram populo und im Angesichte des heitersten Himmels. Nun erst fangen die guten Zeiten für die magern Kühe und die Disteln fressenden Eseln an, die sich bei der Ernte am thätigsten benommen haben und nun auch einmal einen guten Bissen verdienen.

An mehreren freien Stellen zwischen den Häusern werden Tennen hergerichtet, d. i. die Garben werden aufgebunden und auf den Boden ausgebreitet. Ein Schlitten mit Rindern bespannt kutschirt nun im Kreise darauf herum und enthülset die Kornfrucht. Der vorangehende Holzschnitt gibt eine Ansicht vom Untertheile des Schlittens, der nichts anderes als ein starkes vorne aufgebogenes Brett ist, in dem scharfe Hornsteinsplitter eingeklemmt und mit Kolophonium festgemacht sind. Durch das Darübergehen dieses Instrumentes werden die Halme zerschnitten und die Aehren zerquetscht, und so eine Art Brei gebildet, der mit der Wurfschaufel leicht in seine zwei wesentlichen Bestandtheile getrennt werden kann.

Bei diesem ländlichen Feste, denn Arbeit kann man es füglich nicht nennen, sitzt der Landmann ruhig auf seinem Sesselschlitten mit dem Stabe in der Hand, denn die Peitsche kennt man im Oriente nicht, und lässt die träg dahin schlendernden Thiere einen Mund voll um den andern vom Boden auflesen und hat nur dann und wann ein „Hi!" und „He!" nothwendig.

Wer, der Aegypten bereiset hat, erkennt nicht in dieser Landwirthschaft dieselben Werkzeuge, dieselben Proceduren, dieselben Gebräuche wie dort. Auch für Cypern würde das altägyptische Drescherliedchen von El Kab passen: „Dreschet für euch, dreschet für euch, o Ochsen! Dreschet für euch selbst. Ein Schäffel für euch — ein Schäffel für den Herrn!"

Wie der Weizen, so wird auch die Gerste behandelt; nur der Hafer, auf einige wenige höher gelegene Theile der Insel beschränkt, findet darin einige Ausnahmen. Mit den Cerealien sind auch einige Hülsenfrüchte Gegenstand des Ackerbaues. Einen grösseren Flächenraum beansprucht die hier beliebte Erve (Ervum Ervilia L.) und die Linse (Ervum Lens L.), einen geringeren die Bohne (Vicia Faba L.). Platterbsen (Lathyrus Orchus D. C.) und Kichern (Cicer arientinum L.) werden nur ausnahmsweise gebaut.

Während die Erve allenthalben gedeiht und sich selbst mit dem magersten Boden zufrieden stellt, nimmt die Cultur des Sesams (Sesamum orientale L.) einen besseren Grund in Anspruch. Man baut ihn in Soli, Lapethus und Dali vorzüglich des Oeles wegen, das man aus seinen Samen presst, auch versteht man daraus Kuchen zu verfertigen, die im Lande als Leckerbissen gelten.

Als Ersatz für die Kartoffel, die nur in den Gebirgsgegenden fortkommt, ist die Colocasie (Arum Colocasia L.) anzusehen, deren mehlreiche Knollen einen nicht geringen Antheil an den Nahrungsmitteln der Insulaner nehmen und sicher von Aegypten aus hicher verpflanzt wurden. Als wir am Ostermontage in Agatho ankamen, war ein grosser Theil der weiblichen Welt damit beschäftigt, in dem Gemeindehause für die ärmere Classe der Dorfbewohner ein Gemüse aus Colocasie zu bereiten.

Die Pflanze verlangt einen guten, tiefgründigen, bewässerbaren Boden, und kommt erst in den Sommermonaten zur Entwicklung seiner grossen, saftgrünen Blätter, die dem Felde ein fremdartiges Aussehen geben. —

Wir schliessen unseren Bericht über die Pflanzen des Feldbaues mit der Baumwollpflanze, dem Krapp, dem Zuckerrohr und dem Tabak und fügen noch Einiges über die minder wichtigen Culturpflanzen an.

Die Baumwollstaude wird schon seit Langem in Cypern im Grossen gebaut. Einige Verordnungen bezüglich des Einkaufes der Ernte datiren von der Mitte des XIV. Jahrhunderts. Zwei Jahrhunderte später drohte der Anbau der Baumwolle der grossen Vortheile wegen, die er im Verhältnisse zur Cultur der Cerealien brachte, diese ganz zu verdrängen. Man nannte die Baumwolle nur das „Góldkraut." Sie wird noch jetzt, jedoch in geringerem Maasse allenthalben auf der Insel angebaut, doch verlangt sie einen viel besseren Boden, als den gewöhnlichen Getreideboden, hie und da Düngung und Bewässerung. Ein solcher, im Werthe höher als jeder andere stehende Boden wird Baumwollboden, $\beta\alpha\mu$-$\beta\alpha\chi\eta\varrho o\nu$ genannt. Die vorzüglichste Baumwolle liefern die Felder von Soli und Evriko, allein dieselben haben leider keine grosse Ausdehnung.

Dieses Staudengewächs ist zweijährig. Als wir die letzte Tour auf der Insel machten, war man eben mit der Aussaat der Baumwolle beschäftigt. Die Saamen werden, bevor sie in die Erde kommen, in einer Jauche von Schafmist eingeweicht, worauf sie dann rascher keimen. Man legt sie von Stelle zu Stelle in die gezogene Ackerfurche. Nachdem sich die jungen Pflanzen entwickelt haben, was mit zusehender Schnelligkeit geschieht, werden sie den Sommer hindurch noch behackt und alle 14 Tage bewässert. Man stellt die Bewässerung erst in der Mitte September ein und bezweckt dadurch zugleich ein rascheres Reifen der Kapsel, die man im October vor Eintritt der Regenzeit erntet.

Zu den Zeiten der Venezianerherrschaft, wo die Baumwollencultur noch blühte, führte man 30.000 Ballen, später nur 8000, dann 5000, endlich jetzt nur mehr 3000 aus.

Einen vortrefflichen Ruf geniesst der Krapp von Cypern, d. i. die Wurzel der Rubia tinctorum L., denn sie wird nur von dem Smyrnaer Krapp (Bakiri) übertroffen. Diese Pflanze verlangt zur Cultur einen feinsandigen, homogenen tiefen Boden, der in seiner unteren Schichte vom Flusswasser durchtränkt wird. In dieser Beziehung ist der Dünenboden der Libadia für den Anbau des Krapps am vortheilhaftesten.

Man baut den Krapp in der Umgebung von Morphu, bei Sortira unweit Paralimni, um Hag. Sergios und Varoschia, bei Ormidia, bei Larnaka und Kitti. Der gut vorbereite und von allen gröberen Steinen befreite Boden wird entweder mit Saamen oder mit Schösslingen bestellt, und zwar im November oder im Jänner und Februar. Ein späteres Reinigen von Unkraut ist unerlässlich. Im zweiten oder dritten Jahre gräbt man die $1\frac{1}{2}$ Fuss langen Wurzeln aus, trocknet sie im Schatten und verpackt sie dann als Handelsproduct. Nur ein Theil des erzeugten Krapps wird im Lande selbst verbraucht, der Export beträgt noch immer 1800 Ctr.

Ebenso wie der Baumwollenbau, so florirte einst in Cypern auch der Anbau des Zuckerrohres ($\gamma\lambda\nu\kappa\kappa\kappa\alpha\lambda\alpha\mu\rho\varsigma$); allein es fiel diese Zeit noch viel früher, als jene, da das Zuckerrohr durch die Rebe, die Rebe durch die Baumwolle, und diese durch den Krapp mehr oder weniger verdrängt wurde. Auf den Feldern von Limasol, Kuklia, Colossi, Lapithus, so wie in den meisten Küstengegenden prangte einst das Zuckerrohr. Bei Dimi nächst Kuklia finden sich noch die Ruinen einer Wasserleitung, die zu einer Zuckerfabrik führten. Auch bei Episkopi waren zahlreiche Zuckermanufacturen etablirt. Als im Jahre 1845 L. Ross Cypern bereiste, fand er um Colossi noch Zuckerrohr. Jetzt ist es weder dort, noch anderswo auf der Insel mehr vorhanden.

Obgleich der Zucker unter der Herrschaft der Lusignane einen bedeutenden Ausfuhrartikel bildete, war das Raffiniren desselben noch in der Kindheit und bediente man sich, wie noch jetzt in Aegypten, nur einer unreinen pulverigen Masse — des Zuckerpulvers.

Der Anbau des Tabaks (Nicotiana Tabacum L.) lohnt sich nicht, obgleich Boden und Klima passend ist, indem die Heuschrecken eben solche Liebhaber des Krautes wie die Menschen sind, und den letzteren oft nichts anderes als die trockenen Stengel im August zur Ernte übrig lassen. Indessen wird er doch dort und da in kleinerem Maassstabe angebaut, wie z. B. auf der carpasischen Halbinsel, bei Paphos, Omodos u. s. w. Die schönsten Tabakfelder sahen wir in dem von

Mauern umschlossenen Garten der PP. Franciskaner in Larnaka, die jedoch nicht mehr geben, als die geistlichen Herren selbst benöthigen. Fast aller Tabak wird daher von Syrien eingeführt.

Die Cultur des Leines (Linum usitatissimum L.), sowie die des Hanfes (Canabis sativa L.) ist zu unbedeutend, als dass sie eine Erwähnung verdiente.

Dagegen muss der Cucurbitacaeen gedacht werden, von denen die Coloquinte (Cucumis Colocintis L.) sogar einen Handelsartikel ausmacht, die Kürbise, Melonen, Gurken, Wassermelonen, Flaschenkürbise häufig gebaut werden und namentlich die Wassermelonen zur Sommerszeit ein gewöhnliches Erfrischungsmittel geben.

Die eigentliche Gemüsecultur, wie sie in unseren Gärten betrieben wird, kennt man in Cypern nicht, ungeachtet Kohl, Artitschoken, Spargel und Kresse (Lepidium sativum L.) wild wachsen. Dinge wie Lattich, Salat, Kohl, Kraut, Blumenkohl, welcher letztere doch einst eine Berühmtheit war und bei uns noch jetzt als cyprischer Blumenkohl im Ansehen steht, ferner Spinat, Artischoken, Topinambur, Bamia oder Gombo sind Seltenheiten, die nur auf den Tisch der Wohlhabenden gelangen; die ärmere Classe begnügt sich mit den wilden Sprossen von Spargel (Asparagus verticellatus L.), des Cappernstrauches, mit der Kresse, dem Portulak, dem Critmum maritimum und anderem Heu und Stroh.

Noch übler ist die Blumencultur bestellt, indem ausser den Gärten der Stadt kein liebes Kind der Chloris ein Asyl findet. Die in Palästina einheimische Calendula officinalis sah ich einmal in einem Topfe gezogen im Kloster von Chrysostomo und Balsamita vulgaris, Artemisia Abrotanum, Artemisia Absyntium und Artemisia Santolina, so wie Iris florentina, Rosen und Jasmin, Melia Azederach sind die einzigen Zierpflanzen, die man dort und da antrifft. Bezeichnend ist es, dass die drei erstgenannten Pflanzenarten diejenigen sind, die sich auch in Mitteleuropa in allen Baumgärten finden und da zu denselben Zwecken verwendet werden wie in Cypern

d. i. zur Schmückung der Bräute bei Hochzeiten und der Todten, bevor sie in die stille Grube versenkt werden. *)

Die Sitte, dem Fremden beim Fortgehen ein Sträusschen zu verehren, ist zwar allgemein, doch beschränkt sich der Blumenstrauss meist nur auf eine Rose, die so knapp unter der Blume gepflückt wird, dass man sie kaum mit den Fingern zu fassen im Stande ist, und daher wohl mehr auf eine Ergötzung des Geruchssinnes als des Auges Anspruch macht.

Eine andere Sitte, aus Jasminblümchen durch Anfädlung auf zerschlitzten Blättchen der Dattelpalme gewissermaassen eine künstliche Blume zu gestalten, steht mit derselben Kunst in Aegypten im vollkommenen Einklang**). Auch hier spielt die Aloë als Beschützerin der Häuser und ihrer Bewohner ebenso wie dort die magische Wächterrolle, was nur zu auffallend zeigt, wie selbst in den kleinsten Dingen Cypern von jeher von Aegypten aus beeinflusst wurde.

Endlich ist auch der türkische Gottesacker zuweilen ein Ziergarten, denn bei Scarpho sah ich wie einst bei Batrun in Syrien die Iris sepulchrorum alle Gräber bedecken.

Schliesslich wird es nicht überflüssig sein, einige Andeutungen über den hier zu Lande bestehenden Werth des Bodens beizufügen. Man rechnet hier nach der Scala, d. i. ein Flächenmaass von 40 Schritten in die Länge und eben so viel in die Breite, was ungefähr 275 Quadr.-Klftr., d. i. dem sechsten Theil eines österreichischen Joches entspricht.

Die Preise einer solchen Scala nach der Güte des Bodens sind folgende:

Für den besten Krappboden (Varoschia) . 6000—8000 Piast.
Für den Baumwollboden . . . . 500—1000 „
Für den Boden der Libadia im Allgemeinen 1000—6000 „
Für den gewöhnlich guten Ackerboden . . 400—2500 „
Mittelpreis gewöhnlichen Bodens . . . . . 10— 20 „
Schlechter Boden . . . . 1½— 2 „

---

*) Das Bauerngärtchen in Oesterreich. Oesterr. Revue II. 1864. p. 212.
**) Die Pflanzen des alten Aegyptens. Sitzungsbericht der k. Akad. der Wissensch. XXXVIII. p. 55.

II. Der Weinbau.

Unter allen Zweigen der Agricultur spielt der Weinbau auf der Insel bei weitem die hervorragendste Rolle. Während dieselbe kaum so viel Brodfrucht erzeugt, um den kümmerlichen eigenen Bedarf zu decken, ist der erzeugte Wein nicht nur für den eigenen Verbrauch ausreichend, sondern bildet noch überdies einen namhaften Ausfuhrartikel. Hieran ist freilich die fast durchaus gute, ja selbst ausgezeichnete Qualität des Weines Schuld.

Der Weinstock gedeiht in allen Theilen der Insel von der meeresgleichen Ebene bis über 4000 Fuss*) doch ist es vorzüglich das südliche und südöstliche Gelände des grossen Gebirgsstockes des Troodos und Machera, welches mit Reben bepflanzt ist und wo auch der beste Wein gekeltert wird. Auffallend ist es immerhin, dass die so wesentlich verschiedene Bodenunterlage, wie dioritisches und aphanitisches Gestein und Kalkmergel, worauf die meisten Culturen bestehen, wenig Unterschiede in der Qualität ihrer Erzeugnisse hervorbringen. Wenn auch auf der Agriculturkarte, welche A. Gaudry und A. Damur von der Insel entwarfen**), bei weitem nicht alle Weinculturen eingetragen sind, deren sich dieselbe mit Recht als ihrer Zierde erfreut, so muss man doch sagen, dass die Weinpflanzungen immerhin nur eine ganz kleine Area in Beschlag nehmen und noch ausserordentlich ausgedehnt werden könnten, wenn es nicht an Arbeitskräften gebräche. Wenn man sieht, wie in dem tiefsten Winkel des Gebirges zwischen Lefkara und Machera und um das Kloster Machera herum noch auf den steilsten Abhängen des Aphanits der Rebenstock gedeiht, wenn man bemerkt, wie selbst im

---

*) Die höchst gelegenen Weinberge mögen wohl um Prodromo und Trooditissa sein, in beiden Fällen bei und über 4000' Seehöhe.

**) Essai d'une carte agricole de l'île de Cypre, in „Recherches scientif. en Orient“ etc. Paris 1855.

Hochgebirge zwischen Kikko und Prodromo jedes culturfähige dem zerstörten Walde abgewonnene Fleckchen Erde der Rebe eine gedeihliche Unterlage gibt, so konnte wohl die ganze Insel zu einem Weinberge umgestaltet werden, wenn es sich darum handelte, diesem trefflichen Erzeugnisse des Bodens die grösstmögliche Ausdehnung zu geben.

Setzt man für das Ackerland etwa den fünften Theil des ganzen Flächenraumes der Insel an, so dürfte der Weinbau*) wohl kaum mehr als den 124sten Theil in Anspruch nehmen, gewiss viel zu wenig, um das, was der Boden unbeschadet des Ackerlandes geben könnte, gehörig ausgenützt zu haben.

Die Anlage des Weinberges macht hier viele Schwierigkeit und gehört zu den mühevollsten Arbeiten, wobei immer ein halb dutzend Personen beschäftigt sind, von denen zwei oder drei ab- und zuzugehen haben, um das nöthige Wasser herbeizuschaffen, womit die jungen Setzlinge sogleich getränkt werden müssen. Ein anderthalb bis zwei Fuss in die Erde eindringendes Setzeisen, von einem kräftigen Manne geführt, bereitet dem etwa 3 Fuss lang zugeschnittenen Rebenzweige das Loch vor, in das er bis auf die obersten zwei Knospen eingesenkt wird. Ein zweiter Arbeiter, der das Reis hineinsteckt, gibt demselben zugleich etwas Dünger mit, ein dritter scharrt das Loch zu. Diese Arbeit wird nach Umständen und nach der Lage des Weinberges erst im März und April in höheren Gegenden Anfangs Mai vollzogen. Nicht viel früher findet aber auch die Bearbeitung des bereits bestehenden Weinberges statt. Die Rebe wird durchaus auf den Kopf geschnitten, indem man ihr nur 1 bis 2 Sprossen mit ein paar Augen lässt. Die alten Stöcke werden daher oft schenkeldick und äusserst unförmlich.

Eine Rebenpflanzung sieht daher nichts weniger als reizend aus. Zur Auflockerung des Bodens, in welchem die Reben in ziemlich weiten Entfernungen von einander stehen, bedient man sich eines Ochsenpaares oder noch allgemeiner eines Kühpaares, das vor eine Art Pflug oder Nadel gespannt

*) Weniger als 14.000 Joch.

wird. Man pflügt damit zweimal, ehe der Stock zu treiben
anfängt, das erstemal um den Boden nach den Winterregen
wieder aufzulockern, das zweitemal, um das in kurzer Zeit
üppig aufschiessende Frühlingsunkraut zu vertilgen.

Ist die Fläche geneigt, so legt man an der steilsten
Seite Terrassen an; es verhindert dies eine allzu grosse Ab-
schwemmung des fruchtbaren Erdreiches einerseits und erhält
anderseits die Feuchtigkeit des Untergrundes viel besser und
selbst dann noch wenn die Glut der Sonne alles umher zu
vertrocknen bemüht ist.

Die klafterweit auseinander stehenden Rebenstöcke er-
lauben es auch hier wie anderwärts den Weinberg zugleich
als Ackerboden zu benützen, und ich habe es vorzüglich in
den Gegenden mit Aphanit-Unterlage, wo durchaus kein Getreide gebaut wird, bemerkt, dass man zwischen den Wein
zugleich Even (*Ervum Ervilia* L.) pflanzt.

Dass zur Bearbeitung des Weinlandes kein Dünger verwendet wird, versteht sich von selbst. Wo sollte er her-
kommen? — Auch ohne Stütze muss der Rebenschössling sein
Leben fristen, seine Trauben tragen und sie zur Reife bringen,
denn woher sollte das Holz zu den Stützen genommen werden,
die ihm wie in unseren Weingärten die Last der Frucht-
schwere erleichterte? Dazu ist weder auf den jonischen Inseln,
weder in ganz Griechenland, in Syrien und Palästina noch
hier auf der Insel Material vorhanden. Wer den Orient bereiset, gewöhnt sich, dort wo der Weinstock nicht seinem
natürlichen Triebe folgen und in den Wipfeln der Bäume
grünen und hausen kann, ihn als eine *planta humifusa* in
grösster Submission und Sklaverei zu betrachten.

Der cyprische Wein, sagt Stephan von Lusignan, ist
der beste in der Welt. Wenn einem Dominikanermönche des
XVI. Jahrhunderts hierin gewiss ein gründliches Urtheil zuzu-
trauen ist, so hat die übrige weinschmeckende Welt längst in
dieses Lob mehr oder meniger eingestimmt und ich kann aus
eigener Erfahrung hinzusetzen, dass der Wein, den man auf
der ganzen Insel und in jedem Dorfe findet, wohl als das

einzige Labsal betrachtet werden kann, das der auf Entbehrungen hingewiesene Reisende, hier findet.

Selbst die geringeren Qualitäten Weines sind gut; um wie viel mehr zeichnen sich jene Sorten aus, die auch im Lande für die vorzüglichsten gelten. Nur diese letzteren führen die Bezeichnung Commanderiawein (κρασιν τῆς κομμαρδαρίας;) von dem Districte der Commende des Joanniterordens so genannt, der sich am Südabhange des Troodos und Aoon in nicht unbeträchtlicher Ausdehnung hinzieht. Es ist daher begreiflich, dass die hier zunächst gelegene Hafenstadt Limasol zum vorzüglichsten Stappelplatz nicht nur dieses, sondern auch anderer Weine der Insel geworden ist.

Der Commanderiawein ist jung dunkelroth, fast schwarz, aber je älter er wird, eine desto lichtere Farbe erlangt er, und wird zuletzt sogar braungelb. Es gibt Weine dieser Art, die ein halbes Säculum zählen, sie werden aber auch im Lande nur selten und in den kleinsten Quantitäten genossen. Herr Balso Mathei, einer der intelligentesten und wohlhabendsten Grundeigenthümer der Insel setzte uns einen mehr als fünfzigjährigen Commanderia vor. Dieser Wein war fast dunkelbraun, schmeckte etwas bitterlich, war aber dabei ausserordentlich feurig und nicht ohne Bouquet.

Hier wird der Wein nicht wie in Griechenland durch Zusatz von Harz resinirt, dagegen erlangt er durch die mit Harz ausgepichten Ziegenschläuche, in die er jung gefüllt und in denen er transportirt wird, einen Zwittergeschmack von Bock und Harz, der sich jedoch bald verliert, wenn er auf Fässer gelagert wird. Es ist nicht uninteressant zu erfahren, dass die im Lande aus Nadelholz fabricirten Fässer zur Aufbewahrung des Weines nicht taugen, sondern aus Frankreich eingeführt werden, dass aber das Holz zu diesen Fässern in Ungarn wächst (*Quercus pubescens*) und die Reifen dazu aus *Corylus pontica* über Constantinopel hieher gelangen.

In der ersten Zeit verliert jeder Wein im Fasse beinahe 10 pCt. im Jahre, später ist der Verlust viel geringer und hört beinahe ganz auf. Bei dem Mangel an Kellern wird der

Wein in dunkeln feuchten Magazinen aufbewahrt und erhält sich da unverändert durch viele Jahre.

Bei der Mässigkeit der Bewohner der Insel in allen Lebensgenüssen, ist auch der Weingenuss allenthalben auf das bescheidenste Maass beschränkt, daher überall Wein zu finden und im Preise wohlfeil. Eine Oka d. i. $^3/_4$ Maass kostete in der Regel nur 1—2 Piaster (10—20 Neukreuzer). Ungeachtet dieses ausserordentlich mässigen Preises ist der geringere Wein dennoch kein besonderer Ausfuhrsartikel, und da seine Production im Lande das Bedürfniss weit übersteigt, so musste man auf Mittel sinnen, ihn in einer andern Form zu verwerthen. Seit einigen Jahren werden daher sowohl rothe als schwarze Weine von minderer Qualität zur Spirituserzeugung verwendet. In der Fabrik des Herrn J. Isonidi zu Limasol waren bei meinem Besuche 7 Destillirapparate im Gange, von denen der grösste 648 Oka, d. i. beinahe 15 Eimer fasste und etwas weniger als 5 Eimer Spiritus gab.

Wenn man das Gesammterzeugniss des Weines auf 247.348 Eimer veranschlagt, so dürfte kaum der dritte Theil davon als Export anzunehmen sein, was ungefähr einen Werth von 3 Millionen Piaster repräsentirt. —

Um Trauben zu bewahren, werden sie getrocknet, allein man cultivirt in Cypern nicht jene Varietäten, die als Rosinen und Korinthen in den Handel gelangen. Ob hiefür die Versuche gemacht worden sind, konnte ich nicht in Erfahrung bringen, doch möchte ich glauben, dass der Korinthenhandel sich erträglicher für das Land erweisen würde, als der Weinhandel.

Leider haben wir weder über die Traubensorten, noch über die Weinlese und Weinbereitung aus eigener Erfahrung Daten sammeln können, indem der Weinstock, als wir die Insel verliessen, erst zu blühen anfing. In Verbindung damit steht wohl die späte Traubenlese, die wie in Mitteleuropa, erst Ende September und Anfangs October ihren Anfang nimmt.

Gaudry hat über die Traubenkrankheit, die vor und während seiner Anwesenheit auf Cypern herrschte, einen ausführlichen Bericht geliefert. Jetzt scheint die Insel mehr oder weniger wieder davon befreit zu sein, denn ich vernahm nirgends Klagen über diesen Punkt.

Werfen wir schliesslich noch einen Blick auf die Geschichte des Weinbaues dieser Insel, so unterliegt es keinem Zweifel, dass derselbe schon in den frühesten Zeiten von den griechischen Ansiedlern betrieben worden sein mochte, was um so natürlicher ist, als Cypern jenen Ländern, von wo aus die Cultur des Weinstockes ihren Anfang nahm, nicht nur nahe liegt, sondern mit ihnen fortwährend in staatlicher und commercieller Verbindung stand. Directe Nachrichten über den Weinbau auf Cypern stammen erst aus der römischen und griechischen Zeit. Es ist sehr wahrscheinlich, dass unter der Herrschaft der Könige aus dem Hause Lusignan derselbe zur grössten Blüthe gedieh, von der Zeit an aber immer mehr und mehr in Verfall gerieth.

III. Der Gartenbau.

Der Oelbaum und die Oelerzeugung.

Der Oelbaum (*Olea europaea* L.) ist auf Cypern nicht wildwachsend, sondern durch die Cultur dahin gepflanzt worden. Nirgends, auch nicht im abgelegensten Gebirge findet man wie z. B. in Attica oder auf der Insel Euböa Bestände von strauchartigen Oliven, wenngleich einzelne verlorene Wildlinge nicht selten sind. Die Cyprioten waren also seiner Zeit gewiss nicht wie die Cnosier auf Creta in der Lage, den Griechen und namentlich den Athenern die erste Cultur des Oelbaumes abzusprechen*). Was auch Pallas**), dabei für ein Verdienst gehabt haben mag, so viel dürfte sicher sein, dass mit ihr der so wichtige Culturzweig in Osteuropa und Westasien einen Aufschwung nahm, und dadurch

---

*) Solin XVII.

**) Pallas Athena hat als Göttin des Oelbaumes nach den Ansichten der Griechen denselben hervorgebracht, und seinen Anbau gelehrt. Orph. Lith. 711, Diodor. I. 16. 17. V. 73 Arist. c. l. p. 11. Virgil Georg. I. 18.

das kümmerlich von Wurzeln und Eicheln lebende Volk zu höherem Lebensgenusse geführt, und damit zu seiner weiteren Entwicklung die Bahn gebrochen wurde.

Der Oelbaum ist über die ganze Insel verbreitet, wo die Cultur sich des Bodens bemächtigte und steigt in der Nähe einzelner Dorfschaften bis 3500 Fuss, aber erreicht eben so wenig als der Granatapfel die Höhe von 4000 Fuss. Er kommt zwar auf den trockensten und felsigen Boden fort, befindet sich aber in der Nähe von Quellen viel besser und steht da sehr zierlich in Gruppen von lichten Wäldchen beisammen. Die Oelgärten von Kitti, Moni, Colossi, Episcopi, Lapithus, Bellapais, Kythræa u. s. w. sind umfangsreich und mit schönen oft uralten Bäumen, die sicher mehrere Jahrhunderte zählen, besetzt. Unter den mannigfaltigen Varietäten werden die Oliven des letztgenannten Ortes als die grössten besonders geschätzt.

Dem Einwohner von Cypern gilt die Olive als Lieblingsfrucht, die auch dem Aermsten zu Theil wird, für den Griechen ist sie zur Fastenzeit mit einem Stückchen Brod die einzige Nahrung.

Die Insel, die so zu sagen, von Gärten umsäumt und durchwirkt ist, hat genug Oelbäume, um den Bedarf als Nahrungsmittel zu decken, und überdies die Tausend und aber Tausend Lampen und Lämpchen zu versehen, die Tag und Nacht Gott und den zahlreichen Heiligen zu Ehren an diesem Lebensnerv saugen. Es herrscht daher auch eine gewisse Sorglosigkeit in der Cultur dieses so nützlichen Baumes, und wenn er nicht durch sein zähes Naturell selbst für seine Erhaltung sorgte, die Menschen würden es nicht thun. Mit Rohheit werden die reifen Früchte vom Baume abgeschlagen und Tausende von Aeste und Knospen dabei verletzt, und eben so wenig Sorgfalt wird auf die Bereitung des von denselben gewonnen Oeles verwendet. Sieht man die Werkzeuge an, wodurch zuerst die Quetschung der Früchte und sodann ihre Auspressung bewerkstelliget wird, so möchte man glauben, die Insel habe sich von den Zeiten her, als sie noch von neun Königen zugleich beherrscht wurde, bis auf

454

unsere Tage nicht um ein Haar in seiner Industrie geändert.
Was würde die Göttin des Oelbaumes sagen, wenn sie heute
nach Tavlu oder Pisuri käme, und diese verzweifelten
Maschinen sähe, womit die Sprösslinge ihrer erlauchten Nachkommenschaft maltraitirt werden!

Olivenquetsche im Dorfe Tavlu.

Aus dem nebenstehen-
den Bilde erhellet, auf welche
Weise das ölige Fleisch der
Oliven von den Steinkernen
gelöset und zugleich einer
Pressung und Quetschung
unterworfen wird.

Auf einer möglichst
ebenen, aus Steinplatten bestehenden Unterlage, die
mit Holz eingefasst ist und
von einem Postamente unterstützt wird, bewegt sich ein
massiver Mühlstein. Derselbe wird an dem Gängelband einer
langen Stange, die durch seine centrale Oeffnung geht, im
Kreise herumgeführt, und damit dieses regelrecht geschehen
kann, ist die Stange an einer Spindel befesigt, die auf der
Mitte der Unterlage aufsitzt und in dieser beweglich ist. Ich

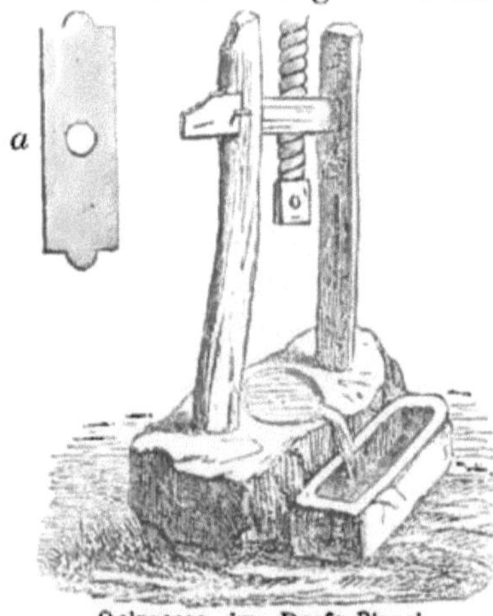
Oelpresse im Dorfe Pisuri.

habe zwar diese Operation selbst
nicht gesehen, jedoch lässt sich
aus der Mangelhaftigkeit und Rohheit dieser Vorrichtung nur zu
deutlich ersehen, welch nam-
hafter Theil des Oeles schon bei
dieser ersten Procedur verloren
gehen muss.

Nicht viel besser sieht die
Presse aus. Auch hier dient ein
roher Steinblock zur Unterlage,
in dem eine kleine zirkelrunde
Vertiefung mit einer Abzugsrinne

angebracht ist. Die gequetschten Oliven werden von einem

starken durchlöcherten Brette *a* bedeckt unter eine Schrauben-
spindel gebracht, und diese allmählig an die Unterlage an-
gedrückt. Das abfliessende Oel fängt ein roher nebenstehen-
der Trog in der Form unserer Schweinströge auf. Ich irre
kaum, wenn ich annehme, dass hiebei abermals der dritte
Theil des Oeles nebenbei ablaufend, verloren geht. Man sieht
daher leicht ein, dass bevor die Steinkerne, die natürlich dabei unverletzt bleiben, als unbrauchbar auf einen Haufen
zusammen geworfen werden, kaum die Hälfte der Olive zu
Nutzen gebracht worden ist.

Da wir in Pisuri auf einen Haufen solcher Olivenkerne
(*putamina*) unser Zelt aufschlugen, weil wir im ganzen grossen
Dorfe keinen besseren Platz dazu finden konnten, so war es
mir möglich, eine vollständige Einsicht in die Oelpresserei
hierlandes zu gewinnen.

Wenn A. Gaudry*) sagt: „Ils ignorent l'art d'épurer
l'huile ; ils réunissent ensemble les olives vertes et celles qui
sont trop mûres et gâtées ; il en résulte une liqueur si âcre,
si forte au goût, que les Européens dans un pays couvert
d'oliviers sont obligés de s'approvisionner d'huile de France
ou d'Italie," so müssen wir allerdings gestehen, dass das
cyprische Olivenöl nicht so fein wie jenes aus Aix ist, dass
es aber gleich den minderen Sorten des cyprischen Land-
weines unsern nicht verwöhnten Gaumen dennoch so schmeckte,
dass wir eben kein Verlangen nach besserem Ersatz empfanden.

Dass einst der Oelbaum reichlicher als dermalen auf
der Insel gepflegt wurde, ist unbezweifelt, doch möchte ich
daraus nicht mit Sonnini**) meinen, dass die cisternenartigen
mit Cement ausgekleideten Reservoirs, welche man in der
Umgebung von Larnaka findet, zur Aufbewahrung des Oels
dienten. Eher scheinen mir dieselben als Wasserreservoire benützt worden zu sein. Gaudry gibt die dermalige Oel-
erzeugung auf 4687 Hektoliter, welche 8281 Eimer unseres
Masses entsprechen, an.

---

*) Recherches scientif. en Orient. p. 171.
**) Voyage en Grèce et en Turquie 1801. P. I.

Ausgeführt wird leider kein Tropfen Olivenöl, während die Möglichkeit eines nicht unbedeutenden Exportes sicherlich in der Productivität des Landes liegt.

Der Joannisbrodbaum und das Joannisbrod.

Ganz anders als mit dem Oelbaume verhält es sich mit dem Joannisbrodbaume (*Ceratonia Siliqua* L.) der gleichfalls auf der ganzen Insel zu Hause ist, und nur zu häufig in Compagnie mit dem Oelbaum die Landschaft wenn auch nicht zu verschönern, doch zu beleben und dem müden Wanderer ein Schattenplätzchen zu gewähren sucht.

Er ist hier autochthon. In grossen und weiten Beständen, welche sogar wenig von anderem Strauchwerk unterbrochen werden, bekleidet er die Abhänge und wüsten Bergkuppen, die für jede Cultur unzugänglich sind. So trafen wir ihn nämlich in den Gebirgen von Machera. Hier lebt er freilich nicht als Baum, sondern als Strauch oder verkrüppeltes Gehölz. Die landwirthschaftliche Industrie hat ihn aber gewiss schon in grauer Vorzeit aus seiner unmannhaften Gestalt hervorgezogen, gepflegt und gehätschelt, und konnte es daher auch erleben, dass er sich nicht blos zu einem anständigen Stamme streckte, sondern auch seine ursprünglich wenig süssen und markigen Hülsen, zu wohlschmeckenden Früchten ausbildete.

Wie der Oelbaum aus Samen hervorgegangen, wenn auch aus edler Race erzeugt, dennoch immer wieder in sein ursprüngliches Naturel zurückfällt und seinen präadamitischen Rock anzieht, so auch die Carube. Die cultivirten Caruben sind daher alle veredelt und es auf dieselbe Weise geworden, wie unsere Aepfel, Birnen, Pfirsiche u. s. w.

Ich war nicht wenig erstaunt in der Gegend von Limasol im April fast alle Caruben entwipfelt und entästet zu sehen, und wollte eben in Verwünschungen über die Barbarei der Insulaner ausbrechen, die selbst ihres besten einheimischen Bürgers nicht schonten, als ich bemerkte, dass an dem roh mit der Holzhacke entwipfelten Stamme und einiger stärkeren Aeste ein kleines Reis eingepflanzt sei. Bei näherer Betrachtung ergab es sich, dass dadurch auf die roheste Weise, wie einst der mythologische Gärtner **Phytalos** seine Fruchtbäume veredelte, hier die Propfung vorgenommen wurde. Ich war doppelt getröstet als ich erfuhr, dass diese böotische Behandlungsweise des Baumes demselben dennoch gut anschlägt und die meisten Caruben erst in ihrem Mannesalter sich diese Castration gefallen lassen müssen.

Der District der Caruben — man könnte ihn ihr Reich nennen, weil sie da beinahe ausschliesslich herrschen — ist die Südküste der Insel zwischen Mazoto und Limasol und eben so die Gegend zwischen Keryneia und Lapithus. An beiden Orten finden sich Magazine in der Nähe der Landungsplätze erbaut, welche die reifen Früchte bis zur Verschiffung aufnehmen.

Als wir in der Mitte Aprils während der Bereisung der Nordküste ein ungemein stürmisches Wetter zu bestehen hatten, dessen Windstössen sogar kräftige Oel- und Carubenbäume nicht zu widerstehen vermochten, war es jammervoll anzusehen, wie die der Reife nahen Früchte abgeschüttelt den Boden unter den Bäumen bedeckten. Die Joannisbrodfrüchte ($\varkappa\varepsilon\varrho\alpha\varkappa\alpha$, $\chi\alpha\varrho\varrho\upsilon\pi\iota\alpha$) werden im Lande wenig gegessen, sondern meist zur Brandweinfabrication verwendet, und zu diesem Zwecke auch häufig nach Triest verführt. Indess hat diese Frucht an dem *Pteroptus aegyiptiacus* Geofr., den die Leute hier $\nu\nu\varkappa\tau o\varkappa\acute{o}\varrho\alpha\xi$ nennen und der eine hässliche grosse Fledermaus ist, einen besonderen Liebhaber, der es aber für zweckmässiger hält, statt dieselben vom Baume zu pflücken, sie in den Speichern aufzusuchen und sich damit zu erquicken. Ausser Land wird das Joannisbrod von den Griechen und Russen besonders zur Fastenzeit in grosser Menge verzehrt. Hier dient es wohl auch zur Viehmastung und zur Bereitung eines Syrups, der häufig den Honig ersetzt.

Man führte nach **Gaudry** im Jahre 1852 über 24.000 Zentner Früchte aus, die Ernte im darauffolgenden Jahre betrug beinahe das Vierfache, nämlich 90.000 Zentner. Da das Monopol in den Händen der türkischen Regierung war und der Preis von 220 Oka auf 8 Piaster festgestellt wurde, wobei die Oka sich nur auf einige Paras bezahlte, so hielten es die Bauern für rathsamer, ihre Carubenbäume niederzuhauen. Etwas Aehnliches geschah in Aegypten auch mit den Dattelbäumen, als für jeden Baum jährlich Ein Piaster Steuer bezahlt werden sollte.

Obstbaumzucht.

Mehr in engeren Gärten vereiniget als der Oelbaum und die Carube stehen die übrigen obstliefernden Bäume der Insel. Hag. Sergios bei Famagosta hatte einst 800 solcher Obstgärten, in deren Schatten sich die Bewohner dieser Stadt zur Sommerszeit flüchteten, jetzt kaum 20. — Die Bäume dieser und aller andern Gärten der Insel sind Feigen, Orangen, Citronen, Granatäpfel, Mandeln, Wallnüsse, Kirschen, Aepfel, Birnen und Mispeln. Am verbreitetsten sind wohl die Feigen, die mit den Orangen-, Citronen- und Maulbeerbäumen den Hauptbestandtheil dieser Baumgärten ausmachen. Oft bilden solche Gärten zusammenhängende Complexe von grösserer Ausdehnung, die so weit reichen, als die Kanäle, Rinnen und Wassernetze geführt sind. Gärten dieser Art gibt es bei Varoschia, Kythræa, Episkopi, Kitti, Bellapais u. s. w.; im andern Falle schliessen sie sich an jede Hausflur an, wie das in Städten wohl nicht anders sein kann, wo jedes Haus seinen eigenen Garten hat. Unter diesen Umständen ist durch ein undurchdringliches Gehäge von Opuntia, Atriplex Halimus oder Tamarix für dessen Absonderung gesorgt.

Die Feigen Cyperns, deren es nur wenige Sorten gibt, stehen nicht sehr im Rufe, am meisten noch die von Lefkara. Schon Plinius erzählt, dass man aus cyprischen Feigen guten Essig mache*).

Auch die Eselsfeige (*Ficus Sycomorus* L.), wahrscheinlich schon in den ältesten Zeiten eingeführt, war ehedem häufiger**)

---

*) Hist. nat. XV. c. 16. „E ciprio fico et acetum fit præcellens."
**) Plin. Hist. nat. XIII. c. 70.

als jetzt vorhanden, wo sie sieh nur dort und da in der Nähe
der Kirchen und in Klostergärten vorfindet.

Ein grösseres Lob verdienen die Citronen und Orangen,
die obgleich vortrefflieh gedeihen viel zu sparsam im Lande
gezogen werden um den Bedarf zu deeken. Man hat sowohl
die bittere als die gemeine süsse Orange, nebstbei die mit
rothem Fleisehe und die sogenannte Mandarine. Diese Bäume
bedürfen zu ihrem guten Fortkommen hinlängliche Boden-
feuehtigkeit, deren sie aueh in manehen Klostergärten ge-
niessen und zu einer enormen Grösse anwaehsen.

Weniger ausgezeiehnet sind die Pfirsiehe, von denen
nur schlechtere Sorten vorhanden sind. Dagegen besser sehen
die Aprikosen aus. Man sieht es diesen Bäumen an, dass sie
wie um Damaseus hier ein gedeihliches Klima finden. Die
frühreifen kleinen Massa-franei sind gefürehtet, da sie leieht
Dissenterie erzeugen, besser sind die als Misch-miseh bekannten Aprikosen.

Noch weniger Vortheilhaftes lässt sich über die in Cypern
eultivirten Kirsehen, Pflaumen, Aepfel und Birnen sagen,
denn sie stehen als eigentlieh europäisehe Obstgattungen
weit unter unserem Obste. Das heisse Klima bekommt ihnen
nicht gut. Hoffentlieh werden die Versuehe des Herrn Consuls Franeudi in Limasol dureh Einführung passenderer
Sorten zu einem günstigeren Resultate führen.

Noeh verdient der Granatapfel (*Punica granatum* L.)
einer besonderen Erwähnung, schon darum, weil er von der
ehemaligen besehützenden Gottheit des Landes, wie sie Sage
angibt, eingeführt worden sei.

αὖται δε ῥόαὶ

Ὠς εὐγενεῖς; τὴν γαρ Ἀφροδίτην ἐν Κύπρω
Δένδρον φυτεῦσαι τουτό φασιν ἐν μόνόν

Athenaeus. Deipnos III. 84. e.

Dieser unansehnliehe in seiner Blüthe jedoch äusserst
zierliehe Strauch findet sich allenthalben unter andern Obstbäumen in den Gärten der Insel. Dort, wo ieh ihn jedoeh
ganz besonders zu treffen hoffte, in den heiligen der Aphro-

dite geweihten Gärten, d. i. in Hierocipos, fanden sich statt seiner nur Disteln und Dornen.

Endlich kann unter den in jeder Beziehung hervorragenden Bäumen der Gärten die Dattelpalme nicht übergangen werden. Sie ist ein Liebling des Muselmanns, daher in Städten und Ortschaften, welche von Türken bewohnt werden, dieser Baum nicht fehlt und der Landschaft zu einer wahren Zierde gereicht.

Der westliche Theil von Larnaka, Nicosia u. s. w. erhalten durch die über die Dächer der Häuser weit hervorragenden schwankenden Blätterwipfel dieser Palme einen eigenthümlichen Charakter und einen sehr malerischen Anhauch.

In den griechischen Klostergärten steht der schmucke Baum gleichfalls nicht selten verwaiset da, aber gegen seine Vernichtung schützt ihn eine geheime Convention mit dem Cultus. Weder in Cypern noch in Syrien bringt dieser Baum seine Früchte zur vollen Reife, und zeigt dadurch nur zu deutlich, dass er auch da schon auf seinen nördlichen Vorposten steht. Noch auffallender ist es, die Banane, welche zur Zeit des Geschichtsschreibers St. v. Lusignan (1580) noch gute Früchte in Cypern zur Reife brachte, gar nicht mehr oder nur ausnahmsweise angepflanzt zu sehen.

Es ist schon bemerkt worden, dass der Maulbeerbaum in den Obstgärten Cyperns unter den übrigen Bäumen vorwiegt und den meisten Raum einnimmt. Es versteht sich von selbst, dass er mit Ausnahme des schwarzen Maulbeerbaumes (*Morus nigra* L.) nicht seiner Früchte, sondern seiner Blätter wegen gepflanzt wird, die bekanntlich der Seidenraupe zum Futter dienen. Schon aus diesem Umstand lässt sich schliessen, dass die Seidenzucht keine unbedeutende Stelle in der landwirthschaftlichen Industrie Cyperns bilde.

Wir hatten diesem Gegenstande nur nebenbei unsere Aufmerksamkeit zugewendet, obgleich wir oft genug Gelegenheit hatten, uns von einzelnen Vorgängen bei Behandlung der Seidenraupen zu instruiren. A. Gaudry hat demselben in seinem mehrerwähnten Buche einen eigenen Abschnitt gewidmet (pag. 254), woraus ich im Nachstehenden das Wichtigste entnehme. Wann die Seidenzucht in Cypern eingeführt wurde ist unbekannt, vermuthlich schon sehr frühe, da sie im Jahre 552 unter Justinian schon in Europa bekannt wurde. Im XIII. und XIV. Jahrhundert waren die Sammt- und Seidenzeuge von Cypern berühmt. Seither und namentlich seit der türkischen Herrschaft nahm die Seidenzucht immer mehr ab und gerieth durch den Druck, den sie von Seite der Regierung zu erdulden hatte, fast ganz in Verfall. Man hieb sogar die Maulbeerbäume um. Erst seit etwa 30 Jahren kam sie jedoch wieder in Aufnahme, es mögen in dieser Zeit wohl an 250.000 Bäume gesetzt worden sein. Es sind zwei Varietäten des weissen Maulbeerbaumes, die sowohl durch Samen als durch Stecklinge vermehrt werden. Nicht alle Gegenden passen für ihn und geben ein gleich treffliches Futter für die Raupen. Die Bäume im Districte von Paphos gelten auch schon darum, weil sie alt sind, für die vorzüglichsten, minder gut jene von Kythræa, Varoschia und Carpas, daher die paphische Seide unter allen die beste. Jeder Baum ist da im Stande das Material für 5—6 Oka Seide, manche sogar für das 10fache von dem jährlich zu geben. Man rechnet daher die Gesammtproduction der gesponnenen Seide auf 446—572 Zentner, davon nur der 10. Theil im Lande bleibt, das übrige ausgeführt wird.

Noch hat die Muscardine zum Troste der Seidenzüchter sich auf Cypern nicht sehen lassen.

VIII. Die Heuschreckenverwüstungen
auf Cypern.

Die Heuschrecken (ἀκρίδια) sind die gefürchtetsten aller Thiere auf der Insel. Bei ihrer Fressgierde, die nichts Genussbares verschont und bei der grossen Fruchtbarkeit, deren sie sich zu erfreuen haben, werden sie — fast jährlich zu einer enormen Anzahl angewachsen — eine wahre Landesplage, gegen die man sich vergeblich zu schützen sucht. Günstige Witterungsumstände vermehren sie und beschleunigen oft ihre verheerenden Züge, so dass der Landmann noch vor der Ernte sich des Schweisses seiner Arbeit beraubt und der Hungersnoth Preis gegeben sieht.

Merkwürdig ist, dass dieser Erbfeind der Landwirthschaft hier nicht derselbe ist, der in dem benachbarten Palästina und in Syrien eben solche Verwüstungen hervorbringt, obgleich auch dieser in Cypern nicht fehlt.

Die auf der Insel gefürchtete Heuschrecke ist kleiner als jene und gehört nicht der Gattung *Acridium*, sondern der Gattung *Stauronotus* an, kommt aber in allen Untugenden seinen viel kräftigeren Stammesgenossen fast gleich.

Wir haben auf unseren vielfältigen Wanderungen durch die Insel nur zu oft Gelegenheit gehabt diesem wandernden Heere zu begegnen, seine Geburtsstätte kennen zu lernen und es in allen Verwandlungen bis zu einer die Lüfte durchschwirrenden wilden Jagd zu verfolgen. Eine aufmerksame Beobachtung liess uns nicht weniger ihre Lebensweise, ihre vorzüglichen Nahrungsmittel und die Art und Weise, wie und nach welchen Gesetzen sie ihre Wanderungen vollziehen, erkennnen. Es wird daher nicht überflüssig sein, die gemachten Erfahrungen hier in Kürze zusammenzufassen. Das Jahr 1862 zeichnete sich in Cypern durch den frühen Eintritt des Frühlings aus. Als wir am 28. März unsere erste Reise von Larnaka aus über Ormidia nach Famagosta antraten, trafen wir schon mit der jungen Brut — den Wickelkindern dieser Landesverwüster — zusammen. Bei ihrer fast mückenhaften Kleinheit war dennoch ihre ungeheuere Anzahl grauenerregend, und liess schon im Voraus ersehen, welchen verheerenden Feind die liebliche wärmende Frühlingssonne, die Segnerin der jungen Saaten, mit diesen zugleich zur rascheren Entwickelung brachte. Wir durchritten in der Nähe des Dorfes Avgoru ein mehrentheils unfruchtbares Tafelland, wo dem vegetationsfeindlichen Conglomerate nur einzelne wenig ausgedehnte Felder abgewonnen waren. Gebüsche von *Juniperus phoenicea*, *Pistacia Lentiscus, Poterium spinosum* und *Satueja spinosa* nebst einigen andern unwirschen Kräutern bedeckten den mageren Boden. Mitten in diesem Haidelande hatten grosse Colonien von Heuschrecken Platz genommen. Haufen von mehreren Tausenden umlagerten die einzelnen Büsche, die ihnen Schutz und Nahrung zu geben schienen. Beim Herannahen hüpften die kleinen schwarzen Dingerchen in wirren Sprüngen herum, sammelten sich aber nach Kurzem wieder, um in familiärer Gemeinschaft ihre Nahrung zu verzehren. Der Eingriff, den dieselben auf die genannten Pflanzen machten, war noch unbedeutend und man konnte es denselben kaum ansehen, dass sie in ihren weicheren Theilen benagt waren. Die Klagen jedoch, die uns über ihre alljährlichen Verwüstungen zu Ohren kommen, beweisen hinlänglich, dass sie selbst schon in diesem Jugendzustande eine Geisel des Culturlandes sind.

Ganz anders nahmen sich dieselben Heuschrecken um 14 Tage später aus. Wir trafen mit ihnen auf demselben Plateau, nur etwas westlicher bei Nicosia zusammen. Es war am 11. April als wir in der Umgebung der Hauptstadt des Landes alle Landleute schon mit der Ernte beschäftiget fanden.

Noch war der Weizen nicht vollkommen reif, allein die gefürchteten Angriffscolonnen hatten bereits ihre Vorposten bis
zu den noch grünen Halmen vorgeschoben. Man beeilte sich
ihnen zuvorzukommen, indem man die nothreifen Aehren
aus dem Wege räumte und ihnen nur die Stoppeln zur Ver-
fügung stellte. Diese Thiere hatten in dieser kurzen Zeit
unglaublich an Grösse zugenommen und in ihrer Gemeinschaft in der That ein schrecken- und zugleich ein ekel-
erregendes Ansehen gewonnen. Obgleich nur eines halben
Fingers lang aber fast vollends ausgewachsen fehlte ihnen
doch noch der Gebrauch der Flügel und sie mussten sich
bei ihrem Vorrücken lediglich noch auf ihre Beine beschränken, von denen sie weniger hüpfend als langsam fort-
schreitend Gebrauch machten.

Wer möchte es glauben, dass selbst die weitläufige von
einer Ringmauer und Festungsgraben umgürtete Stadt sich
dieses ungebetenen Besuches kaum zu erwehren im Stande
ist. Neugierig frägt der ankommende Reisende, was es mit
dem weissen Bande an der Bastionsmauer, das auf der halben
Höhe derselben parallel mit dem Rande verlauft, für eine
Verwandtniss habe, bis er erfährt, dass es eine Schutzmass-
regel gegen den Heuschreckenanfall sei. Man hat nämlich
in Erfahrung gebracht, dass diese Insecten, bevor sie zum
Gebrauche ihrer Flugwerkzeuge gelangen, sehr wohl selbst
hohe senkrechte Mauern zu übersteigen im Stande sind sobald ihnen diese kleine Rauhigkeiten zur Stütze der Beine
darbieten, dass aber jeder Versuch eine möglichst glatte
senkrechte Fläche zu überschreiten für sie ein vergebliches
Unternehmen sei. Um demnach die Stadt mit den zahlreichen
zwischen den Häusern befindlichen Gärten vor dem Andrange
jener Verwüster zu schützen, hat man nächst dem Thor-
schlusse auch einen auf der ganzen Umwallungsmauer band-
förmigen feinen Mörtelanwurf mit weisser Tünche angebracht.
Durch diesen sich seltsam ausnehmenden Zaubergürtel ist in
der That die Stadt wenn nicht vollständig, doch wenigstens
zum grossen Theile vor den widerwärtigen Eindringlingen geschützt, die ihre Schanzarbeiten und Laufgräben allerdings

bis zum weissen Mörtelbande fortsetzen, aber nicht über dasselbe hinaus zu kommen vermögen.

Wenige Tage später konnten wir am Fusse der nördlichen Gebirgskette, wo sich eine Reihe ziemlich unfruchtbarer Hügel ausdehnt, schon die ersten Spuren gewaltsamer Heuschreckenverwüstungen sehen und zugleich warnehmen, dass diese Thiere auf ihrem Zuge von Osten nach Westen der Insel sich keineswegs immer an fruchtbare Landstrecken und Getreidefelder hielten, sondern mit gleicher Impetuosität auch die dürrsten und trockensten Gestrüppgegenden überzogen. Es ist sehr seltsam, wie sie in ihrem Fortschreiten weder durch Felsen noch durch Häuser und Kirchen mit ihren senkrechten Wänden aufghalten werden, und wie sie geschickt und instinctmässig, selbst dort wo sie zahllos den Boden bedecken, dem Hufe der Lastthiere und dem Fusse des Menschen jederzeit auszuweichen im Stande sind. Ihr Fortschreiten ist nach unseren Beobachtungen langsam und stets massenweise, vereinzelte Nachzügler sind selten.

So hatten wir durch einige Zeit die Heuschrecken auf unseren Wegen verfolgt, dieselben in der Mesaria und am südlichen Fusse der Nordgebirgskette überall angetroffen, ihnen jedoch am nördlichen Fusse desselben Gebirges nur ausnahmsweise und in äusserst geringer Zahl begegnet. Es schien als ob dieser 2000 bis 3000 Fuss hohe Gebirgswall der Wanderung dieser Insecten eine ganz bestimmte Richtung vorschreibe, die, wie wir später sehen sollten, auch eingehalten wird.

Damit waren abermals zehn Tage verstrichen, als wir am 22. April wieder an der Südseite der Bergkette eintrafen. Wie verändert nahmen sich aber nun die langsam fortschreitenden Wanderer aus! Ihre letzte Häutung war vorüber, und so fingen sie an von ihren Flügeln Gebrauch zu machen. Da die Getreideernte bereits vollendet war und ihnen auf den Feldern nichts als dürre Stoppel übrig blieben, so machten sie sich von dem Nahrungstriebe geleitet an die an Wegen und Zäunen stehenden Unkräuter und es war seltsam zu sehen, wie ausser dem allverbreiteten *Chrysan-*

themum coronarium die scharfstoffige *Urtica pilulifera*, man möchte sagen, als Leckerbissen allen übrigen Kräutern vorgezogen wurden. Die Kühnsten von ihnen erhoben sich bereits auf kurze Strecken in die Luft und durchschwirrten sie als Vorläufer mit leisem Fluge. Es waren dieses aber nicht die Vorposten, sondern vielmehr die Nachzügler, die wir um diese Zeit bei Como am Eingange der carpasischen Halbinsel sahen, denn jene waren bereits in unübersehbaren Scharen bis vor die Thore von Larnaka vorgerückt. Als wir kurze Zeit darauf dahin kamen, war man eben auf das emsigste damit beschäftiget diese widerwärtigen Eindringlinge von der Stadt und ihren Pflanzungen und Gärten abzuhalten. Zu diesem Zwecke wurden querüber ihren Angriffslinien Gräben gezogen und dieselben im Hintergrunde durch ausgespannte Leinwand und Wachstuch wie mit einer Schutzmauer versehen. Allerdings hatten die wenigsten Heuschrecken vermocht selbst diese niedere Barriére zu übersteigen; die meisten fielen bei diesem Versuche in den Graben und konnten dort massenhaft mit grossen eisernen Pfannen in Säcke gepackt und der Vernichtung preisgegeben werden. Allein die Anzahl derer, die dieser jedenfalls im kleinlichen Maassstabe ausgeführten Schutzwehre spotteten und über alle diese Hindernisse hinwegkamen, war doch so gross, dass sie in alle Häuser eindrangen, sogar die Wohnzimmer nicht verschonten, und die Gärten natürlich alles Schmuckes und hauswirthschaftlichen Erträgnisses beraubten.

Es war ein jammervoller Anblick, gegen den weiter zu operiren vergebliche Mühe war, doch war bei allen dem noch so viel Nahrung für diese Thiere vorhanden, dass sowohl der Weinstock als die Maulbeerbäume und Orangen in den Gärten verschont blieben.

Durch unsere Reise in den südlichen Küstendistricten der Insel, die wir dem Heuschreckenheere voraus machten, sowie durch unsern mehr als 14tägigen Aufenthalt im Hochgebirge, waren wir der allgemeinen Landesplage mehr oder weniger entrückt, doch konnten wir wahrnehmen, dass der *Stauronotus cruciatus* hier und da selbst in die höheren

Gebirge eindrang ja sich sogar bis auf die Spitze des Troodos erhob.

Als wir aber nach einem Monate wieder in die Ebene herunterkamen, die sich zwischen den beiden Gebirgssystemen der Insel ausdehnt, hatten wir den schrecklichen Anblick der zu Myriaden angewachsenen Zahl der Heuschrecken, die dem Menschen auf jedem Tritte folgten, keinen Grasshalm unbenagt liessen und von Hunger getrieben selbst haufenweise in die Wohnungen eindrangen. Getreidefelder, die von ihnen angefallen waren, bevor man Zeit zur Ernte fand, waren bis zur Unkenntlichkeit verwüstet. Nicht blos die Aehren und die Halme, ja selbst die letzten Stummeln bis zur Wurzel waren wie wegrasirt. Es ist natürlich, dass man nicht blos das gerntete Getreide, sondern auch das bereits leere Stroh wo möglich der unersättlichen Fressgier dieser kleinen Ungeheuer zu entziehen suchte, was jedoch bei dem Mangel aller Wirthschaftsgebäude im Allgemeinen nicht gelang.

Als wir unter diesen Umständen das Dorf Pendaia am 23. Mai erreichten, und von da über die weite fruchtbare Ebene nach Morphu ritten, umschwirrten uns Millionen von Heuschrecken. Kein Pflänzchen hatte mehr ein Blatt, selbst die noch nicht verholzten Stengel waren verschwunden, ja die trockensten Steppensträucher, wie *Poterium spinosum* und *Satureja spinosa* waren bis auf das Holz verzehrt; nur vor zweien Euphorbienarten, die sich hier fanden (*Euphorbia falcata* Lin. und *E. Cassia* Boiss.) hatten sie Respect und liessen sie ihres scharfen Milchsaftes wegen unberührt. Wahrhaft ekelhaft war es aber anzusehen, wie Tausende von Heuschrecken in dichten Haufen einer über den andern sich über die Excremente der Lastthiere drängten, die ihnen durch die geringe Feuchtigkeit ein willkommener Leckerbissen waren.

Doch der schrecklichste Anblick sollte uns erst ein paar Tage später am Cap Kormachiti zu Theil werden. Hier war es nämlich, wo wir die Heuschrecken auf ihrem Zuge um die ganze Insel an den flachen Küstendistricten beobachteten. Die Luft und der Boden waren gleich mit theils fliegenden theils ruhenden Heuschrecken übersäet. Wie es schien vermochten sie sich auf dieser Wanderung nicht lange in der Luft zu erhalten, sondern mussten nach kurzer Zeit wieder den Boden suchen. So erschienen die Heuschrecken dem ruhenden Beobachter fortwährend im Kommen und Gehen begriffen, und das Gewirre derselben in der Luft war ungefähr so wie das grosser Schneeflocken, wenn sie ein Wintersturm durcheinander peitscht. Ich zählte auf jeden Quadratfuss Boden durchschnittlich 8 — 10 Individuen und eben so viel durften wohl auf jeden Kubikfuss Luft zu rechnen sein. Wie hoch die Luft mit diesen rasselnden Flatterern durchdrungen war, konnte ich von meinem Standpunkte aus nicht bemessen. Dagegen war die Belästigung, die man dabei empfand, keine geringe.

Auf der Rückreise nach Larnaka in den letzten Maitagen hatten wir die Mesaria zwar wieder an vielen Punkten durchstreift, sie war aber nun leer von dem *Stauronotus cruciatus*, dagegen liessen sich auf den sonneverbrannten Hügeln dieser Gegenden andere viel grössere Stammesgenossen jener Heuschreckenart sehen, wie z. B. *Decticus albifrons* Fab., *Acridium tartaricum* Lin., *Heterogamia aegiptiaca* Lin. und eine neue Art von *Odontura*, die sich alle jedoch nur von dem ernähren konnten, was ihnen der Stauronotus überliess. In der That verschmähten sie selbst die härtesten Pflanzen wie *Ulex europaeus*, *Poterium spinosum*, *Satureja spinosa* nicht, hatten aber an *Cactus Opuntia* noch ein leckeres Gericht. Auf die Frage, ob man sich in jenen Gegenden des fruchtbaren Districts nicht auf eine neue Einquartirung jener ungebetenen Gäste fürchte, erwiderte man uns, dass die Heuschrecken einen Landstrich, den sie in einem Sommer einmal betraten, niemals ein zweites Mal heimsuchten. So sahen wir z. B. Ende Mai um Athienu den Weinstock in der Blüthe, nachdem die ersten Triebe von den Heuschrecken abgefressen waren, allein Niemand fürchtete, dass er nicht gute reife Trauben geben würde.

Ausser dem im minutiösen Maasstabe ausgeführten Versuche die Heuschrecken von Larnaka abzuhalten, hatten wir auf allen Reisen durch die Insel nicht eine einzige Vorriehtung wahrgenommen, dem Andringen des so gefürchteten Feindes Einhalt zu thun. Die sparsame Bevölkerung hätte auch vereinzelt jedenfalls erfolglose Anstrengungen gemaeht, wenn sie nicht durch rechtzeitiges Zusammenwirken der gesammten Kräfte von der Regierung aus geleitet worden wäre. Es scheint aber, dass man sich von da aus nicht gerne in einen so unerquicklichen Streit zwischen Menschen und Thieren einmischen will und lieber die Politik des Zuwartens befolgt, wobei man sich selbst Nichts, der Natur hingegen Alles aufzubürden sucht. Zwar lesen wir, dass dann und wann ein rühriger Paschah *) mit Feuer und Sehwert gegen diese kleinen Würmehen zu Felde zog, dass aber selbst ein energisehes Eingreifen hierin auf die Dauer ·keine erspriesslichen Folgen hatte. Auch dieses Jahr hatte ein Comité von intelligenten Grundbesitzern, während die Landesplage herumwüthete, Sitzungen in der Hauptstadt Nieosia gehalten, um Mittel ausfindig zu maehen, wie denselben am erfolgreiehsten und für alle Zeiten zu begegnen sei. Als wir zufällig davon verständigt um unsere Meinung in dieser Saehe angegangen wurden, wiesen wir vor Allem auf ein gründliehes Studium dieser Art von Inseeten, ihrer Lebensweise, ihrer Vermehrung, ihrer nach gewissen Normen vor sieh gehenden Verbreitungen und Wanderungen, sowie auf das Studium aller hierauf feindselig und hemmend wirkenden Umstände und Kräfte hin, wurden aber selbstverständlieh gar nieht angehört, da es sich hierlandes nur um solche Mittel handelt, die augenblieklieh wirksam sind, und so viel als niehts kosten. Dergleichen Mittel waren aber auch von jeher nur mit einem zweifelhaften Erfolg gekrönt. So erzählt z. B. Le Brun l. e. dass im Jahre 1668 Heusehreeken in dunkeln Wolken über Famagosta daherkamen, und dass dies einen Monat lang dauerte. Die Regierung befahl Jedem ein bestimmtes Maass voll Heu-

---

*) L. Ross führt l. c. z. B. an, dass auf Befehl eines Paschahs im Herbste des Jahres 1854 an 200000 Oka Eier von Heuschrecken der Regierung eingeliefert wurden. Andere liessen die Heuschrecken durch aufgebotene Heeresmannschaft zusammentreten. Von diesem barbarischen Mittel hat man indess namentlich in Syrien mehrmals einen günstigen Erfolg erlebt.

schrecken nach Nicosia abzuliefern, die getödtet und in Erd-
löchern begraben wurden. Aber auch das half wenig. Endlich hatten die Griechen durch 10 Tage Bittprocessionen angestellt. Es wurde dabei sogar das vom heil. Lucas ge-
malte Marienbild, welches das Kloster Kikko aufbewahrt,
herumgetragen, aber ebenso vergeblich!

Nach unseren eigenen Beobachtungen und den Angaben
anderer Naturforscher, welche Cypern bereisten, scheint es
über allem Zweifel zu stehen, dass der *Stauronotus cruciatus*
Chp., die hier verheerende Heuschrecke gegenwärtig seine
Brutstätte auf der Insel hat, wenngleich nicht zu leugnen ist,
dass er vielleicht hier nicht ursprünglich einheimisch, sondern
von dem nahen Karamanien durch günstige Winde hiehergeführt worden ist, und nachgerade sich hier naturalisirte.
Ausser dem früher erwähnten Falle, dessen Le Brun gedenkt, spricht noch eine Beobachtung Corancé's*), der
während seines mehrjährigen Aufenthaltes in Cypern regelmässig innerhalb ein Paar Jahren einmal Heuschrecken-
schwärme mit Nordwinden von der karamanischen Küste her
auf dem Nordufer der Insel ankommen sah, welche sie ganz
und gar verheerten und Hungersnoth herbeiführten.

Dass die Heuschrecke, welche in Kleinasien von Karamanien über Natolien bis Constantinopel ihre verheerenden
Züge macht, in der That keine andere als der *Stauronotus
cruciatus* Chp. ist, beweisen die Sammlungen, welche von
daher nur diese Art aufweisen, auch hat Herr Dr. Kotschy
im cilicischen Taurus und im Amanus nur diese Art und eine
ihre verwandte Art gesammelt.

Wie Syrien und Palästina von *Acridium migratorium*
Südrussland von *Acridium tartaricum* in furchtbarer Weise
heimgesucht wird, so ist Kleinasien und Cypern die Geburtsstätte des viel kleineren *Stauronotus cruciatus*.

So viel bekannt ist, legt diese Heuschrecke ihre Eierhülsen nicht in bebautes Land, sondern sucht hiezu vorzüglich unfruchtbare steinige Gegenden auf, daher die carpasische

---

*) Itineraire p. 238.

Halbinsel und ein Theil von Mesaria, welcher seiner steinigen, rauhen Beschaffenheit nach als Tracheotis bezeichnet wird, ihre eigentliche Geburtstätte ist. Wie tief die Eierhülsen gelegt werden hängt wohl von der Beschaffenheit des Bodens ab; der Instinct leitet die Weibchen aber hierin so weit, dass sie in der Regel solche Stellen wählen, wo die periodischen Regen und Wasserflüsse denselben nicht leicht etwas anzuhaben vermögen. Die junge Heuschrecke kommt in der Regel schon am 21. März aus den Eiern heraus, vergrössert sich rasch und häutet sich dabei vier Mal. Mit der vierten Häutung, die nach Verlauf von 4 Wochen erfolgt, erlangt die Heuschrecke ihre Flügel, erhebt sich mit günstigem Winde, begattet sich, legt ihre Eier und geht zu Grunde.

Während dieser Zeit muss sie durch den Nahrungstrieb geleitet, stets ihren Aufenthalt ändern, da das vorhandene Futter bald verzehrt ist. Die Heuschrecken schreiten anfangs langsam, später mit Hilfe ihrer Flügel rascher vorwärts, und machen wie die Beobachtungen zeigen, jährlich ihre Runde um die ganze Insel, indem sie vom östlichen Theile quer über in der Ebene fortschreiten, ein anderer Theil aber die Küstengegenden ringsum über Larnaka, Kitti, Mazoto, Amathus, Paphos, Chrysocu, Morphu, Kormachiti, Kerynea u. s. w. wandert, bis er auf seinen Ausgangspunkt wieder zurückkehrt und dort die Brut für das nächste Jahr absetzt.

Das Absterben der Heuschrecken in den heissen Sommermonaten erfüllet besonders die niedergelegenen Gegenden mit Gestank. Ihre Leichname von Wind und Regen in die Betten der Gebirgsbäche zusammengetrieben, verpesten die Luft; noch ärger ist es, wo dieselben von den Wellen des Meeres an's Gestade getrieben werden.

Von den anderweits mit grossem Vortheile angewendeten Schutz- und Vertilgungsmitteln, wie Sammeln der Eierhülsen, Umpflügen des Bodens, wo sich diese befinden, ferner Festtreten des Bodens durch Pferde und Hornvieh, Steinwalzen und Straucheggen, Schutzgräben, Gestrüppbrände u. dgl. kann begreiflicher Weise in Cypern gar nicht oder nur im beschränkten Sinne die Rede sein, da es hier einerseits an

Arbeitskräften anderseits an Geldmitteln fehlt, um dergleichen Vorkehrungen treffen zu können. Was für Cypern daher einzig zu empfehlen wäre, ist eine sorgfältige und umfassende Cultur des Bodens, indem mit dem Vordringen des Pfluges auf minder fruchtbare Strecken jedenfalls das Terrain der Bildungssätte jenes Ungeziefers eingeengt wird, denn der grösste Feind der Heuschreckeneier ist das Umgraben der Erde, worin sie gelegt wurden, weil dadurch Regen und Feuchtigkeit Zugang zu ihnen finden. Cypern scheint zwar auch in früheren Zeiten von Heuschreckenschwärmen heimgesucht worden zu sein und eine Chronik des Diomedes Strambaldi, welche sich in der Manuscriptensammlung des Vaticans in Rom und zugleich in der Bibliothek in Paris befindet*), entwirft davon ein gar schauerliches Bild, allein es scheint diese Calamität die Insel stets nur vorübergehend getroffen zu haben.

Ganz anders ist es dagegen jetzt, wo dieser Feind auf der Insel festen Fuss gefasst hat, und seine verheerenden Raubzüge Jahr für Jahr erneuert.

Cypern einst so bevölkert, jetzt auf den 20sten Theil seiner Bewohner zurückgesetzt, musste nothwendig eine Verwilderung des culturfähigen Bodens zur Folge haben. Da wir aus allen älteren Berichten nur ausnahmsweise etwas von Heuschreckenverwüstungen erfahren, so müssen diese offenbar ein neueres Uebel sein, welches das Land zuvor in der gegenwärtigen Ausdehnung gar nicht kannte. Der Grund davon ist vorzüglich in der Vernachlässigung des Bodens zu suchen, wovon diese Thiere nach ewigen Naturgesetzen Vortheil zu ziehen berufen sind.

---

*) Mas-Latrie, Historie de l'île de Chypre sous le règne des princes de la maison de Lusignan. Documents. I. p. 529.

„Et la cavalletta era assai   et del 1411 ha magnato tutta la entrada dell' isola, et la calama, que fa il zuccaro et le neranzere et l'arbori de seta. Et in tre anni tutta isola resto del tutto li arbori nudi, come fosse d'inverno.“

So trägt eine der Menschheit und der Natur hohnsprechende Verwaltung des Landes, den Keim seines Verfalles und den Fluch seines Unterganges immer in sich.

Schliesslich folgt ein Verzeichniss der von uns in Cypern gesammelten Orthoptern, welche Herr Brunner von Wattenwyl zu bestimmen die Güte hatte.

Decticus albifrons Fab.

Acridium tartaricum Lin. Bei Furni.

Stauronotus cruciatus Chp. Allenthalben.

Locusta viridissima Lin.

Pocthetis Rauliniana Lucas. Selten in den Kalk-Mergelfelsen.

Gryllus capensis Fab. Bei Prodromo.

Periplaneta orientalis Lin. Allenthalben.

Heterogamia aegyptiaca Lin. Bei Larnaka.

Forficula auricularia Lin. Auf der Spitze des Troodos häufig.

Gryllotalpa vulgaris Lin.

       var. minor bei Cataloco.

Gryllus burdigalensis Lam. Bei Prodromo.

Odontura sp. n. Bei Larnaka.

Tryxalis unguiculata Ramb.

IX. Zwölf Tage in Prodromo.

Nachdem wir das Hügelland und die tieferen Landstriche durchkreuzt und gequert hatten, war es uns nun auch darum zu thun auf dem Hauptgebirgsstocke im Südosten der Insel das gleiche auszuführen. Für diesen am meisten emporragenden Theil des Landes blieb der Besuch auf die zweite Hälfte des Maies verschoben, indem wir hofften hieher früh genug zu kommen, um den Frühling noch in seinen Flitterwochen zu erhaschen, während in den Thälern ringsumher der Glutbrand der Sonne schon Blüthen und Blätter zu versengen und abzustreifen begann.

Ein Standpunkt so nahe als möglich dem Waldesgrün und den höchsten Spitzen des Gebirges war uns in mehrfacher Rücksicht erwünscht, vorzüglich aber darum, weil hier eine ganz vorzügliche Lese von weniger verbreiteten und darum interessanteren Gewächsen zu erwarten war. Herr Dr. Kotschy hatte schon vor mehreren Jahren das Gebirgsdorf Prodromo zu seinem botanischen Ruheplätzchen erkoren und es seiner Lage und Einrichtung nach kennen gelernt. Er richtete mit mir nun nochmals sein Auge auf diese im ganzen Lande zuhöchst gelegene Gruppe von Erd- und Steinhütten, in der Absicht in diesem Eldorado der Kräuter ein paar Wochen zuzubringen und von da aus nach verschiedenen Richtungen Streifzüge zu unternehmen.

Prodromo hat seinen Namen von dem Patron der Kirche Johannes dem Täufer, oder wie er hier gewöhnlich genannt wird, dem Vorläufer. Auch für uns war dies kleine Dorf gewissermassen ein Prodromus von Naturgenüssen, wie sie den Reisenden wohl selten zu Theil werden.

Wir hatten eben die denkwürdigen Stätten einer uralten Cultur an den südlichen Gestaden der Insel berührt, als wir bei Paphos nordwärts in die Hochgebirgsmasse einbiegend diese von dem westlichsten Punkte Chrysocu über Chrysoroiatissa, Wretscha, Paleomilos bis Prodromo durchstreiften. Der Gegensatz von dem alterthümlich hinfälligen aller Menschenschöpfungen zur ewig jungen nie alternden Natur, hatte uns für alle Genüsse empfänglich gemacht, die uns hier im Mittelpunkte des Hochgebirges und der erhabensten Scenerien zu Theil werden sollten.

Mit frischem Muthe und leichtem Gepäcke zogen wir in das kleine Gebirgsdorf ein, reich beladen mit Schätzen aller Art und voll der schönsten Erinnerungen aus dem vertraulichen Umgange mit der Natur schieden wir aus dem Bereich balsamischer Lüfte um bald auch der Insel selbst unser Lebewohl zu sagen.

Es war am 9. Mai um 5 Uhr Abends, als wir auf unsern schon zum Zusammensinken müden Maulthieren die kleinen halb in den Berg hineingeschobenen Hütten von Prodromo erreichten. Ein halsbrecherischer oft sich verlierender Pfad hatte uns durch Schluchten und steile Felsgehänge von dem Dorfe Wretscha hiehergeführt. Mit Sehnsucht blickten wir wie unsere Thiere wohl schon eine Stunde vorher nach dem letzten grünen Feldstreifen hinauf, der die Häusergruppe von Prodromo durchwirkte. Platanen und Papeln, die sich eben zu belauben anfingen, versprachen uns manches schattige Plätzchen. Endlich waren wir auf eben solchen unnahbaren Pfaden in die Hüttenreihen des Dorfes eingerückt, und sahen uns umher, wo wir etwa ein freundliches Dach fänden, das uns und unsere wenigen Habseligkeiten, vor allen die zum Pflanzentrocknen bestimmten Papierpäcke schützen sollte. Das Haus neben der Platane von einem 100jährigen Mütterchen bewohnt, gewöhnlich als Hôtel der sich bis hieher verirrenden Fremden benützt, schien meinem Reisegefährten wegen

Mangel an Licht und der weniger gepflogenen Reinlichkeit diesmal nicht empfehlungswerth. Nach langem Hinundhersuchen fanden wir endlich in der Mitte des Dorfes eine finstere Stube, in welcher ein Webstuhl drei Viertheile des Raumes einnahm. Mit dem letzten Viertheil des Raumes zufriedengestellt, der gerade so gross war um unsere mitgebrachten Betten aufzustellen und eine Art von Tisch daran zu rücken,

Ansicht eines Theiles des Dorfes Prodromo von unserer Veranda aus.

machten wir es uns hier so bequem als es eben anging, unser Atelier vor die Thür hinaus verlegend, welcher Theil einen kleinen felsigen Vorsprung bildete, den wir bald mit grünen

Zweigen der schönen *Quercus alnifolia* gleich Cameliensträuchern umhegten.

So war uns dieser kleine Winkel, indem wir Tag für Tag unsere erbeuteten Schätze auskramten, trockneten und zurecht legten, so werth geworden, dass wir uns endlich schwer von ihm trennten. Den Vormittag von der Sonne beschienen war er zwar weniger angenehm, dagegen bot er Nachmittags kühlenden Schatten, und trat die Dämmerung ein, so schlichen sich die lieblichen Mondesstrahlen gar freundlich und kosend durch die gegenüberstehenden bewaldeten Bergwipfel zu uns und Dutzende von Käuzlein sangen ihr melancholisches Schlummerlied dazu.

Die 20 Häuser des Dorfes wurden uns bald bekannt und ebenso die etwa 4 bis 5fache Anzahl ihrer Einwohner, die gewissermassen zu den emsigsten Bewohnern der Insel gehören, indem sie alle Mann und Weib, alt und jung sich mit Wollespinnen befassen. Es machte einen befriedigenden Eindruck in diesem Lande des eingebornen Müssigganges hier arbeitsame, oder doch wenigstens emsig scheinende Menschen zu finden, die sich dem ungeachtet nur einen äusserst kümmerlichen Lebensgenuss zu verschaffen vermögen.

Wie bei uns so ist auch in diesen fernen Landen das Hochgebirge die Stätte der Entbehrungen aber auch zugleich der Hebel für die letzten, äussersten Kräfte des Menschen.

Aber bald sollte für die Jugend des Dorfes eine neue, wenngleich ephemere Erwerbsquelle auftauchen. Herr Kotschy nämlich versteht es aller Orts die Menschen in sein Interesse zu ziehen, ihnen dadurch eine kleine Einnahme zu verschaffen, sich selbst aber dabei mit den Naturerzeugnissen der Oertlichkeit vertraut zu machen und sich diese zugleich in solcher Menge zu verschaffen, die ohne dem mehr als die doppelt dazu verwendete Zeit erheischen würde.

Bald war unsere kleine Veranda der Sammelplatz von Mädchen und Knaben, die theils Gewächse brachten, theils Insecten, Würmer, Scorpionen, Schlangen u. s. w. zur Auswahl darboten. Die besten und seltensten darunter wurden behalten und wenige Piaster genügten, um dieselben Gegenstände Tags darauf in gewünschter Anzahl wieder zu erhalten. Ich bewunderte diesfalls die Anstelligkeit, dabei aber zugleich die Gewerbsthätigkeit der Jugend, der sich aber mit der Zeit auch das Alter anschloss. Auf diese Weise entstand, sobald wir zu Hause waren, ein fortwährendes Kommen und Gehen, und es war nicht möglich, sich auch nur auf eine kleine Zeit unabhändig von diesem Getriebe zu machen. Seltene Pflanzen, Insecten oder verschiedene andere Naturalien kamen auf diese Weise zu Hunderten in unsere Hände.

Wer so das Tagewerk zwischen Beobachten und Sammeln getheilt, wozu meist kleinere und grössere Excursionen nöthig waren, dem war die Ruhe am Abend wohlthuend und erquicklich. Mit dem Sinken der Sonne ging Tag für Tag das Concert der Nachtigallen an, deren helle und gut geschulte Stimmen ihnen den Rang von Primadonnen auch Europa nicht streitig machen könnte, darauf folgten die bescheidenen Käuzlein und lullten uns so fest in den Schlaf, dass wir selbst der Peiniger nicht gewahr wurden, die sich von unserem Blute wohlzuthun nicht scheuten.

Die Häuser sind hier alle aus Bruchsteinen gebaut, wozu der anstehende äusserst feste dunkle Diorit in seinen durch Verwitterung entstandenen natürlichen Trümmern das Material hergab. Die Verbindung der Steine ist durch einen meist magern und nur zuweilen plastischen Lehm bewerkstelliget. Weder von einem Verputz der rohen Wände noch von einer Kalktünche ist die Rede, daher alle Häuser ein düsteres dunkles Ansehen haben. Die Decke ist fast horizitontal und über das Gemäuer besonders nach vorne vorspringend, an der Hinterwand des Hauses mit dem ansteigenden Boden in Verbindung. Man kann also von der Rückseite des Hauses das Dach unmittelbar vom Boden besteigen, und wie auf einer Terrasse darauf herumwandeln. Bei der Benützung des engen Raumes, der kaum fussbreite Wege zwischen den Häusern zulässt, wandeln die Bewohner von Prodromo grösstentheils über den Köpfen ihrer tieferen Nachbarn.

Daraus sollte man freilich folgern können, dass das Dach der solideste Theil des Hauses sei; das ist aber keineswegs der Fall. Man verfertiget das Dach, indem man rohe, unbehauene, häufig nicht einmal gerade Baumstämme oder grössere Aeste derselben in der gegenseitigen Entfernung von 1½ bis 2 Fuss auf die Mauerbank legt und den Zwischenraum mit darüber ausgebreitetem Strauchwerk ausfüllt. Ueber das Gesträuch wird lehmige Erde, so wie sie aus der nächsten Nähe zu haben ist, in einer 6 bis 12 Zoll dicken Schichte aufgeführt, möglichst gleichförmig ausgebreitet und durch Holzwalzen zusammengedrückt und geebnet.

Es ist begreiflich, dass ein solches Dach, das übrigens auch in den Städten ebenso aber etwas netter ausgeführt ist, nur einem kurz anhaltenden Regen widersteht, bei längerer Dauer desselben aber durchlässig wird. Ich habe es nicht Einmal im Oriente erfahren, dass mir, als ich Schutz vor Regen in den Häusern suchte, die braune Jauche tropfenweise auf den Kopf fiel, und dass ich die Gegenstände, die bei Benetzung Schaden gelitten haben würden, noch durch eine besondere Decke vor der ohne Unterlass niederträufelnden inquinirenden Nässe schützen musste.

So war es auch hier. Das Gute dabei ist nur, dass dergleichen improvisirte Douchen in dem grössten Theile des Jahres selten, und auch dann, wann sie eintreten, gewöhnlich von nicht langer Dauer sind.

Nur ein oder zweimal während der Zeit unseres Aufenthaltes in Prodromo hatte ich die Gelegenheit, vor dem Hause die Regentropfen im Ombrometer und innerhalb desselben die mit huminsauren Salzen imprägnirten braunen Tropfen des Daches auf einem besonderen Schutzdache zu sammeln.

Aber auch die übrige Construction des cyprischen Bauernhauses entspricht den eben auseinander gesetzten Grundlinien. Ausser der Thüre ist gewöhnlich nur ein Fenster angebracht, es versteht sich von selbst ohne Glas und nur durch einen Laden beiläufig zu schliessen. Da das letztere klein ist, so muss das Licht hauptsächlich durch die Thüre seinen Eingang nehmen; hat man daher die beiden Oeffnungen, wie es zuweilen die Umstände erheischen, verschlossen, so befindet man sich, selbst bei der leuchtenden Fakel der Mittagssonne, wahrhaftig in einer odischen Dunkelkammer, in welcher uns nur der sechste Sinn allein hilfreich beistehen kann. —

Allein nicht blos zu tadeln, auch zu loben finde ich so Manches in einem solchen naturwüchsigen Hause, vor allen den höchst einfachen und sinnreichen Verschluss der durch hölzerne oben am Thürstocke angebrachte Fallklappen bewerkstelliget wird, wobei man um eine Thüre zu öffnen nur des Mittelfingers bedarf, den man in ein Loch so gross wie er selbst stekt um die Klappe zu heben. Unvertraut mit dieser so einfachen Weise, das Oeffnen der Thüre zu bewirken, stand ich anfänglich oft verzweifelnd vor solcher undurchdringlichen Schranke, wie Columbus vor dem Eie, fand aber endlich die Sache sehr praktisch und auch anderwärts zu empfehlen. Die cyprische Fallklappe ersetzt unsere Klinke, Schloss und Riegel, — was will man mehr!

Ueber die Einrichtung der Wohnstube, die sich ohnehin fast auf nichts reducirt, will ich mit Stillschweigen hinweggehen; nur eines eben so praktikabeln, federleichten, höchst einfachen und wohlfeilen Stuhles muss ich Erwähnung thun. Er besteht aus abwechselnd paarweise im Quadrate übereinander gelegten und durch vier Stifte zusammengehaltenen Stengelstücken von Anatriches (*Ferula communis* DC.) mit deren obersten Paare sich noch eine Reihe gleichgrosser Stücke zu einer Sitzfläche verbinden. Da die Anatriches eine durch die ganze Insel verbreitete Pflanze ist, so haben diese einfachen Stühle, den Dattelpalmenstühlen in Cairo nicht unähnlich, auch allenthalben in Dörfern wie in der Stadt ihre Anwendung gefunden und ein Paar derselben in ihre Bestandtheile zerlegt sind uns sogar nach Europa gefolgt. —

So einfach und anspruchslos, und nur dem Dienste der Natur gewidmet, unser Leben in diesem Berg- oder Alpendorfe auch war, so fehlte es doch nicht an Abwechslung, die nicht selten der Zufall herbeiführte. Ein solcher Zufall brachte uns bald nach unserer Ankunft unter anderen, eine Hochzeit, und da es uns vergönnt war Zeuge von der wichtigsten Handlung dabei d. i. von der Trauung zu sein, so will ich diese mit wenigen Worten beschreiben, erwartend, dass mancher Leser dabei lächelnd seinen Kopf schütteln wird.

Der zweite Sonntag des Wonnemonats sollte hier für ein junges Paar Leute, von denen der Bräutigam in Prodromo ansässig, die Braut aber einem entfernten Dorfe angehörte, der Gründungstag der ehelichen Wonne werden. Wie man vernahm, war die Braut Abends zuvor in Begleitung eines Verwandten im Dorfe angekommen, aber selbst der Sonntag liess bis Mittag auf die bereits durch Aller Mund angekündete Feierlichkeit der Trauung warten.

Einige Pistolenschüsse kündeten endlich den von der Jugend ungeduldig erwarteten Beginn der heiligen Handlung an, aber ich erstaunte nicht wenig, als ich erfuhr, dieselbe finde nicht im Gotteshause sondern im Hause des Bräutigams statt, wohin sich der Zug der Hochzeitsleute, einen „kuenen Fidelere" an der Spitze, begab. Hier war bereits eine Menge Menschen gross und klein versammelt und es fehlten auch die Priester nicht, welche die Ceremonie der ehelichen Verbindung vollziehen sollten. Als fremde λωρδος sollten wir durch unsere Gegenwart die Feierlichkeit erhöhen, und konnten also, um nicht gegen die Landessitte zu verstossen, dabei unmöglich fehlen.

Wir beide Herr Kotschy und ich von allen dem nichts ahnend waren in unserer Stube eben mit dem Einlegen der Pflanzen beschäftigt, als ein festlich gekleideter Mann durch die Thüre hereintrat und uns aus einem uralten in Böheim fabrizirten blauen Schnabelglase mit Wasser — nicht besprengte — sondern begoss.

Mir der hiesigen Sitten unkundig, war dies wie eine kalte Douche, bis ich endlich aus dem sich verbreitenden Rosengeruche gewahr wurde, dass dadurch gleichsam eine Einladung zu dem Rosenfeste der Hochzeit angedeutet und diese selbst dadurch inaugurirt sein sollte. Wir konnten also nichts eiligeres thun als dem Rosenwassermann zu folgen, und traten in die Versammlung wie es schien noch zur rechten Zeit ein.

Hier war man eben beschäftigt zwei Kränze aus Olivenzweigen zu winden. Die Zweige zu Reifen zusammengebogen und mit weissen Baumwollbändern und Flittern umwickelt stellten die ländlichen Hochzeitskränze dar, denn nicht wie bei uns die Braut allein, sondern auch der Mann wird nach griechischem Ritus bekränzt.

Sehr seltsam nahm sich statt dem Altare ein Tisch ($\tau\varrho\acute{\alpha}\pi\epsilon\zeta\alpha$) mitten in der Stube aus, worauf ein Wachslicht stand und ein kleiner Laib Brod auf einem Teller lag. Ein aufgeschlagenes Buch daneben und ein Bündel geistlicher Gewänder deuteten an, dass vor demselben die Trauung vollzogen werden sollte.

Bisher hatten wir wie die anderen honorigen Gäste und die sechs Priester, die später alle zu thun bekamen, auf Strohstühlen um den improvisirten Altar Platz genommen. Nachdem die beiden Kränze bereit lagen, sollte ein schreckliches Gedudel auf der Violine den Beginn der heiligen Handlung andeuten. Jeder Anwesende erhielt eine schwefelfadendicke Wachskerze und nun brannten im Nu 30—40 Lichter, dabei war ein solches Hin- und Herdrängen, dass ich mit Grund besorgte, die Gäste würden sich gegenseitig zu flammenden Hochzeitsfackeln umwandeln.

Jetzt hob der Wechselgesang der Priester an, wobei Braut und Bräutigam erstere links, letzterer rechts vor den Tisch traten. Von der ordinären Hausmontur der Geistlichen stach der festliche Schmuck der Brautleute sehr ab, nur konnte ich mir nicht erklären, was ein zusammengelegtes Tuch über der rechten Schulter des Bräutigams für eine Bedeutung hatte. Beide Kränze wurden sofort um das Brod gelegt und der sechste Priester, ein Fremder, während die fünf andern dem Dorfe selbst angehörten, sprach nun Gebete, die von den übrigen Priestern beantwortet wurden. Auf einmal erschienen drei Ringe auf dem Tische, mit welchen die Brautleute über Kopf und Brust auf die seltsamste Weise bekreuzt wurden, bis endlich dem Manne zwei Ringe, der Braut ein Ring auf den Ringfinger angesteckt wurden. Erst jetzt fand es ein Priester der Mühe werth, sich mit einer Art grossblumigen Vespermantel und Stola zu bekleiden und das alle gottesdienstlichen Handlungen begleitende Rauchgefäss in die Hand zu nehmen. Bald umhüllten die beiden auf dem Tische liegenden Hochzeitskränze eine Rauchwolke, allein dieses glorreichen Schicksales sollten auch die übrigen lebenden Wesen der Stube theilhaftig werden, und so waren wir denn bald alle sammt und sonders wie in einer Fleischselche einander kaum sichtbar geworden. Dass es hiebei auf uns Fremde ganz besonders abgesehen wurde, lässt sich denken; ich kann wenigstens für mich behaupten, dass mir in meinem ganzen Leben nie so viel Weihrauch gespendet wurde.

Nachdem nun wieder längere Gebete mit näselnder Stimme gesprochen wurden, die manchmal gar kein Ende zu nehmen schienen, musste auch der grosse Foliant herhalten und in der Form grosser Kreuze über die Köpfe der zu Trauenden hinwandeln, worauf denn die Bekränzung folgte.

Das Ding schien aber kein Ende nehmen zu wollen, denn jetzt fing erst die Communion an, wobei aus dem vorhandenen Brode drei Stücke aus der Mitte des Laibes herausgeschnitten in Wein getaucht den beiden Brautleuten verabreicht wurden. Das dritte Stück erhielt der Vater der Braut. Dabei wurde eben so der Wein vertheilt.

Da ich glaubte, dass damit die Haupthandlung, die bereits mehr als anderthalb Stunden dauerte, vorüber war, und ich unmöglich dieser geistlosen Ceremonie mehr zusehen konnte, entfernte ich mich, was um so weniger störend geschehen konnte, als während der ganzen Handlung fortwährend Unruhe und Lärm unter den Anwesenden stattfand, die sich so betrugen, als wären sie auf der Strasse. Der Braut, die während der ganzen Zeit ihre Augen kaum aufzuschlagen wagte, mochte es nicht weniger unangenehm gewesen sein so lange auf der Folter gelegen zu haben, und ich wünsche ihr, dass das Band, zu dessen Webe Hymen so lange Zeit brauchte, durch Amor in viel kürzerer Frist zu einem unauflöslichen Stricke zusammengedreht werde.

Nicht unerwähnt kann ich es lassen, dass während meiner Anwesenheit bei dieser Trauung es mehrmals über unsern Köpfen regnete, was bei der geringen Wasserdichtigkeit des Daches mir wohl begreiflich war. Indess staunte ich nicht wenig, als ich statt Wassertropfen Baumwollsamen fand, die hier nach uralter griechischer Sitte die Nüsse vertreten mussten.

Aber was mir noch auffälliger schien, war die stille Lustbarkeit, womit das Hochzeitsmal, wozu wir zwar geladen wurden aber nicht theil nahmen, gefeiert wurde. Auch später fehlten Musik und Tanz gänzlich, nur zur Pauke machten sowohl Mädchen als Männer für sich einige lustige oder vielmehr belustigende Sprünge. Aber trotz allen diesen stillen Freuden dauerte die Hochzeit dennoch volle drei Tage.

Man sieht daraus wohl, wie der Druck einer barbarischen Herrschaft von einer und die angeborne Trägheit und Arbeitsscheue von der andern Seite jeder Handlung seinen bezeichnenden Stempel aufzudrücken im Stande ist.

Doch kehren wir zur Natur zurück. —

In Prodromo ist man dem höchsten Gipfel des Gebirgsstockes, dem Troodos (*το Τρόοδος*) oder cyprischen Olympos, wie er auch genannt wird, so nahe, dass man ihn in 2—3 Stunden zu erreichen im Stande ist. Da ersteres auf einer Höhe von 3958 par. Fuss liegt, letzterem eine Seehöhe von 5897 Fuss zukommt, so beträgt die Steigung nahezu 2000 Fuss, dieselbe ist aber auf die horizontale Entfernung beider Punkte so vertheilt, dass man auf einem ziemlich bequemen Pfade selbst reitend den Gipfel erreichen kann. Nimmt man 4000 Fuss als Grenze an, bis zu welcher die Seestrandskiefer (*Pinus maritima* Lam.) reicht, über welcher die karamanische Föhre (*Pinus Laricio α Poiretiana* Endl.) unvermischt mit jener sich ausbreitet, so bewegt man sich auf diesem Wege ausschliesslich in einem Walde der letztgenannten Föhre. Aber welch' ein Unterschied zwischen einem Walde von unserer *Pinus Laricio*, wie er beispielsweise in Oesterreich sich gestaltet und jenem, man kann wohl noch sagen, urwüchsigen Walde des Troodos!

Haben alle Wälder der südlicheren Gegenden durch die viel weitere Entfernung der Bäume von einander ein weniger geschlossenes Aussehen als bei uns, so ist dies ganz vorzüglich sowohl von diesem als von dem sich noch weiter nach allen Richtungen verbreitenden Walde des Centralgebirgstockes der Fall. In diesem lichten Walde, wo die Art der Bewirthschaftung allerdings zu seiner Durchsichtigkeit nicht wenig beiträgt, ist der Schatten nur mässig, und daraus erklärt sich auch, wesshalb der Boden, worauf er steht, nicht ganz vegetationslos ist. Eine der schönsten Zierden des Troodoswaldes ist die *Paeonia corallina* Retz. mit ihren grossen blasskarmesinrothen Blumen, die ihre Knospen in der Mitte des Monates Mai eröffnen. Es ist eine wahre Wonne über diese wie von Morgenroth übergossenen Blumenbeete hinzusehen, die sich in weiten Strecken Berg auf Berg ab unter den altergrauen Bäumen hinziehen und mit ironischem Lächeln auf die Verwüstungen blicken, die Natur und Menschen Hand in Hand hier grauenvoll vollführen.

Schon mehrmal haben mir in der Region der Seestrandskiefer die seltsamen Verstümmlungen dieser Bäume Veranlassung zu mancherlei Betrachtungen und Fragen über Holzrechte und Bewirthschaftung des Waldes gegeben. Was ich hierüber erfahren, hat mir die Ueberzeugung verschafft, dass sowohl die Regierung als die Bevölkerung auch nicht die entfernteste Ahnung hat, welchen werthvollen und unersetzlichen Schatz sie leichtfertig vergeuden ohne auch den mindesten Nutzen davon zu haben.

Ueberall auf der ganzen Insel, wo die Seestrandskiefer noch um den Besitz des Bodens mit dem Strauchwerk kämpfet, sieht man nur junge, höchstens 20—30 Jahre alte Individuen, nirgends in Beständen sondern nur vereinzelt, zum sicheren Zeichen, dass sie zwar der Ausrottung nahe jedoch bald wieder über den nichtigen Tross von Sträuchern die Oberhand gewinnen würde, wenn man ihrer Verbreitung kein Hinderniss in den Weg legen würde. Vor allen andern fallen die stärkeren hie und da noch übrig gebliebenen Bäume auf, welche meist vollständig ihrer Aeste beraubt sind und mit ihren selten geraden in Stummeln endenden Stämmen ein wahres Bild des Jammers darstellen, von dem man sich mit Abscheu wegwendet.

Wie ist es möglich, kräftige Bäume auf solche Weise zu Grunde zu richten, so frägt man sich, denn dass ein so verstümmelter Baum nicht mehr lebensfähig ist und in kurzer Zeit dem Tode und der Fäulniss anheimfällt, ist ja von selbst klar und verständlich. Warum nimmt man denn nicht auch den um so viel werthvolleren Stamm, wenn man schon die Aeste desselben zur Verwendung geeignet gefunden hat? Sollte man es glauben, dass in allen Fällen hieran nur die äusserst mangelhaften Werkzeuge, die der Landmann besitzt, die Schuld sind, und die ihm wohl das minder dicke Astwerk aber nur mit grossen Beschwerden die Stämme der Bäume gewinnen lassen. Auf der ganzen Insel fehlt die Säge, ja selbst die Handwerker wie Zimmerleute und Tischler bedienen sich nur der Blattsäge, und dieser sogar zum Brettermachen.

Zahlreich sind die Stämme der Seestrandkiefer und der Eichen, die ich am Grunde behackt angetroffen habe; die Schwierigkeit der vollkommenen Fällung hat es in diesen Fällen bei dem Versuche bewenden lassen und sich zuletzt nur mit der Verwerthung der Aeste begnügt. Der Bedarf des Holzes zum Bau der Häuser und zur Feuerung ist so mässig und unwählerisch, dass, wo andere Nationen mit mittelschönen Stämmen kaum auslangen, hier das Astwerk vollkommen genügt.

Aber auch da, wo der Stamm wirklich gefällt wird, geschieht es nur seiner Aeste wegen, denn man hält es in der Regel für zu mühsam, die Aeste vom aufrechtstehenden Baume, besonders wenn sie hoch oben entspringen, zu nehmen. Man zieht es vor, den Baum lieber niederzulegen um zu seinen Aesten zu gelangen, den Stamm selbst aber als unbezwingbar der Vermoderung Preis zu geben, denn es kostete das Spalten und Verkleinern desselben so viele Zeit, dass in der gleichen Zeit ein zweiter und dritter Baum zum Falle gebracht und ausgebeutet werden kann. So bleibt man hier in Cypern gleichsam auf der halben Arbeit stehen, und lässt die Verkleinerung des gefällten Stammes jener Kraft die zwar langsam aber endlich doch auch die Bande löset und alles verkleinert, aber leider nicht zum Vortheile des Menschen.

Da der Brennbedarf auf der ganzen Insel fast ausschliesslich von Gestrüppe hergeholt wird, und die Herbei-
schaffung desselben dem zarten Geschlechte, wahrscheinlich
aus übergrosser Zärtlichkeit von Seite des derben Geschlechtes
zusteht, so ist auch dort, wo statt Gestrüpp der Wald Platz
genommen hat, nicht weniger das Weib dazu bestimmt, das
Brennholz zu gewinnen und es auf dem Rücken nach Hause
zu schleppen. Ich kann es ihren zarten Händen darum nicht
verargen, wenn sie statt an einem bereits gefällten Baume
Hand anzulegen, sich lieber über junge 10—15 jährige
Bäumchen hermachen, und diese — die Hoffnung und der
Stolz der kommenden Generation — erbarmungslos dem Tode
widmen.

Während man in Europa einen solchen Waldfrevel einst
mit dem Abhauen der verruchten Hand bestrafte, ist das hier
im Lande Kypros gang und gäbe, und Niemanden fällt es
ein zu klagen, wenn die Umgebung des Dorfes in Kurzem
von allen Waldbäumen entblösst ist, und auch keinen Nach-
wuchs mehr zu gewärtigen hat.

Allein dies ist nur eine Geringfügigkeit gegen die
Waldverwüstung, welche in den Hochwäldern der höheren
Gebirge, wo die karamanische Föhre herrscht, stattfindet, wie
ich das oft genug mit eigenen Augen und mit tiefem Ingrimm
über das unwürdige Geschlecht, das diesen Boden betritt,
bemerkt habe: es ist die Waldverwüstung durch Harzgewinnung. Ist der verheerende Waldbrand, wo meilenweite
Strecken Waldes in Asche verwandelt werden, ein grosses
Uebel für ein Land, das um so nachhaltigere Folgen nach
sich zieht, je langsamer die Holzproduction vor sich geht,
so ist doch ein Gebahren mit dem Baume, das ihn im besten
Alter schonungslos dem Tode Preis gibt, eine wahre Pest
des Waldes zu nennen, die nicht nur für die Gegenwart,
sondern auch für die Zukunft jeden kräftigen Waldwuchs
vernichtet und den Untergang des Waldes herbeiführt.

Es mag nicht uninteressant für alle jene, denen überhaupt das Gedeihen der Wälder am Herzen liegt, sein zu erfahren, in welcher Weise hier zu Lande das Harzen der

Bäume und die Gewinnung von Pech, Theer u. s. w. geschieht. Ich muss voraus bemerken, dass die karamanische Föhre gleich unserer *Pinus Laricio* zu den harzreichen Nadelhölzern gehört, und dass eine Harzgewinnung nach unserer Weise eingeleitet, auch dort nicht ohne Vortheil für die Industrie und ohne Nachtheil für den Wald ins Werk gesetzt werden könnte. Doch auf welche barbarische Art geschieht dies hier!

Man wählt in der Regel die kräftigsten, im besten Wachsthume begriffenen Stämme und entblösst sie zuerst vom Grunde bis auf ein oder anderthalb Klafter Höhe an einer Seite ganz von der Rinde. Es erfolgt dadurch ein Harzfluss, der aber weniger beachtet zu werden scheint, da weder das flüssige Harz in Sammelbecken geleitet wird, noch die später entstandenen festen Harzklumpen einen Gegenstand der Aufsammlung bilden. Mir scheint es wahrscheinlich, dass überhaupt die halbseitige Entrindung des Stammes nur eine vorläufige Operation des Harzens bilde. Nun wird an eben dieser verwundeten Stelle Feuer angelegt und der Stamm häufig so stark angebrannt, dass er nur zur Hälfte oder zum dritten Theile seines ursprünglichen Umfanges noch mit dem oberen Theile zusammenhängt. Diese enorme Schmälerung der Lebenskraft des Baumes muss ihn, wenn nicht bald so doch in einigen Jahren tödten, allein durch eben diese tief eingreifende Operation erleidet das Holz besonders in der Nähe des verletzten Theiles jene merkwürdige Metamorphose, die wir Kienbildung nennen, und die darin besteht, dass sich zwar nicht Harzgänge in grösserer Anzahl ausbilden, sondern alle Zellen (Holz- und Markstrahlenzellen) mehr oder weniger mit Harz füllen*).

---

*) Eine sorgfältige anatomische Untersuchung solches durch Brand zu Kien gewordenen Holzes hat zwar einige Vergrösserung der vorhandenen Harzgänge gezeigt, keineswegs aber eine Vermehrung der Zahl nach. Dafür waren aber alle Prosenchymzellen, insbesonders die dickwandigen am Ende des Jahresringes so wie die Zellen der Markstrahlen voll von flüssigem Harze (Balsam). Ein Schwinden der Membran, noch weniger eine Auf-

Dieses Kienholz nun ist es, das den vorzüglichsten Gegenstand der Gewinnung bei der Harzerzeugung bildet. Der entweder vom Winde umgebrochene oder nun leicht mit der Axt zu fällende Stamm wird an allen jenen Stellen, wo sich das Holz in Kien umwandelte, gespalten und verkleinert, und das Kleinholz dann einer trockenen Destillation unterworfen, deren Product Colofonium und ein ganz schwarzes mit Erde vermischtes theerartiges Harz ist.

Auch diese Operation wird hier von dem Harzproducenten auf die roheste Weise im Walde selbst vollführt. Man baut zu diesem Zwecke an einem Bergabhange aus Bruchsteinen eine trichterförmige Vertiefung, bald enger bald weiter mit einer seitlich am Grunde angebrachten kleinen Oeffnung, die in eine zweite kleinere blos im Boden ausgehöhlte Grube führt. Dieser Harzofen wird nun mit Kienholz angefüllt oben bis auf eine kleine Oeffnung zugedeckt und angezündet. Die erhöhte Wärme bringt das in den Harzgängen und Zellen aufgespeicherte Harz bald zum Flusse, das sich im untersten Theile des Ofens ansammelt und durch die kleine Oeffnung desselben in die äussere Grube abfliesst, wo es in Form eines Kuchens erstarrt und von Zeit zu Zeit abgehoben wird, so wie man eine neue Portion aus der verstopften Oeffnung abfliessen lässt. Die letzteren Portionen sind dann mehr unrein mit Erde vermischt von Russ durchdrungen und bleiben als zähe schmierige Klumpen zurück, während die ersten festes mit muschligem Bruche versehenes lichtbraunes Colofonium darstellen.

Ich habe die hier beschriebene Operation nur aus der Zusammenstellung von beobachteten Thatsachen entnehmen können, indem ich weder einer solchen Destillation beiwohnte, noch mich durch einen Harzbrenner unterrichten lassen konnte, die übrigen Leute sich aber in gänzlicher Unwissenheit hierüber befinden. Ja es geschah, dass, nachdem mir fortwährend

---

lösung derselben war zu bemerken. Hier erscheinen also die genannten Elementartheile harzausscheidend, und zwar keineswegs auf Kosten ihrer Membranen.

auf meine Fragen ganz irrige Antworten ertheilt wurden, ich sie auf eklatante Weise ihrer Unkenntniss und Lügenhaftigkeit überwies. So behaupteten z. B. alle Einwohner von Prodromo, nachdem ich mich um die Ursache des Anbrennens bereits früher verletzter Baumstämme erkundigte, dass dieses scheussliche Anbrennen stets durch fremde Personen erfolge, die an solcher Verwüstung Lust und Vergnügen empfänden. Auf meine Frage, ob sie einen solchen schadenverursachenden ξένος nicht zur Rechenschaft zu ziehen im Stande seien, verneinten sie es mit dem Bemerken, dass man seiner nicht leicht habhaft werden könne, indem er fortwährend in den Wäldern herumziehe. Nachdem ich den Leuten aber zeigte, dass das Anbrennen der Stämme unmöglich aus Lust am Feuer geschehen könne, da sonst Waldbrände entstehen müssten, hier aber nur die bereits verletzten Bäume, beiläufig ein Drittel des Waldes, und zwar nur an einer bestimmten Stelle angezündet werden, schüttelten sie noch immer den Kopf und behaupteten steif und fest, dass dies der ξένος thue. Für meine Etymologie steht es indess eben so fest, dass der Herr ξένος nichts anders als der Pechklauber und Pechjäger unter ihnen ist.

Indess erhielt ich noch viel naivere Antworten, als ich mich um das Recht der Waldbenützung in dieser oder jener Richtung erkundigte, indem ich die Vermuthung aussprach, es müsse doch wohl der Regierung oder vielleicht einzelnen Gemeinden das Eigenthumsrecht für dergleichen grosse Waldstrecken zustehen. Von einem Recht des Staates wussten sie gar nichts, und was die Gemeinden einzelner Dörfer betrifft, so hätten die allerdings in dem Umfange ein Recht auf Benützung des Waldes als sie von nachbarlichen Gemeinden mit gleichem Rechte nicht daran behindert würden. An bestimmte Waldgrenzen sei nicht zu denken, ein jeder nehme und thue im Walde, was ihm beliebt, der Fremde so gut wie der Einheimische. Auf meine Verwunderung darüber fanden sie es unbegreiflich, wie ich es nicht wissen sollte, dass der Wald einzig und allein dem lieben Herrgott (τῷ θεῷ) angehöre.

Glückliches Land, wo der Wald noch keinen andern Eigenthümer als den Schöpfer hat, und wo nicht blos aus öconomischen, sondern noch aus socialpolitischen Gründen auf seine Conservirung alles gesetzt werden muss! glückliches Land, wo das Gebot der Nothwendigkeit nicht schon den vereinzelten Waldbaum unter den Schutz des Waldrechtes stellen muss! Ein Land wie dieses, sollte man meinen, habe noch eine Zukunft.

Aber es erhellet aus dem oben vorgebrachten auch, was es in Cypern, wo der Wald ohnehin schon auf die unzugänglichsten Theile des Landes zurückgedrängt ist, mit der Waldwirthschaft für eine Bewandtniss habe. Hier bietet zu seinem Schutze allein die Natur und einige zufällige Umstände noch ein schwaches Bollwerk gegen den Unverstand und die Gewissenlosigkeit der Regierung wie gegen die täppische Einfalt seiner unmündigen Bewohner.

Dass Gesträppbrände, deren Verheerungen zu den gewöhnlichen Erscheinungen gehören, und die ich nur zu oft zu beobachten Gelegenheit hatte, sich in ihrer Ausdehnung nicht viel häufiger zu Waldbränden gestalten, dass die Unvorsichtigkeit mit der Feuerung zum Behufe der Harzgewinnung nicht noch den letzten Schmuck des Landes und die letzte Stütze einer zukünftigen Industrie raube, halte ich für ein baares Wunder.

Es ist kein Zweifel, wie das auch von Strabon deutlich ausgesprochen ist*), dass Cypern einst eine mächtige Vor-

---

*) Strabon beruft sich diesfalls auf den Geographen Eratostenes (272—192 a. Ch.): „φησὶ δ' Ερατοσθένης τό παλαιον ὑλομανουντων τῶν πεδίων, ὥστε κατεχεσθαι δρυμοις και μη γεωργεῖσθαι, μικρα μέν ἐπωφελεῖν προς τοῦτο τα μεταλλα, δενδρυτομούντμν προς την καῦσιν τοῦ χαλκοῦ και τοῦ αγύρου etc."

„Eratostenes sagt, es sei vor Alters so viel Wald vorhanden gewesen, dass man vor lauter Holz kein Feld bauen konnte. Einige Verminderung hätten die Bergwerke bewirkt, da man zum Schmelzen des Kupfers und Silbers Bäume fällen musste." Dazu kam auch die Ausrüstung der Flotten, da sie bereits ohne Furcht und mit Kraft das Meer beschifften. Als sie aber auch damit nicht ausreichten, so erlaubten sie Jedem, der wollte zu fällen, so viel er konnte und den dadurch gewonnenen Boden als steuerbares Eigenthum für sich zu behalten. Strabon, XIV. 6.

rathskammer von Holz für Berg- und Schiffbau war, indem seine Wälder von dem Innern des Landes bis zum Strande reichten. Als der Libanon schon sich zu lichten anfing, bedeckten noch unübersehbare Wälder das Eiland.

Wie Aegypten an Korn, so war Cypern an trefflichem Schiffbauholze reich, und es wird begreiflich, wie jenes waldlose Reich, als sich seine Seemacht zu entfalten anfing, diese Insel als seinen Edelstein in der Krone betrachtete. So viel auch der im Schwunge betriebene Bergbau und die Ausrüstung der Flotten dem Walde ans Herz ging, so lieferte Cypern dennoch selbst noch zu Zeiten griechisch-persischer Kriege massenhaft Holz für Schifffahrt und Kriegsflotten und langte damit noch bis zu den Zeiten der Kreuzzüge aus, wo der Holzproduction der Insel wahrscheinlich der Todesstoss gegeben wurde. Wo einst die cyprische Eiche (*Quercus Pfaeffingeri var. cypria* K.) und die wehrlose Eiche (*Quercus inermis* K.) im Nordwesten der Insel über Berg und Thal sich ausbreiteten und ohne Zweifel dichte Bestände bildeten, sind diese grossen stattlichen Eichenarten gegenwärtig auf sparsame nur sehr zerstreut stehende Individuen beschränkt. Ebenso muss sich jetzt die Seestrandskiefer (*Pinus maritima* Lam.) so wie der rothbeerige Wachholder (*Juniperus phoenicea* L.), wenn auch kein zu beschränktes Terrain doch diejenigen Misshandlungen gefallen lassen, die sie zu einem krüppelhaften Wuchse erniedrigen, während sie ehedem in kräftigen Formen und dichtem Anwuchse sich in die weiten Strecken der Ebenen und des Tafellandes theilten. Bemüht um einen schönen Baum des genannten Wachholders zu finden ist es mir selbst auf der carpasischen Halbinsel und in der Gegend von Tricomo, wo er als Nutzholz gefällt und verführt wird, nicht gelungen etwas Besseres als von Stürmen im Wachsthume niedergehaltene krüppelhafte Individuen zu sehen. Wie es seinem Gefährten der Seestrandskiefer ergeht, habe ich bereits näher aus einander gesetzt. Vorzüglich sind es Waldanflüge dieses Baumes, die von Gestrüppbränden am meisten zu leiden haben.

Nur die karamanische Föhre in den höheren Gebirgsgegenden blieb bisher möglichst geschont, ist aber jetzt

an die Reihe gekommen, um einer elenden und dazu noch
unzulänglichen Harznutzung auf die schmälichste Weise zu
unterliegen. Nur dort, wo sie in den Schluchten tiefer in die
Thäler herabsteigt oder wo ihr elende Saumpfade nahe
rücken, wird sie als Zimmerholz ausgehackt und auf Last-
thieren bis an die Küste geschleppt, um über die Insel hinaus
ihre Reise fortzusetzen. Ein solches Zimmerholzdepôt sah
ich z. B. in Galata am nördlichen Fusse des Troodos wo
4—5 Klafter lange 5—6 Zoll im Gevierte betragende Stämme
zum Transport an das Meer vorbereitet lagen. Solche Stücke
werden mit einem Ende dem Maulthiere auf den Rücken
gebunden und weiter geschleppt, kleinere Dielen selbst zu
6 Stücken dem duldsamen Esel auf den Sattel gebunden und
von demselben sichtlich mit grosser Beschwerde fort-
balancirt.

Noch ein Waldbaum darf nicht übergangen werden, es
ist die Cypresse, und zwar jene Form mit horizontal ab-
stehenden Aesten (*Cypressus horizontalis* Mill.). Dieser prachtvolle Baum kommt gegenwärtig nur vereinzelt oder in kleinen
Gruppen an den Abhängen der nördlichen Gebirgskette vor,
und man sieht es ihm an, wie hart seinem Geschlechte zu-
gesetzt worden sein muss. Ausser diesen sporadischen
Trümmern einer ehemals sicher erfreulicheren Vegetation
fanden wir in der Nähe des Klosters Chrysostomo noch einen
ziemlichen Bestand von schönen, hoffnungsvollen jungen
Bäumen. Sollten diese vielleicht die Nachkommen aus jenem
über dem Kloster befindlichen paradisischen Garten sein,
von denen Mariti (l. e. p. 137) Erwähnung thut?

Entnimmt man schon aus dem bisher Angegebenen, wie
wenig die Holzproduction dem Lande zum Nutzen und wie
geringfügig der Handel mit Bau- und Brennholz ist, so ist
die Verwerthung als Kohle sicherlich noch weniger ergiebig.
Wird der Kalk zu technischen Zwecken durchaus mit Gestrüpp gebrannt, so muss die Erzeugung und Verwendung
der Kohle nur auf die unumgänglich nöthigsten Fälle beschränkt
sein. Nur ein einziges Mal und zwar an der Nordküste der
Insel war ich so glücklich eine Kohlenbrennerei zu beobachten.

Primitiver als diese lässt sich eine derartige Brennerei wohl nicht denken.

Um einen aufrechtstehenden Pfahl waren ringsum Prügel von *Juniperus phoenicea* in Form unserer kleinen Heuhaufen zusammen gelegt. Das Ganze war nicht grösser als ein solcher Haufen, wie man ihn beim ersten Trocknen des Grases zusammenwirft. Das Weitere ist von selbst verständlich. —

Ich kehre nach dieser Digression, wozu mir die karamanische Föhre Gelegenheit gab, wieder zu dem Walde von Troodos zurück, um das Bild seiner Verwüstung mit einigen Pinselstrichen zu zeichnen. Dieser Wald ist durchaus als ein Hochwald zu betrachten. Zwei- bis dreihundertjährige Bäume sind die vorherrschenden, jüngere sparsam und junge Anflüge eine Seltenheit. Alle Bäume stehen, wie gesagt, nicht geschlossen, sondern in ziemlich weiten Abständen von einander, so dass sich ihre Aeste nur hie und da berühren. Selten ist ein Baum ganz und unverletzt, die Mehrzahl trägt die Spuren der Verstümmlung an Rinde und Holz an sich und hat überdies noch durch die theilweise Verkohlung ein düsteres Anschen erhalten. Zwischen diesen aufrechtstehenden Zeugen einer vor der Menschheit unverantwortlichen Waldwirthschaft strecken beinahe eben so viele abgedorrte Bäume ihre struppigen Aeste wie tausend Arme aus oder liegen halbverbrannt oder vermorscht von Wind und Wetter niedergestürzt am Boden, — ein Bild des Jammers!

Dasselbe Bild wiederholt sich, man mag die felsigen Kämme des Gebirges, die steilen Abhänge, oder die Schluchten durchwandern. In diesen und in den feuchten Mulden, wo sparsame Quellen ein zartes Grün von Mosen und Gräsern hervorlocken, erlangt dies düstere Bild noch einen freundlicheren Anstrich. In den höheren Regionen endlich, wo Nebel und wässerige Niederschläge im Herbst und Frühjahr die Vegetation unterstützen, erblickt man kaum einen älteren Baum der nicht von Usneen, Boreren, Ramalinen und Evernien bedeckt wäre. So über das Gewirre von übereinander

Gebirgswald bei Prodromo mit der Fernsicht auf die karamanische Küste.

gestürzten, vermodernden Baumstämmen hinwegeilend, kommt man den letzten Bergkuppen nahe.

Als wir am 13. Mai das erste Mal in diese Höhen kamen, waren noch an der Nord- und Nordwestseite der höhsten Kuppe bedeutende Schneeanhäufungen wahrzunehmen, die jedoch innerhalb acht Tagen bis auf den Schnee der Gruben*) grösstentheils zusammengeschmolzen waren. Hier oben an der Grenze der karamanischen Kiefer nimmt noch ein Waldbaum von Bedeutung Theil an der Waldbildung, dies ist *Juniperus foetidissima* Willd. Dieser dicht beästete, meist übermässig zusammengedrückte und daher zwergartig erscheinende Baum nimmt die letzten und höchsten Streifen der Baumvegetation ein, mit der dieselben ohne Gesträucher in die krautartige Vegetation der Spitze übergeht. Die letzte keineswegs schwer zu besteigende Kuppe ist kahl und fast vegetationslos, nur wenige Pflanzen wie *Corydalis rutaefolia* DC., *Ranunculus Cadmicus* Boiss. folgen den Wasser führenden Gräben und Schluchten bis auf die letzte Höhe.

A. Gaudry hat den höchsten Punkt über 2000 Meter berechnet, indes ich denselben barometrisch nur auf 1915·6 Meter bestimmte. L. Ross erzählt (Reisen p. 207), dass auf diesem Gipfel die Ruinen eines alten Gebäudes vorkommen sollten, von denen er muthmasst, dass sie eine ähnliche Bedeutung gehabt haben mögen, wie die Trümmer vom Heiligthume des atabyrischen Zeus auf dem Atabyron in Rhodos. — Von solchen Tempeltrümmern ist hier nichts zu sehen, und auch Herr Kotschy, welcher dieselbe Stelle vor 15 Jahren betrat, hat nichts dergleichen gefunden, es schien ihm aber die Angabe Ross' durch ein Missverständniss der von ihm gemachten Erzählung herzurühren.

---

*) Es sind dies künstlich angelegte Gruben von bedeutendem Umfange, in welchem sich der Schnee länger erhält, als ringsumher, und aus welchen früher während des Sommers Schnee mittelst Maulthieren nach den Städten gebracht wurde. Zum Zwecke der längeren Conservirung ihres Inhaltes trug man Sorge, diese Schneegruben mit Reisig zu bedecken.

Allerdings ist die Spitze des Troodos mit Ziegelfragmenten, mit Scherben von Thongefässen und Steinanhäufungen überdeckt. Letztere bilden sogar wallartige Erhöhungen, die sich besonders an der Südseite weit hinab erstrecken. Dieselben lassen ohne Zweifel auf hier bestandene Niederlassungen schliessen, allein ein anderes Material, das sich hier neben dem Schutt gleichfalls vorfindet, deutet mit Bestimmtheit auf die Art der Niederlassung, und das sind Schlacken. Die Proben, die ich von da mitnahm, ergaben sich in der Zusammensetzung ähnlich jenen Schlacken, die ich tiefer bei der Quelle tu Maschinari und an andern Orten in nicht geringer Menge antraf. (Seite 17).

Die Niederlassung auf dem Troodos war also wahrscheinlich eine bergmännische, und zu welcher Zeit der Bergbau daselbst noch betrieben wurde, darüber geben einige Münzen aus der Ptolemäer-, der Römer- und selbst noch aus der Bizantinerzeit Aufschluss, die eben unter den Ziegeltrümmern gefunden wurden.

Ueber die Zeit, wann allenfalls diese Wohnstätten wieder verlassen wurden, wissen die Einwohner von Prodromo nichts anzugeben, daher sie sicher schon seit Langem verödet sein müssen. —

Eine andere Excursion von Prodromo aus führte uns auf einen fast wagrecht über Schluchten und Abhängen sich schlängelnden Weg nach dem Kloster Trooditissa der eigentlich geistlichen Burg des Troodos. Dieselbe liegt an der Südseite des genannten Berges nach meinen Messungen um 36 Fuss niedriger als Prodromo*) in einer engen bewaldeten Schlucht. Die ersten Mönche, welche die Aufgabe übernahmen, die Bodenkultur bis in diese Winkel des Gebirges zu tragen, mögen mit Vorbedacht dieses schwer zugängliche Verliess gewählt haben, um mit desto grösserer Sicherheit das Werk des Friedens ungestört zu verbreiten; doch haben die Jahrhunderte, die darüber verflossen sind, auser geringen

---

*) Nach Gaudry um 107 Meter höher, was durchaus unwahrscheinlich ist.

Weinpflanzungen nicht viele Spuren ihrer Wirksamkeit zurück-
gelassen, wie sich auch an einer Filiale dieses Klosters,
welches unferne von Prodromo liegt, und zur „Mutter Gottes
von Trooditissa" (Panagia tu Trooditissa) heisst, die retrograde
Bewegung mehr als die progressive offenbart.

Es ist der Weg von Prodromo nach diesem Bergkloster
eine der angenehmsten Partien der Insel, die ich streeken-
weise mehrmals gemacht habe. Man wandelt oder reitet zwar
auf sehr ungeebneten, steinigen Pfaden, aber dieselben bieten
fortwährend den Reiz der Waldvegetation im Gegensatz zu schönen Fernsichten dar. Dazu kommt noch, was sonst fast überall
fehlt, das Wasser, das in jedweder der Schluchten, die man
überschreitet ein rauschendes Bächlein bildet, und zuweilen
sogar brausend über Felsen stürzt. Man fühlt sich in dieser
Umgebung so heimisch, dass man die hunderte von Meilen
vergisst, die Einem von den geliebten Bergland Oesterreichs
trennen.

Die Täuschung vollendet die Vegetation, wo sich unter
mehreren heimischen Kräutern und Moospolstern sogar eine
unsere Voralpen charakterisirende Pflanze die niedliche *Pinguicula crystallina* Sm., eine Schwesterpflanze unseres Alpen-
fettkrautes, findet.

Nur die schöne *Quercus alnifolia* Kot., die sich hier zu
baumartiger Grösse emporschwingt, sowie die rothlaekirten
Stämme der mit weissen Blüthenbüschel überschütteten *Arbutus Andrachne* L. entheben Einen von dem Irrthume, dem man
sich so gerne hingeben möchte.

Sieht schon das Kloster Trooditissa einer schmutzigen
Rumpelkammer gleich, wo nur die Unfläthigkeit mit Behäbigkeit
weilt, so ist seiner Filiale der Panagia sicherlich kein besseres,
eher ein traurigeres Los zugefallen. An diesen nunmehr zur
Ruine gewordenen Gebäuden, wo ich so gerne verweilte,
weil sie einen der schönsten Punkte für eine im europäischen
Style ausgeführte Ansiedlung geben würden, sind die Kloster-
zellen längst verödet und zu einem Zufluchtsorte der hier
weidenden Thiere geworden. Die Kirche, zwar noch mit
einem Dache und einer Thüre versehen, ist schon seit ge-

raumer Zeit ihrer Ornamente beraubt und in unbrauchbaren
Zustand versetzt. Der ehemalige Garten, von dem noch
einige kümmerlich vegetirende Fruchtbäume Zeugenschaft
geben, sowie der daranstossende Acker sind zur mageren
Weide geworden. Mit dem Aufhören der Einwirkung der
menschlichen Hand hat rings umher die Wildniss Platz gegriffen. Das einst wahrscheinlich von einem halben Dutzend
fleissigen Mönchen bebaute Land gibt gegenwärtig kaum eben
so viel Rindern genug Nahrung. Eine mit vieler Mühe weit her-
geführte Wasserleitung, welche von der sogenannten Franken-
quelle das beste Wasser der Insel dem Kloster zuführte, ist fast
zur Unkenntlichkeit verfallen. So folgen nicht nur hier, sondern an vielen Orten der Insel auf den Mangel an Thätigkeit
und Fleiss in der Bebauung des Bodens eine solche Verwilderung, von der man sich mit Ekel wegwendet, und
deren Fortschreiten nur durch eine neue Bevölkerung Einhalt
gethan werden kann. —

So hat denn auch das Dorf von Prodromo viel zu wenig
Ackerland, um auch nur die Bewohnerschaft von 20 Häusern
hinlänglich zu ernähren, und dennoch lungert man bei dem
ärmlichen Verdienste des Wollenspinnens lieber hin, und ver-
tändelt die Zeit, als dieselbe auf die Zubereitung des Bodens
zu verwenden, der hier wie Beispiele zeigen, eben nicht un-
dankbar ist. Es ist wahr, der schlecht genährte Grieche ver-
trägt keine anstrengende Arbeit, aber wo keine Arbeit, ist
auch kein Brod, und so rächt sich die Faulheit der Leute
durch das Unvermögen, und erhält sie in Noth und
Kümmerniss.

Wer möchte es glauben, dass hier in vielen Häusern
die Woche nur 2 bis 3 Mal gekocht wird, während in unseren
Dörfern des Gebirges, wo nicht Uebervölkerung herrscht,
durchaus kein Mangel Platz greift, im Gegentheil nicht selten
ein gewisser Grad von Behäbigkeit zu erkennen ist.

Die Felder von Prodromo beschränken sich auf die
nächste Umgebung der Häuser, lassen sich gut bewässern,
und wären jedenfalls einer Ausdehnung fähig, wenn man den
Boden von Steinen reinigen und das wuchernde Gestrüpp

ausrotten möchte. Doch dazu bemerkt man wenig Lust, es sei denn für die Cultur des Weinstockes, der weniger Pflege bedarf. Auch an Obst würde es nicht fehlen, wenn man sorgsamer in der Pflanzung der Fruchtbäume wäre. Zwar kommt in dieser Höhe weder der Oelbaum noch der Granatapfel mehr fort, doch sind Birnen, Aepfel, Kirschen, Aprikosen, Mandeln, Mispeln, Maulbeeren und Wallnüsse wie zu Hause, und es fehlt nur, dass dieselben vervielfältiget werden. Auch die Kartoffel findet in Prodromo einen gedeihlichen Boden, aber auch dieses Manna der Armen wird hier gleichsam nur versuchsweise angebaut und befriediget keineswegs selbst die bescheidensten Wünsche der spärlichen Bevölkerung.

Allein was wir in diesem Gebirgsdorfe sicherlich zu finden hofften, aber auch nicht trafen, war Milch, Butter und Schmalz. Letztere sind ganz unbekannte Dinge, und was die erstere betrifft, so hätten wir sie allerdings haben können, wenn uns der Weg zur nächsten Mandra von 2—3 Stunden nicht zu weit gewesen wäre. Der Mangel an Weiden in der Nähe des Dorfes nöthiget die Hirten entfernte Gegenden zu suchen.

Im Ganzen scheint die Bevölkerung ruhig und stille zu leben und selbst mit den nächsten Anwohnern wenig zu verkehren, aber desshalb keineswegs aller Rohheit baar zu sein, wie wir dies an uns selbst erfuhren, denn es ist gewiss kein Zeichen von Humanität, wenn man Hunde auf denjenigen hetzt, dessen Gefälligkeit und Wohlwollen man früher in Anspruch genommen hat.

Für die geringe Anzahl der Bewohner des Dorfes sind die zwei Kirchen, wovon eine freilich schon sehr baufällig zu sein scheint*), und nur in ungewöhnlichen Fällen benützt wird, offenbar zu viel. Dazu sind fünf Papas bestellt, die aber auch statt den Boden zu bebauen, sich lieber auf die faule Haut legen. Dies steht vollkommen in Einklang mit dem einzigen Vergnügen, das die Leute hier kennen, näm-

---

*) Man sehe die Radirung den Gebirgsstock im Westen von Prodromo darstellend.

lich dem Wallfahren. Sowohl Trooditissa als ein anderes
fürchterliches Felsennest Kikko auf einer beinahe unzugänglichen Bergspitze hingebaut, geben vielfältige Gelegenheit zu
dergleichen Wanderschaften, die aber auch auf Entfernungen
von 2—3 Tage ausgedehnt werden. Dass dabei die Haus-
und Feldwirthschaft nicht sonderlich Fortschritte machen
kann, liegt auf der Hand. Dass aber die Mönche diesen
christlichen Müssiggang unterstützen ist begreiflich, weil sie
davon leben und ihren grössten Nutzen ziehen. —

Indess kann ich von dem kleinen Gebirgsdorfe nicht
scheiden, ohne nicht auch seine poetische Seite hervorzuheben, wenn sie gleich nichts weniger als originell ist.
Wenige Schritte ausser dem Dorfe befindet sich die Quelle,
die den Bewohnern desselben das Trinkwasser liefert. Unter
hohen Bäumen und an der Seite eines schattigen Laubganges
quillt sie spärlich hervor, ist aber durch die niedere Temperatur (9·7° R.) und durch ihre Reinheit zum Genusse ganz
vorzüglich geeignet. In dem Jahre 1819 hat ein Verehrer
derselben sie in Marmor gefasst und mit einer poetisch klin-
genden Widmung versehen.

Der sechszeilige Vers wird von nicht weniger kunstvoll
gemeiselten Rosen umsäumt und gleicht diesen in Gedanken
und Ausführung. Der hier ausgedrückte Vergleich mit dem
Hirschen passt schon darum nicht, weil Hirschen der Insel
fremd sind, wenn nicht, wie Plinius behauptet, dieselben zuweilen von Cilicien herüberschwimmen.

X. Historisch - Topographisches.

I. Kirchen und Klöster.

Kirchen und Klöster sind so zahlreich über die ganze Insel verbreitet, dass man die Bewohner für ausserordentlich gottesfürchtig halten müsste, wenn man nicht wüsste, dass die Menge der Gotteshäuser keinen Maassstab für die Verehrung dessen abgeben, dem sie errichtet sind. Ich spreche natürlich hier von den griechischen Kirchen, obgleich es an Moscheen ebenfalls keinen Mangel gibt und gerade die grössten und schönsten derselben einer Umwandlung der ursprünglich christlichen Bestimmung ihr Dasein verdanken.

Wie in allen Dingen so spricht sich auch in diesen Gott geweihten Stätten Verfall und Verkommenheit in einer Weise aus, dass man zugleich von Wehmuth und Abscheu ergriffen wird. Wehmüthig wird man gestimmt, wenn man Kunstbauten, an denen Jahrhunderte Vermögen und Talent zum Opfer brachten, rücksichtslos dem unaufhaltsamen Verfalle Preis gegeben sieht, aber zugleich von Unwillen wird man erfüllet gegen die unbegreifliche Fahrlässigkeit, die es nicht der Mühe werth hält unbedeutende Schäden zu verbessern und lieber das Ganze dem Untergange zu widmen.

Wie in seinem Anzuge, im Hause und in der Wirthschaft irgend etwas lückenhaftes und unzukömmliches sein muss, so trägt der Cypriote dies auch auf die geweihte

Stätte, ja selbst auf die Gottes- und Heiligenbilder der Kirche über, die er, scheint es, nur dann lieb gewinnt, wenn sie eben so lumpig wie er selber aussehen. Ich habe in Kirchen Heiligenbilder gesehen, die man vor Staub und Schmutz sowie vor Beschädigung nicht mehr zu erkennen im Stande war, und die in diesen Zustand einzig und allein durch das endlose Beküssen — der Essenz der Verehrung — versetzt wurden. An mancher Mutter Gottes (Panagia) und Christos, sowie an Hagios Georgios und andern renommirten Heiligen fand ich Krusten von Messerrückendicke, die aus Speichel und Schmutz gebildet waren.

Es gibt auf der ganzen Insel keine Kirche, noch weniger ein Kloster, an welchen die Zeichen des Verfalles nicht schon im grösseren oder geringeren Grade eingetreten wären, nur in einem einzigen, freilich dem wohlhabendsten Kloster der Insel, in Panteleimon, sah man zum Erstaunen sogar Neubauten entstehen. Ueber die Zeit der Gründung der Klöster weiss man an Ort und Stelle nichts, denn es gibt nirgends eine Bibliothek oder Archiv und die Mönche machen es zu ihrer Aufgabe hierüber in völliger Unkenntniss zu verharren. Aller Wahrscheinlichkeit nach sind die meisten während der Kreuzzüge entstanden und durch die Güte der christlichen Fürsten der Insel mit namhaften Ländereien beschenkt worden, die ältesten datiren jedoch sicherlich schon von den ersten Zeiten des Christenthums, denn wie wir wissen hat Apostel Paulus und der Cypriote Barnabas hier schon das Christenthum gepredigt.

Ich zweifle nicht, dass die ursprüngliche Aufgabe der Mönche nächst der Gottesverehrung auch die Landeskultur war, besonders derjenigen, welche ihren Sitz fern von allen Dörfern und menschlichen Wohnungen im wilden Gebirge aufschlugen.

Es erregt Staunen, in welcher Ausdehnung und mit welcher fortificatorischen Festigkeit die meisten dieser Klöster angelegt sind, wie sie einerseits Castellen gleichen, anderseits auch der Bequemlichkeit Rechnung tragen. Das Kloster Machera und Chrysoroiatissa mögen als Beispiele von befestigten Klöstern, das Kloster Hagia Napa als Muster eines comfortabeln in Quadern aufgeführten Baues dienen. Ueberall steht die Kirche, das eigentliche Sanctuarium, von den Wohnungen der Mönche und den Wirthschaftsgebäuden umgeben in der Mitte eines dadurch gebildeten Hofraumes. Die grosse Zahl der Zellen geräumig und luftig, sowie die Grösse des gemeinschaftlichen Versammlungs- und Speiselocales lassen auf eine ehedem grössere Bevölkerung des Klosters schliessen. In Chrysostomo, wo jetzt nur ein Mönch lebt, hatte Herr Kotschy vor 15 Jahren noch mehrere gefunden. Ali Bei zählte vor 56 Jahren deren drei und Mariti gibt vor 100 Jahren ihrer 10 bis 12 an. Unter dem Porticus, welcher von zwei Seiten den Hofraum des Klosters Hagia Napa einschliesst, gibt es 11 ganz ansehnliche Zellen, von denen dermalen keine einzige bewohnt ist. Nur ein einziger Papa mit seiner Gemalin weilt in diesen weitläufigen Gebäuden. Dasselbe ist auch der Fall in St. Barbara, Acheropithi, Morphu u. m. a., die ihren Räumlichkeiten nach das 5—10fache an Conventualen aufnehmen könnten. In der Regel finden sich selbst in den grössten Klöstern nur 5—8 Mönche, nur Chrysoroiatissa macht eine Ausnahme, wo ihre Zahl gegenwärtig noch auf 12 steigt.

Auch das Aussehen dieser gottgeweihten Schaar ist nicht sehr erbaulich. In geflickten Talaren und zerrissenen Stiefeln, das Haar unter dem schwarzen Barete in langen Locken hervorquellend und mit dem Barte verschmelzend, Indifferentismus und Arbeitsüberdruss im Blicke und im schleichenden Gange bekundend, machen sie, so gutmüthig sie auch im Allgemeinen sind, keinen befriedigenden Eindruck. Kommt nun noch ihre gänzliche Unbekanntschaft mit der Welt, die Ignoranz über Dinge, die sie tagtäglich berühren, die Gleichgiltigkeit für Alles, was ausser dem Bereich der Klostermauern liegt, so ist eine solche Existenz nur eine vegetative zu nennen.

An den meisten Klöstern finden sich aus den Zeiten ihrer Gründung grössere oder kleinere Gärten mit herrlichen Obstbäumen, die schon durch ihr Alter ehrwürdig sind oder durch ihre Seltenheit auffallen, wie *Ficus Sycomorus, Cordia Mixa,*

Liquidambar orientalis u. s. w. Aber alle diese Klostergärten sind verwildert, manche sogar verödet, ohngeachtet die zum Kloster führenden Wasserleitungen sich meist noch im erträglichen Zustande befinden. An Anbau von Gemüsen denkt Niemand; man geniesst lieber die staehligen Sprossen von *Capparis spinosa*, und die lederartigen Blätter von *Critmum maritimum*, als Kohl, Salat u. s. w. In Chrisoroiatissa umgibt das Klostergebäude statt Gemüsearten ein mehr als mannshoher Wald von Giftschierling (*Conium maculatum*)!!

Auffallend ist die Verschwendung an Gold bei sichtlicher Vernachlässigung alles dessen, was die Ordnung erheischt. Die Altarbilder strotzen häufig von Gold*), nicht blos im reichen Grunde, worauf sie gemalt sind, sondern auch in Rahmen und Bekleidung, während alles übrige in der Kirche ein wahres Gerümpel ist. Das viele Licht von Wachskerzen und Oellampen erhöht zwar den mysteriösen Eindruck der im griechischen Geschmacke gemalten Heiligenbilder, lässt aber das Herz kalt und trägt noch weniger zur Erhebung des Geistes bei. Wie wenig dieser Zweck auch bei den Glaubensbekennern erreicht wird, beweiset das fortwährende Kommen und Gehen derselben, die alles damit gethan zu haben glauben, wenn sie die Dutzende der Heiligenbilder an der Iconostasis der Reihe nach abgeküsst haben. Merkwürdig ist zu sehen wie weit der Heiland (Christos) gegen die Mutter Gottes (Panagia) im Hintergrunde steht, indem wahrlich nicht aus Zartsinn für das schöne Geschlecht, diese rechts, jener links am Altare postirt ist, und überdies die Panagia oft noch durch einen Thronhimmel und glänzenden Flitterkleidern ausgezeichnet ist, während alles dies bei Christos mangelt.

Aber auch für sämmtliche Apostel und andere Heilige ist eine gewisse Rangordnung festgestellt, welche freilich nach Umständen Modificationen erleidet. So finden sich, um ein Beispiel zu erzählen, zwei heilige George in zwei nicht weit

---

*) Ueber die in der Regel ein russischer Adler schwebt!

von einander entfernten Klöstern bei Larnaka verehrt, einer mit dem Namen Georgio lungo, der andere mit dem Namen Georgio corto bezeichnet. Beide leben nicht im guten Frieden mit einander, sondern bekriegen sich ernstlich, und wie es schon geht, bald hat der lange Georg, bald der kurze mehr Ansehen und Ehre. Natürlich bestimmt dies auch die Opferwilligkeit des Publikums und damit auch den Wohlstand des einen oder des andern Klosters. Nicht selten wandert der fromme Städter das Oellämpchen und seinen Sparrpfennig in der Hand zu dem einen oder dem andern Georg, und recapitulirt im Stillen die Vorzüge, welche sein Schützling vor dem andern auszeichnet, aber ganz blind dafür, dass der kurze und der lange Heilige eine und dieselbe Person sind. Bei dieser Gelegenheit kann ich nicht umhin eine Bemerkung zu machen, die ich zwar nur an der Klostermauer von Georgio corto (wenn ich mich recht entsinne) machte, die aber ebenso auch auf anderer Klöster und Gotteshäuser passt.

Die Ringmauer des Klosters, aus sonnegetrockneten Ziegeln (*Pissée*) wie alle dergleichen Mauern in dieser Gegend aufgeführt, war in ihrem mittleren Theile bis zur Hälfte eingefallen. Man besserte diesen nun ganz leicht übersteigbaren Einriss nicht aus, was durch ein Paar hundert Ziegeln leicht hätte bewerkstelliget werden können, sondern pflanzte *Cactus Opuntia* darauf. Weil aber diese Pflanze bis sie zum schützenden Zaune wird, noch mehrere Jahre brauchte, so legte man indessen Dornengestrüpp von *Poterium spinosum*, die hier übliche Zaunpflanze, darüber. Statt der kleinen Arbeit des Ausbesserns, macht man lieber zwei Arbeiten und weiss zuletzt noch nicht ob diese genügen.

Ein Pendant zu den beiden Georgio ist der Streit zwischen den Kirchen St. Croce und Lefkara, welche beide sich im Besitze eines echten Kreuzpartikels halten. Die heil. Helena, Gemalin Constantins, brachte nämlich bei ihrer Zurückkunft von Jerusalem ein Stückchen Holz angeblich vom Kreuze Christi mit, worüber sie auf der Spitze eines weit aus dominirenden Berges von Cypern eine Kirche und nebenan ein Kloster bauen liess. Neidisch auf die Prosperität des Klosters St. Croce (ὁ Σταυρος ὁ θεοχρεμαστος) verfertigten die Priester von Lefkara ein ähnliches in Silber gefasstes hölzernes Kreuzlein und massten sich die Eehtheit dieses Kleinodes an. Es kam zwischen beiden Kirchen zum Streite und zur Confrontation beider Kreuzpartikel und es stellte sich dabei eine solche Aehnlichkeit beider heraus, dass eine Verwechslung leicht möglich war und in der That auch wirklich stattfand. Nun wusste man nieht mehr, welcher von beiden der von der heil. Helena mitgebrachte Kreuzpartikel war, und es hatte eben so viel Wahrscheinlichkeit, dass· derselbe nunmehr in der Kirche von St. Croce als in jener von Lefkara aufbewahrt wird. Kurz die Geistlichen des letzteren Ortes hatten ihren Zweck erreicht, auch ihrer Kirche einen grösseren Zuspruch zu Wege zu bringen, und noch gegenwärtig ist der Streit, an dem zuletzt selbstverständlich auch das Publikum Theil nahm, nieht entschieden, wo sich der echte Partikel befinde. Natürlich wurde auch mir jener von St. Croce als der allein echte vorgewiesen.

Wie schon bemerkt ist alle Verschwendung in den griechischen Kirchen auf den Altar — Ieonostasis — angehäuft. Man findet auf dieser nur durch ein verhangenes Pförtchen durchbrochenen Bretterwand, welche den Hintergrund der Kirche von dem übrigen abscheidet, eine nicht unbeträchtliche Sammlung von Porträten, die sich zuweilen auf 50 und noch mehr belaufen. Der Grieche liebt es seine Heiligen nur von Angesicht kennen zu lernen, um anderes kümmert er sich weniger, daher scheint sich seine Kunst nur auf das Porträtiren zu beschränken. Um so mehr nahm es mich Wunder einmal auch eine historische Darstellung bemerkt zu haben. Es war dies im Hochgebirgskloster Machera das seinen Namen — Schlachtmesser, Schwert — wahrscheinlich von irgend einer ritterlichen That herleitet, was aber keinem der dortigen Mönche bekannt ist. Dass dieselben jedoch ritterlicher Thaten fähig sind nicht blos da, wo es sich um Erwerb irdischer, vergänglicher Reichthümer, sondern um Erlangung himmlischer und unvergänglicher Güter handelt, zeigte das mit kecker Hand in Crayon entworfene

Bild, das sich über einen grossen Theil der Wand vor dem Eingange der Kirche ausbreitet, und seine Entstehung wohl dem Kunsttrieb eines seiner Conventualen verdanken dürfte. Es stellt eine Leiter vor, die auf der Erde stehend bis in den Himmel reicht. Auf der obersten Sprosse sitzt der Heiland, die übrigen Sprossen sind grösstentheils von Mönchen besetzt, welche sie zu erklimmen suchen. Ein guter Theil steht überdies noch unten, der nur zu warten scheint, bis die übrigen den Festungswall zwischen Erde und Himmel erstiegen haben. Aber das Hinaufkommen ist nicht so leicht, denn jede Stufe wird von einem geflügelten, bockartigen, zweifüssigen Thiere mit einem Drachenkopf bewacht, welches ärger als Bomben und Kartätschen, Tod und Verderben jedem Versuchenden entgegenspeit. — Und dennoch ist einer der kühnsten Mönche bereits auf der obersten Sprosse angelangt und von Christos freundlich bei der Hand empfangen worden. Ein Bild der Art vor der Kirchthüre kann seine Wirkung nicht verfehlen, scheint aber mehr zur Erbauung des Volkes als zur eigenen Darnachachtung hingeklext worden zu sein. Historische Darstellungen ähnlicher Art sind jedoch nicht blos auf Cypern beschränkt! —

Es ist bekannt, dass im ganzen Orient mit Ausnahme der Seehäfen und anderer grossen Städte sich nirgends Gasthäuser finden, wo der Reisende Unterkunft und Unterhalt findet. Dasselbe ist auch in Cypern der Fall, wo selbst in der grössten Hafenstadt Larnaka dermalen kein Gasthaus vorhanden ist.

Es setzt dies nothwendig voraus, dass jeder Reisende sein Haus, seine Lebensmittel, sowie Küche und Einrichtung mit sich führt. In Griechenland, in Syrien u. a. L. trifft man von Stelle zu Stelle öffentliche Weiler, sogenannte Khane, wo man wenigstens vor Unwetter Schutz findet, in Cypern kennt man dergleichen Hospitien nicht und der Reisende ist daher genöthiget, sein Leinwanddach aufzuschlagen, oder in irgend einer elenden Hütte, die ihm am Wege aufstosst, um Gastfreundschaft zu ersuchen, die ihm in der Regel bereitwillig ertheilt wird.

Es ist allgemein Sitte, dass bei dem Mangel bestimmter Hospitien die zahlreichen Klöster der Insel die Obliegenheiten der Hôtels übernehmen, in welche der Fremde mit seinem Gefolge geradezu ohne zu fragen hineinreitet und dort absteigt. Gewöhnlich wird er von einem Mönche oder Laienbruder sogleich bei der Ankunft durch die Worte „καλλῷ χωρισετε! schön willkommen!“ empfangen, und ihm sein Logement angewiesen, an dem es selbst bei einer grösseren Anzahl gleichzeitig eintreffender Reisenden nie fehlt. Hier macht man es sich so bequem als möglich und darf in der Regel nicht lange warten, um je nach der Wohlhabenheit des Convents mit einem Beecheren Kaffee oder mit einem Trunk Wasser, dem man etwas Glykose beimengt, bewirthet zu werden. In ausserordentlichen Fällen wird man bei dem selbst bereiteten Male auch wohl durch einige Extraspeisen beglückt.

Der erlauchte Erzbischof von Nikosia, welcher den landesüblichen Titel μάκαριότατος — der allerseligste — führt, war so freundlich, uns ein eigenes von ihm selbst mit rother Tinte unterfertigtes Empfehlungsschreiben an alle Klöster des Landes zu geben, das uns überall daselbst Zutritt verschaffen sollte. Es war aber in den wenigsten Fällen nothwendig, davon Gebrauch zu machen, weil man auf das einfach gestellte Verlangen uns nirgends zurückgewiesen hatte. Bei dieser Gelegenheit war es auch möglich geworden mit der besseren und gebildeteren Klasse der Bevölkerung bekannt zu werden und Sitten und Gewohnheiten des Landes kennen zu lernen.

Im Allgemeinen kann ich mich nur über einen einzigen Punkt günstig äussern, während ich alles übrige weit unter meiner Vorstellung fand, und dieser Punkt ist die Mässigkeit, deren man sich hier befleisst. Es ist erstaunlich, bis zu welchem Grade diese allerdings nicht hoch genug anzuschlagende christliche Tugend getrieben wird, wenn man aber zugleich bemerkt, wie dieselbe auf Kosten der den Menschen ebenso adelnden Thätigkeit getrieben wird, so verliert sie allerdings viel wenn nicht alles von ihrem Werthe.

Ich brauche nicht zu sagen, dass die griechische Religion allen ihren Bekennern ohne Unterschied strenge Enthaltsamkeit im Genusse von Speisen und Getränken zu gewissen Zeiten vorschreibt, um wie viel mehr für jene, die als Muster der Enthaltsamkeit allen übrigen voranleuchten sollen. Ich habe mich erstaunt wie ärmlich der Tisch selbst ausser der Fastenzeit in allen Klöstern bestellt ist, und wie wenige und wie schlecht nährende Speisen von allen Conventualen genossen werden. Zuweilen dünkte es mich, dass sie tagelang sich von aller Nahrung enthielten. Zum Beweise dessen will ich einige Gerüchte nennen, die man allenthalben als Leckerbissen betrachtet, und die man uns auch zuweilen als Nachtisch zukommen liess. Dahin gehört z. B. Käse oder besser gesagt Topfen mit Traubensyrup übergossen, ferner eine Art von Kuchen aus Sesam, Mehl und Honig bereitet, der in Bezug auf seine Wirkung genau mit dem *Electuarium lenitivum* unserer Apotheken übereinkommt, und dergleichen Speisen mehr.

Dass ungekochte Feldbohnen (*Vica Faba*), Zwiebeln u. dgl. selbst dem leckersten Gaumen in dieser adamitischen Form zusagen ist eine allgemeine Erscheinung.

Um aber einen noch deutlicheren Begriff von dem zu geben, was die Römer zu Luculls Zeiten zu so grosser Entwicklung brachten, will ich hier die Speisen eines Abendmales namentlich aufzählen, die uns Fremden zu Ehren, ein Bischof in einem der wohlhabendsten Kloster gab und wobei es also gewiss an Ausgesuchten nicht fehlen durfte. Voraus bemerke ich, dass sämmtliche Clerikalen ungefähr ein Dutzend gleichfalls an diesem Male Theil genommen haben, dass aber nur uns Fremden Wein gespendet wurde, indess alle übrigen, der Bischof nicht ausgenommen, sich mit Wasser begnügten.

Nachdem wir uns etwa um 9 Uhr Abends zu Tische gesetzt, dessen Adjustirung in allen Theilen selbst ein mittelmässig wohlhabender Bauersmann bei uns nicht gut geheissen haben würde, kam zuerst der unausweichliche aus gekochtem Reis bestehende Pilau, aber so mager und ohne alle Beigabe von Fett bereitet, als ob die sieben magern Jahre hier noch nicht abgelaufen wären. Nachdem alle Tischgenossen an dieser nahrhaften Speise sich ziemlich satt gegessen haben mochten, kamen nach einander in für alle unmöglich ausreichender Menge dreierlei

Salate; zuerst Bohnensalat, dann Portulak und endlich in Salzwasser macerirte Blätter von *Critmum maritimum*, die aber von ihrer ledergleichen Beschaffenheit noch nichts verloren hatten. Natürlich liess ich ungeachtet des Zuredens des Herrn Bischofs alle diese leckeren Dinge an mir vorübergehen. Allein als sollte heute Chloris über Aphrodite ihren Triumph feiern, setzten sich diese magern Vegetabilien noch in geschmorten Zucei (Kürbisse) und in Colocasien fort. Ich sah nun meinen gegenübersitzenden Reisegefährten mit stieren Blicken an, als es sich herauszustellen schien, dass wir heute um alles Fleisch kommen sollen. Endlich erschien doch ein in kleine Bröckelchen zerschnittenes Ziegenfleisch, das nicht einmal für mich ausgereicht haben würde, wenn ich bei dem Zulangen auch alle Bescheidenheit bei Seite gesetzt haben würde.

Aber nun war die Sache auch zu Ende, denn die geronnene Milch mit Zucker musste ich, da sie meinem Magen ebenso wenig zuträglich ist, wie die Sesamlatwerge, ebenfalls vorübergehen lassen. Endlich kamen wahrscheinlich als Repräsentanten der von Cypris nach der Insel gebrachten Granatäpfel noch drei rohe Gurken auf den Tisch. Eine derselben verspeiste der Herr Bischof sichtlich mit grossem Wohlbehagen, eine andere wurde von ihm zwischen mir und Herrn Kotschy getheilt und mit der dritten musste sich die übrige Tischgesellschaft begnügen und dabei den Mund abwischen. Da eine erkleckliche Anzahl von Dienern bei diesem Male beschäftigt war, so war es den meisten möglich geworden, statt uns zu bedienen, uns in den Mund zu sehen. Allerdings hatten wir auf Fayence-Teller unsere Speisen genommen, auch fehlten Messer, Gabeln und Löffel — letztere als unverkenntliche Nachkommen von Lykurgs Tafelgeräthe — nicht, aber bei allen dem konnte Se. bischöfl. Gnaden dem angebornen und landesüblichen Hange nicht widerstehen, den Salat mit den höchst eigenen Fingern aus der Schüssel zu nehmen, obgleich zu seiner Ehrenrettung ausdrücklich bemerkt werden muss, dass er sich bei Beginn der Tafel vor aller Augen die Hände wusch.

Einem türkischen Male, wobei alle jene abendländischen Hilfswerkzeuge völlig überflüssig sind, habe ich leider nicht beigewohnt, kann also darüber nicht referiren, wie ich aber höre, soll es dabei noch viel plastischer zugehen.

Hieraus erhellet zur Genüge, wie wahrhaft Leib und Seele zerfleischend hier das Fastengebot geübt wird und wie der Magen derjenige Götze nicht ist, dem man auch nur das geringste Opfer bringt.

Ich schliesse diese Relation mit der Bemerkung, dass derjenige, welcher etwa Zweifel an der Gewissenhaftigkeit und Richtigkeit meiner Angaben hegen sollte, sich selbst in das Refectorium der Klöster von Chrysoroiadissa oder von Trooditissa begeben möge, um sich zu überzeugen, dass diese Localitäten mit Ausnahme ihrer Grösse nicht besser als jene sind, die bei uns die schmutzigsten Thiere bewohnen. —

Es ist wohl von selbst verständlich, dass unter solchen Umständen den Reisenden in diesem Lande so manches Ungemach allein durch den Mangel alles dessen trifft, was zur Aufrechthaltung der Reinlichkeit unumgänglich nöthig ist. Ich will von allem übrigen schweigen und nur der Qualen gedenken, die Einem durch Ungeziefer aller Art zu Theil werden, sowie man auch nur von Ferne mit der Einwohnerschaft in Berührung kommt. Hier stehen jene kleinen dunkeln Insecten oben an, die sich durch alle Hüllen bis an die Haut des Menschen drängen und ihm jeden Genuss, jede Ruhe vergällen, von deren blutsaugenden Rüsseln er sich vergebens zu befreien sucht, bevor er das Eiland nicht verlassen hat. Durch vielfältige traurige Erfahrungen gewitzigt, hatten wir uns, sobald wir genöthigt waren in einer Bauernstube unser Nachtlager aufzuschlagen, um den Zustand der Reinlichkeit derselben stets angelegentlichst bekümmert, aber dabei nicht selten auf unsere Erkundigungen die höchst drollige Antwort erhalten: „Fürchtet euch nicht, wir haben eben ausgefloht (εψυλλοῦσαμεν).

Wie unangenehm der ganzen Bevölkerung endlich selbst diese Peiniger werden, geht daraus hervor, dass man im Sommer, wo die Zahl sowie die Blutgier derselben den höchsten Grad erreicht, häufig sein Bett auf dem Dache des Hauses, auch wohl zwischen den Aesten eines Baumes her-

richtet. Aber wie mit den Heuschrecken, welche jährlich die
ganze Insel verwüsten, so geht es auch mit diesen Thierchen;
man kann ihrer nicht Meister werden und greift in der Ver-
zweiflung eher zu den abentheuerlichsten Rettungsmitteln als
zu den natürlichen. Auch in diesen desperaten Fällen werden
endlich die Heiligen des Himmels aufgefordert, sich ins Mittel
zu legen und dem Ungemache abzuhelfen. So sah ich zu
meinem grossen Erstaunen einmal in der Nähe einer Stadt
auf freier Strasse ein Feuer auflodern und einen Knaben
fortwährend darüber hin- und herspringen und dabei folgendes
Liedchen trillernd:

ψύλλοι ψύλλοι φύγετε

καὶ κοργοὶ ψηφύσετε

καὶ ὁ ἅγιος Ιωαννης ἔρχετε

Flöhe, Flöhe flieht davon,
Tod sei aller Wanzen Lohn,
Denn Joannes nahet schon.

Wer hätte es sich vorstellen können, dass der heilige
Johannes hierlandes sogar als Anti-Flohpatron verehrt wird!

Ich lasse hier einige Specialitäten folgen, welche die
Beschreibung einiger der berühmtesten Klöster der Insel zum
Zwecke haben.

1. Das Kloster Chrysostomo.

Chrysostomo hat auf dem Südabhange der nördlichen
Kalkgebirgskette eine prachtvolle Lage und übersieht den
grössten Theil der fruchtbaren Ebene, in deren Mitte sich
die Hauptstadt des Landes ausbreitet. Es liegt 1250 par. Fuss
über dem Meere und ungefähr 1750 Fuss unter der Spitze
des Berges, der hinter ihm steil emporragt und von einer
Ruine dem Castello della regina gekrönt wird. Die Klostergebäude sind weitläufig und umgeben eine Zwillingskirche
aus zwei an einander gekuppelten Capellen zusammengesetzt.
Mit einer derselben steht überdies eine Gruft in unmittelbarer
Verbindung, wo sich unter einem bereits zertrümmerten Stein die
irdischen Reste der Maria Molino, wenn nicht der Erbauerin

so doch wenigstens der Begründerin des grösseren Wohlstandes des Klosters befinden. Von der westlich gelegenen Capelle führt eine Thür mit geschliffenem Marmor und Mosaikverzierungen in das Grabgemach, das offenbar mit jener zugleich erbaut ist; die gegenüberstehende Thüre öffnet sich in den Klostergarten. Eine Schrift über dem Gesimse derselben konnte ich nicht lesen. Das Grabgemach ist ein längliches Viereck mit Gewölbvorsprüngen, die bis an den Boden reichen. Hinter dem Altare der anstossenden Capelle befindet sich ein Gemälde auf Holz, das jedoch durch einen über die Mitte laufenden Spalt sehr beschädigt ist. Auf demselben ist, wie die Ueberschrift lehrt, dargestellt Joannes Eleemon und zur linken Seite die Mutter des Heilands mit ihrem Kinde, darunter knieend befindet sich eine schöne Frau im schwarzen Kleide, mit ihrem kleinen Sohne und die begleitenden Worte:

> 'Η δέησις τῆς δου-
> λης τοῦ θεοῦ Μαριας
> τοῦ (Φιλίππου) Μολινο
> καὶ 'Αντωνινου τοῦ
> Φιλίππου Μολινο

> Die Bitte der Gottes-
> Dienerin Maria Molino
> und des Antonius, Philipps
> Molino's (Sohn.)

Im daranstossenden Garten haben mehr als 300jährige Orangenbäume und Aprikosen, von der Grösse unserer Eichen, sowie mannsdicke Reben, die sich bis auf die Wipfel einer eben so alten Cypresse winden, ein ernstes kühlendes Dunkel verbreitet, das seine Schatten friedlich auch über jene Stelle verbreitet, wo die Gebeine jener hohen cypriotischen Frau und ihres Sohnes liegen. Was auch die Schicksale derselben immer gewesen sein mögen, wovon nur unsichere Sagen bis auf uns gekommen sind, um dies einsame stille Ruheplätzchen ist sie immer zu beneiden, wo selbst bei hellichtem Tage die Käuzlein ihr melancholisches Grablied zu singen nicht verhindert sind.

2. Das Kloster Bellapais.

Ein anderes jetzt ganz in Ruinen liegendes Kloster ist Bellapais, fast gegenüber von St. Chyrsostomo an der Nordseite desselben Gebirges und in ungefähr gleicher Höhe wie dieses. Es liegt aber in einer ungleich fruchtbareren Gegend, die sich von Keryneia bis hieher verbreitet, in der üppige Getreidefelder, Olivenhaine und Carubenpflanzungen auf die wunderlieblichste Weise mit einander abwechseln. Von diesem Kloster aus kann der Blick den grössten Theil der nördlichen Küste von Cypern übersehen, ja über dem Meere auch noch die Berge des karamanischen Hochlandes erreichen. Man staunt über den weitläufigen, soliden im gothischen Style vortrefflich ausgeführten Bau, von dem leider nur einzelne Theile mehr dastehen.

Es ist von König Hugo III., mit dem die neue lusignanische Linie in Cypern begann, in der Mitte des XIII. Jahrhunderts erbaut und mit aller Pracht und mit allem Wohlstande ausgerüstet worden. Er nannte sie die Abtei des Friedens — de la paix — woraus der Volksmund Dellapais und Bellapaise machte, was um so natürlicher geschah, als das majestätisch auf einen vorspringenden Felsen hingestellte Kloster wirklich eine zaubervolle, friedenathmende Gegend beherrscht. Es wurde dem Orden der Prämonstratenser übergeben und dem infulirten Abte überdies gleich den weltlichen Rittern Degen und goldene Sporne zu tragen erlaubt.

Von den in Sandsteinquadern ausgeführten Bauten stehen noch fast unverändert das 16 Klafter lange und 5½ Klafter breite Refectorium mit einer sehr netten Kanzel und ein Theil der Bogengänge, die im Innern nach allen Seiten die Wohnungen der Cleriker begrenzen. Von den drei Stockwerken sind selbst die untersten Gewölbe eingestürzt und der Rittersaal, nur noch in seinen Grundvesten erkenntlich, wird ebenso in nicht langer Zeit eine Beute der Verwüstung sein. Die Stiftskirche ausserhalb des Vierecks ist gegenwärtig in eine griechische Kirche umgestaltet und von allen noch am besten erhalten. Hier ruhen auch die Gebeine des Stifters ohne preisende Epitaphien, obgleich dieser Fürst, ein Freund der Wissenschaften*) und der Künste, sich für das kleine Königreich den Namen des Grossen erworben hatte.

Das Innere der Abtei Bellapais.

Unmittelbar vor der Thüre des grossen Refectoriums, das jetzt Rindern zum Aufenthalte dient, steht ausser den Bogen

---

*) Thomas von Aquino hat ihm sein Buch „Von der Regierung der Fürsten“ dedicirt.

des Corridors (Kreuzgang) ein gut erhaltener antiker Sarkophag aus weissem parischen Marmor mit prachtvollen Verzierungen en relief — Blumengehänge von einem Genius getragen. Wahrscheinlich im Lande gefunden diente er in der Abtei als Wasserbehälter, wie die am Grunde angebrachten Oeffnungen nur zu deutlich darthun. Nun auch dieser Bestimmung fremd geworden, steht er wie die Bogengänge verödet, nur dem herumirrenden Viehe und den Fledermäusen*) zum Aufenthalte dienend.

So viel bekannt, hat die Zerstörung der Abtei nicht der Zahn der Zeit, sondern die vernichtende Hand des Menschen bewirkt, ja ihrem Dasein eine verhältnissmässig nur kurze Frist gegönnt, denn schon mit der Uebergabe der Festung Keryneia an Jakob II. (1464) wurde dieser prachtvolle für ein Jahrtausend genügende Bau unbewohnbar gemacht. Le Brun**) gibt noch im Jahre 1700 ein Bild der Abtei, welches dieselbe keineswegs als Ruine zeigt, auch beschreibt derselbe mehrere Räumlichkeiten und Gemächer, die gegenwärtig nicht mehr zugänglich sind.

Seltsames Geschick! Während dieser königliche Bau nunmehr seinem gänzlichen Untergange nahet, grünen ringsherum in fast ungeschwächter Lebensfülle noch jene altergrauen Oliven, die wahrscheinlich schon die sorgsame Hand seiner ersten Bewohner pflegte.

3. Das Kloster Acheropithi (ἡ Ἀχεροποίητος)

gehört zu den grössten und besterhaltenen Klöstern der Insel. Es liegt hart am Meere auf einem hervorragenden Sandsteinfels, unter dem sich eine Grotte befindet, mit dem besten Wasser, das reichlich hervorquillt. Nur wenige Mönche bewohnen dasselbe, auch ist die Kirche des heil. Pantaleon mitten im Hofraume ohne alle Auszeichnung. Wir bewohnten

---

*) *Pteropus aegyptiacus* Geofr. Von den einheimischen Nyctocorax genannt.

**) Voyage au Levant tab. 128.

im ersten Stockwerke das grosse Refectorium, dessen Fenster-
balken wir aber des anhaltenden Sturmes wegen nicht zu
öffnen wagten.

Vor denselben, sowie vor dem Corridor liegt eine der
reizendsten Landschaften der Insel ausgebreitet. Die hohen
nach Westen ziehenden Gebirgsketten zur Linken, das brausende Meer zur Rechten und in Mitten beider die mit Frucht-
bäumen reichlich übersäete Ebene üben wahrhaftig eine gewaltige
Kraft auf das Gemüth aus, so dass dieser Ort nicht mit Unrecht
der schnsuchterregende — ἱμερόεσσα — genannt wurde *).
Hart an das Kloster anstossend erhebt sich das merkwürdige
Trümmerfeld des alten Lapithus, hier Lampusa (ἡ Λάμπουσα)
genannt, während das neue aus alten Steinen gebaute Dorf
Lapithus eine halbe Stunde davon am Fusse des Gebirges liegt.

Es war mir über den Ursprung des Klosters etwas zu
erfahren nicht möglich. L. Ross sagt (l. c. p. 147), dass
es von ziemlich junger Herkunft sei, und seinen Namen von
dem Schweisstuche unsers Herrn (τοῦ ἱερῶ ἀχεροποιήτου μαν-
τιλίου) erhalten habe, von dem ein Stück im Bilde der Panagia aufbewahrt wird.

<h3 style="text-align:center">4. Das Kloster der heil. Mama.</h3>

Gegen das mehr einem grossen Dorfe als einer Stadt
ähnliche Morphu nimmt sich das in dessen Mitte befindliche
grosse Klostergebäude mit der Kirche seltsam aus. Dieselbe
ist im byzantinischen Style aus Sandsteinquadern erbaut,
aber es ist auffällig, dass jedes Kapitäl der Säulen von dem
andern verschieden ist, dass mehrere darunter bemalt sind, auch
der Säulengang an derselben auf einer Seite 16, auf der
gleichlangen andern Seite nur 11 Säulen zählt, die überdies
nicht einmal in gleichen Entfernungen von einander angebracht sind.

An der Nordseite der Wand sieht man unter einem
Gewölbbogen den Sarkophag der wunderthätigen heil. Mama,

---

*) Βήλου δ' αὖ Κίτιόν τε καὶ ἱμερόεσσα λαπηθος. Alex. Ephesus apud Ste-
phanum.

(θαυματηργος) so dass derselbe an der Aussen und Innenseite der Kirche zugleich bemerkbar ist. Hier erhebt sich über den Sarkophag, der die Gebeine der Heiligen enthält, deren Bildniss auf einem Löwen reitend dargestellt.

Ueber die Gründung dieses grossen aus vielen Gebäuden bestehenden und mit grossen Besitzungen ausgestatteten Klosters, wussten die wenigen Mönche nichts zu sagen, eben so wenig etwas über den Ursprung der Säulentrümmer anzugeben, die im Hofraume zerstreut herumlagen, unter denen sich aber auch Granitsäulen (von ägyptischem Granit) befinden. Wahrscheinlich waren sie ehedem bei einem kleineren auf derselben Stelle befindlichen Bau verwendet gewesen. Drollig sah es aus, wie unter andern der umgekehrte Knauf einer corynthischen Säule nunmehr als Mörser zu verschieden culinarischen Zwecken dienen muss. Sind diese Trümmer von der alten Stadt Limenia, die an der Stelle des heutigen Morphu stand?

Von dem wunderthätigen Wasser, das sich in diesem Kloster eine Berühmtheit zu verschaffen wusste, gewahrte ich nichts. Der tiefe Schöpfbrunnen hat ungeachtet der Nähe des Meeres gutes Trinkwasser. Hier sah ich, o Wunder! die Mönche mit der Zucht der Seidenraupen beschäftigt.

5. Das Kloster Kikko.

Von diesem in einsamer Hochgebirgsgegend auf beinahe unzugänglichen Felsen hingebauten Kloster, das ich nur von der Ferne sah, weiss ich nur so viel zu sagen, dass es einer der berühmtesten Wallfahrtsorte der Insel ist.

Es rühmt sich ein Madonnenbild, vom heil. Lucas eigenhändig gemalt, zu besitzen, das König Isak von Constantinopel hieher gebracht hat. Die Wunderthätigkeit desselben ist so renommirt, dass selbst Russen hieher kommen, um davon zu profitiren. Unter diesen Umständen ist es begreiflich, wie in diesem Adlerhorste 170 Mönche von der Regel des heil. Basilius ihren Lebensunterhalt finden konnten. Ob es jetzt noch so ist, wie zu Zeiten Mariti's, dem ich diese Angabe entnehme (l. c. p. 206), zweifle ich sehr.

II. Burgen und Schlösser.

1. Buffavento.

An festen Burgen und Schlössern, die als Schlupfwinkel unruhiger Vasallen, als Stützpunkte von Kronprätendenten und als Zufluchtsort unglücklicher Herrscher dienten, ist in Cypern kein Mangel. Abgesehen von den Ringmauern, welche einige Städte und feste Plätze der Insel umgeben und seit den ältesten historischen Zeiten der Zankapfel streitender Parteien und der Augenpunkt herrschsüchtiger Nachbarvölker waren, sind es jene Castelle auf Berghöhen in den Zeiten vor, während und nach den Kreuzzügen entstanden, auf die ich hier mein Augenmerk besonders werfen will. Schon ihre Lage auf den Spitzen beinahe unzugänglicher Felsen, noch mehr aber ihre Bauart und Einrichtung stellt sie mit den mittelalterlichen Burgen des Abendlandes auf eine Stufe.

Drei derselben gehören der nördlichen Kalkgebirgskette an, sind beinahe in gleichen Entfernungen von einander gestellt und beherrschen strategisch sowohl den nördlichen Abfall jener Kette mit dem nahen Meere, als südlich das weite sich vor ihnen öffnende Land im Inneren der Insel. Diese Schlösser sind Buffavento, St. Hilarion und Cantara. Das erste ist das ansehnlichste, höchste und berühmteste, die beiden andern decken in gewissen Entfernungen dessen Flanken; alle drei aber sind fast unkennbare Ruinen, aus denen man nur mit Mühe die einzelnen zusammengehörigen Theile zu finden im Stande ist.

Wir haben nur Buffavento mit grosser Mühe erklommen, die beiden andern Schlösser als weniger wichtig unberücksichtiget gelassen. Dasselbe ist nur von der Südseite aus zugänglich, von jeder andern durch fast senkrecht abstürzende Felsen schlechterdings unersteiglich.

Man unternimmt die Ersteigung gewöhnlich vom Kloster Chrysostomo aus an der Hand eines einheimischen Führers.

Der Weg ist ein nur von Stelle zu Stelle erkenntlicher Fuss-
pfad zwischen rauhen Gestein und stachlichen Büschen von
Ulex europaeus. Man gelangt nach einiger Zeit zu einer verfallenen Capelle und daneben zu einer Cysterne. Zuletzt erheben sich die senkrechten Wände einer fürchterlich zerklüf-
teten Kalkbreccie, über die man sich ängstlich für jeden Tritt
einen fussbreiten Boden suchend erheben muss.

So gelangt man nach einem mehr als halbstündigen
Kriechen, denn Steigen kann man es nicht mehr nennen, auf
die niedrigste Stelle des Gebirgskammes, die eine grossartige
Aussicht auf das jenseitige Inselland und das fernhin ziehende
Meer eröffnet.

Die Ruinen von Buffavento mit der Aussicht auf das nördliche Meer.

Nach einigen Augenblicken Ruhe um neue Kräfte zu
sammeln, sucht man nun auf einer höheren Etage, durch die
Felsenmauern sich hindurch windend, die niedrigste Eingangs-
pforte der Burg zu erreichen und gelangt so von einem Festungs-
thurme zum andern bis sich ein ansehnliches, zwei Stockwerke
hohes Wohngebäude auf schwindelnder Höhe hingepflanzt, erhebt. Nur einige Umfangsmauern geben Kunde von der Ausdehnung des Baues, und Ziegeltrümmer so wie Mörtelstücke,

welche ich mitbrachte, liessen den Sachverständigen ersehen, von welcher Festigkeit das Mauerwerk construirt
war. Unter dem zweiten noch unzerstörten Vertheidigungs-
thurme vertieft sich der Boden zu einer mächtigen Cysterne. Aber auch ausser dieser deuten zahlreiche rinnenatige
Vertiefungen im Gesteine noch auf das Vorhandensein anderer
Sammelcysternen im Bereiche der Burgmauern, die jedoch
jetzt durch eingestürzten Schutt unkenntlich geworden sind,
denn ohne Sammlung des Wassers in zahlreichen solchen
Vertiefungen wäre ja selbst die Ausführung eines so ausgedehnten Baues schlechterdings unmöglich gewesen.

Mögen auch die noch weiter gegen die Spitze des Felsens fortsetzenden Mauern unter sich in einer zugänglichen
Verbindung gestanden haben, gegenwärtig ist man nicht mehr
im Stande auf eine andere Weise die Spitze zu erreichen,
als durch ein halsbrecherisches Klettern in den senkrechten
Felswänden. Da ich die Absicht hatte dieselbe zu erreichen,
schon desshalb um eine Höhenmessung vorzunehmen, liess
ich mir den zu diesem Zwecke von dem Führer mitgenommenen Strick gutwillig um den Leib schnüren und begann
an diesem Gängelbande das gefährliche Aufwärtsklettern.
Allein ungeachtet aller Anstrengungen vermochte ich es nicht
weiter als um einige Klafter höher zu bringen und musste
mich bescheiden in einer engen Kluft, wo ich mich nicht einmal
umdrehen konnte, hängen zu bleiben, während der gewandte
und kräftige Kotschy mit dem Führer glücklich die Höhe
erreichte und wieder zu meiner Station zurückkehrte. Indessen hatte ich hier mit meinem Hypsometer eine Messung
vorgenommen, welche eine Seehöhe dieses Punktes von 2892
par. Fuss ergab. Nimmt man an, dass diese Station etwa
100 Fuss tiefer als die Spitze liegt, so hat man für den obersten Punct des Castells von Buffavento, der auch durch einen
Thurm gekrönt ist, nahezu 3000 Fuss, was so ziemlich mit
Gaudry's Messung übereinstimmt, der diese Spitze 3041
Fuss fand.

Dieses Felsenbollwerk führt auch den Namen *Castello
della regina*, nicht etwa desswegen, weil es eine der Köni-

ginnen des Landes erbaut, sondern vielmehr, weil es ein in gewisser Beziehung ungewöhnlicher, königlicher Bau ist, und wie Sakellarios bemerkt, man dieses Epitheton auch andern ähnlichen grossartigen Bauwerken der Insel ertheilte. Einer Sage zu Folge sollen hier 101 Kammern vorhanden gewesen sein, was jedoch, wenn man die Ruine überblickt, nicht möglich ist, und darin seine Erklärung findet, da die Türken mit dem Ausdrucke *yüsch-bir-oda* (Hundert und ein Zimmer) jede mittelalterliche Ruine bezeichnen. Ebenso wird Maria Molino eine Cypriotin aus edlem Geschlechte — dieselbe welche sich in St. Chrysostomo die Gruft erbaute — als Gründerin dieses Adlersitzes bezeichnet, nach der Angabe Einiger, um sich gegen die Verfolgungen des Templerordens sicher zu stellen, oder was weniger wahrscheinlich ist, um sich von der Welt abzuschliessen, weil sie an einem unheilbaren Aussatze litt. Die Sage erzählt noch weiter, dass sie sich auf den Rath des Joh. Chrysostomos, nach Andern durch ihren an demselben Uebel leidenden Schooshund veranlasst in einem Wasser badete und dadurch Heilung ihres Leidens fand. Aus Dankbarkeit erbaute sie über diese Quelle das Kloster Chrysostomo. Le Brun (l. c. p. 377) versichert, dass noch zu seiner Zeit (1700) Kranke diese Quelle besuchten.

Da ich eine Mineralquelle in der Nähe des Klosters nicht sah, auch hierüber nichts vernahm, so kann es nicht anders sein, als dass der spärliche Klosterbrunnen, welcher als Trinkwasser benützt wird und die umliegenden Gärten und Felder tränkt, dereinst als Heilquelle diente, im Laufe der Zeiten aber viel von ihrem Rufe eingebüsst haben mag.

Eine besondere Aufmerksamkeit schenke Ali Bei auf seiner Reise diesem Felsen-Baue, den er, wie kaum zu begreifen, für uralt erklärt, obwohl weder er noch Andere über dessen Entstehung etwas Sicheres in Erfahrung bringen konnten; ja er geht so weit, aus dem Baustyle und der Eleganz der Ausführung auf einen weiblichen Erbauer zu schliessen, den er der Sage gemäss gleichfalls in der Maria Molino annimmt. Auf der Tafel XXI seines Werkes gibt er zugleich einen Situationsplan dieses Schlosses, der jedoch meines Erachtens nur auf beiläufige Genauigkeit Anspruch machen kann. Ali Bei hält dafür, dass das Schloss in 4 über einander liegenden Etagen ausgeführt war, und dass die untersten Festungstheile für die Leibwache, die nächst höheren für die Rüstkammern und Magazine, die 3te für den Hofstaat und die 4te und zugleich höchste Stufe als Wohnung der Herrscherin bestimmt war, an welche letztere sich noch die Capelle anschloss.

Alle diese Theile tragen indess den Stempel eines mittelalterlichen Bauwerks und unterscheiden sich kaum von irgend einer unserer europäischen Burgen.

Aus der Geschichte der Lusignane wissen wir so viel, dass Wilhelm von Rivet, einer der fünf von Kaiser Friedrich während der Minderjährigkeit Heinrichs I. eingesetzten Regenten nach der unglücklichen Schlacht von Nicosia gegen Iblim von demselben verfolgt, sich in diese Bergveste einschloss.

Später nahm dieselbe Burg die Anhänger Heinrichs I. auf, als das Kriegesheer Friedrichs von Beyrut nach Cypern übersetzend, das Land überfiel, und vertheidigte sich mannhaft (J. 1231).

Bekannt ist, dass am 10. October 1373 Famagosta durch Verrath in die Hände der Genuesen gespielt wurde. Der junge König Peter II. floh nach Buffavento, welches von den Genuesen vergeblich belagert wurde.

Endlich traf dies Felsenschloss bei dem Antritte der Herrschaft Venedigs (1486 n. Ch.) dasselbe Schicksal, wie alle andern festen Burgen; es wurde geschleift, und zwar aus dem eiteln Grunde, damit dasselbe nicht fernerhin als Zufluchtsort von Missvergnügten und offenen Feinden der Regierung dienen sollte.

2. Hilarion.

Auf einem wenig niederem Felsenhaupte als Buffavento stehen die Ruinen von St. Hilarion, einige Meilen über Keryneia auf derselben nach Westen fortlaufenden Gebirgskette. Dieses Schloss hatte ehedem im Heidenthume seine Benennung von dem Liebesgotte erhalten, der hier einen Altar hatte. Man erzählt, dass der Heilige Hilarion die daselbst wohnhaft gewesenen Teufel ausgetrieben hätte, worauf der Ort nach ihm

benannt worden sei. Er starb in einem hohen Alter im Jahre
371 und wurde in einem Garten begraben, wo jetzt die ihm
geweihte Kirche steht.

Ueber die Zeit der Erbauung dieser Veste verlautet nichts,
eben so wenig ist der Erbauer derselben bekannt.

Johann von Iblim, Regent während der Minderjährig-
keit von Heinrich I., flüchtete sich, von Kaiser Friedrich II.
verfolgt, mit seinen Anhängern hieher und würde sich ohne
Zweifel erfolgreich gegen seine Feinde vertheidiget haben,
wenn es zu einer Belagerung gekommen wäre. Da aber der
Kaiser nach Europa zurückkehren musste, so änderte sich die
Lage Iblims und es erschien nun er als Belagerer dieser
Veste, in die sich die von Friedrich II. eingesetzten Regenten
Barlas, Bessan und Gilbert verbargen. Er bezwang jedoch
diese Veste (1231 n. Ch.), nachdem die Hungersnoth daselbst
auf das höchste gestiegen war.

Ebenso hat sich wieder im wechselnden Glücke die königliche Familie diese Burg als Zufluchtsort erkoren, nachdem
die Truppen des Kaisers Friedrich II. von Syrien nach der von
Soldaten entblössten Insel kamen, und da Gräuelthaten aller
Art verübten.

Endlich wurde St. Hilarion auch von den Genuesen im
Jahre 1373 belagert, jedoch vergeblich.

Zu gleicher Zeit wie des Castello della regina traf auch diese
Burg und zwar aus demselben Grunde das Schicksal der Zerstörung.

3. Cantara.

Was endlich Cantara betrifft, von dem gleichfalls noch
Ruinen in der östlichen Fortsetzung desselben Kalkgebirges
vorhanden sind, so diente es ebenfalls Flüchtigen zum zeitweiligen
Aufenthalte. Rossi, einer der fünf von Kaiser Friedrich II.
eingesetzten Regenten floh von Iblim verfolgt hieher, es ergab sich aber diese Burg dem kaiserlichen Heere als derselbe
von Syrien kommend in Cypern landete, gelangte jedoch bald
wieder in des Königs Heinrich I. Hände, indem nach der
glücklichen Landung Iblims in Famagosta die Cyprioten Muth
fassten und die Kaiserlichen erschlugen. Auch hier wiederholt

sich die Bezeichnung ἑκάτον ὁσπίτια (hundert Zimmer) wieder. —
Die übrigen festen Schlösser wie Siguri, Cave, Potamia, von
denen auch die kleinsten Reste verschwunden sind, dankten
ihre Zerstörung gleichfalls den Venetianern.

Auch auf dem Cap Kormachiti, dem ehemaligen Κρομμυον
(Zwiebelvorgebirge) muss einst ein festes Schloss gestanden
haben, von dem aber, wie ich sah, nichts mehr als ein zer-
störter Wartthurm übrig ist.

Einer von den fünf Söhnen Hugos III., der Connetable
Guido warf sich nach der Ermordung seines Bruders Amalrich
in dies Schloss, welches er stark befestigte.

Nach einiger Zeit, als sein Bruder Heinrich II. wieder
frei in sein Königreich zurückkehrte, wurde er verfolgt, ins
Gefängniss geworfen und weil er einer Verschwörung verdächtig
war, musste er sogar den Hungertod sterben.

Nicht ferne davon deuten Höhlungen im Sandsteine und
Trümmer von Bausteinen den Ort an, wo die alte Stadt Cor-
mia stand.

Am besten unter allen diesen Vesten ist Colossi erhalten.
Es steht eine Stunde von Limasol in einer der fruchtbarsten
Gegenden ein grosser, viereckiger aus Sandsteinquadern er-
bauter Festungsthum mit einer Mauerkrone und balkonartigem
Vorsprunge zur Vertheidigung des Thores versehen. Unter Heinrich II. (1286—1324) erhielten wie bekannt die Joanniter und
die Templer die Erlaubniss, sich in Limasol der erst gegrün-
deten jungen Stadt niederzulassen, die Umgebung zu bebauen
und zu befestigen. Das von den Tempelherrn erbaute Schloss
Colossi wurde später von den Joannitern neuerdings befestigt
und erhebt sich noch jetzt als eine ansehnliche Warte, die
nicht nur die Umgegend, sondern selbst Capo gatto beherrscht.
Es ist 4 Stockwerke hoch und dient dermalen als Getrei-
demagazin des Herrn Francudi, des Eigenthümers eines
grossen Landstriches. Ein in Marmor ausgeführtes Wappen der
Lusignane ist an der Ostseite des Thurmes eingemauert.

Daneben steht eine alte Comthurey der Ritter des heil. Johannes in einem keineswegs besseren Zustande, nur die hier vor-

übergehende treffliche Wasserleitung, ohne Zweifel auch ein Werk der Ritter, befeuchtet noch jetzt wie ehedem die ganze Umgegend bis zum Cap.

Man vermuthet, dass hier die alte Stadt Curium gelegen habe.

III. Alte Bauwerke.

1. Die Kapelle der Phaneromene, das alte Kition und seine Ueberreste.

Nicht ferne von Larnaka d. i. von der Marina gegen Westen zu, befindet sich mitten zwischen Feldern und an der Stelle, wo sich Wege kreuzen, eine alte in Felsen gehauene Capelle, die gegenwärtig Phaneromene genannt wird. Da sie kaum über die Erde hervorragt, so würde man leicht vorüber gehen, ohne sie zu bemerken, wenn man nicht besondes darauf aufmerksam gemacht wird.

Was auch einst ihre Bestimmung war, so viel ist sicher, dass sie selbst in den früheren Zeiten nicht weiter über die Erde hevorstand, und somit schon ursprünglich in dieselbe versenkt angelegt wurde. Dazu bot das Conglomerat, eine in der Umgegend von Larnaka weit verbreitete und leicht zu bearbeitende Gebirgsart, das passendste Material. Man gewahrt gleich auf den ersten Anblick, dass die Felsmasse hier regelmässig durch beinahe senkrecht skarpirte Wände in einer gewissen Ausdehnung ausgehöhlt und der Raum mit grossen, massenhaften aus Sandstein bestehenden Quadern ausgekleidet ist.

Statt aber wie anderwärts dieser primitive Bau oben blos mit einer entsprechend grossen Steinplatte zugedeckt ist, sehen wir hier diese dicke Platte an der Unterseite in einem Bogen ausgehöhlt.

So weit der Bau gegenwärtig noch erkenntlich ist, besteht er aus zwei Gemächern oder Abtheilungen und einem nunmehr ganz verschütteten Vorbaue. Die äussere Abtheilung eigentlich das Mittelstück, ist gegen N. O. offen und grenzt an den zerstörten Vorbau, es wird von einem ungeheueren Monolithe gewölbartig bedeckt. Dieser letztere misst quer über 4 Meter, in der Breite 3·1 Meter und hat an seiner dicksten

Stelle 1·4 Meter. Eine Thüröffnung, wie L. Ross meint, ehedem durch eine von oben eingesenkte Steinplatte wie durch

Die Capelle der Phaneromene.

ein Fallgitter geschlossen, führt in das innerste Gemach, welches gleichfalls von einem fast eben so grossen massiven Steine bedeckt ist, und sein Licht nur durch jene spaltförmige Oeffnung erhält, in die der zum Verschlusse dienliche Stein senkrecht eingeführt wurde. Diese Spalte ist genau in der Zusammenfügung der beiden Deckplatten angebracht*). Die mittlere Kammer, hier als die vordere zu ersehen, hat 5 Meter in der Länge und 3·5 Meter in der Breite, die innerste Kammer ist etwas kleiner; über den ganz von Trümmern bedeckten Vorbau lässt sich nichts sagen, doch dürfte er von gleicher Ausdehnung gewesen sein.

Nicht eine Spur von Inschrift ist an diesem Cyclopenbaue zu bemerken, doch lässt sich nach Analogie ähnlicher Felsen-

---

*) L. Ross gibt die Länge des Monoliths zu 6 Meter, die Breite zu 5·1 Meter so wie die durchschnittliche Dicke zu 1·5 Meter, woraus ersichtlich, dass er die beiden Monolithe für einen Stein ansah.

bauten auf der Insel die Vermuthung aussprechen, dass er in die ältesten historischen Zeiten hineinreiche und höchst wahrscheinlich zur Bestattung von Todten diente. L. Ross gibt zur Vesinnlichung dieser Grabkammern einen Grund und Aufriss *).

Wann dieser Grabbau einer vordenklichen Zeit zum Tempel der Panagia Phaneromene geweiht wurde, ist zwar ungewiss, doch kann es erst in einer nicht sehr aufgeklärten Zeit geschehen sein und derselbe Geist der Zeit lässt ihn auch jetzo noch im Volke im ehrenhaften Andenken bleiben. Manche Matrone wandert hieher mit der brennenden Lampe in der Hand, um sich ihres Fiebers zu entledigen oder um sich den Segen der Nachkommenschaft zu erbitten, und sollen die von Russ angeschwärzten Wände und die als Opfergabe anzusehende Lampencollection des innersten Gemaches einen Massstab geben, so kann man allerdings auf einen sehr zahlreichen Besuch schliessen.

L. Ross erwähnt noch zweier anderer ebenfalls westlich von der Marine gelegenen, aber noch weniger gut erhaltenen Grabkammern, die ich jedoch vergeblich suchte.

Vor 6 Jahren entdeckte man in dem Garten der Madame Bargigli zu Larnaka beim Umgraben des Bodens, ein altes Grab, das erst in der Tiefe von $1\frac{1}{2}$ bis 2 Klftr. zum Vorschein kam. Es bestand aus einer Vorkammer von $2\frac{1}{2}$ Klftr. Breite und mehr als 3 Klftr. Länge aus Quadern erbaut und gut erhalten. Von dieser Vorkammer führt eine Thoröffnung in das eigentliche Grabgemach von demselben Umfange nur durch ein Spitzgewölbe aus Quadern und ein schön gearbeitetes Fries unterschieden. Bei Eröffnung derselben fand sich nichts als eine Lampe und ein hohler Cylinder von Stein. Eine an der Innenseite der Thür befindliche Innschrift ist offenbar neuerer Entstehung und durch nachlässig eingemeiselte Buchstaben auffallend.

Die Buchstaben in ihrer Reihenfolge waren MDIII PET PISANI, woraus hervorzugehen scheint, dass dies alte Grab zur Zeit der Venezianer Herrschaft (1503) zur Beisetzung eines

---

530

Pietro Pisani benutzt wurde. Nach L. Ross sollen sich mehrere
ähnliche Grabkammern in und um Larnaka ausser den schon
genannten finden.

Ueberhaupt bietet die Umgebung dieser Stadt, die zum
Theile auf dem Boden der alten phönizischen Stadt Kition
steht, ein reiches Feld für den Alterthumsforscher, nur Schade,
dass die Gräber längst ihres Inhaltes beraubt sind, und die
vielleicht noch vorhandenen historisch-werthvollen Gegenstände
zu zerstreut und zu tief mit Schutt überdeckt sind, als dass
sie mit geringeren Kosten zu erlangen wären. Bei dem unregelmässigen Durchwühlen des Bodens zur Aufsuchung von
Quadern als Bausteine, trifft es sich wohl, dass Urnen, Krüge
(πιϑοι), Lampen, Gläser und dgl. ausgegraben werden, aber
nur selten gelangen interessantere und werthvolle Antiquitäten,
wie Inschriftsteine, Kunstgegenstände u. s. w. zum Vorschein.

Ein Paar im Besitze des Kaufmannes Pierides befindliche phönikische Inschriftsteine hat Herr Professor Ewald
kürzlich entziffert*). Derselbe nennt die eine von diesen „eine
bis dahin völlig unbekannte, ziemlich grosse, nach vielen
Seiten hin sehr wichtige Inschrift." Sie findet sich auf einem
Steine von weissem Marmor, welcher ähnlich einem Postamente
wahrscheinlich ein Kunstwerk trug. Der Stein ist 16 Zoll hoch,

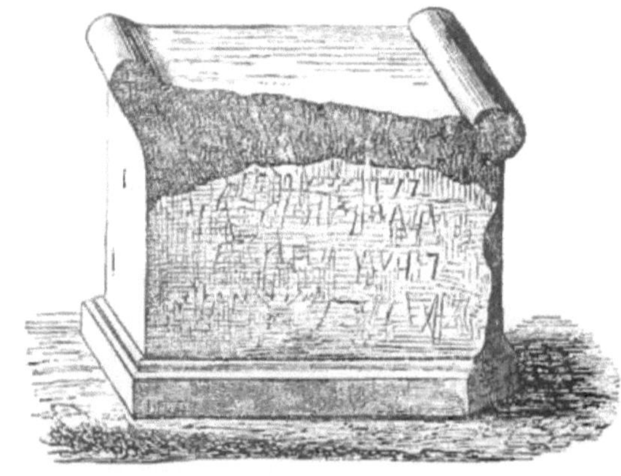

21 Zoll breit und
13·5 Zoll tief, und
wurde auf dem Rau-
me zwischen Marina
und dem eine halbe
Stunde davon ent-
fernten Larnaka aus-
gegraben. Leider ist
die Inschrift in den
ersten vier Zeilen
links um etwa 10

---

*) Entzifferung der neu entdeckten phönikisch-kyprischen Inschriften.
Nachrichten von der G. A. Universität und der k. Gesellsch. der Wissenschaften zu Göttingen. Nov. 1862 Nr. 23.

Buchstaben verstümmelt, doch liess sich die Lücke mit grösster
Wahrscheinlichkeit fast ganz ergänzen. Eine zweite Lücke
in der dritten Zeile trifft eine Stelle, wo jede Undeutlichkeit
für die sichere Entzifferung sehr schädlich ist, die sich aber
vielleicht durch Vergleichung mit dem Originale wird beheben
lassen, indem Herrn Prof. Ewald nur ein Abklatsch mittelst
Papier zur Untersuchung vorlag. Dieselbe lautet deutsch
etwa so:

„Am sechsten Tage des Monates Bûl im Jahre 21 des
Königs (Tirjam, Königs von Kitti von) Idalion und von
Tamas, Sohnes des Königs Malkijittan, Königs von Kitti
und Idalion widmete den grossen Feueraltar mit zwei Rauch-
pfannen. . Bodo, Priester des Rûs-Pachass, Sohn
Ikunschelém's Sohnes Eschmûn-adôn's meinem Herrn dem
Rûs-Pachas ihn zu segnen."

Herr Prof. Ewald erklärt den Namen des hier allein ver-
ehrten Gottes Rûs-Pachass oder Phahess für den *Κεφαλος-Φαέθον*
oder den Zeus-Herakles der Griechen, dessen Doppelnatur
wieder mit den Adonissagen und dem Dienste der phönikischen Liebesgöttin in Verbindung steht. Die grösste Wichtigkeit der Inschrift aber liegt in der genauen Zeitbestimmung,
welche sie gibt und durch welche jetzt ein ganz neues Licht
auf einen bedeutsamen Theil der alten Geschichte Cyperns fällt.

Zufolge der Zeichen gehört diese Inschrift in ein frühes
Zeitalter, wo die phönikische Macht in Cypern noch die bedeutendsten Fortschritte gemacht hat, also weit vor Alexander
und selbst vor Evagoras Zeitalter, obwohl die genaue Zeitbestimmung mit unseren jetzigen Hilfsmitteln nicht möglich ist.

Fast gleichzeitig hat auch Herr Melchior de Vogué,
der Cypern um dieselbe Zeit wie wir bereiste, von dieser Inschrift eine Uebersetzung gegeben (Revue archéologique 1862.
Oct. p. 248), die zwar im wesentlichen mit jener von Prof.
Ewald übereinstimmt, jedoch in Bezug auf die Gottheit, der
das genannte Weihegeschenk zugedacht war, sich unterscheidet. Während Ewald dieselbe als *Κεφαλος-Φαέθον* bezeichnete,
meint Vogué sie als *Ζευς Κεραυνιος* erklären zu können. In

einer Entgegnung (Nachtrag zu der Entzifferung der neu entdeckten phönikisch-kyprischen Inschriften — Nachricht v. d. U.
u. d. k. Gesell. d. Wiss. zu Göttingen. Nr. 26. p. 543) sucht
Herr Prof. Ewald seine Ansicht durch neue Gründe zu unterstützen.

Da durch Herrn Pierides die Inschrift seines Steines
auch nach England kam, so fand dieselbe auch da an Herrn
W. Vaux einen Dolmetsch (Transaction of the R. Society of
Literatur. Vol. VII. new series.) —

Die zweite phönikische Inschrift im Besitze des Herrn
Pierides ist in drei schmalen Zeilen auf einen viereckigen
oben zugeschärften meilenzeigerartigen Sandstein von 4 Fuss
und 3 Zoll Höhe, 18 Zoll unterer Breite und 14·5 Zoll Tiefe,

welcher ebenfalls bei Larnaka ausgegraben wurde.
Herr Prof. Ewald liest die
wenigen Worte so:
„Dem Eschmûn meinem
Herrn Jabzil"
Der sich so kurz und be-
scheiden Jabzil oder Ibzil
nennt, drückt hiemit seinen
Dank aus, welchen er dem
Eschmûn d. i. dem Heil-
gotte (Asklépios) schuldig
zu sein meinte. — Auch
diese Inschrift gehört nach
ihrem Inhalt, so wie nach
der alterthümlichen Art ihrer
Buchstaben, wohl zu den
ältesten.

Hier ist noch als besonders wichtiger Fund, der vor 18
Jahren ebenfalls auf diesem Boden gemacht wurde und von L.
Ross in einer kurzen Beschreibung und Abbildung erwähnt
wurde*) anzuführen. Es ist eine Stele von 6·2 Fuss Höhe und

*) Hellenika 1846. p. 69 t. 1.

2·5 Fuss Breite, aus einem schwärzlichen basaltähnlichen Stein, worauf ein Basrelief mit einer Inschrift sich befindet. Das erstere stellt eine priesterliche oder königliche Figur mit einem enganliegenden bis auf die Ferse herabreichenden Rock dar. Eine Zange über dem mit einer konischen Haube bedeckten Kopfe scheint auf den Erfinder derselben, dem Nationalheros Kinyras hinzudeuten, wogegen jedoch die assyrische Keilschrift spricht, die den ganzen Grund des Reliefs so wie die Ränder überdeckt.

Nach neueren Untersuchungen stellt diese Figur den König Sargon von Niniveh dar, der auf seinen kriegerischen Feldzügen nebst der phönikischen Küste auch die Insel Cypern eroberte. Gegenwärtig befindet sich dies seltene Denkmal der frühesten Geschichte der Insel in Berlin. —

Kition von phönikischen Colonisten gegründet, muss nach der Ausdehnung des Trümmerfeldes und seiner Nekropolis einst eine ansehnliche Grösse erreicht,und in Kunst und Wissenschaft geblüht haben.

Zenon, der Gründer der eleatischen Schule, nannte Kition seine Vaterstadt, wo derselbe früher Kaufmann war (340 a. Ch.). Apollonius ein Schüler von Hippocrates ist gleichfalls hier geboren. Cimon, Sohn des Miltiades erhielt bei der Belagerung von Kition eine Wunde und starb da. Diese Stadt wurde schon durch Ptolomeus Lagus zerstört.

2. Der Brunnentempel bei Salamis.

Auch dieser gehört zu den massiven oder cyclopischen Bauten in so ferne als statt der gewöhnlichen kleineren Werksteine grosse Felsencolosse angewendet wurden, obgleich dieses Bauwerk gegen jenes der Phaneromene sowohl im Charakter als in der Ausführung verschieden ist und einen Fortschritt der Kunst zeigt.

Setzt man von dem Hügel, auf dem die alte Stadt Salamis stand, über die Niederung nach Westen, so überschreitet man die verfallene Justinianische Wasserleitung, die einst aus weiter Ferne nämlich von Kythraea her diese attische Coloniestadt, die nun ganz in Schutt begraben liegt, mit Wasser versorgte. Noch sieht man von jener Leitung einige keck in die Lüfte ragende Steinpfeiler, welche die Bogen derselben trugen, geisterhaft in der Ferne verschwinden. Wie unbesiegte Riesen stehen sie da, die Zeichen einer gewaltigeren Zeit.

Aber bald wird der ernste Blick von diesen auf einen andern nicht weniger auffallenden Gegenstande hingezogen, es ist das aus einem flachen Ackergrunde hervortretende Gewölbe eines sonderbaren tempelartigen Baues.

Brunnentempel bei Salamis von Nordwest gezeichnet.

Er formirt ein Viereck, dessen längere von NW. nach SO. gerichtete Seite 11 Meter, die andere dagegen etwas über $5\frac{1}{2}$ Meter misst. Darüber befindet sich ein Tonnengewölbe aus keilförmigen in einander gefügten massiven Steinen *).

Von der nach Nordwest gekehrten Hinterwand, die theilweise zerstört ist und sich in der beigefügten Zeichnung als eine das Gewölbe begrenzende Stirnmauer repräsentirt, kann man in das Innere des Tempels hinabblicken und auf den hinabgefallenen Steinen auch hinabsteigen. Hier unten gewahrt man erst die nach NO. gekehrte Thoröffnung, die von

*) Keilgewölbe finden sich schon in den altägyptischen Bauwerken und durch ein Tonnengewölbe zeichnet sich namentlich der Tempel des Amenophis III. zu Medinet Habu aus.

aussen ganz und gar mit Schutt bedeckt ist, und an der entgegengesetzten Seite eine kleine nischenartige Vertiefung der Wand.

Auffallend ist in der Mitte des Tempels ein Brunnen mit gutem, kalten, sehr erfrischendem Wasser von 10.8° R., was hier kaum mehr als 50 Fuss über dem Meeresniveau um so auffallender ist, als dieser Elevation eine Quellentemperatur von wenigstens 6 Graden mehr entspricht. Man kann sich diese sonderbare Anomalie nur dadurch erklären, dass diese Quelle aus grosser Ferne und bedeutender Höhe, ihren Weg in tiefen Felsschichten bis hieher gefunden hat.

Es unterliegt keinem Zweifel, dass dieser Bau, wie jener der Phaneromene, schon ursprünglich wenigstens zum Theil ein unterirdischer war, und absichtlich über diese vortreffliche, wenngleich sparsame Quelle errichtet worden ist, die ehedem wahrscheinlich noch eine viel grössere Bedeutung hatte als jetzt. Aus diesem Grunde kann ich daher L. Ross nicht beistimmen, welcher dieses Bauwerk für eine Grabkammer erklärt*).

Schon Kugler macht darauf aufmerksam**), dass Schatzhäuser (Thesauren), woran man an diesen Bau zunächst erinnert wird, als schirmender Einschluss von Quellen angelegt sein können und als solche den ersten Bedingnissen fester Aesiedlung, an die sich insgemein zugleich religiöse Verehrung knüpfte, entsprechen. Ein ähnliches Brunnenhaus (castellum) mit Tonnengewölbe, nur kleiner als dieses, ist auch aus dem Schutte von Pompeji aufgedeckt worden. Dasselbe steht an einer Strasseneeke (bivium) und nahe daran ein kleiner Altar, den Schutzgöttinnen der Strassen (lares compitales) geweiht.

Jetzt wird dieser Bau „das Gefängniss der heil. Katharina" genannt, welche eine Tochter des Königs Costa, des Erbauers von Famagosta war.

Nicht ferne von diesem Monumente des grauen Alterthums, nur etwas höher gelegen, befindet sich das Kloster

---

*) L. Ross l. c. p. 119.
**) Gesch. d. Baukunst I. p. 142.

St. Barnabas und zu eben diesem Kloster gehörig, einige Schritte tiefer, eine halb verfallene Kapelle. Diese Kapelle ist sowohl durch ihr Heilwasser ($\dot{\alpha}\gamma\dot{\iota}\alpha\sigma\mu\alpha$), als dadurch berühmt, dass in einer schmalen Seitenhöhlung, welche zur unterirdischen Quelle führt, das Evangelium des heil Matthaeus gefunden wurde, dessen sich Barnabas, ein Schüler dieses Apostels und ein geborner Cypriote bediente, um das Christenthum auf diese Insel zu verpflanzen.

Diese Entdeckung schien dem Kaiser Zenon so wichtig, dass er dafür den Erzbischöfen von Cypern besondere Vorrechte ertheilte, darunter das Prädicat $M\alpha\kappa\alpha\varrho\iota\acute{\omega}\tau\alpha\tau\circ\varsigma$ (allerseligster), das Tragen purpurner Kleider und die Namenszeichnung in allen Schriften mit rother Tinte aus Zinnober, der aber jetzt durch — Krapproth ersetzt ist.

Was das Mineralwasser anlangt, dem besonders heilende Kräfte zugeschrieben werden, so ist es nichts anders als gewöhnliches geschmackloses Trinkwasser, dessen Temperatur (10·8° R.) genau mit jener des tiefer gelegenen alten Tempels übereinstimmt und wohl nur ein Zweig jener Quelle genannt zu werden verdient.

Pokoke erzählt, dass der Leichnam des heil. Barnabas, der zu Nero's Zeit hier seinen Märtyrertod fand, nicht in der Klosterkirche, sondern eine halbe Stunde davon ostwärts in einer der natürlichen Höhlen des Conglomerats beigesetzt wurde, die man zu diesem Zwecke mit eigenen Blinten versah, was natürlich auf diese verfallene Kapelle passt.

3. Dali.

Das Dorf Dali ($\tau\grave{o}$ $\varDelta\acute{\alpha}\lambda\iota\nu$) liegt in einem sehr fruchtbaren Thale, das der aus dem Gebirge von Machera kommende Bach Satrachos bewässert. Alles Wasser ist durch zahlreiche mitunter kunstvoll ausgeführte Kanäle abgeleitet und der Art über die Ebene vertheilt, dass das Flussbett im Sommer dadurch vollkommen trocken wird.

Man sieht es dieser Gegend leicht an, dass eine uralte Cultur sich über den Boden verbreitete, dem selbst spätere barbarische Eingriffe nicht alle Vortheile mehr entreissen konnten.

Der Name Dali kommt von dem alten *Tò Ἰδάλιον*, und ist wahrscheinlich phönizischen Ursprungs*). Dali ist bekannt durch das Heiligthum, welches hier von phönizischen Ansiedlern der Astarte (Aphrodite) errichtet wurde, dessen Stelle jedoch nicht mit Genauigkeit mehr anzugeben ist. Folgt man den Andeutungen, welche die Ausgrabungen zahlreicher Antiken liefern, so müsste der Tempel der Aphrodite am Nordabhange des im Süden des Dorfes sich erhebenden Berges zu suchen sein.

Dali mit dem im Süden sich erhebenden Gebirge.

Hier nämlich finden sich in geringen Entfernungen von einander ausser verstümmelten Statuen mit Mauerkronen, ganz so wie die paphische Aphrodite auf alten Münzen erscheint, zahlreiche Weihegeschenke aus Thon meist aber wie jene Statuen aus dem mergeligen Kalke, der in der Nähe von Dali in grossen Massen bricht und selbst den Berg bildet, worauf einst jener Tempel stand. Ich habe von diesen grösseren und kleineren Statuetten eine Sammlung von mehr als 100 Stücken, die mir in Larnaka zufällig zum Kaufe angeboten wurden, mitgebracht. Sie scheinen nur zum Theile den Charakter phönikischer Kunst an sich zu tragen, mehrere Formen

*) Nach Bochart von יד Jad und אלה ela — i. e. locus Deae. s. locus Veneri sacer.

sprechen nur zu deutlich für assyrischen und ägyptischen Typus. Die vorherrschenden Gegenstände sind sitzende Frauen in langem Gewande mit einem Wickelkinde im Schoosse en bas-relief. Von den meisten Figuren sind nur die Köpfe vorhanden, die jedoch in Bezug auf Frisur und Putz, einerseits römischen und griechischen, so wie assyrischen und ägyptischen Formen entsprechen. Von Thiergestalten sind affenartige, Stier-köpfe u. s. w. vorhanden. An obscönen männlichen Figuren fallen die mit gekreuzten Füssen sitzenden besonders auf.

Auf dem beigegebenen Bilde erkennt man leicht jene beiden Gipfel des Hügels mit ihrem steilen Südwestabfalle, an dessen vorderen Ende L. Ross den Tempel der Aphrodite hinsetzen zu müssen glaubt. Wirklich lässt sich auch in einigen hervorstehenden Sandsteinquadern und in dem noch nicht geebneten Erdwalle mit Grund ein Stück der alten Stadtmauer vermuthen, welche sich von der Höhe bis in die Thalebene hinunterzieht, hier aber verschwindet. Noch jetzt heisst das freundliche Thal, am Fusse jenes Absturzes τὸ Παραδείσιν, erinnernd an den heiligen Hain, der einst den Tempel umgab. Wie weit sich derselbe jedoch erstreckte, und ob er wie Manche glauben, bis Amochostos reichte, dürfte kaum mehr zu eruiren sein. Jetzt finden sich im Gegen-satze des einstigen „Idalium frondosum,"*) auf der weiten Ebene keine Wälder mehr, nur der weit-duftende *Crataegus orientalis* hat wie ein treuer zurückgebliebener Soldat, selbst in Mitten goldener Getreidefelder seinen ursprünglichen Posten nicht verlassen. Wo aber die Ruinen der alten eigentlichen Stadt Idalion zu suchen sind dürfte um so weniger zweifel-haft sein, als das östliche Ende des heutigen Dorfes eine Fundgrube vieler Antiken erkennen liess und wo ein über die Thalfläche hervorragender Hügel leicht als Acropolis ge-deutet werden könnte.

---

*) „Quae regis Golgos, quaeque Idalium frondosum" Katullus Nup. Phil. e Thet. 96.

4. Hierokipos, Paphos.

Wir ritten von Kuklia, wo vor grauen Jahren der erste Tempel der Aphrodite stand, über Hierokipos nach Paphos, wahrscheinlich denselben Weg, den einst die feierlichen Processionen von Paphos aus machten. Die Gegend ist beinahe flach zu nennen, denn sie wird nur von unbedeutenden Hügeln unterbrochen und drängt sich mit vielen Vorsprüngen gleich den Fingern einer Hand in das nahe Meer hinaus.

Der Boden, der stellenweise gut bewässert werden kann, ist ziemlich bebaut, daher liegen ringsumher Ortschaften. Ohne Zweifel könnte er aber durch Fleiss zu dem doppelten ja zu dem dreifachen Ertrage gebracht werden, und sah vor Zeiten, wo noch Zuckerrohr hier gebaut wurde, gewiss blühhender aus als jetzt.

In Hierokipos machten wir auf kurze Zeit Halt, um die heilige Quelle und den von ihr bewässerten Garten ($\iota\epsilon\varrho\sigma\varsigma$ $\varkappa\tilde{\eta}\pi\sigma\varsigma$) zu sehen, aber wie überall, so war auch hier eine tabula rasa zu finden, auf der sich nur Armuth, Schmutz und Elend in breiten Schriftzeichen geltend machten.

Die Conglomeratkruste, die hier den kreideweissen Mergelkalk bedeckt, lässt unter sich bedeutende Höhlen und Klüfte, so dass der Boden unter den Tritten zuweilen hohl und dumpfig klingt. Nächst der griechischen Kirche ist durch einen Aufbruch dieser Kruste eine grössere unterirdische Ausweitung zugänglich und zur Benützung verwendbar geworden.

Auch der heilige Quell, ein prachtvolles, klares Wasser von 16·6° R. entströmt in reicher Fülle einem solchen unterirdischen Felsspalt des Mergelkalkes — ein Segen der Gegend*). Zwar hat sich die geschäftige Industrie dieses un-

---

versiegbaren Kraftmittels noch nicht bedient, und der Quell sprudelt so frei und unbehindert wie vor 3000 Jahren über die Felsen seinem nahen Grabe — dem Meere — zu, aber was er einst so blühend geschaffen, die schönen Bäume, Sträucher und Blumen, ja selbst die der Aphrodite geweihten Granatäpfel, sie sind längst verdorrt und ihre verkümmerten Nachkommen sind zu schwach, sich gegen den Eingriff der verfachenden Zeit auf diesem heiligen Terrain behaupten zu können. Einsam stehen hie und da uralte — wohl 600 bis 700 Jahre zählende — Terebinthen, sprechende Zeugen von der nährenden Kraft der Quelle, die durch alle Gesteinsschichten hindurch bis zu ihr ihre gewaltigen Wurzeln ausstrecken.

Der freundliche Consul Smith, hier Landes geboren und mit seiner Umgebung wohl vertraut, begleitete uns von da aus nach dem nahen Paphos, und unterliess nicht, uns über alle wichtigen Gegenstände und Localverhältnisse Auskunft zu ertheilen.

Paphos ist jetzt nur ein Dorf, aber ein breites weit ausgedehntes, dessen ärmliche Häuser und Hütten zwischen den verfallenen Kirchen und Palästen, zwischen dem Schutt seiner ehemaligen Tempel und Prachtgebäude fast verschwinden.

Wir hatten unser Zelt unter einem malerischen Sandsteinfelsen aufgeschlagen, auf dem sich eine von Terebinthen beschattete kleine griechische Kapelle erhob. Die Stoppeln des Ackerfeldes waren der Teppich, auf dem wir ruhten.

Wenn man auch nur die vielen, theils aufrechtstehenden, theils auf der Oberfläche des Bodens liegenden Granitsäulen in's Auge fasst, so muss man staunen, welche Wohlhabenheit, welcher Luxus einst hier geherrscht hat, der mit nicht unbedeutenden Kosten diese prachtvoll gearbeiteten und geschliffenen Monolithe aus dem fernen Oberägypten hieher bringen liess *). Berücksichtiget man aber auch die Marmormonumente, die Säulenschäfte, Kapitäler, Inschriftsteine, die

----

*) Antike Granitsäulen sah ich auch in Famagosta, Salamis und bei Episkopi.

zahllos herumliegenden Quadern aus Sandstein, so erlangt
man zugleich eine Idee von der Grösse und der Bevölkerung
der Stadt, die obgleich sie zu Augustus Zeiten durch Erdbeben
zerstört wurde, doch bald herrlicher wieder aus ihren Trümmern
hervorgegangen ist und daher später Augusta genannt wurde.

Man bezeichnet vielleicht nicht mit Unrecht eine hart
am Meere liegende Anhöhe, nicht ferne des von den Genuesen erbauten Castells, als den Ort, wo das wichtigste Gebäude der Stadt, der Tempel der Aphrodite stand. Trümmer
von Säulenschäften, Bruchstücke von Mosaik liegen herum
wie nichtige Holzspäne. An der Nordseite derselben nimmt
man zahlreiche Eingänge nach dem Souterrain wahr, mit
Treppen in die Tiefe, die aber durch angehäuften Schutt
gänzlich unzugänglich geworden sind. Besonders erwähnens-
werth sind daselbst die cysternenartigen Vertiefungen, aus
denen Quellwasser! heraufgehoben wurde.

Ein anderes Gebäude mitten in der ehemaligen Stadt,
als das Bad der Aphrodite bezeichnet, aus Quadern von cyklo-
pischem Umfang erbaut, ist später in eine christliche Kirche
— und zuletzt der ursprünglichen Bestimmung wieder näher
gerückt — in ein türkisches Bad verwandelt worden. Gegenwärtig dient es als Kuhstall.

Am nördlichen Ende, wo gewaltige Sandsteinfelsen über
den Boden hervorragen, sind künstliche Erweiterungen der
ursprünglich vorhandenen Höhlen zu Wohnungen benützt
worden, in jenen Zeiten, als die Insel noch ein geschlossener
Wald und für das Heiligthum der Liebesgöttin noch kein
Stein herbeigeschafft war. Eine dieser Höhlen, zu deren
Tiefe eine steinerne Treppe hinunterführt, sieht man in eine
einfache allem Anscheine nach primitive Kapelle — jetzt der
heiligen Salomone gewidmet — umgewandelt, vielleicht schon
in jenen Zeiten, als der Apostel Paulus hier das Evangelium
predigte und den damaligen Proconsul Sergius zu einem
glaubensfesten Anhänger des Christenthums machte.

Neben daran, ein paar Klafter höher findet sich in derselben Höhle eine Quelle von süssem Wasser, das somit
wie aus dieser und der früheren Angabe ersichtlich ist, der

hart am Meere liegenden Stadt nicht fehlte. Es ist aber begreiflich, dass diese Quellen bei der Vergrösserung der Stadt
nicht mehr ausreichten, so dass man durch einen Aquaeduct
den Mehrbedarf an Wasser von dem Dala-Thale herbeischaffte.
Noch geben stellenweise in gerader Linie fortlaufende Schutt-
anhäufungen Zeugniss von dem Vorhandensein und von der
Richtung, welche diese Wasserleitung befolgte.

Wie bekannt ist der Tempel der Aphrodite in Neo-
Paphos späterer Entstehung als jener von Palaipaphos
(Kuklia), der von einer der frühesten phönizischen Colonien
erbaut wurde, welche den Astartedienst auf diese Insel ver-
pflanzte. Der Name Aphrodite, der noch jetzt hier fortlebt,
wird nach der gewöhnlichen Etymologie als „Schaumgeborne“
($\dot{\alpha}\varphi\varrho\acute{o}\varsigma$, Schaum und $\delta\nu\omega$, ich gehe ein) erklärt, was nach der
herrschenden Ansicht so viel bedeuten soll, als dass fremde
Seefahrer die Verehrung dieser Gottheit von Phönizien nach
Cypern brachten, obgleich Aristoteles (de generat. animal.
L. II. c. 2. p. 617 edit. Duvalian.) die Bedeutung dieses
Namens von der schaumigen Beschaffenheit des Sperma her-
leiten wollte. Hesiod, Tibull, Clemens v. Alexandrien u. a. m.
legten der Venus den Ursprung aus dem Meeresschaum bei
und zeigten wie ihre Entstehung mit cosmogonischen Kräften
in Verbindung steht, ja Tacitus*) und Pomponius Mela**)
sagten ausdrücklich, dass dies zu Paphos geschehen sei.

Geht man in die Sache etwas tiefer ein, so stellt sich
die Sache ganz anders heraus, und es ist vor allem ersichtlich, dass der Name Aphrodite die ihm bisher gegebene Bedeutung nicht haben kann, da Aphrodite nicht mit ü, sondern
mit i geschrieben wird und daher nicht von $\delta\nu\omega$ abgeleitet
werden kann. Offenbar hängt das Wort $\delta\iota\tau\varepsilon$ eher mit
Dione, und dem Sanscritwort dju, Licht, zusammen, sowie
auch $\dot{\alpha}\varphi\varrho\acute{o}\varsigma$ — im Sanscrit abhras — ursprünglich nicht Schaum,
sondern Wolke, Aether u. s. w. heisst. Wir würden daher

---

*) Hist. 2. 3. „Fama recentior tradit, a Cinyra sacratum templum,
deamque ipsam conceptam mari, huc appulsam.“
**) L. II. c. 7.

glauben, dass der Name Aphrodite nicht die „Schaumgeborne," sondern ungefähr „die wie eine Wolke leuchtende" ausdrückt. Allerdings mag der wolkige weisse Meeresschaum sie zuletzt mit dem Meere in Verbindung gebracht haben.

Aber auch dieses scheint für Cypern, von wo wahrscheinlich dieser Name ausging, auf einem physikalischen Grund zu beruhen. Ich theile hier mit, was ich an Ort und Stelle in Erfahrung gebracht habe. Vor Allem steht es fest, dass eine Schaumbildung, wie sie an den Küsten von Paphos wahrgenommen wird, kaum irgend wo anders in diesem Grade und in dieser Beschaffenheit vorkommt, und daher wohl zur Entstehung jener Vorstellung wesentlich beigetragen haben mag. Es ist nun an der Naturforschung, dieses Phänomen gehörig zu beleuchten, was ich im Folgenden so weit als möglich thun will.

Durch meinen Reisegefährten angeregt, habe ich es nicht unterlassen, schon während meines ersten Aufenthaltes in Larnaka an dem nahen Salzsee dem im Monate März und Anfangs April in grosser Menge an seine Ufer herangetriebenen Schaume meine Aufmerksamkeit zuzuwenden. Derselbe umsäumt einen Theil des Ufers mit einem weissen beweglichen Streifen und erscheint bei näherer Betrachtung aus kleinen blendend weissen, dicht an einander liegenden und nicht leicht vergänglichen Bläschen zusammengesetzt. Man sieht ihn zu dieser Zeit sowohl in grösseren als kleineren Ballen auf dem Wasser schwimmen, als sich zugleich an dem flachen Ufer anhäufen. Bei herrschendem Westwinde ist zu Zeiten das ganze östliche Ufer mit einem mehr als fusshohen Schaumwalle umsäumt, ja derselbe landeinwärts getragen hält sich in der Nähe des Ufers überall an Steinen und Strauchwerk fest.

Gewöhnlich bringt der Landwind über Nacht und in den Morgenstunden den Schaum in grossen luftigen Ballen von dem nördlichen Ufer des Sees nach Südost, später wenn der Wind die entgegengesetzte Richtung einschlägt, wird derselbe an der Südküste angesammelte Schaum wieder nach Norden geführt.

Eine sorgfältige Untersuchung der Umstände liessen mich erkennen, dass die Bildung des Schaumes nur am Ufer stattfindet. Kleinere an das stellenweise felsige Ufer anprallende Wellen scheinen keine besondere Folge zu haben, dagegen erzeugt jede grössere Welle einige grosse Blasen, die auf dem Wasser bleiben, nach und nach sich zu andern gesellen und zuletzt an geschützte Uferstellen getragen werden, wo sie sich mehr und mehr ansammeln und sich zugleich in kleinere Blasen auflösen.

Es war am 10. April, als ich Morgens nach dem Salzsee ging, um dort grosse Quantitäten dieses Schaumes für weitere Untersuchungen aufzusammeln. Aber schon bei dem Auflesen, was mit einem Insectenfänger geschah, und dem Zusammenballen desselben mit den Händen, gewahrte ich, dass der feine Schaum eine Menge kleiner wie Sand anzufühlende Körnchen enthielt.

Die Untersuchung des nach Hause gebrachten Schaumes zeigte zu meiner Verwunderung statt des muthmasslichen Ufersandes Myriaden von Eiern, die an Volumen die andere weissliche zwischen ihnen vorhandene Substanz bei weitem übertraf.

Es unterlag nicht grossen Schwierigkeiten, diese Eier, die vollkommen gut erhalten und noch lebensfähig waren als Eier einer *Crustacea* zu erkennen. Sie waren vollkommen rund, mit einer doppelten Haut, einer äusseren derben, braunen und einer innern zarteren und weissen Haut versehen und hatten einen Durchmesser von 0.00943 W. Zoll. Sowohl an Grösse als an Form und Beschaffenheit der Häute kamen sie mit den Eiern einer in dieser Gegend häufigen kleine Krabbe, dem *Pilumnus hirtellus* Risso ganz und gar überein, dessen Eier an den Eierhältern hängend einen Durchmesser von 0·01254 bis 0·01440 W. Zoll zeigten und wenn sie trocken waren 0·00917 W. Zoll massen.

Die ungeheuere Menge dieser Eier lässt vermuthen, dass diese Krabbe zur Brutzeit, von dem nahen Meere, wo sie lebt, nach dem Salzsee kommt, um da ihre Eier abzusetzen. Da ein Kubikzoll über eine Million (1,191.016) solcher Eier enthält, der flache Rand des Sees aber auf Strecken von $^1/_2$ Meilen 1 Zoll hoch, blos mit solchen Eiern bedeckt ist, so lässt sich daraus auf die unendliche Fruchtbarkeit dieser Thiere ein Schluss ziehen.

Ausser diesen Eiern von *Pilumnus* war der Schaum indess noch von einer weissen, häutigen und einer mehr formlosen schleimigen Substanz gebildet, ja diese schleimige Masse ist als das eigentliche Substrat des Schaumes anzusehen, ohne welchen seine Bildung unmöglich wäre.

Die Untersuchung dieser Substanz war jedoch mit ungleich grösseren Schwierigkeiten verbunden, und es würde kaum möglich gewesen sein, ihn ihrem Ursprunge nach kennen gelernt zu haben, wenn nicht mit den vollkommen durch Fäulniss zersetzten eiweisshaltigen Theilen, aus denen er grösstentheils bestand, noch theilweise unveränderte Organtheile vermengt gewesen wären. Diese letzteren liessen sich nun mit grosser Sicherheit auf die ihnen angehörigen Organismen zurückführen.

Zuerst ergab es sich, dass diese schleimige Schaummasse mehrfachen Ursprungs ist, und der Zersetzung sowohl thierischer als vegetabilischer Organismen ihre Entstehung verdankt. Schon von vorn herein liess die ungeheuere Menge einer Schleimalge (*Palmella Ungeriana* Gunw.*), die zur Zeit der Schaumbildung an die Ufer des Sees herangetrieben wird, und bei ihrer Verwesung viel Gestank verbreitet, ihren Antheil bei Entstehung derselben vermuthen. Die mikroskopische Untersuchung setzte auch diese Vermuthung ausser Zweifel, da in dem zusammengeballten Schaume deutlich die chlorophyllhaltigen Zellen (Gonidien) dieser Alge erkennbar waren.

Allein den beiweiten grössern Antheil an dem Schaume hatten zwei Thiere, die gleichfalls zu den Crustaceen gehören, und dort, wo sie vorkommen, sich stets einer ungeheueren

---

*) Seite 153. Aus Versehen ist die Abbildung dieser Alge in natürlicher Grösse auf Seite 150 in der kugeligen Figur links gegeben, während die Figur auf Seite 153, deren Gonidien in 240maliger Vergrösserung darstellt.

546

Verbreitung erfreuen, d. i. *Artemia salina* Leach und die *Cypridina* (*oblonga?* Grube). Es gelang mir sowohl von der einen als von der andern dieser Entomostraken noch ziemlich unverletzte Thierkörper herauszufinden, meistentheils jedoch nur Bruchstücke, die sich leicht deuten liessen, nachdem einmal die Vergleichungspunkte gefunden waren.

Wenn man weiss, dass die *Artemia* sowohl in künstlichen als in natürlichen Salinen zuweilen in solcher Menge vorkömmt, dass mehr Thierkörper als Wassertropfen vorhanden sind, wenn man erfährt, dass dieselbe, obgleich ein kleines fast mikroskopisches Thierchen, im Innern Afrikas durch seine ungeheuere Menge sogar als Nahrungsmittel benützt werden kann, so ergab sich wohl von selbst, dass ihr Auftreten und ihre Zersetzung in dem seichten Salzsee von Larnaka eine grosse Menge schleimiger Substanzen liefern konnte.*)

---

*) Ueber die Verbreitung der *Artemia* danke ich meinem Freunde Prof. L. Schmarda folgende Notizen:

Artemia salina Leach lebt:

1. im Salzwasser (Soolenwasser) zu Lymington in England, heisst dort *Brineworm* und wird gegessen. Rucket. Trans. Lin. Soc. XI. 1815. p. 205.

2. in den Salinen des südlichen Frankreichs. Payen Ann. sc. nat. 2 S. T. X. 1838. p. 315. Compt. rend. 1836. III. p. 541. Frop. Not. 1836. B. L. p. 256 u. 1839. B. XI. 1—3. Joli, Ann. sc. nat. 2 S. 1840.

3. Wahrscheinlich unter gleichen Verhältnissen in der Krim und in Sibirien. Rathke, Fauna v. Krim. Frop. Not. B. II. p. 68—71. (Soll jedoch nach Edwards einer anderen Species angehören.)

4. In den Natronseen Aegyptens. L. Schmarda zur Naturgesch. Aegyptens, Denkschr. d. k. Acad. d. Wiss. Bd. VII.

5. In den natürlichen Salinen von Adana bei Tarsus. Kotschy in den Samml. des kais. Natur. Kab. in Wien.

Die rothe gleichzeitige Färbung des Wasser rührt nicht von diesem Thiere, sondern von Infusorien her.

Artemia Oudneyi lebt:

1. in den Salz- und Natronseen von Fezzan (Wurmsee, Bahr el Dud) unter dem Namen Fezzanwurm und wird mit Datteln, zu einem Brei geknetet, gegessen.

Das Gleiche kann auch von *Cypridina* gesagt werden, die jedoch eigentlich ein Meeresthier ist, und sich in diesem Salzsee nur nebenbei findet.

Es wäre jedoch jedenfalls sehr wunderbar zu nennen, wenn nicht auch der *Pilumnus*, dessen zahllose Eier den See bevölkern zur Bildung der Schleimmasse und dadurch zur Erzeugung des Schaumes beitrüge. Dass dies wirklich der Fall ist, beweisen die nicht undeutlichen Reste junger, eben dem Eie entschlüpfter Thiere, die sich in eben dieser Schleimmasse hie und da finden.

Indem ich die übrigen mehr zufälligen Beimischungen, darunter zahlreiches Pollen *Pinorum*, Haare und Schilfern von Pflanzen, Pilzsporen, Schuppen von Schmetterlingsflügeln, viele Käfer *(Blechrus maurus?)* und Mücken- *(Culex)*- reste u. s. w. übergehe, zeigt es sich, dass den obigen drei thierischen Organismen und dem einen pflanzlichen hauptsächlich das Material für die Schaumbildung entstammt.

Es wäre nur noch die Frage zu beantworten, ob der Meeresschaum von Paphos denselben oder doch einen ähnlichen Ursprung hat. Nach der Erzählung des Herrn Consuls Smith zeichnet sich der Meeresschaum von Paphos durch seine besondere Fülle aus. Während den Monaten Januar und Februar, zur Zeit der Winterstürme, sammeln sich jährlich vorzüglich an dem Hügel, worauf einst der Tempel der Schaumgebornen stand, halb mannshohe, dichte weisse Schaummassen, die nicht selten vom Winde landeinwärts getragen werden. Der Schaum erscheint hier besonders nach anhaltenden Stürmen, verliert sich und kommt wieder zum Vorscheine.

Bemerkenswerth ist, dass die geognostischen Verhältnisse in Paphos ganz ähnlich wie am Salzsee bei Larnaka sind, nämlich rauhe, von Sandstein gebildete Ufer mit sehr seichtem Meeres-

---

Artemia Guildingii lebt:

1. in Westindien. Guilding u. Thompson Zool. research. fos. 7. p. 104 pl. 1 Fig. 11, 12.

Artemia — ?

Australien bei Paramaka.

grunde, indem sich dessen Schichten nur mit geringer Neigung nach dem Meere verflachen und stellenweise sogar Klippen bilden. Desshalb ist auch der Hafen von Paphos keineswegs gut, und da er besonders vor Stürmen wenig Schutz gewährt, für die Schifffahrt nur unter besondern Vorsichtsmaassregeln zugänglich. Ohne Zweifel ist unter solchen Umständen die Bildung des Schaumes von denselben oder ähnlichen Organismen abhängig, obgleich sich im Voraus nichts darüber sagen lässt, bis Herr Consul Smith mir Proben dieses Schaumes einsendet, wozu bereits die Einleitung getroffen ist.

Daraus ist demnach ersichtlich, dass die Ansammlung von Meeresschaum an diesem Gestade eine sehr in die Augen springende Erscheinung ist, es auch früherhin war, und daher allerdings der Ansicht von der Entstehung der Aphrodite zu Grunde liegen kann, und zwar um so mehr, als derselbe in der That als ein Zeichen ungewöhnlicher Fruchtbarkeit angesehen werden muss und auch der kindlichen Auffassung des von Naturreligion geleiteten Volkes näher als alles Andere lag. —

Ich knüpfe an diese Betrachtungen noch eine andere von naturhistorischem Interesse, welche mit dem Cultus der Aphrodite auf Cypern in engster Beziehung steht.

Bekanntlich wurde dieselbe im Tempel zu Paphos nicht als eine menschliche Gestalt, sondern als ein Kegel von Stein (κοῖρον κυπριον) verehrt. Gemmen und Münzen bis in die Zeit von Trajanus, Vespasianus, Severus, Antoninus, Domitian geben nicht allein das Bild des Kegels, sondern auch dessen zufällige Verzierungen von Ringen u. dgl. und die wesentlichen Theile des Tempels selbst, in dessen Aditum er aufgestellt war. Man vergleiche hierüber den Seite 558 gegebenen Holzschnitt.

Auch andere Zeugnisse, wie jenes von Tacitus[*], Maximus Tyrius[**] und Servius[***] sprechen dafür.

---

[*] Hist. II. Simulacrum deae, non effigie humana, continuus orbis, latiore initio, tenuem in ambitum, metae modo exsurgens et ratio obscura.

[**] Dissert. XXXVIII. Παφίοις μεν ἡ Αφροδίτη τὰς τιμὰς ἔχει τὸ δε αγαλμα, οὔκ ἄν εἰκάτης ἄλλω τω ἡ πυραμιδι λευκή.

[***] Ad Aeneid. I. v. 724 Apud Cyprios Venus in modum umbilici el ut quidam volunt, metae colitur.

Um über die Natur dieses Idols ins Reine zu kommen, ist es nöthig, die Verehrung, welche andere Steine bei den Alten genossen, ins Auge zu fassen, deren es eine nicht geringe Menge gab. Man nannte sie Bäthylien ($Bαιθυλια$ *), hielt sie für beseelt ($λιθοι\ ἐμφυχοι$) und für so heilig, dass sie als Orakelsteine dienten, die kleineren als Hausorakel, die grösseren als Sitze der Gottheiten, die dann meist in Tempel eingemauert oder in dessen Heiligthum aufgestellt wurden. Von den vielen in beifolgender Note **) namhaft gemachten Orakelsteinen ist durch seine Berühmtheit besonders jener des Jupiter Ammon

---

*) Von בּית אל beth-al d. i. Haus Gottes.

**) Das folgende Verzeichniss der Bäthylien ist grösstentheils Münters Schrift „Ueber die Bäthylien der Alten, verglichen mit den Aërolithen unserer Zeit entnommen.“ Antiq. Abhandlungen p. 277.

1) Der Stein von Aegos Potamos — eine grosse unförmliche Masse aussen wie angebrannt (coloris adusti), bei Tag unter Lichterscheinungen vom Himmel gefallen zur Zeit der 72—78 oder 84 Olympiade. Wurde zu Abydos verehrt.

2) Stein im Tempel des Sonnengottes zu Emisa — unten gewölbt, oben konisch von schwarzer Farbe, nach der Sage vom Himmel gefallen. Nach Erhebung des Priesters jenes Tempels Elgabals zum Imperator Roms, wurde dieser Stein mit grossem Pompe dahin geführt, und in einem eigenen Tempel beigesetzt, nach dessen Tod aber wieder zurückgebracht. — Auf Münzen dargestellt.

3) Stein von Pessinus in Galatien. Nach Livius (L. XXVIII. C. II.) „Coloris furvi ataque atri, angellis prominentibus inaequalis“ war er klein und fiel daselbst vom Himmel. Er war im Heiligthume der Cybele, der Mutter der Götter verehrt, und zur Zeit des zweiten punischen Krieges (204 a. Ch.) nach Rom gebracht und den Vestalinnen übergeben.

4) Stein des $Ζευς\ Κασιος$ zu Seleucia verehrt, von Gestalt unförmlich oder kegelförmig. Auf Münzen dargestellt.

5) Der Stein von Delphi nach Pausanias (X. 25) ein Baethylos im Tempel verehrt und täglich von den Priestern mit Oel gesalbt und an Festtagen mit weisser Wolle umwickelt

War der Sage nach jener Stein, den Kronos verschlang.

6) Stein der Astarte im Tempel von Tyrus, den sie auf ihrer Wanderung als vom Himmel gefallen fand und in Tyrus geweiht hat. „$Ἀσταρτη$ ... $εὗρεν\ ἀεροπετη\ ἀστερα\ ὁν\ και\ ἀνελομενη\ ἐν\ Τυρῳ\ τη\ ἁγια\ νησῳ\ ἀφιερωσε$“ Eusebii Praepar. Evang. K. I. c. 10. Eine spätere Anmerkung zu Sanchuniatons Werk, der die Bäthylien von Uranos erzeugt ansah.

auf der Ammons-Oase hervorzuheben. Parthey*) auf die Beschreibungen des Q. Curtius Rufus (4. 23) u. Diodors (17. 50) gestützt sagt:

„Das Bild Gottes ähnelte nicht den gewöhnlichen Götterbildern. Es bestand in einem konischen Nabel, Klotze oder Stein, der mit Smaragden und andern Kleinodien reich verziert war. Die Art des Orakels hatte etwas eigenthümliches. Das Götterbild ward in ein goldenes Schiff gesetzt, von dessen beiden Seiten viele silberne Schalen herabhingen. Achtzig Priester trugen es dahin, wohin der Wink des Gottes ihre Schritte lenkte. Es folgten eine Menge Frauen und Jungfrauen, die in ihren Gesängen den Gott um einen günstigen Ausspruch anflehten.“

Wenn gerade auch nicht an diesem Orakelstein, so knüpfte sich an viele andere die Sage, dass sie vom Himmel gefallen seien, und die meisten mögen wohl auch wie jener Stein von

---

7) Stein von Aelia Capitolina im Astartetempel. Ueber demselben ein halber Mond, das Symbol der Astarte. Auf Münzen.

8) Stein im Tempel von Sidon. Auf einer sidonischen Münze findet man 2 Bäthylien auf einem Wagen abgebildet, Baal und Astarte.

9) Stein im Dianentempel zu Laodicea. „Lapides, qui divi dicuntur ex proprio templo Dianae Laodiceae ex adito suo, in quo id Orestes posuerat, afferre voluit“. Lampridius in vita Heliogabuli c. 7. Auf Münzen.

10) Stein im Dianentempel zu Perga.

11) Stein im Tempel zu Chalcis in Syrien.

12) Stein im Tempel der Grazien zu Ochromenos zur Zeit des Königs Eteokles und vom Himmel gefallen. (Vor dem troj. Kriege.)

13) Stein in Kassaudria oder Potidea in Macedonien noch zu Plinius Zeiten verehrt.

14) Grosser schwarzer Stein, den die Amazonen dem Mars auf der Insel Aretias im Pontus Euxinus geweiht hatten.

15) Die Steine des Kadmus und der Harmonia im Heiligthume zu Buthoe (Budoa in Illyien) als Symbole phönikischer Götter (Movers Phön. 2. 2. p. 91).

16) Stein von den Arabern als Gott Dusares verehrt. Viereckig.

17) Steine vom Himmel gefallen in der Ebene von Troja.

18) Bäthylien in der Gegend von Heliopolis (Baalbek) noch in späterer Zeit (Photius).

*) Das Orakel und die Oase des Ammon. Abh. d. k. Acad. d. Wissensch. zu Berlin 1862 p. 166.

Kaaba zu Mekka, der noch jetzt von allen Muselmännern für das grösste Heiligthum der Moschee gehalten wird und dessen göttliche Verehrung weit über die Zeit des Auftretens Mahommeds, als Religionsstifter hinausgeht, in der That Meteorsteine sein*). Hamaker (Diatribe philologico-critica monumentorum aliquot punicarum nuper in Africa repertorum interpretationem exhibens. Lugd. Batav. 1822 p. 3) hält den weissen Stein der Kaaba für ein Idol der Astarte und noch jetzt wird die ihr geweihte Taube dort für heilig gehalten und in der Kaaba nicht gestört.

Aus allem diesen geht mit ziemlicher Sicherheit hervor, dass auch der kegelförmige Stein in Paphos, das Symbol der zeugenden Kraft des Lebens nicht als eine „geläuterte Gestalt des Phallus, als ein pelasgisches Phallussymbol“, sondern als ein Meteorit im Sinne der westasiatischen Völkerschaften verehrt wurde.

Daraus geht aber zugleich der innige Zusammenhang der phönikischen Astarte, der phrygischen Kybele, der assyrischen Mylitta u. s. w. als Lichtgottheiten (Mond) mit der pelasgischen Dione und der griechischen Aphrodite hervor, die sich vollkommen entsprechen, obgleich sie aus verschiedenen Anschauungen hervorgegangen sind.

Es wäre nur noch zu zeigen, wie dies weltschaffende weibliche Princip, die Mutter der Götter und Menschen, die antropomorphische Gestalt der späteren Venus annahm.

Wie wir wissen, hat Daedalus das erste Holzbild der Aphrodite verfertiget. Auch Herostratus (720 a. Ch.), kaufte in Paphos ein Holzbild, eine Palme hoch, das er nach Naupactus brachte, um dort unter den griechischen Colonisten den Aphroditendienst einzuführen. Ebenso ist es ein Schnitzbild, welches auf Kythera, wo nach der Fabel, die Aphrodite zuerst ans Land stieg, als Idol dieser Gottheit verehrt wurde. In Griechenland, so wie auf dem kleinasiatischen Boden hatte die Liebesgöttin schon die menschliche Gestalt angenommen,

---

*) P. Partsch. Der schwarze Stein in der Kaaba zu Mekka. Denkschr. d. k. Acad. d. Wiss. m. ph. Cl. Bd. XIII.

obgleich sie in dem ihr geweihten Tempel zu Sikyon noch die Weltkugel als Zeichen ihrer ursprünglichen Bedeutung auf dem Haupte trug.

Später erscheint sie allenthalben als einer der vorzüglichsten Gegenstände der Kunst, mit allen Atributen des Liebreizes, ausgestattet als Siegerin auf und über der Erde. Merkwürdig ist es, dass Cypern kein Standbild dieser Göttin auch aus den spätern Zeiten aufzuweisen hat.

Kehren wir nach dieser Abschreitung wieder zu den Ruinen von Paphos zurück!

Paphos ist nicht nur im Bereich seiner dermaligen Ausdehnung reich an monumentalen Ueberbleibseln, auch die Umgebung lässt eine nicht unbedeutende Lese derselben zu. Dahin gehören insbesonders die Grabgrotten in dem Sandsteine, der sich gegen Ctima und Hierokipos zu einem Tafelland erhebt. In diesem Sandsteine sind wie überall auf der Insel, ehedem an mehreren Stellen Grabstätten ausgehöhlt, und mit besonderen Vorhöfen versehen worden. Die meisten derselben sind schon fast ganz und gar verfallen.

L. Ross beschreibt solche Grabgrotten in dem sogenannten Palaeocastron, nordwestwärts von Paphos, und gibt davon Abbildungen*). Nach diesen Mittheilungen ist der Eingang in die unterirdischen Grotten durch einen dermalen freien Hofraum, von Pfeilern und dorischen Säulen umgeben, geschützt, zu welchem in der Südwestecke ein schmaler Eingang durch die Felsen gehauen ist.

Es ist wahrscheinlich, dass dieser ungefähr 30 Meter im Gevierte betragende, vollkommen quadratische Vorhof, mit massiven Steinplatten bedeckt war. Die Grabgrotten selbst, zu denen man hinter dem Peristyl nach allen Seiten gelangt, sind vom Schutte und Dünger des hier häufig weilenden Viehes derart erfüllt, dass man nicht mehr eindringen kann. Aus der

---

*) Archaelogische Zeitung von E. Gerard IX Nr. 28 t. 28 (1851).

dorischen Säulenordnung und einigen andern Verhältnissen des Vorkommens, schliesst L. Ross, dass diese Gräber phöniki- schen Ursprungs seien. Wenn auch die Form dieser Grabgrot- ten mit den ägyptischen ganz und gar übereinstimmen, so finde ich doch rücksichtlich der Säulenform einen gewaltigen Unterschied von jenen, wie sie z. B. bei Benihassen in Aegypten an den Felsengräbern vorkommen. Auch Ali Bey erwähnt westlich von Neu-Paphos Grabgrotten, die er für Wohnungen hielt. Sie gehören jedoch einer späteren Kunstperiode an.

Ich bedauere sehr, diese Gräber mit den Vorhöfen hier in Paphos nicht gesehen zu haben, und muss fast vermuthen, dass sie nicht mehr zugänglich sind.

Herr Consul Smith geleitete uns aber zu einer anderen Grabgrotte im östlichen Theile desselben Reviers. Diese war ohne einen solchen Vorhof nur durch einen ziemlich breiten, in den Felsen gehauenen Eingang versehen. Den Zugang zu den Grotten selbst bildete eine breite Thoröffnung, über welcher in der senkrecht abgeglichenen Felswand eine In- schrift in cyprischen Characteren angebracht war.

Eingang zu einer altcypriotischen Grabgrotte bei Pabpos. (τὰ ἀλώνια τοῦ Ἐπισκόπου)
Die Stadt Ctima in der Ferne.

Obgleich der keineswegs gleichartige und feinkörnige Sandstein schon durch Jahrtausende der Einwirkung der Atmosphärilien ausgesetzt ist, und derselbe auch stellenweise Unebenheiten und Vertiefungen zeigt, so hatten doch die in denselben eingegrabenen Charaktere so wenig Schaden genommen, dass sie besonders bei günstiger Beleuchtung gut zu unterscheiden und in ihren Formen zu erkennen waren. Nicht zufrieden eine möglichst treue Abbildung dieser Inschrift, wie hier beifolgt*) zu machen, habe ich mich überdies noch bestrebt einen ziemlich gelungenen Abklatsch auf vielfach darüber gelegtes Papier zu erlangen.

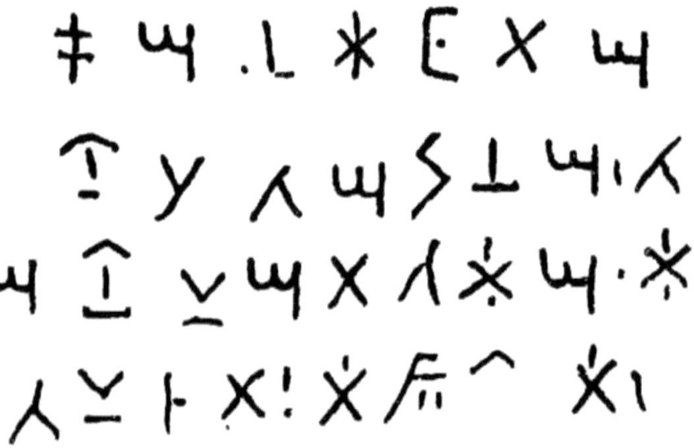

Das Innere dieser Grotte besteht aus zwei hintereinander liegenden, ziemlich geräumigen Gemächern, von denen das zweite Gemach sich durch seine kuppelförmige Decke auszeichnet. In beiden Gemächern finden sich an den Seitenwänden altcyprische Inschriften. Während die im ersten Gemache befindliche Wandschrift, theilweise absichtlich zerstörte, ausgemeisselte Charactere enthält, so dass nur ein Theil derselcopirt werden konnte, ist die Schrift in der zweiten Kammer theils durch Abnutzung, Verwitterung und durch den Russüberzug bereits ganz unleserlich geworden.

*) Man vergleiche diese Schrift mit der gleichen auf Taf. XI gegebenen Schrift des Werkes: „Numismatique et inscriptions cypriotes" par H. de Luynes und man wird hier einige Charactere mehr, und andere anders gestaltet sehen.

Neu-Paphos ist eine arcadische Colonie durch Agapenor gegründet*) und vielleicht jüngern Alters als die Sikyonische Ansiedlung in Golgoi. Mit ihrer Einwanderung kam der dodonäische Aphroditedienst nach Cypern, verschmolz aber bald mit dem verwandten Dienst der Astarte, wie unter Amasis auch die ägyptische Gottheiten Isis, Osiris, Serapis in den Dienst der einheimischen Götter aufgenommen wurden.

5. Palaipaphos (Kuklia).

Palaipaphos ist von dem heutigen Paphos nur 2 Meilen entfernt. Man sieht es von dem Hügel des Aphroditetempels daselbst und so waren dereinst die beiden Hauptstätten des

Reste des Tempelhofes vom Aphroditetempel in Kuklia.

Venusdienstes einander im Gesichte. Jährlich bewegte sich zur Feier der Aphrodisien wie von Athen nach Eleusis eine feier-

---

*)Εἶθ' ἡ Πάφος, κτίσμα Ἀγαπήνορος, λιμένα ἔχουτα καὶ ἱερὰ εὖ κατεσκευασμένα. Strabon l. c. 14. 683.

liche Procession von dem Tochterheiligthume zu dem Mutter-
heiligthume, und auch hier war die Strasse, auf der der Fest-
zug sich bewegte, zu einer heiligen (ἱερὸς ὁδός) geworden.
Obgleich Altpaphos wahrscheinlich am Meere lag und eine Hafenstadt war, so befand sich doch der Tempel ohne Zweifel
auf der Höhe, dort wo in Mitten ausgebreiteten Schuttes und
einzelner noch bemerkbarer Grundmauern die gigantischen Co-
losse eines cyklopischen Bauwerkes als letzte Reste aufrecht
stehen.

Zwei derselben, die hier im Bilde besonders hervortreten, sind über 2 Meter hoch und beinahe 5 Meter lang,
bei einer Dicke von mehr als ³/₄ Meter. Ueber die Construction dieses einfachen Bauwerkes geben die seitlichen
Löcher dieser Werksteine Aufschluss, die nicht, wie von
Hammer will, zur Ertheilung der Orakel dienten, sondern
um hölzerne Bohlen aufzunehmen und damit die anstossenden
Steine in Verbindung zu bringen oder zu verdippeln. Die
auch an andern Stellen vorkommenden ähnlichen Löcher oder
Vertiefungen widerlegen hinlänglich die frühere Meinung über
dieselben.

Dass dies rohe aus Sandstein bestehende Mauerwerk
nur einen Theil des Heiligthums gebildet haben mag, innerhalb welchem erst der mit grosser Kunst ausgeführte Tempel
stand, dafür spricht sowohl der Grundriss als die vielen
Marmorblöcke und Inschriftsteine, die ihrer Widmung zufolge
offenbar einen Theil des Tempels ausmachten. Einer derselben, mit der Aufschrift:

ΑΦΡΟΔΙΤΗΙ ΠΑΦΙΑΞΞΙ

ΔΗΜΟΚΡΑΤΗΣ ΠΤΟΛΕΜΑΙΟΥ

ΟΑΡΧΟΣ ΤΩΝ ΚΙΝΥΡΑΔΩΝ

ΚΑΙ ΗΓΥΝΗ ΕΥΝΙΚΗ

ΤΗΝ ΕΑΥΤΩΝ ΘΥΓΑΤΕΡΑ

ΑΡΙΣΤΗΝ

der unter einer schattigen Terbinthe lag, diente uns als Tisch
auf dem wir unser frugales Mal hielten. Eine Menge anderer
Inschriftsteine, gleichfalls Theile des einstigen Heiligthums,
lagen noch umher oder waren in der kleinen halbverfallenen

griechischen Kirche eingemauert. Von allen, die ich habhaft
werden konnte, habe ich Abklatsche mit Papier gemacht.

Herrn von Hammer gelang es noch den Grundriss des
Tempels oder vielmehr des Tempelhofes zu zeichnen, was

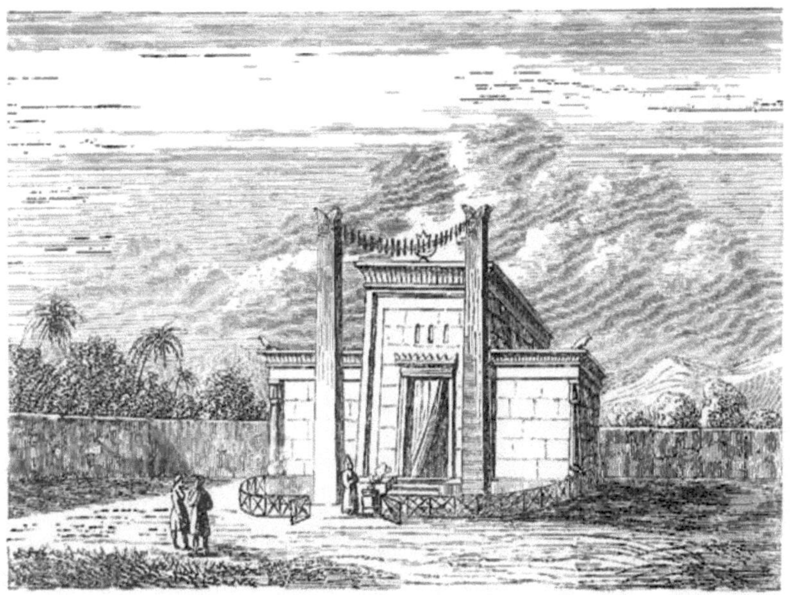

Muthmasslicher Tempel der Aphrodite in Alt-Paphos.

gegenwärtig ohne Hinwegräumung des Schuttes nicht mehr
möglich wäre. Sowohl aus diesem als aus den auf Münzen,
namentlich jener von Antoninus, vorkommenden Bilde dieses
Tempels hat Herr Hetsch eine architektonische Zeichnung
desselben entworfen*), der ich in dem beifolgenden Bilde
grösstentheils gefolgt bin.

Der Tempel stand in der hinteren Abtheilung des
durch die Cyclopenmauer gebildeten Vierecks, dessen Länge
100 Schritte, die Tiefe 150 Schritte misst; die äussere durch
ein dünnes Mauerwerk von der innern gesonderte Abtheilung scheint von einer Säulenstellung umgeben gewesen zu

---

*) F. Münter, der Tempel der himmlischen Göttin zu Paphos. Zweite
Beilage zur Religion der Karthager mit 4 K. Tafeln und einer arch. Erklärung von G. Hetsch. Kopenhagen 1824.

sein. Neben dem Tempel deutet eine cysternenartige Vertiefung auf einen ehemaligen Wasserbehälter, der zu dem
Aphroditecultus gehörte.

Der Tempel selbst besteht aus einem erhöhten Mittelbau,
dessen längliche Fenster des oberen Theiles wahrscheinlich
Flugöffnungen für Tauben — den der Göttin geweihten Thieren
— waren, und aus Nebenhallen, die sich an die beiden Seiten
anschliessen, und die Weihegeschenke des Tempels enthielten,
die jedoch auch in nischenartigen Vertiefungen der Cyclopenmauer theilweise Platz gefunden haben mö-
gen. Im Hintertheile des Mittelbaues befand sich das Adi-tum, wo der Stein-
kegel (Meteorit) umge-ben von zwei Cande-
labern aufgestellt war.

Zu beiden Seiten des Eingangthores erheben sich zwei an der Spitze gespaltene
Obelisken, die durch ein Gehänge von Me-

Aditum des Aphroditetempels mit dem Kegel.

tallscheiben, unsere Glocken vertretend, mit einander verbunden
waren. Vor dem Tempel breitet sich ein halbrundes von
einem zarten (Eisen?) Gitter eingefasstes Gehäge aus, innerhalb welchem der Opferherd stand, auf welchem die Weih-
rauchopfer dufteten und wohin der Sage nach, obwohl im
Freien, nie ein Tropfen Regen gefallen sein soll*). Die Staf-
fage stellt den Opferdienst durch den Priester dar, wobei
nach der damiligen Sitte den Einzuweihenden das Facsimile
eines Phallus und eine Handvoll Salz dargereicht wurde.

---

*) Sanguinem arae affundere vetitum. Precibus et igne puro altaria
adolentur nec ullis imbribus, quamquam in aperto, madescunt. Tacitus.
Hist. 2. 3.

Wahrscheinlich ist es, dass sich die asiatischen Hierodulen-institute auf diese Insel verpflanzten, für deren Gedeihen die kleinen Haine, die Gebüsche und Lauben, welche die Tempel der Aphrodite umgaben, bestimmt gewesen zu sein scheinen.

Eine Beschreibung, wie die Aphrodisien hier zu Lande gefeiert worden sein mögen, gibt Engel l. c. II p. 150 in folgenden Worten:

„Ueber das ganze Cypros herrschte Aphrodite, ihr Fest musste also auch eine Feier des ganzen Landes sein. (Ovid. Metam. 10. 270.) Alle Bewohner des Eilandes strömten an jenen festlichen Tagen bei der Wiedergeburt des Jahres zu Paphos zusammen; fremde Völker und Städte schickten ihre Gesandtschaften zur Ehre der Weltkönigin, und Alle jung und alt, Männer und Jünglinge, Frauen und Mädchen, welche der Göttin in Angelegenheit der Liebe und des Herzens sich vertrauen wollten, stellten sich an jenen grossen Festtagen des Eilandes zur Nachtfeier der Geburt Aphroditens ein. Von der nahen Schwesterstadt Neu-Paphos aus zog die versammelte Menge in fröhlicher Wallfahrt die heilige Strasse entlang, welche nach der Hafenstadt des alten Paphos führte. Von da aus zog die andächtige Menge mit Myrthen bekränzt in feierlichem Bittgange den schattigen gebahnten Weg zur alten Stadt und zum Tempel der Liebe hinauf (Strabon 14. 683), wo die Panegyris gehalten wurde. Da rauchten die Altäre von Paphos von Weihrauchduft und die heissen Gebete inbrünstiger Herzen stiegen zur erfreuten Göttin auf." —

Nicht weit von dem Punkte, wo einst der Tempel stand, und wo sich nunmehr das unansehnliche und verrufene Dorf Kuklia ausbreitet, befindet sich in der nämlichen Hügelkette eine Höhle, die als die Höhle der Königin ($\acute{o}$ $\sigma\pi\acute{\eta}\lambda\alpha\iota o\varsigma$ $\tau\tilde{\eta}\varsigma$ $\varrho\eta\gamma\iota\nu\alpha\varsigma$) bezeichnet wird, und eben wieder nur desshalb den königlichen Titel führt, um damit auf ein altes grossartiges Bauwerk hinzudeuten. Es ist derselbe Sandstein, der fast die ganze Küste der Insel umsäumt und allenthalben natürliche Höhlen bildet, die auch hier schon im frühesten Alterthume zu Grabstätten benützt worden sind.

Selbst zur grössten derselben ist der Eingang durch

angehäuften Schutt enge und beschwerlich. Sie erweitert sich aber im Innern zu regelmässig ausgehöhlten Kammern. Es sind ihrer drei, die in unmittelbarer Aufeinanderfolge ein Grabgemach zu bilden scheinen, wovon die beiden ersten jedoch seitlich noch vier kleine Kämmerchen haben. Schmale Thüröffnungen verbinden die etwa 4 Meter breite und $6^1/_2$ Meter langen Kammern, deren innerste etwas kleiner als die vorausliegenden ist und zur Beisetzung des Todten bestimmt gewesen sein muss. Sie verschloss ein massiver Stein, der noch vor der Oeffnung lag, als ich die Grabhöhle besuchte, mit einer Inschrift in altcyprischen Charaktern, die schon von Hammer copirte, von der ich aber wie mir scheint, eine verbesserte Zeichnung machte.

Wenige Wochen nach meiner Anwesenheit wurde dieser interessante Inschriftstein durch französische Archaeologen weggeschafft, bei welcher Gelegenheit in derselben Höhle unter dem Schutte noch ein zweiter ähnlicher Inschriftstein aufgefunden und wie jener als gute Prise behandelt wurde. Die Ausweitung dieser Grabkammern mag nicht schwer gewesen sein, da der grobe conglomeratartige Sandstein hier eben mit einer Mergelschichte wechselt. Ich fand die compacte Decke dieser Höhle mit einer Neigung von 10° nach Stunde 9 verflächen.

Eine zweite weiter östlich gelegene Grabhöhle ist kleiner, aber gegenwärtig nicht mehr zugänglich.

Alt-Paphos ist von phönikischen Ansiedlern bald nach Kition für den Dienst der Astarte erbaut worden und zwar nach dem Muster des Tempels von Askalon oder eines auf dem Libanon befindlichen Heiligthums dieser Gottheit. Von dieser ursprünglichen Anlage dürfte sich nur die Mauer des Tempelhofes bis in eine spätere Zeit erhalten haben. Man erkennt in dem Worte Paphos die semitische Wurzel עפי aphi. Die hebräischen Städte Japhia, Mephaath u. s. w. haben die gleiche Wurzel. Schon Homer erwähnt des alten Heiligthumes des paphischen Tempels, mit dem ein Orakel verknüpft war.

6. Amathus.

Amathus, gegenwärtig auch alt Limasol (παλαιὰ Λιμησσός) genannt, ist von der durch Hugo I. erbauten Stadt Limasol ungefähr eben so weit entfernt wie Alt-Paphos von Neu-Paphos. Von dem einstigen Dasein dieser Stadt geben nur wenige Reste von Mauern Kunde. Nach Gesenius scheint der Name Amathus auf das Wort חמתי hamath d. i. arx zurückzuführen zu sein, und also den phönizischen Ursprung an der Stirne zu tragen. Eine befestigte Stadt Amathus lag am Jordan. Ein Hamat gab es auch am Orontes, und es ist wahrscheinlich, dass der dort wohnende Stamm der Canaaniter sich später hier ansiedelte, denn wie Movers (l. c. 2. 2 p. 221) bemerkt ist nach einer in Kitium aufgefundenen Inschrift die phönikische Schreibung des cyprischen Namens ganz gleichlautend mit dem biblischen Namen der Hamatiten am Orontes. Uebereinstimmend drücken sich Skilax, Tacitus und Stephanus über das Alter der Stadt aus; letzterer nennt sie ἀρχαιοτατη, Tacitus vetustissima und ersterer hält deren Bewohner sogar für Autochthonen*). Viele Münzen der ältesten Zeit tragen in cyprischer Schrift den Namen Amathus**).

Wie in Paphos, so herrschten auch hier die Kinyraden mit denselben Vorrechten und denselben religiösen Einflüssen wie in Paphos.

Die Stadt Amathus war auf einer vom Meere stark ansteigenden Anhöhe, rechts und links von Thälern abgeschnitten, gebaut. Nur Steinhaufen, die mit Fruchtfeldern abwechseln, bezeichnen gegenwärtig die Lage der ziemlich ausgedehnten Stadt. Pokoke traf in Amathus noch Ueberbleibsel von alten Mauern, welche 15 Fuss dick und abwärts aus Quadersteinen erbaut waren. An der Westseite nahe dem Meere, vermuthlich da, wo die alte Stadt gestanden hat, sieht man noch die Ruinen eines Gebäudes, welches die

---

*) Ἀμαθοὺς αὐτοχθονές εἰσι. Sycl. Peripl. p. 41.

**) Numismatique et inscriptions cypriotes par H. de Luynes Paris 1852.

zerstörte Kirche des heil. Tychon ist. Pokoke glaubt, dass sich dieselbe gegen Morgen bis an die Stelle erstreckt haben mag, wo sich die grossen Haufen von Trümmern befinden, unter denen eine schöne verfallene Kirche ist, die vielleicht auf dem Platze gestanden hat, wo der Tempel der Venus und des Adonis war, und in welchem jährlich das Fest des letzteren gefeiert wurde (Strabon XIV. 682). Derselbe vermuthet, dass auch gegen Morgen eine Vorstadt sich bis an den Fluss Antigonia erstreckt habe. Von Steinen, deren Inschriften Ali Bei mehrere auf Taf. 35 seines Werkes abbildet, lässt sich gegenwärtig nichts mehr entdecken.

Auf der Spitze der Anhöhe, der Acropolis, finden sich die wichtigsten Monumente, nämlich die mehr beschriebenen gigantischen Gefässe aus Sandstein, von denen das eine nördlicher gelegene ganz und gar in Trümmer zerbrochen, das andere grössere aber noch vollständig erhalten ist. Es ist ein grosser Sandsteinmonolith so wie das andere. An den vier henkelartigen Vorsprüngen waren schreitende Stiere vortrefflich in Hautrelief dargestellt, jetzt aber zum Theile ruinirt und verwittert.

Die Dimensionen des Gefässes waren folgende. Der Durchmesser von einem Henkel zum andern hatte 3.22 Meter, der Innenraum 2.5 Meter, die Oeffnung 1.2 Meter und die innere Höhe genau 1.58 Meter. Ein grosser Mann also reicht aufrechtstehend im Gefässe mit dem Kinne eben an den Rand. Das Gefäss ist so gestellt, dass die Nordsüdlinie mitten zwischen zwei Henkeln hindurch geht. Ungefähr in derselben Richtung hat das Gefäss auch eine Haarkluft, die zwar nicht durch die ganze Dicke der Wand hindurch geht, aber eine Entfernung von der Stelle, wo es ein wenig in den Boden eingesenkt ist, ohne Gefährdung des Auseinanderfallens kaum ertragen wird, und dennoch soll dasselbe, wie man vernimmt, bereits die Bestimmung haben, seinen Weg nach Paris anzutreten. Ueber die Bestimmung dieses höchst merkwürdigen, in seiner Art einzig dastehenden Gefässes, lässt sich kaum etwas mit Sicherheit sagen, da von keinem der älteren Schriftsteller dessen eine Erwähnung geschieht.

Ein Hirtenknabe, der uns zu demselben führte, sprach hierüber eine Ansicht aus, die wie es scheint unter dem Volke gang und gebe ist, und wornach es einst seine Anwendung bei einer sanitätspolizeilichen Massregel gefunden haben soll.

Das berühmte colossale Steingefäss von Amathus in seiner natürlichen Lage von Gebüsch umgeben.

Zwischen dem Dorfe und der Mitte des Rückens der alten Stadt hat L. Ross eine Reihe Fundamente von Pfeilern beobachtet, die wahrscheinlich einer Wasserleitung angehörten, die den Amathusiern einst das nöthige Trinkwasser zuführte.

Wir, die wir einige Stunden hier verweilten, waren froh unseren brennenden Durst durch etliche mundvoll in einem Felsennapfe angesammelten Regenwassers löschen zu können.

Auch Grabgrotten kommen hier dem Thale entlang, das seine Richtung gegen das Gebirge nimmt, vor. Sie bestehen nach der Angabe Ali Bey's aus einer viereckigen Hauptkammer, die nach allen Seiten in kleine Nebenkammern führt. Jetzt sind dieselben durch Verschüttung der Eingänge nicht mehr zugänglich.

7. Lapithos, Keryneia.

Zu den eigenthümlichsten Ueberbleibseln einer grauen Vorzeit, durch Einfachheit und Seltsamkeit der Bauwerke ausgezeichnet, gehören die Ruinen der ehemals umfangreichen Stadt Lapithus (Λαπηθος). Sie beginnen unmittelbar östlich von den Klostergebäuden von Acheropithi, ziehen sich eine Strecke hart am Meere fort und gehen querfeldeinwärts, indem sie sich unter dem bebauten Ackerland verlieren.

Ansicht eines Theiles der Ruinen von Lapithus.

Abgesehen von einem verfallenen aus Quadern aufgeführten thurmähnlichen Gebäude, das vielleicht als Wartthurm der fränkischen oder venezianischen Zeit seine Entstehung verdankt, ist der übrige Theil der Stadt nur ein wellenförmiges Schuttfeld, auf welchem Säulentrümmer, Mosaikstücke, Glas- und Thonscherben bunt unter einander liegen. Da der Boden seiner brauchbaren Bausteine wegen, die aus dem Schutte herausgegraben werden, nach allen Richtungen durchwühlt ist, so trägt der Ort ein wüstes Ansehen. Dazu tragen überdies nicht wenig die über dem Erdreich hervorragenden behauenen Felsen und die unterirdisch in denselben befindlichen Gemächer bei. Die Phantasie hat hier einen grossen Spielraum aus den einander gegenüberstehenden Felsmauern und Thurmcolossen mit ihren Nischen, Treppen, Thor- und Fensteröffnungen und den in ihnen eingelassenen Vertiefungen zur Aufnahme von Balken die seltsamsten Wohnungen für Götter und Menschen herauszufinden. Ein Blick auf beifolgendes Bild mag sie in dieser Operation unterstützen.

Wie nach dem Brande eines durch Oertlichkeit unregelmässig aufgeführten Gebäudes die übrig gebliebenen nackten Mauern die seltsamsten Combinationen ihrer ehemaligen Verbindungen zulassen, so ist es auch hier, nur wird man nach allseitiger genauer Betrachtung dieser sowohl von Aussen als von Innen bearbeiteten und behauenen Felsmassen in den wenigsten Fällen über den einstmaligen Zusammenhang und die Bestimmung des Baues ins Reine kommen.

Ohne Zweifel hat zu dieser Sonderbarkeit das von der Natur Geschaffene mit dem durch die Menschenhand Hervorgebrachten zu vereinen, die Beschaffenheit des Terrains und die nicht sehr schwierige Bezwingung der Gesteinsmassen durch den Meissel wesentlich beitragen.

Wir sehen uns hier wieder auf den feinkörnigen, schwer verwitterbaren, jüngsten Meeressandstein versetzt, aus dem, wie bereits vielfach erwähnt, alle grossen Bauten auf der Insel ausgeführt sind. Das Ungewöhnliche besteht nur darin, dass einzelne thurm- und mauerförmige Hervorragungen sich isolirt über die horizontalliegenden Schichten erhoben und diese nicht selten obendrein innere Ausweitungen und Höhlungen besassen. Es war daher eine ganz natürliche Aufgabe an die ersten Bewohner dieser Gegenden gestellt, das von der Natur zu ihrem Schutze bereits halbfertig Dargebotene zu erweitern und zu vollenden. Daher wurden begreiflicher Weise einerseits die natürlichen Höhlungen vergrössert und in regelmässigere Formen gebracht, anderseits

566

die nicht ferne von einander stehenden mauerförmigen Felsen zugehauen und mit einander durch Holzconstructionen in Verbindung gesetzt und so daraus Wohnungen und Räumlichkeiten für Menschen und Hausthiere zu Stande gebracht.

So viel bekannt, waren es Colonisten aus Lacedemonien unter Praxander, welche als Baumeister dieser Felsenbauten angesehen werden müssen. Strabon erwähnt ihrer (XIV. 62) und namentlich des Ankerplatzes und der Schiffswerfte, die an dieser Stelle vorhanden waren.

Wie schon bei Beschreibung des nahen Klosters Acheropithi hervorgehoben wurde, gehört diese Gegend zu den fruchtbarsten und malerischesten der ganzen Insel. Sind die sanfthügeligen Niederungen längs des Meeres ein mannigfaltiger Wechsel von üppigen Fruchtfeldern und reichen Gärten von Oliven und Johannisbrod, so erheben sich im Süden die zackigen Spitzen des Kalkgebirges und mildern dadurch die brennende Hitze des Sommers.

Fortwährend werden auf dem ausgebreiteten Schuttfelde von Lapithos Antikaglien mannigfacher Art ausgegraben. Natürlich fehlt es dabei auch an Inschriftsteinen nicht. Ein erst kürzlich vorgefundener und im Klosterhofe von Acheropithi aufgestellter Stein verdient besonders erwähnt zu werden. Er enthielt ein Decret des Kaisers Tiberius.

Ich habe daran hier meinen ersten Abklatschversuch gemacht, der ganz entsprechend ausfiel.

Inschrift.

Τιβερίῳ Καίσαρι Σεβαστῷ Θεῷ Θεοῦ Σεβαστοῦ υἱῷ
Αὐτοκράτορι Ἀρχιερεῖ Μεγίστῳ Θημαρχικῆς ἐξουσίας
Τὸ $\overline{ΛΛ}$ ἐπὶ Λευκίου Ἀξίου Νάσορος Ἀνθυπάτη καὶ Μάρκου
Ἐτρειλίου Λουπέρχου Πρεσβευτοῦ καὶ Γαΐου Φλαβίου Φίγλου Ταμίαι
Ἄδραστος Ἀδράστου Φιλόκαισαρ ὁ ἐγγενικὸς Ἱερεὺς τοῦ
ἐν τῷ Γυμνασίῳ κατεσκευασμένου ὑπὸ αὐλοῦ ἐν τοῦ ἰδίου
Τιβερίου Καίσαρος σεβαστοῦ ναοῦ καὶ ἀγάλματος ὁ Φιλόπατρις
καὶ Παπίρετος καὶ δωρεὰν καὶ αὐθαίρετος Γυμνασίαρχος καὶ
Ἱερεὺς τῶν ἐν Γυμνασίῳ Θεῶν κατεσκεύασεν τὸν Ναὸν καὶ

τὸ ἄγαλμα ἰδίοις ἀναλώμασιν τῷ ἀτοῦ (sic) Θεῷ ἐφηβαρχοῦντος
Διονυσίου τοῦ Διονυσίου τοῦ καὶ ᾿Απολλοδότου Φιλοκαίσαρος
῎Αδραστος ᾿Αδράστου Φιλοκαῖσαρ καθιέρωσεν συγκαθιεροῦντος
καὶ τοῦ υἱοῦ αὐτοῦ ᾿Αδράστου Φιλοκαίσαρος τοῦ καὶ αὐτοῦ δωρεὰν
καὶ αὐθαιρέ του Γυμνασιάρχου τῶν παιδων τῇ γενεσίῳ
Τιβερίου.

L ι̅ϛ̅ ᾿Απογονικοῦ Κ̅Δ̅.

Irrthümlich bezeichnet, wie schon L. Ro ss bemerkte,
das Volk diese Ruinenstätte mit dem Namen Lampusa,
während ein Dorf entfernt davon am Abhange des Gebirges
den Namen Lapithos führt. Sowohl dieses als das nachbarliche Dorf Karabàs tragen, wie wenige andere Dörfer der
Insel, Zeichen des Wohlstandes, zu dem ihnen ein vom Gebirge kommender reichlicher Quell die Mittel verleiht. Aber
selbst mit dieser unversiegbaren Silberquelle vermag der Ort
sich nicht mehr zu jener Grösse und Wohlhabenheit zu erheben, die er noch im Mittelalter hatte, wo Zuckerrohr statt
Weizen auf den Feldern wuchs, und die Zahl der glücklichen
Bewohner sich auf 10.000 erhob.

Die meisten Häuser von Lapithos sind aus Werksteinen
der alten verschollenen Stadt erbaut, wie das die Säulen-
knäufe, die ántiken Reliefs und abgerissenen Inschriften die
daselbst eingemauert sind, nur zu deutlich bezeugen. Aber
was diesem Bergdorfe in den Augen des Volkes den meisten
Reiz verleiht, sind die zahlreichen Kirchen und Kapellen,
womit die Häusermassen durchwirkt sind. Auch nur ihre
Namen zu behalten, war bei der flüchtigen Durchwanderung,
für mich eine Unmöglichkeit.

Ueber die von Lapithos nicht allzu fernen Felsengräber
von Keryneia kann ich mich kürzer fassen. Auch sie sind
nur unterirdische Aushöhlungen im Meeressandstein, liegen
an der Westseite der Stadt fast so zu sagen vor dem Thore
in einem unebenen Terrain nächst dem Meere. Die Gräber

laufen nicht etwa reihenweise, sondern sind unordentlich vertheilt, neben- und übereinander, wie es eben die Terrainverhältnisse erlaubten.

Die schmalen Thüröffnungen führen entweder eben in einen kleinen viereckigen Raum, an dem sich zuweilen noch ein zweiter und dritter ähnlicher Raum anschliesst, oder einige Stufen abwärts. Dieselben dienten offenbar zur Beisetzung der Todten und kommen in dieser Beziehung den syrischen und aegyptischen Felsengräbern sehr nahe. Aber weder ein Ueberbleibsel des Inhalts dieser Gräber, noch eine In- oder Aufschrift hat sich erhalten. Alles lässt schliessen, dass sie schon sehr frühe eröffnet und beraubt wurden.

Nahe diesen Felsengrotten sind die grossen Steinbrüche, deren Material zum Baue der Stadt und der Festungswerke derselben verwendet worden sein mussten. Jetzt ist die einstmalige wohlbefestigte Stadt Keryneia (sp. Tscherinia — ἡ Κερύνεια) kaum mehr als ein schmutziges fast ausschliesslich von Türken bewohntes Dorf zu nennen, nur die Festungswerke stehen noch imponirend da, doch vermögen die verrosteten cisernen Stücke und die bronzenen Kanonen ohne Lafetten sich kaum gegen eine Compagnie europäischer Soldaten zu vertheidigen.

8. Lamnias.

In die Klasse von unterirdischen im Meeressandstein ausgeführten Baudenkmälern gehört auch jenes auf der Halbinsel Acroteri in der Nähe des Capo gatto. Auch diese flache am Cap sich etwas erhebende Landzunge, scheint schon in den frühesten Zeiten so wie später für Niederlassungen auserkoren gewesen zu sein.

Wenn man am südöstlichen Ende des Salzsees — in dessen Nähe das mit Luxus gebaute Kloster St. Nikolaus *) lag, das nach seinen zerstreuten Marmorsäulen zu urtheilen

---

*) Die Mönche dieses Klosters sollen Katzen zur Vertilgung der hier häufigen Schlangen gehalten haben, daher der Name Capo gatto.

selbst für reich gelten konnte — südwärts gegen das genannte Cap auf der geneigten Fläche fortschreitet, so gelangt man in eine steinige, vollkommen wüste Buschgegend. Einzelne hervorragende Felsen erregen die Aufmerksamkeit durch ihre Behauung und Zurichtung, und bald gewahrt man auch in demselben Sandsteine Stufen eingehauen, die zu einem unterirdischen Gemache führen. Dasselbe besteht aus einem länglichen, gewölbförmig ausgehöhlten Saale, an dem sich zu beiden Seiten schmale Galerien anschliessen. Der mittlere Hauptraum 15 Meter lang 4 Meter breit und beinahe 5 Meter hoch stand mittelst den durchbrochenen Seitenwänden, die breiten Pfeilern gleichen, mit dem 2 Meter breiten Galerien in unmittelbarer Verbindung. Der ganze Innenraum, der im Hintergrunde einige Nischen wahrscheinlich zur Aufstellung von Götterbildern hatte, ist durch Russ angeschwärzt. Eine ganz nahe von dieser westwärts gelegene ähnliche Felsenhalle ist durch den Einbruch der Decke mehr oder weniger unzugänglich.

Im Vordergrunde dieses Tempels ist eine Cisterne, zu der eine wohlerhaltene Treppe hinabführt.

Was hier herum noch gestanden haben mag, ist schwer zu ermitteln, da die Vertiefungen ungleich, und die in den Felsen gehauenen Stufen nach verschiedenen Richtungen laufen. Der Eingang war im Norden. Unser Führer, der Ortsrichter von Acroteri, wie es schien ein verständiger Bauer, nannte diesen Ort Λαμνιας, einen Namen, welchen ich in den älteren historischen Schriftstellern nicht finde.

Etwas westlich davon führte er uns auch zu weit ausgebreiteten Trümmerhaufen, die wie das Cap selbst viele Scherben von Thongefässen enthielten. Ob das eine erst in späterer Zeit zerstörte Ansiedlung sei oder ob sie aus der Vorzeit datire, wusste er nicht anzugeben.

XI. ANHANG.

Uebersicht der von Cypern bisher gekannten Thiere *).

MAMMALIA.

Chiroptera.

Vespertilio murinus Schreb. Νυκτερίδια.

Pteropus aegyptiacus Godffr. Νυκτοβάπαρος.

Insectivora.

Erinaceus europaeus Linn. Σχαντζοχίρος.

Carnivora.

Felis domestica Briss. Γάττος.

Canis familiaris Linn. Σκύλος.

„ Vulpes Linn. Ἀλώπου.

Glires.

Mus decumanus Pall. Ποντίκος.

„ Musculus Linn. Ποντίκος μίκρος.

Lepus timidus Linn. Λάγος.

Ruminantia.

Ovis Aries Linn. Κουδέλλα.

„ Cyprius Blasius Ἀγρεινό.

Capra Hircus Linn. Τραγός Mas, Ἄιγα Foemina.

Bos Bubalus Briss. Βουβάλι.

„ Taurus Linn. Βοῦδί.

Camelus Dromedarius Linn. Καμέλλος.

Solidungula.

Equus Caballus Linn. Ἄπαρος.

„ Mulus Linn. Μουλάρι.

„ Asinus Linn. Γαιδαρος.

Multungula.

Sus Scrofa Linn. β domesticus χοιρος ἤμερος.

AVES.

Accipitres.

Gyps fulvus Gmel. Ἄετος.

Neophron percnopterus Linn Τζάινος.

---

*) Mit Benützung von Sibthorp's Journal von Dr. Th. Kotschy nach seinen eigenen Beobachtungen zusammengestellt.

Tinunculus alaudarius B r i s s. Κότζη.
Falco communis G m e l. Μαβρομάτι.
Astur palumbarius Linn. Ἴεραχι.
Accipiter nisus L i n n. Φαλχονι.
Athene noctua R e t z. var. meridionalis.
 Κοκοβαιᾶ.

Passeres.

Caprimulgus europaeus L i n n. Ἀιγιδι
 βυσάττρα.
Chelone urbica L i n n. Χελιδόνα.
Hirundo rustica L i n n.
Cypselus Apus L i n n.
 „ Melba L i n n.
Coracias Garrula L i n n. Καρακαζα.
Merops Apiaster L i n n. Μεροψ.
Upupa Epops L i n n. Βοῦβοῦζιον.
Sitta syriaca E h r e n b e r g.
Luscinia philomela Pr. B o n a p.
 Ἀηδονι.
Parus ater L i n n.
Acritotheres roseus L i n n.
Turdus musicus L i n n. Κίχλα.
 „ merula L i n n. Κοζούψος.
Oriolus Galbula L i n n. Φλώριος.
Muscicapa atrocapilla L i n n. Κάλαψυρη.
 „ grisola L i n n.
Silvia atrocapilla B r i s s. Συκοφαγι.
 Βεκκαφιγι.
 „ trochilus L i n n.
Saxicola Oenanthe L i n n.
Motacilla alba L i u n.
 flava L i n n.
Corvus Corax L i n n. Κόυρακος.
 Monedula L i n n. Κολοίος.
 „ Cornix L i n n. Κορασένος.
Pica caudata R a y Καζοκόρωνα.
Garrulus glandarius L i n n. Κίττα.
Passer domesticus L i n n. Στρουδος.
Fringilla Carduelis L i n n. Καρδελλις.
 petronia L i n n.
 „ linaria L i n n.
 „ flaveola L i n n.? Σκάρδαλις.
Emberiza melanocephala S c o p.

Emberiza milliaria L i n n.
 „ hortulana L i n n. Αμπελο-
πουλι.
Alauda cristata L i n n. Σχαρδαλος.
Melanocorypha Calandra L i n n. Κά-
λανδρα.
Anthus spinoletta L i n n.

Scansores.

Cuculus Canorus L i n n. Κοκκυζ.
Picus sp. Κραουγος.

Columbae.

Columba Oenas L i n n. Περίττερι
 ἄγρια.
Columba Oenas L i n n. β domestica
 Περιττερι ἤμερα..
Columba Palimbus L i n n. Φάσσα.
Turtur auritus R a y Τρυγουνι.
 risorius L i n n.

Gallinae.

Meleagris Gallopavo L i n n.
Gallus Bankiwa T e m m. Πετείνος.
Caccabis graeca B r i s s. Περδίκια.
Francolinus vulgaris S t e p h. Αττά-
γαναρι.
Pterocles Alchata L i n n. Πάρδαλος.
Coturnix communis B o n n. Αρτύγι.

Grallae.

Glareola pratincola L i n n.
Holopterus spinosus L i n n. Πανιτζάρι.
Oedicnemus crepitans T e m m. Τρο-
λουριδα της γης.
Himantopus candidus B o n n.
Charadrius hiaticula L i n n.
Haematopus Ostralega L i n n.
Ardea cinerna L i n n.
 „ alba G m e l.
 „ purpurea L i n n. Θέρκο πουλι.
 „ minuta L i n n.
Nycticorax griseus L i n n.
Numenius arcuata L i n n.

Scolopax? Cyprius **Sibth.** Τρολουρίδα τῆς θαλάττης. Species ignota!
Scolopax media **Steph.** Βεκκαζούνι.
Totanus stagnalis **Bechst.** Νερολίδι.
Tringa subarcuata **Gmel.** Πλουμίδι.
   „   Cinclus **Linn.**
Philomachus pugnax **Linn.**
Gallinula choropus **Linn.**
Ortygometra Crex **Gmel.**

Anseres.

Anser ferus **Gesn.** Χῆνα ἄγρια.
   „   β domestica χηνα ήμερα.
Anas Boschas **Linn.** Παπίδι ἄγρια.
   „   „   β domestica Παπίδι ήμερα.
Anas? Cypria **Sibth.** Παπερό ψάρο.
Pterocyanea circia **Linn.** Σαρτέλλα.
Puffinus major **Faber** Μέχω.
Sterna minuta χέλιδονι θαλάττης.
Larus ridibundus **Linn.** Λάρος.
      canus **Linn.**
   „   marinus **Linn.**
Carbo Cormoranus **Meyer.** Καλη-κατζού.

REPTILIA *).

Testudinata.

Chersus marginatus **Wagl.** Χελόντι.
Chelonia canana **Schweigg** Ch. Caretta **Bonap.** Χελόνη τῆς θαλάττης.

Batrachia.

Rana temporaria **Linn.** Βάτραχος.
Bufo vulgaris **Laur.**
   „   viridis **Laur.**

Ophidia.

Typhlopidae.

Typhlops vermicularis (**Murr.**) **Dum. Bibr.**

Colubridae.

Periops neglectus **Jan.** (1—2 Supralabialschilder begrenzen den unteren Augenrand.)
Zamenis viridiflavus (**Wagl**) **Dum. Bibr.** var carbonaria **Bonap.** Δηριομαουρο.
Zamenis Dahlii (**Fitzing.**) **Dum. Bibr.** Δισάττρια.

Potamophilidae.

Tripodonotus hydrus (**Pall.**) **Dum. Bibr.** Νερόφιδι.
Tripodonotus natrix (**Boie**) **Dum. Bibr.** Οχεντρα.

Viperidae.

Vipera lebetina **Linn.** - Echidna mauritanica **Guich** Ἄσπικ. Κούφη.

Sauria.

Chameleonidae.

Chameleo vulgaris **Cuv.** Χαμαιλον (**Ritter** Erdkunde XVII. 2. p. 1231.)

Geconidae.

Platydactylus muralis **Dum. Bibr.** Κουρκύτας.
Hemidactylus verruculatus **Cuv.**
Phyllodactylus europaeus **Gené.**

Iguanidae.

Stellio vulgaris **Daud.** Μεχαρούς.

---

*) Von Herrn Dr. **Steindachner** Assistent am Zoolog. Hofcabinet bestimmt.

Lacertidae.

Lacerta vivipara Jacq.
　　　 agilis Merr. Χἰλεστροὐκα.
　　　 muralis Latr.

Scincoididae.

Ablepharis pannonicus (Lichts) Fitz.
Anguis fragilis Linn.
Seps Chalcidis Bonap.
Plestiodon Aldrovandii Dum. Bibr.
Euprepes quinquetaeniatus (Lichtst.)
　 Wagl.
Gongylus ocellatus Wagl.

Chalcididae.

Amphisbaena cinerea Vandelli.

PISCES.

Chondropterigii.

Raja Torpedo Μαργοτήρα.
　　 Batis Βατις.
„　 oxyrrhynchus.
Squalus centrina Γουγουνιο ψαρο.
　　　 Squatina Χελαρι.
　　　 Catulus Σκυλοψαρο.
„　　 mustelus Γαττοψαρο.
Accipenser Sturio Μουρουνα.

Brachyostegii.

Lophius piscatorius Βτρααχο ψαρο.
Syngnatus Hippocampus Ἄλογο τῆς
　 ϑαλάσσης.

Apodes.

Muraena Anguilla Αχελι.

Jugulares.

Uranoscopos scaber Λυχνος.
Trachimes Draco Δρακίνα.
Gadus Merlucius Βλακος.
Blennius Pholis Γλιδω.

Thoracini.

Coryphaena navicula Καράβιον.
Gobius niger Γωβιος.
　　　 Jozo Γωβιδι.
Scorpaena Porcus. Σκορπινα.
Zeus Faber. Χριστο ψαρο.
Pleuronectes Solea. Γλωττα.
　　　　 Flesus. Πιτι.
„　　　 Rhombus. Ῥομβω.
Sparus Sargus Σαργος.
　　　 melanurus Μαλανουρος.
　　　 Smaris Σμαριδι.

Abdominales.

Mugil cephalus Κεφαλου. Λιϑρινι.
Barbus? Βαρβουνι.
Labrus Scarus Σκαρος.

CRUSTACEAE.

Grapsus varius Latreill.
Telphusa fluviatillis M. Edw. Ad.
　 Prodromo.
Orchestia (Amphipodae) montana
　 Heller. Ad Prodromo.
Gamarus Veneris Heller Ad Hiero-
　 kipos prope Papho.

INSECTA.

Coleoptera*)

Cicindelidae.

Tetracha euphratica Oliv.
Cicindela concolor Dej.
      campestris Lin.
      melancholica Fabr.
      Fischeri Adam.
      nemoralis Oliv.
      aphrodiaca Truqui. n. sp.

Carabici.

Notiophilus geminatus Dej.
Procerus syriacus Redtenbacher.
Procrustes impressus Ehrenb.
    „   exsul Truq. n. sp.
Carabus   ? n. sp.
Calosoma sycophanta Linn.
    „   sericeum Fabr. var.
Nebria andalusica Ramb.
Leistus spinibarbis var. vufipes
    Chaud.
Scarites saxicola Bon.
      polyphemus Dej.
      oblongus Chaud.
      punctatostriatus Redt.
      subcylindricus Chaud.
Clivina rugicollis Truq.
    „   ypsilon Dej.
Dyschirius numidicus Putz.
      cylindricus Dej.
      bacillus Schaum.
      filum Truqui.
      salinus Schaum.
      punctulus Dej.

Dyschirius cariniceps Truqui.
Siagona europea (!) Dej.
    „   longula Reiche.
Coscinia (?) Dej. Truq. mento bidentato differre ab hoc genere videtur. (N. Genus inter Siagona et Ditomus).
Brachinus Bajardi Solier.
      hebraicus Reiche.
      bombarda Dej.
      berytensis Reiche.
      graecus Dej.
      immaculicornis Dej.
      efflans Dej.
      psophia Dej.
      nitidulus Wulf.
      explodens Duft. et var.
    „   Sichemita Reiche.
Drypta dentata Rossi.
Blechrus glabratus Duft.
      interstitialis Küst.
      maurus Sturm.
      ? n. sp.
      ? n. sp.
      ? n. sp.
    „   plagiatus Duft.
Metabletus virgatus Reiche.
    „   foveolatus Dej.
Lionyichus quadrillum Duft.
Apristus opacus Schaum.
    (Nom. Cranobs Truq., Bathyllus Truq.)
Amblystomus metallescens Dej.
      ?. n. sp.
Lebra cyanocephala Linn.
      var. femoralis Chaud.
      cyathigera Rossi.
    „   lepida Brulli.
Iscariotes hierochonticus Reiche.
Trichis maculata Klug.
Cymindis discoidea Dej.

---

*) Nach den Verzeichnissen der von Dr. Kotschy 1840, 1859 und 1862 wie von Dr. Truqui 1849 bis 1853 in Cypern gemachten Sammlungen.

Cymindis seriepunctata R e d t.
„   confusa P e y r. in litt.
(Platylurus) Faminii D ej.
Masoreus affinis K ü s t.
Epomis Dejeanii (Sol) D ej.
Chlanius . .? velutino et festivo
  proximus, elytris minus dense punc-
  tatis et statura minore distinctus.
Chlaenius spoliatus. F a b r.
          palaestinus R e i c h e,
          vestitus F a b r.
          Lucasii P e y r.
          ?
          aeneocephalus D ej.
    „   gracilis S o l i e r,
Dinodes Maillei D ej.
    „   ? n. sp.
Licinus hierochonticus R e i c h e.
Broscus nobilis D ej.
Pogonus orientalis D ej.
          gilvipes D ej,
          ? n. sp.
          rufoaeneus D ej.
          n. sp.
          n. sp.
    „   ? testaceus, filiformis sed
  testaceo et filiformi minor.
Sphodrus leucophthalmus L i n n.
          picicornis D ej.
    „   melitensis F a i r e n.
Pristonychus nigritus ? R e i c h e.
    „   planicollis C h e v r o l.
Calathus graecus ? D ej.
          melanocephalus L i n n.
    „   micropterus D u f t.
Anchomenus prasinus F a b r.
Agonum marginatum L i n n. var fla-
  vocinctum S u f f r.
Agonum austriacum F a b r.   cu-
  cuprinum M o t s c h.
Agonum longicorne ? C h a u d.
Olostopus orientalis R e i c h e,
    „   minor R e i c h e.
Platyderus punctiger R e i c h e.

Feronia (Poecilus) cyanella R e i c h e.
          Reicheana P e y r.
          Bonvoisinii R e i c h e.
          curticollis P e y r.
(Argutor) longula R e i c h e.
(Omaseus) funicornis R e i c h e.
Amara (Bradytus)?
(Leiocnemis). Dalmatina? D ej.
    „   ?
(Caelia) erratica D u f t.
          bifrons ? G y l l.
          acuminata P a y k.
    „   trivialis G y l l.
(Triaena) tricuspidata St.
Zabrus Caramaniae P e y r.
    „   longulus R e i c h e.
Aristus obscurus D c j.
          eremita? D ej.
    „   perforatus R e i c h e.
Ditomus calydonius F a b r.
(Odontochurus) lucidus R e i c h e.
    „   ? Samson?? R e i c h e,
(Odogonius) cribratus R e i c h e,
          rufipes ? C h a u d.
          fulvipes L a t r,
    „   pilosus D ej.
Apotomus rufitorax P e c c h i o l i.
Morio olympicus R e d t e n b a c h e r.
Daptus vittiger germ.
    „   Komineckii R i e t z,
Anisodactylus pseudoaeneus D ej.
    „   intermedius D ej.
Acinopus megacephalus R o s s i.
    „   tenebrioides D u f t.
Bradycellus distinctus D ej.
Dichirotrichus obsoletus D ej.
    „   pallidus D ej.
Harpalus (Ophonus) sabulicola P a n z.
          diffinis D ej.
          rotundicollis F a i r m.
          similis D ej.
          (Ophonus) cribratus R e i c h e.
          subquadratus D ej.
          complanatus D ej.

Harpalus fallax P e y r.
     ? n. sp.
     phariseus R e i c h e et var.
     griseus P a n z.
     distinguendus D u f t.
     honestus D u f t.
     consentaneus D e j.
     discoideus F a b r.
     punctatostriatus D e j.
     rubripes D u f t.
     var. sobrinus D e j.
     tenebrosus D e j.
Masoreus ruficornis ? C h a u d.
Stenolophus teutonus S c h r a n k.
     abdominalis G e n é.
     ?
     grandis P e y r.
  ,,   marginatus D e j.
(Acupalpus) elegans D e j. et var.
  ,,   dorsalis F a b r.
Trechus minutus F a b r.
  ,,   obtusus E r.
Perileptus areolatus K r e u t z.
  ,,   rutilus ? M e l l y.
Bembidium (Tachys) Fokii S t u r m.
     n. sp. (globulo affine).
     haemorrhoidale D e j.
     quadrisignatum D u f t.
     ?
     guttigerum R e i c h e.
     nanum G y l l.
     pullum T u c q. d. Val.
     algiricum L u c a s.
     bistriatum D u f t.
     fulvicolle D e j.
     scutellare G e r m.
  ,,   ? n. sp.
(Philochtus) vicinum L u c a s.
(Notophus) niloticum D e j.
(Periphus) ustulatum L.
     Andreae F a b r.
     combustum M e n.
     decorum P a n z.
     nitidulum M a r c h.

(Periphus) deletum D e j.
     tibiale D u f t.
     ?
  ,,   albipes St.
(Leja) rugicolle R e i c h e.
     curtulum J a c q. D u v.
  ,,   normannum D e j.
(Lopha) 4 guttatum F a b r.
(Tachypus) flavipes F a b r.

D y t i s c i d a e.

Hydroporus geminus F a b r.
     minutissimus G e r m.
     laeviventris R e i c h e.
     Mulfanti P e y r.
     planus F a b r. et var.
  ,,   obsoletus A u b é.
Hydrocanthus diophtalmus R e i c h e.
Laccophilus hyalinus D e g e e r.
Agabus bipunctatus F a b r.
     conspersus M a r c h.
     dilatatus B r u l l é.
     Gorgi A u b é.
     nigricollis E o u b k o f f.
     melas A u b é.
  ,,   bipustulatus F a b r.
Cybister Roeselii F a b r.

G y r i n i d a e.

Gyrinus concinnus K l u g.
     bicolor P a y k.
     var. angustatus A u b é.
     colymbus Er.
  ,,   aeneus A u b é.
Orectochilus villosus F a b r.

P a l p i c o r n i a.

Hydrophilus piceus L i n n.
Hydrous caraboides L i n n.
Hydrobius funipes L i n n.
  ,,   globosus P a y k.
Philhydrus melanocephalus F a b r.

Philhydrus marginellus Fabr.
Helochares lividus Forst.
Laccobius minutus L.
Limnebius atomus Duft.
Cyllidium eminulum Payk.
Helophorus acutipalpis Muls.
       grandis Illig.
  „   granularis Linn. et var.
Hydraena riparia Küst.
Ochthebius bicolor Germ.
       viridis Peyr.
  „   lanuginosus Reiche.
(Calobius) quadricollis Muls.
(Dactylosternum Woll.) abdominalef.
Sphaeridium scarabaeoides L.
  „   bipustulatum F.
Cercyon quisquilium L.
     centrimaculatum St. et var.
     plagiatum Er.
     flavipes Fabr et var.
     granarium Er.

Staphylinidae.

Falagria thoracica Curtis.
     elegans Baudi.
     sulcata Payk.
  „   obscura Grav.
Bolitochara varia Er.
Ocalea picipennis Baudi.
  „   badia Er.
Haploglossa praetexta Er.
Aleochara fuscipes Grav.
     maculipennis Raudi.
     nigripes Kraatz.
     tristis Grav.
     scutellaris Lucas.
     bipunctata Grav.
     lanuginosa Grav.
     decorata Aubé.
     deserta Er.
     crassicornis Lacord.
     clavicornis Kraatz.
     nitida Grav. et var.
     morion Grav.

Aleochara crassa Baudi.
Calodera rubens Er. ?
  „   riparia Er.
Tachyusa ferialis Er. var.
     laesa Er.
Oxypoda abdominalis Mannh.
     haemorrhoea Mannh.
     ?
Homalota umbonata Er. et var.
     pavens Er.
     gregaria Er.
     labilis Er. et var.
     occulta Er.
     linearis Grav.
     ? meridionali Muls. affinis.
     splendens Kraatz.
     merdaria Thoms.
     validicornis Märk.
     sodalis Er.
     oblita Er.
     atramentaria Er.
     lividipennis Mann.
     ?
     fungi Grav?
     orbata Er.
     clientula Er.
  „   orphana Er.
Oligota granaria Er. et var.
  „   ? (Inflata Baudi).
Tachinus luctuosus Truqui.
     pictus Fairm.
     bipustulatus Fabr.
Tachyporus hypnorum f. et var.
     anticus Er ?
     humerosus Er.
     pusillus Grav. et var.
     brunneus Fb.
     elegantulus Reiche.
Conurus pubescens Grav.
     var. sericeus Lacord.
     fusculus Er.
  „   lividus Er.
Bolitobius inclinans Grav.
     exoletus Er.

Mycetoporus splendens M a r s h.

          niger F a i r m. var.

„   nanus E r.

Acylophorus glabricollis G r a v.

Heterothops dissimilis G r a v.

Quedius lateralis G r a v.

      fulgidus F.

      impressus P a n z.

      molochinus G r a v.

      frontalis N o r d m.

      peltatus E r.

      praecox G r a v.

      umbrinus E r. var.

      rufipes G r a v.

      semiobscurus M a r s h.

      obliteratus E r.

      boops G r a v. et var.

„   scintillans E r.

Staphylinus maxillosus L.

„   caesareus C e d e r h.

Ocypus olens M ü l l.

      picipes N o r d m.

      sericeicollis M a n n.

      cupreus R o s s i.

      gagates B a u d i.

      syriacus B a u d i.

      rubripennis R e i c h e?

      olympicus B a u d.

„   cerdo E r ?

Philonthus intermedius L a c o r d.

      bimaculatus G r a v.

      varius G y l l.

      sordidus G r a v.

      ebeninus G r a v.

      corvinus E r.

      bipustulatus F a b r.

      varians P a y k.

      debilis G r a v.

      ventralis G r a v.

      discoideus G r a v.

      thermarum A u b é.

      rufimanus E r.

      aterrimus G r a v.

      procerulus G r a v.

Philonthus sobrinus E r.

„   ?

Xantholinus fulgidus F a b r.

      hebraicus R e i c h e.

      umbratilis Tr. in litt.

      rufipennis E r. et var.

      punctulatus P a y k.

      linearis E r.

      ochraceus G y l l.

„   collaris E r.

Leptacinus parumpunctatus G y l l.

      batychrus G y l l.

„   ? notho affinis.

Othius punctipennis L a c o r d.

Platyprosopus hiericonthius R e i c h e.

Cryptobium fracticorne P a y k.

Dolicaon illyricus E r.

„   venustus B a u d i.

Scimbalium testaceum E r.

      var. longicolle M u l s.

„   var. grandiceps J. D u v a l.

Achenium planum E r.

Lathrobium apicale E r.

      dividuum E r.

„   stilicinum E r.

Lithocharis rufiventris N o r d m.

      diluta E r.

      brunnea E r.

      ochracea G r a v. var.

„   nigritula E r.

Sunius filiformis L a t r.

      filum var A u b é.

      thoracicus B a u d i.

      angustatus E r.

„   biguttatus B a u d i.

Stilicus affinis E r.

Scopaeus laevigatus G y l l.

      apicalis M u l s.

      scitulus B a u d i.

„   minimus E r.

Paederus littoralis G r a v.

Homaeotarsus Chaudoirii H o c h h.

Stenus guttula M ü l l.

      callidus T r q.

Stenus affaber Trq.
 ruralis Er.
 mendicus Er.
 circularis Grav.
 declaratus Er.
 paganus Er.
 ?
 cyaneus Trq.
 „ aeropus Er.
Bledius vitulus Er.
 bicornis Germ.
 hinnulus Er.
 ?
 tricornis Herbst.
 fracticornis Payk.
 haedus Raudi.
 unicornis Germ.
 Verres Er. var. minor.
 niloticus Er?
Platystethus spinosus Er.
 rufospinus Hoch.
 cornutus Grav.
 „ nodifrons Sahlb.
Oxytelus inustus Grav.
 sculpturatus Grav.
 complanatus Er.
 nitidulus Grav.
 „ speculifer Kraatz.
Trogophlaeus riparius Lacord.
 niloticus Er.?
 foveolatus Sahlb.
 „ exiguus Er.
Lathrimaeum atrocephalum Gyll.
Omalium caesum Grav var.
 „ exiguum Gyll.
Phlaeobium clypeatum Müll.

Pselaphidae.

Ctenistes palpalis Reichb.
Faronus Lafertei Aubé.
Batrisus venustus Reichb.
Bryaxis rs. sp. ♂ ♀
 tibialis Aubé.
 xanthoptera Reichb.

Bryaxis haemoptera Aubé.
 Helferi Schmidt.
 paludosa Peyr.
 Chevrierii Aubé.
 „ impressa Panz.
Euplectus sanguineus Denny.
Paussus turcicus Friv., ? an Neriae Muls.
Scydmaenus intrusus Schaum. rufus Müller.

Silphideae.

Catops humeralis Brullé. ?
 femoratus Spenc.
 velox Spenc.
 „ ?
Silpha sinuata Fabr.
 „ gibba Brullé.
Cybocephalus exiguus Er.
 „ ? ?
Agathidium laevigatum Er
Clambus ?
Clypeaster pusillus Gyll.
 ?
 „
Gryphinus lateralis Gyll.
 „ ?
Trychopteryx sericans Er.
Ptenidium apicale Er.
 fuscicorne Er..

Scaphidilia.

Scaphium immaculatum Oliv.
Scaphisoma limbatum Er.

Histerini.

Platysoma oblongum Fabr.
 filiforme Er.
Hister major Payk.
 graecus Er.
 bipunctatus Payk.
 cadaverinus Payk.
 12 striatus Payk.
 bimaculatus L.

Hister var. concolor.
„ ?
Phelister n. sp.
Epierus comptus. Er.
Tribalus scaphidiformis Ill.
Saprinus maculatus Rossi.
semipunctatus Fabr.
nitidulus Payk.
?
?
?
?
chalcites Er.
?

?
?
conjungens ? Payk.
rotundatus Payk.
miliaris Truqui.
?

„
Teretrius picipes Payk.
Plegaderus vulneratus Panz.
sanatus Truqui.
Onthophilus n. sp. (thoracis lateribus non dilatatis, clytris equaliter costatis).
Abraeus globulus Creutz.
?

Phalacridae.
Phalacrus corruscus Panz.
Olibrus bicolor Fabr.
bimaculatus Küst.
aeneus Ill.
? (praecedentis magis globosus).
liquidus Er.
pygmaeus St.
geminus Ill.

Nitidulariae.
Brachypterus quadratus Creutz.
fulvipes Er.
mutilatus Er.

Carpophilus rubripennis Heer.
„ ?
humeralis Fabr.
bipustulatus Heer.
„ hemipterus Lin.
Epuraea 10 guttata Fabr.
Nitidula flexuosa Fabr.
„ quadripustulata Fabr.
Soronia punctatissima Ill.
Amphotis n. sp.
Meligethes ?
?
?
?

„
Cryptarcha ?
Temnochila caerulea Oliv.
Trogosita mauritanica Lin.
Peltis n. sp. (procera Kraatz). ?
Ditoma crenata Herbst.
Aulonium bicolor Herbst.
Aglaenus brunneus Gyll.
Laemophlaeus alternans Er.
ferrugineus Creutz. ?
„ ?
Silvanus frumentarius Fabr.
Lyctus canaliculatus Fabr.
?
impressus Comolli.
Cryptophagus ?
?

„
Atomaria ?

„
Ephistemus ovulum ? Er.
?
„ ? (n. sp. Truqui.)
Monotoma picipes Herbst.
quadricollis Aubé.
Lathridius minutus Lin.
transversus Olivi.

Corticaria serrata Payk.
   gracilis Mann.
   illaesa Mann.
 „ parvula Mann.
Holoparamecus caularum Aubé.
  „ Kunzei Aubé.
Myrmecoxenus vaporariorum Guerin.
Merophysia formicaria Lucas.
 „ sp.
Typhaea fumata ? Lin.
Thorictus piliger Schaum.
   orientalis Peyr.
   dimidiatus Peyr.

Dermestidae.

Dermestes vulpinus Gyll.
   Frischii Kugeln.
   undulatus Brahm.
   mustelinus Er.
   bicolor Fabr.
Attagenus megatoma F.
 „ ?
Hadrotoma variegata Küst. ?
   ?
 „ ?
Trogoderma sp. ?.
Anthrenus pimpinellea Fabr.
   festivus Er.
   varius Fabr.
   albidus Peyr.
 „ molitor Aubé.
Orphilus glabratus Fabr.

Pyrrhidae.

Sincalypta n. sp.
Limnichus ?
 „ versicolor Waltl.
 „ sericeus Duft.
Parnus puberculus Reiche.
Georissus n. sp.
Heterocerus femoralis ? Kiesew.
   intermedius Kiesew.

Lamellicornia.

Dorcus Peyronis Muls.
Ateuchus sacer L.
 „ puncticollis Latr.?
Sisyphus Schaefferi Lin.
Gymnopleurus mopsus Pallas.
Copris hispanus Lin.
Bubas bubalus Oliv.
Onitis Damaetas Stev.
   Innus Fabr.
   hungaricus Herbst.
 „ furcifer Rossi
Onthophagus Tages Oliv.
   taurus Lin.
   fracticornis Fabr.
   marginalis Gebl.
   n. sp.
   n. sp.
 „ furcatus Fabr.
Anthophagus ovatus Lin.
   ruficapillus Brullé.
   nigellus Ill.
   lucidus Ill.
   aleppensis Redt.
 „ centromaculatus Redt.
Oniticellus flavipes Fabr.
 „ pallipes Fabr.
Aphodius erraticus Linn.
   scybalarius Panz.
   fimetarius L.
   convexus Er. ?
   granarius L. var.
   hydrochaeris Fabr.
   punctipennis Er.
   lugens Creutz.
   nitidulus Fabr.
   immundus Creutz.
   n. sp.
   plagiatus Lin.
   rutilipennis Helfer.
   ?
   lividus Ol. et var.
   fimbriolatus Mann.
   dilatatus Reiche.

Aphodius lineolatus Ill. et var.

    ?

    asiaticus Fald. Truqui.

    quadriguttatus Herbst et var.

    albidipennis Helfer.

    scropha Fabr.

    „   ?

(Melinopterus) prodromus Brahm.

(Acrossus) luridus Payk.

    pecari Fabr.   planus Dahl.

Psammodius caesus Fabr.

    sabulosus Muls.

    „   vulneratus St.

Rhyssemus asper Fabr.

    „   Godarti Muls.

Hybosorus arator Ill.

Geotrupes typhaeus L.

    stercorarius Lin.

    „   marginatus Poir.

Trox clatratus Dej.

    „ transversus Reiche.

Glaphyrus ?

Eulasia papaveris Truq.

    var. cupripennis Redt.

    Lasserei Germ.

    „   vittata Fabr.

Ancylonicha? ?

Aplidia hirticollis Burm.

    „   ?

Anoxia orientalis Lap.

Polyphylla fullo L.

Anisoplia leucaspis Stev.

Adoretus nigrifrons Stev.

(Oris partes dissectae Euchiri bimucronati.)

Euchirus bimucronatus Pall.

Pentodon n. sp.

Phyllognathus Silenus Fabr.

Oryctes grypus Ill.

Oxythirea Noemi Reiche.

Cetonia hirtella Lin.

    tincta Germ.

Cetonia afflicta Burm.

    speciosissima Scopoli.

    ?

    angustata Germ.

    floricola Herbst. var. aenea Gyll.

    „   carthami Gené.

Valgus hemipterus Lin.

    Peyronis Muls.

Buprestidae.

Julodis pubescens Ol.

    Brullei Lap.

    Rothii Sturm.

Acmaeodora sp. n.

    18 guttata Pill. var. Feisthameli Panz.

    binaria Truqui n. sp.

    quadrifaria Truq. n. sp.

    cisti Truq. n. sp.

    ottomana Spin.

    confluens Truq. n. sp.

    sexpustulata Lap.

    discoidea Fabr.

    adspersula Ill.

    dorsalis Spin.

    cyanescens Gory.

    ?

    ?

    „

Ptosima 9 maculata Fabr.

    „   n. sp. (17 guttata.)

Perotis chlorana Gory.

Buprestis cariosa L.

    Mannerheimmi Fald.

    tenebrionis Lin.

    „   aerea Lap.

Ancylocheira n. sp.

Chalcophora stigmatica Schönh.

    detrita Klug.

Steraspis ?

Polyctesis rhois Truqui.

    ?   ?   (mutilata.)

Anthaxia (Cratomerus ?) ?
     salicis F a b r.
     nitens F.
     n. sp.
     parallela G o r y.
     divina R e i c h e.
     inculta G e r m. ?
     ?
     morio F a b r.
     corinthia R e i c h e,
Coraebus rubi L.
     amethystinus O l.
     aeneicollis V i l l.
Agrilus ?
     ? et var.
     derasofasciatus L a c o r d.
     „ ?
Janthe felix T r u q u i.

Elateridae.

Phyllocerus flavipennis G e r m.
Adelocera carbonaria S c h r a n k.
     n. sp.
Alaus Parreyssii S t e v e n.
Adrastus terminatus E r.
Melanotus fuscipes G e r m.
     dichrous ? Er.
     ?
Agriotes ?
     ?
     „
Corymbites Theseus G e r m.
Athous ?
Elater ?
   „ Megerlei L a c o r d.
Aeolus crucifer R o s s i.
Cryptohypnus curtus G e r m.
Drasserius bimaculatus F a b r.
    „ atricapillus G e r m.
Cardiophorus cyanipennis M u l s.
     nigricornis n. sp. et var.
     n. sp.
     vestigialis E r. et var.

M a l a c o d e r m a t a.
Helodes pallidus F.
Cyphon variabilis T h u n b.
     padi L.
Lampyris Germari K ü s t ?
    „   ? (Syria.)
Luciola lucifer R e i c h e.
Telephorus decolorans B r u l l é.
     marginiventris R e i c h e.
(Ragonycha) ?
    „   ?
Malacogaster .
     adustus Chevr?
Drilus ?
Malthinus n. sp.
    „   ?
Malthodes ?
    „   ?
Malachius ?
     flabellatus E r.
     ?
     faustus E r.
     coccineus E r.
     dentifrons E r.
     ?
Anthocomus ?
Ebaeus appendiculatus E r.
     cordicollis K i e s e w.
     ruficornis T r u q. n. sp.
     ?
Charopus n. sp.
    „   ?
Traglops marginatus W a l t l.
Colotes obsoletus E r.
    „ ? n. sp.
Novum genus Coloti affinis
Dasytes ?
    „   ?
Haplocnemus ?
Dolichosoma lineare F a b r.
Dasytiscus indutus K i e s e w.
     graminicola K i e s e w.
     ? n. sp.
Danacea cretica K i e s e w.

Danacea ?
Melyris oblonga Fabr.
      bicolor Fabr.
        ? (Eucnemidis et Malacoder-
          matis genus affine)

Cleridae.

Opilus mollis L.
   „ thoracicus Klug.
Thanasimus 4 maculatus Fabr.
Tarsostenus univittatus Rossi.
Trichodes crabroniformis Fabr.
       leucopsideus Oliv.
   „   sipylus Fabr.
Necrobia rufipes Fabr.

Ptiniores.

Ptinus variegatus Rossi.
     xylopertha Reiche.
     ?
     hirticollis Lucas.
     testaceus Oliv.
     ?

Anobiadae.

Anobium paniceum Lin.
     ?

   „   striatum Oliv.
Tripopithys carpini Herbst.
Ptilinus pectinicornis Lin.
Xyletinus pallens Germ.
      pectinatus Fabr.
      testaceus Duft.
      villosus Casteln.

Bostrichidae.

Xylopertha sinuata Fabr.
   „   humeralis Luc. et var.
Apate capucina L
     ?

Apate varia Ill.
  „ bimaculata Ol.
Dinoderus elongatus ? Payk.
Cis ? flavipes Luc. ? (antennarum
   clava biarticulata).

Tenebrionidae.

Zophosis punctata ? Brullé.
   „   ?
Arthrodeis globosus Reiche et var.
Erodius siculus Sol.
     ?
   „   Duponcheli Sol. Asia min.
Dailognata crenata Reiche.
Tentyria acuminata Reiche.
      subsulcata Reiche.
      n. sp. (sec. Truqui.)
      discicollis Reiche.
      ?
Mesostena parvula Reiche.
Micipsa philistina Reiche.
Adelostoma cordatum Sol.
   „   carinatum Sol.
Stenosis fulvipes Reiche.
      comata Reiche. ?
      cyprica Baudi   sp.
   „   smyrnensis Sol.
Microtelus cariniceps Reiche.
Acis Latreillei Sol.
   „ discoidea Schön.
Scaurus barbarus Sol.
Cephalostenus Dejeanii Reiche.
Blaps gigas Lin.
      indagator Reiche.
Pimelia Mittrei Sol.
   „   Solieri Peyr.
Trachyderma phylistina Reiche.
        Gomorrhana Reiche.
   „   angustata Sol.
Crypticus gibbulus Quens.
   „   longulus Reiche.
Pandarinus ?
      tenellus Muls.

Colpotus ?

     „

Cabirus minutissimus M u l s.
Sclerum Mariae M u l s.
        n. sp.
        n. sp.
        n. sp.
Cnemeplatia atropos Cos t a.
Opatrum geminatum B r u l l é.
Gonocephalum famelicum K ü s t.
        ?
            lugens   D a h l. (sp
            inedita.)
Penthicus punctulatus B r u l l é.
     „   minutus M u l s.
Leichenum n. sp.
Anemia sardoa G e n é.
Phalena cadaverina F a b r.
        acuminata K ü s t.
        nigriceps P e y r. n. sp.
        ? ?
Diaperis boleti L.
Platydema europaeum L a p.
Alphytophagus 4 pustulatus S t e p h.
       ?   ?
Pentaphyllus melanophthalmus M u l s.
Trilobium ferrugineum F a b r.
Hypophlaeus depressus F a b r.
        pini? P a n z.
Uloma n. sp.
Alphitobius diaperinus C r e u t z.
     „   n. sp.
Cataphronetis brunnea L i n.
Antbracias bicornis S t e v.
Cossyphus tauricus B r e m.
     „   ?
Iphtimus Bellardii T r u q. n. sp.
Tenebrio obscurus F a b r.
Menephilus curvipes F a b r.
Calcar procerum M u l s.
     „ elongatum H e r b s t.
Helops Steveni K ü s t.
        quadricollis K ü s t. ?
        n. sp.

Helops rotundicollis K ü s t. ?
        badius R e d t.
     „   tentyrioides K ü s t.
Stenochia saracena R e i c h.
Nephodes ? ? — ?
Laena pubella ? F i s c h.
        ?
Mycetochares — ?
Isomira ferruginea K ü s t.
Podonta lugubris K ü s t.
Cteniopus ? n. sp. ?
Omophlus curvipes B r u l l é.
     „   orientalis M u l s.
Lagria lurida ? K r y n.
Notoxus brachycerus F a l d.
        excisus K ü s t.
        trifasciatus R o s s i et var.
        syriacus L a f.
        rubetorum T r u q.
Mecynotarsus bison O l i v.
Formicomus caeruleipennis L a f.
        pedestris R o s s i.
        Ninus L a f.
     „   jonicus T r u q.
Anthicus glabellus T r u q u i.
        Chaudoirii K o l e n a t i.
        erro T r u q.
        ustulatus L a f.
        fatuus T r u q u i.
        incomptus T r u q u i.
        villosulus T r u q u i.
        humilis G e r m
        Bremei L a f.
        Cerastes T r u q u i.
        floralis F a b r.
        phoenicius T r u q u i.
        bifasciatus R o s s i.
        longicollis S c h m i d t.
        ornatus T r u q u i.
        tenuipes L a f.
        tristis S c h m i d t.
        armatus T r u q u i.
        antherinus L i n.
        crinitus L a f.

Anthicus hispidus Rossi.
morio Laf.
scurrula Truqui.
fenestratus Schm.
aspelius Truqui.
sidonius Truqui.
Lafertei Truqui.
gorgus Truqui.
Iscariotes Laf.
Octenomus unifasciatus Bon.
angustatus Laf.
bivittatus Tr. et var.
Xylophilus ?
ruficollis Rossi.
„ testaceus Kolen. ?
Mordellistena stricta Costa. ?
„ stenidea Muls.
Stenalia n. sp.
Anaspis forcipata Muls. ?
n. sp.
flava Lin.
?
?
Silaria varians Muls.
Emmenadia flabellata Fabr.
Meloe proscarabeus Lin.
tuccius Rossi.
purpurascens Germ.
rugosus Marsh.
murinus Brandt.
Cerocoma Kunzei Waltl. ?
Hycleus confluens Klug.
Mylabris n. sp.
Lydus algiricus Lin.
Oenas afer ? Lin
„ n. sp.
Lytta n. sp.
Zonitis immaculata Oliv.
?
praeusta Fabr.
nigripennis Lucas.
sp.
sexmaculata Oliv.
quadripunctata Fabr.

Zonitis ? an praeced. var.
Nemognatha chrysomelina Fabr.
Stenoria n. sp.
Nacerdes melanura Lin.
Xanthochroa carniolica Gistl.
Oedemera penicillata Schm.
?
flavescens Lin.
?
„ lurida Marsh.
Lethonimus difformis Schm.
Chrysanthia viridissima Lin.
Stenostoma coerulenm Pet.
Mycterus curculionoides Illig.

Curculionidae.

Bruchus biguttatus Oliv. et var.
fulvipennis Germ.
var. halodendri Gebl.
variegatus Schönh.
lubricus Schönh.
n. sp.
n. sp.
Fischeri Humm.
siculus Schön et var.
pusillus Germ.
varipes Schön.
nanus Schön.
foveolatus Gyll.
rufimanus Schön.
altaicus Fald.
seminarius Gyll.
signaticornis Sch.
jocosus Sch.
Spermophagus cardui Stev.
Euedrentes hilaris ? Sch.
Rhynchites testaceus Sch.
praeustus Sch. et var.
Apion miniatum Sch.
malvae Fabr.
rufescens Sch.
stolidum Germ.
atomarium Kirby. var.
Hookeri Kirby.

Apion aeneum Fabr.
radiolus Kirby.
onopordi Kirby.
longirostre Sch.
semivittatum Sch.
croceifemoratum Sch.
ononidis Gyll.
flavipes Fabr.
aestivum Germ.
ononis Kirby.
n. sp.
dispar Germ.
Ramphus flavicornis Clairv.
Brachycerus Besseri Sch.
siculus Sch.
„ superciliosus Sch.
Psalidium maxillosum Fabr
sculpturatum Sch.
„ vittatum Sch.
Cneorhinus ?
Strophosomus lineatus Truq. in litt.
?

„
Tanymecus urbanus Sch.
„ dilaticollis Sch.
Sitones ambulans Sch.
vestitus Waltl.
?
crinitus Ol.
lineellus Bonsd.
hispidulus Fabr. et var.
8 punctatus Germ.
promptus Sch.
lividipes Sch.
„ lineatus Lin.
Polydrusus bardus Sch.
Cleonus obliquus Fabr.
excoriatus Ill.
megalographus Sch.
alternans Ol.
siculus Sch.
n. sp.
?
n. sp.

Alophus n. sp.
Gronops fasciatus Küst.
Phytonomus punctatus Fabr.
fasciculatus Herbst.
setosus Sch.
variabilis Herbst.
plantaginis Degeer.
„ nigrirostris Fabr.
Rhytirhinus Lefebvrei Sch. ?
Phyllobius pictus Stev.
Phyllocerus n. sp.
Trachyphlaeus laticollis Sch.
Otiorhynchus anatolicus Sch.
ovalipennis Sch.
„ n. sp.
Nastus ? an n. g. ?
Lixus pollinosus Germ.
ascanii Fabr.
acutus Sch.
elegantulus Sch.
bicolor Ol.
angustatus Fabr.
„ ?
Larinus cardui Rossi.
maculatus Fabr.
ursus Fabr.
syriacus Sch.
jaceae Fabr.
grisescens Sch.
„ flavescens Sch.
Rhinocyllus planifrons Sch.
Magdalinus violascens Lin.
„ memnonius Fald.
Erirhinus ?
?
„ ?
Tychius striatellus Sch.
Schneideri Herbst.
sp.

siculus Sch. ?
„ posticus Sch. ?
Smycronix n. sp.
variegatus Sch.

Sibynes attalicus S c h.
„   phaleratus S c h.
Baridius nitens F a b r.
„   n. sp.
Coeliodes rubricus S c h.
„   ?
Ceuthorhynchus n. sp.
            erysimi F a b r.
            n. sp.
            ?
Cionus hortulanus M a r s h.
Gymnetron veronicae F a b r.
„   n. sp.
Mecinus circulatus M a r s h.
Nanophies posticus S c h.
            nitidulus
            ?
            n. sp.
            n. sp.
Sphaenophorus parumpunctatus S c h
Sitophilus granarius L i n.
„   oryeae L i n n.
Mesites pallidipennis S c h.
„   ?
Phlaeophagus spadix H e r b s t.
Rhyncolus porcatus G e r m.
            var. cribratus G e n é.
            ?

B o s t r i c h i d a e.

Dendroctonus piniperda L i n n.
„   minimus F a b r.
Eccoptogaster rugulosus ? R a t z.
Crypturgus pusillus G y l l.
Hypoborus ficus E r.
Bostrichus n. sp.
            Bulmeringii K o l e n.

C e r a m b y c i d a e.

Ergates Gaillardoti C h e v.
Prinobius Germari M u l s.
Aulacopus serricollis M o t s c h.
Aegosoma scabricorne F a b r.
Prionus coriarius L i n n. ?

Cerambyx heros F a b r.
            velutinus B r u l l é.
            Manderstjernae M u l s.
            ?
Purpuricenus budensis G o e t z e.
„   dalmatinus S t u r m. var
Aromia ambrosiaca S t e v e n.
Callidium variabile L i n n.
„   var. praeustum F a b r.
Hylotrupes bajulus L i n n.
Criocephalus ?
Stromatium unicolor O l i v.
Hesperophanes nebulosus O l i v.
„   mixtus F a b r.
Clytus floralis P a l l.
            rhamni G e r m.
            semipunctatus F a b r.
            ornatus F a b r.
„   massiliensis L i n n.
Cartallum ebulinum L i n n.
Deilus fugax F a b r.
Gracilia pygmaea F a b r.
„   fasciolata K r y n.
Stenopterus praeustus F a b r.
            femoratus G e r m.
Liopus ?
Stenidea Troberti M u l s.
Niphona picticornis M u l s.
Anaesthetis testacea F a b r.
Agapanthia asphodeli L a t r.
„   cardui L i n n.
Saperda Duponcheli B r u l l é.
Phythoecia flavipes F a b r.
            Buqueti D o h r n.
            humeralis M e n e t r.
            ephippium F a b r.
            punctum M e n e t r.
„   compacta M e u e t r.
Anoplistes oblongo-maculatum G u e r.
„   ?
Rhamnusium n. sp.
Strangalia revestita L i n n.
„   verticalis B r u l l é.
Leptura hastata F a b r.

Leptura n. sp.
Grammoptera n. sp.

C h r y s o m e l i n a e.

Donacia lemnae **F a b r.**
Lema melanopa **L i n n.**
Crioceris cornuta **F a l d.**
      bicruciata **S a h l b.**
      asparagi **L i n n.**
  ,, campestris **F a b r.**
Chlythra (Labidostomis) decipiens
      F a l d.
      ?

  ,, ?
(Clythra) nigrocincta **L a c.**
      ?
      9 punctata **O l i v.**
  ,, atraphaxidis **F a b r.**
(Coptocephala) quadrimaculata **L i n n**
Clythra (Gynandrophtalma) limbata
      S t e v e n.
      flavicollis **C h a r p.**
      affinis **I l l.**
  ,, ?
Pachnephorus ?
  ,, ?
Pseudocolaspis ?
  ,, setosa **L u c a s.**
Cryptocephalus n. sp
      connexus ? **I l l.**
      signaticollis **S u f f r.**
  ,, geminus **G y l l.**
Pachybrachys histrio **O l.**
Stylosomus ?
  ,, ? Asia minor.
Chrysomela nitidicollis **R e i c h e.** ?
      cupreopunctata **R e i c h e**
      vernalis **B r u l l é.**
      ?

      fulgida **F a b r.**

Chrysomela lamina **F a b r.**
      gemellata **R o s s i.**
      var. melitensis **T r u q u i.**
      polita **L i n n.**
Entomoscelis adonidis **F a b r.**
Plagiodera armoraciae **L i n n.**
Prasocuris ?
Adimonia ?
      circumdata **D u f t s c h.**
  ,, ?
Galleruca persica **F a l d.**
  ,, elongata **B r u l l é.**
Raphidopalpa abdominalis **F a b r.**
Malacosoma luteicolle **G e b l.**
Calomicrus circumfusus **M a r s h.**
Haltica (Graptodera) Lythri **A u b é.**
  ,, n. sp.
(Crepidodera) rufa **K ü s t.**
      nigriventris **B a c h.** ?
  ,, pubescens **Ent. H e f t e.**
(Phyllotreta) vittula **R e d t.**
      n. sp. (interrupta **G e n é**
      in litt.)
      antennata **Ent. H e f t e.**
  ,, lepidii var. **Ent. H e f t e.**
(Aphtona) erythropus **D e j. Cat.**
      ?
      virescens **D e j. Cat.**
      tantilla **D e j. Cat.**
  ,, ?
(Podagrica ?) n. sp.
(Podagrica) fuscicornis **L i n n.**
  ,, malvae **I l l i g.**
Longitarsus verbasci **P a y k.**
      melanocephalus **G y l l.**
      laevigatus **F a b r.**
      ?

  ,, atricillus **L i n n.**
Psyllioides chrysocephala **L i n n.**
      cyanoptera **I l l.**
      ?
      cuprea **Ent. H f t.**
      ?

Psyllioides ?
„　　　luteola ? Chevr.
Plectroscelis Sahlbergii Gyll.
„　　　?
Sphaeroderma cardui Gyll.
Hispa aptera Linn.
　　　testacea Linn.
Cassida ?
　　　?
　　　oblonga Illig.
　　　ferruginea Fabr.
„　　　?
Lithophilus connatus F.
„　　　cordatus Rosenh.
Coccinella mutabilis Scriba.
　　　impustulata Linn.
　　　14 pustulata Linn.
　　　variabilis Ill.
　　　11 punctata Linn.
　　　7 punctata Linn.
Halyzia 12 guttata Poda.

Chilocorus bipustulatus Linn.
Exochomus n. sp.
　　　?
„　　　auritus Scriba.
Hyperaspis 4 maculata. Redt.
　　　n. sp.
„　　　n. sp.
Epilachna chrysomelina Fabr.
Scymnus 4 lunulatus Ill.
　　　Redtenbacheri Muls.
　　　Apetzii Muls?
　　　frontalis Fabr.
　　　implexus Muls.
　　　fasciatus Fourcroi.
　　　Guimeti ? Muls.
　　　n. sp.
　　　discoideus Ill. et varietates.
　　　?
　　　n. sp.
　　　ater Kugeln.
　　　minimus Payk. *)

Lepidoptera.

In den Verhandlungen des zoologisch-botanischen Vereines von Wien Band V. pag. 180—187 (1855) veröffentlichte Herr Julius Lederer ein Verzeichniss der von Franz Zach auf Cypern im Mai 1853 gesammelten Schmetterlinge.

Arachnitae.

Scorpiones.

Buthus palmatus Klug. (ist selten)
Androctonus Cyprius Mus. Vindob. (häufig in Wretscha)

*) Ein grosser Theil dieser 1380 Arten von Coleopateren lebt an der Küste Nordsyrien's und Cilicien's in weit reicherer Individuenzahl als auf Cypern.

MOLLUSCA.*)

Helix lenticula F e r.

    H. lenticula (Helicigona) F e r. pr. 154 Hist. t. 66 Fig. 1.
        P f e i f. Monog. Helic. Nr. 555, R o s s m. Icon. Nr. 452.
        In der Nordkette der Insel, am Pentadactylon u. s. w.
        Sündfrankreich, Sicilien, Corfu, Griechenland, Aegypten.

— Redtenbacheri Z e l.

    H. Redtenbacheri Z e l. P f e i f. Monogr. Helix. Nr. 1732.
        In der Nordkette, am Pentadactylon.

— syriaca E h r n b.

    H. syriaca E h r n b. Symb. phys. moll., P f e i f. Monogr. Helic.
        Nr. 342, R o s s m. Icon Nr. 568.
        Im Centralgebirgstocke.
        Syra, Smyrna, Aegypten (Damiette, Mensaleh. nach Zelebor).

— Rothi P f e i f.

    H. Rothi P f e i f. Wigm. Arch. 1814 I. p. 218 P f e i f. Monogr. Helic.
        Nr. 340, Küst. 17. 5—7.
        In der östlichen Ebene der Insel bei Famagusta.

— cretica F e r.

    II. cretica (Helicella) F e r. pr. 288. P f e i f. Monogr. Helic. Nr. 409.
        Küst. 37. 31. 32.
        Im Gebirge des St. C r o c e. (Creta.)

— usticensis C a l c a r a.

    H. usticensis Cal. P f e i f. Monogr. Helic. Nr. 1131.
        In den Gebirgen des St. Croce und des Pentadactylon.

---

*) Die folgenden Land- und Südwassermolusken wurden von F. Unger gesammelt
und von Joh. Z e l e b o r bestimmt.

Helix profuga A. Schmidt.
H. profuga A. Schmidt Malak. Bl. I. 1854 p. 18. Helic striata Drp. Lam. ex parte, Pfeif. Monogr. Helic. IV Nr. 891 Rossm. Icon. Nr. 354.
Am Capo greco.
Krain, Istrien, Dalmatien, Italien, Sicilien, Frankreich, Griechenland, Archipel, Syrien.

— **contempta Parr.**
Parr. in Collectione.
Um Larnaka.   (Griechenland.)

— **supplementaria Parr.**
Parr. in Collectione.
Am Capo greco.   (Auf den Inseln des Archipelagus.)

— **syrensis Pfeif.**
H. syrensis Pfeif. Symbol. III. p. 69 Küst. 23. 22. 23.
H. tarulosa Parr et Triv. in Collectione.
In der östlichen Ebene bei Famagusta. (Insel Syra.)

— **pellita Fer.**
H. pellita Fer. pr. 168 Hist. t. 69. F. 3 Pfeif. Monogr. Helic. Nr. 924 Küst. 79. 19. 20.
Im Gebirge von St. Croce.

— **pisana Müll.**
H. pisana Müll. Verm. II. p. 60 Nr. 225 Pfeif. Monogr. Helic. Nr. 394. Rossm. Icon. Nr. 359, 614.
Die gemeinste Art im ganzen südlichen Theile der Insel.
Am Seestrande fast aller europ. Länder selbst Englands und Schwedens. Corfu.

— **vermiculata Müll.**
H. vermiculata Müll. Verm II. p. 20 Nr. 219 Pfeif. Monogr. Helic. Nr. 716 Rossm. Icon. Nr. 301, 499.
Sowohl im Centralgebirgsstocke als in der Nordkette. Wird nicht gegessen in Cypern.
Ganz Südeuropa, Griechenland, Syra.

— **guttata Oliv.**
H. guttata Oliv. Voy. II. p. 334 t. 31. F. 8 Pfeif. Monogr. Helic. Nr. 1445.
Häufig unter Felsblöcken um St. Chrysostomo.
Morea, Syrien.

— **adspersa Müll**
H. adspersa Müll. Verm. II. p. 59 Nr. 253 Pfeif. Monogr. Helic. Nr 635 Rossm. Icon. Nr. 3, 294.

Häufig nm Prodromo und St. Chrysostomo. Wird nicht gegessen in Cypern. Süddeutschland, Frankreich, Italien, England, Dalmatien, Syrien, Algier, Neuspanien, Cayenne, Rio-Janeiro.

Helix cincta Müll.

H. cincta Müll. Verm. II. p. 58 Nr. 251 Pfeif. Monogr. Helic. Nr. 623 Rossm. Icon. Nr. 287.
Am St. Croce und im Gebirge von St. Chrysostomo. Wird nicht gegessen in Cypern.
Italien?

— figulina Parr.

H. figulina Parr. Rossm. Icon. Nr. 580 Pfeif. Monogr. Helic. Nr 662
In der nördlichen Gebirgskette.
Griechenland und Dalmatien.

Bulimus gastrum Ehrnb.

B. gastrum Ehrnb. Symb. phys. Pfeif. Monogr. Helic. Nr. 324.
Am Capo greco.

— acutus Brug.

B. acutus Brug. Enc. meth. I. p. 223 Nr. 42 Helix acuta Müll. Verm. II. p. 100 Nr. 297 Pfeif. Monogr. Helic. Nr. 590 Rossm. Icon. 378.
Um Larnaka.
Küsten des Mittelmeeres, Corfu, Schweiz.

Stenogyra decollata Schuttl.

Helix decollata Lin. syst. ed X. p. 773 Nr. 608 ed XII. p. 1247. Bulimus decollatus Brug. Enc. meth, I. p. 326 Nr. 49 Pfeif. Monog. Helic. Nr. 395 Rossm. Icon. Nr. 384. Stenogyra decollata Alb. et Helic. nat. Verw. p. 263.
An der Südküste von Cypern.
Südfrankreich, Istrien, Dalmatien, Südeuropa.

Clausilia saxatilis Parr.

C. saxatilis Parr. Pfeif. Monogr. Helic. Nr. 58 Rossm. Icon. Nr. 893.
Am Capo greco. — Nur in Cypern.

— coerulea Fer.

C. coerulea Fer. pr. 520 et Mus. Pfeif. Monogr. Helic. Nr. 47 Rossm. Icon. Nr. 99.
Im südöstlichen Theile von Cypern.
Auf den Inseln des Archipels, Chios, Syra, Griechenland bis Corfu.

— Ungeri Zelebor.

C. testa subrimata fusiformis coerulescenti-calcarea apice parum obscura, sublaevis, sutura subtilissima, anfractibus convexiusculis infimis 2—3 pallide-carneis, superioribus caerulescentibus striatis apertura late-ovata peristomate continuo soluto reflexiusculo, lamellis mediocribus cervice grosse-rugosa. R. a. G''' l. 2·5''' aufr. 11—12.

Im Gebirge von St. Chrysostomo und am Pentadactylon.

Melanopsis praerosa La m.

Buccinium praerosum Lin. syst. nat p. 1230 Rossm. Icon. Nr. 676, 677.

In allen tiefer liegenden Quellen der Insel.

Spanien, Nord-Afrika (Oran, Bona) Inseln des Archipels.

Neritina nilotica Reeve.

N. nilotica Reeve Monogr. of the gen. Nerit. Taf. 34 F. 157.

In der Quelle von Kythraea mit Melanopsis praerosa.

Aegypten.

XII. LITERATUR.

———

a. Bücher.

Joannis Meursi, Creta, Rhodus, Cyprus, sive de nobilissimarum harum insularum rebus et antiquitatibus. Commentarii postumi, nunc primum editi Amstelodami 1675, kl. 4.

> (Die auf Cypern und die übrigen Inseln bezüglichen Originaltexte aller alten Schriftsteller sorgfältig gesammelt und zusammengestellt.)

— — Operum volumen tertium ex recensione **Joannis Lami** Florentini 1743.

> Cyprus sive de illius insulae rebus et antiquitatibus.

Estienne de Lusignan, Description de toute l'île de Chypre 1580.

Giovanni Mariti, Viaggi per l'isola di Cipro e per la Soria e Palestina fatti dall' anno 1760—1768 T. I. 1769 8°.

— — Voyage dans l'île de Chypre la Syrie et la Palestine T. I. 1791.

> (Diente durch mehrere Jahre als Kanzler des kais. und toskanischen Consulates in Larnaka).

— — Reisen durch die Insel Cypern   Im Auszuge übersetzt von **Hase**. Altenburg 1777. 8°.

Rich. Pococke, A description of the East and some onther countris. 4 Vol. London 1743—52 Fol. Uebersetzt und mit Anmerkungen von **Schreber** 3 Bd. 4°. 1771—1773.

Joh. Paul Reinhard, Vollständige Geschichte des Königr. Cypern. B. I. und II. 1766—1768 4. mit Karten.

Le Brun (Corneil), Voyage au Levant, c'est-à-dire dans les principaux endroits de l'Asie mineure, dans les isles de Chio, de Rhodos, de Chypre etc. (Traduit du Flamand) Delft 1700 Fol. mit Kupfer.

> (Bereiste von Famagusta aus Kythraea, Chrysostomo, Bellapais, Nicosia und Larnaka).

Dr. Friedrich Hasselquist, Reise nach Palästina in den Jahren 1749—1752 Aus dem Schwedischen. Rostock 1762, 8°.

> (Seite 199 enthält die Reise nach Cypern, wo er nur Larnaka, Famagusta und den M. Croce oberflächlich kennen lernte.)

Sonnini, Voyage en Grèce et en Turquie fait par ordre de Louis XVI. publiée en 1801, T. I.

> (Unbestimmt und fehlerhaft.)

Bizarius, Cyprium bellum 1573.

Gratianus, De bello Cypro 1624.

Giblet, Historie des rois de Chypre 1732.

Dr. Fr. Smitmer, Literatur der geistlichen und weltlichen, militärischen und Ritterorden, sowie Johanniter und Malteser Ritter. Anno 1802.

C. Sprengel, Bibliothek der neuesten und wichtigsten Reisebeschreibungen etc. Bd. XII. M. Dev e z i n Esq. Nachrichten über Aleppo und Cypern. Aus der noch ungedruckten englischen Original-Handschrift übersetzt und herausgegeben von Dr. H a r l e s. Weimar 1804. 8°.

> (Veraltet.)

E. D. Clarke, Travels in various countries of Europe, Asia and Afrika. Part I. Russia, Tartary and Turkey. Part. II. sec. I. Greece, Egypt and the Holy Land. 1813. 4° mit Kupfern.

Dr. F. Münter, Antiquarische Abhandlungen, Kopenhagen, 1816. 8. p. 257.

> (Vergleichung der vom Himmel gefallenen Steine mit den Bäthylien des Alterthums.)

Ali Bey (Badia y Leblich) Travels in Marocco, Tripoli, Cyprus, Egypt, Arabia, Syria and Turkey between the years 1803 e 1807. Vol. I. und II. 1816. 4. illust 6. maps and plates.

> (Bereiste im Frühjahre 1806 von Limasol aus den innern und südwestlichen Theil der Insel.)

Corancé, Itineraire 1816. 8. 238 S.

> (Während mehrjährigem Aufenthalte auf der Insel Cypern).

Dr. Fried. Münter, Der Tempel der himmlischen Göttin zu Paphos. — Zweite Beiträge zur Religion der Karthager mit 4 Kupfertafeln und einer architektonischen Erklärung von Gust. Fr. Hetsch, Kopenhagen 1824. 4.

John Macd. Kinneir, Journey through Asia minor and Koordistan in the years 1813 and 1811. London 1818. 8. 603 S. Mit einer Karte.

> (Beschreibt den Weg von Famagusta nach Larnaka und Nicosia bis Keryneia. Schilderung des verfallenen Klosters Bellapais.)

H. Ligth, Travels in Egypt, Nubia, the Holy Land, M. Libanon and Cyprus in the year 1814. London 1818. 4. 279 S.

> (In Bezug auf Cypern unbedeutend und veraltet. Der Verfasser hat nur die Umgebung von Larnaka aus eigener Anschauung kennen gelernt. Die wenigen landschaftlichen Darstellungen sind gut.)

Malerische Reise in Aegypten und Syrien etc. in 6 Bändchen. Band 3. Cypern 1820. 8. 50 S.

(Unbedeutend.)

Dr. K. Hoeck. Kreta. Ein Versuch zur Aufhellung der Mythologie und Geschichte der Religion und Verfassung dieser Insel von den ältesten Zeiten bis auf die Römerherrschaft. 8. I. Bd. mit 2 Kupfern und 1 Karte 1823. 454 S. II. Bd. 1828, 447 S. III. Bd. 1829. 536 S. Göttingen.

Wilh. H. Engel, Kypros. Eine Monographie. Berlin 2 Bde. 1841 8.

(Die Geographie und die alte Geschichte ausführlich, ebenso der Aphroditedienst.)

Jos. Poech. Enumeratio plantarum hucusque cognitarum insulae Cypri. Vindobonae 1842. 3. 42 S.

Ludwig Ross. Hellenica, Archiv archaeologischer, philologischer, historischer und epigraphischer Abhandlungen und Aufsätze. In period. Heften I. B. I. Heft. Halle 1846. 4.

Fourcad, Rapport sur la situation de l'île de Chypre en 1844, ouvrage inedit.

(Eine Berichterstattung an den Minister des Aeussern von dem Consul Fourcad.)

Dr. F. C. Movers, Die Phönizier.

Bd.   I. 1841. 8. 719 S. Religion der Phönizier etc.

II. Th. I. 1849 561 S. Politische Geschichte und Staatsverfassung.

III. Th. II. 1850, 650 S. Geschichte der Colonien.

„   IV. Th. III. 1856, 336 S. Handel und Schifffahrt.

T. A. B. Spratt et Ed. Forbes, Travels in Lycia, Milyas and the Cibyratis. 2 Bd. 1847. Mit Karten und Abbildungen.

De Mas-Latrie, Notice sur la situation de l'île de Chypre et sur la construction d'une carte de l'île.

Archives des Missions scientifiques. Mars 1850.

— — Des relations politiques et commerciales de l'Asie M. avec l'île de Chypre sous le règne des princes de la maison de Lusignan. V. Ecole d. Chartes II. Serie I 1844—1845 p. 301—485; II. p. 121.

— — Historie de l'île de Chypre sous les princes de la maison de Lusignan.

Documents 1852—1854. 8.

H. de Luynes, Numismatique et inscriptions cypriotes. Paris 1852. Kl. Fol. Mit Tafeln. (Wichtig.)

Ludwig Ross. Reisen nach Kós, Halikarnassos, Rhodos und der Insel Cypern, (4. Band der Reisen auf den griechischen Inseln.) Halle 1852, 8. 216 S.

(Vortreffliche Beobachtungen besonders archaeologischen Inhalts.)

Αθανασιου Α. Σακελλαριου, Τα Κυπριακα η τοι πραγματεια περι γεωγραφιας, αρχαιολογιας, στατιστικης, ιστοριας, μυθολογιας και διαλεκτου της Κυπρου. εις τρεις τομους υπο Τομοπρωτος εν Αθηναις. 1855, 8. mit einer Karte.

(Sammelwerk ohne selbstständige Beobachtungen.)

Albert Gaudry, Recherches scientifiques en Orient entreprises par les Ordres du gouvernement pendant les années 1853—1854 et publiées sous les auspices du ministére de l'agriculture du commerce et des travaux publics.

Partie agricole. Paris, imprimerie imperial 1855, 446 S. 8. Tafeln und 1 Karte. (Essai d'une carte agricole de l'île de Chypre par A. Gaudry et Amedée Damour 1854).

— — L'île de Chypre, souvenirs d'une mission scientifique. Revue des deux mondes Tom. 36, 1861. p. 212—237.

— — Sur la géographie géologique de l'île de Chypre (Bull. de la societ. géologique de France Tom. XI. Ser. II. 1853—1854, p. 10.

— — Sur la composition géologique de l'île de Chypre (Bu l. de la sociét. géologique de France Tom. XI. Ser. II. p. 120.

— — Mémoire sur la géologie de l'île de Chypre. (Extrait, par l'auteur, d'un travail présenté à la séance du 25 Avril. Comp. rend. 1859 p. 912.

Scherer, Petermann's geogr. Mitth. 1859. p. 342.

Dr. Th. Kotschy, Reise nach Cypern und Kleinasien im Jahre 1859. Petermann's geogr. Mittheilungen 1862, Heft VIII. p. 289.

b. Karten

Th. Graves, Cap. Cyprus called by the turks Kibris, the ancient Kypros, surveyed by. H. M. S. Volage 1849.

(Vorzügliche Seekarte mit Sondirungen, nebenbei Pläne der grösseren Ortschaften und Ansichten.)

D'Anville, Ueber die Geographie von Kypros. Denkschrift der französischen Akademie der Inschrift. Thl. 32 S. 529.

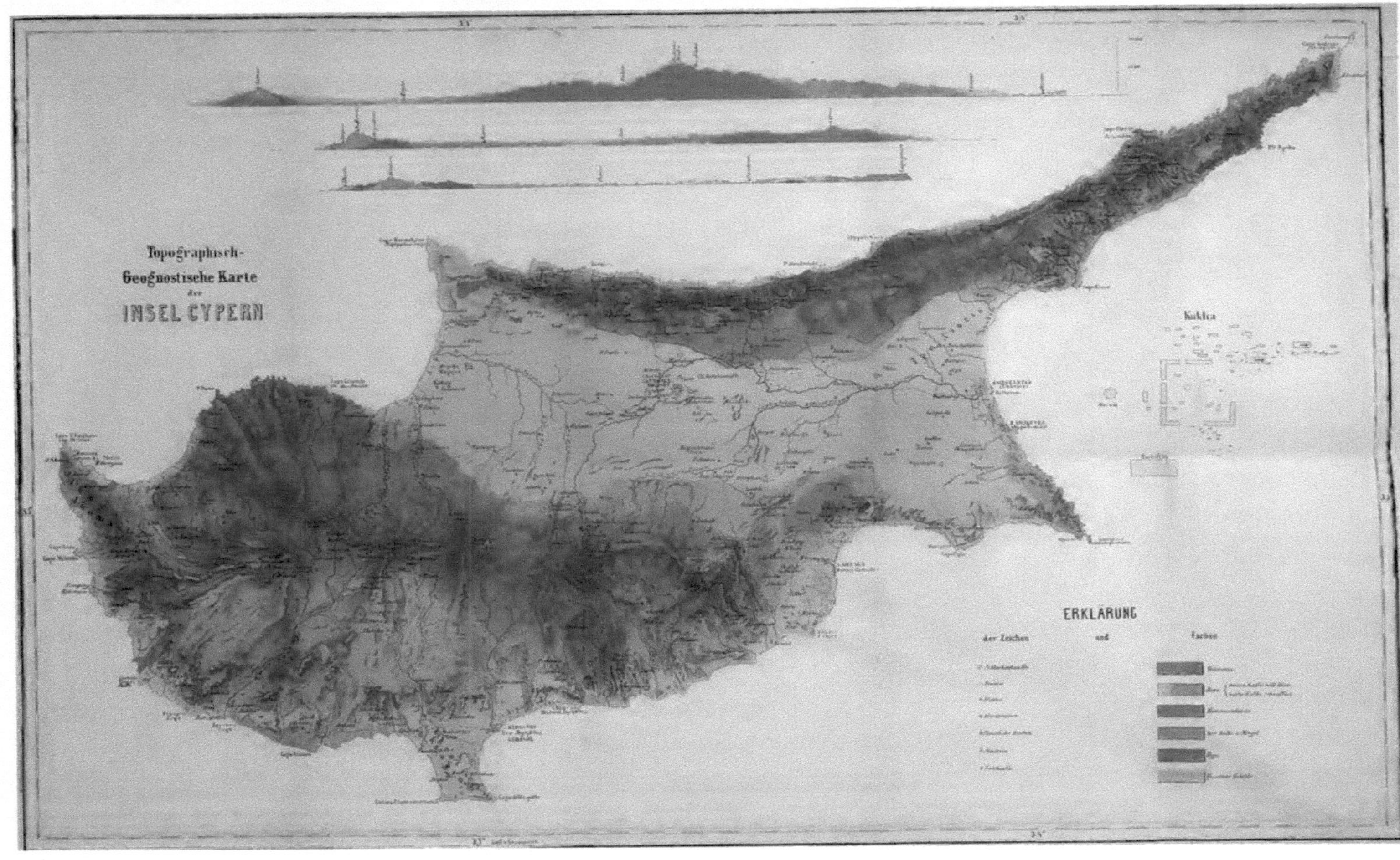

Topographisch-
Geognostische Karte
der
INSEL CYPERN
Kuklia
ERKLÄRUNG
der Zeichen   und   Farben